Ulrich Golze

Der RISC-Prozessor TOOBSIE

Aus dem Bereich Informatik / DV

Aufbau und Arbeitsweise von Rechenanlagen
von Wolfgang Coy

Rechnerarchitektur
von John L. Hennessy and David A. Patterson

VLSI-Entwurf eines RISC-Prozessors
von Ulrich Golze

Der RISC-Prozessor TOOBSIE
von Ulrich Golze

Parallelität und Transputer
von Volker Penner

Konzepte und Praxis des Compilerbaus
von Volker Penner

UNIX
von Werner Brecht

Verteilte Systeme unter UNIX
von Werner Brecht

Die Strategie der integrierten Produktentwicklung
von Oliver Steinmetz

Qualitätsoptimierung der Software-Entwicklung
von Georg Erwin Thaller

Modernes Projektmanagement
von Erik Wischnewski

DV-gestützte Produktionsplanung
von Stefan Oeters und Oliver Woitke

Vieweg

Ulrich Golze
unter Mitarbeit von Peter Blinzer, Elmar Cochlovius,
Michael Schäfers und Klaus-Peter Wachsmann

Der RISC-Prozessor TOOBSIE

Hintergrundband zum Buch
„VLSI-Entwurf eines RISC-Prozessors"
für den Entwurfsspezialisten

CIP-Codierung angefordert

Der Verlag Vieweg ist ein Unternehmen der Bertelsmann Fachinformation GmbH.

Umschlaggestaltung: Klaus Birk, Wiesbaden

Gedruckt auf säurefreiem Papier

ISBN 978-3-322-89552-3   ISBN 978-3-322-89551-6 (eBook)
DOI 10.1007/978-3-322-89551-6

Vorwort

Das Buch *VLSI-Entwurf eines RISC-Prozessors* behandelt den modernen Chip-Entwurf, indem als großes Beispiel der reale Prozessor TOOBSIE entworfen wird. Während in einer Einführung sicher nicht alle Einzelheiten interessieren, möchten Experten den Entwurf gleichwohl an ausgewählten Stellen oder sogar vollständig „bis ins letzte Bit" verstehen oder ihn als Basis für die Entwicklung eigener CAD-Werkzeuge oder Entwurfsmethoden verwenden.

Daher enthält dieser Hintergrundband eine detaillierte Spezifikation aller RISC-Befehle, das Interpreter-Modell mit Simulationsergebnis, Kommentare zu den Controllern und der Systemumgebung des Grobstrukturmodells sowie erste Simulationen, das umfangreiche HDL-Modell selbst und schließlich alle graphischen „Schematics" des Gattermodells mit Kommentaren.

Bilder und Tabellen sind je Kapitel gemeinsam durchnumeriert. E2, H2 und ▣ 2 beziehen sich auf das zweite Kapitel des Einführungsbuches, dieses Hintergrundbandes bzw. der Diskette, wobei der Vorsatz H im vorliegenden Band entfällt.

Alle Danksagungen, das *Who did what*, Literaturverzeichnis, Index und weitere Erläuterungen des Einführungsbandes gelten auch hier.

Braunschweig, Dezember 1994   Ulrich Golze

Inhalt

Vorwort
und Einleitung

Die Einführung in ein neues Fachgebiet ist oft von besonderem Reiz. Das Buch *VLSI-Entwurf eines RISC-Prozessors* führt in das Design großer Chips ein. Mit Hardware-Beschreibungssprachen (HDL) als Schwerpunkt wird dort der moderne Semi-Custom-Entwurf behandelt, die Architektur von RISC-Prozessoren wird eingeführt, und ein großer VLSI-Entwurf des realen schnellen RISC-Prozessors TOOBSIE wird spezifiziert und auf der Verhaltens- und Strukturebene HDL-modelliert. Die Synthese eines fertigungsfähigen Gattermodells wird angeschnitten, und der erfolgreiche Test des gefertigten Prozessors wird skizziert.

Irgendwann allerdings ist die Zeit der Einführung vorbei, dann tauchen Detailfragen auf, spätestens dann, wenn der Leser selber ernsthaft zu entwerfen beginnt. Hier ist der Sinn des vorliegenden Hintergrundbandes zu sehen, der die Kenntnis des Einführungsbandes voraussetzt.

Niemand liest einen Straßenatlas vollständig, niemand findet ihn *per se* spannend. Gleichwohl kann er zum wichtigen Hilfsmittel werden und spannende Reisen unterstützen. In diesem Sinne besteht der vorliegende Band aus lose gekoppelten Kapiteln, die den Entwurf von TOOBSIE durch ein Nachschlagewerk *vervollständigen*.

Gerade auf die Vollständigkeit eines Straßenatlas legen wir Wert. Ein vollständig offengelegtes großes Beispiel dürfte auch für Experten interessant sein, die CAD-Werkzeuge zum VLSI-Entwurf testen, verbessern oder gar entwickeln oder die sich mit realistischer Entwurfsmethodik beschäftigen, ohne sich auf Schulbeispiele zu beschränken.

Im einzelnen enthält Kapitel 2 eine detaillierte Spezifikation aller Prozessor-
befehle. Dabei wurde kleiner Zugriffszeit für den Leser Vorrang gegeben
gegenüber zusammengefaßter Darstellung. Kapitel 3 besteht aus dem
Interpreter-Modell im VERILOG-Code mit einer weiteren Simulation.
Kapitel 4 umfaßt nicht nur das vollständige große VERILOG-Grobstruktur-
modell, sondern kommentiert auch die schwierigeren Komponenten wie die
Controller. Es geht auf die vielfältigen Möglichkeiten der Simulation ein.
Erstmals wird das im Einführungsband nur punktuell behandelte, sehr
umfangreiche Gattermodell im Kapitel 5 kommentiert und vollständig
graphisch wiedergegeben.

Bilder und Tabellen sind je Kapitel gemeinsam durchnumeriert. E2, H2 und
🖫 2 beziehen sich auf das zweite Kapitel des Einführungsbuches, dieses
Hintergrundbandes bzw. der Diskette, wobei der Vorsatz H im vorliegenden
Band entfällt.

Alle Danksagungen, das *Who did what*, Literaturverzeichnis, Index und
weitere Erläuterungen des Einführungsbandes gelten hier natürlich auch,
ohne wiederholt zu werden.

2

Die Befehle
im einzelnen

Im Einführungsband haben wir anläßlich der externen Verhaltensspezifikation des RISC-Prozessors TOOBSIE seinen Befehlssatz formatiert und in Klassen zusammengefaßt definiert. Dabei mußten manche Feinheiten verborgen bleiben. Dieses Kapitel spezifiziert die Befehle im Detail. Sie sind alphabetisch nach ihren Mnemonics geordnet. Die synthetischen Befehle enthalten einen Hinweis, da sie keine eigenständigen Maschinenbefehle sind. Jeder Befehl ist durch die folgenden Informationen gekennzeichnet.

- Mnemonic: dies ist die Abkürzung für einen Befehl.

- Name: der Befehlsname läßt auf die Funktion des Befehls schließen.

- Ergebnis: in kurzer Form wird die Semantik eines Befehls skizziert.

- Assembler: in allgemein bekannter Weise wird die Syntax des entsprechenden Assembler-Befehls notiert [Mierse 1994].

- Status: die wichtigen Auswirkungen auf die Flags der Tabelle E5.4 werden genannt.

- Operanden: die betroffenen Operanden werden, falls sinnvoll, erläutert; dabei wird auf den Abschnitt E5.2 Bezug genommen.

- Format: hier steht der Binärcode des Befehls (vgl. Bild E5.1).

- Beschreibung: der Befehl wird ausführlicher erläutert.

Die folgende Liste ist „aufgebläht" in dem Sinne, daß auch für jede Option (.F, .A, .Q, .B, .D) ein eigener Eintrag vorhanden ist. Eine Zusammenfassung würde die Länge der Liste aus 83 Einträgen fast halbieren. Weiter könnten alle

Branch-Befehle zusammengefaßt werden, alle arithmetischen usw. Dann würde zwar wieder der RISC-Charakter eines sehr kleinen Befehlssatzes deutlich werden, die Zugriffszeit für den nachschlagenden Experten wäre aber erheblich größer.

Mnemonic	**A D D**
Name	Add
Ergebnis	dest ← srcA + srcB
Assembler	ADD Rd,Ra,Rb oder
	ADD Rd,Ra, Immediate14
Status	-
Operanden	dest REG[DEST]
	srcA REG[SRCA]
	srcB REG[SRCB]
	oder Immediate14
	DEST=d, SRCA=a, SRCB=b

Format

01100001	DEST	SRCA		SRCB

01100000	DEST	SRCA	Immediate14

31   24   19   14   5   0

Beschreibung srcA wird zu srcB addiert, das Ergebnis wird in Register DEST geschrieben.

Mnemonic	**A D D . F**
Name	Add, set flags
Operation	dest ← srcA + srcB
Assembler	ADD.F Rd,Ra,Rb oder
	ADD.F Rd,Ra, Immediate14
Status	N, Z, C, V
Operanden	dest REG[DEST]
	srcA REG[SRCA]
	srcB REG[SRCB]
	oder Immediate14
	DEST=d, SRCA=a, SRCB=b

Format

01100011	DEST	SRCA		SRCB

01100010	DEST	SRCA	Immediate14

31   24   19   14   5   0

Beschreibung srcA wird zu srcB addiert, das Ergebnis wird in Register DEST geschrieben. Die Flags des Ergebnisses kommen in das Statusregister.

Mnemonic	**A D D C**
Name	Add with carry
Ergebnis	dest ← srcA + srcB + C
Assembler	ADDC Rd,Ra,Rb oder
	ADDC Rd,Ra, Immediate14
Status	-
Operanden	dest REG[DEST]
	srcA REG[SRCA]
	srcB REG[SRCB]
	oder Immediate14
	DEST=d, SRCA=a, SRCB=b

Format

01100101	DEST	SRCA		SRCB

01100100	DEST	SRCA	Immediate14

31   24   19   14   5   0

Beschreibung srcA wird zu srcB und dem Wert des Carry-Bits im Status addiert und das Ergebnis wird in Register DEST geschrieben.

Mnemonic	**A D D C . F**
Name	Add with carry, set flags
Ergebnis	dest ← srcA + srcB + C
Assembler	ADDC.F Rd,Ra,Rb oder
	ADDC.F Rd,Ra, Immediate14
Status	N, Z, C, V
Operanden	dest REG[DEST]
	srcA REG[SRCA]
	srcB REG[SRCB]
	oder Immediate14
	DEST=d, SRCA=a, SRCB=b

Format

01100111	DEST	SRCA		SRCB

01100110	DEST	SRCA	Immediate14

31   24   19   14   5   0

Beschreibung srcA wird zu srcB und dem Wert des Carry-Bits im Status addiert und das Ergebnis wird in Register DEST geschrieben. Vom Ergebnis werden die Flags berechnet und in das Statusregister übernommen.

Mnemonic	A N D
Name	And
Ergebnis	dest ← srcA & srcB
Assembler	AND Rd,Ra,Rb oder
	AND Rd,Ra, Immediate14
Status	-
Operanden	dest REG[DEST]
	srcA REG[SRCA]
	srcB REG[SRCB]
	oder Immediate14
	DEST=d, SRCA=a, SRCB=b

Format

```
| 01000001 | DEST | SRCA |            | SRCB |

| 01000000 | DEST | SRCA | Immediate14 |
31      24   19     14           5      0
```

Beschreibung Es wird bit-weise das logische UND der Operanden srcA und srcB gebildet, das Ergebnis wird in Register DEST geschrieben.

Mnemonic	A N D . F
Name	And, set flags
Ergebnis	dest ← srcA & scrB
Assembler	AND Rd,Ra,Rb oder
	AND Rd,Ra, Immediate14
Status	N, Z
Operanden	dest REG[DEST]
	srcA REG[SRCA]
	srcB REG[SRCB]
	oder Immediate14
	DEST=d, SRCA=a, SRCB=b

Format

```
| 01000011 | DEST | SRCA |            | SRCB |

| 01000010 | DEST | SRCA | Immediate14 |
31      24   19     14           5      0
```

Beschreibung srcA wird bit-weise mit srcB logisch verUNDet und das Ergebnis wird in Register DEST geschrieben. Vom Ergebnis werden die Flags berechnet und in das Statusregister übernommen.

Mnemonic	A S R
Name	Arithmetic shift right
Ergebnis	dest ← srcA >> scrB
Assembler	ASR Rd,Ra,Rb oder
	ASR Rd,Ra, Immediate14
Status	-
Operanden	dest REG[DEST]
	srcA REG[SRCA]
	srcB REG[SRCB]
	oder Immediate14
	DEST=d, SRCA=a, SRCB=b

Format

```
| 01011001 | DEST | SRCA |            | SRCB |

| 01011000 | DEST | SRCA | Immediate14 |
31      24   19     14           5      0
```

Beschreibung srcA wird bit-weise um srcB Positionen arithmetisch nach rechts, d.h. in Richtung niedrigstwertiges Bit, verschoben, und das Ergebnis wird in Register DEST geschrieben. „Arithmetisch" bedeutet, daß die höchstwertigen Bit-Positionen mit dem Vorzeichen-Bit aufgefüllt werden.

Mnemonic	A S R . F
Name	Arithmetic shift right, set flags
Ergebnis	dest ← srcA >> scrB
Assembler	ASR.F Rd,Ra,Rb oder ASR.F Rd,Ra, Immediate14
Status	C, N, Z
Operanden	dest REG[DEST] srcA REG[SRCA] srcB REG[SRCB] oder Immediate14 DEST=d, SRCA=a, SRCB=b

Format

01011011	DEST	SRCA		SRCB

01011010	DEST	SRCA	Immediate14
31	24	19 14	5 0

Beschreibung srcA wird bit-weise um srcB Positionen arithmetisch nach rechts, d.h. in Richtung des niedrigstwertigen Bits verschoben, und das Ergebnis wird in Register DEST geschrieben. „Arithmetisch" bedeutet, daß die höchstwertigen Bit-Positionen mit dem Vorzeichen-Bit aufgefüllt werden. Vom Ergebnis werden die Flags berechnet und in das Statusregister übernommen. Das Carry-Flag ist 0 für srcB=0 und sonst der Wert an der (gedachten) Bit-Position -1 von dest.

Mnemonic	B C C
Name	Branch on carry clear
Ergebnis	Falls (~C), dann PC ← PC + {Offset19,00}; danach Delay-Instruktion
Assembler	BCC Offset19
Status	-
Operanden	PC Programmzähler

Format

11111100	00001	Offset19
31	24 19	0

Beschreibung Falls die Status-Flags die Sprungbedingung erfüllen, wird zum PC der um zwei Bit nach links verschobene Offset19 addiert. Danach wird in jedem Fall die Delay-Instruktion ausgeführt.

Mnemonic	B C C . A
Name	Branch on carry clear, ANNUL-Option
Ergebnis	Falls (~C), dann PC ← PC + {Offset19,00} und danach Delay-Instruktion
Assembler	BCC.A Offset19
Status	-
Operanden	PC Programmzähler

Format

11111100	10001	Offset19
31 24	19	0

Beschreibung Falls die Status-Flags die Sprungbedingung erfüllen, wird zum PC der um zwei Bit nach links verschobene Offset19 addiert. Nur dann wird danach die Delay-Instruktion ausgeführt.

Mnemonic	B C S
Name	Branch on carry set
Ergebnis	Falls (C), dann PC ← PC + {Offset19,00}; danach Delay-Instruktion
Assembler	BCS Offset19
Status	-
Operanden	PC Programmzähler

Format

11111100	01001	Offset19
31 24	19	0

Beschreibung Falls die Status-Flags die Sprungbedingung erfüllen, wird zum PC der um zwei Bit nach links verschobene Offset19 addiert. Danach wird in jedem Fall die Delay-Instruktion ausgeführt.

Mnemonic	**B C S . A**
Name	Branch on carry set, ANNUL-Option
Ergebnis	Falls (C), dann PC ← PC + {Offset19,00} und danach Delay-Instruktion
Assembler	BCS.A Offset19
Status	-
Operanden Format	PC Programmzähler

11111100	11000	Offset19
31 24	19	0

Beschreibung	Falls die Status-Flags die Sprungbedingung erfüllen, wird zum PC der um zwei Bit nach links verschobene Offset19 addiert. Nur dann wird danach die Delay-Instruktion ausgeführt.

Mnemonic	**B E Q**
Name	Branch on equal
Ergebnis	Falls (Z), dann PC ← PC + {Offset19,00}; danach Delay-Instruktion
Assembler	BEQ Offset19
Status	-
Operanden Format	PC Programmzähler

11111100	01000	Offset19
31 24	19	0

Beschreibung	Falls die Status-Flags die Sprungbedingung erfüllen, wird zum PC der um zwei Bit nach links verschobene Offset19 addiert. Danach wird in jedem Fall die Delay-Instruktion ausgeführt.

Mnemonic	**B E Q . A**
Name	Branch on equal, ANNUL-Option
Ergebnis	Falls (Z), dann PC ← PC + {Offset19,00} und danach Delay-Instruktion
Assembler	BEQ.A Offset19
Status	-
Operanden Format	PC Programmzähler

11111100	11000	Offset19
31 24	19	0

Beschreibung	Falls die Status-Flags die Sprungbedingung erfüllen, wird zum PC der um zwei Bit nach links verschobene Offset19 addiert. Nur dann wird danach die Delay-Instruktion ausgeführt.

Mnemonic	**B F**
Name	Branch on false (never)
Ergebnis	Delay-Instruktion
Assembler	BF Offset19
Status	-
Operanden Format	PC Programmzähler

11111100	00111	Offset19
31 24	19	0

Beschreibung	Dieser Befehl hat keine Auswirkungen, außer daß danach die Delay-Instruktion ausgeführt wird.

Mnemonic	**B F . A**
Name	Branch on false (never), ANNUL-Option
Ergebnis	-
Assembler	BF.A Offset19
Status	-
Operanden Format	PC Programmzähler

11111100	10111	Offset19
31 24	19	0

Beschreibung	Dieser Befehl hat keine Auswirkungen; die Delay-Instruktion wird nicht ausgeführt.

Mnemonic	**B G E**
Name	Branch on greater or equal
Ergebnis	Falls (~(N ^ V) | Z), dann PC ← PC + {Offset19,00}; danach Delay-Instruktion
Assembler	BGE Offset19
Status	-
Operanden	PC Programmzähler

Format

11111100	00101	Offset19

31   24   19   0

Beschreibung Falls die Status-Flags die Sprungbedingung erfüllen, wird zum PC der um zwei Bit nach links verschobene Offset19 addiert. Danach wird in jedem Fall die Delay-Instruktion ausgeführt.

Mnemonic	**B G E . A**
Name	Branch on greater or equal, ANNUL-Option
Ergebnis	Falls (~(N ^ V) | Z), dann PC ← PC + {Offset19,00} und danach Delay-Instruktion
Assembler	BGE.A Offset19
Status	-
Operanden	PC Programmzähler

Format

11111100	10101	Offset19

31   24   19   0

Beschreibung Falls die Status-Flags die Sprungbedingung erfüllen, wird zum PC der um zwei Bit nach links verschobene Offset19 addiert. Nur dann wird danach die Delay-Instruktion ausgeführt.

Mnemonic	**B G T**
Name	Branch on greater than
Ergebnis	Falls ~((N ^ V) | Z), dann PC ← PC + {Offset19,00}; danach Delay-Instruktion
Assembler	BGT Offset19
Status	-
Operanden	PC Programmzähler

Format

11111100	00110	Offset19

31   24   19   0

Beschreibung Falls die Status-Flags die Sprungbedingung erfüllen, wird zum PC der um zwei Bit nach links verschobene Offset19 addiert. Danach wird in jedem Fall die Delay-Instruktion ausgeführt.

Mnemonic	**B G T . A**
Name	Branch on greater than, ANNUL-Option
Ergebnis	Falls ~((N ^ V) | Z), dann PC ← PC + {Offset19,00} und danach Delay-Instruktion
Assembler	BGT.A Offset19
Status	-
Operanden	PC Programmzähler

Format

11111100	10110	Offset19

31   24   19   0

Beschreibung Falls die Status-Flags die Sprungbedingung erfüllen, wird zum PC der um zwei Bit nach links verschobene Offset19 addiert. Nur dann wird danach die Delay-Instruktion ausgeführt.

Mnemonic	B H I
Name	Branch on higher
Ergebnis	Falls (~(C | Z)), dann PC ← PC + {Offset19,00}; danach Delay-Instruktion
Assembler	BHI Offset19
Status	-
Operanden	PC Programmzähler
Format	

11111100	00011	Offset19
31 24	19	0

Beschreibung Falls die Status-Flags die Sprungbedingung erfüllen, wird zum PC der um zwei Bit nach links verschobene Offset19 addiert. Danach wird in jedem Fall die Delay-Instruktion ausgeführt.

Mnemonic	B H I . A
Name	Branch on higher, ANNUL-Option
Ergebnis	Falls (~(C | Z)), dann PC ← PC + {Offset19,00} und danach Delay-Instruktion
Assembler	BHI.A Offset19
Status	-
Operanden	PC Programmzähler
Format	

11111100	10011	Offset19
31 24	19	0

Beschreibung Falls die Status-Flags die Sprungbedingung erfüllen, wird zum PC der um zwei Bit nach links verschobene Offset19 addiert. Nur dann wird danach die Delay-Instruktion ausgeführt.

Mnemonic	B L E
Name	Branch on less or equal
Ergebnis	Falls ((N ^ V) | Z), dann PC ← PC + {Offset19,00}; danach Delay-Instruktion
Assembler	BLE Offset19
Status	-
Operanden	PC Programmzähler
Format	

11111100	01110	Offset19
31 24	19	0

Beschreibung Falls die Status-Flags die Sprungbedingung erfüllen, wird zum PC der um zwei Bit nach links verschobene Offset19 addiert. Danach wird in jedem Fall die Delay-Instruktion ausgeführt.

Mnemonic	B L E . A
Name	Branch on less or equal, ANNUL-Option
Ergebnis	Falls ((N ^ V) | Z), dann PC ← PC + {Offset19,00} und danach Delay-Instruktion
Assembler	BLE.A Offset19
Status	-
Operanden	PC Programmzähler
Format	

11111100	11110	Offset19
31 24	19	0

Beschreibung Falls die Status-Flags die Sprungbedingung erfüllen, wird zum PC der um zwei Bit nach links verschobene Offset19 addiert. Nur dann wird danach die Delay-Instruktion ausgeführt.

Mnemonic	B L S
Name	Branch on less or same
Ergebnis	Falls (C | Z), dann PC ← PC + {Offset19,00}; danach Delay-Instruktion
Assembler	BLS Offset19
Status	-
Operanden	PC Programmzähler
Format	

11111100	01011	Offset19
31 24	19	0

Beschreibung Falls die Status-Flags die Sprungbedingung erfüllen, wird zum PC der um zwei Bit nach links verschobene Offset19 addiert. Danach wird in jedem Fall die Delay-Instruktion ausgeführt.

Mnemonic	**B L S . A**
Name	Branch on less or same, ANNUL-Option
Ergebnis	Falls (C | Z), dann PC ← PC + {Offset19,00} und danach Delay-Instruktion
Assembler	BLS.A Offset19
Status	-
Operanden Format	PC Programmzähler

11111100	11011	Offset19
31 24	19	0

Beschreibung	Falls die Status-Flags die Sprung-bedingung erfüllen, wird zum PC der um zwei Bit nach links ver-schobene Offset19 addiert. Nur dann wird danach die Delay-Instruktion ausgeführt.

Mnemonic	**B L T . A**
Name	Branch on less than, ANNUL-Option
Ergebnis	Falls ((N ^ V) | Z), dann PC ← PC + {Offset19,00} und danach Delay-Instruktion
Assembler	BLT.A Offset19
Status	-
Operanden Format	PC Programmzähler

11111100	11101	Offset19
31 24	19	0

Beschreibung	Falls die Status-Flags die Sprung-bedingung erfüllen, wird zum PC der um zwei Bit nach links ver-schobene Offset19 addiert. Nur dann wird danach die Delay-Instruktion ausgeführt.

Mnemonic	**B L T**
Name	Branch on less than
Ergebnis	Falls ((N ^ V) | Z), dann PC ← PC + {Offset19,00}; danach Delay-Instruktion
Assembler	BLT Offset19
Status	-
Operanden Format	PC Programmzähler

11111100	01101	Offset19
31 24	19	0

Beschreibung	Falls die Status-Flags die Sprung-bedingung erfüllen, wird zum PC der um zwei Bit nach links ver-schobene Offset19 addiert. Danach wird in jedem Fall die Delay-Instruktion ausgeführt.

Mnemonic	**B M I**
Name	Branch on minus
Ergebnis	Falls (N), dann PC ← PC + {Offset19,00}; danach Delay-Instruktion
Assembler	BMI Offset19
Status	-
Operanden Format	PC Programmzähler

11111100	01010	Offset19
31 24	19	0

Beschreibung	Falls die Status-Flags die Sprung-bedingung erfüllen, wird zum PC der um zwei Bit nach links ver-schobene Offset19 addiert. Danach wird in jedem Fall die Delay-Instruktion ausgeführt.

Mnemonic	**B M I . A**
Name	Branch on minus, ANNUL-Option
Ergebnis	Falls (N), dann PC ← PC + {Offset19,00} und danach Delay-Instruktion
Assembler	BMI.A Offset19
Status	-
Operanden	PC Programmzähler

Format

11111100	11010	Offset19
31 24	19	0

Beschreibung	Falls die Status-Flags die Sprung-bedingung erfüllen, wird zum PC der um zwei Bit nach links ver-schobene Offset19 addiert. Nur dann wird danach die Delay-Instruktion ausgeführt.

Mnemonic	**B N E**
Name	Branch on not equal
Ergebnis	Falls (~Z), dann PC ← PC + {Offset19,00}; danach Delay-Instruktion
Assembler	BNE Offset19
Status	-
Operanden	PC Programmzähler

Format

11111100	00000	Offset19
31 24	19	0

Beschreibung	Falls die Status-Flags die Sprung-bedingung erfüllen, wird zum PC der um zwei Bit nach links ver-schobene Offset19 addiert. Danach wird in jedem Fall die Delay-Instruktion ausgeführt.

Mnemonic	**B N E . A**
Name	Branch on not equal, ANNUL-Option
Ergebnis	Falls (~Z), dann PC ← PC + {Offset19,00} und danach Delay-Instruktion
Assembler	BNE.A Offset19
Status	-
Operanden	PC Programmzähler

Format

11111100	10000	Offset19
31 24	19	0

Beschreibung	Falls die Status-Flags die Sprung-bedingung erfüllen, wird zum PC der um zwei Bit nach links ver-schobene Offset19 addiert. Nur dann wird danach die Delay-Instruktion ausgeführt.

Mnemonic	**B P L**
Name	Branch on plus
Ergebnis	Falls (~N), dann PC ← PC + {Offset19,00}; danach Delay-Instruktion
Assembler	BPL Offset19
Status	-
Operanden	PC Programmzähler

Format

11111100	00010	Offset19
31 24	19	0

Beschreibung	Falls die Status-Flags die Sprung-bedingung erfüllen, wird zum PC der um zwei Bit nach links ver-schobene Offset19 addiert. Da-nach wird in jedem Fall die Delay-Instruktion ausgeführt.

Mnemonic	**B P L . A**
Name	Branch on plus, ANNUL-Option
Ergebnis	Falls (~N), dann PC ← PC + {Offset19,00} und danach Delay-Instruktion
Assembler	BPL.A Offset19
Status	-
Operanden	PC Programmzähler
Format	

11111100	10010	Offset19
31 24	19	0

Beschreibung Falls die Status-Flags die Sprung-bedingung erfüllen, wird zum PC der um zwei Bit nach links ver-schobene Offset19 addiert. Nur dann wird danach die Delay-Instruktion ausgeführt.

Mnemonic	**B T**
Name	Branch on true (always)
Ergebnis	PC ← PC + {Offset19,00}; danach Delay-Instruktion
Assembler	BT Offset19
Status	-
Operanden	PC Programmzähler
Format	

11111100	01111	Offset19
31 24	19	0

Beschreibung Zum PC wird der um zwei Positi-onen nach links verschobene Wert Offset19 addiert. Danach wird die Delay-Instruktion ausgeführt.

Mnemonic	**B T . A**
Name	Branch on true (always), ANNUL-Option
Ergebnis	PC ← PC + {Offset19,00} und danach Delay-Instruktion
Assembler	BT.A Offset19
Status	-
Operanden	PC Programmzähler
Format	

11111100	11111	Offset19
31 24	19	0

Beschreibung Zum PC wird der um zwei Positi-onen nach links verschobene Wert Offset19 addiert. Danach wird die Delay-Instruktion ausgeführt.

Anmerkung Da der Sprung unbedingt genom-men wird, wird auch die Delay-Instruktion in jedem Fall ausge-führt. Daher haben die Befehle BT und BT.A gleiche Auswirkungen.

Mnemonic	**B V C**
Name	Branch on overflow clear
Ergebnis	Falls (~V), dann PC ← PC + {Offset19,00}; danach Delay-Instruktion
Assembler	BVC Offset19
Status	-
Operanden	PC Programmzähler
Format	

11111100	00100	Offset19
31 24	19	0

Beschreibung Falls die Status-Flags die Sprung-bedingung erfüllen, wird zum PC der um zwei Bit nach links ver-schobene Offset19 addiert. Da-nach wird in jedem Fall die Delay-Instruktion ausgeführt.

Mnemonic	**B V C . A**
Name	Branch on overflow clear, ANNUL-Option
Ergebnis	Falls (~V), dann PC ← PC + {Offset19,00} und danach Delay-Instruktion
Assembler	BVC.A Offset19
Status	-
Operanden	PC Programmzähler
Format	

11111100	10100	Offset19
31 24	19	0

Beschreibung Falls die Status-Flags die Sprung-bedingung erfüllen, wird zum PC der um zwei Bit nach links ver-schobene Offset19 addiert. Nur dann wird danach die Delay-Instruktion ausgeführt.

Mnemonic	**B V S**
Name	Branch on overflow set
Ergebnis	Falls (V), dann PC ← PC + {Offset19,00}; danach Delay-Instruktion
Assembler	BVS Offset19
Status	-
Operanden	PC Programmzähler

Format

11111100	01100	Offset19
31 24	19	0

Beschreibung Falls die Status-Flags die Sprungbedingung erfüllen, wird zum PC der um zwei Bit nach links verschobene Offset19 addiert. Danach wird in jedem Fall die Delay-Instruktion ausgeführt.

Mnemonic	**B V S . A**
Name	Branch on overflow set, ANNUL-Option
Ergebnis	Falls (V), dann PC ← PC + {Offset19,00} und danach Delay-Instruktion
Assembler	BVS.A Offset19
Status	-
Operanden	PC Programmzähler

Format

11111100	11100	Offset19
31 24	19	0

Beschreibung Falls die Status-Flags die Sprungbedingung erfüllen, wird zum PC der um zwei Bit nach links verschobene Offset19 addiert. Nur dann wird danach die Delay-Instruktion ausgeführt.

Mnemonic	**C A L L**
Name	Call
Ergebnis	Rücksprungadresse merken; PC ← {Address30,00}; Delay-Instruktion
Assembler	CALL Address30
Status	-
Operanden	PC Programmzähler

Format

1 0	Address30
31 30	0

Beschreibung Die momentane Adresse wird für den Rücksprung gespeichert. Die um zwei Bit nach links verschobene Address30 ist die absolute Sprungadresse. Danach wird die Delay-Instruktion ausgeführt.

Mnemonic	**C L C**
Name	Clear Cache
Ergebnis	Inhalt des Caches ungültig setzen
Assembler	CLC
Status	-

Format

11100111				
31 24	19	14	5	0

Beschreibung Der Inhalt des Multi-Purpose-Cache wird für ungültig erklärt, indem die Valid-Bits aller Einträge auf 0 gesetzt werden.

Mnemonic	**C L R**
Name	Clear Register
Ergebnis	dest ← 0
Assembler	CLR Rd
Status	-
Realisierung	XOR Rd, R0, R0
Operanden	dest REG[DEST] srcA REG[SRCA] srcB REG[SRCB] DEST=d, SRCA=SRCB=0

Format

01001001	DEST	SRCA		SRCB
31 24	19	14	5	0

Beschreibung Dies ist ein synthetischer Befehl. Der Wert 0 wird in Register DEST geschrieben

Mnemonic	C L R . F
Name	Clear Register, set flags
Ergebnis	dest ← 0
Assembler	CLR Rd
Status	N, Z
Realisierung	XOR.F Rd, R0, R0
Operanden	dest REG[DEST]
	srcA REG[SRCA]
	srcB REG[SRCB]
	DEST=d, SRCA=SRCB=0

Format

01001011	DEST	SRCA			SRCB
31	24	19	14	5	0

Beschreibung Dies ist ein synthetischer Befehl. Der Wert 0 wird in Register DEST geschrieben und die Flags werden verändert. N bekommt den Wert 0, Z den Wert 1 zugewiesen.

Mnemonic	H A L T
Name	Halt
Ergebnis	HALT-Zustand annehmen und nach 3 Schritten auf Reset warten
Assembler	HALT
Status	-
Operanden	-

Format

11111111					
31	24	19	14	5	0

Beschreibung Der Prozessor nimmt den HALT-Zustand an, d.h. es werden keine weiteren Befehle geladen. Die drei Befehle, die sich bereits in der Abarbeitung befinden, werden noch zu Ende ausgeführt. Danach wartet der Prozessor auf ein RESET-Signal.

Mnemonic	J M P
Name	Jump
Ergebnis	PC ← rB
Assembler	JMP Rb
Status	-
Realisierung	SRIS PC, Rb
Operanden	rB REG[RB]
	RB=b

Format

11101011	00000			RB
31	24	19	5	0

Beschreibung Dieser synthetische CTR-Befehl kopiert Register RB in den PC (Spezialregister 0).

Mnemonic	L D H
Name	Load high
Ergebnis	dest ← Immediate19 << 13
Assembler	LDH Rd,Immediate19
Status	-
Operanden	dest REG[DEST]

Format

01110001	DEST	Immediate19
31	24	19	0

Beschreibung Die höherwertigen Positionen von Register DEST werden mit dem Wert von Immediate19 belegt. Die verbleibenden niederwertigen Positionen von Register DEST werden auf 0 gesetzt.

Mnemonic	L D S
Name	Load signed
Ergebnis	rC ← MEM[rA+rB] (Wort)
Assembler	LDS Rc, Ra, Rb oder
	LDS Rc, Ra, {Offset14,00}
Status	-
Operanden	rC REG[RC]
	rA REG[RA]
	rB REG[RB] oder
	{Offset14,00}
	RC=c, RA=a, RB=b

Format

00011111	RC	RA		RB

00011110	RC	RA	Offset14
31	24	19	14	5	0

Beschreibung Es wird ein Wort aus dem Speicher in das Register RC geladen, steht aber erst dem übernächstem Befehl zur Verfügung (Delayed-Load).

Die Speicheradresse ist die Summe von rA und rB.

Anmerkung Da sich bei ganzen Worten das Vorzeichen nicht auswirkt, hat dieser Befehl die gleichen Auswirkungen wie der Befehl LDU.

Mnemonic	**L D S . B**
Name	Load signed byte
Ergebnis	$rC \leftarrow$ MEM[rA+rB] (Byte) höherwertige Bits entsprechend Vorzeichen
Assembler	LDS.B Rc,Ra,Rb oder LDS.B Rc,Ra, {Offset14,P,Q}
Status	-
Operanden	rC REG[RC] rA REG[RA] rB REG[RB] oder {Offset14,P,Q} RC=c, RA=a, RB=b

Format

00010PQ1	RC	RA		RB

00010PQ0	RC	RA	Offset14

31   24   19   14   5   0

Beschreibung Es wird ein Byte aus dem Speicher in das niedrigstwertige Byte von Register RC geladen, steht aber erst dem übernächstem Befehl zur Verfügung (Delayed-Load). Das Vorzeichen des Bytes wird in die höheren Register-Bits expandiert.

Die Speicheradresse ist die Summe von rA und rB, die gemäß P und Q (Befehls-Bits 26 und 25) wie folgt modifiziert wird. Für PQ =

00	Byte aus Bits 07...00
01	Byte aus Bits 15...08
10	Byte aus Bits 23...16
11	Byte aus Bits 31...24

Mnemonic	**L D S . D**
Name	Load signed double byte
Ergebnis	$rC \leftarrow$ MEM[rA+rB] (Halbwort) höherwertige Bits entsprechend Vorzeichen
Assembler	LDS.D Rc,Ra,Rb oder LDS.D Rc,Ra, {Offset14,P,0}
Status	-
Operanden	rC REG[RC] rA REG[RA] rB REG[RB] oder {Offset14,P,0} RC=c, RA=a, RB=b

Format

00011P01	RC	RA		RB

00011P00	RC	RA	Offset14

31   24   19   14   5   0

Beschreibung Es wird ein Halbwort aus dem Speicher in das niederwertige Halbwort von Register RC geladen, steht aber erst dem übernächstem Befehl zur Verfügung (Delayed-Load). Das Vorzeichen des Halbwortes wird in die höheren Register-Bits expandiert.

Die Speicheradresse ist die Summe von rA und rB, die gemäß P (Befehls-Bit 26) wie folgt modifiziert wird. Für P =

0	Halbwort aus Bits 15...00
1	Halbwort aus Bits 31...16

Mnemonic	**L D S . Q**	
Name	Load signed quad byte	
Ergebnis	rC ← MEM[rA+rB] (Wort)	
Assembler	LDS.Q Rc, Ra, Rb oder	
	LDS.Q Rc, Ra, {Offset14,00}	
Status	-	
Operanden	rC	REG[RC]
	rA	REG[RA]
	rB	REG[RB] oder
		{Offset14,00}
	RC=c, RA=a, RB=b	

Format

00011111	RC	RA		RB

00011110	RC	RA	Offset14
31 24	19	14	5 0

Beschreibung	Es wird ein Wort aus dem Speicher in das Register RC geladen, steht aber erst dem übernächstem Befehl zur Verfügung (Delayed-Load).
	Die Speicheradresse ist die Summe von rA und rB.
Anmerkung	Dieser Befehl hat die gleichen Auswirkungen wie der Befehl LDS.

Mnemonic	**L D U**	
Name	Load unsigned	
Ergebnis	rC ← MEM[rA+rB] (Wort)	
Assembler	LDU Rc, Ra, Rb oder	
	LDU Rc, Ra, {Offset14,00}	
Status	-	
Operanden	rC	REG[RC]
	rA	REG[RA]
	rB	REG[RB] oder
		{Offset14,00}
	RC=c, RA=a, RB=b	

Format

00001111	RC	RA		RB

00001110	RC	RA	Offset14
31 24	19	14	5 0

Beschreibung	Es wird ein Wort aus dem Speicher in das Register RC geladen, steht aber erst dem übernächstem Befehl zur Verfügung (Delayed-Load).
	Die Speicheradresse ist die Summe von rA und rB.

Mnemonic	**L D U . B**	
Name	Load unsigned byte	
Ergebnis	rC ← MEM[rA+rB] (Byte)	
Assembler	LDU.B Rc, Ra, Rb oder	
	LDU.B Rc, Ra, {Offset14,P,Q}	
Status	-	
Operanden	rC	REG[RC]
	rA	REG[RA]
	rB	REG[RB] oder
		{Offset14,P,Q}
	RC=c, RA=a, RB=b	

Format

00000PQ1	RC	RA		RB

00000PQ0	RC	RA	Offset14
31 24	19	14	5 0

Beschreibung	Es wird ein Byte aus dem Speicher in das niedrigstwertige Byte von Register RC geladen, steht aber erst dem übernächstem Befehl zur Verfügung (Delayed-Load).
	Die Speicheradresse ist die Summe von rA und rB, die gemäß P und Q (Befehls-Bits 26 und 25) wie folgt modifiziert wird. Für PQ =

00	Byte aus Bits 07...00
01	Byte aus Bits 15...08
10	Byte aus Bits 23...16
11	Byte aus Bits 31...24

Mnemonic	**L D U . D**
Name	Load unsigned double byte
Ergebnis	rC ← MEM[rA+rB] (Halbwort)
Assembler	LDU.D Rc, Ra, Rb oder
	LDU.D Rc, Ra, {Offset14,P,0}
Status	-
Operanden	rC REG[RC]
	rA REG[RA]
	rB REG[RB] oder
	{Offset14,P,0}
	RC=c, RA=a, RB=b

Format

00001P01	RC	RA		RB

00001P00	RC	RA	Offset14

31	24	19	14	5	0

Beschreibung   Es wird ein Halbwort aus dem Speicher in das niederwertige Halbwort von Register RC geladen, steht aber erst dem übernächstem Befehl zur Verfügung (Delayed-Load).

Die Speicheradresse ist die Summe von rA und rB, die gemäß P (Befehls-Bit 26) wie folgt modifiziert wird. Für P =

0	Halbwort aus Bits 15...00
1	Halbwort aus Bits 31...16

Mnemonic	**L D U . Q**
Name	Load unsigned quad byte
Ergebnis	rC ← MEM[rA+rB] (Wort)
Assembler	LDU.Q Rc, Ra, Rb oder
	LDU.Q Rc, Ra, {Offset14,00}
Status	-
Operanden	rC REG[RC]
	rA REG[RA]
	rB REG[RB] oder
	{Offset14,00}
	RC=c, RA=a, RB=b

Format

00001111	RC	RA		RB

00001110	RC	RA	Offset14

31	24	19	14	5	0

Beschreibung   Es wird ein Wort aus dem Speicher in das Register RC geladen, steht aber erst dem übernächstem Befehl zur Verfügung (Delayed-Load).

Die Speicheradresse ist die Summe von rA und rB.

Anmerkung   Dieser Befehl hat die gleichen Auswirkungen wie der Befehl LDU

Mnemonic	**L R F S**
Name	Load register from special register
Ergebnis	rC ← sA
Assembler	LRFS Rc,X
Status	-
Operanden	rC REG[RC]
	sA SREG[SA]
	RC=c, X Name von sA

Format

11101010	RC	SA	

31	24	19	14	0

Beschreibung   Spezialregister SA wird in Register RC kopiert.

Mnemonic	**L S L**
Name	Logical shift left
Ergebnis	dest ← srcA << scrB
Assembler	LSL Rd,Ra,Rb oder
	LSL Rd,Ra, Immediate14
Status	-
Operanden	dest REG[DEST]
	srcA REG[SRCA]
	srcB REG[SRCB]
	oder Immediate14
	DEST=d, SRCA=a, SRCB=b

Format

01010001	DEST	SRCA		SRCB

01010000	DEST	SRCA	Immediate14

31	24	19	14	5	0

Beschreibung   srcA wird um srcB Stellen nach links, d.h. in Richtung der höherwertigen Bits verschoben, wobei die niedrigerwertigen Bits mit 0 aufgefüllt werden. Das Ergebnis wird in Register DEST geschrieben.

Mnemonic	**L S L . F**
Name	Logical shift left, set flags
Ergebnis	dest ← srcA << srcB
Assembler	LSL.F Rd,Ra,Rb oder LSL.F Rd,Ra, Immediate14
Status	C, N, Z
Operanden	dest REG[DEST] srcA REG[SRCA] srcB REG[SRCB] oder Immediate14 DEST=d, SRCA=a, SRCB=b

Format

01010011	DEST	SRCA		SRCB

01010010	DEST	SRCA	Immediate14

31   24   19   14   5   0

Beschreibung srcA wird um srcB Stellen nach links, d.h. in Richtung der höherwertigen Bits verschoben, wobei die niedrigerwertigen Bits mit 0 aufgefüllt werden. Das Ergebnis wird in Register DEST geschrieben. Die Flags des Ergebnisses kommen in das Statusregister.

Mnemonic	**L S R**
Name	Logical shift right
Ergebnis	dest ← srcA >> scrB
Assembler	RSR Rd,Ra,Rb oder RSR Rd,Ra, Immediate14
Status	-
Operanden	dest REG[DEST] srcA REG[SRCA] srcB REG[SRCB] oder Immediate14 DEST=d, SRCA=a, SRCB=b

Format

01010101	DEST	SRCA		SRCB

01010100	DEST	SRCA	Immediate14

31   24   19   14   5   0

Beschreibung srcA wird um srcB Stellen nach rechts, d.h. in Richtung der niedrigerwertigen Bits verschoben, wobei die höherwertigen Bits mit 0 aufgefüllt werden. Das Ergebnis wird in Register DEST geschrieben.

Mnemonic	**L S R . F**
Name	Logical shift right, set flags
Ergebnis	dest ← srcA >> scrB
Assembler	LSR.F Rd,Ra,Rb oder LSR.F Rd,Ra, Immediate14
Status	C, N, Z
Operanden	dest REG[DEST] srcA REG[SRCA] srcB REG[SRCB] oder Immediate14 DEST=d, SRCA=a, SRCB=b

Format

01010111	DEST	SRCA		SRCB

01010110	DEST	SRCA	Immediate14

31   24   19   14   5   0

Beschreibung srcA wird um srcB Stellen nach rechts, d.h. in Richtung der niedrigerwertigen Bits verschoben, wobei die höherwertigen Bits mit 0 aufgefüllt werden. Das Ergebnis wird in Register DEST geschrieben. Die Flags des Ergebnisses kommen in das Statusregister. Das Carry-Flag ist 0 für srcB=0 und sonst der Wert an der (gedachten) Bit-Position -1 von dest.

Mnemonic	**N E G**
Name	Arithmetic negation
Ergebnis	dest ← −srcB
Assembler	NEG Rd,Rb
Status	-
Realisierung	SUB Rd, R0, Rb
Operanden	dest REG[DEST] srcB REG[SRCB] DEST=d, SRCB=b

Format

01101001	DEST	00000		SRCB

31   24   19   14   5   0

Beschreibung Dies ist ein synthetischer Befehl. Register SRCB wird vom Wert 0 subtrahiert. Dies entspricht einer arithmetischen Negierung. Das Ergebnis wird in Register DEST geschrieben.

Mnemonic	N E G . F
Name	Arithmetic negation, set flags
Ergebnis	dest ← −srcB
Assembler	NEG.F Rd,Rb
Status	N, Z, C, V
Realisierung	SUB.F Rd, R0, Rb
Operanden	dest REG[DEST]
	srcB REG[SRCB]
	DEST=d, SRCB=b

Format

01101011	DEST	00000		SRCB
31	24 19	14	5	0

Beschreibung   Dies ist ein synthetischer Befehl. Register SRCB wird vom Wert 0 subtrahiert. Dies entspricht einer arithmetischen Negierung. Das Ergebnis wird in Register DEST geschrieben. Vom Ergebnis werden die Flags berechnet und in das Statusregister übernommen.

Mnemonic	N O P
Name	No operation
Ergebnis	keine Auswirkungen
Assembler	NOP
Status	-
Realisierung	XOR R0, R0, R0
Operanden	dest REG[DEST]
	srcA REG[SRCA]
	srcB REG[SRCB]
	DEST=SRCA=SRCB=0

Format

01001001	DEST	SRCA		SRCB
31	24 19	14	5	0

Beschreibung   Dieser synthetische Befehl hat keine Auswirkungen.

Mnemonic	N O T
Name	Not
Ergebnis	dest ← ~srcA
Assembler	NOT Rd,Ra
Status	-
Realisierung	XOR Rd, Ra, -1
Operanden	dest REG[DEST]
	srcA REG[SRCA]
	DEST=d, SRCA=a

Format

01001000	DEST	SRCA	11...1
31	24 19	14	0

Beschreibung   Mit diesem synthetischen Befehl wird die bit-weise Invertierung des Registers SRCA in DEST geschrieben.

Mnemonic	N O T . F
Name	Not, set flags
Ergebnis	dest ← ~srcA
Assembler	NOT.F Rd,Ra
Status	N, Z
Realisierung	XOR.F Rd, Ra, -1
Operanden	dest REG[DEST]
	srcA REG[SRCA]
	DEST=d, SRCA=a

Format

01001010	DEST	SRCA	11...1
31	24 19	14	0

Beschreibung   Mit diesem synthetischen Befehl wird die bit-weise Invertierung des Registers SRCA in DEST geschrieben. Die Flags werden berechnet.

Mnemonic	**O R**
Name	Or
Ergebnis	dest ← srcA | scrB
Assembler	OR Rd,Ra,Rb oder
	OR Rd,Ra, Immediate14
Status	-
Operanden	dest REG[DEST]
	srcA REG[SRCA]
	srcB REG[SRCB]
	oder Immediate14
	DEST=d, SRCA=a, SRCB=b

Format

01000101	DEST	SRCA		SRCB

01000100	DEST	SRCA	Immediate14
31 24	19	14	5 0

Beschreibung Das bit-weise logische ODER von srcA und srcB wird in Register DEST geschrieben.

Mnemonic	**O R . F**
Name	Or, set flags
Ergebnis	dest ← srcA | scrB
Assembler	OR.F Rd,Ra,Rb oder
	OR.F Rd,Ra, Immediate14
Status	N, Z
Operanden	dest REG[DEST]
	srcA REG[SRCA]
	srcB REG[SRCB]
	oder Immediate14
	DEST=d, SRCA=a, SRCB=b

Format

01000111	DEST	SRCA		SRCB

01000110	DEST	SRCA	Immediate14
31 24	19	14	5 0

Beschreibung Das bit-weise logische ODER von srcA und srcB wird in Register DEST geschrieben. Die Flags werden berechnet.

Mnemonic	**R E T**
Name	Return from subroutine
Ergebnis	PC ← rB
Assembler	RET Rb
Status	-
Realisierung	SRIS PC, Rb
Operanden	rB REG[RB]
	RB=b

Format

11101011	00000		RB
31 24	19	5	0

Beschreibung Dieser synthetische CTR-Befehl kopiert Register RB in den PC (Spezialregister 0). Er ist ein Rücksprung von einer Unterroutine, falls nach einem CALL die Rücksprungadresse vom Return-PC in Register RB gesichert wurde.

Mnemonic	**R E T I**
Name	Return from Interrupt
Ergebnis	Gesicherten Prozessorzustand wiederherstellen
Assembler	RETI
Status	-
Operanden	-

Format

11111110				
31 24	19	14	5	0

Beschreibung Dies ist der letzte Befehl einer Interrupt-Routine, um den beim Eintritt gesicherten Prozessorzustand wiederherzustellen. Dies schließt den Prozessorstatus und die Mehrzweckregister REG[28:31] ein.

Mnemonic	R O T
Name	Rotate right
Ergebnis	dest ← srcA >>> scrB
Assembler	ROT Rd,Ra,Rb oder
	ROT Rd,Ra, Immediate14
Status	-
Operanden	dest REG[DEST]
	srcA REG[SRCA]
	srcB REG[SRCB]
	oder Immediate14
	DEST=d, SRCA=a, SRCB=b

Format

01011101	DEST	SRCA		SRCB

01011100	DEST	SRCA	Immediate14
31	24 19	14	5 0

Beschreibung srcA wird um srcB Stellen nach rechts, d.h. in Richtung der niederwertigen Bits rotiert. Das Ergebnis wird in Register DEST geschrieben.

Mnemonic	R O T . F
Name	Rotate right, set flags
Ergebnis	dest ← srcA >>> scrB
Assembler	ROT.F Rd,Ra,Rb oder
	ROT.F Rd,Ra, Immediate14
Status	C, N, Z
Operanden	dest REG[DEST]
	srcA REG[SRCA]
	srcB REG[SRCB]
	oder Immediate14
	DEST=d, SRCA=a, SRCB=b

Format

01011111	DEST	SRCA		SRCB

01011110	DEST	SRCA	Immediate14
31	24 19	14	5 0

Beschreibung srcA wird um srcB Stellen nach rechts, d.h. in Richtung der niederwertigen Bits rotiert. Das Ergebnis wird in Register DEST geschrieben. Die Flags des Ergebnisses kommen in das Statusregister. Das Carry-Flag ist 0 für srcB=0 und sonst dest[31].

Mnemonic	S R I S
Name	Store register into special register
Ergebnis	sC ← rB
Assembler	SRIS X, Rb
Status	-
Operanden	sC SREG[SC]
	rB REG[RB]
	RB=b, X Name von sC

Format

11101011	SC		RB
31	24 19	5	0

Beschreibung Register RB wird in Spezialregister SC kopiert. Bezeichnet SC=0 den PC, so wird ein Sprung nach Adresse rB ausgeführt, es liegt dann der synthetische CTR-Befehl Jump vor. Enthält zusätzlich rB den zuvor gespeicherten Wert des Spezialregisters RPC (Return-PC), so liegt der synthetische CTR-Befehl Return vor.

Mnemonic	S T
Name	Store
Ergebnis	MEM[rA+rB] ← rC
Assembler	ST Rc, Ra, Rb oder
	ST Rc, Ra, {Offset14,00}
Status	-
Operanden	rC REG[RC]
	rA REG[RA]
	rB REG[RB] oder
	{Offset14,00}
	RC=c, RA=a, RB=b

Format

00101111	RC	RA		RB

00101110	RC	RA	Offset14
31	24 19	14	5 0

Beschreibung Register RC wird in den Speicher geschrieben. Die Speicheradresse ist die Summe von rA und rB.

Mnemonic	S T . B
Name	Store byte
Ergebnis	MEM[rA+rB] ← rC (niedrigstwertiges Byte)
Assembler	ST.B Rc,Ra,Rb oder ST.B Rc,Ra, {Offset14,P,Q}
Status	-
Operanden	rC REG[RC] rA REG[RA] rB REG[RB] oder {Offset14,P,Q} RC=c, RA=a, RB=b

Format

00100PQ1	RC	RA		RB

00100PQ0	RC	RA	Offset14
31 24	19	14	5 0

Beschreibung Das niedrigstwertige Byte von Register RC wird in den Speicher geschrieben. Die Speicheradresse ist die Summe von rA und rB, die gemäß P und Q (Befehls-Bits 26 und 25) wie folgt modifiziert wird. Für PQ =

00	Byte in Bits 07...00
01	Byte in Bits 15...08
10	Byte in Bits 23...16
11	Byte in Bits 31...24

Mnemonic	S T . D
Name	Store double byte
Ergebnis	MEM[rA+rB] ← rC (niederwertiges Halbwort)
Assembler	ST.D Rc,Ra,Rb oder ST.D Rc,Ra, {Offset14,P,0}
Status	-
Operanden	rC REG[RC] rA REG[RA] rB REG[RB] oder {Offset14,P,0} RC=c, RA=a, RB=b

Format

00101P01	RC	RA		RB

00101P00	RC	RA	Offset14
31 24	19	14	5 0

Beschreibung Das niederwertige Halbwort von Register RC wird in den Speicher geschrieben. Die Speicheradresse ist die Summe von rA und rB, die gemäß P (Befehls-Bit 26) wie folgt modifiziert wird. Für P =

0	Halbwort in Bits 15...00
1	Halbwort in Bits 31...16

Mnemonic	S T . Q
Name	Store quad byte
Ergebnis	MEM[rA+rB] ← rC
Assembler	ST.Q Rc, Ra, Rb oder ST.Q Rc, Ra, {Offset14,00}
Status	-
Operanden	rC REG[RC] rA REG[RA] rB REG[RB] oder {Offset14,00} RC=c, RA=a, RB=b

Format

00101111	RC	RA		RB

00101110	RC	RA	Offset14
31 24	19	14	5 0

Beschreibung Das Register RC wird in den Speicher gebracht. Die Speicheradresse ist die Summe von rA und rB.

Anmerkung Dieser Befehl hat die gleichen Auswirkungen wie der Befehl ST.

Mnemonic	S U B
Name	Subtract
Ergebnis	dest ← srcA - scrB
Assembler	SUB Rd,Ra,Rb oder SUB Rd,Ra, Immediate14
Status	-
Operanden	dest REG[DEST] srcA REG[SRCA] srcB REG[SRCB] oder Immediate14 DEST=d, SRCA=a, SRCB=b

Format

01101001	DEST	SRCA		SRCB

01101000	DEST	SRCA	Immediate14
31 24	19	14	5 0

Beschreibung srcB wird von srcA subtrahiert und in Register DEST geschrieben.

Mnemonic	S U B . F
Name	Subtract, set flags
Ergebnis	dest ← srcA - scrB
Assembler	SUB.F Rd,Ra,Rb oder SUB.F Rd,Ra, Immediate14
Status	N, Z, C, V
Operanden	dest REG[DEST] srcA REG[SRCA] srcB REG[SRCB] oder Immediate14 DEST=d, SRCA=a, SRCB=b

Format

01101011	DEST	SRCA		SRCB

01101010	DEST	SRCA	Immediate14

```
31      24    19    14         5      0
```

Beschreibung   srcB wird von srcA subtrahiert und in Register DEST geschrieben. Die Flags des Ergebnisses kommen in das Statusregister.

Mnemonic	S U B C
Name	Subtract with carry
Ergebnis	dest ← srcA - srcB - C
Assembler	SUBC Rd,Ra,Rb oder SUBC Rd,Ra, Immediate14
Status	-
Operanden	dest REG[DEST] srcA REG[SRCA] srcB REG[SRCB] oder Immediate14 DEST=d, SRCA=a, SRCB=b

Format

01101101	DEST	SRCA		SRCB

01101100	DEST	SRCA	Immediate14

```
31      24    19    14         5      0
```

Beschreibung   srcB und das Carry-Flag werden von srcA subtrahiert und in Register DEST geschrieben.

Mnemonic	S U B C . F
Name	Subtract with carry, set flags
Ergebnis	dest ← srcA - srcB - C
Assembler	SUBC Rd,Ra,Rb oder SUBC Rd,Ra, Immediate14
Status	N, Z, C, V
Operanden	dest REG[DEST] srcA REG[SRCA] srcB REG[SRCB] oder Immediate14 DEST=d, SRCA=a, SRCB=b

Format

01101111	DEST	SRCA		SRCB

01101110	DEST	SRCA	Immediate14

```
31      24    19    14         5      0
```

Beschreibung   srcB und das Carry-Flag werden von srcA subtrahiert und in Register DEST geschrieben. Die Flags des Ergebnisses werden berechnet.

Mnemonic	S W P
Name	Swap
Ergebnis	rC ↔ MEM[rA+rB]
Assembler	SWP Rd,Ra,Rb oder SWP Rd,Ra, {Offset14,00}
Status	-
Operanden	rC REG[RC] rA REG[RA] rB REG[RB] oder {Offset14,00} RC=d, RA=a, RB=b

Format

00111111	RC	RA		RB

00111110	RC	RA	Offset14

```
31      24    19    14         5      0
```

Beschreibung   Register RC und ein Speicherplatz tauschen in einer Transaktion die Inhalte. Die Speicheradresse ist die Summe von rA und rB. Das Ergebnis steht erst dem übernächstem Befehl zur Verfügung (Delayed-Load).

Mnemonic	S W I
Name	Software interrupt
Ergebnis	PC ← VBR | {1,Imm4,000} und Prozessorzustand sichern
Assembler	SWI Imm4
Status	-
Operanden	Imm4

Format

11111101					1 Imm4

31   24   19   14   5   0

Beschreibung Für den angeforderten Software-Interrupt wird Imm4 um drei Positionen nach links verschoben, um eine führende 1 ergänzt und in das Vektorbasisregister eingeblendet. Das Ergebnis wird in den PC geschrieben und gibt die Adresse des ersten Befehls der Interrupt-Behandlungsroutine an. Gleichzeitig wird der Zustand des Prozessors gesichert, so daß er bei Verlassen der Interrupt-Routine wiederhergestellt werden kann. Dies schließt den Prozessorstatus und die Mehrzweckregister REG[28..31] ein.

Mnemonic	X O R
Name	Exclusive or
Ergebnis	dest ← srcA ^ scrB
Assembler	XOR Rd,Ra,Rb oder XOR Rd,Ra, Immediate14
Status	-
Operanden	dest REG[DEST] srcA REG[SRCA] srcB REG[SRCB] oder Immediate14 DEST=d, SRCA=a, SRCB=b

Format

01001001	DEST	SRCA		SRCB

01001000	DEST	SRCA	Immediate14

31   24   19   14   5   0

Beschreibung Das bit-weise logische XOR von srcA und srcB wird in Register DEST geschrieben.

Mnemonic	X O R . F
Name	Exclusive or, set flags
Ergebnis	dest ← srcA ^ scrB
Assembler	XOR.F Rd,Ra,Rb oder XOR.F Rd,Ra, Immediate14
Status	N, Z
Operanden	dest REG[DEST] srcA REG[SRCA] srcB REG[SRCB] oder Immediate14 DEST=d, SRCA=a, SRCB=b

Format

01001011	DEST	SRCA		SRCB

01001010	DEST	SRCA	Immediate14

31   24   19   14   5   0

Beschreibung Das bit-weise logische XOR von srcA und srcB wird in Register DEST geschrieben. Die Flags des Ergebnisses werden berechnet.

Das
Interpreter-Modell
als VERILOG-Code

Das Verhalten des RISC-Prozessors TOOBSIE ist primär durch seinen Befehlsatz definiert, den wir im Kapitel E5 zunächst formlos und dann durch ein simulierbares HDL-Modell, das Interpreter-Modell, festgelegt haben. Da dieses Modell im Einführungsband nur auf der Diskette stand, ist es hier als Service abgedruckt, ergänzt um ein weiteres Simulationsergebnis. Das Modell ist im Abschnitt E5.3 des Einführungsbandes ausführlich mit Diagrammen kommentiert.

```
//--------------------------------------------------------------------------- i0000
//                                                                            i0001
// Interpreter-Modell                                                         i0002
//                                                                            i0003
// fuer das Instruktions-Verhalten des Prozessors TOOBSIE                     i0004
//                                                                            i0005
//--------------------------------------------------------------------------- i0006
//                                                                            i0007
//                                                                            i0008
// Veraenderbare Modelldaten:                                                 i0009
//   Die Schalterwerte STEP, TRACE, MEMDUMP, REGDUMP und ACCDUMP und die      i0010
//   Memory-Dump-Grenzen MDUMPLO und MDUMPHI sind im Testmodul als Parameter  i0011
//   implementiert, die mit den hier definierten Werten initialisiert werden  i0012
//   und koennen daher waehrend der Simulation mit RISC2_Test.<name> = <wert>; i0013
//   veraendert werden.                                                       i0014
//                                                                            i0015
`define STEP     0              // 0: kein $stop, 1: $stop nach jedem Befehl   i0016
`define TRACE    0              // 0: Dump nach HALT, 1: Dump nach jedem Befehl i0017
`define MEMDUMP  0              // 0: kein Memory-Dump, 1: Memory-Dump         i0018
`define REGDUMP  0              // 0: kein Register-Dump, 1: Register-Dump     i0019
`define ACCDUMP  0              // 0: kein Access-Dump, 1: Access-Dump         i0020
`define MEMSIZE  'h001_000      // System-Arbeitsspeichergroesse in Bytes      i0021
`define MDUMPLO  'h000_000      // Anfangs-Byte-Adresse fuer Memory-Dump       i0022
`define MDUMPHI  'h000_OFF      // End-Byte-Adresse fuer Memory-Dump           i0023
`define PROGRAM  "beispiel.exe"// auszufuehrende Programmdatei                 i0024
`define PRG_FORMAT 1           // Programmformat: 0=binaer, 1=hexadezimal      i0025
//                                                                            i0026
//                                                                            i0027
// Allgemeine Definitionen                                                    i0028
//                                                                            i0029
`define    TRUE   1'b1                                                        i0030
`define    FALSE  1'b0                                                        i0031
//                                                                            i0032
module RISC2_System;                                                          i0033
//                                                                            i0034
   // Definition der Befehlsgruppen                                           i0035
   //                                                                         i0036
```

```verilog
// Diese Einteilung in Befehlsgruppen ist nur fuer dieses Verhaltensmodell   i0037
// sinnvoll, denn es wird lediglich anhand der ersten zwei Bits des OP-Codes  i0038
// eine Aufteilung in vier Gruppen vorgenommen, um die Dekodierung            i0039
// uebersichtlich vorzunehmen.                                                i0040
//                                                                            i0041
// Es wird zwischen folgenden vier Befehlsgruppen unterschieden:              i0042
`define    IR_FORMAT           IR[31:30]    // Feld fuer Instruktionsgruppe    i0043
`define    FORMAT_ALU          2'b01        // ALU-Befehlsgruppe               i0044
`define    FORMAT_MACC         2'b00        // Memory-Access-Befehlsgruppe     i0045
`define    FORMAT_MISC         2'b11        // Misc-Befehlsgruppe              i0046
`define    FORMAT_CALL         2'b10        // CALL-Befehl                     i0047
                                                                              i0048
// Definitionen fuer ALU-Operationen                                          i0049
`define    IR_ALUOP            IR[29:26]    // ALU-Opcode-Feld                 i0050
`define    ALU_AND             4'b0000      // Rd = Rs1 AND S2                 i0051
`define    ALU_OR              4'b0001      // Rd = Rs1 OR  S2                 i0052
`define    ALU_XOR             4'b0010      // Rd = Rs1 XOR S2                 i0053
`define    ALU_LSL             4'b0100      // Rd = shift Rs1 logical left S2  i0054
`define    ALU_LSR             4'b0101      // Rd = shift Rs1 logical right S2 i0055
`define    ALU_ASR             4'b0110      // Rd = shift Rs1 arithmetic right S2  i0056
`define    ALU_ROT             4'b0111      // Rd = rotate Rs1 right S2        i0057
`define    ALU_ADD             4'b1000      // Rd = Rs1 + S2                   i0058
`define    ALU_ADDC            4'b1001      // Rd = Rs1 + S2 + Carry           i0059
`define    ALU_SUB             4'b1010      // Rd = Rs1 - S2                   i0060
`define    ALU_SUBC            4'b1011      // Rd = Rs1 - S2 - Carry           i0061
`define    ALU_MUL             4'b1110      // Rd = Rs1 * S2                   i0062
`define    ALU_DIV             4'b1111      // Rd = Rs1 / S2                   i0063
                                                                              i0064
// Definitionen fuer ALU-Schalterberechnung                                   i0065
`define    ALUF_CSHF           4'b01??      // Carry fuer LSL, LSR, ASR und ROT  i0066
`define    ALUF_CADD           4'b100?      // Carry fuer ADD und ADDC         i0067
`define    ALUF_CSUB           4'b101?      // Carry fuer SUB und SUBC         i0068
`define    ALUF_OVER           4'b10??      // Overflow berechnen              i0069
`define    IR_ALUFLAGS         IR[25]       // F-Schalter:                     i0070
`define    ALUFLAGS_CALC       1'b1         //     Schalter berechnen          i0071
`define    IR_ALUS2_FORMAT     IR[24]       // O-Schalter:                     i0072
`define    ALUS2_IMM           1'b0         //     Operandenformat Immediate   i0073
`define    IR_ALURD            IR[23:19]    // Zielregister ( destination )    i0074
`define    IR_ALURS1           IR[18:14]    // Operandenregister ( source1 )   i0075
`define    IR_ALUIS2           IR[13: 0]    // Immediate-Operand ( source2 )   i0076
`define    IR_ALURS2           IR[ 4: 0]    // Operandenregister ( source2 )   i0077
                                                                              i0078
// Definitionen fuer Speicherzugriffsbefehle Load, Store und Swap             i0079
`define    IR_MACCEP           IR[29:28]    // Load/Store-Opcode-Feld          i0080
`define    MACC_LOAD           2'b0?        // Lade Rd von ( Rs1 + S2 )        i0081
`define    MACC_STORE          2'b10        // Speichere Rd nach ( Rs1 + S2 )  i0082
`define    MACC_SWAP           2'b11        // Tausche Rd mit (( Rs1 + S2 ))   i0083
`define    IR_MACC_SFLAG       IR[28]       // S-Schalter: geladenes Datum mit i0084
`define    MACC_SIGNED         1'b1         //     Vorzeichen erweitern        i0085
`define    IR_MACC_ALIGN       IR[27:25]    // Zugriffsformat:                 i0086
`define    MACC_ALIGN_B        3'b0??       //     Byte-weise                  i0087
`define    MACC_ALIGN_D        3'b1?0       //     Doppel-Byte-weise           i0088
`define    MACC_ALIGN_Q        3'b1?1       //     Vierfach-Byte-weise         i0089
`define    IR_MACCS2_FORMAT    IR[24]       // Format zweite Quelle:           i0090
`define    MACCS2_IMM          1'b0         //     Immediate                   i0091
`define    IR_MACC_OPERAND     IR[23:19]    // Operandenfeld                   i0092
`define    IR_MACC_RS1         IR[18:14]    // Feld erste Quelle               i0093
`define    IR_MACC_IS2         IR[13: 0]    // Feld zweite Quelle immediate    i0094
`define    IR_MACC_RS2         IR[ 4: 0]    // Feld zweite Quelle              i0095
                                                                              i0096
// Definitionen fuer sonstige (MISC-) Befehle                                 i0097
`define    IR_MISCOP           IR[29:24]    // MISC-Opcode-Feld                i0098
`define    MISC_BRANCH         6'b111100    // Bedingter Sprung (PC relativ)   i0099
`define    MISC_RETI           6'b111110    // Interrupt beenden               i0100
`define    MISC_SWI            6'b111101    // Software-Interrupt ausloesen    i0101
`define    MISC_HALT           6'b111111    // Prozessor anhalten              i0102
`define    MISC_LDH            6'b100000    // hoeheren Registerteil laden     i0103
`define    MISC_CLC            6'b100111    // Cache-Speicher loeschen         i0104
`define    MISC_LRFS           6'b101010    // Lade Rd aus Spezialregister     i0105
`define    MISC_SRIS           6'b101011    // Lade Spezialregister aus Rs2    i0106
`define    IR_MISC_ANULL       IR[23]       // Delay-Slot nach Branch:         i0107
`define    MISC_ANULL          1'b1         //     annulieren                  i0108
`define    IR_MISC_BCC         IR[22:19]    // Branch-Bedingung:               i0109
`define    MISC_BCC_GT         4'b0110      //     greater than                i0110
`define    MISC_BCC_LE         4'b1110      //     less or equal               i0111
`define    MISC_BCC_GE         4'b0101      //     greater or equal            i0112
`define    MISC_BCC_LT         4'b1101      //     less than                   i0113
`define    MISC_BCC_HI         4'b0011      //     higher than                 i0114
`define    MISC_BCC_LS         4'b1011      //     lower or same               i0115
`define    MISC_BCC_PL         4'b0010      //     plus                        i0116
`define    MISC_BCC_MI         4'b1010      //     minus                       i0117
`define    MISC_BCC_NE         4'b0000      //     not equal                   i0118
```

```verilog
`define    MISC_BCC_EQ        4'b1000     //    equal                                  i0119
`define    MISC_BCC_VC        4'b0100     //    overflow clear                         i0120
`define    MISC_BCC_VS        4'b1100     //    overflow set                           i0121
`define    MISC_BCC_CC        4'b0001     //    carry clear                            i0122
`define    MISC_BCC_CS        4'b1001     //    carry set                              i0123
`define    MISC_BCC_T         4'b1111     //    always                                 i0124
`define    MISC_BCC_F         4'b0111     //    never                                  i0125
`define    IR_MISC_RD         IR[23:19]   // Zielregister (LDH, LRFS, SRIS)            i0126
`define    IR_MISC_DISTANCE   IR[18: 0]   // Branch-Distanz                            i0127
`define    IR_MISC_IMM        IR[18: 0]   // Immediate-Wert fuer LDH                   i0128
`define    IR_MISC_SWICODE    IR[ 3: 0]   // SWI-Interupt-Nummer                       i0129
`define    IR_MISC_RS1        IR[18:14]   // Source-Register fuer LRFS                 i0130
`define    IR_MISC_RS2        IR[ 4: 0]   // Source-Register fuer SRIS                 i0131
                                                                                       i0132
// Zuordnung von Nummern fuer die Spezialregister                                      i0133
// fuer den Zugriff mittels SRIS und LRFS                                              i0134
`define    MISC_PC            4'b0000     // Program-Counter                           i0135
`define    MISC_RPC           4'b0001     // Return-PC                                 i0136
`define    MISC_LPC           4'b0010     // Last-PC                                   i0137
`define    MISC_SR            4'b0011     // Statusregister                            i0138
`define    MISC_VBR           4'b0101     // Vektorbasisregister                       i0139
`define    MISC_SISR          4'b1000     // SWI-Statusregister                        i0140
`define    MISC_SIRPC         4'b1011     // SWI-Return-PC                             i0141
                                                                                       i0142
// Definitionen fuer CALL                                                              i0143
`define    IR_CALL_ADR        IR[29: 0]   // Sprungadresse                             i0144
                                                                                       i0145
// Definitionen fuer Statusregister                                                    i0146
`define    KUMODE STATUS[7]              // Status Kernel(1)/User(0)-Modus             i0147
 define    SWIACT STATUS[4]              // SWI-Status (1: aktiv)                      i0148
`define    NFLAG  STATUS[3]              // ALU.F-Ergebnis war negativ                 i0149
`define    ZFLAG  STATUS[2]              // ALU.F-Ergebnis war null                    i0150
`define    VFLAG  STATUS[1]              // ALU.F-Operation hatte Ueberlauf            i0151
`define    CFLAG  STATUS[0]              // ALU.F-Operation hatte Uebertrag            i0152
                                                                                       i0153
// Definitionen fuer Speicherzugriffsbreite (Read_Memory, Write_Memory)               i0154
`define    ACC_BYTE  2'b00                                                             i0155
`define    ACC_DBYTE 2'b01                                                             i0156
`define    ACC_QBYTE 2'b10                                                             i0157
                                                                                       i0158
// Definitionen fuer Systemstatuscodes                                                 i0159
`define    STARTED 3'd0         // System gestartet                                    i0160
`define    WORKING 3'd1         // System arbeitet                                     i0161
`define    STOPPED 3'd2         // System aufgrund von HALT-Befehl gestoppt            i0162
`define    CTR_ERR 3'd3         // Systemhalt wegen 'Delayed CTR'                      i0163
`define    PRV_ERR 3'd4         // Systemhalt wegen 'Privilege Violation'              i0164
`define    INS_ERR 3'd5         // Systemhalt wegen 'Illegal Instruction'              i0165
                                                                                       i0166
//                                                                                     i0167
// Deklaration der verwendeten Events und Register                                     i0168
//                                                                                     i0169
                                                                                       i0170
// Event zur Triggerung der Prozessorinitialisierung von aussen                        i0171
event reset;                                                                           i0172
                                                                                       i0173
// Event zur Triggerung eines Interpretationsschrittes von aussen                      i0174
event step_begin;                                                                      i0175
                                                                                       i0176
// 32-Bit Arbeitsspeicher                                                              i0177
reg [31:0] MEMORY[0:(`MEMSIZE - 1) >> 2];                                              i0178
                                                                                       i0179
// Prozessorregister                                                                   i0180
reg [31:0] REGFIL[0:35],       // 32-Bit Prozessordatenregister                        i0181
           IR;                 // Instruktionsregister                                 i0182
reg [29:0] LPC,                // PC von bereits geladener Instruktion (last)          i0183
           FPC,                // PC von noch zu ladender Instruktion (fetch)          i0184
           NPC,                // PC fuer Programmablaufsteuerung (next fetch)          i0185
           RPC;                // PC fuer Rueckkehr nach CALL (return)                  i0186
reg [23:0] VBR;                // Vektorbasisregister fuer SWI-Service                  i0187
reg [ 7:0] STATUS;             // Prozessor-Statusregister                             i0188
reg [29:0] SWI_RETURN;         // SWI-Ruecksprungadresse                               i0189
reg [ 7:0] SWI_STATUS;         // SWI-Ruecksprungstatus                                i0190
                                                                                       i0191
// Register fuer Statusverzoegerungs-Pipeline                                          i0192
// (Verzoegerung von KUMODE und SWIACT fuer SWI und RETI)                              i0193
reg        DELAY_KUM1,         // KUMODE mit 1-Step-Verzoegerung                       i0194
           DELAY_KUM2,         // KUMODE mit 2-Step-Verzoegerung                       i0195
           DELAY_SIA1,         // SWIACT mit 1-Step-Verzoegerung                       i0196
           DELAY_SIA2;         // SWIACT mit 2-Step-Verzoegerung                       i0197
                                                                                       i0198
// Register fuer Register-Schreibverzoegerungs-Pipeline                                i0199
reg [ 4:0] DELAY_REG1,         // Auftragsregister mit 1-Step-Verzoegerung             i0200
```

```
              DELAY_REG2;         // Auftragsregister mit 2-Step-Verzoegerung          i0201
reg [31:0] DELAY_DAT1,           // Auftragsdatum mit 1-Step-Verzoegerung             i0202
           DELAY_DAT2;           // Auftragsdatum mit 2-Step-Verzoegerung             i0203
                                                                                      i0204
// Register zur Verzoegerung von SWIACT fuer Register-Schreibverzoegerung             i0205
reg        LAST_SWIACT;          // SWI-Status im letzten Step (1, wenn aktiv)         i0206
                                                                                      i0207
// Register zur Feststellung einer 'Delayed CTR'-Bedingung                            i0208
reg        LAST_CTR;             // CTR-Status im letzten Step (1, wenn CTR)           i0209
                                                                                      i0210
// Systemstatusregister (nur intern fuer das Interpreter-Modell)                      i0211
reg[2:0]   SYSTEM_STATUS;                                                             i0212
                                                                                      i0213
// Register zur Protokollierung von MACC-Speicherzugriffen fuer zusaetzliche          i0214
// Debugging-Unterstuetzung                                                           i0215
reg[31:0]  PROTO_ADDR,           // Speicheradresse                                   i0216
           PROTO_RDAT,           // Lesedaten                                         i0217
           PROTO_WDAT;           // Schreibdaten                                      i0218
reg[ 2:0]  PROTO_SIZE;           // Daten-Zugriffsbreite                              i0219
reg        PROTO_RACC,           // 1: Lesedaten gueltig                              i0220
           PROTO_WACC;           // 1: Schreibdaten gueltig                           i0221
                                                                                      i0222
                                                                                      i0223
                                                                                      i0224
//                                                                                    i0225
// bei 'reset' Startzustand herstellen                                               i0226
//                                                                                    i0227
always @reset                                                                         i0228
  RISC2_Reset;                                                                        i0229
                                                                                      i0230
//                                                                                    i0231
// mit jedem 'Takt' einen Verarbeitungsschritt ausfuehren                             i0232
//                                                                                    i0233
always @step_begin                                                                    i0234
  RISC2_Step;                                                                         i0235
                                                                                      i0236
//                                                                                    i0237
// RISC2-System in Startzustand bringen;                                              i0238
// Fetch-PC und Next-PC  fuer Start bei Adresse 0 setzen;                             i0239
// ALU-Schalter loeschen                                                             i0240
// Software-Interrupt-Zustand deaktivieren                                            i0241
// Register-Schreibverzoegerungs-Pipeline mit Leerauftraegen fuellen                  i0242
//                                                                                    i0243
task RISC2_Reset;                                                                     i0244
begin                                                                                 i0245
  SYSTEM_STATUS = 'STARTED;                                                           i0246
  FPC = 0;                         // Fetch-PC                                        i0247
  NPC = FPC + 1;                   // Next-PC                                         i0248
  STATUS = 8'b10000000;            // Status initialisieren                           i0249
  DELAY_REG1 = 0;                  // Register-Schreibverzoegerung                     i0250
  DELAY_REG2 = 0;                  //  initialisieren                                 i0251
  DELAY_KUM1 = 1'b1;               // Status-Verzoegerung                             i0252
  DELAY_KUM2 = 1'b1;               //  initialisieren                                 i0253
  DELAY_SIA1 = 1'b0;                                                                  i0254
  DELAY_SIA2 = 1'b0;                                                                  i0255
  LAST_SWIACT  = 1'b0;             // SWIACT-Verzoegerung initialisieren               i0256
  LAST_CTR = 1'b0;                 // CTR-Anzeigeregister initialisieren               i0257
end                                                                                   i0258
endtask                                                                               i0259
                                                                                      i0260
//                                                                                    i0261
// einen Prozessor-STEP ausfuehren:                                                   i0262
//    System aus Startzustand in Arbeitszustand versetzen;                            i0263
//    wenn System in Arbeitszustand ist:                                              i0264
//       Register-Schreibverzoegerungs-Pipeline bearbeiten:                           i0265
//          Schreibauftrag in 2-Step-Verzoegerungsstufe ausfuehren;                   i0266
//          Auftrag aus 1-Step-Stufe in 2-Step-Stufe weiterreichen;                   i0267
//          1-Step-Stufe mit Leerauftrag belegen (R0 ist Nur-Lese-Register);          i0268
//       Status-Verzoegerungs-Pipeline bearbeiten:                                    i0269
//          KUMODE und SWIACT aus 2-Step-Verzoegerungsstufe uebernehmen;              i0270
//          Werte aus 1-Step-Stufe in 2-Step-Stufe weiterreichen;                     i0271
//          1-Step-Stufe mit den aktuellen Statuswerten belegen;                      i0272
//    Datenzugriffsprotokoll-Flags setzen: kein Zugriff erfolgt;                      i0273
//    neue Instruktion holen und ausfuehren;                                          i0274
//                                                                                    i0275
task RISC2_Step;                                                                      i0276
begin                                                                                 i0277
  if (SYSTEM_STATUS == 'STARTED)                                                      i0278
    SYSTEM_STATUS = 'WORKING;                          // RESET-Zustand verlassen     i0279
  if (SYSTEM_STATUS == 'WORKING) begin                                               i0280
    Write_Register(DELAY_REG2, DELAY_DAT2, LAST_SWIACT);                             i0281
    DELAY_REG2 = DELAY_REG1;                           // FIFO-Pipeline fuer          i0282
    DELAY_DAT2 = DELAY_DAT1;                            //  Schreibverzoegerung
```

```verilog
        DELAY_REG1 = 0;                     //   der Datenregister            10283
        LAST_SWIACT = `SWIACT;              //   bearbeiten                   10284
        `KUMODE = DELAY_KUM2;               //   FIFO-Pipeline fuer            10285
        `SWIACT = DELAY_SIA2;               //   verzoegerte Aenderungen       10286
        DELAY_KUM2 = DELAY_KUM1;            //   des Statusregisters          10287
        DELAY_SIA2 = DELAY_SIA1;            //   bearbeiten                   10288
        DELAY_KUM1 = `KUMODE;                                                 10289
        DELAY_SIA1 = `SWIACT;                                                 10290
        PROTO_RACC = `FALSE;                // Protokoll-Flags fuer           10291
        PROTO_WACC = `FALSE;                // Zugriffe initialisieren        10292
        Fetch_Instruction;                  // Instruktion holen             10293
        Execute_Instruction;                // Befehl ausfuehren             10294
    end                                                                       10295
end                                                                           10296
endtask                                                                       10297
                                                                              10298
//                                                                            10299
// neue Instruktion holen:                                                    10300
//    Instruktionsregister laden;                                             10301
//    Fetch-FC, Last-PC und Next-PC aktualisieren;                            10302
//                                                                            10303
task Fetch_Instruction;                                                       10304
begin                                                                         10305
  IR  = Read_Memory(FPC << 2, `ACC_QBYTE);   // Instruktionsregister laden    10306
  LPC = FPC;                                 // Last-PC setzen                10307
  FPC = NPC;                                 // Fetch-PC auf neue Adresse     10308
  NPC = NPC + 1;                             // Next-PC inkrementieren        10309
end                                                                           10310
endtask                                                                       10311
                                                                              10312
//                                                                            10313
// Instruktion entsprechend Instruktionsgruppe bearbeiten                     10314
//                                                                            10315
task Execute_Instruction;                                                     10316
begin                                                                         10317
  case(`IR_FORMAT)                                                            10318
    `FORMAT_ALU:  Execute_ALU;              // ALU-Befehl                     10319
    `FORMAT_MACC: Execute_MACC;             // Memory-Access                  10320
    `FORMAT_MISC: Execute_MISC;             // allgemeiner Befehl             10321
    `FORMAT_CALL: Execute_CALL;             // CALL-Befehl                    10322
    default:      SYSTEM_STATUS = `INS_ERR;  // kann nicht sein...            10323
  endcase                                                                     10324
end                                                                           10325
endtask                                                                       10326
                                                                              10327
//                                                                            10328
// ALU-Instruktion ausfuehren:                                                10329
//    ALU-Operanden bestimmen und auf 33-Bit-Vorzeichen erweitern;            10330
//    angegebene ALU-Operation ausfuehren                                     10331
//       (Bit 32 dient der Bestimmung des Carry-Bit)                          10332
//       (Schalter werden gesetzt, wenn es der Befehl vorsieht);              10333
//    Ergebnis in Zielregister schreiben;                                     10334
//                                                                            10335
task Execute_ALU;                                                             10336
  reg [32:0] ALU_IN1,                                                         10337
             ALU_IN2,                                                         10338
             ALU_OUT;                                                         10339
begin                                                                         10340
  ALU_IN1[31:0] = Read_Register(`IR_ALURS1);                                  10341
  ALU_IN1[32]   = ALU_IN1[31];                                                10342
  if (`IR_ALUS2_FORMAT == `ALUS2_IMM) begin                                   10343
    ALU_IN2[13:0] = `IR_ALUIS2;                                               10344
    ALU_IN2[32:14] = {19{ALU_IN2[13]}};                                       10345
  end                                                                         10346
  else begin                                                                  10347
    ALU_IN2[31:0] = Read_Register(`IR_ALURS2);                                10348
    ALU_IN2[32]   = ALU_IN2[31];                                              10349
  end                                                                         10350
  ALU_OUT = {33{1'bx}};                       // Ausgang zunaechst undefiniert 10351
  case(`IR_ALUOP)                                                             10352
    `ALU_AND:  ALU_OUT = ALU_IN1 & ALU_IN2;                                   10353
    `ALU_OR:   ALU_OUT = ALU_IN1 | ALU_IN2;                                   10354
    `ALU_XOR:  ALU_OUT = ALU_IN1 ^ ALU_IN2;                                   10355
    `ALU_LSL:  ALU_OUT = {1'b0, ALU_IN1[31:0]} << ALU_IN2[4:0];               10356
    `ALU_LSR:  begin                                                          10357
                 ALU_OUT[31:0] = ALU_IN1[31:0] >> ALU_IN2[4:0];               10358
                 ALU_OUT[32] = ALU_IN2[4:0] ? ALU_IN1[ALU_IN2[4:0] - 1] : 0;  10359
               end                                                            10360
    `ALU_ASR:  begin                                                          10361
                 ALU_OUT = {33{ALU_IN1[31]}} << (32 - ALU_IN2[4:0]);          10362
                 ALU_OUT = ALU_OUT | (ALU_IN1[31:0] >> ALU_IN2[4:0]);         10363
                 ALU_OUT[32] = ALU_IN2[4:0] ? ALU_IN1[ALU_IN2[4:0] - 1] : 0;  10364
```

```verilog
            end                                                              10365
  ALU_ROT:   begin                                                          10366
                ALU_OUT = ALU_IN1 << (32 - ALU_IN2[4:0]);                   10367
                ALU_OUT = ALU_OUT | (ALU_IN1[31:0] >> ALU_IN2[4:0]);        10368
                ALU_OUT[32] = ALU_IN2[4:0] ? ALU_IN1[ALU_IN2[4:0] - 1] : 0; 10369
             end                                                            10370
 `ALU_ADD:   ALU_OUT = ALU_IN1 + ALU_IN2;                                   10371
 `ALU_ADDC:  ALU_OUT = ALU_IN1 + ALU_IN2 + `CFLAG;                          10372
 `ALU_SUB:   ALU_OUT = ALU_IN1 - ALU_IN2;                                   10373
 `ALU_SUBC:  ALU_OUT = ALU_IN1 - ALU_IN2 - `CFLAG;                          10374
 `ALU_MUL:   ALU_OUT = ALU_IN1[15:0] * ALU_IN2[15:0];                       10375
 `ALU_DIV:   if (|ALU_IN2[31:0]) ALU_OUT = ALU_IN1[31:0] / ALU_IN2[31:0];   10376
  default:   SYSTEM_STATUS = `INS_ERR;                                      10377
endcase                                                                     10378
if (`IR_ALUFLAGS == `ALUFLAGS_CALC) begin                                   10379
  `NFLAG = ALU_OUT[31];                            // N-Flag                10380
  `ZFLAG = ~(|ALU_OUT[31:0]);                      // Z-Flag                10381
  casez(`IR_ALUOP)                                 // C-Flag                10382
    `ALUF_CSHF:  `CFLAG =    ALU_OUT[32];                                   10383
    `ALUF_CADD:  `CFLAG =    ALU_OUT[32] ^ ALU_IN1[32] ^  ALU_IN2[32];      10384
    `ALUF_CSUB:  `CFLAG = ~(ALU_OUT[32] ^ ALU_IN1[32] ^ ~ALU_IN2[32]);     10385
    default:     `CFLAG = 0;                                               10386
  endcase                                                                   10387
  casez(`IR_ALUOP)                                 // V-Flag                10388
    `ALUF_OVER:  `VFLAG = ^ALU_OUT[32:31];                                  10389
    default:     `VFLAG = 0;                                               10390
  endcase                                                                   10391
end                                                                         10392
Write_Register(`IR_ALURD, ALU_OUT[31:0], `SWIACT);   // Ergebnis ablegen   10393
LAST_CTR = 1'b0;                                      // CTR-Status loeschen 10394
end                                                                         10395
endtask                                                                     10396
                                                                            10397
//                                                                          10398
// Memory-Access-Instruktionen ausfuehren:                                 10399
//   Datenadresse durch Addition der Adressoperanden bestimmen,            10400
//   hierbei Immediate-Index vorzeichenbehaftet bearbeiten;                10401
//   Load-Befehl:                                                          10402
//     Daten entsprechend Zugriffsbreite laden;                           10403
//     gegebenenfalls Vorzeichenerweiterung durchfuehren;                 10404
//     Ergebnis in Schreibverzoegerungspipeline eintragen und             10405
//     Datenlesezugriff protokollieren;                                   10406
//   Store-Befehl:                                                         10407
//     Registerinhalt gemaess Zugriffsbreite schreiben und                10408
//     Datenschreibzugriff protokollieren;                                 10409
//   Swap-Befehl:                                                          10410
//     Registerinhalt nach Speicher schreiben;                            10411
//     alten Speicherinhalt verzoegert in Register schreiben und          10412
//     Datenzugriffe protokollieren;                                      10413
//                                                                          10414
task Execute_MACC;                                                          10415
  reg [31:0] ADDR,                                                          10416
             RDAT,                                                          10417
             WDAT;                                                          10418
begin                                                                       10419
  if (`IR_MACCS2_FORMAT == `MACCS2_IMM) begin                              10420
    ADDR[15:0] = {`IR_MACC_IS2, 2'b00};            // Immediate-Adresse     10421
    ADDR[31:16] = {16{ADDR[15]}};                                          10422
    casez(`IR_MACC_ALIGN)                                                  10423
      `MACC_ALIGN_B: ADDR = ADDR + (`IR_MACC_ALIGN & 3);                   10424
      `MACC_ALIGN_D: ADDR = ADDR + (`IR_MACC_ALIGN & 2);                   10425
    endcase                                                                 10426
  end                                                                       10427
  else ADDR = Read_Register(`IR_MACC_RS2);         // Adresse aus Register  10428
  ADDR = ADDR + Read_Register(`IR_MACC_RS1);       // Adresse berechnen     10429
  casez(`IR_MACC_ALIGN)                            // Zugriffsbreitenprotokoll 10430
    `MACC_ALIGN_B: PROTO_SIZE = `ACC_BYTE;         //    8-Bit-Zugriff      10431
    `MACC_ALIGN_D: PROTO_SIZE = `ACC_DBYTE;        //   16-Bit-Zugriff      10432
    `MACC_ALIGN_Q: PROTO_SIZE = `ACC_QBYTE;        //   32-Bit-Zugriff      10433
  endcase                                                                   10434
  casez(`IR_MACCEP)                                                        10435
    `MACC_LOAD: begin                                                      10436
        casez(`IR_MACC_ALIGN)                                              10437
          `MACC_ALIGN_B: begin                                             10438
              RDAT = Read_Memory(ADDR, `ACC_BYTE);                         10439
              if (`IR_MACC_SFLAG == `MACC_SIGNED)                          10440
                RDAT[31:8] = {24{RDAT[7]}};                                10441
              else RDAT[31:8] = 24'b0;                                     10442
            end                                                             10443
          `MACC_ALIGN_D: begin                                             10444
              RDAT = Read_Memory(ADDR, `ACC_DBYTE);                        10445
              if (`IR_MACC_SFLAG == `MACC_SIGNED)                          10446
```

```verilog
                    RDAT[31:16] = {16{RDAT[15]}};                              i0447
                 else RDAT[31:16] = 16'b0;                                     i0448
              end                                                             i0449
           'MACC_ALIGN_Q: RDAT = Read_Memory(ADDR, 'ACC_QBYTE);              i0450
         endcase                                                             i0451
         Delayed_Write_Register('IR_MACC_OPERAND, RDAT);                     i0452
         PROTO_RACC = 'TRUE;              // Lesezugriff protokollieren       i0453
      end                                                                     i0454
   'MACC_STORE: begin                                                         i0455
      WDAT = Read_Register('IR_MACC_OPERAND);                                i0456
      casez('IR_MACC_ALIGN)                                                  i0457
         'MACC_ALIGN_B: Write_Memory(ADDR, WDAT, 'ACC_BYTE);                 i0458
         'MACC_ALIGN_D: Write_Memory(ADDR, WDAT, 'ACC_DBYTE);               i0459
         'MACC_ALIGN_Q: Write_Memory(ADDR, WDAT, 'ACC_QBYTE);               i0460
      endcase                                                                i0461
      PROTO_WACC = 'TRUE;                  // Schreibzugriff protokollieren   i0462
   end                                                                        i0463
   'MACC_SWAP: begin                                                          i0464
      RDAT = Read_Memory(ADDR, 'ACC_QBYTE);                                  i0465
      WDAT = Read_Register('IR_MACC_OPERAND);                                i0466
      Write_Memory(ADDR, WDAT, 'ACC_QBYTE);                                  i0467
      Delayed_Write_Register('IR_MACC_OPERAND, RDAT);                        i0468
      PROTO_RACC = 'TRUE;                 // Lesezugriff protokollieren       i0469
      PROTO_WACC = 'TRUE;                 // Schreibzugriff protokollieren    i0470
      PROTO_SIZE = 'ACC_QBYTE;            // 32-Bit-Zugriff protokollieren    i0471
   end                                                                        i0472
 endcase                                                                      i0473
 PROTO_ADDR = ADDR;                       // Schreib-/Leseadresse protokollieren  i0474
 PROTO_RDAT = RDAT;                       // Lesedaten protokollieren          i0475
 PROTO_WDAT = WDAT;                       // Schreibdaten protokollieren       i0476
 LAST_CTR   = 1'b0;                       // CTR-Status loeschen               i0477
end                                                                          i0478
endtask                                                                      i0479
                                                                             i0480
                                                                             i0481
//                                                                           i0482
// allgemeine (Miscellaneous-) Instruktionen ausfuehren:                     i0482
//   Return from Interrupt:                                                  i0483
//     System in Fehlerzustand versetzen, wenn letzter Befehl ein CTR war    i0484
//     oder wenn der Kernel-Modus nicht aktiv ist,                           i0485
//     sonst CTR-Status setzen, Next-PC aktualisieren und                    i0486
//     Rueckkehrstatus in Systemstatus eintragen                            i0487
//     (Flags unverzoegert, KUMODE und SWIACT verzoegert);                   i0488
//   Software-Interrupt:                                                     i0489
//     System in Fehlerzustand versetzen, wenn letzter Befehl ein CTR war,   i0490
//     sonst CTR-Status setzen, Ruecksprungadresse und Ruecksprungstatus     i0491
//     sichern, NextPC aus Interruptnummer und VBR bestimmen und Status      i0492
//     verzoegert fuer Kernel-Modus und Software-Interrupt setzen;           i0493
//   Load Register From Special Register:                                    i0494
//     Spezialregister auswaehlen und Inhalt in Zielregister schreiben;      i0495
//     Inhalte, die nicht 32 Bit breit sind, werden mit Nullen erweitert;    i0496
//     im User-Modus koennen nur PC, RPC, LPC und die unteren vier SR-Bits   i0497
//     gelesen werden, andere Zugriffe fuehren in einen Fehlerzustand;       i0498
//   Store Register Into Special register:                                   i0499
//     Wort aus Register lesen und                                           i0500
//     relevanten Teil in Spezialregister schreiben;                         i0501
//     im User-Modus koennen nur PC, RPC, LPC und die unteren vier SR-Bits   i0502
//     beschriebn werden, andere Zugriffe fuehren in einen Fehlerzustand;    i0503
//     SRIS PC ist hinsichtlich des CTR-Status ein CTR                       i0504
//   CLear Cache:                                                            i0505
//     hat in diesem Modell keine Funktion, darf aber nicht im               i0506
//     User-Modus benutzt werden;                                            i0507
//   HALT: System in Zustand 'Stopped' versetzen;                            i0508
//   LoaD High:                                                              i0509
//     oberen Teil des Wortes als Immediate aus Befehlswort nehmen,          i0510
//     Rest mit Nullen auffuellen und Ergebnis in Zielregister schreiben;    i0511
//   Branch: eigene Task (Execute_Branch) aufrufen;                          i0512
//                                                                           i0513
task Execute_MISC;                                                           i0514
reg [31:0] DATA;                                                             i0515
begin                                                                        i0516
  case ('IR_MISCOP)                                                          i0517
    'MISC_RETI: begin  // Return from Interrupt (CTR-Instruktion)            i0518
       if (LAST_CTR) SYSTEM_STATUS = 'CTR_ERR;                               i0519
       else begin                                                           i0520
          LAST_CTR = 1'b1;                                                   i0521
          if ('KUMODE) begin                                                i0522
             NPC          = SWI_RETURN;            // Ruecksprung mit Delay-Slot   i0523
             STATUS[3:0]  = SWI_STATUS[3:0];       // unverzoegerter Status    i0524
             DELAY_KUM1   = SWI_STATUS[7];         // KUMODE-Status (verzoegert)  i0525
             DELAY_SIA1   = SWI_STATUS[4];         // SWIACT-Status (verzoegert)  i0526
          end                                                               i0527
          else SYSTEM_STATUS = 'PRV_ERR;                                    i0528
```

```verilog
            end                                                         i0529
          end                                                          i0530
'MISC_SWI: begin    // Software-Interrupt (CTR-Instruktion)            i0531
    if (LAST_CTR) SYSTEM_STATUS = 'CTR_ERR;                            i0532
    else begin                                                        i0533
        LAST_CTR = 1'b1;                                              i0534
        if (~'SWIACT) begin                                          i0535
            SWI_RETURN = NPC;                      // Ruecksprungadresse sichern  i0536
            SWI_STATUS = STATUS;                   // Ruecksprungstatus sichern   i0537
            DELAY_KUM1 = 1'b1;                     // Kernel-Status (verzoegert)  i0538
            DELAY_SIA1 = 1'b1;                     // SWI-Status (verzoegert)     i0539
            NPC = {VBR, 1'b1, 'IR_MISC_SWICODE, 1'b0};  // "Sprung"   i0540
        end                                                          i0541
    end                                                              i0542
  end                                                                i0543
'MISC_LRFS: begin   // Load Register From Special register            i0544
    if ('KUMODE)                                                     i0545
        case('IR_MISC_RS1)                         // Kernel-Zugriffe i0546
            'MISC_PC:     DATA = {FPC, 2'b0};                         i0547
            'MISC_RPC:    DATA = {RPC, 2'b0};                         i0548
            'MISC_LPC:    DATA = {LPC, 2'b0};                         i0549
            'MISC_SR:     DATA = {24'b0, STATUS};                     i0550
            'MISC_VBR:    DATA = {VBR, 8'b0};                         i0551
            'MISC_SISR:   DATA = {24'b0, SWI_STATUS};                 i0552
            'MISC_SIRPC:  DATA = {SWI_RETURN, 2'b0};                  i0553
            default:      DATA = 32'bx;                               i0554
        endcase                                                      i0555
    else                                                            i0556
        case('IR_MISC_RS1)                         // User-Zugriffe   i0557
            'MISC_PC:  DATA = {FPC, 2'b0};                            i0558
            'MISC_RPC: DATA = {RPC, 2'b0};                            i0559
            'MISC_LPC: DATA = {LPC, 2'b0};                            i0560
            'MISC_SR:  DATA = {28'b0, STATUS[3:0]};                   i0561
            default:   SYSTEM_STATUS = 'PRV_ERR;                      i0562
        endcase                                                      i0563
    Write_Register('IR_MISC_RD, DATA, 'SWIACT);                      i0564
    LAST_CTR = 1'b0;                                                 i0565
  end                                                                i0566
'MISC_SRIS: begin   // Store Register Into Special register           i0567
    if ((LAST_CTR) && ('IR_MISC_RD == 'MISC_PC))                     i0568
        SYSTEM_STATUS = 'CTR_ERR;                                    i0569
    else begin                                                      i0570
        if ('IR_MISC_RD == 'MISC_PC) LAST_CTR = 1'b1;               i0571
        else LAST_CTR = 1'b0;                                       i0572
        DATA = Read_Register('IR_MISC_RS2);                         i0573
        if ('KUMODE)                                               i0574
            case('IR_MISC_RD)                      // Kernel-Zugriffe i0575
                'MISC_PC:     NPC        = DATA[31:2];               i0576
                'MISC_RPC:    RPC        = DATA[31:2];               i0577
                'MISC_LPC:    LPC        = DATA[31:2];               i0578
                'MISC_SR:     STATUS     = DATA[ 7:0] & 8'b10011111; i0579
                'MISC_VBR:    VBR        = DATA[31:8];               i0580
                'MISC_SISR:   SWI_STATUS = DATA[ 7:0] & 8'b10011111; i0581
                'MISC_SIRPC:  SWI_RETURN = DATA[31:2];               i0582
            endcase                                                 i0583
        else                                                       i0584
            case('IR_MISC_RD)                      // User-Zugriffe   i0585
                'MISC_PC:  NPC        = DATA[31:2];                  i0586
                'MISC_RPC: RPC        = DATA[31:2];                  i0587
                'MISC_LPC: LPC        = DATA[31:2];                  i0588
                'MISC_SR:  STATUS     = {STATUS[7:4], DATA[3:0]};    i0589
                default:   SYSTEM_STATUS = 'PRV_ERR;                 i0590
            endcase                                                 i0591
        DELAY_KUM1 = 'KUMODE;        // Status-Verzoegerungs-Pipeline i0592
        DELAY_KUM2 = 'KUMODE;        // neu laden, da bei SRIS SR     i0593
        DELAY_SIA1 = 'SWIACT;        // (Kernel Modus) die Aenderungen i0594
        DELAY_SIA2 = 'SWIACT;        // verzoegerungsfrei sein muessen i0595
    end                                                            i0596
  end                                                                i0597
'MISC_CLC: begin                                                     i0598
    if (~'KUMODE) SYSTEM_STATUS = 'PRV_ERR;                         i0599
    LAST_CTR = 1'b0;                                                i0600
  end                                                                i0601
'MISC_HALT: begin                                                    i0602
    if ( KUMODE) SYSTEM_STATUS = 'STOPPED;                         i0603
    else SYSTEM_STATUS = 'PRV_ERR;                                 i0604
  end                                                                i0605
'MISC_LDH: begin                                                    i0606
    Write_Register('IR_MISC_RD, {'IR_MISC_IMM, 13'b0}, 'SWIACT);   i0607
    LAST_CTR = 1'b0;                                                i0608
  end                                                                i0609
'MISC_BRANCH: Execute_Branch;                                       i0610
```

```
      default:        SYSTEM_STATUS = `INS_ERR;                           i0611
   endcase                                                                i0612
end                                                                       i0613
endtask                                                                   i0614
                                                                          i0615
//                                                                        i0616
// Branch-Befehl ausfuehren:                                              i0617
//    System in Fehlerzustand versetzen, wenn letzter Befehl ein CTR war, i0618
//    sonst:                                                              i0619
//       CTR-Status setzen;                                               i0620
//       feststellen, ob die Sprungbedingung erfuellt ist;               i0621
//       Sprungdistanz aus Befehl nehmen und mit Vorzeichen erweitern;    iC622
//       wenn Sprungbedingung erfuellt ist, Sprungadresse in NPC eintragen, i0623
//       sonst bei gesetztem ANNUL-Bit naechsten Befehl uebergehen        i0624
//                                                                        i0625
task Execute_Branch;                                                      i0626
  reg [29:0] DISTANCE;                                                    i0627
  reg        DOBRANCH;                                                    i0628
begin                                                                     i0629
  if (LAST_CTR) SYSTEM_STATUS = `CTR_ERR;                                 i0630
  else begin                                                              i0631
      LAST_CTR = 1'b1;                                                    i0632
      case(`IR_MISC_BCC)                                                  i0633
        `MISC_BCC_GT: DOBRANCH = (~((`NFLAG ^ `VFLAG) |  `ZFLAG));        i0634
        `MISC_BCC_LE: DOBRANCH = ( ((`NFLAG ^ `VFLAG) |  `ZFLAG));       i0635
        `MISC_BCC_GE: DOBRANCH = ( ~(`NFLAG ^ `VFLAG) |  `ZFLAG);        i0636
        `MISC_BCC_LT: DOBRANCH = (  (`NFLAG ^ `VFLAG) & ~`ZFLAG);        i0637
        `MISC_BCC_HI: DOBRANCH = (~(`CFLAG | `ZFLAG));                   i0638
        `MISC_BCC_LS: DOBRANCH = ( (`CFLAG | `ZFLAG);                    i0639
        `MISC_BCC_PL: DOBRANCH = (~`NFLAG);                              i0640
        `MISC_BCC_MI: DOBRANCH = ( `NFLAG);                             i0641
        `MISC_BCC_NE: DOBRANCH = (~`ZFLAG);                              i0642
        `MISC_BCC_EQ: DOBRANCH = ( `ZFLAG);                            i0643
        `MISC_BCC_VC: DOBRANCH = (~`VFLAG);                              i0644
        `MISC_BCC_VS: DOBRANCH = ( `VFLAG);                             i0645
        `MISC_BCC_CC: DOBRANCH = (~`CFLAG);                              i0646
        `MISC_BCC_CS: DOBRANCH = ( `CFLAG);                            i0647
        `MISC_BCC_T:  DOBRANCH = `TRUE;                                  i0648
        `MISC_BCC_F:  DOBRANCH = `FALSE;                                 i0649
        default:      DOBRANCH = `FALSE;        // x oder z               i0650
      endcase                                                            i0651
      DISTANCE[18: 0] = `IR_MISC_DISTANCE;    // Sprungdistanz berechnen  i0652
      DISTANCE[29:19] = {11{DISTANCE[18]}};                              i0653
      if (DOBRANCH) NPC = LPC+DISTANCE;        // Sprung ausfuehren       i0654
      if (!DOBRANCH && (`IR_MISC_ANULL == `MISC_ANULL)) begin            i0655
        FPC = NPC;                             // Delay-Slot annulieren   i0656
        NPC = NPC + 1;                                                    i0657
        LAST_CTR = 1'b0;                                                  i0658
      end                                                                i0659
    end                                                                   i0660
end                                                                       i0661
endtask                                                                   i0662
                                                                          i0663
//                                                                        i0664
// CALL-Instruktion ausfuehren:                                           i0665
//    System in Fehlerzustand versetzen, wenn letzter Befehl ein CTR war, i0666
//    sonst:                                                              i0667
//       CTR-Status setzen;                                               i0668
//       Ruecksprungadresse in Return-PC sichern;                        i0669
//     - Unterroutinenadresse in Next-PC uebertragen;                    i0670
//                                                                        i0671
task Execute_CALL;                                                        i0672
begin                                                                     i0673
  if (LAST_CTR) SYSTEM_STATUS = `CTR_ERR;                                 i0674
  else begin                                                              i0675
      LAST_CTR = 1'b1;        // CTR-Status setzen                        i0676
      RPC = NPC;             // Ruecksprungadresse sichern               i0677
      NPC = `IR_CALL_ADR;   // Sprung ausfuehren                         i0678
    end                                                                   i0679
end                                                                       i0680
endtask                                                                   i0681
                                                                          i0682
//                                                                        i0683
// Daten aus Systemspeicher lesen:                                        i0684
//    bei gueltiger uebergebener Byte-Adresse wird ein Wortlesezugriff    i0685
//    auf den wortweise organisierten Speicher durchgefuehrt und         i0686
//    das zu lesende Datum entsprechend der zu lesenden Datenbreite       i0687
//    und den unteren beiden Byte-Adress-Bits ausgefiltert;              i0688
//    ansonsten sind die gelesenen Daten undefiniert ('x);               i0689
//                                                                        i0690
function [31:0] Read_Memory;                                              i0691
  input [31:0] ADDR;                                                      i0692
```

```
    input [ 1:0] SIZE;                                             i0693
    reg   [31:0] TEMP;                                             i0694
begin                                                             i0695
   if (ADDR < 'MEMSIZE) TEMP = MEMORY[ADDR >> 2];                i0696
   else TEMP = {32{1'bx}};    // ausserhalb des Speichers -> undefiniert  i0697
   case(SIZE)                                                    i0698
     'ACC_BYTE:  begin                        // 8 Bits lesen    i0699
        case(ADDR[1:0])                                          i0700
          2'b00: Read_Memory = {24'b0, TEMP[ 7: 0]};             i0701
          2'b01: Read_Memory = {24'b0, TEMP[15: 8]};             i0702
          2'b10: Read_Memory = {24'b0, TEMP[23:16]};             i0703
          2'b11: Read_Memory = {24'b0, TEMP[31:24]};             i0704
        endcase                                                  i0705
     end                                                         i0706
     'ACC_DBYTE: begin                        // 16 Bits lesen   i0707
        case(ADDR[1])                                            i0708
          1'b0: Read_Memory = {16'b0, TEMP[15: 0]};              i0709
          1'b1: Read_Memory = {16'b0, TEMP[31:16]};              i0710
        endcase                                                  i0711
     end                                                         i0712
     'ACC_QBYTE: Read_Memory = TEMP;    // 32 Bits lesen         i0713
   endcase                                                       i0714
end                                                              i0715
endfunction                                                      i0716
                                                                 i0717
//                                                               i0718
// Daten in Systemspeicher schreiben:                            i0719
//    bei gueltiger uebergebener Byte-Adresse wird entsprechend der  i0720
//    zu schreibenden Datenbreite und den unteren beiden         i0721
//    Byte-Adress-Bits die Veraenderung des angesprochenen       i0722
//    Speicherwortes bestimmt und das resultierende Datum        i0723
//    in den wortweise organisierten Speicher geschrieben;       i0724
//    ansonsten wird kein Speicherzugriff durchgefuehrt·         i0725
//                                                               i0726
task Write_Memory;                                               i0727
  input [31:0] ADDR;                                             i0728
  input [31:0] DATA;                                             i0729
  input [ 1:0] SIZE;                                             i0730
  reg   [31:0] TEMP;                                             i0731
begin                                                            i0732
   if (ADDR < 'MEMSIZE) begin                                    i0733
     TEMP = MEMORY[ADDR >> 2];                                   i0734
     case(SIZE)                                                  i0735
       'ACC_BYTE:  begin                      // 8 Bits schreiben  i0736
          case(ADDR[1:0])                                        i0737
            2'b00: TEMP[ 7: 0] = DATA[7:0];                      i0738
            2'b01: TEMP[15: 8] = DATA[7:0];                      i0739
            2'b10: TEMP[23:16] = DATA[7:0];                      i0740
            2'b11: TEMP[31:24] = DATA[7:0];                      i0741
          endcase                                                i0742
       end                                                       i0743
       'ACC_DBYTE: begin                      // 16 Bits schreiben  i0744
          case(ADDR[1])                                          i0745
            1'b0: TEMP[15: 0] = DATA[15:0];                      i0746
            1'b1: TEMP[31:16] = DATA[15:0];                      i0747
          endcase                                                i0748
       end                                                       i0749
       'ACC_QBYTE: TEMP = DATA;               // 32 Bits schreiben  i0750
     endcase                                                     i0751
     MEMORY[ADDR >> 2] = TEMP;                // 32-Bit-Wort zurueckschreiben  i0752
   end                                                           i0753
end                                                              i0754
endtask                                                          i0755
                                                                 i0756
//                                                               i0757
// Datenwort aus angegebenem Prozessordatenregister lesen        i0758
// (Lesezugriffe auf Register 0 liefern immer den Wert 0);       i0759
// im Interrupt-Zustand werden unter den Registernummern         i0760
//  28-31 die vier Interrupt-Overlay-Register angesprochen       i0761
//                                                               i0762
function [31:0] Read_Register;                                   i0763
  input [4:0] REGISTER;      // Registeradresse                  i0764
begin                                                            i0765
  if (REGISTER) begin                                            i0766
    if ((REGISTER > 27) && ('SWIACT))                            i0767
       Read_Register = REGFIL[REGISTER + 4];                     i0768
    else Read_Register = REGFIL[REGISTER];                       i0769
  end                                                            i0770
  else Read_Register = 0;                                        i0771
end                                                              i0772
endfunction                                                      i0773
                                                                 i0774
```

```
//                                                                      i0775
// uebergebenes Datenwort im uebernaechsten Step in angegebenes         i0776
// Prozessordatenregister schreiben, um das RISC2-Verhalten             i0777
// bei problematischen Datenabhaengigkeiten zu simulieren;              i0778
// hierzu das angesprochene Register fuer ungueltig erklaeren und       i0779
// einen entsprechenden Schreibauftrag in der 1-Step-Stufe der          i0780
// Register-Schreibverzoegerungs-Pipeline ablegen                       i0781
//                                                                      i0782
task Delayed_Write_Register;                                            i0783
  input [ 4:0] Register;                      // Registeradresse        i0784
  input [31:0] DATA;                          // zu schreibendes Datum  i0785
begin                                                                   i0786
  Write_Register(Register, 32'bx, `SWIACT);   // Register ungueltig setzen   i0787
  DELAY_REG1 = Register;                       // Registernummer in FIFO     i0788
  DELAY_DAT1 = DATA;                           // Registerinhalt in FIFO     i0789
end                                                                     i0790
endtask                                                                 i0791
                                                                        i0792
//                                                                      i0793
// uebergebenes Datenwort in angegebenes Prozessordatenregister schreiben;   i0794
// im Interrupt-Zustand werden unter den Registernummern 28-31 die vier      i0795
// Interrupt-Overlay-Register angesprochen;                             i0796
// der Interrupt-Zustand wird als Parameter uebergeben, da diese Task   i0797
// auch fuer verzoegerte Registerschreibzugriffe verwendet wird, zu     i0798
// deren Ausfuehrungszeitpunkt der Interrupt-Zustand des Statusregisters i0799
// bereits veraendert worden sein kann                                  i0800
//                                                                      i0801
task Write_Register;                                                    i0802
  input [ 4:0] REGISTER;      // Registeradresse                        i0803
  input [31:0] DATA;          // zu schreibendes Datum                  i0804
  input        INT_STATE;     // Interrupt-Zustand                      i0805
begin                                                                   i0806
  if ((REGISTER > 27) && (INT_STATE))                                   i0807
    REGFIL[REGISTER + 4] = DATA;                                        i0808
  else REGFIL[REGISTER] = DATA;                                         i0809
end                                                                     i0810
endtask                                                                 i0811
                                                                        i0812
endmodule                                                               i0813
                                                                        i0814
                                                                        i0815
//---------------------------------------------------------------------  i0816
//                                                                      i0917
// TEST                                                                  i0818
//                                                                      i0819
// Modul zur Initialisierung, Start und Beobachtung des System-Moduls   i0820
//                                                                      i0821
//---------------------------------------------------------------------  i0822
                                                                        i0823
module RISC2_Test;                                                      i0824
                                                                        i0825
//                                                                      i0826
// Die folgenden Parameter entsprechen den defines, wurden aber zusaetzlich  i0827
// eingefuehrt, um die Einstellungen waehrend der Laufzeit des Programms i0828
// aendern zu koennen, z. B. "TRACE=1;" oder "STEP=0;"                  i0829
parameter STEP    = `STEP;                                             i0830
parameter TRACE   = `TRACE;                                            i0831
parameter MEMDUMP = `MEMDUMP;                                          i0832
parameter REGDUMP = `REGDUMP;                                          i0833
parameter ACCDUMP = `ACCDUMP;                                         i0834
parameter MDUMPLO = `MDUMPLO;                                         i0835
parameter MDUMPHI = `MDUMPHI;                                         i0836
                                                                        i0837
// Instruktionszaehler                                                  i0838
integer   INSTR_CTR;                                                    i0839
                                                                        i0840
//                                                                      i0841
// RISC2-System initialisieren und `PROGRAM bearbeiten:                 i0842
//    `PROGRAM in Hauptspeicher einlesen;                               i0843
//    Startzustand einnehmen;                                           i0844
//    Startzustand ausgeben;                                            i0845
//    Programm schrittweise bearbeiten:                                 i0846
//       einen Prozessor-Step ausfuehren;                               i0847
//       bei Ablaufverfolgung Systemzustand ausgeben;                   i0848
//       bei Einzelschrittsimulation Simulation stoppen;                i0849
//    bei Systemhalt Systemzustand ausgeben und Simulation beenden;     i0850
//                                                                      i0851
initial begin                                                           i0852
  if (`PRG_FORMAT)                                                      i0853
    $readmemh(`PROGRAM, RISC2_System.MEMORY);   // Speicher lesen       i0854
  else                                                                  i0855
    $readmemb(`PROGRAM, RISC2_System.MEMORY);   // Speicher lesen       i0856
```

```verilog
    $display("RISC2 Interpreter");                                          i0857
    $display("Executing program: %s", `PROGRAM);                            i0858
    -> RISC2_System.reset;                           // Prozessor-Reset     i0859
    #1;                                              // Reset ausfuehren     i0860
    INSTR_CTR = 0;                                                          iC861
    Dump_System;                                                            i0862
    -> RISC2_System.step_begin;                      // Prozessor-Schritt    i0863
    #1;                                              // Schritt ausfuehren   i0864
    INSTR_CTR = 1;                                                          i0865
    while (RISC2_System.SYSTEM_STATUS == `WORKING) begin                    i0866
      if (TRACE) Dump_System;                                               i0867
      if (STEP) $stop;                               // Benutzereingabe      i0868
      -> RISC2_System.step_begin;                    // Prozessor-Schritt    i0869
      #1;                                            // Schritt ausfuehren   i0870
      INSTR_CTR = INSTR_CTR + 1;                                            i0871
    end                                                                     i0872
    Dump_System;                                                            i0873
    $finish(2);                                      // Programm beenden     i0874
  end                                                                       i0875
                                                                            i0876
  //                                                                        i0877
  // Aktuellen Systemzustand ausgeben:                                      i0878
  //   wenn ein Memory-Dump gewuenscht wird, Arbeitsspeicherinhalt von      i0879
  //   MDUMPLO bis MDUMPHI ausgeben;                                        i0880
  //   wenn ein Register-Dump gewuenscht wird, alle Prozessorregister,      i0881
  //   Instruktions-Mnemonic und Systemzustand ausgeben;                    i0882
  //   wenn ein Access-Dump gewuenscht ist, alle Hauptspeicherzugriffe      i0883
  //   des letzten Steps ausgeben;                                          i0884
  //                                                                        i0885
  task Dump_System;                                                         i0886
    reg [31:0]  ADDR;                                                       i0887
    reg [7:0]   DUMP_BYTE;                                                  i0888
    reg [5:0]   REGISTER;                                                   i0889
    integer     INDEX;                                                      i0890
  begin                                                                     i0891
    if (INSTR_CTR) $display("Step %0d completed", INSTR_CTR);               i0892
    else $display("RESET state");                                          i0893
    if (MEMDUMP) begin                                                      i0894
      $display(" -System Memory:");                                        i0895
      MDUMPLO = MDUMPLO & 32'hffffff00;                                    i0896
      for (ADDR = MDUMPLO; ADDR < MDUMPHI; ADDR = ADDR + 32) begin          i0897
        if (!(ADDR & 8'hff)) $display(" Page: %h", ADDR[31:8]);            i0898
        $write("  %h:  ", ADDR[7:0]);                                      i0899
        for (INDEX = 0; INDEX < 32; INDEX = INDEX + 1) begin                i0900
          if (!(INDEX & 3)) $write(" ");                                   i0901
          DUMP_BYTE = RISC2_System.Read_Memory(ADDR + INDEX, `ACC_BYTE);   i0902
          $write("%h", DUMP_BYTE);                                         i0903
        end                                                                i0904
        $display();                                                        i0905
      end                                                                  i0906
    end                                                                    i0907
    if (REGDUMP) begin                                                     i0908
      $display(" -Processor Registers:");                                  i0909
      for (REGISTER = 0; REGISTER < 32; REGISTER = REGISTER + 4) begin      i0910
        for (INDEX = 0; INDEX < 4; INDEX = INDEX + 1) begin                 i0911
          DUMP_BYTE = REGISTER + INDEX;                                     i0912
          $write("  R%h: ", DUMP_BYTE);                                     i0913
          $write("%h", RISC2_System.Read_Register(REGISTER + INDEX));       i0914
        end                                                                i0915
        case(REGISTER)                                                     i0916
          6'h00: $write("  VBR:   %h", {RISC2_System.VBR, 8'b00});          i0917
          6'h04: $write("  HISR:  xxxxxxxx");                               i0919
          6'h08: $write("  ECSR:  xxxxxxxx");                               i0919
          6'h0C: $write("  SISR:  %b", RISC2_System.SWI_STATUS);            i0920
          6'h10: $write("  HIRPC: xxxxxxxx");                               i0921
          6'h14: $write("  ECRPC: xxxxxxxx");                               i0922
          6'h18: $write("  SIRPC: %h", {RISC2_System.SWI_RETURN, 2'b00});   i0923
          6'h1C: $write("  HIADR: xxxxxxxx");                               i0924
        endcase                                                            i0925
        $display();                                                        i0926
      end                                                                  i0927
      $write("   PC: %h", {RISC2_System.LPC, 2'b00});                       i0928
      $write("  RPC: %h", {RISC2_System.RPC, 2'b00});                       i0929
      $write("   SR: %b", RISC2_System.STATUS);                            i0930
      $write("   IR: %h", RISC2_System.IR);                                i0931
      $display("  ECADR: xxxxxxxx");                                        i0932
      $write("  CPU: ");                                                   i0933
      case(RISC2_System.SYSTEM_STATUS)                                     i0934
        `STARTED: $write("RESET         ");                                i0935
        `WORKING: $write("ACTIVE        ");                                i0936
        `STOPPED: $write("HALTed        ");                                i0937
        `CTR_ERR: $write("Delayed CTR   ");                               i0938
```

```
        `PRV_ERR: $write("Privilege Violation");               i0939
        `INS_ERR: $write("Illegal Instruction");               i0940
      endcase                                                  i0941
      $write("                KHESNZVC           ");           i0942
    . Write_Mnemonic(RISC2_System.IR);                         i0943
      $display;                                                i0944
    end                                                        i0945
    if (ACCDUMP && (RISC2_System.SYSTEM_STATUS != `STARTED)) begin   i0946
      $display(" -Memory Accesses");                           i0947
      $write("  ADDR: %h", {RISC2_System.IPC, 2'b00});         i0948
      $write("  DATA: %h   ", RISC2_System.IR);                i0949
      Write_Mnemonic(RISC2_System.IR);                         i0950
      $display(" instruction fetched");                        i0951
      if (RISC2_System.PROTO_WACC) begin                       i0952
        $write("  ADDR: %h", RISC2_System.PROTO_ADDR);         i0953
        $write("  DATA: %h", RISC2_System.PROTO_WDAT);         i0954
        Write_Access_Size(RISC2_System.PROTO_SIZE);            i0955
        $display(" stored");                                   i0956
      end                                                      i0957
      if (RISC2_System.PROTO_RACC) begin                       i0958
        $write("  ADDR: %h", RISC2_System.PROTO_ADDR);         i0959
        $write("  DATA: %h", RISC2_System.PROTO_RDAT);         i0960
        Write_Access_Size(RISC2_System.PROTO_SIZE);            i0961
        $display(" load initiated");                           i0962
      end                                                      i0963
    end                                                        i0964
end                                                            i0965
endtask                                                        i0966
                                                               i0967
//                                                             i0968
// Mnemonic des uebergebenen Instruktioncodes anzeigen         i0969
//                                                             i0970
// Die Mnemonics sind alle hier zusammengefasst, weil es sich lediglich    i0971
// um Debugging-Informationen handelt. Es muss zwar eine erneute Dekodierung   i0972
// der Instruktionen mit der case-Anweisung vorgenommen werden, doch man   i0973
// gewinnt dadurch eine saubere Trennung von Prozessor-Verhaltens-Modul   i0974
// und Debugging-Test-Modul.                                   i0975
//                                                             i0976
task Write_Mnemonic;                                           i0977
  input [31:0] INSTRUCTION;                                    i0978
begin                                                          i0979
  casez(INSTRUCTION[31:19])                                    i0980
    13'b0100000??????: $write("AND    ");                      i0981
    13'b0100001??????: $write("AND.F  ");                      i0982
    13'b0100010??????: $write("OR     ");                      i0983
    13'b0100011??????: $write("OR.F   ");                      i0984
    13'b0100100??????: $write("XOR    ");                      i0985
    13'b0100101??????: $write("XOR.F  ");                      i0986
    13'b0101000??????: $write("LSL    ");                      i0987
    13'b0101001??????: $write("LSL.F  ");                      i0988
    13'b0101010??????: $write("LSR    ");                      i0989
    13'b0101011??????: $write("LSR.F  ");                      i0990
    13'b0101100??????: $write("ASR    ");                      i0991
    13'b0101101??????: $write("ASR.F  ");                      i0992
    13'b0101110??????: $write("ROT    ");                      i0993
    13'b0101111??????: $write("ROT.F  ");                      i0994
    13'b0110000??????: $write("ADD    ");                      i0995
    13'b0110001??????: $write("ADD.F  ");                      i0996
    13'b0110010??????: $write("ADDC   ");                      i0997
    13'b0110011??????: $write("ADDC.F ");                      i0998
    13'b0110100??????: $write("SUB    ");                      i0999
    13'b0110101??????: $write("SUB.F  ");                      i1000
    13'b0110110??????: $write("SUBC   ");                      i1001
    13'b0110111??????: $write("SUBC.F ");                      i1002
    13'b0111100??????: $write("MUL    ");                      i1003
    13'b0111101??????: $write("MUL.F  ");                      i1004
    13'b0111110??????: $write("DIV    ");                      i1005
    13'b0111111??????: $write("DIV.F  ");                      i1006
    13'b1111110000110: $write("BGT    ");                      i1007
    13'b1111110010110: $write("BGT.A  ");                      i1008
    13'b1111110001110: $write("BLE    ");                      i1009
    13'b1111110011110: $write("BLE.A  ");                      i1010
    13'b1111110000101: $write("BGE    ");                      i1011
    13'b1111110010101: $write("BGE.A  ");                      i1012
    13'b1111110001101: $write("BLT    ");                      i1013
    13'b1111110011101: $write("BLT.A  ");                      i1014
    13'b1111110000011: $write("BHI    ");                      i1015
    13'b1111110010011: $write("BHI.A  ");                      i1016
    13'b1111110001011: $write("BLS    ");                      i1017
    13'b1111110011011: $write("BLS.A  ");                      i1018
    13'b1111110000010: $write("BPL    ");                      i1019
    13'b1111110010010: $write("BPL.A  ");                      i1020
```

```
      13'b1111110001010: $write("BMI    ");                                    i1021
      13'b1111110011010: $write("BMI.A  ");                                    i1022
      13'b1111110000000: $write("BNE    ");                                    i1023
      13'b1111110010000: $write("BNE.A  ");                                    i1024
      13'b1111110001000: $write("BEQ    ");                                    i1025
      13'b1111110011000: $write("BEQ.A  ");                                    i1026
      13'b1111110000100: $write("BVC    ");                                    i1027
      13'b1111110010100: $write("BVC.A  ");                                    i1028
      13'b1111110001100: $write("BVS    ");                                    i1029
      13'b1111110011100: $write("BVS.A  ");                                    i1030
      13'b1111110000001: $write("BCC    ");                                    i1031
      13'b1111110010001: $write("BCC.A  ");                                    i1032
      13'b1111110001001: $write("BCS    ");                                    i1033
      13'b1111110011001: $write("BCS.A  ");                                    i1034
      13'b1111110001111: $write("BT     ");                                    i1035
      13'b1111110011111: $write("BT.A   ");                                    i1036
      13'b1111110000111: $write("BF     ");                                    i1037
      13'b1111110010111: $write("BF.A   ");                                    i1038
      13'b1111111110??????: $write("RETI   ");                                 i1039
      13'b11111101??????: $write("SWI    ");                                   i1040
      13'b11111111??????: $write("HALT   ");                                   i1041
      13'b10??????????: $write("CALL   ");                                     i1042
      13'b000001?1??????: $write("LDU    ");                                   i1043
      13'b000000????????: $write("LDUB   ");                                   i1044
      13'b000001?0??????: $write("LDUD   ");                                   i1045
      13'b000001?1??????: $write("LDUQ   ");                                   i1046
      13'b000011?1??????: $write("LDS    ");                                   i1047
      13'b000010????????: $write("LDSB   ");                                   i1048
      13'b000011?0??????: $write("LDSD   ");                                   i1049
      13'b000011?1??????: $write("LDSQ   ");                                   i1050
      13'b000101?1??????: $write("ST     ");                                   i1051
      13'b000100????????: $write("STB    ");                                   i1052
      13'b000101?0??????: $write("STD    ");                                   i1053
      13'b000101?1??????: $write("STQ    ");                                   i1054
      13'b0011?????????: $write("SWP    ");                                    i1055
      13'b111000000?????: $write("LDH    ");                                   i1056
      13'b111001111?????: $write("CLC    ");                                   i1057
      13'b111010100?????: $write("LRFS   ");                                   i1058
      13'b111010111?????: $write("SRIS   ");                                   i1059
      default: $write("illegal");                                              i1060
    endcase                                                                    i1061
  end                                                                          i1062
endtask                                                                        i1063
                                                                               i1064
//                                                                             i1065
// Angegebene Speicherzugriffsbreite anzeigen                                  i1066
//                                                                             i1067
task Write_Access_Size;                                                        i1068
  input [2:0] SIZE;                                                            i1069
begin                                                                          i1070
  case(SIZE)                                                                   i1071
    `ACC_BYTE:   $write("   BYTE   ");                                         i1072
    `ACC_DBYTE:  $write("   DBYTE  ");                                         i1073
    `ACC_QBYTE:  $write("   QBYTE  ");                                         i1074
    default:     $write("   illegal");                                         i1075
  endcase                                                                      i1076
  end                                                                          i1077
  endtask                                                                      i1078
                                                                               i1079
endmodule                                                                      i1080
```

Bild 3.1 Das Interpreter-Modell

Das Interpreter-Modell wurde im Kapitel E5 ein erstes Mal kurz simuliert. Es folgt ein zweiter Programmlauf mit den Parametern aus Bild 3.2. Die Ausgabe wird um die Register und Speicher erweitert, um beispielsweise mehr Informationen zum Debuggen des Modells zu erhalten (Bild 3.3).

```
`define STEP    0          // 0: kein $stop, 1: $stop nach jedem Befehl       i0027
`define TRACE   1          // 0: Dump nach HALT, 1: Dump nach jedem Befehl    i0028
`define MEMDUMP 1          // 0: kein Memory-Dump, 1: Memory-Dump             i0029
`define REGDUMP 1          // 0: kein Register-Dump, 1: Register-Dump         iC030
`define ACCDUMP 1          // 0: kein Access-Dump, 1: Access-Dump             i0031
`define MEMSIZE 'h100      // System-Arbeitsspeichergroesse in Bytes          i0032
```

Bild 3.2 Ausgabeparameter für einen langen Dump

```
RISC2 Interpreter
Executing program: beispiel.exe
RESET state
 -System Memory:
  Page: 000000
  00:  _00000844_0800100e_00000049_0180106a_ffff07fc_03400860_0900082e_000000ff
  20:  _0200000C_xxxxxxxx_xxxxxxxx_xxxxxxxx_xxxxxxxx_xxxxxxxx_xxxxxxxx_xxxxxxxx
  40:  _xxxxxxxx_xxxxxxxx_xxxxxxxx_xxxxxxxx_xxxxxxxx_xxxxxxxx_xxxxxxxx_xxxxxxxx
  60:  _xxxxxxxx_xxxxxxxx_xxxxxxxx_xxxxxxxx_xxxxxxxx_xxxxxxxx_xxxxxxxx_xxxxxxxx
  80:  _xxxxxxxx_xxxxxxxx_xxxxxxxx_xxxxxxxx_xxxxxxxx_xxxxxxxx_xxxxxxxx_xxxxxxxx
  a0:  _xxxxxxxx_xxxxxxxx_xxxxxxxx_xxxxxxxx_xxxxxxxx_xxxxxxxx_xxxxxxxx_xxxxxxxx
  c0:  _xxxxxxxx_xxxxxxxx_xxxxxxxx_xxxxxxxx_xxxxxxxx_xxxxxxxx_xxxxxxxx_xxxxxxxx
  e0:  _xxxxxxxx_xxxxxxxx_xxxxxxxx_xxxxxxxx_xxxxxxxx_xxxxxxxx_xxxxxxxx_xxxxxxxx
 -Processor Registers:
  R00: 00000000  R01: xxxxxxxx  R02: xxxxxxxx  R03: xxxxxxxx  VBR:   xxxxxx00
  R04: xxxxxxxx  R05: xxxxxxxx  R06: xxxxxxxx  R07: xxxxxxxx  HISR:  xxxxxxxx
  R08: xxxxxxxx  R09: xxxxxxxx  R0a: xxxxxxxx  R0b: xxxxxxxx  ECSR:  xxxxxxxx
  R0c: xxxxxxxx  R0d: xxxxxxxx  R0e: xxxxxxxx  R0f: xxxxxxxx  SISR:  xxxxxxxx
  R10: xxxxxxxx  R11: xxxxxxxx  R12: xxxxxxxx  R13: xxxxxxxx  HIRPC: xxxxxxxx
  R14: xxxxxxxx  R15: xxxxxxxx  R16: xxxxxxxx  R17: xxxxxxxx  ECRPC: xxxxxxxx
  R18: xxxxxxxx  R19: xxxxxxxx  R1a: xxxxxxxx  R1b: xxxxxxxx  SIRPC: xxxxxxxx
  R1c: xxxxxxxx  R1d: xxxxxxxx  R1e: xxxxxxxx  R1f: xxxxxxxx  HIADR: xxxxxxxx
   PC: xxxxxxxX  RPC: xxxxxxxX   SR: 10000000   IR: xxxxxxxx  ECADR: xxxxxxxx
  CPU: RESET                   KHESNZVC            illegal
Step 1 completed
 -System Memory:
  Page: 000000
  00:  _00000844_0800100e_00000049_0180106a_ffff07fc_03400860_0900082e_000000ff
  20:  _02000000_xxxxxxxx_xxxxxxxx_xxxxxxxx_xxxxxxxx_xxxxxxxx_xxxxxxxx_xxxxxxxx
  40:  _xxxxxxxx_xxxxxxxx_xxxxxxxx_xxxxxxxx_xxxxxxxx_xxxxxxxx_xxxxxxxx_xxxxxxxx
  60:  _xxxxxxxx_xxxxxxxx_xxxxxxxx_xxxxxxxx_xxxxxxxx_xxxxxxxx_xxxxxxxx_xxxxxxxx
  80:  _xxxxxxxx_xxxxxxxx_xxxxxxxx_xxxxxxxx_xxxxxxxx_xxxxxxxx_xxxxxxxx_xxxxxxxx
  a0:  _xxxxxxxx_xxxxxxxx_xxxxxxxx_xxxxxxxx_xxxxxxxx_xxxxxxxx_xxxxxxxx_xxxxxxxx
  c0:  _xxxxxxxx_xxxxxxxx_xxxxxxxx_xxxxxxxx_xxxxxxxx_xxxxxxxx_xxxxxxxx_xxxxxxxx
  e0:  _xxxxxxxx_xxxxxxxx_xxxxxxxx_xxxxxxxx_xxxxxxxx_xxxxxxxx_xxxxxxxx_xxxxxxxx
 -Processor Registers:
  R00: 00000000  R01: 00000000  R02: xxxxxxxx  R03: xxxxxxxx  VBR:   xxxxxx00
  R04: xxxxxxxx  R05: xxxxxxxx  R06: xxxxxxxx  R07: xxxxxxxx  HISR:  xxxxxxxx
  R08: xxxxxxxx  R09: xxxxxxxx  R0a: xxxxxxxx  R0b: xxxxxxxx  ECSR:  xxxxxxxx
  R0c: xxxxxxxx  R0d: xxxxxxxx  R0e: xxxxxxxx  R0f: xxxxxxxx  SISR:  xxxxxxxx
  R10: xxxxxxxx  R11: xxxxxxxx  R12: xxxxxxxx  R13: xxxxxxxx  HIRPC: xxxxxxxx
  R14: xxxxxxxx  R15: xxxxxxxx  R16: xxxxxxxx  R17: xxxxxxxx  ECRPC: xxxxxxxx
  R18: xxxxxxxx  R19: xxxxxxxx  R1a: xxxxxxxx  R1b: xxxxxxxx  SIRPC: xxxxxxxX
  R1c: xxxxxxxx  R1d: xxxxxxxx  R1e: xxxxxxxx  R1f: xxxxxxxx  HIADR: xxxxxxxx
   PC: 00000000  RPC: xxxxxxxX   SR: 10000000   IR: 44080000  ECADR: xxxxxxxx
  CPU: ACTIVE                   KHESNZVC            OR
 -Memory Accesses
  ADDR: 00000000  DATA: 44080000    OR      instruction fetched
Step 2 completed
 -System Memory:
  Page: 000000
  00:  _00000844_0800100e_00000049_0180106a_ffff07fc_03400860_0900082e_000000ff
  20:  _02000000_xxxxxxxx_xxxxxxxx_xxxxxxxx_xxxxxxxx_xxxxxxxx_xxxxxxxx_xxxxxxxx
  40:  _xxxxxxxx_xxxxxxxx_xxxxxxxx_xxxxxxxx_xxxxxxxx_xxxxxxxx_xxxxxxxx_xxxxxxxx
  60:  _xxxxxxxx_xxxxxxxx_xxxxxxxx_xxxxxxxx_xxxxxxxx_xxxxxxxx_xxxxxxxx_xxxxxxxx
  80:  _xxxxxxxx_xxxxxxxx_xxxxxxxx_xxxxxxxx_xxxxxxxx_xxxxxxxx_xxxxxxxx_xxxxxxxx
  a0:  _xxxxxxxx_xxxxxxxx_xxxxxxxx_xxxxxxxx_xxxxxxxx_xxxxxxxx_xxxxxxxx_xxxxxxxx
  c0:  _xxxxxxxx_xxxxxxxx_xxxxxxxx_xxxxxxxx_xxxxxxxx_xxxxxxxx_xxxxxxxx_xxxxxxxx
  e0:  _xxxxxxxx_xxxxxxxx_xxxxxxxx_xxxxxxxx_xxxxxxxx_xxxxxxxx_xxxxxxxx_xxxxxxxx
 -Processor Registers:
  R00: 00000000  R01: 00000000  R02: xxxxxxxx  R03: xxxxxxxx  VBR:   xxxxxx00
  R04: xxxxxxxx  R05: xxxxxxxx  R06: xxxxxxxx  R07: xxxxxxxx  HISR:  xxxxxxxx
  R08: xxxxxxxx  R09: xxxxxxxx  R0a: xxxxxxxx  R0b: xxxxxxxx  ECSR:  xxxxxxxx
  R0c: xxxxxxxx  R0d: xxxxxxxx  R0e: xxxxxxxx  R0f: xxxxxxxx  SISR:  xxxxxxxx
  R10: xxxxxxxx  R11: xxxxxxxx  R12: xxxxxxxx  R13: xxxxxxxx  HIRPC: xxxxxxxx
  R14: xxxxxxxx  R15: xxxxxxxx  R16: xxxxxxxx  R17: xxxxxxxx  ECRPC: xxxxxxxx
  R18: xxxxxxxx  R19: xxxxxxxx  R1a: xxxxxxxx  R1b: xxxxxxxx  SIRPC: xxxxxxxX
```

```
 R1c: xxxxxxxx  R1d: xxxxxxxx  R1e: xxxxxxxx  R1f: xxxxxxxx  HIADR: xxxxxxxx
  PC: 00000004  RPC: xxxxxxxX   SR: 10000000   IR: 0e100008  ECADR: xxxxxxxx
 CPU: ACTIVE                        KHESNZVC       LDU
 -Memory Accesses
  ADDR: 00000004  DATA: 0e100008    LDU      instruction fetched
  ADDR: 00000020  DATA: 00000002    QBYTE    load initiated
Step 3 completed
 -System Memory:
  Page: 000000
  00:  _00000844_0800100e_00000049_0180106a_ffff07fc_03400860_0900082e_000000ff
  20:  _02000000_xxxxxxxx_xxxxxxxx_xxxxxxxx_xxxxxxxx_xxxxxxxx_xxxxxxxx_xxxxxxxx
  40:  _xxxxxxxx_xxxxxxxx_xxxxxxxx_xxxxxxxx_xxxxxxxx_xxxxxxxx_xxxxxxxx_xxxxxxxx
  60:  _xxxxxxxx_xxxxxxxx_xxxxxxxx_xxxxxxxx_xxxxxxxx_xxxxxxxx_xxxxxxxx_xxxxxxxx
  80:  _xxxxxxxx_xxxxxxxx_xxxxxxxx_xxxxxxxx_xxxxxxxx_xxxxxxxx_xxxxxxxx_xxxxxxxx
  a0:  _xxxxxxxx_xxxxxxxx_xxxxxxxx_xxxxxxxx_xxxxxxxx_xxxxxxxx_xxxxxxxx_xxxxxxxx
  c0:  _xxxxxxxx_xxxxxxxx_xxxxxxxx_xxxxxxxx_xxxxxxxx_xxxxxxxx_xxxxxxxx_xxxxxxxx
  e0:  _xxxxxxxx_xxxxxxxx_xxxxxxxx_xxxxxxxx_xxxxxxxx_xxxxxxxx_xxxxxxxx_xxxxxxxx
 -Processor Registers:
  R00: 00000000  R01: 00000000  R02: xxxxxxxx  R03: xxxxxxxx  VBR:   xxxxxx00
  R04: xxxxxxxx  R05: xxxxxxxx  R06: xxxxxxxx  R07: xxxxxxxx  HISR:  xxxxxxxx
  R08: xxxxxxxx  R09: xxxxxxxx  R0a: xxxxxxxx  R0b: xxxxxxxx  ECSR:  xxxxxxxx
  R0c: xxxxxxxx  R0d: xxxxxxxx  R0e: xxxxxxxx  R0f: xxxxxxxx  SISR:  xxxxxxxx
  R10: xxxxxxxx  R11: xxxxxxxx  R12: xxxxxxxx  R13: xxxxxxxx  HIRPC: xxxxxxxx
  R14: xxxxxxxx  R15: xxxxxxxx  R16: xxxxxxxx  R17: xxxxxxxx  ECRPC: xxxxxxxx
  R18: xxxxxxxx  R19: xxxxxxxx  R1a: xxxxxxxx  R1b: xxxxxxxx  SIRPC: xxxxxxxX
  R1c: xxxxxxxx  R1d: xxxxxxxx  R1e: xxxxxxxx  R1f: xxxxxxxx  HIADR: xxxxxxxx
   PC: 00000008  RPC: xxxxxxxX   SR: 10000000   IR: 49000000  ECADR: xxxxxxxx
  CPU: ACTIVE                        KHESNZVC       XOR
 -Memory Accesses
  ADDR: 00000008  DATA: 49000000    XOR      instruction fetched
Step 4 completed
 -System Memory:
  Page: 000000
  00:  _00000844_0800100e_00000049_0180106a_ffff07tc_034C0860_090U082e_000000ff
  20:  _02000000_xxxxxxxx_xxxxxxxx_xxxxxxxx_xxxxxxxx_xxxxxxxx_xxxxxxxx_xxxxxxxx
  40:  _xxxxxxxx_xxxxxxxx_xxxxxxxx_xxxxxxxx_xxxxxxxx_xxxxxxxx_xxxxxxxx_xxxxxxxx
  60:  _xxxxxxxx_xxxxxxxx_xxxxxxxx_xxxxxxxx_xxxxxxxx_xxxxxxxx_xxxxxxxx_xxxxxxxx
  80:  _xxxxxxxx_xxxxxxxx_xxxxxxxx_xxxxxxxx_xxxxxxxx_xxxxxxxx_xxxxxxxx_xxxxxxxx
  a0:  _xxxxxxxx_xxxxxxxx_xxxxxxxx_xxxxxxxx_xxxxxxxx_xxxxxxxx_xxxxxxxx_xxxxxxxx
  c0:  _xxxxxxxx_xxxxxxxx_xxxxxxxx_xxxxxxxx_xxxxxxxx_xxxxxxxx_xxxxxxxx_xxxxxxxx
  e0:  _xxxxxxxx_xxxxxxxx_xxxxxxxx_xxxxxxxx_xxxxxxxx_xxxxxxxx_xxxxxxxx_xxxxxxxx
 -Processor Registers:
  R00: 00000000  R01: 00000000  R02: 00000001  R03: xxxxxxxx  VBR:   xxxxxx00
  R04: xxxxxxxx  R05: xxxxxxxx  R06: xxxxxxxx  R07: xxxxxxxx  HISR:  xxxxxxxx
  R08: xxxxxxxx  R09: xxxxxxxx  R0a: xxxxxxxx  R0b: xxxxxxxx  ECSR:  xxxxxxxx
  R0c: xxxxxxxx  R0d: xxxxxxxx  R0e: xxxxxxxx  R0f: xxxxxxxx  SISR:  xxxxxxxx
  R10: xxxxxxxx  R11: xxxxxxxx  R12: xxxxxxxx  R13: xxxxxxxx  HIRPC: xxxxxxxx
  R14: xxxxxxxx  R15: xxxxxxxx  R16: xxxxxxxx  R17: xxxxxxxx  ECRPC: xxxxxxxx
  R18: xxxxxxxx  R19: xxxxxxxx  R1a: xxxxxxxx  R1b: xxxxxxxx  SIRPC: xxxxxxxX
  R1c: xxxxxxxx  R1d: xxxxxxxx  R1c: xxxxxxxx  R1f: xxxxxxxx  HIADR: xxxxxxxx
   FC: 0000000c  RPC: xxxxxxxX   SR: 10000000   IR: 6a108001  ECADR: xxxxxxxx
  CPU: ACTIVE                        KHESNZVC       SUB.F
 -Memory Accesses
  ADDR: 0000000c  DATA: 6a108001    SUB.F    instruction fetched
Step 5 completed
 -System Memory:
  Page: 000000
  00:  _00000844_0800100e_00000049_0180106a_ffff07fc_03400860_0900082e_000000ff
  20:  _02000000_xxxxxxxx_xxxxxxxx_xxxxxxxx_xxxxxxxx_xxxxxxxx_xxxxxxxx_xxxxxxxx
  40:  _xxxxxxxx_xxxxxxxx_xxxxxxxx_xxxxxxxx_xxxxxxxx_xxxxxxxx_xxxxxxxx_xxxxxxxx
  60:  _xxxxxxxx_xxxxxxxx_xxxxxxxx_xxxxxxxx_xxxxxxxx_xxxxxxxx_xxxxxxxx_xxxxxxxx
  80:  _xxxxxxxx_xxxxxxxx_xxxxxxxx_xxxxxxxx_xxxxxxxx_xxxxxxxx_xxxxxxxx_xxxxxxxx
  a0:  _xxxxxxxx_xxxxxxxx_xxxxxxxx_xxxxxxxx_xxxxxxxx_xxxxxxxx_xxxxxxxx_xxxxxxxx
  c0:  _xxxxxxxx_xxxxxxxx_xxxxxxxx_xxxxxxxx_xxxxxxxx_xxxxxxxx_xxxxxxxx_xxxxxxxx
  e0:  _xxxxxxxx_xxxxxxxx_xxxxxxxx_xxxxxxxx_xxxxxxxx_xxxxxxxx_xxxxxxxx_xxxxxxxx
 -Processor Registers:
  R00: 00000000  R01: 00000000  R02: 00000001  R03: xxxxxxxx  VBR:   xxxxxx00
  R04: xxxxxxxx  R05: xxxxxxxx  R06: xxxxxxxx  R07: xxxxxxxx  HISR:  xxxxxxxx
  R08: xxxxxxxx  R09: xxxxxxxx  R0a: xxxxxxxx  R0b: xxxxxxxx  ECSR:  xxxxxxxx
  R0c: xxxxxxxx  R0d: xxxxxxxx  R0e: xxxxxxxx  R0f: xxxxxxxx  SISR:  xxxxxxxx
  R10: xxxxxxxx  R11: xxxxxxxx  R12: xxxxxxxx  R13: xxxxxxxx  HIRPC: xxxxxxxx
  R14: xxxxxxxx  R15: xxxxxxxx  R16: xxxxxxxx  R17: xxxxxxxx  ECRPC: xxxxxxxx
  R18: xxxxxxxx  R19: xxxxxxxx  R1a: xxxxxxxx  R1b: xxxxxxxx  SIRPC: xxxxxxxX
  R1c: xxxxxxxx  R1d: xxxxxxxx  R1e: xxxxxxxx  R1f: xxxxxxxx  HIADR: xxxxxxxx
   PC: 00000010  RPC: xxxxxxxX   SR: 10000000   IR: fc07ffff  ECADR: xxxxxxxx
  CPU: ACTIVE                        KHESNZVC       BNE
 -Memory Accesses
  ADDR: 00000010  DATA: fc07ffff    BNE      instruction fetched
Step 6 completed
 -System Memory:
  Page: 000000
  00:  _00000844_0800100e_00000049_0180106a_ffff07fc_03400860_0900082e_000000ff
```

```
   20:  _02000000_xxxxxxxx_xxxxxxxx_xxxxxxxx_xxxxxxxx_xxxxxxxx_xxxxxxxx_xxxxxxxx
   40:  _xxxxxxxx_xxxxxxxx_xxxxxxxx_xxxxxxxx_xxxxxxxx_xxxxxxxx_xxxxxxxx_xxxxxxxx
   60:  _xxxxxxxx_xxxxxxxx_xxxxxxxx_xxxxxxxx_xxxxxxxx_xxxxxxxx_xxxxxxxx_xxxxxxxx
   80:  _xxxxxxxx_xxxxxxxx_xxxxxxxx_xxxxxxxx_xxxxxxxx_xxxxxxxx_xxxxxxxx_xxxxxxxx
   a0:  _xxxxxxxx_xxxxxxxx_xxxxxxxx_xxxxxxxx_xxxxxxxx_xxxxxxxx_xxxxxxxx_xxxxxxxx
   c0:  _xxxxxxxx_xxxxxxxx_xxxxxxxx_xxxxxxxx_xxxxxxxx_xxxxxxxx_xxxxxxxx_xxxxxxxx
   e0:  _xxxxxxxx_xxxxxxxx_xxxxxxxx_xxxxxxxx_xxxxxxxx_xxxxxxxx_xxxxxxxx_xxxxxxxx
 -Processor Registers:
  R00: 00000000  R01: 00000003  R02: 00000001  R03: xxxxxxxx  VBR:   xxxxxx00
  R04: xxxxxxxx  R05: xxxxxxxx  R06: xxxxxxxx  R07: xxxxxxxx  HISR:  xxxxxxxx
  R08: xxxxxxxx  R09: xxxxxxxx  R0a: xxxxxxxx  R0b: xxxxxxxx  ECSR:  xxxxxxxx
  R0c: xxxxxxxx  R0d: xxxxxxxx  R0e: xxxxxxxx  R0f: xxxxxxxx  SISR:  xxxxxxxx
  R10: xxxxxxxx  R11: xxxxxxxx  R12: xxxxxxxx  R13: xxxxxxxx  HIRPC: xxxxxxxx
  R14: xxxxxxxx  R15: xxxxxxxx  R16: xxxxxxxx  R17: xxxxxxxx  ECRPC: xxxxxxxx
  R18: xxxxxxxx  R19: xxxxxxxx  R1a: xxxxxxxx  R1b: xxxxxxxx  SIRPC: xxxxxxxX
  R1c: xxxxxxxx  R1d: xxxxxxxx  R1e: xxxxxxxx  R1f: xxxxxxxx  HIADR: xxxxxxxx
   PC: 00000014  RPC: xxxxxxxX   SR: 10000000   IR: 60084003  ECADR: xxxxxxxx
  CPU: ACTIVE                       KHESNZVC        ADD
 -Memory Accesses
  ADDR: 00000014  DATA: 60084003    ADD       instruction fetched
Step 7 completed
 -System Memory:
  Page: 000000
   00:  _00000844_0800100e_00000049_0180106a_ffff07fc_03400860_0900082e_000000ff
   20:  _02000000_xxxxxxxx_xxxxxxxx_xxxxxxxx_xxxxxxxx_xxxxxxxx_xxxxxxxx_xxxxxxxx
   40:  _xxxxxxxx_xxxxxxxx_xxxxxxxx_xxxxxxxx_xxxxxxxx_xxxxxxxx_xxxxxxxx_xxxxxxxx
   60:  _xxxxxxxx_xxxxxxxx_xxxxxxxx_xxxxxxxx_xxxxxxxx_xxxxxxxx_xxxxxxxx_xxxxxxxx
   80:  _xxxxxxxx_xxxxxxxx_xxxxxxxx_xxxxxxxx_xxxxxxxx_xxxxxxxx_xxxxxxxx_xxxxxxxx
   a0:  _xxxxxxxx_xxxxxxxx_xxxxxxxx_xxxxxxxx_xxxxxxxx_xxxxxxxx_xxxxxxxx_xxxxxxxx
   c0:  _xxxxxxxx_xxxxxxxx_xxxxxxxx_xxxxxxxx_xxxxxxxx_xxxxxxxx_xxxxxxxx_xxxxxxxx
   e0:  _xxxxxxxx_xxxxxxxx_xxxxxxxx_xxxxxxxx_xxxxxxxx_xxxxxxxx_xxxxxxxx_xxxxxxxx
 -Processor Registers:
  R00: 00000000  R01: 00000003  R02: 00000000  R03: xxxxxxxx  VBR:   xxxxxx00
  R04: xxxxxxxx  R05: xxxxxxxx  R06: xxxxxxxx  R07: xxxxxxxx  HISR:  xxxxxxxx
  R08: xxxxxxxx  R09: xxxxxxxx  R0a: xxxxxxxx  R0b: xxxxxxxx  ECSR:  xxxxxxxx
  R0c: xxxxxxxx  R0d: xxxxxxxx  R0e: xxxxxxxx  R0f: xxxxxxxx  SISR:  xxxxxxxx
  R10: xxxxxxxx  R11: xxxxxxxx  R12: xxxxxxxx  R13: xxxxxxxx  HIRPC: xxxxxxxx
  R14: xxxxxxxx  R15: xxxxxxxx  R16: xxxxxxxx  R17: xxxxxxxx  ECRPC: xxxxxxxx
  R18: xxxxxxxx  R19: xxxxxxxx  R1a: xxxxxxxx  R1b: xxxxxxxx  SIRPC: xxxxxxxX
  R1c: xxxxxxxx  R1d: xxxxxxxx  R1e: xxxxxxxx  R1f: xxxxxxxx  HIADR: xxxxxxxx
   PC: 0000000c  RPC: xxxxxxxX   SR: 10000100   IR: 6a108001  ECADR: xxxxxxxx
  CPU: ACTIVE                       KHESNZVC        SUB.F
 -Memory Accesses
  ADDR: 0000000c  DATA: 6a108001    SUB.F     instruction fetched
Step 3 completed
 -System Memory:
  Page: 000000
   00:  _00000844_0800100e_00000049_0180106a_ffff07fc_03400860_0900082e_000000ff
   20:  _02000000_xxxxxxxx_xxxxxxxx_xxxxxxxx_xxxxxxxx_xxxxxxxx_xxxxxxxx_xxxxxxxx
   40:  _xxxxxxxx_xxxxxxxx_xxxxxxxx_xxxxxxxx_xxxxxxxx_xxxxxxxx_xxxxxxxx_xxxxxxxx
   60:  _xxxxxxxx_xxxxxxxx_xxxxxxxx_xxxxxxxx_xxxxxxxx_xxxxxxxx_xxxxxxxx_xxxxxxxx
   80:  _xxxxxxxx_xxxxxxxx_xxxxxxxx_xxxxxxxx_xxxxxxxx_xxxxxxxx_xxxxxxxx_xxxxxxxx
   a0:  _xxxxxxxx_xxxxxxxx_xxxxxxxx_xxxxxxxx_xxxxxxxx_xxxxxxxx_xxxxxxxx_xxxxxxxx
   c0:  _xxxxxxxx_xxxxxxxx_xxxxxxxx_xxxxxxxx_xxxxxxxx_xxxxxxxx_xxxxxxxx_xxxxxxxx
   e0:  _xxxxxxxx_xxxxxxxx_xxxxxxxx_xxxxxxxx_xxxxxxxx_xxxxxxxx_xxxxxxxx_xxxxxxxx
 -Processor Registers:
  R00: 00000000  R01: 00000003  R02: 00000000  R03: xxxxxxxx  VBR:   xxxxxx00
  R04: xxxxxxxx  R05: xxxxxxxx  R06: xxxxxxxx  R07: xxxxxxxx  HISR:  xxxxxxxx
  R08: xxxxxxxx  R09: xxxxxxxx  R0a: xxxxxxxx  R0b: xxxxxxxx  ECSR:  xxxxxxxx
  R0c: xxxxxxxx  R0d: xxxxxxxx  R0e: xxxxxxxx  R0f: xxxxxxxx  SISR:  xxxxxxxx
  R10: xxxxxxxx  R11: xxxxxxxx  R12: xxxxxxxx  R13: xxxxxxxx  HIRPC: xxxxxxxx
  R14: xxxxxxxx  R15: xxxxxxxx  R16: xxxxxxxx  R17: xxxxxxxx  ECRPC: xxxxxxxx
  R18: xxxxxxxx  R19: xxxxxxxx  R1a: xxxxxxxx  R1b: xxxxxxxx  SIRPC: xxxxxxxX
  R1c: xxxxxxxx  R1d: xxxxxxxx  R1e: xxxxxxxx  R1f: xxxxxxxx  HIADR: xxxxxxxx
   PC: 00000010  RPC: xxxxxxxX   SR: 10000100   IR: fc07ffff  ECADR: xxxxxxxx
  CPU: ACTIVE                       KHESNZVC        BNE
 -Memory Accesses
  ADDR: 00000010  DATA: fc07ffff    BNE       instruction fetched
Step 9 completed
 -System Memory:
  Page: 000000
   00:  _00000844_0800100e_00000049_0180106a_ffff07fc_03400860_0900082e_000000ff
   20:  _02000000_xxxxxxxx_xxxxxxxx_xxxxxxxx_xxxxxxxx_xxxxxxxx_xxxxxxxx_xxxxxxxx
   40:  _xxxxxxxx_xxxxxxxx_xxxxxxxx_xxxxxxxx_xxxxxxxx_xxxxxxxx_xxxxxxxx_xxxxxxxx
   60:  _xxxxxxxx_xxxxxxxx_xxxxxxxx_xxxxxxxx_xxxxxxxx_xxxxxxxx_xxxxxxxx_xxxxxxxx
   80:  _xxxxxxxx_xxxxxxxx_xxxxxxxx_xxxxxxxx_xxxxxxxx_xxxxxxxx_xxxxxxxx_xxxxxxxx
   a0:  _xxxxxxxx_xxxxxxxx_xxxxxxxx_xxxxxxxx_xxxxxxxx_xxxxxxxx_xxxxxxxx_xxxxxxxx
   c0:  _xxxxxxxx_xxxxxxxx_xxxxxxxx_xxxxxxxx_xxxxxxxx_xxxxxxxx_xxxxxxxx_xxxxxxxx
   e0:  _xxxxxxxx_xxxxxxxx_xxxxxxxx_xxxxxxxx_xxxxxxxx_xxxxxxxx_xxxxxxxx_xxxxxxxx
 -Processor Registers:
  R00: 00000000  R01: 00000006  R02: 00000000  R03: xxxxxxxx  VBR:   xxxxxx00
  R04: xxxxxxxx  R05: xxxxxxxx  R06: xxxxxxxx  R07: xxxxxxxx  HISR:  xxxxxxxx
```

```
  R08: xxxxxxxx   R09: xxxxxxxx   R0a: xxxxxxxx   R0b: xxxxxxxx   ECSR:  xxxxxxxx
  R0c: xxxxxxxx   R0d: xxxxxxxx   R0e: xxxxxxxx   R0f: xxxxxxxx   SISR:  xxxxxxxx
  R10: xxxxxxxx   R11: xxxxxxxx   R12: xxxxxxxx   R13: xxxxxxxx   HIRPC: xxxxxxxx
  R14: xxxxxxxx   R15: xxxxxxxx   R16: xxxxxxxx   R17: xxxxxxxx   ECRPC: xxxxxxxx
  R18: xxxxxxxx   R19: xxxxxxxx   R1a: xxxxxxxx   R1b: xxxxxxxx   SIRPC: xxxxxxxX
  R1c: xxxxxxxx   R1d: xxxxxxxx   R1e: xxxxxxxx   R1f: xxxxxxxx   HIADR: xxxxxxxx
   PC: 00000014  RPC: xxxxxxxX    SR: 10000100    IR: 60084003  ECADR: xxxxxxxx
  CPU: ACTIVE                        KHESNZVC          ADD
 -Memory Accesses
  ADDR: 00000014   DATA: 60084003    ADD      instruction fetched
Step 10 completed
 -System Memory:
  Page: 000000
  00:  _00000844_0800100e_00000049_0180106a_ffff07fc_03400860_0900082e_000000ff
  20:  _02000000_06000000_xxxxxxxx_xxxxxxxx_xxxxxxxx_xxxxxxxx_xxxxxxxx_xxxxxxxx
  40:  _xxxxxxxx_xxxxxxxx_xxxxxxxx_xxxxxxxx_xxxxxxxx_xxxxxxxx_xxxxxxxx_xxxxxxxx
  60:  _xxxxxxxx_xxxxxxxx_xxxxxxxx_xxxxxxxx_xxxxxxxx_xxxxxxxx_xxxxxxxx_xxxxxxxx
  80:  _xxxxxxxx_xxxxxxxx_xxxxxxxx_xxxxxxxx_xxxxxxxx_xxxxxxxx_xxxxxxxx_xxxxxxxx
  a0:  _xxxxxxxx_xxxxxxxx_xxxxxxxx_xxxxxxxx_xxxxxxxx_xxxxxxxx_xxxxxxxx_xxxxxxxx
  c0:  _xxxxxxxx_xxxxxxxx_xxxxxxxx_xxxxxxxx_xxxxxxxx_xxxxxxxx_xxxxxxxx_xxxxxxxx
  e0:  _xxxxxxxx_xxxxxxxx_xxxxxxxx_xxxxxxxx_xxxxxxxx_xxxxxxxx_xxxxxxxx_xxxxxxxx
 -Processor Registers:
  R00: 00000000   R01: 00000006   R02: 00000000   R03: xxxxxxxx   VBR:   xxxxxx00
  R04: xxxxxxxx   R05: xxxxxxxx   R06: xxxxxxxx   R07: xxxxxxxx   HISR:  xxxxxxxx
  R08: xxxxxxxx   R09: xxxxxxxx   R0a: xxxxxxxx   R0b: xxxxxxxx   ECSR:  xxxxxxxx
  R0c: xxxxxxxx   R0d: xxxxxxxx   R0e: xxxxxxxx   R0f: xxxxxxxx   SISR:  xxxxxxxx
  R10: xxxxxxxx   R11: xxxxxxxx   R12: xxxxxxxx   R13: xxxxxxxx   HIRPC: xxxxxxxx
  R14: xxxxxxxx   R15: xxxxxxxx   R16: xxxxxxxx   R17: xxxxxxxx   ECRPC: xxxxxxxx
  R18: xxxxxxxx   R19: xxxxxxxx   R1a: xxxxxxxx   R1b: xxxxxxxx   SIRPC: xxxxxxxX
  R1c: xxxxxxxx   R1d: xxxxxxxx   R1e: xxxxxxxx   R1f: xxxxxxxx   HIADR: xxxxxxxx
   PC: 00000018  RPC: xxxxxxxX    SR: 10000100    IR: 2e080009  ECADR: xxxxxxxx
  CPU: ACTIVE                        KHESNZVC          ST
 -Memory Accesses
  ADDR: 00000018   DATA: 2e080009    ST       instruction fetched
  ADDR: 00000024   DATA: 00000006    QBYTE    stored
Step 11 completed
 -System Memory:
  Page: 000000
  00:  _00000844_0800100e_00000049_0180106a_ffff07fc_03400860_0900082e_000000ff
  20:  _02000000_06000000_xxxxxxxx_xxxxxxxx_xxxxxxxx_xxxxxxxx_xxxxxxxx_xxxxxxxx
  40:  _xxxxxxxx_xxxxxxxx_xxxxxxxx_xxxxxxxx_xxxxxxxx_xxxxxxxx_xxxxxxxx_xxxxxxxx
  60:  _xxxxxxxx_xxxxxxxx_xxxxxxxx_xxxxxxxx_xxxxxxxx_xxxxxxxx_xxxxxxxx_xxxxxxxx
  80:  _xxxxxxxx_xxxxxxxx_xxxxxxxx_xxxxxxxx_xxxxxxxx_xxxxxxxx_xxxxxxxx_xxxxxxxx
  a0:  _xxxxxxxx_xxxxxxxx_xxxxxxxx_xxxxxxxx_xxxxxxxx_xxxxxxxx_xxxxxxxx_xxxxxxxx
  c0:  _xxxxxxxx_xxxxxxxx_xxxxxxxx_xxxxxxxx_xxxxxxxx_xxxxxxxx_xxxxxxxx_xxxxxxxx
  e0:  _xxxxxxxx_xxxxxxxx_xxxxxxxx_xxxxxxxx_xxxxxxxx_xxxxxxxx_xxxxxxxx_xxxxxxxx
 -Processor Registers:
  R00: 00000000   R01: 00000006   R02: 00000000   R03: xxxxxxxx   VBR:   xxxxxx00
  R04: xxxxxxxx   R05: xxxxxxxx   R06: xxxxxxxx   R07: xxxxxxxx   HISR:  xxxxxxxx
  R08: xxxxxxxx   R09: xxxxxxxx   R0a: xxxxxxxx   R0b: xxxxxxxx   ECSR:  xxxxxxxx
  R0c: xxxxxxxx   R0d: xxxxxxxx   R0e: xxxxxxxx   R0f: xxxxxxxx   SISR:  xxxxxxxx
  R10: xxxxxxxx   R11: xxxxxxxx   R12: xxxxxxxx   R13: xxxxxxxx   HIRPC: xxxxxxxx
  R14: xxxxxxxx   R15: xxxxxxxx   R16: xxxxxxxx   R17: xxxxxxxx   ECRPC: xxxxxxxx
  R18: xxxxxxxx   R19: xxxxxxxx   R1a: xxxxxxxx   R1b: xxxxxxxx   SIRPC: xxxxxxxX
  R1c: xxxxxxxx   R1d: xxxxxxxx   R1e: xxxxxxxx   R1f: xxxxxxxx   HIADR: xxxxxxxx
   PC: 0000001c  RPC: xxxxxxxX    SR: 10000100    IR: ff000000  ECADR: xxxxxxxx
  CPU: HALTed                        KHESNZVC          HALT
 -Memory Accesses
  ADDR: 0000001c   DATA: ff000000    HALT     instruction fetched
L875 "interpreter.v": $finish at simulation time 12
Data structure takes 184456 bytes of memory
40223 simulation events
CPU time: 0 secs to compile + 0 secs to link + 6 secs in simulation
```

Bild 3.3   Langes Simulationsergebnis zu Bild E5.15, E5.16 und 3.2

Der Trace demonstriert die Maßnahmen zur Datenabhängigkeit, indem das
Register R02 nicht gleich nach dem Load, sondern erst nach dem folgenden
XOR, d.h. dem NOP korrekt gesetzt wird. Die simulation time ist ein Maß für die
Laufzeit des Programms, indem pro Befehl eine Zeiteinheit vergeht. Sie ist aber
höchstens ein erster Anhaltspunkt für das Zeitverhalten späterer Modelle.

Das
Grobstrukturmodell

Das Grobstrukturmodell enthält alle wesentlichen Strukturen des RISC-Prozessors TOOBSIE; hierzu gehören nicht nur die Grobarchitektur aus Pipeline-Stufen, Controllern, Caches und Registern, sondern auch bereits kleinere Komponenten mit allen wesentlichen Signalen, wie sie sich anschließend im Gattermodell wiederfinden. Zum eigentlichen VERILOG-Modell am Ende dieses Kapitels und auf der Diskette in ▣ 3 haben wir den Datenpfad bereits im Einführungsband beispielhaft erläutert. Für den Spezialisten sollen nun die teilweise umfangreichen Controller und der Branch-Target-Cache kommentiert werden, vor allem aber soll der Prozessor auch in eine Systemumgebung eingebettet werden, so daß in anschließenden Simulationsexperimenten wie in der Realität ein Testprogramm in einen Hauptspeicher geladen werden kann, das über eine realistisch modellierte Speicherschnittstelle den Prozessor laufen läßt.

4.1 Die Pipeline-Control-Unit PCU

Die PCU kontrolliert wie in Bild 4.1 dargestellt alle bisherigen Units. Zu ihren Aufgaben gehören die Steuerung der Signale zur Arbeitsfreigabe für die einzelnen Pipeline-Stufen, das Starten der Pipeline nach einem RESET, die Verwaltung des Flag-Registers und der Spezialregister, die Interrupt-Behandlung sowie die Steuerung der Bus-Control-Unit BCU.

Die VERILOG-Implementierung der PCU verfügt über viele parallel arbeitende always-Blöcke, die entsprechend ihrem Aufgabenbereich in Gruppen zusammengefaßt und durch Kommentare gekennzeichnet sind. Ihr Verständnis setzt detaillierte Kenntnisse der gesteuerten Pipeline voraus.

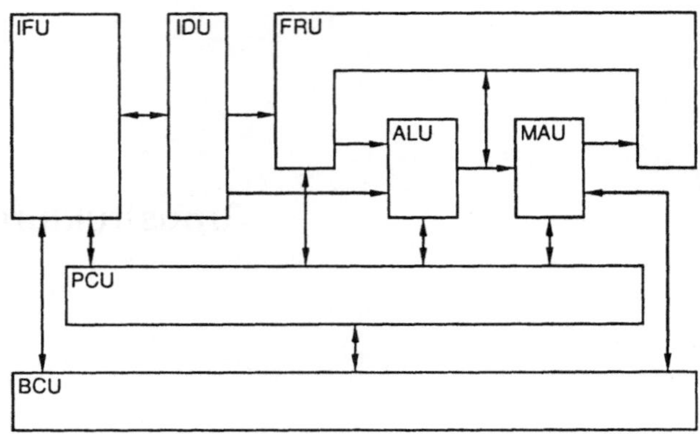

Bild 4.1   Einordnung der Pipeline-Control-Unit

Aufgrund der großen „Schnittstellen" dieser PCU-Gruppen wurde weitgehend auf eine Modellierung durch Module verzichtet, welche die Quelltextlänge erheblich vergrößert hätte zu Lasten der Verständlichkeit und Wartbarkeit.

Die Funktion der PCU als Kontrolleinheit der übrigen Prozessormodule führt zu einer sehr großen Anzahl von externen Signalen. Daher ist die externe Schnittstelle in der Tabelle 4.2 im Gegensatz zu anderen Modulen zusätzlich nach der Pipeline-Stufe des Ziels bzw. der Quelle gruppiert.

Die Einordnung erfolgt anhand des Gültigkeitszeitpunktes der Signale. Ausgangssignale, die synchron mit der positiven Taktflanke von einer Zielstufe übernommen werden, werden der jeweils vorhergehenden Stufe zugeordnet, während „spät" übernommene Signale (Abschnitt E6.3.1) der Zielstufe selbst zugerechnet werden. Eingangssignale werden immer der Quellstufe zugeordnet. Innerhalb einer Stufe sind die Signale alphabetisch sortiert.

Gruppe	Signal	an/von	Bedeutung
IF	CALL_NOW	← IFU	Dekodieranzeige für CALL von Dekodierstufe der IFU
IF	DIS_ALU	← IFU	Deaktivierungsanforderung für EX
IF	DIS_IDU	← IFU	Deaktivierungsanforderung für ID
IF	DS_IN_IFU	← IFU	Anzeige für CTR-Instruktion in ID und Delay-Slot in IF
IF	IFU_ADDR_BUS	← IFU	IFU-Speicherzugriffsadresse

IF	IFU_CORRECT	← IFU	Sprungkorrektur
IF	NPC	← IFU	nächster PC der IFU (Wiederaufsatz nach CALL und SWI)
ID	B_BUS	← FRU	Operand aus Registerfeld für SRIS
ID	DO_HALT	← IDU	Anforderung der HALT-Bearbeitung
ID	DO_RETI	← IDU	Anforderung der RETI-Bearbeitung
ID	EXCEPT_ID	← IDU	Exception-Kennung
ID	EXCEPT_RQ	← IDU	Exception-Anforderung
ID	MAU_ACC_MODE2	← IDU	dekodierte Zugriffsbreite für Speicherzugriffsinstruktion
ID	MAU_OPCODE2	← IDU	dekodierter Opcode für Speicherzugriffsinstruktion
ID	NEW_FLAGS	← IDU	Anzeige eines flag-verändernden ALU-Befehls in der ID
ID	SREG_ACC_DIR	← IDU	Spezialregister-Zugriffsrichtung
ID	SREG_ADDR	← IDU	Spezialregister-Adresse
ID	SWI_ID	← IDU	Software-Interrupt-Kennung
ID	SWI_RQ	← IDU	Software-Interrupt-Anforderung
EX	FLAGS_FROM_ALU	← ALU	Ergebnis-Flags aus der aktuellen ALU-Operation
MA	MAU_ADDR_BUS	← MAU	MAU-Speicherzugriffs-Adresse
BCU	BCU_READY	← BCU	Speicherzugriffszustand
extern	CP	← extern	Systemtakt
extern	IRQ_ID	← extern	Hardware-Interrupt-Kennung
extern	nIRQ	← extern	Hardware-Interrupt-Anforderung
extern	nRESET	← extern	RESET-Signal
PF	LDST_ACC_NOW	→ IFU	MAU-Zugriff im nächsten Step
IF	EMERG_FETCH	→ IFU	neuen Befehlszugriff anfordern, letzten invalidieren (Interrupt)
IF	IF_FLAGS	→ IFU	Flags für IF (Sprungentscheidung bei BTC-Hit)
IF	IF_KUMODE	→ IFU	Prozessor-Privilegierung für Fetch-Zugriff
IF	KILL_IDU	→ IDU	Dekodierfreigabe für nächsten ID-Step
IF	PC_BUS	→ IFU	PC-Übergabe an IF
IF	USE_PCU_PC	→ IFU	PC-Übernahmeaufforderung an IFU (PC auf PC_BUS)
IF	WORK_IF	→ IFU	Arbeitsfreigabe für IF
ID	ALU_CARRY	→ ALU	Carry für nächsten EX-Step
ID	FD_FLAGS	→ IFU	Flags für FD (Standard-Sprungentscheidung, Spungkorrektur)
ID	ID_KUMODE	→ IDU	Prozessor-Privilegierung für Instruktions-Dekodierung
ID	INT_STATE	→ FRU	Selektion für Interrupt-Overlay-Registersatz
ID	SREG_DATA	→ FRU	Daten aus Spezialregister

ID	WORK_FD	→ IFU	Arbeitsfreigabe für FD (Dekodierlogik der IFU)
ID	WORK_ID	→ IDU	Arbeitsfreigabe für ID
ID	STEP	→ IDU	Arbeitsfreigabe für Pipeline (mindestens eine Stufe arbeitet)
EX	MAU_ACC_MODE3	→ MAU	Zugriffsbreite für MAU
EX	MAU_OPCODE3	→ MAU	Opcode für MAU
EX	WORK_EX	→ ALU	Arbeitsfreigabe für EX
MA	WORK_MA	→ MAU	Arbeitsfreigabe für MA
WB	WORK_WB	→ FRU	Arbeitsfreigabe für WB (Write-Back-Stufe der FRU)
WB	STEP	→ FRU	Arbeitsfreigabe für Pipeline (mindestens eine Stufe arbeitet)
BCU	BCU_ACC_DIR	→ BCU	BCU-Zugriffsart und -richtung
BCU	BCU_ACC_MODE	→ BCU	BCU-Zugriffseinheit (IFU/MAU) und Zugriffsbreite
extern	nIRA	→ extern	Empfangsbestätigung für Hardware-Interrupt-Anfrage
extern	SYS_KUMODE	→ extern	Prozessor-Privilegierung für Speicherzugriffe

Tabelle 4.2 Schnittstelle der PCU

Die hierarchische Struktur der PCU in Bild 4.3 ist im wesentlichen durch Gruppen von Blöcken und damit auf der Kommentarebene realisiert. Zu beachten ist, daß der Modul WORK_UNIT am Anfang der PCU instanziiert wird, sich im Listing und in diesem Abschnitt jedoch am Ende befindet. Bild 4.4 zeigt den Aufbau der PCU.

4.1.1 Die RESET-Logik

In dieser Gruppe werden die für den Start des Prozessors nach einem RESET notwendigen Vorbelegungen der PCU-Register definiert. Der Startvorgang des Prozessors wird über die RESET-Vorbelegung des Signals DO_STARTUP und seiner Löschung nach der Übernahme des RESET_PC durch die IF gesteuert.

Zu den weiteren Vorbelegungen gehören die Aktivierung des KERNEL_MODE, die Aktivierung aller Interrupt-Status-Bits, um jegliche Unterbrechungen des Programms zunächst auszuschließen, sowie das Löschen der Flag-Bits im Prozessorstatusregister.

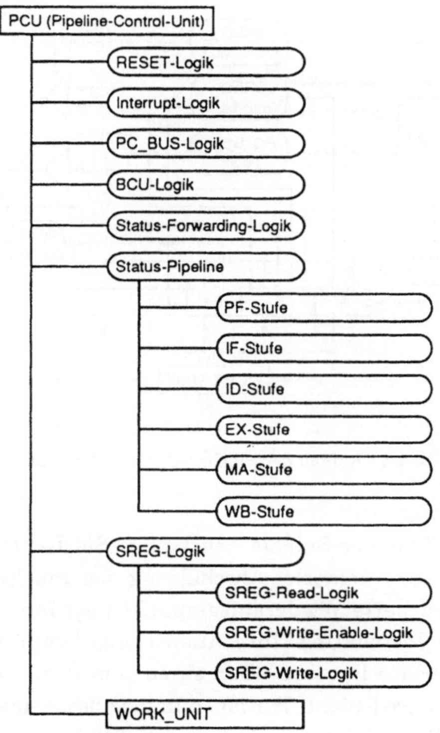

Bild 4.3 Hierarchische Struktur des Moduls PCU

4.1.2 Die Interrupt-Logik

Diese Gruppe ist für die Verarbeitung von Interrupt-Anforderungen der drei
Interrupt-Ebenen Hardware-Interrupt (HWI), Exception (EXC) und Software-
Interrupt (SWI) verantwortlich. Außerdem wird hier die Abschaltung der bei
einer Interrupt-Annahme ungültig gewordenen Pipeline-Stufen veranlaßt. Bei
einer Verletzung der Interrupt-Hierarchie (HWI: höchste Ebene, SWI:
niedrigste Ebene) durch fehlerhafte Programme wird die Interrupt-Fehlerbearbeitung des Prozessors ausgelöst.

Wie in der internen Spezifikation in Abschnitt E6.5 beschrieben, stellen
Software-Interrupts die niedrigste Interrupt-Ebene des Prozessors dar und

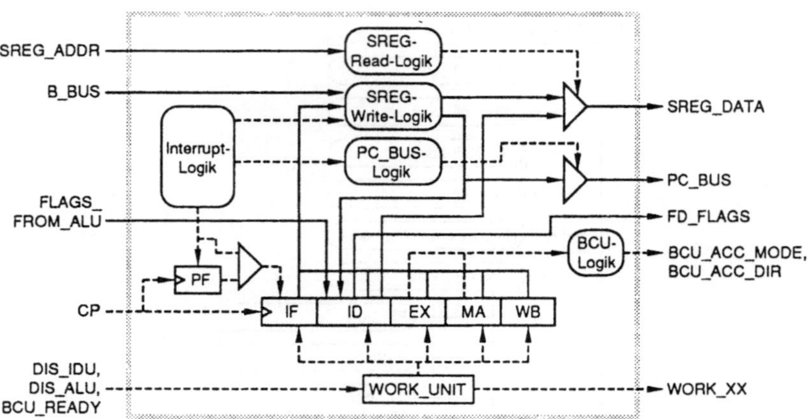

Bild 4.4 Aufbau der Pipeline-Control-Unit PCU

werden wie Control-Transfer-Befehle bearbeitet. Sie besitzen deshalb einen Delay-Slot und führen zu keinerlei Abschaltung von Pipeline-Stufen. Der im Register SWIRPC gesicherte Wiederaufsatzpunkt liegt immer bei der auf den Delay-Slot folgenden Instruktion. Ihre Auswirkung beschränkt sich auf den Aufruf einer SWI-Service-Routine über einen aus dem Inhalt des Vektorbasisregisters und der SWI-Identifikationsnummer bestimmten Eintrag in der Interrupt-Vektortabelle und der Aktivierung des SWI-Interrupt-Status-Bits.

Der Aufruf erfolgt im KERNEL_MODE und bewirkt, daß der Prozessorstatus nach Bearbeitung des Delay-Slots im SWI-Statusregister gesichert wird, so daß die Bearbeitung transparent ist. Dies setzt voraus, daß die SWI-Routine nicht zu Informationszwecken Werte in Registern zurückliefert.

```
// DO_SWI bestimmen (anzunehmende Software-Interrupt-Anforderung)    f0362
//                                                                   f0363
always @(SWI_RQ or IF_SWIACT or IF_EXCACT or IF_HWIACT or PANIC) begin    f0364
  DO_SWI = SWI_RQ & ~IF_SWIACT & ~IF_EXCACT & ~IF_HWIACT & ~PANIC;   f0365
end                                                                  f0366
```

Bild 4.5 Generierung des Signals DO_SWI

Aufgrund der Stellung in der Interrupt-Hierarchie kann ein SWI nur bearbeitet werden, falls kein anderer Interrupt aktiv ist. Sollte dennoch ein SWI-Befehl innerhalb einer höheren Interrupt-Ebene vorkommen, löst dies die

Interrupt-Fehlerbearbeitung aus. Die SWI-Bearbeitung wird durch das in der Gruppe Interrupt-Logik bestimmte DO_SWI-Signal eingeleitet (Bild 4.5).

Die Exceptions der nächsthöheren Interrupt-Ebene sind wie die Software-Interrupts an bestimmte Instruktionen gebunden, besitzen aber keinen Delay-Slot. Der Befehl nach der auslösenden Instruktion wird durch das Signal EMERG_FETCH deaktiviert. Der im Register EXCRPC gesicherte Wiederaufsatzpunkt ist deshalb die nachfolgende Instruktion. Da auch hier der Status vor Eintritt in die Bearbeitungsroutine gesichert wird, ist die Exception-Bearbeitung für das unterbrochene Programm transparent, sofern keine Werte in Registern zurückgeliefert werden. Exceptions können nur bearbeitet werden, wenn kein HWI aktiv ist. Ihre Bearbeitung wird dann durch DO_EXC eingeleitet, andernfalls kommt es auch hier zu einer Interrupt-Fehlerbearbeitung (Bild 4.6).

```
// DO_EXC bestimmen (anzunehmende Exeption-Anforderung)          f0355
//                                                               f0356
always @(EXCEPT_RQ or IF_EXCACT or IF_HWIACT or PANIC) begin     f0357
  DO_EXC = EXCEPT_RQ & ~IF_EXCACT & ~IF_HWIACT & ~PANIC;         f0358
end                                                              f0359
```

Bild 4.6 Generierung des Signals DO_EXC

Durch Hardware-Interrupts auf der höchsten Interrupt-Ebene können alle Programme außer den HWI-Routinen und der Interrupt-Fehlerbearbeitung unterbrochen werden. HWIs sind nicht an Instruktionen gebunden, da sie als externe Unterbrechungen von der Systemumgebung angefordert werden. Sie können zu jedem Zeitpunkt auftreten. Der Anforderungszeitpunkt innerhalb des Prozessortaktes unterscheidet sie ebenfalls von den internen Unterbrechungen, deren Anforderungen nach der positiven Taktflanke mittels kombinatorischer Logik bestimmt werden, während die HWI-Anforderung und ihre Interrupt-Identifikation auf der negativen Taktflanke vom Umgebungssystem übernommen werden.

Diese Unterschiede wirken sich am stärksten in der Bestimmung des im HWIRPC-Register gesicherten Wiederaufsatzpunktes aus. Ein Hardware-Interrupt kann einerseits als Folge eines Speicherzugriffs auftreten - als Page-Fault beim Laden einer Instruktion durch die IFU oder bei einem Datenzugriff durch die MAU -, andererseits kann er auch unabhängig von den Instruktionen in der Pipeline extern angefordert werden.

Eine Unterbrechung aufgrund einer Instruktion wie beispielsweise einem Seitenfehler erfordert einen Wiederaufsatz auf der auslösenden Instruktion. Die Unterbrechung eines Control-Transfers in einem Delay-Slot erfordert einen Wiederaufsatz auf dem CTR ebenso wie die Unterbrechung einer Exception-Annahme im Delay-Slot eines CTR.

Als Möglichkeiten für einen Wiederaufsatzpunkt kommt deshalb jede in der Pipeline stehende Instruktion in Frage. Hinzu kommt, daß alle Instruktionen, die nach dem Beenden des Interrupts erneut bearbeitet werden, bei der Interrupt-Annahme invalidiert werden müssen, um ihre Mehrfachausführung zu vermeiden und die Transparenz der Interrupt-Bearbeitung zu ermöglichen. Zur Invalidierung eines Befehls werden je nach Lage des Wiederaufsatzpunktes die von der Interrupt-Logik bestimmten Signale EMERG_FETCH und FLUSH_PIPE benutzt. Die Annahme eines HWI wird der Systemumgebung mit der nächsten positiven Taktflanke durch einen Impuls halber Taktlänge über das Signal nIRA angezeigt.

Erfordert ein angenommener HWI keine Invalidierung der EX-Sufe und befindet sich in der EX-Stufe eine LD/ST-Instruktion, die im nächsten Pipeline-Step eine weitere Interrupt-Anforderung hervorruft, so wird über das Signal RERUN_MA die Korrektur des bisherigen Wiederaufsatzpunktes auf die LD/ST-Instruktion und des bisherigen Wiederaufsatzstatus auf den LD/ST-Status bewirkt und die Annahme des Interrupts bestätigt, ohne die bisherige Interrupt-Bearbeitung abzubrechen (Bild 4.7). Dies führt zu keiner Fehlbearbeitung, da nach Abschluß des ersten Interrupts die LD/ST-Instruktion erneut ausgeführt wird und aufgrund gleicher Ausgangsbedingungen erneut eine HWI-Anforderung hervorruft.

```
// RERUN_MA bestimmen (aktiv bei MAU-HWI nach Annahme eires IFU-HWI)      f0410
//                                                                        f0411
always @(IRQ_REG or IRQ_IDREG or MAU_USES_BUS or IF_HWIACT) begin         f0412
  casez((IRQ_REG, IRQ_IDREG, MAU_USES_BUS, IF_HWIACT))                    f0413
    6'b000?11: RERUN_MA = 1'b1;     // MAU-HWI                            f0414
    6'b001011: RERUN_MA = 1'b1;     // MAU-HWI                            f0415
    default:   RERUN_MA = 1'b0;                                          f0416
  endcase                                                                 f0417
end                                                                       f0418
```

Bild 4.7 Generierung des Signals RERUN_MA

Treten ein Software-Interrupt innerhalb einer Exception oder eine Exception oder ein Software-Interrupt innerhalb eines Hardware-Interrupt auf, so liegt eine Verletzung der Interrupt-Hierarchie vor. Geht der Prozessor daraufhin in die Interrupt-Fehlerbehandlung über, so geschieht dies aufgrund der Abhängigkeit von einer Instruktion ähnlich wie bei einer Exception. Allerdings blockiert eine aktive Interrupt-Fehlerbehandlung die Annahme jeglicher Unterbrechungen und kann nicht mehr verlassen werden. Die Interrupt-Fehlerbehandlung, deren Zustand durch das PANIC-Signal angezeigt wird, wird durch das DO_PANIC-Signal aktiviert, sobald eine entsprechende Bedingung vorliegt (Bild 4.8).

```
// DO_PANIC bestimmen (Verletzung der Interrupt-Hierarchie)           f0369
//                                                                    f0370
always @(IF_HWIACT or IF_EXCACT or IF_SWIACT or EXCEPT_RQ or SWI_RQ) begin   f0371
  casez(( IF_HWIACT, IF_EXCACT, IF_SWIACT, EXCEPT_RQ, SWI_RQ, PANIC))        f0372
    6'b1??1?0: DO_PANIC = 1'b1;              // EXC in HWI             f0373
    6'b1??10: DO_PANIC = 1'b1;               // SWI in HWI            f0374
    6'b?1?1?0: DO_PANIC = 1'b1;              // EXC in EXC             f0375
    6'b?1??10: DO_PANIC = 1'b1;              // SWI in EXC             f0376
    6'b??1?10: DO_PANIC = 1'b1;              // SWI in SWI             f0377
    default:   DO_PANIC = 1'b0;                                        f0378
  endcase                                                             f0379
end                                                                  f0380
```

Bild 4.8 Generierung des Signals DO_PANIC

4.1.3 Die PC_BUS-Logik

In dieser Gruppe werden die Schreibzugriffe auf den Programm-Zähler PC des Prozessors gesteuert, der als einziges Spezialregister außerhalb der PCU liegt. Er wurde in der IFU angeordnet, da sich dort auch die Logik für seine Änderungen bei Inkrementierung, bei Sprüngen und bei Sprungkorrekturen befindet.

Die Schnittstelle zur Übergabe eines PC-Wertes von der PCU an die IFU besteht aus dem PC_BUS für die eigentliche Wertübergabe und dem Signal USE_PCU_PC, falls die IFU für den nächsten Befehlszugriff den PC des PC_BUS übernehmen soll (Bild 4.9). Das Beschreiben des PC durch die PCU ist in den folgenden Fällen erforderlich.

* Anstarten der Pipeline nach einem RESET (PC=0);

* Annahme eines Interrupt (PC=Adresse in der Interrupt-Vektortabelle);

* Beendigung eines Interrupts durch RETI (PC aus IRPC der höchsten aktiven Interrupt-Ebene);

* Bearbeitung einer Instruktion SRIS PC.

```
// USE_PCU_PC bestimmen (PC-Uebernahmeaufforderung an IFU)              f0429
//                                                                      f0430
always @(DO_STARTUP or DO_HWI or DO_PANIC or DO_EXC or DO_SWI or        f0431
         KILL_ALU or DO_RETI or SREG_ACC_DIR or SREG_ADDR)             f0432
begin                                                                   f0433
  casez((DO_STARTUP, DO_HWI, DO_PANIC, KILL_ALU, DO_EXC, DO_SWI, DO_RETI,  f0434
         SREG_ACC_DIR, SREG_ADDR))                                      f0435
    12'b1??????????: USE_PCU_PC = 1'b1;   // RESET                      f0436
    12'b01?????????: USE_PCU_PC = 1'b1;   // Hardware-Interrupt         f0437
    12'b001????????: USE_PCU_PC = 1'b1;   // Uncorrectable Error (PANIC) f0438
    12'b00001??????: USE_PCU_PC = 1'b1;   // Exception                  f0439
    12'b0000?1??????: USE_PCU_PC = 1'b1;  // Software-Interrupt         f0440
    12'b0000??1?????: USE_PCU_PC = 1'b1;  // RETI                       f0441
    12'b000000010000: USE_PCU_PC = 1'b1;  // SRIS PC                    f0442
    default:          USE_PCU_PC = 1'b0;                                f0443
  endcase                                                               f0444
end                                                                     f0445
```

Bild 4.9 Generierung des Signals USE_PCU_PC

4.1.4 Die BCU-Logik

Diese Gruppe bestimmt die Signale BCU_ACC_MODE, BCU_ACC_DIR und
SYS_KUMODE, die zur Ansteuerung der BCU verwendet werden.

Durch BCU_ACC_MODE wird neben der nächsten Buszuteilung an die IF oder
MA auch die Datenbreite des nächsten Zugriffs gesteuert (8, 16 oder 32 Bit),
während BCU_ACC_DIR die Art des nächsten Zugriffs spezifiziert (Load, Store
oder Swap).

Der SYS_KUMODE wird nicht in der BCU selbst verwendet, sondern an die
Systemumgebung weitergeleitet (Bild 4.10). Er gibt die Prozessorprivilegierung
für den aktuellen Speicherzugriff an und ermöglicht so die Implementierung
unterschiedlicher Speicherbelegungsstrukturen für KERNEL_MODE und
USER_MODE.

```
// SYS_KUMODE bestimmen (Zugriffsprivilegierung)               f0511
//                                                             f0512
always @(MAU_USES_BUS or IF_KUMODE or MA_STATUS) begin         f0513
  casez(MAU_USES_BUS)                                          f0514
    1'b0: SYS_KUMODE = IF_KUMODE;        // IFU-Buszugriff     f0515
    1'b1: SYS_KUMODE = MA_STATUS[7];     // MAU-Buszugriff     f0516
  endcase                                                      f0517
end                                                            f0518
```

Bild 4.10 Generierung des Signals SYS_KUMODE

Aufgrund seiner Aufgaben wird das Signal LDST_ACC_NOW zur BCU-Logik
gezählt, da es die IFU über die Buszuteilung im nächsten Pipeline-Schritt
informiert (Bild 4.11). Die Zuteilung des Busses hängt dabei ausschließlich von

dem in der Status-Pipeline von der IDU zur ALU verzögerten MAU_OPCODE ab. Für die ID ist dies das Signal MAU_OPCODE2, für die ALU ist es das Signal MAU_OPCODE3. Dabei führt ein gültiger OPCODE für Load, Store oder Swap in jedem Fall zu einer Buszuteilung an die MAU.

```
wire          LDST_ACC_NOW = (~MAU_OPCODE3[2] & ~RERUN_MA);              f0236
```

Bild 4.11 Generierung des Signals LDST_ACC_NOW

Die Zugriffsbreite der BCU hängt zum einen von der Buszuteilung ab. Zugriffe durch die IFU sind immer 32 Bit breit. Zum anderen hängt sie vom MAU_OPCODE und MAU_ACC_MODE ab, der bei Load- und Store-Befehlen die Zugriffsbreite festlegt. Beim Swap-Befehl beträgt diese immer 32 Bit.

4.1.5 Die Status-Forwarding-Logik

Die Aufgabe dieser Gruppe besteht in der Zuteilung von Statusinformationen, die erst im aktuellen Step generiert, aber von bestimmten Pipeline-Stufen noch während dieses Steps benötigt werden. Dies ist notwendig, weil Statusinformationen gemäß der Spezifikation in der Programm-Bearbeitung sofort nach der erzeugenden Instruktion zur Verfügung stehen müssen, da der Status parallel zu seiner Erzeugung die Bearbeitung der nachfolgenden Instruktionen steuert. Ein Beispiel für diese Folgen von Instruktionen ist ein ALU-Befehl, der die Flags verändert und von einem bedingten Sprung gefolgt wird, dessen Sprungauswertung in der IDU parallel zur Flag-Berechnung in der ALU erfolgt.

Ein weiteres Beispiel ist ein Befehl SRIS SR, der von einem bedingten Sprung aus dem Branch-Target-Cache gefolgt wird. In diesem Fall wird eine Sprungentscheidung in der IFU getroffen, während parallel dazu der SRIS-Befehl in der IDU dekodiert wird. Dabei liegt die benötigte Statusinformation auf dem B_BUS an.

Ein kritischer Fall tritt ein, wenn ein Befehl SRIS SR als Delay-Instruktion eines bedingten Sprunges im Branch-Target-Cache BTC gefunden wurde und der bedingte Sprung auf einen flag-verändernden ALU-Befehl folgt. In diesem Fall hängt bei gesetztem ANNUL-Bit die Ausführung des SRIS SR von dem ALU-Flag ab, während direkt nachfolgende Sprungentscheidungen vom

SRIS SR abhängen, der in der IDU parallel zur Flag-Berechnung in der ALU dekodiert wird. Deshalb ist die Existenz von zwei Flag-Bussen an die IFU notwendig. Einer von ihnen überträgt die Flags für die Entscheidung über die Ausführung des SRIS SR in der IDU, während der andere Bus die Flags für direkt nachfolgende BTC-Sprungentscheidungen liefert. Da beide Flag-Busse zur IFU führen und dort parallel zum Laden einer Instruktion bei einem BTC-Hit bzw. parallel zur Dekodierung und Sprungkorrektur einer Sprunginstruktion verwendet werden, heißen die Busse IF_FLAGS (Instruction-Fetch-Flags) und FD_FLAGS (Fetch-Decode-Flags). Ihre Generierung zeigt Bild 4.12.

```
   // Flags fuer IF-Sprungentscheidung bestimmen                          f0533
   //                                                                      f0534
   always @(SRIS_SR or NEW_FLAGS_DEL or FLAGS_FROM_ALU or FLAGS or B_BUS)  f0535
   begin                                                                   f0536
     casez({SRIS_SR, NEW_FLAGS_DEL})                                       f0537
       2'b00: IF_FLAGS = FLAGS;              // Statusregisterflags         f0538
       2'b1?: IF_FLAGS = B_BUS[3:0];         // SRIS SR                     f0539
       2'b01: IF_FLAGS = FLAGS_FROM_ALU;     // .F Befehl                   f0540
     endcase                                                               f0541
   end                                                                     f0542
                                                                           f0543
   //                                                                      f0544
   // Flags fuer FD-Sprungentscheidung bestimmen                          f0545
   //                                                                      f0546
   always @(NEW_FLAGS_DEL or FLAGS_FROM_ALU or FLAGS)                       f0547
   begin                                                                   f0548
     casez(NEW_FLAGS_DEL)                                                  f0549
       1'b0: FD_FLAGS = FLAGS;              // Statusregister-Flags         f0550
       1'b1: FD_FLAGS = FLAGS_FROM_ALU;     // .F Befehl                    f0551
     endcase                                                               f0552
   end                                                                     f0553
```

Bild 4.12   Generierung der Flag-Busse für die IFU

4.1.6 Die Status-Pipeline

Diese parallel zur Haupt-Pipeline arbeitende Mini-Pipeline dient zum einen der gezielten Verzögerung von Informationen. Dies ist für die Signale MAU_OPCODE2 und MAU_ACC_MODE2 erforderlich, die in der IDU bestimmt, aber erst in der übernächsten MAU-Stufe benötigt werden. Andererseits dient sie der Verwaltung der für einen Befehl gültigen Statusinformation (Prozessormodus und Flags), seines PC-Wertes und seines Delay-Slot-Status. Die Verwaltung von Statusinformationen und PCs ist notwendig, da Unterbrechungen nur dann transparent bearbeitet werden können, wenn alle Informationen zur Fortsetzung des Programms nach der Unterbrechung zur Sicherung und späteren Wiederherstellung verfügbar sind.

Der Delay-Slot-Status wird in der Pipeline mitgeführt, um bei einem Interrupt im Delay-Slot einer CTR-Instruktion den Wiederaufsatzpunkt korrekt ermitteln zu können. Er liegt in diesem Fall auf der CTR-Instruktion. Die Status-Pipeline verfügt über insgesamt sechs Registerstufen und wird parallel zur Prozessor-Pipeline getaktet. Zu beachten ist, daß bei der Betrachtung der beiden Pipelines nicht die physikalische Sicht der Units, sondern die logische Sicht der Pipeline-Stufen im Vordergrund steht.

4.1.6.1 Die PF-Stufe

Diese Gruppe dient als Vorstufe und fängt Veränderungen im Prozessor-modus auf, die nicht sofort an die IF weitergegeben werden dürfen. Dies ist beispielsweise notwendig, wenn die IF im seriellen Speicherzugriffsmodus arbeitet und keine Instruktionen im Cache findet. Dann kann sie nur zu jedem zweiten Pipeline-Takt eine gültige Instruktion abliefern. Wenn der Status durch eine in der ID dekodierte SWI- oder RETI-Instruktion verändert wird, muß der Delay-Slot dieser CTR-Instruktionen im nächsten Befehlszugriff noch mit demselben Modus geladen und dekodiert werden, wie er direkt nach dem Laden der CTR-Instruktionen in der IF vorlag. Es muß aber nach dem Laden des Delay-Slots der durch diese CTR-Instruktion veränderte Prozessormodus für die IF gültig werden, obwohl sich die CTR-Instruktion bereits nicht mehr in der ID befindet. Um dieses Problem zu lösen, fängt die PF-Stufe Änderungen der Modi auf. Sie werden erst in die IF übernommen, wenn diese den Delay-Slot an die ID übergeben hat.

Als Beispiel wird in Bild 4.13 die Generierung des NEXT_KUMODE für den nächsten IF-Step wiedergegeben.

```
// Kernel/User-Modus fuer die IF nach Abschluss von diesem Fetch      f0580
//                                                                     f0581
always @(posedge CP) begin                                            f0582
  if (STEP) begin                                                     f0583
    casez({DO_HWI, DO_PANIC, KILL_ALU, DO_EXC, DO_SWI, DO_RETI,       f0584
           ID_HWIACT, ID_EXCACT, ID_SWIACT, SRIS_KSR})                f0585
      10'b1????????: NEXT_KUMODE = #`DELTA 1'b1;         // HWI       f0586
      10'b0C1???????: NEXT_KUMODE = #`DELTA 1'b1;        // PANIC     f0587
      10'b0001??????: NEXT_KUMODE = #`DELTA 1'b1;        // Exception f0588
      10'b00001?????: NEXT_KUMODE = #`DELTA 1'b1;        // SWI       f0589
      10'b0000011???: NEXT_KUMODE = #`DELTA HWISR[7];    // HWI-RETI  f0590
      10'b00000101??: NEXT_KUMODE = #`DELTA EXCSR[7];    // EXC-RETI  f0591
      10'b000001001?: NEXT_KUMODE = #`DELTA SWISR[7];    // SWI-RETI  f0592
      10'b000000???1: NEXT_KUMODE = #`DELTA B_BUS[7];    // SRIS SR   f0593
    endcase                                                           f0594
  end                                                                 f0595
end                                                                   f0596
```

Bild 4.13 Generierung des NEXT_KUMODE für den nächsten IF-Step

4.1.6.2 Die IF-Stufe

In dieser Gruppe werden die für die IF-Stufe der Prozessor-Pipeline gültigen
Modus-Informationen gespeichert. Sie übernimmt ihre Werte im Normalfall
aus der PF-Stufe, lädt aber bei Modusveränderungen, die nicht durch die PF-
Stufe aufgefangen werden müssen, direkt von der entsprechenden Modus-
quelle.

```
// Kernel/User-Modus fuer diesen IF-Step bestimmen                    f0656
//                                                                    f0657
always @(posedge CP) begin                                            f0658
  if (STEP) begin                                                     f0659
    casez((DO_HWI, DO_PANIC, KILL_ALU, DO_EXC, DO_SWI, DO_RETI, ID_HWIACT,  f0660
          ID_EXCACT, ID_SWIACT, SRIS_KSR, (~DIS_IDU | EMERG_FETCH)))  f0661
      11'b1???????1: IF_KUMODE = #`DELTA 1'b1;         // HWI         f0662
      11'b01??????1: IF_KUMODE = #`DELTA 1'b1;         // PANIC       f0663
      11'b0001????1: IF_KUMODE = #`DELTA 1'b1;         // Exception   f0664
      11'b00001???1: IF_KUMODE = #`DELTA 1'b1;         // SWI         f0665
      11'b0000011??1: IF_KUMODE = #`DELTA HWISR[7];    // HWI-RETI    f0666
      11'b00000101??1: IF_KUMODE = #`DELTA EXCSR[7];   // EXC-RETI    f0667
      11'b000001001?1: IF_KUMODE = #`DELTA SWISR[7];   // SWI-RETI    f0668
      11'b000000???1?: IF_KUMODE = #`DELTA B_BUS[7];   // SRIS SR     f0669
      11'b?????????00: IF_KUMODE = #`DELTA IF_KUMODE;  // Zustand halten  f0670
      default:        IF_KUMODE = #`DELTA NEXT_KUMODE;                f0671
    endcase                                                           f0672
  end                                                                 f0673
end                                                                   f0674
```

Bild 4.14 Generierung des IF_KUMODE für diesen IF-Step

In Bild 4.14 sieht man, wie in Zeile f0671 im Normalfall der Wert aus der
Prefetch-Stufe NEXT_KUMODE (Bild 4.13) übernommen wird.

4.1.6.3 Die ID-Stufe

```
// Flags fuer naechsten ID-Step bestimmen                            f0801
//                                                                    f0802
always @(posedge CP) begin                                            f0803
  if (STEP) begin                                                     f0804
    casez((KILL_ALU, DO_RETI, ID_HWIACT, ID_EXCACT, ID_SWIACT,       f0805
          SRIS_SR, NEW_FLAGS_DEL))                                    f0806
      7'b011??0?: FLAGS = #`DELTA HWISR[3:0];      // HWI-RETI        f0807
      7'b0101?0?: FLAGS = #`DELTA EXCSR[3:0];      // EXC-RETI        f0808
      7'b0100010?: FLAGS = #`DELTA SWISR[3:0];     // SWI-RETI        f0809
      7'b00???1?: FLAGS = #`DELTA B_BUS[3:0];      // SRIS SR         f0810
      7'b00???01: FLAGS = #`DELTA FLAGS_FROM_ALU;  // .F Befehl       f0811
      7'b1?????1: FLAGS = #`DELTA FLAGS_FROM_ALU;  // .F Befehl       f0812
    endcase                                                           f0813
  end                                                                 f0814
end                                                                   f0815
```

Bild 4.15 Bestimmung der Flags für den nächsten ID-Step

Die Aufgabe dieser Gruppe besteht neben der Verwaltung der für die ID-Stufe
gültigen Modus-Informationen in der Übernahme des PC-Wertes der ID-
Instruktion vom IFU_ADDR_BUS (identisch mit PC_IF), der Sicherung des
Delay-Slot-Status der Instruktion, welcher von der IFU über das Signal
DS_IN_IF gemeldet wird, und der Speicherung der Flags (Bild 4.15).

Erst ab dieser Stufe liegt in der Status-Pipeline ein vollständiges Statusregister
vor.

4.1.6.4 Die EX-Stufe

Diese Gruppe übernimmt parallel zum Datenfluß in der Haupt-Pipeline PC-
Wert, Statusregister und Delay-Slot-Status aus der ID-Stufe der Status-Pipeline.
Sie sichert weiterhin die Option zur Flag-Berechnung, den MAU-Operations-
code und den MAU-Zugriffsmodus, da diese erst in dem mit der Übernahme
begonnenen Prozessorschritt benötigt werden, also um einen Prozessorschritt
verzögert werden müssen.

4.1.6.5 Die MA-Stufe

Diese Gruppe übernimmt parallel zum Datenfluß in der Haupt-Pipeline PC-
Wert, Statusregister und Delay-Slot-Status aus der EX-Stufe der Status-
Pipeline.

4.1.6.6 Die WB-Stufe

In dieser Gruppe wird lediglich der PC-Wert der Instruktion parallel zum
Datenfluß in der Haupt-Pipeline aus der MA-Stufe der Status-Pipeline übernommen.

4.1.7 Die SREG-Logik

In der SREG-Logik werden alle Lese- und Schreibzugriffe auf die Spezialregister in der PCU verwaltet. Eine Ausnahme bildet das Statusregister aus
den Modus- und Flag-Bits der ID-Stufe.

Die Spezialregister, die mittels der LRFS-Instruktion ausgelesen und der SRIS-Instruktion beschrieben werden können, ermöglichen den Zugriff auf die wichtigsten Statusinformationen des Prozessors und ermöglichen dem Prozessor im KERNEL_MODE die Steuerung der Programmbearbeitung. Im USER_MODE ist der Zugriff auf die meisten Register gesperrt. Durch Sicherung und Wiederherstellung der Spezialregister ist es im KERNEL_MODE beispielsweise möglich, Multitasking für USER_MODE-Programme für diese transparent durchzuführen. Dazu verfügt die Spezialregister-Logik über eine Leselogik (SREG-Read-Logik), eine Schreibfreigabelogik (SREG-Write-Enable-Logik) und eine Schreiblogik (SREG-Write-Logik). Die Spezialregister führt Tabelle 4.16 auf.

Name	Adresse	Beschreibung
PC	$00	PC des im Fetch befindlichen Befehls (Register in IFU)
RPC	$01	Return-PC zum Wiederaufsetzen nach CALL
LPC	$02	Last-PC: PC des Befehls in der ID-Stufe
SR	$03	Statusregister (Register in der Status-Pipeline)
VBR	$05	Vektorbasisregister
HWISR	$06	Statusregister zum Wiederaufsetzen nach einem HWI
EXCSR	$07	Statusregister zum Wiederaufsetzen nach einer Exception
SWISR	$08	Statusregister zum Wiederaufsetzen nach einem SWI
HWIRPC	$09	Wiederaufsetzadresse nach einem HWI
EXCRPC	$0A	Wiederaufsetzadresse nach einer Exception
SWIRPC	$0B	Wiederaufsetzadresse nach einem SWI
HWIADR	$0C	Adresse, bei der ein HWI ausgelöst wurde
EXCADR	$0D	Adresse, bei der eine Exception ausgelöst wurde

Tabelle 4.16 Spezialregister

4.1.7.1 Die SREG-Read-Logik

Bei dieser Gruppe handelt es sich lediglich um einen Multiplexer und seine Ansteuerung. Bei einem Lesezugriff wird damit der Inhalt des adressierten Spezialregisters auf SREG_DATA gelegt (Bild 4.17).

Eine Ausnahme tritt ein, wenn während der Korrektur des HWI-Wiederaufsatzpunktes im HWIRPC ein Lesezugriff auf diesen erfolgt. In diesem Fall wird der korrigierte Wert direkt auf SREG_DATA gelegt, da dieser noch nicht in das Register übernommen wurde.

```
// auszulesende Spezialregister auf SREG_DATA legen               f0910
// (unabhaengig von SREG_ACC_DIR)                                 f0911
//                                                                f0912
always @(SREG_ADDR or RERUN_MA or DS_IN_MAU or PC_IF or RPC or PC_ID or   f0913
         ID_STATUS or VBR or HWISR or EXCSR or SWISR or PC_MA or PC_WB or f0914
         HWIRPC or EXCRPC or SWIRPC or HWIADR or EXCADR)          f0915
begin                                                             f0916
  casez((SREG_ADDR, RERUN_MA, DS_IN_MAU))                         f0917
    6'b0000??: SREG_DATA = {PC_IF, 2'b00};      // PC             f0918
    6'b0001??: SREG_DATA = {RPC, 2'b00};        // RPC            f0919
    6'b0010??: SREG_DATA = {PC_ID, 2'b00};      // LPC            f0920
    6'b0011??: SREG_DATA = {24'b0, ID_STATUS};  // SR             f0921
    6'b0101??: SREG_DATA = {VBR, 8'b0};         // VBR            f0922
    6'b0110??: SREG_DATA = {24'b0, HWISR};      // HWISR          f0923
    6'b0111??: SREG_DATA = {24'b0, EXCSR};      // EXCSR          f0924
    6'b1000??: SREG_DATA = {24'b0, SWISR};      // SWISR          f0925
    6'b10010?: SREG_DATA = {HWIRPC, 2'b0};      // HWIRPC         f0926
    6'b100110: SREG_DATA = {PC_MA, 2'b0};       // HWIRPC (korrigiert)  f0927
    6'b100111: SREG_DATA = {PC_WB, 2'b0};       // HWIRPC (korrigiert)  f0928
    6'b1010??: SREG_DATA = {EXCRPC, 2'b0};      // EXCRPC         f0929
    6'b1011??: SREG_DATA = {SWIRPC, 2'b0};      // SWIRPC         f0930
    6'b1100??: SREG_DATA = HWIADR;              // HWIADR         f0931
    6'b1101??: SREG_DATA = EXCADR;              // EXCADR         f0932
    default:   SREG_DATA = 32'bx;               // IR und unbelegte Adressen  f0933
  endcase                                                         f0934
end                                                               f0935
```

Bild 4.17 Auszulesende Spezialregister werden auf SREG_DATA gelegt

4.1.7.2 Die SREG-Write-Enable-Logik

Diese Gruppe erzeugt Schreibfreigabesignale für diejenigen Spezialregister, auf die von mehreren Quellen gleichzeitig schreibend zugegriffen werden kann. Die hier erzeugten Ausgangssignale geben an, ob auf die entsprechenden Spezialregister mit einem SRIS-Befehl zugegriffen wird.

4.1.7.3 Die SREG-Write-Logik

In dieser Gruppe werden die Schreibzugriffe auf die Spezialregister ausgeführt. Diese erfolgen aufgrund von SRIS-Befehlen oder werden über Unterbrechungen, Unterprogrammaufrufe und Korrekturen von Wiederaufsatzpunkten ausgelöst. Da einige der Register aus vielen Quellen gespeist werden können, sind hier neben den eigentlichen Registern zum Teil auch größere Entscheidungsbäume zur Auswahl der höchstpriorisierten Quelle vorhanden. Diese können mit entsprechenden Multiplexerstrukturen implementiert werden.

Ein Beispiel dafür ist der HWIRPC, der den Wiederaufsatzpunkt bei einer Hardware-Interrupt-Unterbrechung sichert. Der Wiederaufsatzpunkt kann bei jeder Instruktion in der Pipeline liegen. Es gibt damit fünf Quellen aus der Status-Pipeline. Bild 4.18 zeigt die Ausführung des HWIRPC-Schreibzugriffs.

```
// HWIRPC-Schreibzugriffe ausfuehren                                            f1062
//                                                                              f1063
always @(posedge CP) begin                                                      f1064
  casez({DO_HWI, IRQ_IDREG, MAU_USES_BUS, DS_IN_IFU, DS_IN_IDU, DS_IN_MAU,      f1065
         RERUN_MA, SRIS_HIRPC, DO_EXC, IFU_CORRECT}))                           f1066
    12'b1???00????00: HWIRPC = PC_IF;          // IFU-HWI, IF-Aufsatz           f1067
    12'b1???00????01: HWIRPC = PC_ID;          // IFU-HWI, ID-Aufsatz           f1068
    12'b1???000???1?: HWIRPC = PC_ID;          // IFU-HWI, ID-Aufsatz           f1069
    12'b1???001???1?: HWIRPC = PC_EX;          // IFU-HWI, EX-Aufsatz           f1070
    12'b1???01??????: HWIRPC = PC_ID;          // IFU-HWI, CTR in ID            f1071
    12'b100?1??0????: HWIRPC = PC_MA;          // MAU-HWI, kein WB-CTR          f1072
    12'b10101??0????: HWIRPC = PC_MA;          // MAU-HWI, kein WB-CTR          f1073
    12'b100?1??1????: HWIRPC = PC_WB;          // MAU-HWI, CTR in WB            f1074
    12'b10101??1????: HWIRPC = PC_WB;          // MAU-HWI, CTR in WB            f1075
    12'b101110????00: HWIRPC = PC_IF;          // HWI, IF-Aufsatz              f1076
    12'b11??10????00: HWIRPC = PC_IF;          // HWI, IF-Aufsatz              f1077
    12'b101110????01: HWIRPC = PC_ID;          // HWI, ID-Aufsatz              f1078
    12'b11??10????01: HWIRPC = PC_ID;          // HWI, ID-Aufsatz              f1079
    12'b1011100???1?: HWIRPC = PC_ID;          // HWI, ID-Aufsatz              f1080
    12'b11??100???1?: HWIRPC = PC_ID;          // HWI, ID-Aufsatz              f1081
    12'b1011101???1?: HWIRPC = PC_EX;          // HWI, EX-Aufsatz              f1082
    12'b11??101???1?: HWIRPC = PC_EX;          // HWI, EX-Aufsatz              f1083
    12'b101111??????: HWIRPC = PC_ID;          // HWI, CTR in ID               f1084
    12'b11??11??????: HWIRPC = PC_ID;          // HWI, CTR in ID               f1085
    12'b0??????010??: HWIRPC = PC_MA;          // MAU-RERUN-HWI, kein WB-CTR   f1086
    12'b0??????110??: HWIRPC = PC_WB;          // MAU-RERUN-HWI, CTR in WB     f1087
    12'b0???????1??: HWIRPC = B_BUS[31:2];     // SRIS HWIRPC                  f1088
  endcase                                                                       f1089
end                                                                             f1090
```

Bild 4.18   Ausführung des HWIRPC-Schreibzugriffs

4.1.8 Der Modul WORK_UNIT

Dieser Modul, der aufgrund seiner zentralen Stellung im Prozessor als einziger Untermodul in der PCU instanziiert wird, ist für die Erzeugung der Arbeitsfreigabesignale für jede der Pipeline-Stufen des Prozessors verantwortlich. Er enthält für jede Stufe ein 1-Bit-Register, die zu einem fünfstufigen Schieberegister verknüpft sind. Zwischen den Stufen befindet sich kombinatorische Logik, die bei Abschaltung einer Pipeline-Stufe das gültige Arbeitsfreigabesignal für die Prozessor-Stufe bestimmt und die Übernahme einer Arbeitsfreigabe in die nächste Stufe verhindert. Diese Logik in Bild 4.19 bildet zusammen mit dem Schieberegister in Bild 4.20 die Zustandsüberführungsfunktion der Prozessor-Pipeline.

```
assign WORK_IF = WORKFF_IF & STEP      & nRESET;                               f1202
assign WORK_FD = WORKFF_ID & STEP      & ~FLUSH_PIPE & ~NO_DELAY & ACTIVE;     f1203
assign WORK_ID = WORKFF_ID & WORK_FD & ~DIS_IDU;                               f1204
assign WORK_EX = WORKFF_EX & STEP      & ~KILL_ALU  & ACTIVE;                  f1205
assign WORK_MA = WORKFF_MA & STEP      & ~FLUSH_PIPE & ~RERUN_MA;              f1206
assign WORK_WB = WORKFF_WB & STEP      & ~FLUSH_PIPE & ~RERUN_MA;              f1207
```

Bild 4.19   Kombinatorische Logik für die Arbeitsfreigabesignale

Die Arbeitsfreigaben werden in den Stufen als Freigabesignale zum Laden der
Eingangsregister benutzt. Sie müssen daher nur auf der positiven Flanke
gültig sein. Das Schieberegister kann also mit der positiven Taktflanke weiter-
getaktet werden. Die Inhalte der Register eilen damit dem Arbeitszustand der
Prozessor-Pipeline um einen Takt voraus.

```
// bei positiver Systemtaktflanke WORK-FIFO weiterschieben, wenn          f1234
// Pipeline-Freigabe vorhanden ist;                                       f1235
// bei RESET WORK-FIFO initialisieren                                     f1236
//                                                                        f1237
always @(posedge CP) begin                                               f1238
  if (STEP) begin                                                        f1239
    fork                                                                 f1240
      WORKFF_IF = #`DELTA ACTIVE;                                        f1241
      WORKFF_ID = #`DELTA WORK_IF;                                       f1242
      WORKFF_EX = #`DELTA WORK_ID;                                       f1243
      WORKFF_MA = #`DELTA WORK_EX;                                       f1244
      WORKFF_WB = #`DELTA WORK_MA;                                       f1245
    join                                                                 f1246
  end                                                                    f1247
end                                                                      f1248
```

Bild 4.20   Schieberegister für die Arbeitsfreigabesignale

4.2   Die Bus-Control-Unit BCU

Die Bus-Control-Unit enthält die Speicherkommunikation der IF- und der MA-
Stufe und steht damit wie in Bild 4.1 neben der Pipeline der Prozessors.

Die BCU bildet die Schnittstelle zwischen den Pipeline-Stufen und dem
externen Speicher- und Adreßbus. Sie ist für die korrekte Ansteuerung und
Bearbeitung der Handshake-Signale zwischen Prozessor und Speicher verantwortlich.

Die Zusammenfassung der Buszugriffslogik in einem Modul unterstützt die
zusätzliche Implementierung eines zweiten synchronen Busprotokolls. Die
Auswahl des Protokolls geschieht extern durch den Konfigurationseingang
BUS_PRO. Eine weitere Aufgabe ist es, den Prozessor für die Dauer des
Speicherzugriffs anzuhalten. Dies geschieht durch das Signal BCU_READY.

Da der Speicherbus von der IFU und der MAU benutzt wird, muß eine Bus-
arbitrierung vorgenommen werden. Dies geschieht in der PCU und wird über
BCU_ACC_MODE der BCU mitgeteilt. Es ist Aufgabe der BCU, einen Speicherzugriff für die MAU oder die IFU durchzuführen.

Tabelle 4.21 faßt die externen Signale der BCU zusammen, Bild 4.22 stellt die
Komponenten der BCU und wichtige Signalverläufe dar.

Signal	von/an	Bedeutung
MAU_WRITE_DATA	← MAU	zu schreibende Daten der MAU
IFU_ADDR_BUS	← IFU	Fetch-Adresse der IFU
MAU_ADDR_BUS	← MAU	Zugriffsadresse der MAU
CP	← extern	Systemtakt
nRESET	← extern	Prozessor-Reset
BCU_ACC_MODE	← PCU	Arbitrierungs-Information, Zugriffsbreite
BCU_ACC_DIR	← PCU	Auswahl LOAD / STORE / SWAP
BREAK_MEM_ACC	← IFU	IFU fordert Ladeabbruch, da Cache-Hit
DO_FETCH	← IFU	Freigabe des Ladezugriffs
BUS_PRO	← extern	Auswahl des Speicherprotokolls
nHLT	← extern	Prozessor temporär anhalten
nMHS	← extern	Quittierungssignal des Speichers oder Wait, Anforderung im synchronen Protokoll
DATA_BUS	↔ extern	externer Datenbus
MAU_READ_DATA	→ MAU	Lesedaten für MAU, gültig am Schrittende
IFU_DATA_BUS	→ IFU	Lesedaten für IFU, gültig am Schrittende
ADDR_BUS	→ extern	externer Adreßbus
ACC_MODE	→ extern	externe Zugriffsbreitenanforderung
BCU_READY	→ PCU	BCU hat Zugriff beendet
nMRQ	→ extern	Adressen für Speicherzugriff gültig
nRMW	→ extern	Prozessor fordert Read-Modify-Write an
RnW	→ extern	Auswahl, ob Read- oder Write-Speicherzugriff

Tabelle 4.21   Schnittstelle der BCU

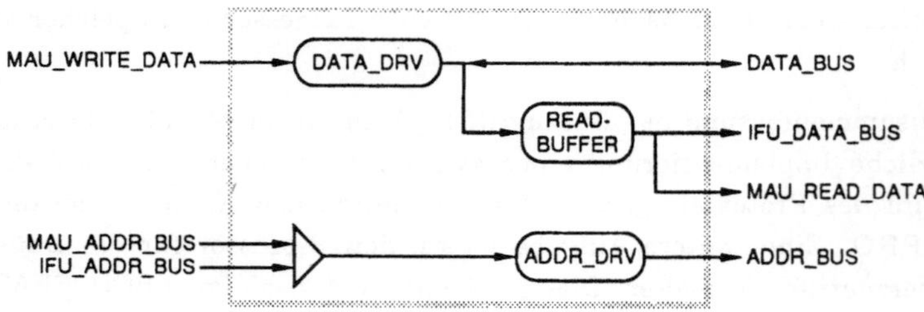

Bild 4.22   Aufbau der Bus-Control-Unit

Der Modul BCU ist im Gegensatz zu den anderen Modulen des VERILOG-
Modells eine reine Verhaltenbeschreibung, die sich nicht unmittelbar in
Hardware umsetzen läßt. Eine Möglichkeit der Implementierung ist ein

Zustandsautomat, der die Busprotokolle realisiert. Das nMRQ-Signal wird durch die Konstante BCUDELAY gegenüber CP verzögert und signalisiert gültige Adressen und Zugriffsinformationen. Das Zusammenspiel der einzelnen Gruppen der BCU wird am Beispiel eines asynchronen Buszugriffs erläutert. Das Protokoll durchläuft folgende vier Phasen, die als vier getrennte Gruppen realisiert sind.

- START_ACCESS. Zu jeder positiven Taktflanke wird überprüft, ob ein neuer Zugriff eingeleitet werden darf. Dies ist der Fall, wenn gerade kein Zugriff läuft, kein nRESET-Signal anliegt und Zugriffsbedarf besteht. Dies wird durch die Signale BCU_ACC_MODE und DO_FETCH angezeigt. Es werden durch OPEN_ADDR_DRV die Adreßtreiber aktiviert. Nach Ablauf der Verzögerung BCUDELAY werden die externen Signale gesetzt und durch nMRQ der Zugriff angefordert.

- UPDATE_READBUFFER. Hier wird ein Eingangs-Latch modelliert, das für die Dauer eines Lesezugriffs die Daten vom Datenbus in einen Puffer übernimmt.

- WRITE_OUT_ASYNC, WRITE_OUT_SYNC. Im Fall eines Schreibzugriffs werden hier die Datenbustreiber entsprechend den zuvor in START_ ACCESS bestimmten zu schreibenden Bytes auf Schreiben geschaltet.

- nMHS_ACK. Im asynchronen Busprotokoll werden hier die nötigen Aktionen beim Eintreffen der positiven Flanke von nMHS oder BREAK_MEM_ACC durchgeführt. Damit wird der Zugriff durch Abschalten der Bustreiber beendet. Beim SWAP-Zugriff wird auf Schreiben geschaltet. Im synchronen Busprotokoll übernehmen andere, kleinere und von CP getaktete VERILOG-Blöcke diese Aufgaben.

4.3 Der Branch-Target-Cache BTC

Im Branch-Target-Cache (BTC) werden Sprünge mit ihrem Delay-Slot gespeichert. Wird eine Adresse im Cache gefunden, kann statt des Sprunges gleich dessen Delay-Instruktion an die IDU weitergereicht werden und so ein Step gespart werden. Das Verhalten des BTC wurde im Einführungsband bereits ausgiebig erläutert und verwendet, etwa in der internen Spezifikation in Kapitel E6 oder beim Aufbau der Pipeline des Grobstrukturmodells in Kapitel E7. Es soll nun das Innere des BTC kommentiert werden, das wegen seiner Vielzahl kleinerer Komponenten etwas unübersichtlich ist.

Während in der ALU eventuell gerade sprungrelevante Flags neu berechnet werden, wird die Sprungentscheidung zunächst heuristisch getroffen und im nächsten Schritt bei Bedarf korrigiert. Die Heuristik basiert auf zwei History-Bits HIBITS, die die Zustände N, N?, T? und T darstellen. Dabei steht N für die Vorhersage, daß der Sprung nicht genommen wird (not taken) und T, daß er genommen wird (taken); N? und T? schwächen diese Vorhersage ab („vielleicht"). Erst mit der endgültigen Sprungentscheidung werden die HIBITS aktualisiert. Die Inputs n und t des Zustandsdiagramms in Bild 4.23 beziehen sich darauf, daß die endgültige Sprungentscheidung not taken bzw. taken ist.

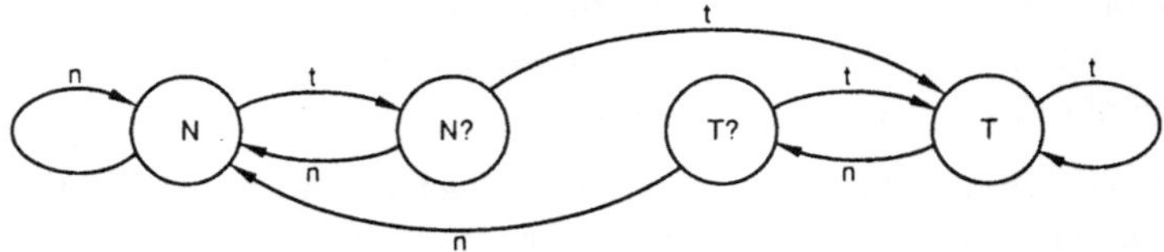

Bild 4.23   Zustandsübergänge der HIBITS

Bild 4.24 zeigt die Modulhierarchie des BTC. Bei der Implementierung des Grobstrukturmodells wurde für Forschungszwecke zusätzlich zu den Cache-Modi SMALL_MODE und BIG_MODE der Tabelle E6.46 ein weiterer Cache-Modus SMALL_MODE_CALL hinzugefügt, bei dem ausschließlich CALL-Befehle eingelagert werden.

Der Kern des BTC ist der Branch-Cache BCACHE. Hier werden die Sprünge mit Delay-Slot gespeichert. Zur Steuerung des Cache dient die Read-Write-Logik RWL. Während der Lesephase in der ersten Takthälfte wird im Cache nach der angelegten Adresse gesucht. NEW_FLAGS zeigt an, ob der Befehl in der IDU die Flags verändert. Ist dies der Fall, so fällt die History-Decision-Logik HDL die Sprungentscheidung anhand der History-Bits, ansonsten entscheidet die Branch-Decision-Logik NOW_BDL anhand der aktuellen Flags und des Condition-Codes aus dem Cache.

Für die Schreibphase in der zweiten Takthälfte wird entweder ein neuer Sprung in den Cache eingetragen, oder die History-Bits werden aktualisiert. Die Einlagerungsstrategie ist in der internen Spezifikation in Abschnitt E6.4.2 beschrieben.

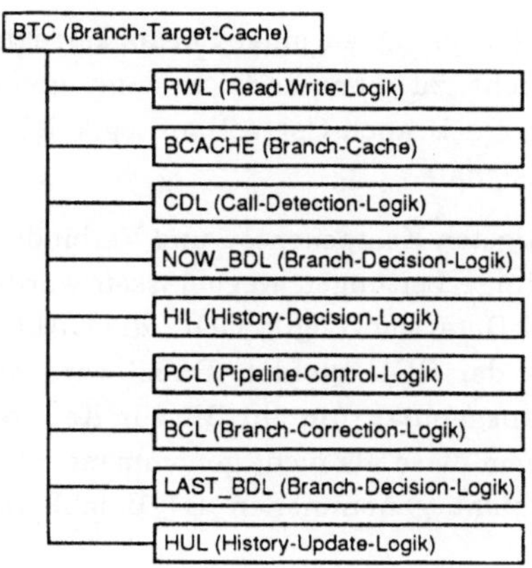

Bild 4.24 Hierarchische Struktur des Moduls BTC

Zur Aktualisierung der History-Bits entscheidet die Branch-Decision-Logik
LAST_BDL anhand des alten Condition-Code, der von der Pipeline-Control-
Logik PCL zur Verfügung gestellt wird, und anhand der aktuellen Flags, ob
der Sprung hätte genommen werden müssen. Die History-Update-Logik HUL
berechnet daraus und aus den alten History-Bits, die die PCL ebenfalls liefert,
die neuen History-Bits.

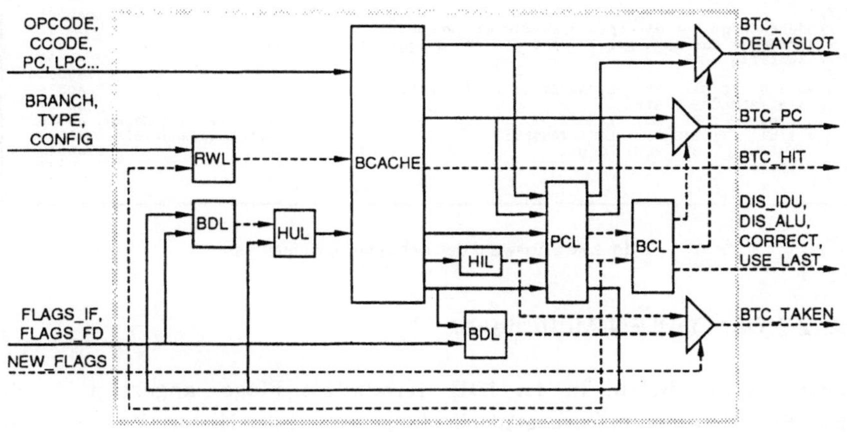

Bild 4.25 Aufbau des Branch-Target-Cache

Parallel dazu wird die Notwendigkeit einer Sprungkorrektur geprüft. Diese ist geboten, wenn der nicht zu nehmende Sprung genommen wurde und umgekehrt. Dies stellt die Branch-Correction-Logik BCL fest und generiert entsprechende Kontrollsignale.

Bild 4.25 zeigt die wichtigsten Komponenten und Verbindungen des BTC, wobei der Übersicht halber einige Leitungen weggelassen wurden. Nicht abgebildet ist außerdem die Call-Detection-Logik CDL, die CALL- und BCC-Befehle unterscheidet und dies der PCU meldet. Dabei wird ein definitionsgemäß ausgeschlossener Fall ausgenutzt, um ein Bit zur Kennzeichnung von CALL-Befehlen zu sparen, indem diese als nicht genommene BT-Befehle eingetragen werden. Denn einen nicht genommenen BT-Befehl kann es nicht geben (Tabelle E5.3).

4.3.1 Der PC-Multiplexer

Dieser Multiplexer wird von der Branch-Correction-Logik BCL gesteuert. Wenn der letzte Sprung korrigiert werden muß, weil er fälschlicherweise nicht genommen wurde, dann wird das alte Sprungziel an den Ausgang gelegt. Dieses wird von der PCL geliefert. Ansonsten wird dem PC das vom Cache gelieferte Sprungziel zugeordnet (Bild 4.26).

```
// PC-Multiplexer                                                      a0530
//                                                                     a0531
// Je nachdem, ob ein Sprung korrigiert werden muss oder nicht, wird   a0532
// entweder das Sprungziel aus dem Cache ausgewaehlt oder das des letzten  a0533
// Zugriffs.                                                           a0534
//                                                                     a0535
always @(BTC_USE_LAST or TARGET or LAST_TARGET) begin                  a0536
  casez(BTC_USE_LAST)                                                  a0537
    1'b0     : BTC_PC = TARGET;              // Sprungziel aus Cache    a0538
    1'b1     : BTC_PC = LAST_TARGET;         // letztes Sprungziel      a0539
    default : BTC_PC = 30'bx;                                          a0540
  endcase                                                              a0541
end                                                                    a0542
```

Bild 4.26 Auswahl der richtigen Sprungadresse

4.3.2 Der TAKEN-Multiplexer

Verändert der Befehl in der IDU gerade die Flags, angezeigt durch NEW_FLAGS, muß die Sprungentscheidung anhand der History-Bits aus dem Cache heuristisch getroffen werden, es sei denn, es handelt sich um einen der unbedingten Befehle CALL, BT oder BF. Werden die Flags nicht verändert, so kann die Entscheidung anhand der aktuellen Flags getroffen werden. Liegt ein CALL vor, ist der Sprung auf jeden Fall zu nehmen. Bild 4.27 zeigt hierzu einen Teil der VERILOG-Realisierung.

```
// Taken-Multiplexer                                                  a0545
//                                                                    a0546
// Wenn der Befehl in der ALU gerade die Flags veraendert, was durch das   a0547
// NEW_FLAGS-Signal angezeigt wird, muss die Sprungentscheidung anhand der  a0548
// History-Bits aus dem Cache heuristisch getroffen werden, es sei denn, es a0549
// handelt sich um einen CALL. Werden die Flags nicht veraendert, kann die  a0550
// Entscheidung anhand der aktuellen Flags getroffen werden.          a0551
//                                                                    a0552
always @(NEW_FLAGS or BTC_TYPE or HITAKEN or NOW_TAKEN) begin         a0553
  casez({NEW_FLAGS, BTC_TYPE})                                        a0554
    2'b0? : BTC_TAKEN = NOW_TAKEN;            // normale Entscheidung  a0555
    2'b10 : BTC_TAKEN = HITAKEN;              // heuristisch           a0556
    2'b11 : BTC_TAKEN = 1'b1;                 // unbedingt (CALL)      a0557
    default : BTC_TAKEN = 1'bx;                                        a0558
  endcase                                                             a0559
end                                                                   a0560
```

Bild 4.27 Zum TAKEN-Multiplexer

4.3.3 Der CALL-Write-Multiplexer

Wie kurz zuvor erläutert, wird ein CALL als unbedingter Sprung BT in den Cache eingetragen, der nicht genommen wurde. Weil ein „richtiger" BT immer genommen wird, kann man auf diese Weise einen CALL im Cache kennzeichnen. Dies ist wichtig, weil bei einem Hit der PCU separat mitgeteilt werden muß, daß die Rücksprungadresse zu sichern ist. Weil ein CALL - wie der BT - immer genommen wird, muß bei einem CALL das TAKE-Signal explizit auf Null gesetzt werden (Bild 4.28).

```
// CALL-Write-Multiplexer                                             a0563
//                                                                    a0564
// Ein CALL wird als BT, d.h. als (stets zu nehmender) bedingter Sprung in  a0565
// den Cache eingetragen. Vom Verhalten her ist er auch mit diesem identisch, a0566
// doch muss bei einem Hit der PCU mitgeteilt werden, ob es sich um einen    a0567
// CALL oder nur einen BCC handelt, damit die Ruecksprungadresse gesichert   a0568
// werden kann. Um nicht ein weiteres Bit pro Zeile aufwenden zu muessen,    a0569
// wird der CALL als nicht genommener BT eingetragen. Dazu muss das     a0570
// TAKEN-Signal nachtraeglich geaendert werden.                       a0571
//                                                                    a0572
always @(TYPE or TAKEN) begin                                        a0573
  casez(TYPE)                                                        a0574
    1'b0 : TAKE = TAKEN;                      // BCC                   a0575
    1'b1 : TAKE = 1'b0;                       // CALL                  a0576
    default : TAKE = TAKEN;                                            a0577
  endcase                                                             a0578
end                                                                   a0579
```

Bild 4.28 Zum CALL-Write-Multiplexer

4.3.4   Der DIS_IDU-Multiplexer

Mit dem DIS_IDU-Signal zeigt der BTC an, daß die IDU im nächsten Takt abgeschaltet werden soll. Wenn kein Cache-Hit und keine Sprungkorrektur vorliegen, braucht die IDU nicht abgeschaltet zu werden. Liegt keine Sprungkorrektur vor, wohl aber ein Cache-Hit, ist die Abschaltung davon abhängig, ob die Sprungentscheidung heuristisch getroffen werden muß: sind die Flags gültig, wird die IDU genau dann abgeschaltet, wenn der Sprung bei gesetztem ANNUL-Bit nicht genommen wird; bei einer heuristischen Sprungentscheidung hingegen wird die IDU auf keinen Fall abgeschaltet. Wenn eine Sprungkorrektur vorliegt, wird die IDU immer abgeschaltet.

Die Tatsache, daß die IDU bei einer heuristischen Sprungentscheidung niemals abgeschaltet wird, bedarf noch einer Erläuterung. Bei gesetztem ANNUL-Bit hätte eine Abschaltung stattfinden müssen. Sollte sich die Entscheidung aber als falsch erweisen, wäre es nicht möglich, die annullierte Instruktion zu reaktivieren. Eine versäumte Abschaltung kann hingegen nachgeholt werden, indem im folgenden Takt die ALU abgeschaltet wird. Das DIS_ALU-Signal wird in der Branch-Correction-Logik BCL erzeugt.

4.3.5   Die Read-Write-Logik RWL

Der Modul RWL steuert den Modul BCACHE mit den Signalen WnR (Write not Read) und UPDATE. Hier werden die Schreib- und Lesezugriffe koordiniert, wobei es folgende Fälle gibt.

- Lesezugriff: die Adresse wird im Cache gesucht;

- Schreibzugriff: ein neuer Sprung wird mit Delay-Slot eingetragen;

- Aktualisierung: die HIBITS werden aktualisiert.

In dieser Logik wird auch entschieden, ob ein Sprung überhaupt eingetragen wird, was von der Art des Sprunges und der Cache-Konfiguration abhängt.

Ein Schreibzugriff beginnt mit der negativen Taktflanke. Wurde im letzten Takt bei einem BCC ein Hit gemeldet, wird der Branch-Cache auf Aktualisieren geschaltet, indem WnR und UPDATE aktiv werden. Andernfalls wird ein Sprung eingetragen, wenn ein CALL vorliegt und CALL-Befehle einzutragen sind oder wenn ein BCC vorliegt und BCC-Befehle einzutragen sind. Dann werden WnR aktiv und UPDATE inaktiv. Sollen weder eine Aktualisierung noch ein Schreibzugriff erfolgen, bleiben WnR und UPDATE inaktiv.

Ein Lesezugriff beginnt mit der positiven Taktflanke, wobei WnR und UPDATE
inaktiv sind.

4.3.6 Der Branch-Cache BCACHE

An dieser Stelle wird der Kern des Cache mit dem vollassoziativen TAG
modelliert. Der TAG enthält entsprechend Bild 4.29 die Adreß-Bits 31...2 und
den Prozessor-Modus KU_MODE, insgesamt also 31 Bit pro Zeile. Der Datenteil
enthält das VALID-Bit, 30 Bit für das Sprungziel, 32 Bit für den Opcode der
Delay-Instruktion, das ANNUL-Bit, zwei HIBITS und 4 Bit für den Condition-
Code CCODE. Damit ist der Datenteil 70 Bit breit, eine Cache-Zeile demnach
101 Bit.

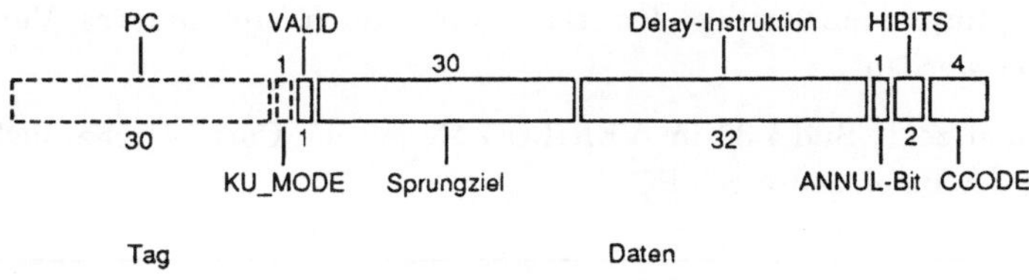

Bild 4.29 Aufbau einer Zeile im Branch-Target-Cache

Soll der Cache gelöscht werden, müssen lediglich alle VALID-Bits auf Null
gesetzt werden. Im Modell werden außerdem die anderen Einträge als undefiniert gekennzeichnet, damit Fehler in der Simulation leichter erkennbar sind.
Der Cache wird gelöscht bei einem RESET oder bei aktivem CCLR zur positiven
Taktflanke.

Sind WnR und UPDATE aktiv, werden die History-Bits aktualisiert. Ist WnR
aktiv und UPDATE inaktiv, wird eine neue Zeile in den Cache eingetragen.
Während die Schreib-Lese-Logik in die RWL ausgelagert wurde, ist die
Ersetzungsstrategie direkt im Branch-Cache implementiert. Gibt es eine
ungültige Zeile, so wird der Sprung dort eingetragen. Ansonsten wird
versucht, eine Zeile mit einem nicht passenden KU_MODE zu nehmen.
Scheitert auch dies, erfolgt der Eintrag in irgendeine Zeile. Die History-Bits
werden abhängig von der Sprungentscheidung gesetzt und zwar so, daß sie
bereits mit einer verkehrten Sprungentscheidung beim nächsten Zugriff die
entgegengesetzte Entscheidung hervorrufen.

Ist WnR inaktiv, wird bei einem Hit eine Zeile ausgelesen. Ansonsten werden die Ausgänge wiederum in einen undefinierten Zustand gebracht, um Fehler besser erkennen zu können.

Die Assoziativität des TAG-Speichers wird durch paralleles Suchen im Cache modelliert. In Bild 4.30 kann man dies folgendermaßen nachvollziehen. Die Zeile, deren TAG den LPC und den LAST_KU_MODE enthält, wird jedesmal neu gesucht, wenn sich LPC oder LAST_KU_MODE geändert haben, oder am Ende einer Schreibphase oder einem RESET. Das Suchen wird mit einer for-Schleife modelliert.

Als Pseudozufallsgenerator wird ein Register verwendet, das mit jeder positiven Flanke von WnR um drei inkrementiert wird. So wird einerseits eine ungefähre Gleichverteilung erreicht, andererseits verhält sich der Cache natürlich deterministisch, wodurch Fehler reproduzierbar sind. Bei einer späteren Implementierung des BTC kann auch ein anderes Verfahren verwendet werden.

Als Beispiel zeigt Bild 4.30 im VERILOG-Modell die Cache-Suche nach einer Zeile mit der Befehlsadresse LPC.

```
// Zeile mit LPC suchen                                        a0903
//                                                             a0904
always @(LPC or LAST_KU_MODE or negedge WnR or negedge CCLR) begin   a0905
  LPC_HIT = 1'b0;                                              a0906
  for (line=0; line<`BTC_SIZE; line=line+1) begin             a0907
    if (C_VALID[line] && (C_PC[line] == LPC)                  a0908
                 && (C_KU_MODE[line] == LAST_KU_MODE)) begin  a0909
      LPC_LINE = line;                                         a0910
      LPC_HIT = 1'b1;                                          a0911
    end                                                        a0912
  end                                                          a0913
end                                                            a0914
```

Bild 4.30 Suche im Branch-Cache

4.3.7 Die Call-Detection-Logik CDL

Ein CALL wird innerhalb des Cache als nicht genommener unbedingter Sprung gespeichert. Beim Auslesen muß dies erkannt werden, damit zum einen der Sprung trotzdem genommen wird und zum zweiten der CALL als solcher erkannt und der PCU gemeldet werden kann, damit diese die Rücksprungadresse sichert.

4.3.8 Die History-Decision-Logik HIL

Die History-Decision-Logik entscheidet anhand der History-Bits, ob ein Sprung
zu nehmen ist. Diese heuristische Entscheidung muß getroffen werden, wenn
der Befehl, der sich gerade in der IDU befindet, die Flags ändern könnte. Die
einfache Funktion HITAKEN=HIBITS[1] in Tabelle 4.31 wurde wegen ihrer
globalen Bedeutung in einem eigenen Modul realisiert.

HIBITS		HITAKEN	
N	00	nein	0
N?	01	nein	0
T?	11	ja	1
T	10	ja	1

Tabelle 4.31 Heuristische Sprungentscheidung

4.3.9 Die Pipeline-Control-Logik PCL

Der BTC gehört nicht nur zur logischen Instruction-Fetch-Stufe, sondern auch
zur Instruction-Decode-Stufe. Daher müssen einige Register bis zum nächsten
Takt gepuffert werden. Diese Aufgabe übernimmt die Pipeline-Control-Logik,
die in der IFU liegt und nicht mit der großen Pipeline-Control-Unit PCU
verwechselt werden sollte.

Mit dem Signal IGNORE_HIT ist es möglich, das Speichern eines Hits zu
verhindern. Dies ist wichtig, wenn nach dem Hit ein Hardware-Interrupt
aufgetreten ist. In diesem Fall könnte sonst nach einer heuristischen
Sprungentscheidung eine Sprungkorrektur durchgeführt werden, während
der Interrupt behandelt wird. Bei aktivem IGNORE_HIT wird LAST_HIT inaktiv
gesetzt, als ob es keinen Hit gegeben hätte. Auf diese Weise werden weder eine
Sprungkorrektur noch eine Aktualisierung von History-Bits durchgeführt.

Mit der positiven Taktflanke werden Sprungziel, Condition-Code, History-Bits,
HIT-Signal, ANNUL-Bit, HITAKEN, NEW_FLAGS und die Sprungart in Register
übernommen, wie der VERILOG-Ausschnitt in Bild 4.32 zeigt. Dabei werden
aus technischen Synchronisationsgründen in der parallelen Klammer die
Daten um jeweils `DELTA verzögert, welches klein zur Taktlänge gewählt ist
(vgl. Abschnitt 1.3.2).

```
always @(posedge CP) begin                                    a1103
  if (WORK_IF) begin                                          a1104
    fork                                                      a1105
      LAST_TARGET      = #`DELTA TARGET;                      a1106
      LAST_CCODE       = #`DELTA CCODE;                       a1107
      LAST_HIBITS      = #`DELTA HIBITS;                      a1108
      LAST_HIT         = #`DELTA HIT & !IGNORE_HIT;           a1109
      LAST_ANNUL       = #`DELTA ANNUL;                       a1110
      LAST_HITAKEN     = #`DELTA HITAKEN;                     a1111
      LAST_NEW_FLAGS   = #`DELTA NEW_FLAGS;                   a1112
      LAST_TYPE        = #`DELTA TYPE;                        a1113
    join                                                      a1114
  end                                                         a1115
end                                                           a1116
```

Bild 4.32 Verzögerung von Daten

4.3.10 Die Branch-Correction-Logik BCL

Heuristische Sprungentscheidungen, bei denen sich die Flags noch ändern
können, sind im nächsten Takt eventuell zu korrigieren. Dabei gibt es folgende
drei Fälle.

1   Der Sprung wurde fälschlicherweise genommen: dann muß der PC auf die
    Adresse hinter dem Delay-Slot gesetzt werden; die IDU muß im nächsten
    Schritt abgeschaltet werden, weil der derzeitige Befehl in der IFU ungültig
    ist. Die Delay-Instruktion des zu korrigierenden Sprunges, die sich zur Zeit
    in der IDU befindet, würde im nächsten Schritt in die ALU gelangen. Da
    diese bei gesetztem ANNUL-Bit nicht ausgeführt werden darf, ist die ALU
    im nächsten Schritt abzuschalten.

2   Der Sprung wurde fälschlicherweise nicht genommen: dieser Fall erweist
    sich als etwas komplexer, denn der PC muß auf die Zieladresse des nicht
    genommenen Sprungs gesetzt werden, und ohne ANNUL-Bit ist auch die
    Delay-Instruktion noch auszuführen. Die Delay-Instruktion wurde - wie in
    Abschnitt 4.3.4 beschrieben - auch bei gesetztem ANNUL-Bit nicht abge-
    schaltet, damit sie jetzt nicht reaktiviert werden muß. Die ALU braucht
    demnach nicht abgeschaltet zu werden.

3   Der Sprung wurde korrekterweise nicht genommen: dieser Fall ist keine
    Sprungkorrektur im eigentlichen Sinn. Hier muß die Abschaltung der
    Delay-Instruktion eines nicht genommenen Sprunges bei gesetztem
    ANNUL-Bit nachgeholt werden. In diesem Fall wird DIS_ALU aktiviert.

Die IDU wird genau dann abgeschaltet, wenn eine Korrektur vorliegt. Daher
wird kein explizites DIS_IDU-Signal herausgeführt. Stattdessen wird extern
das Korrektursignal CORRECT verwendet.

4.3.11 Die History-Update-Logik HUL

Hier geht es um die in der internen Spezifikation vorgegebene Übergangs-funktion in Tabelle 4.33, die aus der richtigen Sprungentscheidung und den alten History-Bits die neuen ermittelt. Im Grobstrukturmodell erfolgt die Realisierung mit einer case-Anweisung (Bild 4.34).

LAST_HIBITS		~TAKEN		TAKEN	
N	00	N	00	N?	01
N?	01	N	00	T	10
T?	11	N	00	T	10
T	10	T?	11	T	10

Tabelle 4.33 Überführungsfunktion der HIBITS

```
always @(TAKEN or LAST_HIBITS) begin                                  a1247
  casez((TAKEN, LAST_HIBITS))                                         a1248
    3'b00? : NEW_HIBITS = 2'b00;          // N: N->N & N?->N          a1249
    3'b010 : NEW_HIBITS = 2'b11;          // N: T->T?                 a1250
    3'b011 : NEW_HIBITS = 2'b00;          // N: T?->N                 a1251
    3'b100 : NEW_HIBITS = 2'b01;          // T: N->N?                 a1252
    3'b101 : NEW_HIBITS = 2'b10;          // T: N?->T                 a1253
    3'b11? : NEW_HIBITS = 2'b10;          // T: T->T & T?->T          a1254
  endcase                                                            a1255
end                                                                  a1256
```

Bild 4.34 Realisierung der Funktion aus Tabelle 4.33

4.4 Die Behandlung von Interrupts

Die in der Beschreibung der PCU bereits kurz dargestellten Interrupts sollen in diesem Abschnitt vertieft werden. Insbesondere erfolgt eine mehr globale Betrachtung des Zusammenspiels der Prozessoreinheiten. Es wird jedoch nicht auf Einblicke in die PCU verzichtet, da diese die Interrupt-Informationen speichert und verarbeitet.

4.4.1 Allgemeines

Wie bereits aus der Beschreibung der PCU und der Spezifikation der Interrupts bekannt, verfügt der Prozessor über drei hierarchisch gestaffelte Interrupt-Ebenen. An unterster Stelle stehen die Software-Interrupts, die zusammen mit den an mittlerer Stelle stehenden Exceptions die internen Unterbrechungen bilden. An höchster Stelle in dieser Hierarchie befinden sich die durch

Hardware-Interrupts ausgelösten externen Unterbrechungen. Eine weitere
Annahme einer Unterbrechungsanforderung erfolgt, wenn die Zielebene
unbelegt ist und höher liegt als die aktuelle Ebene. Es wird nach dem Interrupt
mit derjenigen Instruktion fortgesetzt, die als erste aufgrund des Interrupts
verworfen wurde. Der Programm-Zähler PC und der Status dieses Befehls
bilden den Wiederaufsetzpunkt der unterbrechenden Interrupt-Ebene.

4.4.2   Software-Interrupts und Exceptions

Im folgenden wird die Behandlung einer internen Unterbrechung an einem
Programm demonstriert. Zunächst wird ein Software-Interrupt angefordert.
Während der Behandlung dieser Unterbrechung tritt eine Exception auf, so
daß in diesem Beispiel zwei der drei Interrupt-Ebenen demonstriert werden.
Es seien dazu im Bild 4.35 drei Programmfragmente gegeben.

```
UP:     SWI 0          VBSWI0:        HALT          VBECPV:        RETI
        HALT                          NOP                          NOP
```

Bild 4.35   Beispielprogramm zur Demonstration von Interrupts

Das Programm-Label UP bezeichnet den Beginn eines Programms mit der
Privilegierung USER_MODE (hier der Übersicht halber die 30-Bit-Wortadresse
und nicht die 32-Bit-Byte-Adresse, der nächste Befehl steht also bei UP+1 und
nicht bei UP+4). Der Label VBSWI0 kennzeichnet den Eintrag in der Interrupt-
Vektortabelle für den Interrupt SWI 0, und der Label VBECPV bezeichnet den
Eintrag in derselben Tabelle für die Exception PRIVILEGE_VIOLATION. Daß hier
eine Privilegsverletzung nur durch die einfache Befehlssequenz RETI, NOP
bearbeitet wird, schränkt die Aussagekraft des Beispiels nicht ein. Eine
realistische Routine zur Bearbeitung von Exceptions führt entweder sofort zu
einem HALT oder besteht aus sehr vielen Bearbeitungsschritten. Beide
Möglichkeiten sind für dieses Beispiel ungeeignet.

Die resultierende Befehlssequenz in der Pipeline ist zusammen mit den von
der PCU verwalteten Interrupt-Informationen in den Tabellen 4.36 bis 4.44
dargestellt. Die Zeile Befehl gibt an, welcher Befehl in welcher Pipeline-Stufe
bearbeitet wird. Die dazugehörige Adresse und der Status befinden sich in den
Zeilen PC und Status. Der Wert 00 im Status-Feld steht für die Privilegierung

USER_MODE, der Wert 90 steht für die Privilegierung KERNEL_MODE mit Software-Interrupt-Bearbeitung, und der Wert B0 steht für den KERNEL_MODE mit Exception-Bearbeitung. Diese Werte ergeben sich direkt aus der Codierung im VERILOG-Modell. Die weiteren Zeilen enthalten die Rücksprung-Adresse SWIRPC bei einem Software-Interrupt, das zugehörige Statusregister SWISR, die Rücksprungadresse EXCRPC bei einer Exception, das entsprechende Statusregister EXCSR und die Adresse EXCADR der Instruktion, die die Exception verursacht hat. Diese Register sind nur einmal im Prozessor in der PCU vorhanden und zu Beginn uninteressant.

Stufe	IF	ID	EX	MA	WB
Befehl	SWI 0				
PC	UP				
Status	00				

PCU	Software-Interrupt	Exception
Return-PC	SWIRPC	EXCRPC
Status	SWISR	EXCSR
Anfangsadresse		EXCADR

Tabelle 4.36 Interrupt-Zustand nach Schritt 1

Zunächst wird das Programm in Tabelle 4.36 ab dem Label UP bearbeitet. Im Schritt 1 wird deshalb der Befehl SWI 0 geladen. Der PC enthält den Wert zu UP, der Status zeigt den USER_MODE an.

Stufe	IF	ID	EX	MA	WB
Befehl	HALT	SWI 0			
PC	UP+1	UP			
Status	00	00			

PCU	Software-Interrupt	Exception
Return-PC	SWIRPC	EXCRPC
Status	SWISR	EXCSR
Anfangsadresse		EXCADR

Tabelle 4.37 Interrupt-Zustand nach Schritt 2

In Schritt 2 in Tabelle 4.37 wird die SWI-Instruktion dekodiert. Die ID-Stufe fordert einen Software-Interrupt an. Gleichzeitig wird der HALT-Befehl von der Adresse UP+1 geladen.

Stufe	IF	ID	EX	MA	WB
Befehl	HALT	HALT	SWI 0		
PC	VBSWI0	UP+1	UP		
Status	90	00	00		

PCU	Software-Interrupt		Exception
Return-PC	SWIRPC	UP+2	EXCRPC
Status	SWISR	00	EXCSR
Anfangsadresse			EXCADR

Tabelle 4.38 Interrupt-Zustand nach Schritt 3

```
// Dekodiergruppe DG4                                                        b0274
//                                                                          b0275
// bei Veraenderung des Instruktionsregisters oder des Enable-Zustands      b0276
// alle hiervon abhaengigen Ausgaenge aktualisieren                         b0277

always @(IDU_IREG or IDU_DEREG) begin : DG4                                  b0281

   // EXCEPT_ID in Abhaengigkeit von der Instruktion und dem                b0293
   // Enable-Zustand aktualisieren                                          b0294

   casez({IDU_DEREG, IDU_IREG[31:24]})                                      b0301

      9'b111111111?: EXCEPT_ID = 3'b001;   // MISC (RETI, HALT): wenn, dann PV   b0310

   endcase                                                                  b0316
                                                                            b0317
end                                                                         b0318

// Dekodiergruppe DG6                                                        b0363
//                                                                          b0364
// bei Veraenderung des Instruktionsregisters, des Enable-Zustands,         b0365
// des Eingangs zur Exception-Anforderung, der Prozessorprivilegierung      b0366
// oder der Spezialregisteradressse alle hiervon abhaengigen Ausgaenge      b0367
// aktualisieren                                                            b0368

always @(IDU_IREG or IDU_DEREG or                                           b0372
         EXCEPT_CTR or ID_KUMODE or ADDR_SREG) begin : DG6                  b0373

   casez({IDU_DEREG, IDU_IREG[31:24], ID_KUMODE, (|ADDR_SREG[3:2])})        b0380

      11'b111111111?0?: EXCEPT_RQ = 1'b1;            // MISC (RETI, HALT): PV     b0390

   endcase                                                                  b0400
                                                                            b0401
end                                                                         b0402
```

Bild 4.39 Erkennung einer PRIVILEGE_VIOLATION in der IDU

Gemäß der Interrupt-Anforderung durch die IF-Stufe werden die Register
SWIRPC mit der Rücksprungadresse und SWISR mit dem Status geladen, um
den Wiederaufsetzpunkt des Software-Interrupts zu sichern (Tabelle 4.38). Der
Status in der IF-Stufe des Prozessors wird auf Software-Interrupt-Bearbeitung
und KERNEL_MODUS gesetzt (Wert 90). Von der IF-Stufe wird der HALT-Befehl
unter der Adresse VBSWI0 geladen. In der ID-Stufe wird der erste HALT-Befehl
dekodiert, wobei eine PRIVILEGE_VIOLATION festgestellt wird. Dies resultiert in
einer Exception-Anforderung durch die ID-Stufe, so daß der Prozessor *nicht*

anhält. Bild 4.39 zeigt den entsprechenden Ausschnitt der IDU im Grobstrukturmodell.

Stufe	IF	ID	EX	MA	WB
Befehl	RETI	[Bubble]	HALT	SWI 0	
PC	VBECPV	VBSWI0	UP+1	UP	
Status	B0	00	00		

PCU	Software-Interrupt		Exception	
Return-PC	SWIRPC	UP+2	EXCRPC	VBSWI0
Status	SWISR	00	EXCSR	90
Anfangsadresse			EXCADR	UP+1

Tabelle 4.40 Interrupt-Zustand nach Schritt 4

Im vierten Schritt in Tabelle 4.40 befindet sich der zweite HALT-Befehl in der ID-Stufe. Aufgrund der Exception-Anforderung im Schritt 3 wird er aber nicht ausgeführt. Stattdessen werden die Register EXCRPC mit der Rücksprungadresse VBSWI0 und das Register EXCSR mit dem Status geladen, um den Wiederaufsetzpunkt für die Bearbeitungsroutine des Software-Interrupts zu sichern. Dies ist im VERILOG-Ausschnitt 4.41 verdeutlicht.

```
// EXCSR-Schreibzugriffe ausfuehren                      f1042
//                                                        f1043
always @(posedge CP) begin                                f1044
  casez({DO_EXC, KILL_ALU, SREG_ACC_DIR, SREG_ADDR})      f1045
    7'b1??????: EXCSR = IF_STATUS;     // Exception       f1046
    7'b0010111: EXCSR = B_BUS[7:0];    // SRIS EXCSR       f1047
  endcase                                                 f1048
end                                                       f1049
```

Bild 4.41 Statussicherung in der PCU während Schritt 4

Der Status in der IF-Stufe wird auf den Wert B0 gesetzt, um eine Exception-Abarbeitung anzuzeigen. Die IF-Stufe lädt den RETI-Befehl.

Stufe	IF	ID	EX	MA	WB
Befehl	NOP	RETI	[Bubble]	HALT	SWI 0
PC	VBECPV+1	VBECPV	VBSWI0	UP+1	UP
Status	B0	B0	00	00	

PCU	Software-Interrupt		Exception	
Return-PC	SWIRPC	UP+2	EXCRPC	VBSWI0
Status	SWISR	00	EXCSR	90
Anfangsadresse			EXCADR	UP+1

Tabelle 4.42 Interrupt-Zustand nach Schritt 5

In Schritt 5 in Tabelle 4.42 wird der NOP-Befehl von Adresse VBECPV+1 geladen. In der ID-Stufe wird der RETI-Befehl dekodiert und ausgeführt.

Stufe	IF	ID	EX	MA	WB
Befehl	HALT	NOP	RETI	[Bubble]	HALT
PC	VBSWI0	VBECPV+1	VBECPV	VBSWI0	UP+1
Status	90	B0	B0	00	

PCU	Software-Interrupt		Exception	
Return-PC	SWIRPC	UP+2	EXCRPC	VBSWI0
Status	SWISR	00	EXCSR	90
Anfangsadresse			EXCADR	UP+1

Tabelle 4.43   Interrupt-Zustand nach Schritt 6

In Schritt 6 in Tabelle 4.43 wird aufgrund des RETI-Befehls der Wiederaufsetzpunkt der Exception in die Register PC und SR geladen. Damit lädt die IF-Stufe den HALT-Befehl der Software-Interrupt-Routine. In der ID-Stufe wird der NOP-Befehl der Exception-Routine dekodiert.

Stufe	IF	ID	EX	MA	WB
Befehl	NOP	HALT	NOP	RETI	[Bubble]
PC	VBSWI0+1	VBSWI0	VBECPV+1	VBECPV	VBSWI0
Status	90	90	B0	B0	

PCU	Software-Interrupt		Exception	
Return-PC	SWIRPC	UP+2	EXCRPC	VBSWI0
Status	SWISR	00	EXCSR	90
Anfangsadresse			EXCADR	UP+1

Tabelle 4.44   Interrupt-Zustand nach Schritt 7

```
// DO_HALT in Abhaengigkeit von der Instruktion, dem Enable-Zustand und      b0351
// der Prozessorprivilegierung setzen                                        b0352
//                                                                           b0353
case(({IDU_DEREG, ID_KUMODE, IDU_IREG[31:24]})                               b0354
  10'b1111111111: DO_HALT = 1'b1;        // gueltiger HALT-Befehl            b0355
  default:        DO_HALT = 1'b0;        // sonstige Befehle                 b0356
endcase                                                                      b0357
```

Bild 4.45   Ausführung des HALT-Befehls in der IDU während Schritt 7

In Schritt 7 in Tabelle 4.44 wird der NOP-Befehl der Software-Interrupt-Routine geladen. In der ID-Stufe wird der zweite HALT-Befehl dekodiert und aufgrund des korrekten KU_MODE auch ausgeführt. Der Prozessor hält. Dies ist im Bild 4.45 dargestellt.

Nachdem an diesem Beispiel ein möglicher Ablauf detailliert dargestellt wurde, soll jetzt auf eine Besonderheit eingegangen werden. Ein Problem mit dem Wiederaufsetzpunkt tritt auf, wenn eine SWI-Instruktion von einer ALU-Instruktion oder einer Instruktion SRIS SR gefolgt wird. Beide Instruktionen können die Flags verändern. Durch die einheitliche Bestimmung des Wiederaufsetzpunktes bei Software-Interrupts werden diese Änderungen nicht mehr rechtzeitig für den Wiederaufsetzpunkt erfaßt, da sie nach der Interrupt-Annahme erfolgen. Sie haben für das unterbrochene Programm daher keine Auswirkungen auf den Status. Auf eine Korrekturlogik zur hardware-seitigen Lösung dieses Problems wird im Modell verzichtet. Der Implementierungsaufwand in Hardware wäre erheblich, da die Statuskorrektur zwei Schritte nach einer Interrupt-Annahme erfolgen müßte. Im Vergleich zum Aufwand für die programmiertechnische Lösung, das heißt die Vermeidung solcher Befehlssequenzen, erscheint diese Entscheidung gerechtfertigt.

4.4.3 Die Behandlung von Hardware-Interrupts

Von allen Arten von Interupts sind Hardware-Interrupts am schwierigsten zu behandeln. Sie sind zum einen nicht vorhersagbar, da sie nicht an bestimmte Instruktionen gebunden sind. Zum andern kann ihr Wiederaufsetzpunkt bei jeder der in der Pipeline befindlichen Instruktionen liegen. Die Wahl des Wiederaufsetzpunktes ist bei ihnen sowohl vom Typ des angeforderten Interrupts als auch vom aktuellen Pipeline-Inhalt abhängig. Für diese Wahl gibt es folgende zwei Basispunkte in der Pipeline:

- die IF-Stufe: dieser Aufsetzpunkt wird bei den Interrupts BUS_ERROR, PAGE_FAULT oder MISALIGN gewählt, die aufgrund des Ladens eines Befehls auftreten;

- die MA-Stufe: werden diese Interrupts aufgrund eines LD/ST-Zugriffs ausgelöst, wird die MA-Stufe als Aufsetzpunkt gewählt.

Von diesen Basispunkten wird, wie in der internen Spezifikation beschrieben, in verschiedenen Fällen abgewichen. Der Aufsetzpunkt muß um eine Einheit vorverlegt werden, wenn der Interrupt im Delay-Slot einer CTR-Instruktion auftritt, da sonst bei Wiederaufsetzung auf dem Delay-Slot die PC-Veränderung durch den CTR unberücksichtigt bliebe.

Liegt der Basispunkt in der IF-Stufe, fordert die ID-Stufe eine Exception an. Befindet sich in der EX-Stufe ein CTR-Befehl, so muß der Wiederaufsetzpunkt in die EX verlegt werden. Damit wird vermieden, daß eine mögliche Veränderung des PC-Wertes verpaßt wird.

Alle Instruktionen in der Pipeline, die nach Ende der Interrupt-Routine erneut ausgeführt werden, müssen bei der Interrupt-Annahme deaktiviert werden.

Um die transparente Ausführung von Hardware-Interrupts bei jeder gültigen Instruktionssequenz zu ermöglichen, existieren neben der Verschiebung der Basispunkte noch zusätzliche Korrekturmechanismen.

Tritt beispielsweise eine HWI-Anforderung mit IF-Wiederaufsetzpunkt auf, während ein flag-verändernder ALU-Befehl in der ID ist, so werden die Flags für den Wiederaufsetzpunkt erst im folgenden Prozessorschritt berechnet. Sie werden daher nachträglich in den Status des Wiederaufsetzpunktes geladen.

Für den Fall, daß nach Annahme eines Hardware-Interrupts mit Aufsetzpunkt in der IF- oder der ID-Stufe eine noch in der Pipeline befindliche LD/ST-Anweisung eine weitere Interrupt-Anforderung mit MA- oder WB-Wiederaufsetzpunkt hervorruft, muß der gesamte Wiederaufsetzpunkt vorverlegt werden. Dies veranschaulicht VERILOG-Ausschnitt 4.46.

```
// RERUN_MA bestimmen (aktiv bei MAU-HWI nach Annahme eines IFU-HWI)      f0410
//                                                                        f0411
always @(IRQ_REG or IRQ_IDREG or MAU_USES_BUS or IF_HWIACT) begin         f0412
  casez({IRQ_REG, IRQ_IDREG, MAU_USES_BUS, IF_HWIACT})                    f0413
    6'b000?11: RERUN_MA = 1'b1;     // MAU-HWI                            f0414
    6'b001011: RERUN_MA = 1'b1;     // MAU-HWI                            f0415
    default:   RERUN_MA = 1'b0;                                          f0416
  endcase                                                                 f0417
end                                                                       f0418
```

Bild 4.46   Vorverlegung des Wiederaufsetzpunktes in der PCU

Außerdem müssen die LD/ST-Instruktion und die ihr nachfolgende Instruktion deaktiviert werden. Die zweite Anforderung wird allerdings nicht sofort ausgeführt, sondern nur nach außen bestätigt. Um die bereits laufende HWI-Routine nicht abbrechen zu müssen und auf diese Weise Zeit zu verlieren, wird diese zuerst vollständig bearbeitet. Die LD/ST-Anforderung wird, falls sie

nicht durch die Bearbeitung der ersten abgedeckt wird, nach dem Wieder-
aufsetzen erneut generiert und kann dann korrekt ausgeführt werden.

Aufgrund dieser Strategie bei der Hardware-Interrupt-Bearbeitung ist es dem
Prozessor möglich, in jeder Situation HWI-Anforderungen transparent und
trotzdem mit guter Pipeline-Auslastung zu bearbeiten.

4.5   Die Systemumgebung

In diesem Abschnitt wird die System- und Testumgebung des Grobstrukturmodells vorgestellt. Dazu wird der externe Speicher mit einem RAM für
beliebige Anwenderprogramme und einem ROM für ein Test-Betriebssystem
modelliert. Die Struktur der Systemumgebung zeigt Bild 4.47.

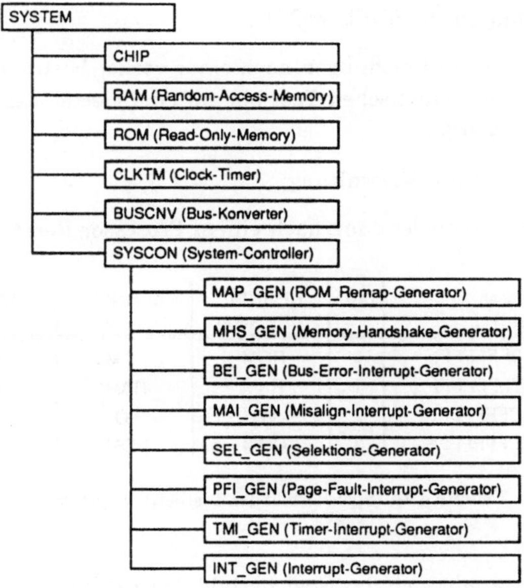

Bild 4.47 Hierarchischer Aufbau des Moduls System

4.5.1 Der Modul SYSTEM

Dieser Modul instanziiert die Prozessorbeschreibung CHIP und versorgt sie mit einem RAM-Speicher für Anwendungsprogramme im USER_MODE, einem ROM-Speicher für ein kleines Betriebssystem im KERNEL_MODE sowie einem im KERNEL_MODE programmierbaren System-Controller SYSCON.

Der System-Controller erfüllt folgende Aufgaben.

* Erzeugung des Systemtaktes, des Prozessor-Resets und des Memory-Handshake unter Berücksichtigung von Wartetakten;

* Prüfung der Alignment der Speicherzugriffsadressen;

* Ansteuerung des RAM mit Seitenzugriffsbeschränkung für Zugriffe im USER_MODE; gegebenenfalls Generierung einer PAGE_FAULT-Exception;

* Ansteuerung des ROM im KERNEL_MODE und Schreibschutz mit BUS_ERROR-Exception;

* I/O-Ansteuerung im KERNEL_MODE;

* Erzeugung von Unterbrechungen nach einer vorher bestimmten Zeit; diese können für einen realistischen Test bis auf eine viertel Taktperiode genau programmiert werden;

* priorisierte Interrupt-Verwaltung;

* intelligente ROM-Umblendung nach einem Prozessor-Reset.

Speicheradresse (hexadezimal)	Bank	KERNEL (nRESET)	KERNEL (sonst)	USER
00000000...3FFFFFFF	0	ROM	RAM	RAM
40000000...7FFFFFFF	1	RAM	RAM	NIL
80000000...BFFFFFFF	2	I/O	I/O	NIL
C0000000...FFFFFFFF	3	ROM	ROM	NIL

Tabelle 4.48 Speicherbild des Testbetriebssystems

Für den Prozessor ergibt sich das Speicherbild der Tabelle 4.48. Hierbei gelten folgende vom System-Controller überwachte Bedingungen.

* Ein Zugriff im USER_MODE auf einen nicht belegten Speicherbereich (NIL) führt zu einem BUS_ERROR.

- Ein Zugriff im USER_MODE auf eine nicht vom Betriebssystem frei-gegebene Speicherseite (256 Bytes) führt zu einem PAGE_FAULT.

- Ein Schreibzugriff auf einen ROM-Bereich führt zu einem BUS_ERROR.

- Ein Lesezugriff auf den I/O-Bereich ist undefiniert.

- Ein fehlerhaft ausgerichteter Zugriff führt zu einem MISALIGN-Interrupt.

- Die Bänke werden durch Mehrfacheinblendung des vorhandenen Speichers gefüllt.

Die ROM-Umblendung nach einem Prozessor-Reset bietet die Möglichkeit zum Start des Betriebssystems und des Benutzerprogramms bei einer definierbaren Adresse, zum Beispiel der Adresse 0. Der I/O-Bereich erstreckt sich von Adresse k:=80000000 bis BFFFFFFF, im vorliegenden Beispiel sind allerdings nur die folgenden Adressen belegt.

k Hardware-Page-Dämon: hier werden Hardware-Interrupts des Typs PAGE_FAULT ausgelöst; ein an diese nicht lesbare Speicheradresse geschriebenes Datum wird als Speicherseitenadresse interpretiert und vom Hardware-Page-Dämon eingelagert;

$k+4$ Timer: diese Adresse beinhaltet die Anzahl der Vierteltakte bis zum nächsten Timer-Interrupt; auch diese Adresse ist nur schreibbar, wobei nur die Bits 7-0 relevant sind; nach Ablauf des Timers oder nach Eintrag des Wertes 0 unter der Adresse $k+4$ ist der Timer deaktiviert;

$k+8$ Clock: diese Adresse ist nur lesbar; ihr Inhalt ist gleich der Anzahl der Taktzyklen seit Beginn der Ausführung.

4.5.2   Der Prozessormodul CHIP

In diesem Modul werden die Prozessor-Units der Abschnitte E7.2 bis E7.6 und 4.1 bis 4.2 instanziiert.

4.5.3   Die Speichermodule RAM und ROM

Mit diesen Modulen werden ein Schreib-Lese-Speicher (RAM) und ein Nur-Lese-Speicher (ROM) in konfigurierbarer Größe modelliert. Der RAM-Bereich umfaßt hier 8K Worte der Breite 32 Bit, die in vier Speicherbänke der Breite 8 Bit organisiert sind, um Zugriffe in Byte-Breite zu ermöglichen. Obwohl diese

Teilbereiche identisch sind, werden sie nicht mehrfach instanziiert, sondern als lineares Feld aufgefaßt, um beim Start der Simulation eine einfache Initialisierung mit dem auszuführenden Benutzerprogramm zu ermöglichen. Die Zugriffszeit wird durch vier unabhängige Timer modelliert, die bei jeder Speicheroperation neu gestartet werden. Der ROM-Bereich umfaßt hier 4K Worte der Breite 32 Bit, der zu Beginn mit dem Betriebssystem initialisiert wird. Ein eigener Timer realisiert eine vom Modul RAM unabhängige Zugriffszeit.

Das gewählte Speichermodell ist auf der Verhaltensebene beschrieben und ist nur eins von vielen möglichen Beispielen. Der Prozessor kann auch mit anderen Speichermodellen arbeiten, sofern sie das Busprotokoll einhalten.

4.5.4 Testunterstützung

Zur praktischen Unterstützung der Simulationsläufe gibt es die Steuerdatei TEST und die Module TRACE, DUMP, GRAPHWAVES und CHECKBUS, die in diesem Abschnitt kurz beschrieben werden. Die zugehörigen Quelltexte finden sich im Abschnitt 4.7.10.

Name	Bedeutung
TRACE	Instruktionen anzeigen
STATISTICS	Statistik am Ende
DUMP	Hex-Dump
STEP	Dump im Einzelschrittmodus
EXTRACE	Dump nach jeder Instruktion
MEMDUMP	Systemspeicher-Dump
REGDUMP	Register-Dump
BTCDUMP	BTC-Inhalt ausgeben
MPCDUMP	MPC-Inhalt ausgeben
MDUMPLO	Anfangsadresse für den Speicher-Dump
MDUMPHI	Endadresse für den Speicher-Dump
WAVES	Graphwaves anzeigen
REGS	Graph-Register anzeigen

Tabelle 4.49 Parameter zur Simulationsausgabe

4.5.4.1 Die Steuerdatei TEST

Hier stehen einige define-Anweisungen als Schalter, mit denen das System und die Simulationsausgabe konfiguriert werden können. Die Ausgabeparameter der Simulation zeigt Tabelle 4.49.

Bis auf MDUMPLO und MDUMPHI, denen eine Adresse zugewiesen wird, können alle Schalter den Wert 0 oder 1 annehmen. 0 bedeutet dabei „ausgeschaltet" und 1 „eingeschaltet". Beispiele für den Gebrauch der Schalter finden sich im nächsten Abschnitt 4.6.

Tabelle 4.50 enthält Systemparameter, mit denen die Systemumgebung konfiguriert und die Namen des auszuführenden Benutzerprogramms sowie des Betriebssystems eingestellt werden können.

Name	Bedeutung
PROTOCOL	Busprotokoll
QUAD_CYCLE	Viertel einer Taktperiode in Simulationszeiteinheiten (SZE)
RESET_TIME	Länge des Reset-Pulses in SZE
MAX_CYCLES	Anzahl der zu simulierenden Taktperioden
MHS_TIME	MHS-Pulsbreite (nach Ablauf der Waitstates) in SZE
PROGRAM	Name des Benutzerprogramms
OS_ROM	Name des Betriebssystems
PRG_FORMAT	Programmformat: 0=binär, 1=hexadezimal
OS_FORMAT	Format des Betriebssystems
USER_RAM_SIZE	Größe des USER_RAM
KERNEL_RAM_S.	Größe des KERNEL_RAM
ROM_SIZE	Größe des ROM
RAMTIME	RAM-Zugriffszeit in SZE
ROMTIME	ROM-Zugriffszeit in SZE
WAITSTATE	Anzahl der Wartetakte für Speicherzugriffe pro Bank
PAGEFAULTS	Auslösung der PAGE_FAULT-Routine

Tabelle 4.50 Systemparameter

Die Geschwindigkeit des Speichers kann für jede Speicherbank individuell eingestellt werden. Die Modellkonstante WAITSTATE besitzt je zwei Bits für jede Bank (Tabelle 4.51).

Bit-Position	Bedeutung
1:0	Wartetakte für Bank 0 (RAM)
3:2	Wartetakte für Bank 1 (RAM)
5:4	Wartetakte für Bank 2 (I/O)
7:6	Wartetakte für Bank 3 (ROM)

Tabelle 4.51 Bedeutungen von WAITSTATE

Auch die Betriebsarten der Caches können mit Schaltern gemäß Tabelle 4.52 konfiguriert werden.

Bit-Position	Bedeutung
SERIAL_MODE	0=paralleler Mode, 1=serieller Mode
EN_MEM_BRK	MEMBRK für asynchrones Busprotokoll
IC_MODE	Instruction-Cache-Mode
RIB_MODE	Reduced-Instruction-Buffer-Mode
BTC_CALL	CALLs im BTC speichern
BTC_BCC	BCCs im BTC speichern

Tabelle 4.52 Betriebsarten der Caches

Dabei ist zu beachten, daß der IC_MODE und der RIB_MODE sich gegenseitig ausschließen; sind dennoch beide Schalter aktiv, so wird der MPC abgeschaltet.

4.5.4.2 Die Statistik TRACE

Dieser Modul ermöglicht eine statistische Auswertung von Simulationsläufen des Grobarchitektur-Modells, um die Auswirkungen der getroffenen Entwurfsentscheidungen beurteilen zu können. Zum Beispiel kann in der Simulation die Anzahl der Hits des Branch-Target-Cache ermittelt werden.

4.5.4.3 Die Speicher- und Registerausgabe DUMP

Dieser Modul ermöglicht die kontrollierte und benutzerfreundliche Ausgabe der Inhalte von Mehrzweck- und Spezialregistern sowie Speicherauszüge. Zur Erhöhung der Lesbarkeit werden Befehlsworte in Instruktionsregistern wie im Interpreter-Modell automatisch in Mnemonics rückübersetzt.

Zu beachten ist, daß mit Hilfe hierarchischer Pfadnamen auf interne Elemente des Moduls CHIP zugegriffen wird. Dies erleichtert die Trennung zwischen Prozessormodell und Hilfsroutinen.

4.5.4.4 Die Graphikausgabe GRAPHWAVES

Dieser Modul ermöglicht eine graphische Ausgabe von Timing-Diagrammen. Alle relevanten Signale werden als Parameter der VERILOG-Systemfunktion $gr_waves übergeben, die den Signalverlauf während einer Simulation darstellt.

Hilfreich sind wie im vorigen Abschnitt hierarchische Pfadnamen sowie die Rückübersetzung von Befehlsworten in Mnemonics.

4.5.4.5 Die Busüberwachung CHECKBUS

Dieser Modul unterstützt eine Überwachung von Daten- und Adreßbus. Anhand der Handshake-Signale nMHS und nMRQ wird überprüft, in welcher Phase des Busprotokolls sich ein Speicherzugriff befindet und ob zu diesem Zeitpunkt gültige Daten anliegen müssen. Ist dies der Fall, wird die Konsistenz von Adresse, Wortbreite und Zugriffsmodus kontrolliert. Zum Beispiel sind Zugriffe über Wortgrenzen hinweg fehlerhaft.

4.6 Experimente mit dem Grobstrukturmodell

In diesem Abschnitt wird ein kleines Beispiel für eine Simulation mit dem Grobstrukturmodell dargestellt. Die Stärke eines solchen Modells kommt erst in umfangreichen interaktiven Experimenten, Simulationen und Anwendungen zum Tragen. Allerdings eignen sich derartige Ergebnisse wegen ihres Umfangs schlecht für eine Darstellung auf Papier. Deswegen bringen wir hier nur das bereits bekannte Programm zur Verdreifachung, das einen Vergleich mit dem Interpreter-Modell ermöglicht.

Das Modell läßt sich mit vielen verschiedenen Schaltern in der Datei test.v konfigurieren (Art der Simulation, Umfang der Ausgaben etc.). Eine mögliche Belegung zeigt Bild 4.53. Wie im vorigen Abschnitt 4.5.4.1 erläutert, werden in den Kommentaren die jeweiligen Funktionen kurz erklärt. Mit der ersten

```
//------------------------------------------------------------------------ t0000
//                                                                         t0001
// TEST                                                                    t0002
//                                                                         t0003
// Steuerdatei fuer die Testmodule TRACE, DUMP, GRAPHWAVES und CHECKBUS    t0004
//                                                                         t0005
//------------------------------------------------------------------------ t0006
//                                                                         t0007
`define TRACE          1           // Instruktionen anzeigen              t0008
`define STATISTICS     0           // Statistik am Ende ausgeben          t0009
`define DUMP           0           // Hex-Dump ermoeglichen               t0010
`define STEP           0           // Dump im Einzelschrittmodus ausgeben t0011
`define EXTRACE        0           // Dump nach jeder Instruktion         t0012
`define MEMDUMP        1           // Systemspeicher-Dump ausgeben        t0013
`define REGDUMP        0           // Register-Dump ausgeben              t0014
`define BTCDUMP        0           // BTC-Inhalt ausgeben                 t0015
`define MPCDUMP        0           // MPC-Inhalt ausgeben                 t0016
`define MDUMPLO        'h0000      // Speicher-Dump: Anfangsadresse       t0017
`define MDUMPHI        'h00ff      // Speicher-Dump: Endadresse           t0018
`define WAVES          0           // Graphwaves anzeigen                 t0019
`define REGS           0           // Graph-Register anzeigen             t0020
                                                                          t0021
// System                                                                 t0022
`define PROTOCOL                0 // Busprotokoll: 1=synchron, 0=asynchron t0023
`define QUAD_CYCLE             25 // Taktperiode / 4                       t0024
`define RESET_TIME           525 // RESET-Pulsbreite                      t0025
`define MAX_CYCLES       500_000 // maximal zu simulierende Taktzyklen    t0026
`define MHS_TIME              80 // MHS-Pulsbreite nach Waitstates        t0027
`define PROGRAM "beispiel.exe"    // RAM: Initialisierungsdatei           t0028
`define OS_ROM  "vos.exe"         // Betriebssystem-ROM: Initialisierungsdatei t0029
`define PRG_FORMAT             1 // Format User-Programm:   0=binaer, 1=hex t0030
`define OS_FORMAT              1 // Format OS-/ROM-Programm: 0=binaer, 1=hex t0031
`define USER_RAM_SIZE         13 // Anzahl der Wort-Address-Bits (13=32KB) t0032
`define KERNEL_RAM_SIZE       13 // Anzahl der Wort-Address-Bits (13=32KB) t0033
`define ROM_SIZE              10 // Anzahl der Wort-Address-Bits (10= 4KB) t0034
`define RAMTIME               60 // Zeiteinheiten RAM-Zugriffszeit        t0035
`define ROMTIME               60 // Zeiteinheiten ROM-Zugriffszeit        t0036
`define WAITSTATE    8'b00_00_00_00 // Wait-States fuer Speicherzugriffe  t0037
`define PAGEFAULTS             0 // Page-Fault-Ausloesung: 0=nein, 1=ja   t0038
`define DMAILEAVE              0 // DMA-Interleave: 0=nein, 1=ja          t0039
`define CHK_EN                 1 // Checking enabled: 0=off, 1=on         t0040
`define CHK_STP_EN            1 // Stop, wenn Checking-Fehler: 0=off, 1=on t0041
`define CHK_HGH_BITs         1 // Check High Bits (ADDR[29:..]): 0=off, 1=on t0042
                                 // <=> RAM nicht "zyklisch"              t0043
                                                                          t0044
// Cache-Mode                                                             t0045
`define SERIAL_MODE    1'b0        // 0=paralleler Mode, 1=serieller Mode t0046
`define EN_MEM_BRK     1'b1        // MEMBRK fuer asynchrones Busprotokoll t0047
`define IC_MODE        1'b1        // Instruction-Cache-Mode: 0=off, 1=on t0048
`define RIB_MODE       1'b0        // Reduced-Instruction-Buffer-Mode: 0=off, 1=on t0049
`define BTC_CALL       1'b1        // CALLs im BTC speichern              t0050
`define BTC_BCC        1'b1        // BCCs im BTC speichern               t0051
                                                                          t0052
// Register-Transfer-Verzoegerung in Simulationszeiteinheiten            t0053
`define DELTA          1                                                  t0054
                                                                          t0055
// Verzoegerung fuer nMRQ nach positiver Taktflanke (> DELTA)            t0056
`define BCUDELAY       2                                                  t0057
```

Bild 4.53 Konfigurationsdatei test.v

Gruppe von Schaltern wird das Ausgabeverhalten des Modells gesteuert. Die
Schalter der zweiten Gruppe dienen der Systemkonfiguration, die der dritten
konfigurieren die Caches.

Das von der Anwendung des Interpreter-Modells bekannte Beispiel in Bild 4.54
kann dank der durchgängigen Teststrategie unverändert simuliert werden.

```
                OR       R01, R00, 0          ; R01 = 0
                LDU.Q    R02, R00, input      ; R02 = *input
                NOP                           ; Datenabhaengigkeit
loop:           SUB.F    R02, R02, 1          ; R02--
                BNE      loop                 ; if (R02!=0) goto loop
                ADD      R01, R01, 3          ; R01+=3 (delayed)
                ST.Q     R01, R00, output     ; *output = R01
                HALT

input:          dc.q 2
output:         ds.b 4
```

Bild 4.54   Assembler-Anwendung beispiel.in

Das Programm arbeitet sehr einfach: die Zahl wird von der Adresse input aus dem Speicher gelesen und in einer Schleife auf Null heruntergezählt. Bei jeder Iteration wird zu einem vorher gelöschten Register der Wert Drei addiert. Anschließend werden das Ergebnis unter der Adresse output in den Speicher geschrieben und das Programm beendet.

Zum Verständnis wird auch an dieser Stelle noch einmal kurz auf das Problem der Datenabhängigkeit verwiesen. Nach dem LDU in Zeile 2 folgt in Zeile 4 ein SUB.F, bei dem die Quelle gleich dem Ziel des LDU ist. Ohne das NOP in Zeile 3 würde der richtige Wert zum Zeitpunkt der ALU-Operation noch nicht im Register stehen.

Das Programm wird mit dem gleichen Assembler wie beim Interpreter-Modell übersetzt mit der Anweisung

```
rasm -a -fh beispiel.in beispiel.exe
```

Der Assembler schreibt das übersetzte Programm in die Datei beispiel.exe (Bild 4.55). Die Schalter des Assemblers sollen an dieser Stelle nicht erläutert werden.

```
44080000 // 000          OR       R01, R00, 0        ; R01 = 0
0E100008 // 004          LDU.Q    R02, R00, input    ; R02 = *input
49000000 // 008          NOP                         ; Datenabhaengigkeit
6A108001 // 00c loop:    SUB.F    R02, R02, 1        ; R02--
FC07FFFF // 010          BNE      loop               ; if (R02!=0) goto loop
60084003 // 014          ADD      R01, R01, 3        ; R01+=3 (delayed)
2E080009 // 018          ST.Q     R01, R00, output   ; *output = R01
FF000000 // 01c          HALT
         // 020
00000002 // 020 input:   dc.q 2
XXXXXXXX // 024 output:  ds.b 4
```

Bild 4.55   Maschinenprogramm beispiel.exe

In der Datei test.v können nun die Schalter für die Ausgabe eingestellt werden.
Zuerst soll ein einfacher Trace ausgegeben werden, mit dem nur die Bearbeitung der Befehle in der Prozessor-Pipeline kontrolliert wird (Bild 4.56).

```
`define TRACE         1        // Instruktionen anzeigen                         t0008
`define STATISTICS    0        // Statistik am Ende ausgeben                     t0009
`define DUMP          0        // Hex-Dump ermoeglichen                          t0010
`define STEP          0        // Dump im Einzelschrittmodus ausgeben            t0011
`define EXTRACE       0        // Dump nach jeder Instruktion                    t0012
`define MEMDUMP       1        // Systemspeicher-Dump ausgeben                   t0013
`define REGDUMP       0        // Register-Dump ausgeben                         t0014
`define BTCDUMP       0        // BTC-Inhalt ausgeben                            t0015
`define MPCDUMP       0        // MPC-Inhalt ausgeben                            t0016
`define MDUMPLO       'h0000   // Speicher-Dump: Anfangsadresse                  t0017
`define MDUMPHI       'h00ff   // Speicher-Dump: Endadresse                      t0018
`define WAVES         0        // Graphwaves anzeigen                            t0019
`define REGS          0        // Graph-Register anzeigen                        t0020
```

Bild 4.56 Schalter für einen einfachen Trace

Der Prozessor soll mit eingeschalteten Caches im parallelen Modus arbeiten,
der MPC im IC_MODE (Instruction-Cache), und im BTC sollen sowohl CALLs
als auch BCCs gespeichert werden (Bild 4.57).

```
// Cache-Mode                                                                   t0045
`define SERIAL_MODE   1'b0     // 0-paralleler Mode, 1-serieller Mode           t0046
`define EN_MEM_BRK    1'b1     // MEMBRK fuer asynchrones Busprotokoll           t0047
`define IC_MODE       1'b1     // Instruction-Cache-Mode: 0-off, 1-on           t0048
`define RIB_MODE      1'b0     // Reduced-Instruction-Buffer-Mode: 0-off, 1-on  t0049
`define BTC_CALL      1'b1     // CALLs im BTC speichern                         t0050
`define BTC_BCC       1'b1     // BCCs im BTC speichern                          t0051
```

Bild 4.57 Schalter zur Cache-Konfiguration

```
Compiling source file "test.v"
Compiling source file "main_control.v"
Compiling source file "ifu.v"
Compiling source file "idu.v"
Compiling source file "fru.v"
Compiling source file "alu.v"
Compiling source file "mau.v"
Compiling source file "pcu.v"
Compiling source file "bcu.v"
Compiling source file "chip.v"
Compiling source file "system.v"
Compiling source file "waves.v"
Compiling source file "regs.v"
Compiling source file "trace.v"
Compiling source file "dump.v"
Compiling source file "assertion.v"
GRAPHICS 1.2b
Highest level modules:
mctrl
system
graphwaves
graphregs
trace
RISC2_Dump
checkbus
```

```
 -System Memory:
  Page: 000000
  00: _00000844_0800100e_00000049_0180106a_ffff07fc_03400860_0900082e_000000ff
  20: _02000000_xxxxxxxx_xxxxxxxx_xxxxxxxx_xxxxxxxx_xxxxxxxx_xxxxxxxx_xxxxxxxx
  40: _xxxxxxxx_xxxxxxxx_xxxxxxxx_xxxxxxxx_xxxxxxxx_xxxxxxxx_xxxxxxxx_xxxxxxxx
  60: _xxxxxxxx_xxxxxxxx_xxxxxxxx_xxxxxxxx_xxxxxxxx_xxxxxxxx_xxxxxxxx_xxxxxxxx
  80: _xxxxxxxx_xxxxxxxx_xxxxxxxx_xxxxxxxx_xxxxxxxx_xxxxxxxx_xxxxxxxx_xxxxxxxx
  a0: _xxxxxxxx_xxxxxxxx_xxxxxxxx_xxxxxxxx_xxxxxxxx_xxxxxxxx_xxxxxxxx_xxxxxxxx
  c0: _xxxxxxxx_xxxxxxxx_xxxxxxxx_xxxxxxxx_xxxxxxxx_xxxxxxxx_xxxxxxxx_xxxxxxxx
  e0: _xxxxxxxx_xxxxxxxx_xxxxxxxx_xxxxxxxx_xxxxxxxx_xxxxxxxx_xxxxxxxx_xxxxxxxx

Trace:        M = MPC-Hit
              B = BTC-Hit
              K = Sprungkorrektur

Taktnummer    Adresse    IF        ID        EX        MA        WB
------------------------------------------------------------------------------
[vos.exe]
          1   00000000  *****     *****     *****     *****     *****
          2   00000004  *****     CALL R    *****     *****     *****
          3   c0000008  *****     LDH  R    CALL R    *****     *****
          4   c000000c  *****     OR   R    LDH  R    CALL R    *****
          5   c0000010  *****     SRIS R    OR   R    LDH  R    CALL R
          6   c0000014  *****     LDH  R    SRIS R    OR   R    LDH  R
[...]
        131   c0000178  *****     SRIS R    ADD  R    ADD  R    ADD  R
        132   c000017c  *****     SRIS R    SRIS R    ADD  R    ADD  R
        133   c0000180  *****     RETI R    SRIS R    SRIS R    ADD  R
[beispiel.exe]
        134   00000000  *****     CLC  R    RETI R    SRIS R    SRIS R
        135   00000004  *****     OR   R    CLC  R    RETI R    SRIS R
        136   00000008  *****     LDUQ R    OR   R    CLC  R    RETI R
        137   0000000c  *****     XOR  R    LDUQ R    OR   R    CLC  R
        138   00000010  *****     SUB.F R   XOR  R    LDUQ R    OR   R
        139   00000010  *****     *****     SUB.F R   XOR  R    LDUQ R
        140   00000014  *****     BNE  R    *****     SUB.F R   XOR  R
        141   0000000c  *****     ADD  R    BNE  R    *****     SUB.F R
        142   00000010  *****     SUB.F M   ADD  R    BNE  R    *****      M
        143   0000000c  BCC       ADD  B    SUB.F M   ADD  R    BNE  R        B
        144   00000018  *****     *****     ADD  B    SUB.F M   ADD  R    M     K
        145   0000001c  *****     STQ  R    *****     ADD  B    SUB.F M
        146   00000020  *****     HALT R    STQ  R    *****     ADD  B
[vos.exe]
        147   c0000248  *****     *****     HALT R    STQ  R    *****
        148   c0000248  *****     *****     *****     HALT R    STQ  R
        149   c000024c  *****     BT   R    *****     *****     HALT R
[...]
        161   c000032c  *****     ADD  R    BLS  R    SUB.F R   BHI.A R
        162   c0000330  *****     HALT R    ADD  R    BLS  R    SUB.F R
        163   c0000334  *****     LDH  R    HALT R    ADD  R    BLS  R
        164   c0000338  *****     *****     *****     HALT R    ADD  R
        165   c0000338  *****     *****     *****     *****     HALT R

 -System Memory:
  Page: 000000
  00: _00000844_0800100e_00000049_0180106a_ffff07fc_03400860_0900082e_000000ff
  20: _02000000_06000000_xxxxxxxx_xxxxxxxx_xxxxxxxx_xxxxxxxx_xxxxxxxx_xxxxxxxx
  40: _xxxxxxxx_xxxxxxxx_xxxxxxxx_xxxxxxxx_xxxxxxxx_xxxxxxxx_xxxxxxxx_xxxxxxxx
  60: _xxxxxxxx_xxxxxxxx_xxxxxxxx_xxxxxxxx_xxxxxxxx_xxxxxxxx_xxxxxxxx_xxxxxxxx
  80: _xxxxxxxx_xxxxxxxx_xxxxxxxx_xxxxxxxx_xxxxxxxx_xxxxxxxx_x::xxxxxx_xxxxxxxx
  a0: _xxxxxxxx_xxxxxxxx_xxxxxxxx_xxxxxxxx_xxxxxxxx_xxxxxxxx_xxxxxxxx_xxxxxxxx
  c0: _xxxxxxxx_xxxxxxxx_xxxxxxxx_xxxxxxxx_xxxxxxxx_xxxxxxxx_xxxxxxxx_xxxxxxxx
  e0: _xxxxxxxx_xxxxxxxx_xxxxxxxx_xxxxxxxx_xxxxxxxx_xxxxxxxx_xxxxxxxx_xxxxxxxx

L79 "main_control.v": $finish at simulation time 17100
Data structure takes 1732036 bytes of memory
1123952 simulation events + 15208 accelerated events
CPU time: 4 secs to compile + 1 secs to link + 68 secs in simulation
```

Bild 4.58 Trace der Beispielsimulation (Auszug)

Jetzt kann die Simulation mit einer Projektdatei gestartet werden, die die Bezeichner aller nötigen Programm-Dateien enthält:

```
verilog -f r2.prj
```

Daraufhin werden das VERILOG-Modell übersetzt und die Simulation
gestartet. Man erhält das Ergebnis in Bild 4.58. Wer dieses Beispiel selbst
simulieren möchte, findet auf der Diskette in Kapitel ▣4 das Betriebssystem
vos.exe (Bild 4.53).

Obwohl es sich nur um ein ziemlich einfaches Programm handelt, kann man
viele Eigenschaften des Modells gut erläutern. Nach dem Laden des
Programms, aber noch vor der Ausführung erfolgt ein Speicherauszug. Man
kann die hexadezimale Darstellung der Opcodes aus dem übersetzten
Programm beispiel.exe erkennen. Zu beachten ist hierbei die Umgruppierung
der Bytes innerhalb eines Speicherwortes. VERILOG erwartet die Sortierung
in abfallender Reihenfolge, während der Speicherauszug aufsteigend sortiert
ist, um die Durchgängigkeit zu gewährleisten.

Dann folgt der Trace. Zunächst wird die Tabelle in Bild 4.58 ausführlich
beschrieben. Alle Angaben dort beziehen sich auf die positive Taktflanke des
Taktes mit der angegebenen Nummer. In Takt 137 soll beispielsweise die
Instruktion von der Adresse 0000000c (hexadezimal) geholt werden. Das
Auslesen aus dem Speicher geschieht während Takt 137. Zur positiven
Taktflanke von Takt 138 liegt die Instruktion SUB.F bereits am Eingang der
IDU. Sie taucht in der IFU-Spalte nicht auf, weil sie die IFU nicht zur positiven
Taktflanke erreicht, sondern erst während des Taktes. Die interessanten Takte
134 bis 146 sind hervorgehoben. Dabei steht R für RAM, M für MPC und B für
BTC.

Bei einem BTC-Hit wird in der IFU-Spalte die Art des erkannten Sprunges
angezeigt. Es handelt sich um einen BCC- oder CALL-Befehl. Eine weitere
Dekodierung erfolgt nicht. Zum Beispiel liegt in Takt 142 die Adresse 00000010
am Adreßbus. Während des Taktes wird ein Hit festgestellt. Mit der positiven
Taktflanke von Takt 143 werden der BCC von der IFU ausgeführt - die neue
Adresse ist das Sprungziel 0000000c - und die Delay-Instruktion in die IDU
übernommen.

Es soll nun eine Beschreibung des Programmablaufs erfolgen. Man erkennt,
daß nicht nur das eigentliche Programm aus beispiel.exe ausgeführt wird. Zu
dem Grobstrukturmodell gehört auch ein Testbetriebssystem, um alle
Funktionen des Prozessors hinreichend testen zu können, insbesondere die
Interrupts. Nachdem das Betriebssystem in das ROM geladen ist (siehe
Abschnitt 4.5), muß es zunächst initialisiert werden. Weil der Prozessor mit

der Bearbeitung eines Programms immer bei Adresse 00000000 beginnt, wird nach einem Reset das ROM mit dem Betriebssystem über das RAM geblendet. Der Prozessor lädt zwar von Adresse 00000000, tatsächlich wird aber die Instruktion von der absoluten Adresse c0000000 geliefert. Entsprechend wird mit Adresse 00000004 in Takt 2 verfahren: die Instruktion kommt von Adresse c0000004. Die erste Instruktion des Betriebssystems ist ein CALL. Dieser führt zu einem Sprung in den ROM-Bereich, so daß ein Überblenden nun nicht mehr erforderlich ist. Die folgenden Instruktionen, die in den Takten 3 bis 133 von der IFU geladen werden, dienen der Initialisierung des Betriebssystems. Mit dem RETI, der die IDU in Takt 133 erreicht, erfolgt der Rücksprung aus dem Betriebssystem in das eigentliche Beispielprogramm. Der CLC-Befehl im Delay-Slot des RETI löscht noch die Caches, dann wird die Bearbeitung bei Adresse 00000000 fortgesetzt.

Im Takt 136 erreicht der LDU-Befehl die IDU, in Takt 138 wird er von der MAU übernommen. Dies bedeutet, daß in Takt 138 der Datenzugriff auf den RAM-Speicher erfolgt. Ein gleichzeitiger Zugriff von IFU und MAU auf den Speicher ist nicht möglich. Daher kann die Instruktion, die die IFU in Takt 138 von Adresse 00000010 anfordert, erst in Takt 139 geliefert werden und erreicht die IDU in Takt 140. In Takt 139 liegt keine gültige Instruktion vor, und die IDU muß abgeschaltet werden. Es läuft ein Bubble durch die Pipeline.

In Takt 141 fordert die IFU wieder die Instruktion von Adresse 0000000c an. Diese wurde jedoch in Takt 137 bereits schon einmal angefordert und ist im MPC gespeichert worden. Daher gibt es jetzt einen MPC-Hit, und die SUB.F-Instruktion, die die IDU in Takt 138 erreicht, ist nicht aus dem Speicher gelesen, sondern vom MPC zur Verfügung gestellt worden. Dies wird durch „M" am rechten Zeilenrand des Traces kenntlich gemacht.

In Takt 142 soll die Instruktion von Adresse 00000010 geholt werden. Auch diese Instruktion wurde schon zuvor einmal angefordert. Es handelt sich um einen bedingten Sprung BNE mit einem ADD-Befehl im Delay-Slot. Dieser Sprung wurde in den BTC eingetragen, und es wurde in den History-Bits vermerkt, daß er genommen wurde. Es findet ein BTC-Hit statt, und in Takt 25 erreicht nicht der BNE die IDU, sondern ADD als Delay-Instruktion.

Jetzt ergibt sich folgendes Problem. Dem BNE ging ein SUB.F-Befehl voraus. Dieser erreicht in Takt 143 die ALU und führt zu einer Neubestimmung der Flags. Diese werden damit erst während Takt 143 gültig, die Sprung-entscheidung muß jedoch schon zu Beginn des Taktes getroffen worden sein. Es wird daher eine heuristische Entscheidung entsprechend den History-Bits getroffen. Weil der Sprungbefehl erst ein einziges Mal aufgetreten ist und dabei genommen wurde, wird heuristisch entschieden, daß der Sprung auch diesmal zu nehmen ist. Die neue Fetch-Adresse ist das Sprungziel 0000000c.

Während Takt 143, in dem die Instruktion von Adresse 00000010 geholt werden soll, werden die Flags gültig. Jetzt muß überprüft werden, ob die Sprungentscheidung korrekt war. Tatsächlich stellt sich heraus, daß der Sprung nicht hätte genommen werden dürfen. Er muß also korrigiert werden. Das Programm soll nicht an Adresse 0000000c fortgesetzt werden, sondern hinter der Delay-Instruktion an Adresse 00000018. Die Instruktion an Adresse 0000000c ist wiederum vom MPC geliefert worden und hätte die IDU in Takt 144 erreicht. Weil sie aber nicht ausgeführt werden darf, wird die IDU von der IFU abgeschaltet. Wieder läuft ein Bubble durch die Pipeline. „M" am rechten Zeilenrand kennzeichnet den MPC-Hit, „K" die Sprungkorrektur.

In Takt 145 erreicht der ST-Befehl die IDU, in Takt 146 der HALT-Befehl. Nun ergibt sich gegenüber dem Interpreter-Modell ein weiteres Problem. Im Grobstrukturmodell wird zwischen KERNEL_MODE und USER_MODE unterschieden. Der HALT-Befehl ist ein privilegierter Befehl, der nur im KERNEL_MODE ausgeführt werden darf. Das Programm läuft aber im USER_MODE. Dies führt zu einer PRIVILEGE_VIOLATION-Exception. Die Programmausführung wird in der entsprechenden Behandlungsroutine des Testbetriebssystems an Adresse c0000748 fortgesetzt. Diese Routine wird im KERNEL_MODE ausgeführt und besteht ihrerseits nur aus einem HALT-Befehl. Dieser HALT-Befehl kann in Takt 149 korrekt ausgeführt werden und führt zur Terminierung des Programms.

Eine saubere Beendigung des Beispielprogramms wäre mit SWI 0 möglich gewesen. An dieser Stelle sollte aber gezeigt werden, daß Programme, die mit dem Interpreter-Modell arbeiten, auch im Grobstrukturmodell simuliert werden können.

Nachdem das Programm beendet ist, wird noch einmal ein Speicherauszug angezeigt. Man erkennt, daß das Programm korrekt gearbeitet hat, denn an Adresse 00000024 steht das richtige Ergebnis 06.

In einem zweiten Programmlauf sollen statt eines einfachen Trace nach jedem Schritt Speicher- und Registerinhalt angezeigt werden. Diese Darstellung ist bei der Fehlersuche hilfreich.

```
`define TRACE        0        // Instruktionen anzeigen                      t0008
`define STATISTICS   0        // Statistik am Ende ausgeben                  t0009
`define DUMP         1        // Hex-Dump ermoeglichen                       t0010
`define STEP         0        // Dump im Einzelschrittmodus ausgeben         t0011
`define EXTRACE      1        // Dump nach jeder Instruktion                 t0012
`define MEMDUMP      1        // Systemspeicher-Dump ausgeben                t0013
`define REGDUMP      1        // Register-Dump ausgeben                      t0014
`define BTCDUMP      0        // BTC-Inhalt ausgeben                         t0015
`define MPCDUMP      0        // MPC-Inhalt ausgeben                         t0016
`define MDUMPLO      'h0000   // Speicher-Dump: Anfangsadresse               t0017
`define MDUMPHI      'h00ff   // Speicher-Dump: Endadresse                   t0018
`define WAVES        0        // Graphwaves anzeigen                         t0019
`define REGS         0        // Graph-Register anzeigen                     t0020
```

Bild 4.59 Schalter für einen einfachen Speicher- und Register-Dump

Bild 4.59 stellt die Schaltereinstellungen dar. Der Schalter für TRACE ist
abgeschaltet, der für den DUMP eingeschaltet. EXTRACE bewirkt nach jeder
Instruktion die Ausgabe des mit MEMDUMP und REGDUMP spezifizierten
Hexdump. In diesem Fall sind MEMDUMP und REGDUMP eingeschaltet, d.h.
man erhält sowohl einen Speicher- als auch einen Register-Dump.

Die Ausgabe der Simulation ist in Bild 4.60 ausschnittweise wiedergegeben.
Dabei wurde auf die Initialisierung des Betriebssystems und die Exception-
Behandlung verzichtet. Dargestellt ist nur das eigentliche Beispielprogramm,
um einen Vergleich mit dem Interpreter-Modell zu ermöglichen.

```
[vos.exe]
[...]
[beispiel.exe]
 -System Memory:
  Page: 000000
  00:  00000844_0800100e_00000049_0180106a_ffff07fc_03400860_0900082e_000000ff
  20:  02000000_xxxxxxxx_xxxxxxxx_xxxxxxxx_xxxxxxxx_xxxxxxxx_xxxxxxxx_xxxxxxxx
  40:  xxxxxxxx_xxxxxxxx_xxxxxxxx_xxxxxxxx_xxxxxxxx_xxxxxxxx_xxxxxxxx_xxxxxxxx
  60:  xxxxxxxx_xxxxxxxx_xxxxxxxx_xxxxxxxx_xxxxxxxx_xxxxxxxx_xxxxxxxx_xxxxxxxx
  80:  xxxxxxxx_xxxxxxxx_xxxxxxxx_xxxxxxxx_xxxxxxxx_xxxxxxxx_xxxxxxxx_xxxxxxxx
  a0:  xxxxxxxx_xxxxxxxx_xxxxxxxx_xxxxxxxx_xxxxxxxx_xxxxxxxx_xxxxxxxx_xxxxxxxx
  c0:  xxxxxxxx_xxxxxxxx_xxxxxxxx_xxxxxxxx_xxxxxxxx_xxxxxxxx_xxxxxxxx_xxxxxxxx
  e0:  xxxxxxxx_xxxxxxxx_xxxxxxxx_xxxxxxxx_xxxxxxxx_xxxxxxxx_xxxxxxxx_xxxxxxxx
 -Processor Registers
  R00: 00000000  R01: 00000000  R02: 00000000  R03: 00000000  VBR:   c0000200
  R04: 00000000  R05: 00000000  R06: 00000000  R07: 00000000  HISR:  00000000
  R08: 00000000  R09: 00000000  R10: 00000000  R11: 00000000  ECSR:  xxxxxxxx
  R12: 00000000  R13: 00000000  R14: 00000000  R15: 00000000  SISR:  xxxxxxxx
  R16: 00000000  R17: 00000000  R18: 00000000  R19: 00000000  HIRPC: 00000000
  R20: 00000000  R21: 00000000  R22: 00000000  R23: 00000000  ECRPC: xxxxxxxX
  R24: 00000000  R25: 00000000  R26: 00000000  R27: 00000000  SIRPC: xxxxxxxX
  R28: 00000000  R29: 00000000  R30: 00000000  R31: 00000000  HIADR: xxxxxxxx
   PC: 00000000  RPC: 00000008   SR: 00000000                 ECADR: xxxxxxxx
  EX-Stage of Pipeline: OR           KHESNZVC
  MA-Stage of Pipeline: CLC
Processor step 137 completed, new system state: Working
 -System Memory:
  Page: 000000
  00:  00000844_0800100e_00000049_0180106a_ffff07fc_03400860_0900082e_000000ff
  20:  02000000_xxxxxxxx_xxxxxxxx_xxxxxxxx_xxxxxxxx_xxxxxxxx_xxxxxxxx_xxxxxxxx
  40:  xxxxxxxx_xxxxxxxx_xxxxxxxx_xxxxxxxx_xxxxxxxx_xxxxxxxx_xxxxxxxx_xxxxxxxx
  60:  xxxxxxxx_xxxxxxxx_xxxxxxxx_xxxxxxxx_xxxxxxxx_xxxxxxxx_xxxxxxxx_xxxxxxxx
  80:  xxxxxxxx_xxxxxxxx_xxxxxxxx_xxxxxxxx_xxxxxxxx_xxxxxxxx_xxxxxxxx_xxxxxxxx
  a0:  xxxxxxxx_xxxxxxxx_xxxxxxxx_xxxxxxxx_xxxxxxxx_xxxxxxxx_xxxxxxxx_xxxxxxxx
```

```
  c0:  _xxxxxxxx_xxxxxxxx_xxxxxxxx_xxxxxxxx_xxxxxxxx_xxxxxxxx_xxxxxxxx_xxxxxxxx
  e0:  _xxxxxxxx_xxxxxxxx_xxxxxxxx_xxxxxxxx_xxxxxxxx_xxxxxxxx_xxxxxxxx_xxxxxxxx
 -Processor Registers
  R00: 00000000  R01: 00000000  R02: 00000020  R03: 00000000  VBR:   c0000200
  R04: 00000000  R05: 00000000  R06: 00000000  R07: 00000000  HISR:  00000000
  R08: 00000000  R09: 00000000  R10: 00000000  R11: 00000000  ECSR:  xxxxxxxx
  R12: 00000000  R13: 00000000  R14: 00000000  R15: 00000000  SISR:  xxxxxxxx
  R16: 00000000  R17: 00000000  R18: 00000000  R19: 00000000  HIRPC: 00000000
  R20: 00000000  R21: 00000000  R22: 00000000  R23: 00000000  ECRPC: xxxxxxxX
  R24: 00000000  R25: 00000000  R26: 00000000  R27: 00000000  SIRPC: xxxxxxxX
  R28: 00000000  R29: 00000000  R30: 00000000  R31: 00000000  HIADR: xxxxxxxx
   PC: 00000004  RPC: 00000008   SR: 00000000                 ECADR: xxxxxxxx
  EX-Stage of Pipeline: LDU             KHESNZVC
  MA-Stage of Pipeline: OR
Processor step 138 completed, new system state: Working
 -System Memory:
  Page: 000000
  00:  _00000844_0800100e_00000049_0180106a_ffff07fc_03400860_0900082e_000000ff
  20:  _02000000_xxxxxxxx_xxxxxxxx_xxxxxxxx_xxxxxxxx_xxxxxxxx_xxxxxxxx_xxxxxxxx
  40:  _xxxxxxxx_xxxxxxxx_xxxxxxxx_xxxxxxxx_xxxxxxxx_xxxxxxxx_xxxxxxxx_xxxxxxxx
  60:  _xxxxxxxx_xxxxxxxx_xxxxxxxx_xxxxxxxx_xxxxxxxx_xxxxxxxx_xxxxxxxx_xxxxxxxx
  80:  _xxxxxxxx_xxxxxxxx_xxxxxxxx_xxxxxxxx_xxxxxxxx_xxxxxxxx_xxxxxxxx_xxxxxxxx
  a0:  _xxxxxxxx_xxxxxxxx_xxxxxxxx_xxxxxxxx_xxxxxxxx_xxxxxxxx_xxxxxxxx_xxxxxxxx
  c0:  _xxxxxxxx_xxxxxxxx_xxxxxxxx_xxxxxxxx_xxxxxxxx_xxxxxxxx_xxxxxxxx_xxxxxxxx
  e0:  _xxxxxxxx_xxxxxxxx_xxxxxxxx_xxxxxxxx_xxxxxxxx_xxxxxxxx_xxxxxxxx_xxxxxxxx
 -Processor Registers
  R00: 00000000  R01: 00000000  R02: 00000002  R03: 00000000  VBR:   c0000200
  R04: 00000000  R05: 00000000  R06: 00000000  R07: 00000000  HISR:  00000000
  R08: 00000000  R09: 00000000  R10: 00000000  R11: 00000000  ECSR:  xxxxxxxx
  R12: 00000000  R13: 00000000  R14: 00000000  R15: 00000000  SISR:  xxxxxxxx
  R16: 00000000  R17: 00000000  R18: 00000000  R19: 00000000  HIRPC: 00000000
  R20: 00000000  R21: 00000000  R22: 00000000  R23: 00000000  ECRPC: xxxxxxxX
  R24: 00000000  R25: 00000000  R26: 00000C00  R27: 00000000  SIRPC: xxxxxxxX
  R28: 00000000  R29: 00000000  R30: 00000000  R31: 00000000  HIADR: xxxxxxxx
   PC: 00000008  RPC: 00000008   SR: 00000000                 ECADR: xxxxxxxx
  EX-Stage of Pipeline: XOR             KHESNZVC
  MA-Stage of Pipeline: LDU       ADR: 00000020 QBYTE 00000002
Processor step 139 completed, new system state: Working
 -System Memory:
  Page: 000000
  00:  _00000844_0800100e_00000049_0180106a_ffff07fc_03400860_0900082e_000000ff
  20:  _02000000_xxxxxxxx_xxxxxxxx_xxxxxxxx_xxxxxxxx_xxxxxxxx_xxxxxxxx_xxxxxxxx
  40:  _xxxxxxxx_xxxxxxxx_xxxxxxxx_xxxxxxxx_xxxxxxxx_xxxxxxxx_xxxxxxxx_xxxxxxxx
  60:  _xxxxxxxx_xxxxxxxx_xxxxxxxx_xxxxxxxx_xxxxxxxx_xxxxxxxx_xxxxxxxx_xxxxxxxx
  80:  _xxxxxxxx_xxxxxxxx_xxxxxxxx_xxxxxxxx_xxxxxxxx_xxxxxxxx_xxxxxxxx_xxxxxxxx
  a0:  _xxxxxxxx_xxxxxxxx_xxxxxxxx_xxxxxxxx_xxxxxxxx_xxxxxxxx_xxxxxxxx_xxxxxxxx
  c0:  _xxxxxxxx_xxxxxxxx_xxxxxxxx_xxxxxxxx_xxxxxxxx_xxxxxxxx_xxxxxxxx_xxxxxxxx
  e0:  _xxxxxxxx_xxxxxxxx_xxxxxxxx_xxxxxxxx_xxxxxxxx_xxxxxxxx_xxxxxxxx_xxxxxxxx
 -Processor Registers
  R00: 00000000  R01: 00000000  R02: 00000001  R03: 00000000  VBR:   c0000200
  R04: 00000000  R05: 00000000  R06: 00000000  R07: 00000000  HISR:  00000000
  R08: 00000000  R09: 00000000  R10: 00000000  R11: 00000000  ECSR:  xxxxxxxx
  R12: 00000000  R13: 00000000  R14: 00000000  R15: 00000000  SISR:  xxxxxxxx
  R16: 00000000  R17: 00000000  R18: 00000000  R19: 00000000  HIRPC: 00000000
  R20: 00000000  R21: 00000000  R22: 00000000  R23: 00000000  ECRPC: xxxxxxxX
  R24: 00000000  R25: 00000000  R26: 00000000  R27: 00000000  SIRPC: xxxxxxxX
  R28: 00000000  R29: 00000000  R30: 00000000  R31: 00000000  HIADR: xxxxxxxx
   PC: 0000000c  RPC: 00000008   SR: 00000000                 ECADR: xxxxxxxx
  EX-Stage of Pipeline: SUB.F           KHESNZVC
  MA-Stage of Pipeline: XOR
Processor step 140 completed, new system state: Working
 -System Memory:
  Page: 000000
  00:  _00000844_0800100e_00000049_0180106a_ffff07fc_03400860_0900082e_000000ff
  20:  _02000000_xxxxxxxx_xxxxxxxx_xxxxxxxx_xxxxxxxx_xxxxxxxx_xxxxxxxx_xxxxxxxx
  40:  _xxxxxxxx_xxxxxxxx_xxxxxxxx_xxxxxxxx_xxxxxxxx_xxxxxxxx_xxxxxxxx_xxxxxxxx
  60:  _xxxxxxxx_xxxxxxxx_xxxxxxxx_xxxxxxxx_xxxxxxxx_xxxxxxxx_xxxxxxxx_xxxxxxxx
  80:  _xxxxxxxx_xxxxxxxx_xxxxxxxx_xxxxxxxx_xxxxxxxx_xxxxxxxx_xxxxxxxx_xxxxxxxx
  a0:  _xxxxxxxx_xxxxxxxx_xxxxxxxx_xxxxxxxx_xxxxxxxx_xxxxxxxx_xxxxxxxx_xxxxxxxx
  c0:  _xxxxxxxx_xxxxxxxx_xxxxxxxx_xxxxxxxx_xxxxxxxx_xxxxxxxx_xxxxxxxx_xxxxxxxx
  e0:  _xxxxxxxx_xxxxxxxx_xxxxxxxx_xxxxxxxx_xxxxxxxx_xxxxxxxx_xxxxxxxx_xxxxxxxx
 -Processor Registers
  R00: 00000000  R01: 00000000  R02: 00000001  R03: 00000000  VBR:   c0000200
  R04: 00000000  R05: 00000000  R06: 00000000  R07: 00000000  HISR:  00000000
  R08: 00000000  R09: 00000000  R10: 00000000  R11: 00000000  ECSR:  xxxxxxxx
  R12: 00000000  R13: 00000000  R14: 00000000  R15: 00000000  SISR:  xxxxxxxx
  R16: 00000000  R17: 00000000  R18: 00000000  R19: 00000000  HIRPC: 00000000
  R20: 00000000  R21: 00000000  R22: 00000000  R23: 00000000  ECRPC: xxxxxxxX
  R24: 00000000  R25: 00000000  R26: 00000000  R27: 00000000  SIRPC: xxxxxxxX
  R28: 00000000  R29: 00000000  R30: 00000000  R31: 00000000  HIADR: xxxxxxxx
   PC: 0000000c  RPC: 00000008   SR: 00000000                 ECADR: xxxxxxxx
  EX-Stage of Pipeline: empty           KHESNZVC
```

```
   MA-Stage of Pipeline: SUB.F
Processor step 141 completed, new system state: Working
 -System Memory:
  Page: 000000
  00: _00000844_0800100e_00000049_0180106a_ffff07fc_03400860_0900082e_000000ff
  20: _02000000_xxxxxxxx_xxxxxxxx_xxxxxxxx_xxxxxxxx_xxxxxxxx_xxxxxxxx_xxxxxxxx
  40: _xxxxxxxx_xxxxxxxx_xxxxxxxx_xxxxxxxx_xxxxxxxx_xxxxxxxx_xxxxxxxx_xxxxxxxx
  60: _xxxxxxxx_xxxxxxxx_xxxxxxxx_xxxxxxxx_xxxxxxxx_xxxxxxxx_xxxxxxxx_xxxxxxxx
  80: _xxxxxxxx_xxxxxxxx_xxxxxxxx_xxxxxxxx_xxxxxxxx_xxxxxxxx_xxxxxxxx_xxxxxxxx
  a0: _xxxxxxxx_xxxxxxxx_xxxxxxxx_xxxxxxxx_xxxxxxxx_xxxxxxxx_xxxxxxxx_xxxxxxxx
  c0: _xxxxxxxx_xxxxxxxx_xxxxxxxx_xxxxxxxx_xxxxxxxx_xxxxxxxx_xxxxxxxx_xxxxxxxx
  e0: _xxxxxxxx_xxxxxxxx_xxxxxxxx_xxxxxxxx_xxxxxxxx_xxxxxxxx_xxxxxxxx_xxxxxxxx
 -Processor Registers
  R00: 00000000   R01: 00000000   R02: 00000001   R03: 00000000   VBR:   c0000200
  R04: 00000000   R05: 00000000   R06: 00000000   R07: 00000000   HISR:  00000000
  R08: 00000000   R09: 00000000   R10: 00000000   R11: 00000000   ECSR:  xxxxxxxx
  R12: 00000000   R13: 00000000   R14: 00000000   R15: 00000000   SISR:  xxxxxxxx
  R16: 00000000   R17: 00000000   R18: 00000000   R19: 00000000   HIRPC: 00000000
  R20: 00000000   R21: 00000000   R22: 00000000   R23: 00000000   ECRPC: xxxxxxxX
  R24: 00000000   R25: 00000000   R26: 00000000   R27: 00000000   SIRPC: xxxxxxxX
  R28: 00000000   R29: 00000000   R30: 00000000   R31: 00000000   HIADR: xxxxxxxx
   PC: 00000010  RPC: 00000008    SR: 00000000                    ECADR: xxxxxxxx
  EX-Stage of Pipeline: BNE          KHESNZVC
  MA-Stage of Pipeline: empty
Processor step 142 completed, new system state: Working
 -System Memory:
  Page: 000000
  00: _00000844_0800100e_00000049_0180106a_ffff07fc_03400860_0900082e_000000ff
  20: _02000000_xxxxxxxx_xxxxxxxx_xxxxxxxx_xxxxxxxx_xxxxxxxx_xxxxxxxx_xxxxxxxx
  40: _xxxxxxxx_xxxxxxxx_xxxxxxxx_xxxxxxxx_xxxxxxxx_xxxxxxxx_xxxxxxxx_xxxxxxxx
  60: _xxxxxxxx_xxxxxxxx_xxxxxxxx_xxxxxxxx_xxxxxxxx_xxxxxxxx_xxxxxxxx_xxxxxxxx
  80: _xxxxxxxx_xxxxxxxx_xxxxxxxx_xxxxxxxx_xxxxxxxx_xxxxxxxx_xxxxxxxx_xxxxxxxx
  a0: _xxxxxxxx_xxxxxxxx_xxxxxxxx_xxxxxxxx_xxxxxxxx_xxxxxxxx_xxxxxxxx_xxxxxxxx
  c0: _xxxxxxxx_xxxxxxxx_xxxxxxxx_xxxxxxxx_xxxxxxxx_xxxxxxxx_xxxxxxxx_xxxxxxxx
  e0: _xxxxxxxx_xxxxxxxx_xxxxxxxx_xxxxxxxx_xxxxxxxx_xxxxxxxx_xxxxxxxx_xxxxxxxx
 -Processor Registers
  R00: 00000000   R01: 00000003   R02: 00000001   R03: 00000000   VBR:   c0000200
  R04: 00000000   R05: 00000000   R06: 00000000   R07: 00000000   HISR:  00000000
  R08: 00000000   R09: 00000000   R10: 00000000   R11: 00000000   ECSR:  xxxxxxxx
  R12: 00000000   R13: 00000000   R14: 00000000   R15: 00000000   SISR:  xxxxxxxx
  R16: 00000000   R17: 00000000   R18: 00000000   R19: 00000000   HIRPC: 00000000
  R20: 00000000   R21: 00000000   R22: 00000000   R23: 00000000   ECRPC: xxxxxxxX
  R24: 00000000   R25: 00000000   R26: 00000000   R27: 00000000   SIRPC: xxxxxxxX
  R28: 00000000   R29: 00000000   R30: 00000000   R31: 00000000   HIADR: xxxxxxxx
   PC: 00000014  RPC: 00000008    SR: 00000000                    ECADR: xxxxxxxx
  EX-Stage of Pipeline: ADD          KHESNZVC
  MA-Stage of Pipeline: BNE
Processor step 143 completed, new system state: Working
 -System Memory:
  Page: 000000
  00: _00000844_0800100e_00000049_0180106a_ffff07fc_03400860_0900082e_000000ff
  20: _02000000_xxxxxxxx_xxxxxxxx_xxxxxxxx_xxxxxxxx_xxxxxxxx_xxxxxxxx_xxxxxxxx
  40: _xxxxxxxx_xxxxxxxx_xxxxxxxx_xxxxxxxx_xxxxxxxx_xxxxxxxx_xxxxxxxx_xxxxxxxx
  60: _xxxxxxxx_xxxxxxxx_xxxxxxxx_xxxxxxxx_xxxxxxxx_xxxxxxxx_xxxxxxxx_xxxxxxxx
  80: _xxxxxxxx_xxxxxxxx_xxxxxxxx_xxxxxxxx_xxxxxxxx_xxxxxxxx_xxxxxxxx_xxxxxxxx
  a0: _xxxxxxxx_xxxxxxxx_xxxxxxxx_xxxxxxxx_xxxxxxxx_xxxxxxxx_xxxxxxxx_xxxxxxxx
  c0: _xxxxxxxx_xxxxxxxx_xxxxxxxx_xxxxxxxx_xxxxxxxx_xxxxxxxx_xxxxxxxx_xxxxxxxx
  e0: _xxxxxxxx_xxxxxxxx_xxxxxxxx_xxxxxxxx_xxxxxxxx_xxxxxxxx_xxxxxxxx_xxxxxxxx
 -Processor Registers
  R00: 00000000   R01: 00000003   R02: 00000000   R03: 00000000   VBR:   c0000200
  R04: 00000000   R05: 00000000   R06: 00000000   R07: 00000000   HISR:  00000000
  R08: 00000000   R09: 00000000   R10: 00000000   R11: 00000000   ECSR:  xxxxxxxx
  R12: 00000000   R13: 00000000   R14: 00000000   R15: 00000000   SISR:  xxxxxxxx
  R16: 00000000   R17: 00000000   R18: 00000000   R19: 00000000   HIRPC: 00000000
  R20: 00000000   R21: 00000000   R22: 00000000   R23: 00000000   ECRPC: xxxxxxxX
  R24: 00000000   R25: 00000000   R26: 00000000   R27: 00000000   SIRPC: xxxxxxxX
  R28: 00000000   R29: 00000000   R30: 00000000   R31: 00000000   HIADR: xxxxxxxx
   PC: 0000000c  RPC: 00000008    SR: 00000000                    ECADR: xxxxxxxx
  EX-Stage of Pipeline: SUB.F        KHESNZVC
  MA-Stage of Pipeline: ADD
Processor step 144 completed, new system state: Working
 -System Memory:
  Page: 000000
  00: _00000844_0800100e_00000049_0180106a_ffff07fc_03400860_0900082e_000000ff
  20: _02000000_xxxxxxxx_xxxxxxxx_xxxxxxxx_xxxxxxxx_xxxxxxxx_xxxxxxxx_xxxxxxxx
  40: _xxxxxxxx_xxxxxxxx_xxxxxxxx_xxxxxxxx_xxxxxxxx_xxxxxxxx_xxxxxxxx_xxxxxxxx
  60: _xxxxxxxx_xxxxxxxx_xxxxxxxx_xxxxxxxx_xxxxxxxx_xxxxxxxx_xxxxxxxx_xxxxxxxx
  80: _xxxxxxxx_xxxxxxxx_xxxxxxxx_xxxxxxxx_xxxxxxxx_xxxxxxxx_xxxxxxxx_xxxxxxxx
  a0: _xxxxxxxx_xxxxxxxx_xxxxxxxx_xxxxxxxx_xxxxxxxx_xxxxxxxx_xxxxxxxx_xxxxxxxx
  c0: _xxxxxxxx_xxxxxxxx_xxxxxxxx_xxxxxxxx_xxxxxxxx_xxxxxxxx_xxxxxxxx_xxxxxxxx
  e0: _xxxxxxxx_xxxxxxxx_xxxxxxxx_xxxxxxxx_xxxxxxxx_xxxxxxxx_xxxxxxxx_xxxxxxxx
 -Processor Registers
```

```
  R00: 00000000   R01: 00000006   R02: 00000000   R03: 00000000   VBR:   c0000200
  R04: 00000000   R05: 00000000   R06: 00000000   R07: 00000000   HISR:  00000000
  R08: 00000000   R09: 00000000   R10: 00000000   R11: 00000000   ECSR:  xxxxxxxx
  R12: 00000000   R13: 00000000   R14: 00000000   R15: 00000000   SISR:  xxxxxxxx
  R16: 00000000   R17: 00000000   R18: 00000000   R19: 00000000   HIRPC: 00000000
  R20: 00000000   R21: 00000000   R22: 00000000   R23: 00000000   ECRPC: xxxxxxxX
  R24: 00000000   R25: 00000000   R26: 00000000   R27: 00000000   SIRPC: xxxxxxxX
  R28: 00000000   R29: 00000000   R30: 00000000   R31: 00000000   HIADR: xxxxxxxx
   PC: 00000010  RPC: 00000008    SR: 00000100                    ECADR: xxxxxxxx
  EX-Stage of Pipeline: ADD               KHESNZVC
  MA-Stage of Pipeline: SUB.F
Processor step 145 completed, new system state: Working
 -System Memory:
  Page: 000000
  00:  00000844_0800100e_00000049_0180106a_ffff07fc_03400860_0900082e_000000ff
  20:  02000000_xxxxxxxx_xxxxxxxx_xxxxxxxx_xxxxxxxx_xxxxxxxx_xxxxxxxx_xxxxxxxx
  40:  xxxxxxxx_xxxxxxxx_xxxxxxxx_xxxxxxxx_xxxxxxxx_xxxxxxxx_xxxxxxxx_xxxxxxxx
  60:  xxxxxxxx_xxxxxxxx_xxxxxxxx_xxxxxxxx_xxxxxxxx_xxxxxxxx_xxxxxxxx_xxxxxxxx
  80:  xxxxxxxx_xxxxxxxx_xxxxxxxx_xxxxxxxx_xxxxxxxx_xxxxxxxx_xxxxxxxx_xxxxxxxx
  a0:  xxxxxxxx_xxxxxxxx_xxxxxxxx_xxxxxxxx_xxxxxxxx_xxxxxxxx_xxxxxxxx_xxxxxxxx
  c0:  xxxxxxxx_xxxxxxxx_xxxxxxxx_xxxxxxxx_xxxxxxxx_xxxxxxxx_xxxxxxxx_xxxxxxxx
  e0:  xxxxxxxx_xxxxxxxx_xxxxxxxx_xxxxxxxx_xxxxxxxx_xxxxxxxx_xxxxxxxx_xxxxxxxx
 -Processor Registers
  R00: 00000000   R01: 00000006   R02: 00000000   R03: 00000000   VBR:   c0000200
  R04: 00000000   R05: 00000000   R06: 00000000   R07: 00000000   HISR:  00000000
  R08: 00000000   R09: 00000000   R10: 00000000   R11: 00000000   ECSR:  xxxxxxxx
  R12: 00000000   R13: 00000000   R14: 00000000   R15: 00000000   SISR:  xxxxxxxx
  R16: 00000000   R17: 00000000   R18: 00000000   R19: 00000000   HIRPC: 00000000
  R20: 00000000   R21: 00000000   R22: 00000000   R23: 00000000   ECRPC: xxxxxxxX
  R24: 00000000   R25: 00000000   R26: 00000000   R27: 00000000   SIRPC: xxxxxxxX
  R28: 00000000   R29: 00000000   R30: 00000000   R31: 00000000   HIADR: xxxxxxxx
   PC: 00000010  RPC: 00000008    SR: 00000100                    ECADR: xxxxxxxx
  EX-Stage of Pipeline: empty             KHESNZVC
  MA-Stage of Pipeline: ADD
Processor step 146 completed, new system state: Working
 -System Memory:
  Page: 000000
  00:  00000844_0800100e_00000049_0180106a_ffff07fc_03400860_0900082e_000000ff
  20:  02000000_xxxxxxxx_xxxxxxxx_xxxxxxxx_xxxxxxxx_xxxxxxxx_xxxxxxxx_xxxxxxxx
  40:  xxxxxxxx_xxxxxxxx_xxxxxxxx_xxxxxxxx_xxxxxxxx_xxxxxxxx_xxxxxxxx_xxxxxxxx
  60:  xxxxxxxx_xxxxxxxx_xxxxxxxx_xxxxxxxx_xxxxxxxx_xxxxxxxx_xxxxxxxx_xxxxxxxx
  80:  xxxxxxxx_xxxxxxxx_xxxxxxxx_xxxxxxxx_xxxxxxxx_xxxxxxxx_xxxxxxxx_xxxxxxxx
  a0:  xxxxxxxx_xxxxxxxx_xxxxxxxx_xxxxxxxx_xxxxxxxx_xxxxxxxx_xxxxxxxx_xxxxxxxx
  c0:  xxxxxxxx_xxxxxxxx_xxxxxxxx_xxxxxxxx_xxxxxxxx_xxxxxxxx_xxxxxxxx_xxxxxxxx
  e0:  xxxxxxxx_xxxxxxxx_xxxxxxxx_xxxxxxxx_xxxxxxxx_xxxxxxxx_xxxxxxxx_xxxxxxxx
 -Processor Registers
  R00: 00000000   R01: 00000006   R02: 00000000   R03: 00000000   VBR:   c0000200
  R04: 00000000   R05: 00000000   R06: 00000000   R07: 00000000   HISR:  00000000
  R08: 00000000   R09: 00000000   R10: 00000000   R11: 00000000   ECSR:  xxxxxxxx
  R12: 00000000   R13: 00000000   R14: 00000000   R15: 00000000   SISR:  xxxxxxxx
  R16: 00000000   R17: 00000000   R18: 00000000   R19: 00000000   HIRPC: 00000000
  R20: 00000000   R21: 00000000   R22: 00000000   R23: 00000000   ECRPC: xxxxxxxX
  R24: 00000000   R25: 00000000   R26: 00000000   R27: 00000000   SIRPC: xxxxxxxX
  R28: 00000000   R29: 00000000   R30: 00000000   R31: 00000000   HIADR: xxxxxxxx
   PC: 00000018  RPC: 00000008    SR: 00000100                    ECADR: 0000001c
  EX-Stage of Pipeline: ST                KHESNZVC
  MA-Stage of Pipeline: empty
Processor step 147 completed, new system state: Working
 -System Memory:
  Page: 000000
  00:  00000844_0800100e_00000049_0180106a_ffff07fc_03400860_0900082e_000000ff
  20:  02000000_06000000_xxxxxxxx_xxxxxxxx_xxxxxxxx_xxxxxxxx_xxxxxxxx_xxxxxxxx
  40:  xxxxxxxx_xxxxxxxx_xxxxxxxx_xxxxxxxx_xxxxxxxx_xxxxxxxx_xxxxxxxx_xxxxxxxx
  60:  xxxxxxxx_xxxxxxxx_xxxxxxxx_xxxxxxxx_xxxxxxxx_xxxxxxxx_xxxxxxxx_xxxxxxxx
  80:  xxxxxxxx_xxxxxxxx_xxxxxxxx_xxxxxxxx_xxxxxxxx_xxxxxxxx_xxxxxxxx_xxxxxxxx
  a0:  xxxxxxxx_xxxxxxxx_xxxxxxxx_xxxxxxxx_xxxxxxxx_xxxxxxxx_xxxxxxxx_xxxxxxxx
  c0:  xxxxxxxx_xxxxxxxx_xxxxxxxx_xxxxxxxx_xxxxxxxx_xxxxxxxx_xxxxxxxx_xxxxxxxx
  e0:  xxxxxxxx_xxxxxxxx_xxxxxxxx_xxxxxxxx_xxxxxxxx_xxxxxxxx_xxxxxxxx_xxxxxxxx
 -Processor Registers
  R00: 00000000   R01: 00000006   R02: 00000000   R03: 00000000   VBR:   c0000200
  R04: 00000000   R05: 00000000   R06: 00000000   R07: 00000000   HISR:  00000000
  R08: 00000000   R09: 00000000   R10: 00000000   R11: 00000000   ECSR:  00000100
  R12: 00000000   R13: 00000000   R14: 00000000   R15: 00000000   SISR:  xxxxxxxx
  R16: 00000000   R17: 00000000   R18: 00000000   R19: 00000000   HIRPC: 00000000
  R20: 00000000   R21: 00000000   R22: 00000000   R23: 00000000   ECRPC: 00000020
  R24: 00000000   R25: 00000000   R26: 00000000   R27: 00000000   SIRPC: xxxxxxxX
  R28: 00000000   R29: 00000000   R30: 00000000   R31: 00000000   HIADR: xxxxxxxx
   PC: 0000001c  RPC: 00000008    SR: 00000100                    ECADR: 0000001c
  EX-Stage of Pipeline: HALT              KHESNZVC
  MA-Stage of Pipeline: ST         ADR: 00000024 QBYTE 00000006
Processor step 148 completed, new system state: Working
 -System Memory:
```

```
 Page: 000000
 00: _00000844_0800100e_00000049_0180106a_ffff07fc_03400860_0900082e_000000ff
 20: ‾02000000‾06000000‾xxxxxxxx‾xxxxxxxx‾xxxxxxxx‾xxxxxxxx‾xxxxxxxx‾xxxxxxxx
 40: ‾xxxxxxxx‾xxxxxxxx‾xxxxxxxx‾xxxxxxxx‾xxxxxxxx‾xxxxxxxx‾xxxxxxxx‾xxxxxxxx
 60: ‾xxxxxxxx‾xxxxxxxx‾xxxxxxxx‾xxxxxxxx‾xxxxxxxx‾xxxxxxxx‾xxxxxxxx‾xxxxxxxx
 80: ‾xxxxxxxx‾xxxxxxxx‾xxxxxxxx‾xxxxxxxx‾xxxxxxxx‾xxxxxxxx‾xxxxxxxx‾xxxxxxxx
 a0: ‾xxxxxxxx‾xxxxxxxx‾xxxxxxxx‾xxxxxxxx‾xxxxxxxx‾xxxxxxxx‾xxxxxxxx‾xxxxxxxx
 c0: ‾xxxxxxxx‾xxxxxxxx‾xxxxxxxx‾xxxxxxxx‾xxxxxxxx‾xxxxxxxx‾xxxxxxxx‾xxxxxxxx
 e0: ‾xxxxxxxx‾xxxxxxxx‾xxxxxxxx‾xxxxxxxx‾xxxxxxxx‾xxxxxxxx‾xxxxxxxx‾xxxxxxxx
 -Processor Registers
 R00: 00000000   R01: 00000006   R02: 00000000   R03: 00000000   VBR:   c0000200
 R04: 00000000   R05: 00000000   R06: 00000000   R07: 00000000   HISR:  00000000
 R08: 00000000   R09: 00000000   R10: 00000000   R11: 00000000   ECSR:  00000100
 R12: 00000000   R13: 00000000   R14: 00000000   R15: 00000000   SISR:  xxxxxxxx
 R16: 00000000   R17: 00000000   R18: 00000000   R19: 00000000   HIRPC: 00000000
 R20: 00000000   R21: 00000000   R22: 00000000   R23: 00000000   ECRPC: 00000020
 R24: 00000000   R25: 00000000   R26: 00000000   R27: 00000000   SIRPC: xxxxxxxX
 R28: 00000000   R29: 00000000   R30: 00000000   R31: 00000000   HIADR: xxxxxxxx
  PC: 0000001c  RPC: 00000008   SR: 00000100                     ECADR: 0000001c
 EX-Stage of Pipeline: empty          KHESNZVC
 MA-Stage of Pipeline: HALT
Processor step 149 completed, new system state: Working
 -System Memory:
 Page: 000000
 00: _00000844_0800100e_00000049_0180106a_ffff07fc_03400860_0900082e_000000ff
 20: ‾02000000‾06000000‾xxxxxxxx‾xxxxxxxx‾xxxxxxxx‾xxxxxxxx‾xxxxxxxx‾xxxxxxxx
 40: ‾xxxxxxxx‾xxxxxxxx‾xxxxxxxx‾xxxxxxxx‾xxxxxxxx‾xxxxxxxx‾xxxxxxxx‾xxxxxxxx
 60: ‾xxxxxxxx‾xxxxxxxx‾xxxxxxxx‾xxxxxxxx‾xxxxxxxx‾xxxxxxxx‾xxxxxxxx‾xxxxxxxx
 80: ‾xxxxxxxx‾xxxxxxxx‾xxxxxxxx‾xxxxxxxx‾xxxxxxxx‾xxxxxxxx‾xxxxxxxx‾xxxxxxxx
 a0: ‾xxxxxxxx‾xxxxxxxx‾xxxxxxxx‾xxxxxxxx‾xxxxxxxx‾xxxxxxxx‾xxxxxxxx‾xxxxxxxx
 c0: ‾xxxxxxxx‾xxxxxxxx‾xxxxxxxx‾xxxxxxxx‾xxxxxxxx‾xxxxxxxx‾xxxxxxxx‾xxxxxxxx
 e0: ‾xxxxxxxx‾xxxxxxxx‾xxxxxxxx‾xxxxxxxx‾xxxxxxxx‾xxxxxxxx‾xxxxxxxx‾xxxxxxxx
 -Processor Registers
 R00: 00000000   R01: 00000006   R02: 00000000   R03: 00000C00   VBR:   c0000200
 R04: 00000000   R05: 00000000   R06: 00000000   R07: 00000000   HISR:  00000000
 R08: 00000000   R09: 00000000   R10: 00000000   R11: 00000000   ECSR:  00000100
 R12: 00000000   R13: 00000000   R14: 00000000   R15: 00000000   SISR:  xxxxxxxx
 R16: 00000000   R17: 00000000   R18: 00000000   R19: 00000000   HIRPC: 00000000
 R20: 00000000   R21: 00000000   R22: 00000000   R23: 00000000   ECRPC: 00000020
 R24: 00000000   R25: 00000000   R26: 00000000   R27: 00000000   SIRPC: xxxxxxxX
 R28: 00000000   R29: 00000000   R30: 00000000   R31: 00000000   HIADR: xxxxxxxx
  PC: 0000001c  RPC: 00000008   SR: 10100100                     ECADR: 0000001c
 EX-Stage of Pipeline: empty          KHESNZVC
 MA-Stage of Pipeline: empty
Processor step 150 completed, new system state: Working
[vos.exe]
[...]
 -System Memory:
 Page: 000000
 00: _00000844_0800100e_00000049_0180106a_ffff07fc_03400860_0900082e_000000ff
 20: ‾02000000‾06000000‾xxxxxxxx‾xxxxxxxx‾xxxxxxxx‾xxxxxxxx‾xxxxxxxx‾xxxxxxxx
 40: ‾xxxxxxxx‾xxxxxxxx‾xxxxxxxx‾xxxxxxxx‾xxxxxxxx‾xxxxxxxx‾xxxxxxxx‾xxxxxxxx
 60: ‾xxxxxxxx‾xxxxxxxx‾xxxxxxxx‾xxxxxxxx‾xxxxxxxx‾xxxxxxxx‾xxxxxxxx‾xxxxxxxx
 80: ‾xxxxxxxx‾xxxxxxxx‾xxxxxxxx‾xxxxxxxx‾xxxxxxxx‾xxxxxxxx‾xxxxxxxx‾xxxxxxxx
 a0: ‾xxxxxxxx‾xxxxxxxx‾xxxxxxxx‾xxxxxxxx‾xxxxxxxx‾xxxxxxxx‾xxxxxxxx‾xxxxxxxx
 c0: ‾xxxxxxxx‾xxxxxxxx‾xxxxxxxx‾xxxxxxxx‾xxxxxxxx‾xxxxxxxx‾xxxxxxxx‾xxxxxxxx
 e0: ‾xxxxxxxx‾xxxxxxxx‾xxxxxxxx‾xxxxxxxx‾xxxxxxxx‾xxxxxxxx‾xxxxxxxx‾xxxxxxxx
L79 "main_control.v": $finish at simulation time 17100
Data structure takes 1729656 bytes of memory
1265303 simulation events + 15208 accelerated events
CPU time: 4 secs to compile + 1 secs to link + 153 secs in simulation
```

Bild 4.60 Speicher- und Register-Dump des Beispielprogramms (Auszug)

Als letzte Variation der Simulationsausgabe erfolgt eine Darstellung
ausgewählter Prozessorsignale mit Hilfe der VERILOG-Routinen $grwaves.
Damit werden Signalverläufe graphisch angezeigt und animiert. In der
Schalterkonfiguration in Bild 4.61 sind alle Schalter außer WAVES deaktiviert.
Die aus diesem Simulationslauf resultierende Ausgabe ist zu umfangreich,
um vollständig abgebildet zu werden. Wir beschränken uns auf die

Darstellung der letzten fünf Pipeline-Schritte des Beispiels. Bild 4.62 zeigt den
Verlauf einiger repräsentativer Signale während dieses Zeitraums.

```
`define TRACE        0        // Instruktionen anzeigen                t0008
`define STATISTICS   0        // Statistik am Ende ausgeben            t0009
`define DUMP         0        // Hex-Dump ermoeglichen                 t0010
`define STEP         0        // Dump im Einzelschrittmodus ausgeben   t0011
`define EXTRACE      0        // Dump nach jeder Instruktion           t0012
`define MEMDUMP      0        // Systemspeicher-Dump ausgeben          t0013
`define REGDUMP      0        // Register-Dump ausgeben                t0014
`define BTCDUMP      0        // BTC-Inhalt ausgeben                   t0015
`define MPCDUMP      0        // MPC-Inhalt ausgeben                   t0016
`define MDUMPLO      'h0000   // Speicher-Dump: Anfangsadresse         t0017
`define MDUMPHI      'h00ff   // Speicher-Dump: Endadresse             t0018
`define WAVES        1        // Graphwaves anzeigen                   t0019
`define REGS         0        // Graph-Register anzeigen               t0020
```

Bild 4.61   Schalter für die grafische Darstellung von Signalverläufen

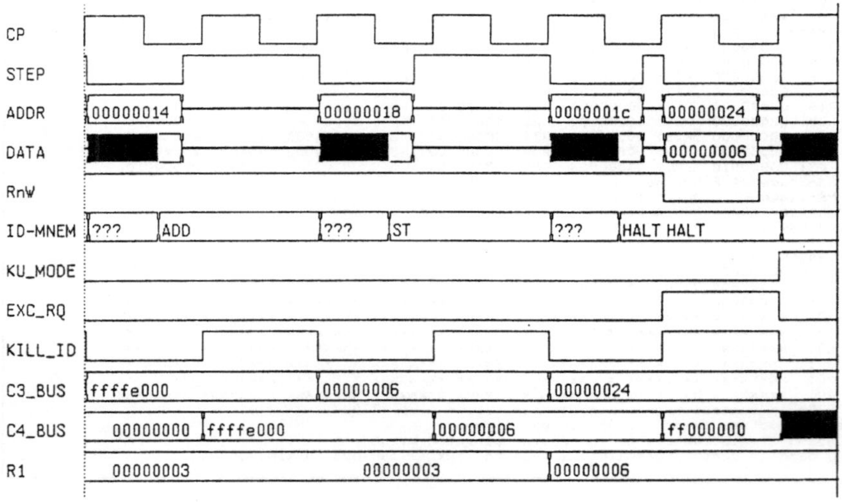

Bild 4.62   Einige wichtige Signalverläufe

Die linke Spalte enthält die Namen der dargestellten Signale. In der obersten
Zeile ist der Prozessortakt CP angezeigt. Die Werte auf dem ADDR- und DATA-
Bus zeigen, daß ein Speicherzugriff in einem Taktzyklus abgeschlossen wird.
Da sich der MPC im seriellen Modus befindet, wird ein Speicherzugriff erst
nach einem Cache-Miss initiiert. Jeder Cache-Miss zieht zudem eine Akti-
vierung des KILL_IDU-Signals nach sich, da die ID-Stufe keine Dekodierung

vornehmen darf. Ungültige Daten werden durch schwarze Balken dargestellt. Dies zeigt an, daß die Daten beim Lesen erst am Ende eines Zugriffs gültig werden. Das Signal RnW unterscheidet Lese- von Schreibzugriffen. Das Pseudo-Signal ID_MNEM dient nur der Veranschaulichung und enthält die mnemonischen Abkürzungen der geladenen Befehle. Es wird deutlich, daß aufgrund der durch den HALT-Befehl verursachten Privilegsverletzung mit dem Signal EXC_RQ eine Exception angefordert wird. Der in der IDU dekodierte HALT-Befehl wird daraufhin deaktiviert. Die Exception versetzt den Prozessor in den KERNEL_MODE, was mit dem KU_MODE-Signal dargestellt wird.

Weiterhin zeigt der Wert 00000006 (hexadezimal) des DATA-Busses, wie das Resultat des Verdreifachungsprogramms in den Speicher an die Adresse 00000024 zurückgeschrieben wird. Dazu muß es zunächst mit dem letzten ADD-Befehl auf den richtigen Wert erhöht werden. Die Pipeline-Struktur des Prozessors TOOBSIE bewirkt die Verzögerung, mit der der Wert 00000006 über den C3_BUS und den C4_BUS in das Zielregister R1 gelangt.

Die drei Programmdurchläufe zeigen natürlich nur eine kleine willkürliche Auswahl der verschiedenen Darstellungsmöglichkeiten.

4.7 Quellcode des Grobstrukturmodells

Für die Übersetzung des Grobstrukturmodells wird die folgende Reihenfolge
empfohlen: test, mctrl, ifu, idu, fru, alu, mau, pcu, bcu, chip, system, graphwaves,
trace, dump, checkbus. Diese Module stehen ohne gemeinsamen Obermodul auf
der obersten Ebene. Die Module test, mctrl, graphwaves, trace, dump und
checkbus sind Service-Module des Abschnitts 4.7.10.

4.7.1 Der Prozessor CHIP

```
//----------------------------------------------------------------------  p0000
//                                                                        p0001
// CHIP: Modul fuer den Prozessor TOOBSIE                                 p0002
//                                                                        p0003
// Signalkodierungen fuer 'external connections':                        p0004
//   ACC_MODE:   00: Bytezugriff                                         p0005
//               01: Halbwortzugriff                                     p0006
//               10: Wortzugriff                                         p0007
//   BUS_PRO:     0: asynchrones Busprotokoll                            p0008
//                1: synchrones Busprotokoll                             p0009
//   CONFIG: 0????: paraleller Modus                                     p0010
//           1????: serieller Modus                                      p0011
//           ?00??: MPC abgeschaltet                                     p0012
//           ?01??: MPC im RIB Modus                                     p0013
//           ?10??: MPC im IC Modus                                      p0014
//           ??00?: BTC abgeschaltet                                     p0015
//           ???1?: BTC fuer CALL-Caching aktiviert                      p0016
//           ????1: BTC fuer BCC-Caching aktiviert                      p0017
//   IRQ_ID:    000: Bus Error                                           p0018
//              001: Page Fault                                          p0019
//              010: Misalign                                            p0020
//             Rest: Bedeutung von Umgebungssystem und Betriebssystem definiert  p0021
//   KU_MODE:     0: Speicherzugriff im User-Modus                       p0022
//                1: Speicherzugriff im Kernel-Modus                     p0023
//   nRMW:        0: Read-Modify-Write Speicherzugriff                   p0024
//                1: Kein Read-Modify-Write Speicherzugriff              p0025
//   RnW:         0: Speicher beschreiben                                p0026
//                1: Speicher auslesen                                   p0027
//   nHLT:        0: CPU von Daten- und Adressbus abgekoppeln und halten p0028
//                1: CPU fuer Buszugriffe und Instruktionsausfuehrung freigeben  p0029
//   nIRA:     1->0: Interruptanforderung bestaetigt                     p0030
//   nIRQ:        0: System fordert Interruptbearbeitung an              p0031
//   nMHS:     1->0: Speicherzugriff begonnen                            p0032
//             0->1: Speicherzugriff beendet                             p0033
//   nMRQ:     1->0: Speicherzugriffsanforderung fuer anliegende Adresse p0034
//   FACC:        0: Datenzugriff                                        p0035
//                1: Befehlszugriff                                      p0036
//   nRESET:      0: CPU in nRESET-Zustand bringen                       p0037
//                1: CPU in Arbeitszustand bringen/halten                p0038
//                                                                        p0039
// Signalkodierungen fuer 'internal connections':                        p0040
//   ALU_OPCODE:   0000: AND    0001: OR     0010: XOR                    p0041
//                 0100: LSL    0101: LSR    0110: ASR    0111: ROT       p0042
//                 1000: ADD    1001: ADDC   1010: SUB    1011: SUBC      p0043
//   BCU_ACC_DIR:   00: Load                                             p0044
//                  01: Store                                            p0045
//                  10: Swap                                             p0046
//   BCU_ACC_MODE: 0??: MAU-Zugriff                                      p0047
//                 1??: IFU-Zugriff                                      p0048
//                 ?00: BYTE-Zugriff                                     p0049
//                 ?01: DBYTE-Zugriff                                    p0050
//                 ?10: QBYTE-Zugriff                                    p0051
//   BCU_READY:     0: Speicherzugriff ist noch nicht abgeschlossen      p0052
//                  1: Speicherzugriff ist beendet                       p0053
//   BREAK_MEM_ACC: 0: Speicherzugriff ausfuehren                        p0054
//                  1: Speicherzugriff abbrechen                         p0055
//   CALL_NOW:      0: keine NPC_BUS-Uebernahme in RPC                   p0056
//                  1: NPC_BUS in RPC uebernehmen                        p0057
```

```
//   CCLR:                 0: kein CCLR in IDU                                    p0058
//                         1: CCLR in IDU dekodiert                              p0059
//   DIS_ALU:              0: Instruktion darf ausgefuehrt werden               p0060
//                         1: Instruktion darf nicht ausgefuehrt werden         p0061
//   DIS_IDU:              0: Instruktion darf dekodiert werden                 pC062
//                         1: Instruktion darf nicht dekodiert werden           p0063
//   DO_HALT:              0: kein HALT in IDU                                   p0064
//                         1: HALT in IDU dekodiert                             p0065
//   DO_RETI:              0: kein RETI in IDU                                   p0066
//                         1: RETI in IDU dekodiert                             p0067
//   DS_IN_IFU:            0: Instruktion in IDU besitzt keinen Delayslot       p0068
//                         1: Instruktion in IDU ist ein CTR, Delayslot in IFU  p0069
//   EMERG_FETCH:          0: Es wird im naechsten Step kein Interrupt begonnen  p0070
//                         1: Ein Interrupt wird mit dem naechsten Step begonnen p0071
//   EXCEPT_CTR:           0: kein 'Delayed CTR' in IFU                         p0072
//                         1: 'Delayed CTR' in IFU gefunden                     p0073
//   EXCEPT_ID:          000: 'Delayed CTR'                                     p0074
//                       001: 'Privilege Violation'                            p0075
//                       010: 'Illegal Instruction'                            p0076
//                       011: 'Unimplemented Instruction'                      p0077
//                      Rest: reserviert                                        p0078
//   EXCEPT_RQ:            0: keine Exceptionbedingung vorhanden                p0079
//                         1: Exceptionbedingung in IFU oder IDU               p0080
//   FD_FLAGS,                                                                   p0081
//   FLAGS_FROM_ALU,                                                            p0082
//   IF_FLAGS:     Bit 0: Carry-Flag                                            p0083
//                 Bit 1: Overflow-Flag                                         p0084
//                 Bit 2: Zero-Flag                                             p0085
//                 Bit 3: Negative-Flag                                         p0086
//   ID_KU_MODE,                                                                p0087
//   IF_KU_MODE:           0: User-Modus                                        p0088
//                         1: Kernel-Modus                                      p0089
//   IFU_CORRECT:          0: IFU fuehrt keine Sprungkorrektur aus              p0090
//                         1: IFU korrigiert letzte Sprungentscheidung          p0091
//   IFU_FETCH_RQ:         0: Im naechsten Step keinen Instruktionszugriff ausfuehren p0092
//                         1: Im naechsten Step einen Instruktionszugriff ausfuehren  p0093
//   INT_STATE:           00: kein Interrupt                                    p0094
//                        01: interner Interrupt (SWI oder Exeption)            p0095
//                        10: Hardwareinterrupt                                 p0096
//   KILL_IDU:             0: alle kritischen Signale deaktivieren              p0097
//                         1: kritische Signal gemaess Dekodierung setzen       p0098
//   LDST_ACC_NOW:         0: kein MAU-Zugriff im naechsten Step                p0099
//                         1: MAU-Zugriff belegt im naechsten Step Prozessordatenbus p0100
//   MAU_ACC_MODE2,                                                             p0101
//   MAU_ACC_MODE3:      0??: Bytezugriff fuer LD und ST (Wortzugriff fuer SWP)  p0102
//                       1?0: Halbwortzugriff fuer LD/ST (Wortzugriff fuer SWP)  p0103
//                       1?1: Wortzugriff                                       p0104
//   MAU_OPCODE2,                                                               p0105
//   MAU_OPCODE3:        000: ohne Vorzeichenerweiterung lesen                  p0106
//                       001: mit Vorzeichenerweiterung lesen                   p0107
//                       010: speichern                                         p0108
//                       011: Swap-Zugriff                                      p0109
//                       1??: Daten am C3_BUS gepuffert an C4_BUS uebergeben     p0110
//   NEW_FLAGS:            0: keine Flagveraenderung durch ALU Befehl mit .F    p0111
//                         1: Im naechsten Step Flagveraenderung durch .F Befehl p0112
//   SREG_ACC_DIR:         0: Spezialregister lesen, Inhalt auf SREG_DATA legen p0113
//                         1: Spezialregister mit Wert auf B_BUS beschreiben     p0114
//   SREG_ADDR:         0000: PC                       0001: RPC                pC115
//                      0010: LPC                      0011: SR                 p0116
//                      0100: IR (nicht zugreifbar)    0101: VBR                p0117
//                      0110: HISR                     0111: ECSR               p0118
//                      1000: SISR                     1001: HIRPC              p0119
//                      1010: ECRPC                    1011: SIRPC              p0120
//                      1100: HIADR                    1101: ECADR              p0121
//   SWI_RQ:               0: kein SWI in IDU                                   p0122
//                         1: SWI in IDU dekodiert                             p0123
//   WORK_EX,                                                                   p0124
//   WORK_FD,                                                                   p0125
//   WORK_ID:              0: Eingangsregister halten                          p0126
//                         1: Eingangsregister bei positiver Taktflanke neu laden p0127
//   WORK_IF:              0: im naechsten Takt keinen Speicherzugriff anfordern p0128
//                         1: im naechsten Takt neue Instruktion laden          p0129
//   WORK_MA:              0: Eingangsregister halten                          p0130
//                         1: Eingangsregister bei positiver Taktflanke neu laden p0131
//   STEP:                 0: Pipeline aufgrund eines langen Speicherzugriffs halten p0132
//                         1: Pipeline kann weitergeschoben werden             p0133
//   WORK_WB:              0: Eingangsregister halten                          p0134
//                         1: Eingangsregister bei positiver Taktflanke neu laden p0135
//   USE_IMMEDIATE:        0: Daten an IMMEDIATE sind ungueltig                 p0136
//                         1: Daten an IMMEDIATE sind gueltig                   p0137
//   USE_PCU_PC:           0: Adresse auf PC_BUS nicht beachten                 p0138
//                         1: Adresse auf PC_BUS fuer naechsten Step uebernehmen p0139
```

```
//  USE_SREG_DATA:    0: Daten an SREG_DATA sind ungueltig              p0140
//                    1: Daten an SREG_DATA sind gueltig                p0141
//----------------------------------------------------------------------  p0142
                                                                         p0143
module chip (                                                            p0144
   ADDR_BUS,                                                             p0145
   ACC_MODE, nIRA, RnW, nRMW, nMRQ, FACC, KU_MODE,                       p0146
   DATA_BUS,                                                             p0147
   CONFIG, IRQ_ID, CP, nRESET, nIRQ, nMHS, nHLT, BUS_PRO                 p0148
);                                                                       p0149
                                                                         p0150
   //  Portdeklarationen fuer 'external connection' ("Pins")            p0151
   output [31:0] ADDR_BUS;       // Ausgang fuer Systemadressbus         p0152
   output [ 1:0] ACC_MODE;       // Ausgang fuer Zugriffmodus            p0153
   output        nIRA,           // Ausgang fuer Interrupt Acknowledge   p0154
                 RnW,            // Ausgang fuer Memory Read Write        p0155
                 nRMW,           // Ausgang fuer Read Modify Write        p0156
                 nMRQ,           // Ausgang fuer Memory Request           p0157
                 FACC,           // Ausgang fuer Fetch Access             p0158
                 KU_MODE;        // Ausgang fuer Prozessorprivilegierung  p0159
   inout  [31:0] DATA_BUS;       // Eingang fuer Systemdatenbus           p0160
   input  [ 4:0] CONFIG;         // Eingang fuer Cachekonfiguration       p0161
   input  [ 2:0] IRQ_ID;         // Eingang fuer Interruptidentifikation  p0162
   input         CP,             // Eingang fuer Systemtakt               p0163
                 nRESET,         // Eingang fuer nRESET Signal            p0164
                 nIRQ,           // Eingang fuer Interruptanforderung     p0165
                 nMHS,           // Eingang fuer Memory HandShake         p0166
                 nHLT,           // Eingang fuer HaLT Signal              p0167
                 BUS_PRO;        // Eingang fuer Busprotokollwahl         p0168
                                                                         p0169
   //  Wire-Deklarationen fuer 'external connection' ("Pins")           p0170
   wire   [31:0] ADDR_BUS;       // Systemadressbus                       p0171
   wire   [ 1:0] ACC_MODE;       // Zugriffsmodus                         p0172
   wire          nIRA,           // Interrupt Acknowledge                 p0173
                 RnW,            // Memory Read Write                     p0174
                 nRMW,           // Read Modify Write                     p0175
                 nMRQ,           // Memory Request                        p0176
                 FACC,           // Fetch Access                          p0177
                 KU_MODE;        // Prozessorprivilegierung               p0178
   wire   [31:0] DATA_BUS;       // Systemdatenbus                        p0179
   wire   [ 4:0] CONFIG;         // Cacheconfiguration                    p0180
   wire   [ 2:0] IRQ_ID;         // Interruptidentifikation               p0181
   wire          CP,             // Systemtakt                            p0182
                 nRESET,         // nRESET Signal                         p0183
                 nIRQ,           // Interruptanforderung                  p0184
                 nMHS,           // Memory HandShake                      p0185
                 nHLT,           // HaLT Signal                           p0186
                 BUS_PRO;        // Busprotokollwahl                      p0187
                                                                         p0188
   // Deklarationen fuer 'internal connections' (Daten)                 p0189
   wire [31:0] A_BUS,            // Operandenbus A                        p0190
               B_BUS,            // Operandenbus B                        p0191
               C3_BUS,           // ALU-Ergebnisbus                       p0192
               C4_BUS,           // MAU-Ergebnisbus                       p0193
               I_BUS,            // Instruktionsbus                       p0194
               IFU_DATA_BUS,     // gelesene Instruktionsdaten            p0195
               IMMEDIATE,        // Immediate-Operand                     p0196
               MAU_READ_DATA,    // gelesene Speicherzugriffsdaten        p0197
               MAU_WRITE_DATA,   // zu schreibende Speicherzugriffsdaten  p0198
               SREG_DATA,        // gelesene Spezialregisterdaten         p0199
               D_BUS;            // Quelldaten fuer zu schreibende Daten  p0200
   wire [ 3:0] ALU_OPCODE,       // ALU-Operationscode                    p0201
               FLAGS_FROM_ALU,   // Ergebnisflags der ALU                 p0202
               IF_FLAGS,         // Flags fuer IF-Sprungentscheidung      p0203
               FD_FLAGS,         // Flags fuer FD-Sprungentscheidung      p0204
               SWI_ID;           // Softwareinterruptkennung              p0205
   wire [ 2:0] BCU_ACC_MODE,     // BCU-Zugriffsmodus                     p0206
               EXCEPT_ID,        // Exceptionkennung                      p0207
               MAU_ACC_MODE2,    // MAU-Zugriffsmodus (ID-Stufe)          p0208
               MAU_ACC_MODE3,    // MAU-Zugriffsmodus (EX-Stufe)          p0209
               MAU_OPCODE2,      // MAU-Operationscode (ID-Stufe)         p0210
               MAU_OPCODE3;      // MAU-Operationscode (EX-Stufe)         p0211
   wire [ 1:0] BCU_ACC_DIR,      // BCU-Zugriffsart                       p0212
               INT_STATE;        // Registerfeld-Interruptzustand         p0213
   wire        ALU_CARRY;        // Carry-Operand                         p0214
                                                                         p0215
   // Deklarationen fuer 'internal connections' (Adressen)              p0216
   wire [31:0] MAU_ADDR_BUS;     // Adresse fuer Datenspeicherzugriff     p0217
   wire [31:2] IFU_ADDR_BUS,     // Adresse der naechsten Instruktion >> 2  p0218
               NPC_BUS,          // (aktuelle Instruktionsadresse +4) >> 2  p0219
               PC_BUS;           // PC-Uebergabebus                       p0220
   wire [ 4:0] ADDR_A,           // Registeradresse fuer Registeroperand A  p0221
```

```
                ADDR_B,                 // Registeradresse fuer Registeroperand B      p0222
                ADDR_C,                 // Registeradresse fuer Zielregister           p0223
                ADDR_D;                 // Registeradresse fuer Schreibdatenregister   p0224
    wire [ 3:0] SREG_ADDR;              // Spezialregisteradresse                      p0225
                                                                                       p0226
    // Deklarationen fuer 'internal connections' (Kontrollsignale)                     p0227
    wire        BCU_READY,              // Speicherzugriffsstatus                      p0228
                BREAK_MEM_ACC,          // Speicherzugriffsabbruchanforderung          p0229
                CALL_NOW,               // CALL-Anzeige                                p0230
                CCLR,                   // CLC-Anzeige                                 p0231
                DIS_ALU,                // ALU-Deaktivierungsanforderung               p0232
                DIS_IDU,                // IDU-Dekativierungsanforderung               p0233
                DO_HALT,                // HALT-Anzeige                                p0234
                DO_RETI,                // RETI-Anzeige                                p0235
                DS_IN_IFU,              // IFU-Delayslot-Anzeige                       p0236
                EMERG_FETCH,            // Interruptanfangsinstruktionsanzeige         p0237
                EXCEPT_CTR,             // 'Except CTR'-Anforderung                    p0238
                EXCEPT_RQ,              // Exception-Anforderung                       p0239
                ID_KU_MODE,             // Privilegierung fuer ID-Stufe                p0240
                IF_KU_MODE,             // Privilegierung fuer IF-Stufe                p0241
                IFU_CORRECT,            // Sprungkorrekturanzeige                      p0242
                IFU_FETCH_RQ,           // Instruktionszugriffsanforderung             p0243
                KILL_IDU,               // IDU-Deaktivierung                           p0244
                LDST_ACC_NOW,           // MAU-Buszugriffsanzeige                      p0245
                NEW_FLAGS,              // ALU.F-Anzeige                               p0246
                SREG_ACC_DIR,           // Spezialregisterzugriffsrichtung             p0247
                SWI_RQ,                 // Softwareinterruptanforderung                p0248
                USE_IMMEDIATE,          // IMMEDIATE-Gueltigkeitsanzeige               p0249
                USE_PCU_PC,             // PC_BUS-Gueltigkeitsanzeige                  p0250
                USE_SREG_DATA,          // SREG_DATA-Gueltigkeitsanzeige               p0251
                WORK_EX,                // Arbeitsfreigabe fuer EX-Stufe               p0252
                WORK_FD,                // Arbeitsfreigabe fuer FD-Stufe               p0253
                WORK_ID,                // Arbeitsfreigabe fuer ID-Stufe               p0254
                WORK_IF,                // Arbeitsfreigabe fuer IF-Stufe               p0255
                WORK_MA,                // Arbeitsfreigabe fuer MAU                    p0256
                STEP,                   // Pipeline-Arbeitsfreigabe                    p0257
                WORK_WB;                // Arbeitsfreigabe fuer WB                     p0258
                                                                                       p0259
    //                                                                                 p0260
    // Instanzen                                                                       p0261
    //                                                                                 p0262
                                                                                       p0263
    // Instruction Fetch Unit                                                          p0264
    ifu IFU(                                                                           p0265
      // Ausgangsdaten                                                                 p0266
      I_BUS,                                                                           p0267
      // Ausgangsadressen                                                              p0268
      IFU_ADDR_BUS, NPC_BUS,                                                           p0269
      // Ausgangskontrollsignale                                                       p0270
      BREAK_MEM_ACC, CALL_NOW, DIS_IDU, DIS_ALU, EXCEPT_CTR,                           p0271
      DS_IN_IFU, IFU_FETCH_RQ, IFU_CORRECT,                                            p0272
                                                                                       p0273
      // Eingangsdaten                                                                 p0274
      IFU_DATA_BUS, PC_BUS, CONFIG, IF_FLAGS, FD_FLAGS,                                p0275
      // Eingangskontrollsignale                                                       p0276
      CP, WORK_IF, WORK_FD, CCLR, nRESET, IF_KU_MODE,                                  p0277
      USE_PCU_PC, NEW_FLAGS, LDST_ACC_NOW, EMERG_FETCH                                 p0278
    );                                                                                 p0279
                                                                                       p0280
    // Instruction Decode Unit                                                         p0281
    idu IDU(                                                                           p0282
      // Ausgangsdaten                                                                 p0283
      IMMEDIATE, SWI_ID, EXCEPT_ID,                                                    p0284
      // Ausgangsadressen                                                              p0285
      ADDR_A, ADDR_B, ADDR_C, ADDR_D, SREG_ADDR,                                       p0286
      // Ausgangskontrollsignale                                                       p0287
      ALU_OPCODE, MAU_ACC_MODE2, MAU_OPCODE2,                                          p0288
      USE_SREG_DATA, USE_IMMEDIATE, SWI_RQ, EXCEPT_RQ,                                 p0289
      SREG_ACC_DIR, DO_RETI, DO_HALT, NEW_FLAGS, CCLR,                                 p0290
      // Eingangsdaten                                                                 p0291
      I_BUS,                                                                           p0292
      // Eingangskontrollsignale                                                       p0293
      CP, WORK_ID, STEP, KILL_IDU, nRESET, ID_KU_MODE, EXCEPT_CTR                      p0294
    );                                                                                 p0295
                                                                                       p0296
    // Arithmetic Logic Unit                                                           p0297
    alu ALU(                                                                           p0298
      // Ausgangsdaten                                                                 p0299
      C3_BUS, FLAGS_FROM_ALU,                                                          p0300
                                                                                       p0301
      // Eingangsdaten                                                                 p0302
      A_BUS, B_BUS, ALU_CARRY, ALU_OPCODE,                                            p0303
```

```verilog
    CP, WORK_EX                                                             p0304
);                                                                          p0305
                                                                            p0306
// Memory Access Unit                                                       p0307
mau MAU(                                                                    p0308
  // Ausgangsdaten                                                          p0309
  C4_BUS, MAU_WRITE_DATA,                                                   p0310
  // Ausgangsadressen                                                       p0311
  MAU_ADDR_BUS,                                                             p0312
                                                                            p0313
  // Eingangsdaten                                                          p0314
  D_BUS, MAU_READ_DATA,                                                     p0315
  C3_BUS,                                                                   p0316
  // Eingangskontrollsignale                                                p0317
  MAU_ACC_MODE3, MAU_OPCODE3,                                               p0318
  CP, WORK_MA                                                               p0319
);                                                                          p0320
                                                                            p0321
// Forwarding and Register Unit                                            p0322
fru FRU(                                                                    p0323
  // Ausgangsdaten                                                          p0324
  A_BUS, B_BUS, D_BUS,                                                      p0325
                                                                            p0326
  // Eingangsdaten                                                          p0327
  SREG_DATA, IMMEDIATE, C3_BUS, C4_BUS,                                     p0328
  // Eingangsadressen                                                       p0329
  ADDR_A, ADDR_B, ADDR_C, ADDR_D,                                          p0330
  // Eingangskontrollsignale                                                p0331
  INT_STATE, USE_IMMEDIATE,                                                p0332
  CP, STEP, WORK_EX,                                                        p0333
  WORK_MA, WORK_WB, USE_SREG_DATA                                          p0334
);                                                                          p0335
                                                                            p0336
// Pipeline Control Unit                                                    p0337
pcu PCU(                                                                    p0338
  // Ausgangsdaten                                                          p0339
  SREG_DATA, IF_FLAGS, FD_FLAGS, ALU_CARRY,                                 p0340
  // Ausgangsadressen                                                       p0341
  PC_BUS,                                                                   p0342
  // Ausgangskontrollsignale                                                p0343
  MAU_ACC_MODE3, MAU_OPCODE3, BCU_ACC_MODE, BCU_ACC_DIR, INT_STATE,         p0344
  nIRA, KU_MODE, IF_KU_MODE, ID_KU_MODE, STEP,                              p0345
  WORK_IF, WORK_FD, WORK_ID, WORK_EX, WORK_MA, WORK_WB,                     p0346
  USE_PCU_PC, LOST_ACC_NOW, EMERG_FETCH, KILL_IDU,                          p0347
                                                                            p0348
  // Eingangsdaten                                                          p0349
  B_BUS, FLAGS_FROM_ALU, SWI_ID, IRQ_ID, EXCEPT_ID,                         p0350
  // Eingangsadressen                                                       p0351
  MAU_ADDR_BUS, IFU_ADDR_BUS, NPC_BUS, SREG_ADDR, MAU_ACC_MODE2, MAU_OPCODE2, p0352
  // Eingangskontrollsignale                                                p0353
  CP, nRESET, nIRQ, BCU_READY,                                             p0354
  CALL_NOW, IFU_CORRECT, DS_IN_IFU, DIS_IDU, DIS_ALU,                      p0355
  SREG_ACC_DIR, SWI_RQ, EXCEPT_RQ, DO_HALT, DO_RETI, NEW_FLAGS            p0356
);                                                                          p0357
                                                                            p0358
// Bus Control Unit                                                         p0359
bcu BCU(                                                                    p0360
  // Ausgangsdaten                                                          p0361
  MAU_READ_DATA, IFU_DATA_BUS,                                             p0362
  // Ausgangsadressen                                                       p0363
  ADDR_BUS,                                                                 p0364
  // Ausgangskontrollsignale                                                p0365
  ACC_MODE, BCU_READY, nMRQ, FACC, nRMW, RnW,                              p0366
                                                                            p0367
  // Bidirektionale Daten                                                   p0368
  DATA_BUS,                                                                 p0369
                                                                            p0370
  // Eingangsdaten                                                          p0371
  MAU_WRITE_DATA,                                                           p0372
  // Eingangsadressen                                                       p0373
  IFU_ADDR_BUS, MAU_ADDR_BUS,                                              p0374
  // Eingangskontrollsignale                                                p0375
  CP, nRESET, BCU_ACC_MODE, BCU_ACC_DIR, BREAK_MEM_ACC, IFU_FETCH_RQ,       p0376
  BUS_PRO, nHLT, nMHS                                                       p0377
);                                                                          p0378
                                                                            p0379
endmodule // chip                                                           p0380
```

Bild 4.63 Der Prozessor CHIP

4.7.2 Die Instruction-Fetch-Unit IFU

```
//---------------------------------------------------------------------------   a0000
//                                                                              a0001
// IFU: Modul fuer die Instruction-Fetch-Unit                                   a0002
//                                                                              a0003
// Signalcodierungen:                                                           a0004
// CACHE_MODE [4] = 0 : paralleler Mode                                         a0005
//                  1 : serieller Mode                                          a0006
// CACHE_MODE [3:2] = 00 : MPC ist abgeschaltet                                 a0007
//                    01 : MPC arbeitet im RIB-Mode                             a0008
//                    10 : MPC arbeitet im IC-Mode                              a0009
//                    11 : reserviert                                           a0010
// CACHE_MODE [1:0] = 00 : BTC ist abgeschaltet                                 a0011
//                    01 : im BTC werden nur BCCs gespeichert                   a0012
//                    10 : im BTC werden nur CALLs gespeichert                  a0013
//                    11 : im BTC werden BCCs und CALLs gespeichert             a0014
//                                                                              a0015
//---------------------------------------------------------------------------   a0016
//                                                                              a0017
  `define    MISC_BCC_GT         4'b0110     // greater than                    a0018
  `define    MISC_BCC_LE         4'b1110     // less or equal                   a0019
  `define    MISC_BCC_GE         4'b0101     // greater or equal                a0020
  `define    MISC_BCC_LT         4'b1101     // less than                       a0021
  `define    MISC_BCC_HI         4'b0011     // higher than                     a0022
  `define    MISC_BCC_LS         4'b1011     // lower or same                   a0023
  `define    MISC_BCC_PL         4'b0010     // plus                            a0024
  `define    MISC_BCC_MI         4'b1010     // minus                           a0025
  `define    MISC_BCC_NE         4'b0000     // not equal                       a0026
  `define    MISC_BCC_EQ         4'b1000     // equal                           a0027
  `define    MISC_BCC_VC         4'b0100     // overflow clear                  a0028
  `define    MISC_BCC_VS         4'b1100     // overflow set                    a0029
  `define    MISC_BCC_CC         4'b0001     // carry clear                     a0030
  `define    MISC_BCC_CS         4'b1001     // carry set                       a0031
  `define    MISC_BCC_T          4'b1111     // always                          a0032
  `define    MISC_BCC_F          4'b0111     // never                           a0033
                                                                                a0034
module ifu (                                                                    a0035
    I_BUS,                                                                      a0036
    IFU_ADDR_BUS, NPC_BUS,                                                      a0037
    BREAK_MEM_ACC, CALL_NOW, DIS_IDU, DIS_ALU, EXCEPT,                          a0038
    DS_NOW, IFU_FETCH_RQ, IFU_CORRECT,                                          a0039
    IFU_DATA_BUS, PC_BUS, CACHE_MODE, FLAGS_IF, FLAGS_FD,                       a0040
    CP, WORK_IF, WORK_FD, CCLR, nRESET, KU_MODE,                               a0041
    USE_PCU_PC, NEW_FLAGS, LDST_ACC_NOW, EMERG_FETCH                           a0042
);                                                                             a0043
                                                                                a0044
    output [31:0] I_BUS;                     // Instruktionsbus fuer IDU        a0045
    output [29:0] IFU_ADDR_BUS,              // Ausgabe PC                      a0046
                  NPC_BUS;                   // Ausgabe LastPC+4                a0047
    output        BREAK_MEM_ACC,             // Speicherzugriff abbrechen bei CACHE-HIT   a0048
                  CALL_NOW,                  // CTR-Befehl                      a0049
                  DIS_IDU,                   // IDU deaktivieren (disable)      a0050
                  DIS_ALU,                   // ALU deaktivieren (disable)      a0051
                  EXCEPT,                    // Sprung auf Sprung               a0052
                  DS_NOW,                    // Delay-Slot ist in IFU           a0053
                  IFU_FETCH_RQ,              // IFU moechte im naechsten Takt fetchen   a0054
                  IFU_CORRECT;               // BTC korrigiert einen Sprung     a0055
                                                                                a0056
    input [31:0]  IFU_DATA_BUS;              // Daten aus BCU                   a0057
    input [29:0]  PC_BUS;                    // neuer Wert fuer PC              a0058
    input [4:0]   CACHE_MODE;                // BTC aktivieren, BTC nimmt CALLs auf   a0059
    input [3:0]   FLAGS_IF,                  // Prozessor-Flags fuer BTC        a0060
                  FLAGS_FD;                  // Prozessor-Flags fuer BTC-Sprungkorrektur   a0061
    input         CP,                        // Systemtakt                      a0062
                  WORK_IF,                   // IF aktivieren, sonst Bubble     a0063
                  WORK_FD,                   // ID-zugehoerige Teile aktivieren   a0064
                  CCLR,                      // Cache loeschen                  a0065
                  nRESET,                    // IFU zuruecksetzen               a0066
                  KU_MODE,                   // Umschaltung Kernel/User-Modus   a0067
                  USE_PCU_PC,                // PC aus PCU uebernehmen           a0068
                  NEW_FLAGS,                 // Flag veraendernder Befehl       a0069
                  LDST_ACC_NOW,              // MAU belegt Bus                  a0070
                  EMERG_FETCH;               // USE_PCU_PC unbedingt beachten   a0071
                                                                                a0072
    // Ausgaenge                                                                a0073
    wire [31:0]   I_BUS;                     // Instruktionsbus fuer IDU        a0074
    wire [29:0]   IFU_ADDR_BUS;              // Ausgabe PC                      a0075
```

```
reg [29:0]    NPC_BUS;              // Ausgabe LastPC+4                              a0076
wire          BREAK_MEM_ACC;        // Speicherzugriff abbrechen bei CACHE-HIT      a0077
wire          CALL_NOW;             // CTR-Befehl                                   a0078
wire          DIS_IDU,              // IDU deaktivieren (disable)                   a0079
              DIS_ALU;              // ALU deaktivieren (disable)                   a0080
wire          EXCEPT;               // Sprung auf Sprung                            a0081
wire          DS_NOW;               // Delay-Slot ist in IFU                        a0082
wire          IFU_FETCH_RQ,         // IFU moechte im naechsten Takt fetchen        a0083
              IFU_CORRECT;          // BTC korrigiert einen Sprung                  a0084
                                                                                    a0085
// Eingaenge                                                                        a0086
wire [31:0]   IFU_DATA_BUS;         // Daten aus BCU                                a0087
wire [29:0]   PC_BUS;               // neuer Wert fuer PC                           a0088
wire [4:0]    CACHE_MODE;           // BTC aktivieren, BTC nimmt CALLs auf          a0089
wire [3:0]    FLAGS_IF,             // Prozessor-Flags fuer BTC                     a0090
              FLAGS_FD;             // Prozessor-Flags fuer BTC-Sprungkorrektur     a0091
wire          CP,                   // Systemtakt                                   a0092
              WORK_IF,              // IF aktivieren, sonst Bubble                  a0093
              WORK_FD,              // ID-zugehoerige Teile aktivieren              a0094
              CCLR,                 // Cache loeschen                               a0095
              nRESET,               // IFU zuruecksetzen                            a0096
              KU_MODE,              // Umschaltung Kernel/User-Modus                a0097
              USE_PCU_PC,           // PC aus PCU uebernehmen                       a0098
              NEW_FLAGS,            // Flag veraendernder Befehl                    a0099
              LDST_ACC_NOW,         // MAU belegt Bus                               a0100
              EMERG_FETCH;          // USE_PCU_PC unbedingt beachten                a0101
                                                                                    a0102
// lokale Register                                                                  a0103
reg [31:0]    INSTR;                // Ausgang vom I_BUS-Multiplexer                a0104
reg [29:0]    NEW_PC;               // Ausgang vom IFU_ADDR_BUS-Multiplexer         a0105
reg           DO_IF,                // IF ist aktiv                                 a0106
              NO_ACC,               // IFU darf nicht fetchen                       a0107
              EXT_BRANCH,           // externer Sprung lag vor                      a0108
              LAST_HIT,             // BTC oder MPC hatten vorher Hit               a0109
              LAST_CORRECTION,      // Sprung wurde vorher korrigiert               a0110
              LDST_ACC,             // IFU kann nicht fetchen                       a0111
              LAST_LDST,            // IFU konnte vorher nicht fetchen              a0112
              LAST_NO_ACC,          // IFU hat vorher nicht gefetcht                a0113
              LAST_KU_MODE;         // letzter Kernel/User-Modus                    a0114
                                                                                    a0115
// interne Verdrahtung                                                              a0116
wire [31:0]   BTC_DELAYSLOT,        // Delay-Slot aus BTC                           a0117
              ID_INSTR,             // Instruktion aus IDL                          a0118
              MPC_INSTR;            // Instruktion aus MPC                          a0119
wire [29:0]   PC,                   // Fetch-Adresse                                a0120
              JPC,                  // Sprungadresse                                a0121
              PC_1,                 // PC+1                                         a0122
              PC_2,                 // PC+2                                         a0123
              LPC,                  // Last-PC                                      a0124
              LPC_2,                // Last-PC + 2                                  a0125
              BTC_PC,               // BTC-Sprungzieladresse                        a0126
              LAST_PC_BUS,          // verzoegerter externer PC von PCU             a0127
              ID_CPC;               // CALL-Adresse von IDL                         a0128
wire [18:0]   ID_DIST;              // Sprungdistanz von IDL                        a0129
wire [3:0]    ID_CCODE;             // Condition-Code von IDL                       a0130
wire [1:0]    BTC_CONFIG;           // Konfiguration des BTC                        a0131
wire [1:0]    MPC_CONFIG;           // Konfiguration des MPC                        a0132
wire          ID_ANNUL,             // ANNUL-Bit von IDL                            a0133
              ID_BRANCH,            // IDL hat Sprung dekodiert                     a0134
              ID_LAST_BRANCH,       // IDL hatte zuletzt Sprung dekodiert           a0135
              ID_TYPE,              // Sprungart (0:BCC, 1:CALL) von IDL            a0136
              ID_CTR,               // IDL hat CTR dekodiert                        a0137
              ID_LAST_CTR,          // IDL hatte zuletzt CTR dekodiert              a0138
              TAKEN,                // Sprung soll genommen werden                  a0139
              BTC_HIT,              // BTC meldet Hit                               a0140
              BTC_CORRECT,          // BTC will Sprung korrigieren                  a0141
              BTC_USE_LAST,         // letzte Fetch-Adresse bei Korrektur           a0142
              BTC_DIS_IDU,          // BTC will IDU abschalten                      a0143
              BTC_DIS_ALU,          // BTC will ALU abschalten                      a0144
              BTC_TAKEN,            // BTC-Sprung soll genommen werden              a0145
              BTC_TYPE,             // Sprungart von BTC (0:BCC, 1:CALL)            a0146
              MPC_HIT,              // MPC meldet Hit                               a0147
              NO_FETCH,             // SMC veranlasst, nicht zu fetchen             a0148
              LAST_USE_PCU_PC,      // verzoegerter externer PC liegt vor           a0149
              CLR_BTC,              // BTC soll geloescht werden                    a0150
              CLR_MPC,              // MPC soll geloescht werden                    a0151
              HIT,                  // einer der Caches hat Hit gemeldet            a0152
              SHIFT;                // IFU-interne Register weiterschieben          a0153
                                                                                    a0154
                                                                                    a0155
//                                                                                  a0156
// kombinatorische Logik (Ausgaenge)                                                a0157
```

```
//                                                                              a0158
assign I_BUS = INSTR;      // Instruktion auf Instruktionsbus legen            a0159
assign IFU_ADDR_BUS = PC; // PC als naechste Fetch-Adresse an IFU senden       a0160
                                                                              a0161
// Speicherzugriff abbrechen bei Cache-Hit                                    a0162
assign BREAK_MEM_ACC = (BTC_HIT | BTC_CORRECT | MPC_HIT) & ~NO_ACC & ~CP;      a0163
                                                                              a0164
// CTR-Befehl in ID oder BTC                                                   a0165
assign CALL_NOW = (ID_BRANCH & ID_TYPE) | (BTC_HIT & BTC_TYPE) & ~BTC_CORRECT; a0166
                                                                              a0167
// Execption, falls ein CTR-Befehl im Delay-Slot eines CTR-Befehls auftritt    a0168
assign EXCEPT = (ID_BRANCH | ID_CTR) & (ID_LAST_BRANCH | ID_LAST_CTR);         a0169
                                                                              a0170
// bestimmen, ob sich ein Delay-Slot in der IFU befindet                       a0171
assign DS_NOW = ID_BRANCH | ID_CTR;                                           a0172
                                                                              a0173
// bestimmen, ob IFU im naechsten Takt fetchen will                           a0174
assign IFU_FETCH_RQ = ~NO_FETCH & WORK_IF;                                    a0175
                                                                              a0176
// bestimmen, ob BTC einen Sprung korrigiert                                   a0177
assign IFU_CORRECT = BTC_CORRECT;                                             a0178
                                                                              a0179
//                                                                            a0180
// kombinatorische Logik (intern)                                             a0181
//                                                                            a0182
assign BTC_CONFIG = CACHE_MODE[1:0]; // Konfiguration des BTCs setzen          a0183
assign MPC_CONFIG = CACHE_MODE[3:2]; // Konfiguration des MPCs setzen          a0184
assign CLR_BTC = CCLR | ~nRESET;        // Alle BTC-Eintraege loeschen         a0185
assign CLR_MPC = CCLR | ~nRESET;        // Alle MPC-Eintraege loeschen         a0186
assign HIT = BTC_HIT | MPC_HIT;         // Hit-Meldung in BTC oder MPC         a0187
                                                                              a0188
// interne IFU-Pipeline weiterschieben                                        a0189
assign SHIFT = (~NO_ACC | HIT | BTC_CORRECT | EMERG_FETCH) & WORK_IF;          a0190
                                                                              a0191
                                                                              a0192
//                                                                            a0193
// Instanzen                                                                  a0194
//                                                                            a0195
                                                                              a0196
// Branch-Target-Cache                                                        a0197
btc BTC (                                                                     a0198
    BTC_DELAYSLOT, BTC_PC, BTC_HIT, BTC_CORRECT, BTC_USE_LAST,                 a0199
    BTC_DIS_IDU, BTC_DIS_ALU, BTC_TAKEN, BTC_TYPE,                            a0200
    INSTR, PC, JPC, LPC, FLAGS_IF, FLAGS_FD, ID_CCODE,                        a0201
    BTC_CONFIG, ID_ANNUL, ID_BRANCH & ~EXT_BRANCH, ID_TYPE, DS_NOW, TAKEN,    a0202
    KU_MODE, LAST_KU_MODE, EMERG_FETCH, CLR_BTC, NEW_FLAGS, NO_ACC,           a0203
    WORK_IF, DO_IF, nRESET, CP                                                a0204
);                                                                           a0205
                                                                              a0206
// Multi-Purpose-Cache                                                        a0207
mpc MPC (                                                                     a0208
    MPC_INSTR, MPC_HIT,                                                       a0209
    ID_INSTR, PC, LPC, MPC_CONFIG, CLR_MPC,                                   a0210
    ID_BRANCH | ID_LAST_BRANCH | EXT_BRANCH,                                  a0211
    LAST_LDST, LAST_HIT, KU_MODE, LAST_KU_MODE, LAST_NO_ACC,                  a0212
    LAST_CORRECTION, WORK_IF, DO_IF, nRESET, CP                              a0213
);                                                                           a0214
                                                                              a0215
// Branch-Decision-Logik                                                      a0216
bdl BDL (TAKEN, FLAGS_FD, ID_CCODE);                                          a0217
                                                                              a0218
// Program-Counter-Calculator                                                 a0219
pcc PCC (                                                                     a0220
    PC, LPC, JPC, PC_1, PC_2, LPC_2,                                          a0221
    NEW_PC, ID_CPC, ID_DIST, ID_TYPE, SHIFT, CP                              a0222
);                                                                           a0223
                                                                              a0224
// Pipeline-Disable-Logik                                                     a0225
pdl PDL (                                                                     a0226
    DIS_IDU, DIS_ALU,                                                         a0227
    MPC_HIT, BTC_HIT, BTC_CORRECT, BTC_DIS_IDU, BTC_DIS_ALU, NO_ACC,          a0228
    ID_BRANCH & ~ID_TYPE, ID_ANNUL, TAKEN                                    a0229
);                                                                           a0230
                                                                              a0231
// Instruction-Decode-Logik                                                   a0232
idl IDL (                                                                     a0233
    ID_INSTR, ID_CPC, ID_DIST, ID_CCODE,                                      a0234
    ID_ANNUL, ID_BRANCH, ID_LAST_BRANCH, ID_TYPE,                            a0235
    ID_CTR, ID_LAST_CTR,                                                      a0236
    INSTR, EMERG_FETCH, SHIFT, WORK_IF, WORK_FD, nRESET, CP                  a0237
);                                                                           a0238
                                                                              a0239
```

```verilog
// Serial-Mode-Controller                                                 a0240
smc SMC (NO_FETCH, HIT, CACHE_MODE[4], WORK_IF, nRESET, CP);              a0241
                                                                          a0242
// External-PC-Logik                                                      a0243
epl EPL (                                                                 a0244
   LAST_PC_BUS, LAST_USE_PCU_PC,                                          a0245
   PC_BUS, USE_PCU_PC, SHIFT, WORK_IF, nRESET, CP                         a0246
);                                                                        a0247
                                                                          a0248
//                                                                        a0249
// Statusregister zuruecksetzen                                           a0250
//                                                                        a0251
always @(negedge nRESET) begin                                            a0252
  while (~nRESET) begin                                                   a0253
    NO_ACC = 1'b0;                                                        a0254
    EXT_BRANCH = 1'b0;                                                    a0255
    LAST_NO_ACC = 1'b0;                                                   a0256
    LAST_HIT = 1'b0;                                                      a0257
    LAST_CORRECTION = 1'b0;                                               a0258
    LAST_KU_MODE = 1'b0;                                                  a0259
    #1;                                                                   a0260
  end                                                                     a0261
end                                                                       a0262
                                                                          a0263
//                                                                        a0264
// IFU-Status sichern                                                     a0265
//                                                                        a0266
// WORK_IF ist nur zur positiven Taktflanke gueltig. Wenn waehrend des    a0267
// Taktes festgestellt werden soll, ob die IFU aktiviert worden ist, so   a0268
// muss der Status in einem Register gesichert werden.                    a0269
//                                                                        a0270
always @(posedge CP) DO_IF = WORK_IF;                                     a0271
                                                                          a0272
//                                                                        a0273
// interne Statusregister                                                 a0274
//                                                                        a0275
// mit jedem Takt muessen die internen Statusregister neu gesetzt werden  a0276
//                                                                        a0277
always @(posedge CP) begin                                                a0278
  if (WORK_IF) begin                                                      a0279
    fork                                                                  a0280
      NO_ACC = #`DELTA LDST_ACC_NOW | NO_FETCH; // 1: IFU darf nicht fetchen    a0281
      EXT_BRANCH = #`DELTA EMERG_FETCH;    // 1: externer Sprung lag vor  a0282
      LAST_NO_ACC = #`DELTA NO_ACC;        // 1: IFU hat vorher nicht gefetcht  a0283
      LAST_HIT = #`DELTA HIT;              // 1: BTC oder MPC hatten vorher Hit a0284
      LAST_CORRECTION = #`DELTA BTC_CORRECT; // 1: Sprung war korrigiert  a0285
      LAST_KU_MODE = #`DELTA KU_MODE;      // letzter Kernel/User-Modus   a0286
    join                                                                  a0287
  end                                                                     a0288
end                                                                       a0289
                                                                          a0290
//                                                                        a0291
// LDST-Access-Pipeline                                                   a0292
//                                                                        a0293
always @(posedge CP) begin                                                a0294
  if (SHIFT) begin                                                        a0295
    fork                                                                  a0296
      LDST_ACC = #`DELTA LDST_ACC_NOW;   // 1: IFU kann nicht fetchen     a0297
      LAST_LDST = #`DELTA LDST_ACC;      // 1: IFU konnte vorher nicht fetchen  a0298
    join                                                                  a0299
  end                                                                     a0300
end                                                                       a0301
                                                                          a0302
                                                                          a0303
//                                                                        a0304
// I_BUS-Multiplexer                                                      a0305
//                                                                        a0306
// Die Instruktion, die die IDU im naechsten Takt uebernehmen soll, wird  a0307
// ausgewaehlt. Welche Instruktion weitergereicht wird, haengt davon ab, ob a0308
// ein Sprung korrigiert werden muss, ein Cache-Hit stattgefunden hat, kein a0309
// Speicherzugriff erfolgen konnte oder ganz normal gefetcht wurde.       a0310
//                                                                        a0311
always @(BTC_HIT or MPC_HIT or NO_ACC                                     a0312
         or ID_INSTR or IFU_DATA_BUS or MPC_INSTR or BTC_DELAYSLOT) begin a0313
  casez(({BTC_HIT, MPC_HIT, NO_ACC))                                      a0314
    3'b000 : INSTR = IFU_DATA_BUS;        // normaler Fetch               a0315
    3'b001 : INSTR = ID_INSTR;            // kein Speicherzugriff         a0316
    3'b01? : INSTR = MPC_INSTR;           // MPC-Hit                      a0317
    3'b1?? : INSTR = BTC_DELAYSLOT;       // BTC-Hit                      a0318
    default : INSTR = ID_INSTR;                                           a0319
  endcase                                                                 a0320
end                                                                       a0321
```

```
//                                                                          a0322
    //                                                                      a0323
    // IFU_ADDR_BUS-Multiplexer                                            a0324
    //                                                                      a0325
    // Hier wird die Adresse ausgewaehlt, von der im naechsten Takt gefetcht  a0326
    // werden soll. Die Auswahl haengt davon ab, ob ein extern von der PCU am  a0327
    // PC_BUS gelieferter PC verwendet werden soll, ein Sprung korrigiert werden  a0328
    // muss, ein BTC-Hit oder MPC-Hit vorliegt, eventuell kein Speicherzugriff  a0329
    // erfolgen konnte oder ein Sprung erkannt wurde.                        a0330
    //                                                                      a0331
    always @(SHIFT or USE_PCU_PC or LAST_USE_PCU_PC or BTC_CORRECT or BTC_HIT  a0332
             or MPC_HIT or NO_ACC or ID_BRANCH or BTC_TAKEN or BTC_USE_LAST  a0333
             or TAKEN                                                        a0334
             or PC or PC_1 or JPC or PC_2 or BTC_PC or LPC_2                 a0335
             or LAST_PC_BUS or PC_BUS) begin                                a0336
      casez({SHIFT, USE_PCU_PC, LAST_USE_PCU_PC, BTC_CORRECT,               a0337
            BTC_HIT, MPC_HIT, NO_ACC, ID_BRANCH, BTC_TAKEN, BTC_USE_LAST,   a0338
            TAKEN})                                                          a0339
        11'b0?????????? : NEW_PC = PC;            // alte Adresse behalten   a0340
        11'b1000?000??? : NEW_PC = PC_1;          // normaler Fetch          a0341
        11'b10000001??0 : NEW_PC = PC_1;          // nicht zu nehmender Sprung  a0342
        11'b100001?0??? : NEW_PC = PC_1;          // MPC-Hit, kein Sprung    a0343
        11'b100001?1??0 : NEW_PC = PC_1;          // MPC-Hit, Sprung nicht nehmen  a0344
        11'b10000001??1 : NEW_PC = JPC;           // zu nehmender Sprung     a0345
        11'b100001?1??1 : NEW_PC = JPC;           // MPC-Hit, Sprung nehmen  a0346
        11'b10001???0?? : NEW_PC = PC_2;          // BTC-Hit, Sprung nicht nehmen  a0347
        11'b10001???1?? : NEW_PC = BTC_PC;        // BTC-Hit, Sprung nehmen  a0348
        11'b1001?????1? : NEW_PC = BTC_PC;        // Sprungkorrektur         a0349
        11'b1001?????0? : NEW_PC = LPC_2;         // Sprungkorrektur         a0350
        11'b101???????? : NEW_PC = LAST_PC_BUS;   // verzoegerter externer PC  a0351
        11'b11????????? : NEW_PC = PC_BUS;        // unmittelbarer externer PC  a0352
        default         : NEW_PC = PC;                                       a0353
      endcase                                                                a0354
    end                                                                      a0355
                                                                            a0356
    //                                                                      a0357
    // NPC_BUS-Multiplexer                                                  a0358
    //                                                                      a0359
    // Der NPC_BUS liefert der PCU die Ruecksprungadresse fuer einen CALL. Diese  a0360
    // ist unterschiedlich zu ermitteln, je nachdem, ob der BTC einen Hit hatte  a0361
    // oder nicht.                                                           a0362
    //                                                                      a0363
    always @(BTC_HIT or LPC_2 or PC_2) begin                                a0364
      casez(BTC_HIT)                                                         a0365
        1'b0 : NPC_BUS = LPC_2;                    // kein BTC-Hit           a0366
        1'b1 : NPC_BUS = PC_2;                     // BTC-Hit                a0367
      endcase                                                                a0368
    end                                                                      a0369
endmodule // ifu                                                             a0370
                                                                            a0371
                                                                            a0372
//----------------------------------------------------------------------------  a0373
//                                                                          a0374
// BTC (Branch Target Cache)                                                a0375
//                                                                          a0376
// Im BTC werden Spruenge mit ihrem Delay-Slot gespeichert. Wird eine Adresse  a0377
// im Cache gefunden, kann statt des Sprunges gleich dessen Delay-Slot an die  a0378
// IDU weitergereicht werden. So kann ein Step gespart werden, weil der Branch  a0379
// nicht mehr unnuetz durch die Pipeline laeuft. Dabei ist zu beachten, dass in  a0380
// der ALU eventuell fuer den Sprung relevante Flags gerade neu berechnet werden  a0381
// koennten. In diesem Fall wird die Sprungentscheidung heuristisch getroffen  a0382
// und muss im naechsten Schritt eventuell korrigiert werden. Eine entsprechende  a0383
// Logik ist ebenfalls im BTC vorhanden.                                   a0384
//                                                                          a0385
//----------------------------------------------------------------------------  a0386
                                                                            a0387
module btc (                                                                a0388
    BTC_DELAYSLOT, BTC_PC, BTC_HIT, BTC_CORRECT, BTC_USE_LAST,              a0389
    BTC_DIS_IDU, BTC_DIS_ALU, BTC_TAKEN, BTC_TYPE,                          a0390
    OPCODE, PC, JPC, LPC, FLAGS_IF, FLAGS_FD, ID_CCODE, CONFIG,             a0391
    ID_ANNUL, BRANCH, TYPE, DS_NOW, TAKEN, KU_MODE, LAST_KU_MODE,           a0392
    IGNORE_HIT, CCLR, NEW_FLAGS, NO_ACC, WORK_IF, DO_IF, nRESET, CP         a0393
);                                                                          a0394
output [31:0] BTC_DELAYSLOT;        // Delay-Slot oder letzer Delay-Slot     a0395
output [29:0] BTC_PC;               // Fetch-Adresse aus Cache oder letzte   a0396
output        BTC_HIT,              // Adresse im BTC enthalten              a0397
              BTC_CORRECT,          // Entscheidungskorrektur!               a0398
              BTC_USE_LAST,         // letzte Fetch-Adresse benutzen!        a0399
              BTC_DIS_IDU,          // IDU abschalten                        a0400
              BTC_DIS_ALU,          // ALU abschalten                        a0401
              BTC_TAKEN,            // Fetch-Adresse benutzen                a0402
              BTC_TYPE;             // 0: BCC; 1: CALL                       a0403
```

```
input [31:0]  OPCODE;              // aktuelle Instruktion                       a0404
input [29:0]  PC,                  // Fetch-Adresse                             a0405
              JPC,                 // aktuelles Sprungziel                      a0406
              LPC;                 // letzte Fetch-Adresse                      a0407
input [3:0]   FLAGS_IF,            // Flags zur Sprungentscheidung              a0408
              FLAGS_FD,            // Flags zur Sprungkorrektur                 a0409
              ID_CCODE;            // aktueller Condition-Code                  a0410
input [1:0]   CONFIG;              // Cache-Modus                               a0411
input         ID_ANNUL,            // aktuelles ANNUL-Bit                       a0412
              BRANCH,              // es liegt ein Sprung vor                   a0413
              TYPE,                // BCC oder CALL, wenn Sprung vorliegt       a0414
              DS_NOW,              // CTR-Befehl in ID, Delay-Slot in IF        a0415
              TAKEN,               // aktueller Sprung wurde genommen           a0416
              KU_MODE,             // Kernel/User-Modus                         a0417
              LAST_KU_MODE,        // letzter Kernel/User-Modus                 a0418
              IGNORE_HIT,          // Cache-Hit ignorieren                      a0419
              CCLR,                // Cache loeschen                            a0420
              NEW_FLAGS,           // Befehl in ID veraendert Flags             a0421
              NO_ACC,              // kein Speicherzugriff moeglich             a0422
              WORK_IF,             // IF ist aktiviert                          a0423
              DO_IF,               // IF ist aktiviert worden                   a0424
              nRESET,              // Reset                                     a0425
              CP;                  // Systemtakt                                a0426
                                                                               a0427
// Ausgaenge                                                                    a0428
wire [31:0]   BTC_DELAYSLOT;       // Delay-Slot oder letzer Delay-Slot         a0429
reg [29:0]    BTC_PC;              // Fetch-Adresse aus Cache oder letzte       a0430
wire          BTC_HIT,             // Adresse im BTC enthalten                  a0431
              BTC_CORRECT,         // Entscheidungskorrektur!                   a0432
              BTC_USE_LAST;        // letzte Fetch-Adresse benutzen!            a0433
reg           BTC_DIS_IDU;         // IDU abschalten                            a0434
wire          BTC_DIS_ALU;         // ALU abschalten                            a0435
reg           BTC_TAKEN;           // Fetch-Adresse benutzen                    a0436
wire          BTC_TYPE;            // 0: BCC; 1: CALL                           a0437
                                                                               a0438
// Eingaenge                                                                    a0439
wire [31:0]   OPCODE;              // aktuelle Instruktion                      a0440
wire [29:0]   PC,                  // Fetch-Adresse                             a0441
              JPC,                 // aktuelles Sprungziel                      a0442
              LPC;                 // letzte Fetch-Adresse                      a0443
wire [3:0]    FLAGS,               // Flags zur Sprungentscheidung              a0444
              ID_CCODE;            // aktueller Condition-Code                  a0445
wire [1:0]    CONFIG;              // Cache-Modus                               a0446
wire          ID_ANNUL,            // aktuelles ANNUL-Bit                       a0447
              BRANCH,              // es liegt ein Sprung vor                   a0448
              TYPE,                // BCC oder CALL, wenn Sprung vorliegt       a0449
              DS_NOW,              // CTR Befehl in ID, Delay-Slot in IF        a0450
              TAKEN,               // aktueller Sprung wurde genommen           a0451
              KU_MODE,             // Kernel/User-Modus                         a0452
              LAST_KU_MODE,        // letzter Kernel/User-Modus                 a0453
              IGNORE_HIT,          // Cache-Hit ignorieren                      a0454
              CCLR,                // Cache loeschen                            a0455
              NEW_FLAGS,           // Befehl in ID veraendert Flags             a0456
              NO_ACC,              // kein Speicherzugriff moeglich             a0457
              WORK_IF,             // IF ist aktiviert                          a0458
              DO_IF,               // IF ist aktiviert worden                   a0459
              nRESET,              // Reset                                     a0460
              CP;                  // Systemtakt                                a0461
                                                                               a0462
// interne Verdrahtung                                                          a0463
wire [31:0]   DELAYSLOT;           // Delay-Slot aus Cache                      a0464
wire [29:0]   TARGET,              // Sprungziel aus Cache                      a0465
              LAST_TARGET;         // letztes Sprungziel von PCL                a0466
wire [3:0]    CCODE,               // Condition-Code aus Cache                  a0467
              LAST_CCODE;          // letzter Condition-Code von PCL            a0468
wire [1:0]    HIBITS,              // History-Bits aus Cache                    a0469
              LAST_HIBITS,         // letzte History-Bits von PCL               a0470
              NEW_HIBITS;          // neue History-Bits von HUL                 a0471
wire          WnR,                 // Schreib-/Lese-Signal fuer Cache           a0472
              UPDATE,              // Update-Signal fuer Cache                  a0473
              NOW_TAKEN,           // Sprung aus Cache soll genommen werden     a0474
              LAST_TAKEN,          // entgueltige Sprungentscheidung            a0475
              HITAKEN,             // Sprungentscheidung aufgrund der HIBITS    a0476
              LAST_HITAKEN,        // letzte heuristische Sprungentscheidung    a0477
              LAST_NEW_FLAGS,      // letzte Entscheidung war heuristisch       a0478
              LAST_HIT,            // zuletzt lag ein Hit vor                   a0479
              ANNUL,               // ANNUL-Bit aus Cache                       a0480
              LAST_ANNUL;          // letztes ANNUL-Bit von PCL                 a0481
                                                                               a0482
// interne Register                                                            a0483
reg           TAKE;                // modifiziertes TAKEN von CALL-Write-Mux    a0484
                                                                               a0485
```

```
//                                                                      a0486
// Instanzen                                                            a0487
//                                                                      a0488
                                                                        a0489
// Read-Write-Logik                                                     a0490
rwl     RWL         (WnR, UPDATE,                                       a0491
                    CONFIG[1:0], BRANCH, TYPE, LAST_HIT, LAST_TYPE,     a0492
                    NO_ACC, DO_IF, nRESET, CP);                         a0493
                                                                        a0494
// Branch-Cache                                                         a0495
bcache  BCACHE      (BTC_DELAYSLOT, TARGET, CCODE, HIBITS, BTC_HIT, ANNUL, a0496
                    OPCODE, JPC, LPC, PC, ID_CCODE, NEW_HIBITS, DS_NOW, a0497
                    ID_ANNUL, TAKE, KU_MODE, LAST_KU_MODE, WnR, UPDATE, a0498
                    WORK_IF, DO_IF, CCLR, nRESET, CP);                  a0499
                                                                        a0500
// Call-Detection-Logik                                                 a0501
cdl     CDL         (BTC_TYPE, CCODE, HITAKEN);                         a0502
                                                                        a0503
// Branch-Decision-Logik                                                a0504
bdl     NOW_BDL     (NOW_TAKEN, FLAGS_IF, CCODE);                       a0505
                                                                        a0506
// History-Decision-Logik                                               a0507
hil     HIL         (HITAKEN, HIBITS);                                  a0508
                                                                        a0509
// Pipeline-Control-Logik                                               a0510
pcl     PCL         (LAST_TARGET,                                       a0511
                    LAST_HIT, LAST_ANNUL, LAST_HITAKEN, LAST_NEW_FLAGS, a0512
                    LAST_HIBITS, LAST_CCODE, LAST_TYPE,                 a0513
                    TARGET, BTC_HIT & ~BTC_CORRECT, ANNUL, HITAKEN, NEW_FLAGS, a0514
                    HIBITS, CCODE, BTC_TYPE, IGNORE_HIT, WORK_IF, CP);  a0515
                                                                        a0516
// Branch-Correction-Logik                                              a0517
bcl     BCL         (BTC_CORRECT, BTC_USE_LAST, BTC_DIS_ALU,            a0518
                    LAST_HIT, LAST_ANNUL, LAST_HITAKEN, LAST_TAKEN,     a0519
                    LAST_NEW_FLAGS, LAST_TYPE);                         a0520
                                                                        a0521
// Branch-Decision-Logik                                                a0522
bdl     LAST_BDL    (LAST_TAKEN, FLAGS_FD, LAST_CCODE);                 a0523
                                                                        a0524
// History-Update-Logik                                                 a0525
hul     HUL         (NEW_HIBITS, LAST_HIBITS, LAST_TAKEN);             a0526
                                                                        a0527
                                                                        a0528
//                                                                      a0529
// PC-Multiplexer                                                       a0530
//                                                                      a0531
// Je nachdem, ob ein Sprung korrigiert werden muss oder nicht, wird    a0532
// entweder das Sprungziel aus dem Cache ausgewaehlt oder das des letzten a0533
// Zugriffs.                                                            a0534
//                                                                      a0535
always @(BTC_USE_LAST or TARGET or LAST_TARGET) begin                   a0536
  casez(BTC_USE_LAST)                                                   a0537
    1'b0    : BTC_PC = TARGET;                  // Sprungziel aus Cache a0538
    1'b1    : BTC_PC = LAST_TARGET;             // letztes Sprungziel   a0539
    default : BTC_PC = 30'bx;                                           a0540
  endcase                                                               a0541
end                                                                     a0542
                                                                        a0543
//                                                                      a0544
// Taken-Multiplexer                                                    a0545
//                                                                      a0546
// Wenn der Befehl in der ALU gerade die Flags veraendert, was durch das a0547
// NEW_FLAGS-Signal angezeigt wird, muss die Sprungentscheidung anhand der a0548
// History-Bits aus dem Cache heuristisch getroffen werden, es sei denn, es a0549
// handelt sich um einen CALL. Werden die Flags nicht veraendert, kann die a0550
// Entscheidung anhand der aktuellen Flags getroffen werden.           a0551
//                                                                      a0552
always @(NEW_FLAGS or BTC_TYPE or HITAKEN or NOW_TAKEN) begin           a0553
  casez({NEW_FLAGS, BTC_TYPE})                                          a0554
    2'b0?   : BTC_TAKEN = NOW_TAKEN;            // normale Entscheidung a0555
    2'b10   : BTC_TAKEN = HITAKEN;              // heuristisch          a0556
    2'b11   : BTC_TAKEN = 1'b1;                 // unbedingt (CALL)     a0557
    default : BTC_TAKEN = 1'bx;                                         a0558
  endcase                                                               a0559
end                                                                     a0560
                                                                        a0561
//                                                                      a0562
// CALL-Write-Multiplexer                                               a0563
//                                                                      a0564
// Ein CALL wird als BT, d.h. als (stets zu nehmender) bedingter Sprung in a0565
// den Cache eingetragen. Vom Verhalten her ist er auch mit diesem identisch, a0566
// doch muss bei einem Hit der PCU mitgeteilt werden, ob es sich um einen a0567
```

```verilog
// CALL oder nur einen BCC handelt, damit die Ruecksprungadresse gesichert      a0568
// werden kann. Um nicht ein weiteres Bit pro Zeile aufwenden zu muessen,        a0569
// wird der CALL als nicht genommener BT eingetragen. Dazu muss das              a0570
// TAKEN-Signal nachtraeglich geaendert werden.                                  a0571
//                                                                               a0572
always @(TYPE or TAKEN) begin                                                    a0573
  casez(TYPE)                                                                    a0574
    1'b0 : TAKE = TAKEN;                              // BCC                      a0575
    1'b1 : TAKE = 1'b0;                               // CALL                     a0576
    default : TAKE = TAKEN;                                                       a0577
  endcase                                                                        a0578
end                                                                             a0579
                                                                                a0580
//                                                                               a0581
// DIS_IDU-Multiplexer                                                           a0582
//                                                                               a0583
// Je nachdem, ob ein Hit, eine Korrektur oder keins von beidem vorliegt,        a0584
// wird die BTC_DIS_IDU-Leitung geschaltet.                                      a0585
// Zu beachten ist der Sonderfall, wenn ein Hit vorliegt, aber die Flags         a0586
// noch nicht endgueltig sind. Dann wird DIS_IDU auf keinen Fall gesetzt.        a0587
// Stattdessen wird, wenn es haette geschehen muessen, die ALU im folgen-        a0588
// den Step abgeschaltet. Das DIS_ALU-Signal wird in der BCL erzeugt.            a0589
//                                                                               a0590
always @(BTC_CORRECT or BTC_HIT or NEW_FLAGS                                     a0591
         or ANNUL or BTC_TAKEN) begin                                           a0592
  casez({BTC_CORRECT, BTC_HIT, NEW_FLAGS})                                       a0593
    3'b00? : BTC_DIS_IDU = 1'b0;                                                 a0594
    3'b010 : BTC_DIS_IDU = ANNUL & ~BTC_TAKEN;                                   a0595
    3'b011 : BTC_DIS_IDU = 1'b0;                                                 a0596
    3'b1?? : BTC_DIS_IDU = 1'b1;                                                 a0597
  endcase                                                                        a0598
end                                                                             a0599
endmodule // btc                                                                 a0600
                                                                                a0601
                                                                                a0602
//-------------------------------------------------------------------------      a0603
//                                                                               a0604
// RWL (Read-Write-Logik)                                                        a0605
//                                                                               a0606
// Modul zur Steerung des Branch-Cache. Hier werden die Schreib- und             a0607
// Lesezugriffe koordiniert. Es muss unterschieden werden zwischen einem         a0608
//                                                                               a0609
//      - Lesezugriff (Adresse im Cache finden)                                  a0610
//      - Schreibzugriff (neuen Sprung mit Delay-Slot eintragen)                 a0611
//      - Schreibzugriff (History-Bits aktualisieren)                            a0612
//                                                                               a0613
// CONFIG [1:0] = 00 : Cache ist abgeschaltet                                    a0614
//                01 : im Cache werden nur BCCs gespeichert                      a0615
//                10 : im Cache werden nur CALLs gespeichert                     a0616
//                11 : im Cache werden BCCs und CALLs gespeichert                a0617
//                                                                               a0618
// BRANCH = 0 : es liegt kein Sprung vor                                         a0619
//          1 : es liegt ein Sprung (BCC oder CALL) vor                          a0620
//                                                                               a0621
// TYPE = 0 : BCC liegt vor                                                      a0622
//        1 : CALL liegt vor                                                     a0623
//                                                                               a0624
//-------------------------------------------------------------------------      a0625
                                                                                a0626
module rwl (                                                                     a0627
  WnR, UPDATE,                                                                   a0628
  CONFIG, BRANCH, TYPE, LAST_HIT, LAST_TYPE, NO_ACC,                             a0629
  DO_IF, nRESET, CP                                                              a0630
);                                                                              a0631
output          WnR,                  // Zugriffsart                             a0632
                UPDATE;               // History-Bits aktualisieren              a0633
input [1:0]     CONFIG;               // Cache-Modus                             a0634
input           BRANCH,               // Sprung liegt vor                        a0635
                TYPE,                 // 0: BCC, 1: CALL                          a0636
                LAST_HIT,             // letzer Sprung kam aus Cache             a0637
                LAST_TYPE,            // 0: BCC, 1: CALL                          a0638
                NO_ACC,               // kein Speicherzugriff moeglich           a0639
                DO_IF,                // IF ist aktiviert worden                  a0640
                nRESET,               // Reset                                    a0641
                CP;                   // Systemtakt                               a0642
                                                                                a0643
// Ausgaenge                                                                     a0644
reg             WnR,                  // Zugriffsart                             a0645
                UPDATE;               // History-Bits aktualisieren              a0646
                                                                                a0647
// Eingaenge                                                                     a0648
wire [1:0]      CONFIG;               // Cache-Modus                             a0649
```

```verilog
wire            BRANCH,             // Sprung liegt vor                        a0650
                TYPE,               // 0: BCC, 1: CALL                         a0651
                LAST_HIT,           // letzer Sprung kam aus Cache             a0652
                LAST_TYPE,          // 0: BCC, 1: CALL                         a0653
                NO_ACC,             // kein Speicherzugriff moeglich           a0654
                DO_IF,              // IF ist aktiviert worden                 a0655
                nRESET,             // Reset                                   a0656
                CP;                 // Systemtakt                              a0657
                                                                              a0658
always @(negedge nRESET) begin                                                a0659
  while (~nRESET) begin                                                       a0660
    WnR = 1'b0;                                                               a0661
    UPDATE = 1'b0;                                                            a0662
    #1;                                                                       a0663
  end                                                                         a0664
end                                                                           a0665
                                                                              a0666
                                                                              a0667
//                                                                            a0668
// Schreibphase                                                               a0669
//                                                                            a0670
always @(negedge CP) begin                                                    a0671
  //                                                                          a0672
  // History-Bits aktualisieren                                              a0673
  //
  if (LAST_HIT & ~LAST_TYPE) begin                                            a0674
    WnR = 1'b1;                                                               a0675
    UPDATE = 1'b1;                                                            a0676
  end                                                                         a0677
  else begin                                                                  a0678
    if (BRANCH & !NO_ACC) begin                                               a0679
      //                                                                      a0680
      // neuen Sprung eintragen                                               a0681
      //                                                                      a0682
      if ((TYPE & CONFIG[1]) | (~TYPE & CONFIG[0])) begin                     a0683
        WnR = 1'b1;                                                           a0684
        UPDATE = 1'b0;                                                        a0685
      end                                                                     a0686
    end                                                                       a0687
  end                                                                         a0688
end                                                                           a0689
                                                                              a0690
//                                                                            a0691
// Lesephase                                                                  a0692
//                                                                            a0693
always @(posedge CP) begin                                                    a0694
  //                                                                          a0695
  // nach Adresse im Cache suchen                                             a0696
  //                                                                          a0697
  WnR = 1'b0;                                                                 a0698
  UPDATE = 1'b0;                                                              a0699
end                                                                           a0700
endmodule // rwl                                                              a0701
                                                                              a0702
                                                                              a0703
//--------------------------------------------------------------------------  a0704
//                                                                            a0705
// BCACHE (Branch-Cache)                                                      a0706
//                                                                            a0707
// Vollassoziativer Cache zum Speichern von Spruengen mit Delay-Slot. In einer a0708
// Zeile werden folgende Informationen eingetragen:                           a0709
//                                                                            a0710
//    - C_PC        : Adresse, an der der Sprung steht                        a0711
//    - C_KU_MODE   : Kernal/User-Modus, in dem der Sprung ausgefuehrt wurde  a0712
//    - C_VALID     : 0=Zeile ist ungueltig, 1=Zeile ist gueltig             a0713
//    - C_TARGET    : Sprungziel                                              a0714
//    - C_DELAYSLOT : Opcode des Delay-Slots                                  a0715
//    - C_ANNULBIT  : ANNUL-Bit des Sprunges                                  a0716
//    - C_HIBITS    : History-Bits                                            a0717
//    - C_CCODE     : Condition-Code fuer Sprungentscheidung                  a0718
//                                                                            a0719
//--------------------------------------------------------------------------  a0720
                                                                              a0721
module bcache (                                                               a0722
    DELAYSLOT, TARGET, CCODE, HIBITS, HIT, ANNUL,                             a0723
    OPCODE, JPC, LPC, PC, ID_CCODE, NEW_HIBITS, DS_NOW, ID_ANNUL, TAKEN,      a0724
    KU_MODE, LAST_KU_MODE, WnR, UPDATE, WORK_IF, DO_IF, CCLR, nRESET, CP      a0725
  );                                                                          a0726
  output [31:0] DELAYSLOT;          // Opcode des gefundenen Delay-Slots       a0727
  output [29:0] TARGET;             // Zieladresse des gefundenen Sprunges     a0728
  output [3:0]  CCODE;              // gefundener Condition-Code               a0729
  output [1:0]  HIBITS;             // gefundene History-Bits                  a0730
  output        HIT,                // Sprung wurde gefunden                   a0731
```

```verilog
                ANNUL;                  // gefundenes ANNUL-Bit                          a0732
input [31:0]    OPCODE;                 // Opcode des einzutragenden Delay-Slots         a0733
input [29:0]    JPC,                    // Zieladresse des einzutragenden Sprunges       a0734
                LPC,                    // Adresse des zu korrigierenden Sprunges        a0735
                PC;                     // Adresse des einzutragenden Sprunges           a0736
input [3:0]     ID_CCODE;               // einzutragender Condition-Code                 a0737
input [1:0]     NEW_HIBITS;             // korrigierte History-Bits                      a0738
input           DS_NOW,                 // CTR in ID, Delay-Slot in IF                   a0739
                ID_ANNUL,               // einzutragendes ANNUL-Bit                      a0740
                TAKEN,                  // Auswahl der einzutragenden History-Bits       a0741
                KU_MODE,                // Kernel/User-Modus                             a0742
                LAST_KU_MODE,           // letzter Kernel/User-Modus                     a0743
                WnR,                    // Lese- bzw. Schreiboperation ausfuehren        a0744
                UPDATE,                 // History-Bits aktualisieren                    a0745
                WORK_IF,                // Arbeitsfreigabe                               a0746
                DO_IF,                  // Arbeitsfreigabe im 1. Takt eines Steps        a0747
                CCLR,                   // Cache loeschen                                a0748
                nRESET,                 // Reset                                         a0749
                CP;                     // Systemtakt                                    a0750
                                                                                        a0751
`define BTC_SIZE 16                     // Anzahl der Eintraege im Cache                 a0752
                                                                                        a0753
// Ausgaenge                                                                            a0754
reg [31:0]      DELAYSLOT;              // Opcode des gefundenen Delay-Slots             a0755
reg [29:0]      TARGET;                 // Zieladresse des gefundenen Sprunges           a0756
reg [3:0]       CCODE;                  // gefundener Condition-Code                     a0757
reg [1:0]       HIBITS;                 // gefundene History-Bits                        a0758
wire            HIT;                    // Sprung wurde gefunden                         a0759
reg             ANNUL;                  // gefundenes ANNUL-Bit                          a0760
                                                                                        a0761
// Eingaenge                                                                            a0762
wire [31:0]     OPCODE;                 // Opcode des einzutragenden Delay-Slots         a0763
wire [29:0]     JPC,                    // Zieladresse des einzutragenden Sprunges       a0764
                LPC,                    // Adresse des zu korrigierenden Sprunges        a0765
                PC;                     // Adresse des einzutragenden Sprunges           a0766
wire [3:0]      ID_CCODE;               // einzutragender Condition-Code                 a0767
wire [1:0]      NEW_HIBITS;             // korrigierte History-Bits                      a0768
wire            DS_NOW,                 // CTR in ID, Delay-Slot in IF                   a0769
                ID_ANNUL,               // einzutragendes ANNUL-Bit                      a0770
                TAKEN,                  // Auswanl der einzutragenden History-Bits       a0771
                KU_MODE,                // Kernel/User-Modus                             a0772
                LAST_KU_MODE,           // letzter Kernel/User-Modus                     a0773
                WnR,                    // Lese- bzw. Schreiboperation ausfuehren        a0774
                UPDATE,                 // History-Bits aktualisieren                    a0775
                WORK_IF,                // Arbeitsfreigabe                               a0776
                DO_IF,                  // Arbeitsfreigabe im 1. Takt eines Steps        a0777
                CCLR,                   // Cache loeschen                                a0778
                nRESET,                 // Reset                                         a0779
                CP;                     // Systemtakt                                    a0780
                                                                                        a0781
// lokale Register                                                                      a0782
reg [3:0]       PC_LINE,                // Zeile, in der PC gefunden wurde               a0783
                LPC_LINE,               // Zeile, in der LPC gefunden wurde              a0784
                INVALID_LINE,           // ungueltige Zeile                              a0785
                KU_LINE,                // Zeile mit anderem Kernel/User-Modus           a0786
                ANY_LINE,               // irgendeine Zeile                              a0787
                NEW_LINE;               // Zeile fuer Neueintrag                         a0788
reg             PC_HIT,                 // PC wurde gefunden                             a0789
                LPC_HIT,                // LPC wurde gefunden                            a0790
                INVALID_HIT,            // ungueltige Zeile wurde gefunden               a0791
                KU_HIT,                 // Zeile mit anderem KU_MODE gefunden            a0792
                LOCAL_HIT;              // Cache meldet Hit                              a0793
                                                                                        a0794
// eine Cache-Zeile                                                                     a0795
reg [29:0]      C_PC[`BTC_SIZE-1:0];                    // Adresse                      a0796
reg             C_KU_MODE[`BTC_SIZE-1:0];               // Kernel/User-Modus            a0797
reg             C_VALID[`BTC_SIZE-1:0];                 // Valid-Bit                    a0798
reg [29:0]      C_TARGET[`BTC_SIZE-1:0];                // Sprungzieladresse            a0799
reg [31:0]      C_DELAYSLOT[`BTC_SIZE-1:0];             // Delay-Slot                   a0800
reg             C_ANNULBIT[`BTC_SIZE-1:0];              // ANNUL-Bit                    a0801
reg [1:0]       C_HIBITS[`BTC_SIZE-1:0];                // History-Bits                 a0802
reg [3:0]       C_CCODE[`BTC_SIZE-1:0];                 // Condition-Code               a0803
                                                                                        a0804
// Hilfsvariable                                                                        a0805
integer         line;                                   // Zeilennummer                 a0806
                                                                                        a0807
// kombinatorische Logik                                                                a0808
assign          HIT = LOCAL_HIT & ~CCLR & ~DS_NOW; // Sprung im BTC                     a0809
                                                                                        a0810
//                                                                                      a0811
// Cache vollstaendig loeschen                                                          a0812
//                                                                                      a0813
```

```
task cache_clear;                                                            a0814
  integer I;                                                                 a0815
begin                                                                        a0816
  for (i=0; i<`BTC_SIZE; i=i+1) begin                                        a0817
    C_PC[i] = 30'bx;                                                         a0818
    C_KU_MODE[i] = 1'bx;                                                     a0819
    C_VALID[i] = 1'b0;                                                       a0820
    C_TARGET[i] = 30'bx;                                                     a0821
    C_DELAYSLOT[i] = 32'bx;                                                  a0822
    C_ANNULBIT[i] = 1'bx;                                                    a0823
    C_HIBITS[i] = 2'bx;                                                      a0824
    C_CCODE[i] = 4'bx;                                                       a0825
  end                                                                        a0826
end                                                                          a0827
endtask                                                                      a0828
                                                                             a0829
always @(negedge nRESET) begin                                               a0830
  while (~nRESET) begin                                                      a0831
    cache_clear;                                                             a0832
    DELAYSLCT = 32'bx;                                                       a0833
    TARGET = 30'bx;                                                          a0834
    CCODE = 4'bx;                                                            a0835
    HIBITS = 2'bx;                                                           a0836
    LOCAL_HIT = 1'b0;                                                        a0837
    ANNUL = 1'bx;                                                            a0838
    ANY_LINE = 4'b0;                                                         a0839
    #1;                                                                      a0840
  end                                                                        a0841
end                                                                          a0842
                                                                             a0843
//                                                                           a0844
// Der Cache wird, wenn dies durch ein gesetztes CCLR-Signal gefordert ist,  a0845
// synchron zur positiven Taktflanke geloescht.                             a0846
//                                                                           a0847
always @(posedge CP)  if (CCLR)  cache_clear;                                a0848
                                                                             a0849
always @(WnR or UPDATE or PC_HIT or                                          a0850
         LPC or KU_MODE or LAST_KU_MODE or JPC or OPCODE or ID_ANNUL or      a0851
         TAKEN or ID_CCODE) begin                                           a0852
  if (WnR) begin                                                            a0853
    if (UPDATE) begin                                                       a0854
      //                                                                    a0855
      // History-Bits aktualisieren                                         a0856
      //                                                                    a0857
      if (LPC_HIT) C_HIBITS[LPC_LINE] = NEW_HIBITS;                         a0858
    end                                                                      a0859
    else begin                                                              a0860
      //                                                                    a0861
      // Neue Zeile in Cache eintragen oder Eintrag fortsetzen (DO_IF=0)     a0862
      //                                                                    a0863
      casez ({DO_IF, INVALID_HIT, KU_HIT})                                  a0864
        3'b100 : NEW_LINE = ANY_LINE;                                       a0865
        3'b101 : NEW_LINE = KU_LINE;                                        a0866
        3'b11? : NEW_LINE = INVALID_LINE;                                   a0867
      endcase                                                                a0868
      C_PC[NEW_LINE] = LPC;                                                  a0869
      C_KU_MODE[NEW_LINE] = LAST_KU_MODE;                                    a0870
      C_VALID[NEW_LINE] = 1'b1;                                             a0871
      C_TARGET[NEW_LINE] = JPC;                                             a0872
      C_DELAYSLOT[NEW_LINE] = OPCODE;                                        a0873
      C_ANNULBIT[NEW_LINE] = ID_ANNUL;                                      a0874
      C_HIBITS[NEW_LINE] = TAKEN ? 2'b11 : 2'b01;                          a0875
      C_CCODE[NEW_LINE] = ID_CCODE;                                         a0876
    end                                                                      a0877
  end                                                                        a0878
  else begin                                                                a0879
    //                                                                      a0880
    // Zeile auslesen                                                       a0881
    //                                                                      a0882
    if (PC_HIT) begin                                                      a0883
      DELAYSLOT = C_DELAYSLOT[PC_LINE];                                     a0884
      TARGET = C_TARGET[PC_LINE];                                          a0885
      CCODE = C_CCODE[PC_LINE];                                            a0886
      HIBITS = C_HIBITS[PC_LINE];                                          a0887
      LOCAL_HIT = 1'b1;                                                    a0888
      ANNUL = C_ANNULBIT[PC_LINE];                                         a0889
    end                                                                      a0890
    else begin                                                             a0891
      DELAYSLOT = 32'bx;                                                   a0892
      TARGET = 30'bx;                                                      a0893
      CCODE = 4'bx;                                                        a0894
      HIBITS = 2'bx;                                                       a0895
```

```verilog
        LOCAL_HIT = 1'b0;                                              a0896
        ANNUL = 1'bx;                                                  a0897
      end                                                             a0898
    end                                                               a0899
  end                                                                 a0900
                                                                      a0901
                                                                      a0902
  //                                                                   a0902
  // Zeile mit LPC suchen                                              a0903
  //                                                                   a0904
  always @(LPC or LAST_KU_MODE or negedge WnR or negedge CCLR) begin   a0905
    LPC_HIT = 1'b0;                                                    a0906
    for (line=0; line<`BTC_SIZE; line=line+1) begin                    a0907
      if (C_VALID[line] && (C_PC[line] == LPC)                         a0908
                        && (C_KU_MODE[line] == LAST_KU_MODE)) begin    a0909
        LPC_LINE = line;                                               a0910
        LPC_HIT = 1'b1;                                                a0911
      end                                                             a0912
    end                                                               a0913
  end                                                                 a0914
                                                                      a0915
  //                                                                   a0916
  // Zeile mit PC suchen                                               a0917
  //                                                                   a0918
  always @(PC or KU_MODE or negedge WnR or negedge CCLR) begin         a0919
    PC_HIT = 1'b0;                                                     a0920
    for (line=0; line<`BTC_SIZE; line=line+1) begin                    a0921
      if (C_VALID[line] &&                                             a0922
          (C_PC[line] == PC) && (C_KU_MODE[line] == KU_MODE)) begin    a0923
        PC_LINE = line;                                                a0924
        PC_HIT = 1'b1;                                                 a0925
      end                                                             a0926
    end                                                               a0927
  end                                                                 a0928
                                                                      a0929
  //                                                                   a0930
  // ungueltige Zeile suchen                                           a0931
  //                                                                   a0932
  always @(negedge WnR or negedge CCLR) begin                         a0933
    INVALID_HIT = 1'b0;                                               a0934
    for (line=0; line<`BTC_SIZE; line=line+1) begin                    a0935
      if (~C_VALID[line] && ~INVALID_HIT) begin                        a0936
        INVALID_LINE = line;                                           a0937
        INVALID_HIT = 1'b1;                                            a0938
      end                                                             a0939
    end                                                               a0940
  end                                                                 a0941
                                                                      a0942
  //                                                                   a0943
  // Zeile mit anderem KU_MODE suchen                                  a0944
  //                                                                   a0945
  always @(LAST_KU_MODE or negedge WnR or negedge CCLR) begin          a0946
    KU_HIT = 1'b0;                                                     a0947
    for (line=0; line<`BTC_SIZE; line=line+1) begin                    a0948
      if (C_VALID[line] && (C_KU_MODE[line] != LAST_KU_MODE) && ~KU_HIT) begin  a0949
        KU_LINE = line;                                                a0950
        KU_HIT = 1'b1;                                                 a0951
      end                                                             a0952
    end                                                               a0953
  end                                                                 a0954
                                                                      a0955
  //                                                                   a0956
  // irgendeine Zeile auswaehlen                                       a0957
  //                                                                   a0958
  always @(negedge WnR) begin                                         a0959
    if (WORK_IF) ANY_LINE = #`DELTA  ANY_LINE + 4'b0011;              a0960
  end                                                                 a0961
                                                                      a0962
endmodule // bcache                                                   a0963
                                                                      a0964
                                                                      a0965
//------------------------------------------------------------------- a0966
//                                                                   a0967
// CDL (Call-Detection-Logik)                                         a0968
//                                                                   a0969
// CALLs werden innerhalb des Caches als nicht genommener unbedingter  a0970
// Sprung gespeichert. Beim Auslesen muss dies erkannt werden, damit   a0971
// erstens der Sprung trotzdem genommen wird und zweitens CALLs        a0972
// aus dem Cache erkannt und der PCU als solche gemeldet werden koennen. a0973
//                                                                   a0974
//------------------------------------------------------------------- a0975
                                                                      a0976
module cdl (TYPE, CCODE, HITAKEN);                                    a0977
```

```verilog
  output       TYPE;                    // 0: BCC; 1: CALL             a0978
  input [3:0]  CCODE;                   // Condition-Code              a0979
  input        HITAKEN;                 // Sprung wurde genommen       a0980
                                                                       a0981
  // Ausgaenge                                                         a0982
  reg          TYPE;                    // 0: BCC; 1: CALL             a0983
                                                                       a0984
  // Eingaenge                                                         a0985
  wire [3:0]   CCODE;                   // Condition-Code              a0986
  wire         HITAKEN;                 // Sprung wurde genommen       a0987
                                                                       a0988
  always @(CCODE or HITAKEN) begin                                    a0989
    casez({CCODE, HITAKEN})                                           a0990
      5'b11110 : TYPE = 1'b1;                                         a0991
      default  : TYPE = 1'b0;                                        a0992
    endcase                                             .             a0993
  end                                                                 a0994
endmodule // cdl                                                      a0995
                                                                      a0996
                                                                      a0997
//-----------------------------------------------------------------  a0998
//                                                                    a0999
// HIL (History-Decision-Logik)                           .          a1000
//                                                                    a1001
// Zustandsuebergangsfunktion, die anhand der History-Bits entscheidet, a1002
// ob der Sprung genommen werden soll oder nicht. Diese heuristische   a1003
// Entscheidung muss getroffen werden, wenn die Flags durch den folgenden a1004
// Befehl, der sich gerade in der IDU befindet, veraendert werden koennten. a1005
// Es gilt folgende Funktion:                                         a1006
//                                                                    a1007
//         HIBITS      HITAKEN                                        a1008
//         --------------------                                       a1009
//         N  (00)     nein (0)                                       a1010
//         N? (01)     nein (0)                                       a1011
//         T? (11)     ja   (1)                                       a1012
//         T  (10)     ja   (1)                                       a1013
//                                                                    a1014
//-----------------------------------------------------------------  a1015
                                                                      a1016
module hil (HITAKEN, HIBITS);                                         a1017
  output       HITAKEN;                 // Sprung wird genommen       a1018
  input [1:0]  HIBITS;                  // History-Bits               a1019
                                                                      a1020
  // Ausgaenge                                                        a1021
  reg          HITAKEN;                 // Sprung wird genommen       a1022
                                                                      a1023
  // Eingaenge                                                        a1024
  wire [1:0]   HIBITS;                  // History-Bits               a1025
                                                                      a1026
  always @(HIBITS) begin                                             a1027
    casez(HIBITS)                                                    a1028
      2'b0? : HITAKEN = 1'b0;                  // N und N?            a1029
      2'b1? : HITAKEN = 1'b1;                  // T und T?            a1030
    endcase                                                          a1031
  end                                                                a1032
endmodule // hil                                                     a1033
                                                                     a1034
                                                                     a1035
//-----------------------------------------------------------------  a1036
//                                                                    a1037
// PCL (Pipeline-Control-Logik)                                       a1038
//                                                                    a1039
// Der BTC arbeitet in zwei Schritten. Jeder Schritt benoetigt einen a1040
// Prozessorschritt. Die Register, die im zweiten Schritt benoetigt werden, a1041
// stellt dieses Modul zur Verfuegung.                               a1042
// Mit dem Signal IGNORE_HIT ist es moeglich, das Speichern eines Hits a1043
// zu verhindern. Dies ist wichtig, wenn nach dem Hit ein Hardware-  a1044
// Interrupt aufgetreten ist. In diesem Fall koennte sonst nach einer a1045
// heuristischen Sprungentscheidung eine Sprungkorrektur durchgefuehrt a1046
// werden, waehrend der Interrupt abgearbeitet wird. Dies waere natuerlich a1047
// voellig fehl am Platz. So wird LAST_HIT auf inaktiv gesetzt, und weder a1048
// eine Sprungkorrektur noch ein Aktualisieren der History-Bits werden a1049
// durchgefuehrt.                                                     a1050
//                                                                    a1051
//-----------------------------------------------------------------  a1052
                                                                     a1053
module pcl (                                                         a1054
    LAST_TARGET, LAST_HIT, LAST_ANNUL,                               a1055
    LAST_HITAKEN, LAST_NEW_FLAGS, LAST_HIBITS, LAST_CCODE, LAST_TYPE, a1056
    TARGET, HIT, ANNUL, HITAKEN, NEW_FLAGS, HIBITS, CCODE,           a1057
    TYPE, IGNORE_HIT, WORK_IF, CP                                    a1058
  );                                                                 a1059
```

```
output [29:0]  LAST_TARGET;        // letztes Sprungziel aus Cache              a1060
output [3:0]   LAST_CCODE;         // letzter Condition-Code aus Cache          a1061
output [1:0]   LAST_HIBITS;        // letzte History-Bits aus Cache             a1062
output         LAST_HIT,           // letzte Adresse im Cache gefunden          a1063
               LAST_ANNUL,         // letztes ANNUL-Bit aus Cache               a1064
               LAST_HITAKEN,       // letzte heuristische Sprungentscheidung    a1065
               LAST_NEW_FLAGS,     // letzte Entscheidung war heuristisch       a1066
               LAST_TYPE;          // letzte Sprungart (0:BCC, 1:CALL)          a1067
input [29:0]   TARGET;             // Sprungziel aus Cache                      a1068
input [3:0]    CCODE;              // Condition-Code aus Cache                  a1069
input [1:0]    HIBITS;             // History-Bits aus Cache                    a1070
input          HIT,                // Adresse im Cache gefunden                 a1071
               ANNUL,              // ANNUL-Bit aus Cache                       a1072
               HITAKEN,            // heuristische Sprungentscheidung           a1073
               NEW_FLAGS,          // heuristische Sprungentscheidung noetig    a1074
               TYPE,               // 0: BCC, 1: CALL                           a1075
               IGNORE_HIT,         // Cache-Hit soll ignoriert werden           a1076
               WORK_IF,            // IF ist aktiviert                          a1077
               CP;                 // Systemtakt                                a1078
                                                                               a1079
// Ausgaenge                                                                    a1080
reg [29:0]     LAST_TARGET;        // letztes Sprungziel aus Cache              a1081
reg [3:0]      LAST_CCODE;         // letzter Condition-Code aus Cache          a1082
reg [1:0]      LAST_HIBITS;        // letzte History-Bits aus Cache             a1083
reg            LAST_HIT,           // letzte Adresse im Cache gefunden          a1084
               LAST_ANNUL,         // letztes ANNUL-Bit aus Cache               a1085
               LAST_HITAKEN,       // letzte heuristische Sprungentscheidung    a1086
               LAST_NEW_FLAGS,     // letzte Entscheidung war heuristisch       a1087
               LAST_TYPE;          // letzte Sprungart (0:BCC, 1:CALL)          a1088
                                                                               a1089
// Eingaenge                                                                    a1090
wire [29:0]    TARGET;             // Sprungziel aus Cache                      a1091
wire [3:0]     CCODE;              // Condition-Code aus Cache                  a1092
wire [1:0]     HIBITS;             // History-Bits aus Cache                    a1093
wire           HIT,                // Adresse im Cache gefunden                 a1094
               ANNUL,              // ANNUL-Bit aus Cache                       a1095
               HITAKEN,            // heuristische Sprungentscheidung           a1096
               NEW_FLAGS,          // heuristische Sprungentscheidung noetig    a1097
               TYPE,               // 0: BCC, 1: CALL                           a1098
               IGNORE_HIT,         // Cache-Hit soll ignoriert werden           a1099
               WORK_IF,            // IF ist aktiviert                          a1100
               CP;                 // Systemtakt                                a1101
                                                                               a1102
always @(posedge CP) begin                                                     a1103
   if (WORK_IF) begin                                                          a1104
     fork                                                                      a1105
        LAST_TARGET     = #`DELTA TARGET;                                      a1106
        LAST_CCODE      = #`DELTA CCODE;                                       a1107
        LAST_HIBITS     = #`DELTA HIBITS;                                      a1108
        LAST_HIT        = #`DELTA HIT & !IGNORE_HIT;                           a1109
        LAST_ANNUL      = #`DELTA ANNUL;                                       a1110
        LAST_HITAKEN    = #`DELTA HITAKEN;                                     a1111
        LAST_NEW_FLAGS  = #`DELTA NEW_FLAGS;                                   a1112
        LAST_TYPE       = #`DELTA TYPE;                                        a1113
     join                                                                      a1114
   end                                                                         a1115
 end                                                                           a1116
endmodule // pcl                                                               a1117
                                                                               a1118
                                                                               a1119
//----------------------------------------------------------------------       a1120
//                                                                             a1121
// BCL (Branch-Correction-Logik)                                               a1122
//                                                                             a1123
// Wenn Sprungentscheidungen heuristisch getroffen werden, weil die Flags      a1124
// noch nicht endgueltig vorgelegen haben, muessen diese eventuell im          a1125
// naechsten Schritt korrigiert werden. Dabei gibt es drei Moeglichkeiten:     a1126
//                                                                             a1127
// 1. Der Sprung wurde genommen, obwohl er nicht genommen werden durfte:       a1128
//                                                                             a1129
//      In diesem Fall muss der PC auf die auf den Delay-Slot folgende         a1130
//      Adresse gesetzt werden. Die IDU muss im naechsten Schritt              a1131
//      abgeschaltet werden, weil der Befehl, der zur Zeit in der IFU ist,     a1132
//      ungueltig ist. Der Delay-Slot wuerde im naechsten Schritt in die       a1133
//      ALU gelangen. War das ANNUL-Bit gesetzt, so muss auch die ALU im       a1134
//      naechsten Schritt abgeschaltet werden.                                 a1135
//                                                                             a1136
// 2. Der Sprung wurde nicht genommen, obwohl er muesste:                      a1137
//                                                                             a1138
//      Dieser Fall erweist sich als etwas komplexer: Der PC muss auf die      a1139
//      Zieladresse des nicht genommenen Sprunges gesetzt werden. War das      a1140
//      ANNUL-Bit bei dem nicht genommenen Sprung gesetzt, so muss der         a1141
```

```
//        Delay-Slot noch ausgefuehrt werden. Der alte Delay-Slot wurde     a1142
//        auch bei einem eventuell gesetzten ANNUL-Bit nicht abgeschaltet,   a1143
//        damit er in diesem Fall nicht reaktiviert werden muss. Eine        a1144
//        Abschaltung der ALU ist demnach nicht noetig.                      a1145
//                                                                           a1146
// 3. Ein Sprung wurde nicht genommen und durfte auch nicht genommen werden: a1147
//                                                                           a1148
//        Um den Delay-Slot im zweiten Fall nicht reaktivieren zu muessen,   a1149
//        wurde er trotz gesetztem ANNUL-Bit nicht abgeschaltet. Da die Ent- a1150
//        scheidung richtig gewesen ist, muss das Abschalten nun nachtraeglich a1151
//        erfolgen. Dazu wird die ALU abgeschaltet, wenn das ANNUL-Bit       a1152
//        gesetzt war (siehe DIS_IDU-Multiplexer).                           a1153
//                                                                           a1154
// Die IDU wird genau dann abgeschaltet, wenn eine Korrektur vorliegt. Daher a1155
// wird kein explizites DIS_IDU-Signal herausgefuehrt. Stattdessen wird      a1156
// extern das CORRECT-Signal verwendet.                                      a1157
//                                                                           a1158
//------------------------------------------------------------------------   a1159
//                                                                           a1160
module bcl (                                                                 a1161
    CORRECT, USE_LAST, DIS_ALU,                                              a1162
    LAST_HIT, LAST_ANNUL, LAST_HITAKEN, LAST_TAKEN, LAST_NEW_FLAGS, LAST_TYPE a1163
    );                                                                       a1164
    output      CORRECT,            // Sprungentscheidung wird korrigiert    a1165
                USE_LAST,           // letzten Delay-Slot und PC benutzen     a1166
                DIS_ALU;            // ALU im naechsten Schritt abschalten    a1167
    input       LAST_HIT,           // letzter Sprung kam aus Cache           a1168
                LAST_ANNUL,         // letztes ANNUL-Bit                      a1169
                LAST_HITAKEN,       // letzte heuristische Sprungentscheidung a1170
                LAST_TAKEN,         // aktuelle Sprungentscheidung            a1171
                LAST_NEW_FLAGS,     // letzte Entscheidung war heuristisch    a1172
                LAST_TYPE;          // letzte Sprungkennung: 0=BCC 1=CALL     a1173
                                                                             a1174
    // Ausgaenge                                                             a1175
    reg         CORRECT,            // Sprungentscheidung wird korrigiert    a1176
                USE_LAST,           // letzten Delay-Slot und PC benutzen     a1177
                DIS_ALU;            // ALU im naechsten Schritt abschalten    a1178
                                                                             a1179
    // Eingaenge                                                             a1180
    wire        LAST_HIT,           // letzter Sprung kam aus Cache           a1181
                LAST_ANNUL,         // letztes ANNUL-Bit                      a1182
                LAST_HITAKEN,       // letzte heuristische Sprungentscheidung a1183
                LAST_TAKEN,         // aktuelle Sprungentscheidung            a1184
                LAST_NEW_FLAGS,     // letzte Entscheidung war heuristisch    a1185
                LAST_TYPE;          // letzte Sprungkennung: 0=BCC 1=CALL     a1186
                                                                             a1187
    always @(LAST_HIT or LAST_NEW_FLAGS or LAST_TYPE or                      a1188
             LAST_ANNUL or LAST_HITAKEN or LAST_TAKEN) begin                 a1189
      if (LAST_HIT && LAST_NEW_FLAGS && !LAST_TYPE) begin                    a1190
        if (LAST_HITAKEN && !LAST_TAKEN) begin      // 1. Fall               a1191
          CORRECT = 1'b1;                                                    a1192
          USE_LAST = 1'b0;                                                   a1193
          DIS_ALU = (LAST_ANNUL ? 1'b1 : 1'b0);                             a1194
        end                                                                  a1195
        else begin                                                           a1196
          if (!LAST_HITAKEN && LAST_TAKEN) begin    // 2. Fall               a1197
            CORRECT = 1'b1;                                                  a1198
            USE_LAST = 1'b1;                                                 a1199
            DIS_ALU = 1'b0;                                                  a1200
          end                                                                a1201
          else begin                                // 3. Fall               a1202
            CORRECT = 1'b0;                                                  a1203
            USE_LAST = 1'b0;                                                 a1204
            DIS_ALU = ((!LAST_TAKEN && LAST_ANNUL) ? 1'b1 : 1'b0);          a1205
          end                                                                a1206
        end                                                                  a1207
      end                                                                    a1208
      else begin                                    // keine Korrektur noetig a1209
        CORRECT = 1'b0;                                                      a1210
        USE_LAST = 1'b0;                                                     a1211
        DIS_ALU = 1'b0;                                                      a1212
      end                                                                    a1213
    end                                                                      a1214
endmodule // bcl                                                             a1215
                                                                             a1216
                                                                             a1217
//------------------------------------------------------------------------   a1218
//                                                                           a1219
// HUL (History-Update-Logik)                                                a1220
//                                                                           a1221
// Zustandsuebergangsfunktion, die aus den alten History-Bits und der        a1222
// neuen Sprungentscheidung die neuen History-Bits ermittelt. Es gilt        a1223
```

```
// dabei folgende Funktion:                                         a1224
//                                                                  a1225
//          LAST_HIBITS      ~TAKEN      TAKEN                       a1226
//          ----------------------------------------               a1227
//          N   (00)         N  (00)     N? (01)                     a1228
//          N? (01)          N  (00)     T  (10)                     a1229
//          T? (11)          N  (00)     T  (10)                     a1230
//          T  (10)          T? (11)     T  (10)                     a1231
//                                                                  a1232
//-----------------------------------------------------------------a1233
//                                                                  a1234
module hul (NEW_HIBITS, LAST_HIBITS, TAKEN);                        a1235
  output [1:0]  NEW_HIBITS;            // neue History-Bits          a1236
  input  [1:0]  LAST_HIBITS;           // alte History-Bits          a1237
  input         TAKEN;                 // Sprung wurde genommen      a1238
                                                                    a1239
  // Ausgaenge                                                       a1240
  reg [1:0]     NEW_HIBITS;            // neue History-Bits          a1241
                                                                    a1242
  // Eingaenge                                                       a1243
  wire [1:0]    LAST_HIBITS;           // alte History-Bits          a1244
  wire          TAKEN;                 // Sprung wurde genommen      a1245
                                                                    a1246
  always @(TAKEN or LAST_HIBITS) begin                              a1247
    casez({TAKEN, LAST_HIBITS})                                     a1248
      3'b00? : NEW_HIBITS = 2'b00;              // N: N->N & N?->N   a1249
      3'b010 : NEW_HIBITS = 2'b11;              // N: T->T?          a1250
      3'b011 : NEW_HIBITS = 2'b00;              // N: T?->N          a1251
      3'b100 : NEW_HIBITS = 2'b01;              // T: N->N?          a1252
      3'b101 : NEW_HIBITS = 2'b10;              // T: N?->T          a1253
      3'b11? : NEW_HIBITS = 2'b10;              // T: T->T & T?->T   a1254
    endcase                                                         a1255
  end                                                               a1256
endmodule // hul                                                    a1257
                                                                    a1258
                                                                    a1259
//-----------------------------------------------------------------a1260
//                                                                  a1261
// MPC (Multi-Purpose-Cache)                                        a1262
//                                                                  a1263
// Cache zum Speichern von Operationen, die aus dem Speicher geholt werden  a1264
// muessen, wenn dieser durch eine Load-, Store- oder Swap-Operation a1265
// blockiert ist.                                                   a1266
//                                                                  a1267
// CONFIG [1:0] = 00 : Cache ist abgeschaltet                       a1268
//                01 : Cache arbeitet im RIB-Mode                   a1269
//                10 : Cache arbeitet im IC-Mode                    a1270
//                11 : reserviert                                   a1271
//                                                                  a1272
//-----------------------------------------------------------------a1273
                                                                    a1274
module mpc (                                                        a1275
    MPC_INSTR, MPC_HIT,                                             a1276
    INSTR, PC, LPC, CONFIG, CCLR, BRANCH, LAST_LDST, LAST_HIT,      a1277
    KU_MODE, LAST_KU_MODE, LAST_NO_ACC, LAST_CORRECTION, WORK_IF,   a1278
    DO_IF, nRESET, CP                                               a1279
);                                                                  a1280
  output [31:0] MPC_INSTR;        // Instruktion, wenn MPC_HIT aktiv a1281
  output        MPC_HIT;          // Adresse im MPC enthalten        a1282
  input  [31:0] INSTR;            // letzte Instruktion              a1283
  input  [29:0] PC,               // aktueller PC                    a1284
                LPC;              // letzter PC                      a1285
  input  [1:0]  CONFIG;           // Cache-Konfiguration             a1286
  input         CCLR,             // Cache loeschen                  a1287
                BRANCH,           // Sprung liegt vor                a1288
                LAST_LDST,        // letzter Speicherzugriff nicht moeglich a1289
                LAST_HIT,         // zuletzt lag Hit vor             a1290
                KU_MODE,          // Kernel/User-Modus               a1291
                LAST_KU_MODE,     // letzter Kernel/User-Modus       a1292
                LAST_NO_ACC,      // kein Speicherzugriff durchgefuehrt a1293
                LAST_CORRECTION,  // letzter Sprung wurde korrigiert a1294
                WORK_IF,          // IF ist aktiviert                a1295
                DO_IF,            // IF ist aktiviert worden          a1296
                nRESET,           // Reset                           a1297
                CP;               // Systemtakt                      a1298
                                                                    a1299
  // Ausgaenge                                                       a1300
  wire [31:0]   MPC_INSTR;        // Instruktion, wenn MPC_HIT aktiv a1301
  wire          MPC_HIT;          // Adresse im MPC enthalten        a1302
                                                                    a1303
  // Eingaenge                                                       a1304
  wire [31:0]   INSTR;            // letzte Instruktion              a1305
```

```
  wire [29:0]    PC,                    // aktueller PC                                a1306
                 LPC;                   // letzter PC                                  a1307
  wire [1:0]     CONFIG;                // Cache-Konfiguration                         a1308
  wire           CCLR,                  // Cache loeschen                              a1309
                 BRANCH,                // Sprung liegt vor                            a1310
                 LAST_LDST,             // letzter Speicherzugriff nicht moeglich      a1311
                 LAST_HIT,              // zuletzt lag Hit vor                         a1312
                 KU_MODE,               // Kernel/User-Modus                           a1313
                 LAST_KU_MODE,          // letzter Kernel/User-Modus                   a1314
                 LAST_NO_ACC,           // kein Speicherzugriff durchgefuehrt          a1315
                 LAST_CORRECTION,       // letzter Sprung wurde korrigiert             a1316
                 WORK_IF,               // IF ist aktiviert                            a1317
                 DO_IF,                 // IF ist aktiviert worden                     a1318
                 nRESET,                // Reset                                       a1319
                 CP;                    // Systemtakt                                  a1320
                                                                                       a1321
  // interne Verdrahtung                                                               a1322
  wire           WnR;                   // Schreib-/Lese-Signal fuer Cache             a1323
                                                                                       a1324
  //                                                                                   a1325
  // Instanzen                                                                         a1326
  //                                                                                   a1327
                                                                                       a1328
  // Instruction-Write-Logik                                                           a1329
  iwl IWL (                                                                            a1330
    WnR, CONFIG, LAST_LDST, LAST_HIT, BRANCH, LAST_NO_ACC,                             a1331
    LAST_CORRECTION, DO_IF, nRESET, CP                                                 a1332
  );                                                                                   a1333
                                                                                       a1334
  // Instruction-Cache                                                                 a1335
  icache ICACHE (                                                                      a1336
    MPC_INSTR, MPC_HIT,                                                                a1337
    INSTR, LPC, PC, KU_MODE, LAST_KU_MODE, WnR, CCLR,                                  a1338
    WORK_IF, DO_IF, nRESET, CP                                                         a1339
  );                                                                                   a1340
endmodule // mpc                                                                       a1341
                                                                                       a1342
                                                                                       a1343
//----------------------------------------------------------------------------        a1344
//                                                                                     a1345
// IWL (Instruction-Write-Logik)                                                       a1346
//                                                                                     a1347
// Schreib-/Leselogik fuer den Instruktions-Cache                                      a1348
//                                                                                     a1349
// CONFIG [1:0] = 00 : Cache ist abgeschaltet                                          a1350
//                01 : Cache arbeitet im RIB-Modus                                     a1351
//                10 : Cache arbeitet im IC-Modus                                      a1352
//                11 : reserviert                                                      a1353
//                                                                                     a1354
//----------------------------------------------------------------------------        a1355
                                                                                       a1356
module iwl (                                                                           a1357
    WnR, CONFIG, LAST_LDST, LAST_HIT, BRANCH, LAST_NO_ACC,                             a1358
    LAST_CORRECTION, DO_IF, nRESET, CP                                                 a1359
  );                                                                                   a1360
  output         WnR;                   // Schreib-/Lesesignal an Cache                a1361
  input [1:0]    CONFIG;                // Konfiguration des Cache                      a1362
  input          LAST_LDST,             // Speicherzugriff zuletzt nicht moeglich      a1363
                 LAST_HIT,              // zuletzt lag ein Hit vor                      a1364
                 BRANCH,                // es liegt ein Sprung vor                      a1365
                 LAST_NO_ACC,           // kein Speicherzugriff durchgefuehrt          a1366
                 LAST_CORRECTION,       // letzter Sprung wurde korrigiert             a1367
                 DO_IF,                 // IF ist aktiviert worden                     a1368
                 nRESET,                // Reset                                       a1369
                 CP;                    // Systemtakt                                  a1370
                                                                                       a1371
  // Ausgaenge                                                                         a1372
  reg            WnR;                   // Schreib-/Lesesignal an Cache                a1373
                                                                                       a1374
  // Eingaenge                                                                         a1375
  wire [1:0]     CONFIG;                // Konfiguration des Cache                      a1376
  wire           LAST_LDST,             // Speicherzugriff zuletzt nicht moeglich      a1377
                 LAST_HIT,              // zuletzt lag ein Hit vor                      a1378
                 BRANCH,                // es liegt ein Sprung vor                      a1379
                 LAST_NO_ACC,           // kein Speicherzugriff durchgefuehrt          a1380
                 LAST_CORRECTION,       // letzter Sprung wurde korrigiert             a1381
                 DO_IF,                 // IF ist aktiviert worden                      a1382
                 nRESET,                // Reset                                       a1383
                 CP;                    // Systemtakt                                  a1384
                                                                                       a1385
  //                                                                                   a1386
  // Reset                                                                             a1387
```

```verilog
  //                                                                      a1388
  always @(negedge nRESET) begin                                         a1389
    while (~nRESET) begin                                                a1390
      WnR = 1'b0;                                                        a1391
      #1;                                                                a1392
    end                                                                  a1393
  end                                                                    a1394
                                                                         a1395
  //                                                                      a1396
  // Schreibphase                                                        a1397
  //                                                                      a1398
  always @(negedge CP) begin                                            a1399
    if (DO_IF) begin                                                     a1400
      if ((~(LAST_LDST & CONFIG==2'b01) | (CONFIG==2'b10))              a1401
           & ~BRANCH & ~LAST_HIT & ~LAST_NO_ACC & ~LAST_CORRECTION)     a1402
        WnR = 1'b1;                                                      a1403
      else WnR = 1'b0;                                                   a1404
    end                                                                  a1405
  end                                                                    a1406
                                                                         a1407
  //                                                                      a1408
  // Lesephase                                                           a1409
  //                                                                      a1410
  always @(posedge CP)  WnR = 1'b0;                                      a1411
endmodule // iwl                                                         a1412
                                                                         a1413
                                                                         a1414
//------------------------------------------------------------------    a1415
//                                                                      a1416
// ICACHE (Instruction-Cache)                                          a1417
//                                                                      a1418
// vollassoziativer Cache zum Speichern von Instruktionen              a1419
//                                                                      a1420
// Es gilt folgende Ersetzungsstrategie: es wird eingetragen in        a1421
//                                                                      a1422
//    1. eine Zeile, bei der PC und KU_MODE korrekt sind, der jeweils andere  a1423
//       Eintrag gueltig ist und der richtige Eintrag unqueltig ist    a1424
//    2. eine Zeile, bei der beide Eintraege unqueltig sind            a1425
//    3. eine Zeile, die einen anderen KU_MODE hat                     a1426
//    4. irgendeine Zeile                                              a1427
//                                                                      a1428
//------------------------------------------------------------------    a1429
                                                                         a1430
module icache (                                                         a1431
    OPCODE_OUT, HIT,                                                    a1432
    OPCODE_IN, LPC, PC, KU_MODE, LAST_KU_MODE, WnR, CCLR,              a1433
    WORK_IF, DO_IF, nRESET, CP                                         a1434
  );                                                                    a1435
  output [31:0] OPCODE_OUT;          // Opcode der gefundenen Instruktion       a1436
  output        HIT;                 // Instruktion wurde gefunden              a1437
  input [31:0]  OPCODE_IN;           // Opcode der einzutragenden Instruktion   a1438
  input [29:0]  LPC,                 // Adresse der einzutragenden Instruktion  a1439
                PC;                  // Adresse der zu suchenden Instruktion    a1440
  input         KU_MODE,             // Kernel/User-Modus                       a1441
                LAST_KU_MODE,        // letzter Kernel/User-Modus               a1442
                WnR,                 // Lese- bzw. Schreiboperation ausfuehren  a1443
                CCLR,                // Cache loeschen                          a1444
                WORK_IF,             // IF ist aktiv                            a1445
                DO_IF,               // IF ist aktiviert worden                 a1446
                nRESET,              // Reset                                   a1447
                CP;                  // Systemtakt                              a1448
                                                                         a1449
  `define MPC_SIZE 16               // Anzahl der Zeilen im Cache              a1450
                                                                         a1451
  // Ausgaenge                                                          a1452
  reg [31:0]    OPCODE_OUT;          // Opcode der gefundenen Instruktion       a1453
  wire          HIT;                 // Instruktion wurde gefunden              a1454
                                                                         a1455
  // Eingaenge                                                          a1456
  wire [31:0]   OPCODE_IN;           // Opcode der einzutragenden Instruktion   a1457
  wire [29:0]   LPC,                 // Adresse der einzutragenden Instruktion  a1458
                PC;                  // Adresse der zu suchenden Instruktion    a1459
  wire          KU_MODE,             // Kernel/User-Modus                       a1460
                LAST_KU_MODE,        // letzter Kernel/User-Modus               a1461
                WnR,                 // Lese- bzw. Schreiboperation ausfuehren  a1462
                CCLR,                // Cache loeschen                          a1463
                WORK_IF,             // IF ist aktiv                            a1464
                DO_IF,               // IF ist aktiviert worden                 a1465
                nRESET,              // Reset                                   a1466
                CP;                  // Systemtakt                              a1467
                                                                         a1468
  // lokale Register                                                    a1469
```

```
reg [31:0]     LOCAL_OPCODE;              // Opcode aus Cache                           a1470
reg [3:0]      PC_LINE,                   // Zeile, in der PC gefunden wurde            a1471
               LPC_LINE,                  // Zeile, in der LPC gefunden wurde           a1472
               INVALID_LINE,             // ungueltige Zeile                            a1473
               KU_LINE,                   // Zeile mit anderem Kernel/User-Modus        a1474
               ANY_LINE;                  // irgendeine Zeile                           a1475
reg            PC_HIT,                    // PC wurde gefunden                          a1476
               LPC_HIT,                   // LPC wurde gefunden                         a1477
               INVALID_HIT,              // ungueltige Zeile wurde gefunden             a1478
               KU_HIT,                    // Zeile mit anderem KU_MODE gefunden         a1479
               LOCAL_HIT,                 // Cache meldet Hit                           a1480
               DELAYED_HIT;               // verzoegerter Hit                           a1481
                                                                                        a1482
// eine Cache-Zeile                                                                     a1483
reg [28:0]     C_PC[`MPC_SIZE-1:0];              // Adresse                             a1484
reg            C_KU_MODE[`MPC_SIZE-1:0];         // Kernel/User-Modus                   a1485
reg            C_VALID1[`MPC_SIZE-1:0];          // Valid-Bit fuer Eintrag 1            a1486
reg [31:0]     C_OPCODE1[`MPC_SIZE-1:0];         // Instruktion 1                       a1487
reg            C_VALID2[`MPC_SIZE-1:0];          // Valid-Bit fuer Eintrag 2            a1488
reg [31:0]     C_OPCODE2[`MPC_SIZE-1:0];         // Instruktion 2                       a1489
                                                                                        a1490
// Hilfsvariable                                                                        a1491
integer        line;                      // Zeilennummer                               a1492
                                                                                        a1493
// kombinatorische Logik                                                                a1494
assign HIT = DELAYED_HIT & ~CCLR; // Instruktion im MPC                                 a1495
                                                                                        a1496
//                                                                                      a1497
// Cache vollstaendig loeschen                                                          a1498
//                                                                                      a1499
task cache_clear;                                                                       a1500
  integer i;                                                                            a1501
begin                                                                                   a1502
  for (i=0; i<`MPC_SIZE; i=i+1) begin                                                   a1503
    C_PC[i] = 29'bx;                                                                    a1504
    C_KU_MODE[i] = 1'bx;                                                                a1505
    C_VALID1[i] = 1'b0;                                                                 a1506
    C_OPCODE1[i] = 32'bx;                                                               a1507
    C_VALID2[i] = 1'b0;                                                                 a1508
    C_OPCODE2[i] = 32'bx;                                                               a1509
  end                                                                                   a1510
end                                                                                     a1511
endtask                                                                                 a1512
                                                                                        a1513
//                                                                                      a1514
// Reset                                                                                a1515
//                                                                                      a1516
always @(negedge nRESET) begin                                                          a1517
  while (~nRESET) begin                                                                 a1518
    cache_clear;                                                                        a1519
    OPCODE_OUT = 32'bx;                                                                 a1520
    DELAYED_HIT = 1'b0;                                                                 a1521
    ANY_LINE = 4'b0;                                                                    a1522
    #1;                                                                                 a1523
  end                                                                                   a1524
end                                                                                     a1525
                                                                                        a1526
//                                                                                      a1527
// Ausgaberegister                                                                      a1528
//                                                                                      a1529
always @(negedge CP) begin                                                              a1530
  if (DO_IF) begin                                                                      a1531
    fork                                                                                a1532
      DELAYED_HIT = #`DELTA LOCAL_HIT;                                                  a1533
      OPCODE_OUT  = #`DELTA LOCAL_OPCODE;                                               a1534
    join                                                                                a1535
  end                                                                                   a1536
end                                                                                     a1537
                                                                                        a1538
always @(posedge CP) begin                                                              a1539
  if (WORK_IF) begin                                                                    a1540
    fork                                                                                a1541
      DELAYED_HIT = #`DELTA 1'b0;                                                       a1542
      OPCODE_OUT  = #`DELTA 32'bx;                                                      a1543
    join                                                                                a1544
  end                                                                                   a1545
end                                                                                     a1546
                                                                                        a1547
//                                                                                      a1548
// Der Cache wird, wenn dies durch ein gesetztes CCLR-Signal gefordert ist,             a1549
// synchron zur positiven Taktflanke geloescht.                                         a1550
//                                                                                      a1551
```

```verilog
always @(posedge CP) if (CCLR) cache_clear;                          a1552
                                                                     a1553
always @(WnR or PC_HIT or LPC or KU_MODE or LAST_KU_MODE             a1554
         or OPCODE_IN) begin                                         a1555
  if (WnR) begin                                                     a1556
    //                                                               a1557
    // Neue Zeile in Cache eintragen                                 a1558
    //                                                               a1559
    casez ({LPC_HIT, INVALID_HIT, KU_HIT})                           a1560
      3'b000 : begin                              // irgendeine Zeile a1561
               C_PC[ANY_LINE] = LPC[29:1];                           a1562
               C_KU_MODE[ANY_LINE] = LAST_KU_MODE;                   a1563
               if (LPC[0]) begin                                     a1564
                 C_VALID1[ANY_LINE] = 1'b1;                          a1565
                 C_OPCODE1[ANY_LINE] = OPCODE_IN;                    a1566
                 C_VALID2[ANY_LINE] = 1'b0;                          a1567
               end                                                   a1568
               else begin                                           a1569
                 C_VALID1[ANY_LINE] = 1'b0;                          a1570
                 C_VALID2[ANY_LINE] = 1'b1;                          a1571
                 C_OPCODE2[ANY_LINE] = OPCODE_IN;                    a1572
               end                                                   a1573
             end                                                     a1574
      3'b001 : begin                              // anderer KU_MODE  a1575
               C_PC[KU_LINE] = LPC[29:1];                            a1576
               C_KU_MODE[KU_LINE] = LAST_KU_MODE;                    a1577
               if (LPC[0]) begin                                     a1578
                 C_VALID1[KU_LINE] = 1'b1;                           a1579
                 C_OPCODE1[KU_LINE] = OPCODE_IN;                     a1580
                 C_VALID2[KU_LINE] = 1'b0;                           a1581
               end                                                   a1582
               else begin                                           a1583
                 C_VALID1[KU_LINE] = 1'b0;                           a1584
                 C_VALID2[KU_LINE] = 1'b1;                           a1585
                 C_OPCODE2[KU_LINE] = OPCODE_IN;                     a1586
               end                                                   a1587
             end                                                     a1588
      3'b01? : begin                              // leere Zeile      a1589
               C_PC[INVALID_LINE] = LPC[29:1];                       a1590
               C_KU_MODE[INVALID_LINE] = LAST_KU_MODE;               a1591
               if (LPC[0]) begin                                     a1592
                 C_VALID1[INVALID_LINE] = 1'b1;                      a1593
                 C_OPCODE1[INVALID_LINE] = OPCODE_IN;                a1594
                 C_VALID2[INVALID_LINE] = 1'b0;                      a1595
               end                                                   a1596
               else begin                                           a1597
                 C_VALID1[INVALID_LINE] = 1'b0;                      a1598
                 C_VALID2[INVALID_LINE] = 1'b1;                      a1599
                 C_OPCODE2[INVALID_LINE] = OPCODE_IN;                a1600
               end                                                   a1601
             end                                                     a1602
      3'b1?? : begin                              // existierende Zeile a1603
               if (LPC[0]) begin                                     a1604
                 C_VALID1[LPC_LINE] = 1'b1;                          a1605
                 C_OPCODE1[LPC_LINE] = OPCODE_IN;                    a1606
               end                                                   a1607
               else begin                                           a1608
                 C_VALID2[LPC_LINE] = 1'b1;                          a1609
                 C_OPCODE2[LPC_LINE] = OPCODE_IN;                    a1610
               end                                                   a1611
             end                                                     a1612
    endcase                                                          a1613
  end                                                                a1614
  else begin                                                         a1615
    //                                                               a1616
    // Zeile auslesen                                                a1617
    //                                                               a1618
    if (PC_HIT) begin                                                a1619
      LOCAL_OPCODE = PC[0] ? C_OPCODE1[PC_LINE] : C_OPCODE2[PC_LINE]; a1620
      LOCAL_HIT = 1'b1;                                              a1621
    end                                                              a1622
    else begin                                                       a1623
      LOCAL_OPCODE = 32'bx;                                          a1624
      LOCAL_HIT = 1'b0;                                              a1625
    end                                                              a1626
  end                                                                a1627
end                                                                  a1628
                                                                     a1629
//                                                                   a1630
// Zeile mit PC suchen                                               a1631
//                                                                   a1632
// In jeder Zeile gibt es zwei Eintraege. Die Zeile wird anhand der 29 a1633
```

```
// hoechstwertigen Bits des PC (PC[29:1]) ermittelt, der jeweilige       a1634
// Eintrag anhand des niedrigstwertigen Bits (PC[0]).                     a1635
//                                                                        a1636
always @(PC or KU_MODE or negedge WnR or negedge CCLR) begin              a1637
  PC_HIT = 1'b0;                                                          a1638
  for (line=0; line<`MPC_SIZE; line=line+1) begin                        a1639
    if ((C_PC[line] == PC[29:1]) &&                                       a1640
        (C_KU_MODE[line] == KU_MODE) &&                                   a1641
        (PC[0] ? C_VALID1[line] : C_VALID2[line])) begin                  a1642
      PC_LINE = line;                                                     a1643
      PC_HIT = 1'b1;                                                      a1644
    end                                                                   a1645
  end                                                                     a1646
end                                                                       a1647
                                                                          a1648
//                                                                        a1649
// Zeile mit LPC suchen                                                   a1650
//                                                                        a1651
// In jeder Zeile gibt es zwei Eintraege. Die Zeile wird anhand der 29    a1652
// hoechstwertigen Bits des LPC (LPC[29:1]) ermittelt, der jeweilige      a1653
// Eintrag anhand des niedrigstwertigen Bits (LPC[0]).                    a1654
// Wenn ein neuer Eintrag erfolgen soll, muss zunaechst geprueft werden,  a1655
// ob nicht vielleicht schon eine Zeile existiert, in die der Opcode      a1656
// eingetragen werden kann. Diese Zeile muss folgende Bedingungen         a1657
// erfuellen:                                                             a1658
//                                                                        a1659
//   - die hoechstwertigen Bits stimmen ueberein (Bit 29 bis Bit 1)       a1660
//   - der KU_MODE ist richtig                                            a1661
//   - der Eintrag in der jeweils anderen Spalte ist gueltig              a1662
//   - der Eintrag in der richtigen Spalte ist ungueltig                  a1663
//                                                                        a1664
always @(LPC or LAST_KU_MODE or negedge WnR or negedge CCLR) begin        a1665
  LPC_HIT = 1'b0;                                                         a1666
  for (line=0; line<`MPC_SIZE; line=line+1) begin                        a1667
    if ((C_PC[line] == LPC[29:1]) &&                                      a1668
        (C_KU_MODE[line] == LAST_KU_MODE) &&                             a1669
        (LPC[0] ? C_VALID2[line] : C_VALID1[line])) begin                 a1670
      LPC_LINE = line;                                                    a1671
      LPC_HIT = 1'b1;                                                     a1672
    end                                                                   a1673
  end                                                                     a1674
end                                                                       a1675
                                                                          a1676
//                                                                        a1677
// ungueltige Zeile suchen                                                a1678
//                                                                        a1679
// Es wird eine Zeile gesucht, bei der keiner der beiden Eintraege gueltig a1680
// ist, d.h. eine leere Zeile.                                            a1681
//                                                                        a1682
always @(negedge WnR or negedge CCLR) begin                               a1683
  INVALID_HIT = 1'b0;                                                     a1684
  for (line=0; line<`MPC_SIZE; line=line+1) begin                        a1685
    if (!C_VALID1[line] && !C_VALID2[line] && !INVALID_HIT) begin         a1686
      INVALID_LINE = line;                                                a1687
      INVALID_HIT = 1'b1;                                                 a1688
    end                                                                   a1689
  end                                                                     a1690
end                                                                       a1691
                                                                          a1692
//                                                                        a1693
// Zeile mit anderem KU_MODE suchen                                       a1694
//                                                                        a1695
always @(LAST_KU_MODE or negedge WnR or CCLR) begin                       a1696
  KU_HIT = 1'b0;                                                          a1697
  for (line=0; line<`MPC_SIZE; line=line+1) begin                        a1698
    if ((C_KU_MODE[line] != LAST_KU_MODE) && !KU_HIT) begin               a1699
      KU_LINE = line;                                                     a1700
      KU_HIT = 1'b1;                                                      a1701
    end                                                                   a1702
  end                                                                     a1703
end                                                                       a1704
                                                                          a1705
//                                                                        a1706
// irgendeine Zeile auswaehlen                                            a1707
//                                                                        a1708
always @(negedge WnR) begin                                               a1709
  if (ANY_LINE + 4'b0011 >= `MPC_SIZE) ANY_LINE = #`DELTA 4'b0000;        a1710
  else                                  ANY_LINE = #`DELTA ANY_LINE + 4'b0011; a1711
end                                                                       a1712
endmodule // icache                                                       a1713
                                                                          a1714
                                                                          a1715
```

```verilog
//--------------------------------------------------------------------------   a1716
//                                                                             a1717
// BDL (Branch-Decision-Logik)                                                 a1718
//                                                                             a1719
// Die Flags werden auf den angegebenen Condition-Code hin geprueft, und       a1720
// BDL_TAKEN wird entsprechend gesetzt.                                        a1721
//                                                                             a1722
//--------------------------------------------------------------------------   a1723
//                                                                             a1724
module bdl (BDL_TAKEN, FLAGS, CCODE);                                          a1725
    output        BDL_TAKEN;              // zeigt an, ob Bedingung zutrifft    a1726
    input [3:0]   FLAGS;                  // Flags, nach denen entschieden wird a1727
    input [3:0]   CCODE;                  // Condition-Code                     a1728
                                                                               a1729
    // Ausgaenge                                                               a1730
    reg           BDL_TAKEN;              // zeigt an, ob Bedingung zutrifft    a1731
                                                                               a1732
    // Eingaenge                                                               a1733
    wire [3:0]    FLAGS;                  // Flags, nach denen entschieden wird a1734
    wire [3:0]    CCODE;                  // Condition-Code                     a1735
                                                                               a1736
    // interne Verdrahtung                                                     a1737
    wire          NFLAG = FLAGS[3],    // negativ                              a1738
                  ZFLAG = FLAGS[2],    // Null                                 a1739
                  VFLAG = FLAGS[1],    // Ueberlauf                            a1740
                  CFLAG = FLAGS[0];    // Uebertrag                            a1741
                                                                               a1742
    always @(FLAGS or CCODE) begin                                            a1743
      case(CCODE)                                                              a1744
        `MISC_BCC_GT: BDL_TAKEN = (~((NFLAG ^ VFLAG) |  ZFLAG));              a1745
        `MISC_BCC_LE: BDL_TAKEN = ( ((NFLAG ^ VFLAG) |  ZFLAG));              a1746
        `MISC_BCC_GE: BDL_TAKEN = ( ~(NFLAG ^ VFLAG) |  ZFLAG);              a1747
        `MISC_BCC_LT: BDL_TAKEN = (  (NFLAG ^ VFLAG) & ~ZFLAG);              a1748
        `MISC_BCC_HI: BDL_TAKEN =  (~(CFLAG | ZFLAG));                        a1749
        `MISC_BCC_LS: BDL_TAKEN =   (CFLAG | ZFLAG);                          a1750
        `MISC_BCC_PL: BDL_TAKEN =    (~NFLAG);                                a1751
        `MISC_BCC_MI: BDL_TAKEN =    ( NFLAG);                                a1752
        `MISC_BCC_NE: BDL_TAKEN =    (~ZFLAG);                                a1753
        `MISC_BCC_EQ: BDL_TAKEN =    ( ZFLAG);                                a1754
        `MISC_BCC_VC: BDL_TAKEN =    (~VFLAG);                                a1755
        `MISC_BCC_VS: BDL_TAKEN =    ( VFLAG);                                a1756
        `MISC_BCC_CC: BDL_TAKEN =    (~CFLAG);                                a1757
        `MISC_BCC_CS: BDL_TAKEN =    ( CFLAG);                                a1758
        `MISC_BCC_T:  BDL_TAKEN = 1'b1;                                       a1759
        `MISC_BCC_F:  BDL_TAKEN = 1'b0;                                       a1760
        default:      BDL_TAKEN = 1'b0;                                       a1761
      endcase                                                                  a1762
    end                                                                        a1763
endmodule // bdl                                                               a1764
                                                                               a1765
                                                                               a1766
//--------------------------------------------------------------------------   a1767
//                                                                             a1768
// PCC (Program-Counter-Calculator)                                            a1769
//                                                                             a1770
// Hier wird der Last-PC verwaltet. Ausserdem erzeugt der Modul verschiedene   a1771
// Offsets von PC und LPC.                                                     a1772
//                                                                             a1773
//--------------------------------------------------------------------------   a1774
//                                                                             a1775
module pcc (                                                                   a1776
    PC, LPC, JPC, PC_1, PC_2, LPC_2,                                          a1777
    NEW_PC, CPC, DIST, TYPE, SHIFT, CP                                        a1778
    );                                                                         a1779
    output [29:0] PC,                     // aktueller PC                       a1780
                  LPC,                    // Last-PC                            a1781
                  JPC,                    // Zieladresse bei Sprung             a1782
                  PC_1,                   // PC+1                               a1783
                  PC_2,                   // PC+2                               a1784
                  LPC_2;                  // LPC+2                              a1785
    input [29:0]  NEW_PC,                 // Program-Counter (IFU_ADDR_BUS)     a1786
                  CPC;                    // Zieladresse bei CALL                a1787
    input [18:0]  DIST;                   // Sprungweite bei BCC                a1788
    input         TYPE,                   // Sprungart (CALL oder BCC)          a1789
                  SHIFT,                  // PC-Pipeline weiterschieben         a1790
                  CP;                     // Systemtakt                         a1791
                                                                               a1792
    // Ausgaenge                                                               a1793
    reg [29:0]    PC,                     // aktueller PC                       a1794
                  LPC,                    // Last-PC                            a1795
                  JPC,                    // Zieladresse bei Sprung             a1796
                  PC_1,                   // PC+1                               a1797
```

```
                     PC_2,                     // PC+2                          a1798
                     LPC_2;                                                     a1799
                                                                               a1800
      // Eingaenge                                                              a1801
      wire [29:0]    NEW_PC,                   // neuer Program-Counter (IFU_ADDR_BUS)  a1802
                     CPC;                       // Zieladresse bei CALL          a1803
      wire [18:0]    DIST;                      // Sprungweite bei BCC           a1804
      wire           TYPE,                      // Sprungart (CALL oder BCC)     a1805
                     SHIFT,                     // PC-Pipeline weiterschieben    a1806
                     CP;                        // Systemtakt                    a1807
                                                                               a1808
      always @(posedge CP) begin                                               a1809
        if (SHIFT) begin                                                       a1810
          fork                                                                 a1811
            LPC = #`DELTA PC;                                                  a1812
            PC  = #`DELTA NEW_PC;.                                             a1813
          join                                                                 a1814
        end                                                                    a1815
      end                                                                      a1816
                                                                               a1817
      always @(PC) begin                                                       a1818
        fork                                                                   a1819
          PC_1 = #`DELTA PC + 30'b01;                                          a1820
          PC_2 = #`DELTA PC + 30'b10;                                          a1821
        join                                                                   a1822
      end                                                                      a1823
                                                                               a1824
      always @(LPC) LPC_2 = #`DELTA LPC + 30'b10;                              a1825
                                                                               a1826
      always @(TYPE or CPC or LPC or DIST) begin                              a1827
        JPC = (TYPE ? CPC : LPC + {{11{DIST[18]}}, DIST});                     a1828
      end                                                                      a1829
endmodule // pcc                                                              a1830
                                                                               a1831
                                                                               a1832
//------------------------------------------------------------------------------  a1833
//                                                                              a1834
// PDL (Pipeline-Disable-Logik)                                                 a1835
//                                                                              a1836
// IDU und ALU muessen in bestimmten Situationen abgeschaltet werden.           a1837
// Dieser Modul ist dafuer zustaendig.                                          a1838
//                                                                              a1839
//------------------------------------------------------------------------------  a1840
                                                                               a1841
module pdl (                                                                   a1842
    DIS_IDU, DIS_ALU,                                                          a1843
    MPC_HIT, BTC_HIT, BTC_CORRECT, BTC_DIS_IDU, BTC_DIS_ALU, NO_ACC,           a1844
    BRANCH, ANNUL, TAKEN                                                       a1845
);                                                                            a1846
    output         DIS_IDU,                    // IDU abschalten               a1847
                   DIS_ALU;                    // ALU abschalten               a1848
    input          MPC_HIT,                    // Hit im MPC                   a1849
                   BTC_HIT,                    // Hit im BTC                   a1850
                   BTC_CORRECT,                // BTC will Sprung korriqieren   a1851
                   BTC_DIS_IDU,                // BTC moechte IDU abschalten    a1852
                   BTC_DIS_ALU,                // BTC moechte ALU abschalten    a1853
                   NO_ACC,                     // Fetch nicht moeglich          a1854
                   BRANCH,                     // Sprung liegt vor              a1855
                   ANNUL,                      // ANNUL-Bit ist gesetzt         a1856
                   TAKEN;                      // Sprung soll genommen werden   a1857
                                                                               a1858
    // Ausgaenge                                                               a1859
    reg            DIS_IDU;                    // IDU abschalten               a1860
    wire           DIS_ALU;                    // ALU abschalten               a1861
                                                                               a1862
    // Eingaenge                                                               a1863
    wire           MPC_HIT,                    // Hit im MPC                   a1864
                   BTC_HIT,                    // Hit im BTC                   a1865
                   BTC_CORRECT,                // BTC will Sprung korrigieren   a1866
                   BTC_DIS_IDU,                // BTC moechte IDU abschalten    a1867
                   BTC_DIS_ALU,                // BTC moechte ALU abschalten    a1868
                   NO_ACC,                     // Fetch nicht moeglich          a1869
                   BRANCH,                     // Sprung liegt vor              a1870
                   ANNUL,                      // ANNUL-Bit ist gesetzt         a1871
                   TAKEN;                      // Sprung soll genommen werden   a1872
                                                                               a1873
    // kombinatorische Logik                                                   a1874
    assign         DIS_ALU = BTC_DIS_ALU; // ALU auf Wunsch vom BTC abschalten a1875
                                                                               a1876
    always @(MPC_HIT or BTC_HIT or BTC_CORRECT or BTC_DIS_IDU or NO_ACC        a1877
             or BRANCH or ANNUL or TAKEN) begin                               a1878
      casez({MPC_HIT, BTC_HIT, BTC_CORRECT, BTC_DIS_IDU, NO_ACC,              a1879
```

```
          BRANCH, ANNUL, TAKEN))                                         a1880
     8'b000?00?? : DIS_IDU = 1'b0;    // normaler Befehl                  a1881
     8'b000?010? : DIS_IDU = 1'b0;    // Sprung, ANNUL-Bit nicht gesetzt  a1882
     8'b000?0110 : DIS_IDU = 1'b1;    // nicht genommener Sprung, ANNUL-Bit a1883
     8'b000?0111 : DIS_IDU = 1'b0;    // genommener Sprung, ANNUL-Bit     a1884
     8'b000?1??? : DIS_IDU = 1'b1;    // kein Speicherzugriff moeglich    a1885
     8'b100??0?? : DIS_IDU = 1'b0;    // MPC-Hit                          a1886
     8'b100??10? : DIS_IDU = 1'b0;    // MPC-Hit, Sprung, kein ANNUL-Bit  a1887
     8'b100??110 : DIS_IDU = 1'b1;    // MPC-Hit, nicht gen. Sprung, ANNUL-Bit a1888
     8'b100??111 : DIS_IDU = 1'b0;    // MPC-Hit, genommener Sprung, ANNUL-Bit a1889
     8'b??10???? : DIS_IDU = 1'b0;    // BTC korrigiert Sprung            a1890
     8'b??11???? : DIS_IDU = 1'b1;    // BTC korrigiert Sprung            a1891
     8'b?100???? : DIS_IDU = 1'b0;    // BTC hat Hit                      a1892
     8'b?101???? : DIS_IDU = 1'b1;    // BTC hat Hit                      a1893
     default     : DIS_IDU = 1'b0;                                        a1894
   endcase                                                                a1895
 end                                                                      a1896
endmodule // pdl                                                          a1897
                                                                         a1898
                                                                         a1899
//-------------------------------------------------------------------   a1900
//                                                                       a1901
// IDL (Instruction-Decode-Logik)                                        a1902
//                                                                       a1903
// Im auf den Fetch folgende Step muss die Instruktion dekodiert werden, um a1904
// festzustellen, ob es sich um einen Sprung (BCC oder CALL) handelt. Dieser a1905
// Modul liefert die Instruktion, das Sprungziel bei einem CALL, die Sprung- a1906
// distanz, den Condition-Code und das ANNUL-Bit bei einem BCC und die Infor- a1907
// mation, ob es sich um einen Sprung handelt und wenn ja um welche Art von a1908
// Sprung (CALL oder BCC). Ausserdem wird gemeldet, ob die letzte dekodierte a1909
// Instruktion ein Sprung war. Dies ist noetig, um Spruenge im Delay-Slot er- a1910
// kennen und eine Exception ausloesen zu koennen. Als Sprung wird hier auch a1911
// ein Software-Interrupt angesehen.                                     a1912
//                                                                       a1913
//-------------------------------------------------------------------   a1914
                                                                         a1915
module idl (                                                             a1916
    ID_INSTR, ID_CPC, ID_DIST, ID_CCODE,                                 a1917
    ID_ANNUL, ID_BRANCH, ID_LAST_BRANCH, ID_TYPE,                        a1918
    ID_CTR, ID_LAST_CTR,                                                 a1919
    INSTR, EMERG_FETCH, SHIFT, WORK_IF, WORK_FD, nRESET, CP             a1920
);                                                                       a1921
    output [31:0] ID_INSTR;           // letzte Instruktion               a1922
    output [29:0] ID_CPC;             // Sprungziel bei CALL              a1923
    output [18:0] ID_DIST;            // Sprungdistanz bei BCC            a1924
    output [3:0]  ID_CCODE;           // Condition-Code (CALL=BT)         a1925
    output        ID_ANNUL,           // ANNUL-Bit                        a1926
                  ID_BRANCH,          // ein Sprung liegt vor             a1927
                  ID_LAST_BRANCH,     // ein Sprung lag vor               a1928
                  ID_TYPE,            // BCC oder CALL                    a1929
                  ID_CTR,             // ein Software-Interrupt liegt vor a1930
                  ID_LAST_CTR;        // ein Software-Interrupt lag vor   a1931
    input [31:0]  INSTR;              // Instruktion vom Datenbus         a1932
    input         EMERG_FETCH,        // extern verursachter Sprung liegt vor a1933
                  SHIFT,              // interne Pipeline weiterschieben  a1934
                  WORK_IF,            // IF ist aktiviert                 a1935
                  WORK_FD,            // FD ist aktiviert                 a1936
                  nRESET,             // Reset                            a1937
                  CP;                 // Systemtakt                       a1938
                                                                         a1939
    // Ausgaenge                                                          a1940
    reg [31:0]    ID_INSTR;           // letzte Instruktion               a1941
    reg [29:0]    ID_CPC;             // Sprungziel bei CALL              a1942
    reg [18:0]    ID_DIST;            // Sprungdistanz bei BCC            a1943
    reg [3:0]     ID_CCODE;           // Condition-Code (CALL=BT)         a1944
    reg           ID_ANNUL,           // ANNUL-Bit                        a1945
                  ID_BRANCH,          // ein Sprung liegt vor             a1946
                  ID_LAST_BRANCH,     // ein Sprung lag vor               a1947
                  ID_TYPE,            // BCC oder CALL                    a1948
                  ID_CTR,             // ein Software-Interrupt liegt vor a1949
                  ID_LAST_CTR;        // ein Software-Interrupt lag vor   a1950
                                                                         a1951
    // Eingaenge                                                          a1952
    wire [31:0]   INSTR;              // Instruktion vom Datenbus         a1953
    wire          EMERG_FETCH,        // extern verursachter Sprung liegt vor a1954
                  SHIFT,              // interne Pipeline weiterschieben  a1955
                  WORK_IF,            // IF ist aktiviert                 a1956
                  WORK_FD,            // FD ist aktiviert                 a1957
                  nRESET,             // Reset                            a1958
                  CP;                 // Systemtakt                       a1959
                                                                         a1960
    // interne Register                                                   a1961
```

```verilog
   reg           ID_ENABLE;              // Dekodiereinheit ist eingeschaltet    a1962
                                                                                 a1963
   //                                                                            a1964
   // IDL initialisieren                                                         a1965
   //                                                                            a1966
   always @(negedge nRESET) begin                                               a1967
     while (~nRESET) begin                                                      a1968
       ID_BRANCH = 1'b0;                                                        a1969
       ID_LAST_BRANCH = 1'b0;                                                   a1970
       ID_CTR = 1'b0;                                                           a1971
       ID_LAST_CTR = 1'b0;                                                      a1972
       ID_ENABLE = 1'b0;                                                        a1973
       #1;                                                                      a1974
     end                                                                        a1975
   end                                                                          a1976
                                                                                 a1977
   //                                                                            a1978
   // Statusregister setzen                                                      a1979
   //                                                                            a1980
   // ID_LAST_BRANCH und ID_LAST_CTR dienen zur Erkennung von Spruengen          a1981
   // im Delay-Slot.                                                             a1982
   //                                                                            a1983
   always @(posedge CP) begin                                                   a1984
     if (WORK_FD & SHIFT) begin                                                 a1985
       fork                                                                      a1986
         ID_LAST_BRANCH = #`DELTA ID_BRANCH;                                    a1987
         ID_LAST_CTR = #`DELTA ID_CTR;                                          a1988
       join                                                                      a1989
     end                                                                        a1990
   end                                                                          a1991
                                                                                 a1992
   //                                                                            a1993
   // Eingangsregister                                                           a1994
   //                                                                            a1995
   // Zur positiven Taktflanke wird die Instruktion INSTR in ein internes        a1996
   // Register ID_INSTR uebernommen, damit die Dekodierung ueber den ganzen      a1997
   // Takt stabil bleibt.                                                        a1998
   //                                                                            a1999
   always @(posedge CP)  if (WORK_FD)  ID_INSTR = #`DELTA INSTR;                a2000
                                                                                 a2001
   // Abschaltung der Dekodierung                                                a2002
   //                                                                            a2003
   // Ein Emergency-Fetch kann auch im Delay-Slot eines Sprunges auftreten.      a2004
   // In diesem Fall muss die IDL abgeschaltet werden, weil mit dem Sprung       a2005
   // nach dem Interrupt wieder aufgesetzt wird. Die IDL darf erst dann          a2006
   // wieder eingeschaltet werden, wenn SHIFT gesetzt ist.                       a2007
   //                                                                            a2008
   always @(posedge CP) begin                                                   a2009
     if (WORK_IF) begin                                                         a2010
       casez({EMERG_FETCH, SHIFT})                                              a2011
         2'b00   : ;                                                            a2012
         2'b01   : ID_ENABLE = #`DELTA 1'b1;                                    a2013
         2'b1?   : ID_ENABLE = #`DELTA 1'b0;                                    a2014
         default : ;                                                            a2015
       endcase                                                                   a2016
     end                                                                        a2017
   end                                                                          a2018
                                                                                 a2019
   //                                                                            a2020
   // Dekodierung                                                                a2021
   //                                                                            a2022
   // Sobald sich die im internen Register gespeicherte Instruktion aendert,     a2023
   // wird eine neue Dekodierung vorgenommen. Dabei wird erkannt, ob es sich     a2024
   // um einen Sprung (ID_BRANCH=1) handelt und wenn ja, um welchen Sprung       a2025
   // (BCC: ID_TYPE=0; CALL: ID_TYPE=1). Ausserdem werden Condition-Code,        a2026
   // ANNUL-Bit, Sprungdistanz und die Sprungadresse im Falle eines CALLs        a2027
   // ermittelt. ID_CTR wird auf 1 gesetzt, wenn es sich um einen Software-      a2028
   // Interrupt (SWI) , einen Return-from-Interrupt (RETI) oder einen           a2029
   // Schreibbefehl in den Programcounter (SRIS %PC) handelt.                    a2030
   //                                                                            a2031
   always @(ID_ENABLE or ID_INSTR) begin                                        a2032
     casez({ID_ENABLE, ID_INSTR[31:19]})                                        a2033
       14'b1111111100?????: begin                     // BCC                    a2034
                            ID_BRANCH = 1'b1;                                    a2035
                            ID_TYPE = 1'b0;                                      a2036
                            ID_CCODE = ID_INSTR[22:19];                          a2037
                            ID_ANNUL = ID_INSTR[23];                             a2038
                            ID_DIST = ID_INSTR[18:0];                            a2039
                            ID_CPC = 30'bx;                                      a2040
                            ID_CTR = 1'b0;                                       a2041
                          end                                                    a2042
       14'b110??????????? : begin                     // CALL                   a2043
```

```
                          ID_BRANCH = 1'b1;                                       a2044
                          ID_TYPE = 1'b1;                                         a2045
                          ID_CCODE = `MISC_BCC_T;                                 a2046
                          ID_ANNUL = 1'b0;                                        a2047
                          ID_DIST = 19'bx;                                        a2048
                          ID_CPC = ID_INSTR[29:0];                               a2049
                          ID_CTR = 1'b0;                                          a2050
                        end                                                       a2051
        14'b1111111101????? : begin                       // SWI                  a2052
                          ID_BRANCH = 1'b0;                                       a2053
                          ID_TYPE = 1'bx;                                         a2054
                          ID_CCODE = 4'bx;                                        a2055
                          ID_ANNUL = 1'bx;                                        a2056
                          ID_DIST = 19'bx;                                        a2057
                          ID_CPC = 30'bx;                                         a2058
                          ID_CTR = 1'b1;                                          a2059
                        end                                                       a2060
        14'b1111111110????? : begin                       // RETI                 a2061
                          ID_BRANCH = 1'b0;                                       a2062
                          ID_TYPE = 1'bx;                                         a2063
                          ID_CCODE = 4'bx;                                        a2064
                          ID_ANNUL = 1'bx;                                        a2065
                          ID_DIST = 19'bx;                                        a2066
                          ID_CPC = 30'bx;                                         a2067
                          ID_CTR = 1'b1;                                          a2068
                        end                                                       a2069
        14'b1111101011?0000 : begin                       // SRIS %PC             a2070
                          ID_BRANCH = 1'b0;                                       a2071
                          ID_TYPE = 1'bx;                                         a2072
                          ID_CCODE = 4'bx;                                        a2073
                          ID_ANNUL = 1'bx;                                        a2074
                          ID_DIST = 19'bx;                                        a2075
                          ID_CPC = 30'bx;                                         a2076
                          ID_CTR = 1'b1;                                          a2077
                        end                                                       a2078
        default: begin                                    // sonstige Instruktion a2079
                    ID_BRANCH = 1'b0;                                             a2080
                    ID_TYPE = 1'bx;                                               a2081
                    ID_CCODE = 4'bx;                                              a2082
                    ID_ANNUL = 1'bx;                                              a2083
                    ID_DIST = 19'bx;                                              a2084
                    ID_CPC = 30'bx;                                               a2085
                    ID_CTR = 1'b0;                                                a2086
                end                                                               a2087
      endcase                                                                     a2088
    end                                                                           a2089
endmodule // idl                                                                  a2090
                                                                                  a2091
                                                                                  a2092
//--------------------------------------------------------------------------      a2093
//                                                                                a2094
// SMC (Serial-Mode-Controller)                                                   a2095
//                                                                                a2096
// Die IFU kann neben dem "normalen" parallelen Modus auch im seriellen Modus     a2097
// betrieben werden. "Seriell" und "parallel" beziehen sich dabei auf den        a2098
// Cache- und Speicherzugriff. Im parallelen Modus wird gleichzeitig auf Cache   a2099
// und Speicher zugegriffen. Im Falle eines Cache-Hits wird der Speicherzugriff  a2100
// mittels BREAK_MEM_ACCESS abgebrochen. Diese unnoetige Busbelastung soll       a2101
// durch den seriellen Modus vermieden werden: hier wird zuerst im Cache nachge- a2102
// sehen, ob die gewuenschte Instruktion dort gespeichert ist. Wurde kein Hit    a2103
// gemeldet, wird erst im naechsten Takt der Fetch eingeleitet.                   a2104
//                                                                                a2105
// Da das Verhalten der IFU fuer den Fall des Nur-Cache-Zugriffs mit einer       a2106
// Belegung des Busses durch die MAU (Memory-Access-Unit) identisch ist, wird    a2107
// genau dieser Fall mit dem NO_FETCH-Signal "vorgetaeuscht".                     a2108
// Diese "Taeuschung" muss lediglich beachtet werden, wenn der MPC im RIB-Modus  a2109
// arbeitet. Die Instruktion darf nur dann eingetragen werden, wenn die          a2110
// Speicherblockierung nicht kuenstlich modelliert wurde.                        a2111
//                                                                                a2112
//--------------------------------------------------------------------------      a2113
                                                                                  a2114
module smc (NO_FETCH, HIT, SERIAL_MODE, WORK_IF, nRESET, CP);                     a2115
   output       NO_FETCH;              // IFU soll nicht fetchen                   a2116
   input        HIT,                   // Instruktion vom Datenbus                 a2117
                SERIAL_MODE,           // serieller Modus ist aktiviert            a2118
                WORK_IF,               // IF ist aktiviert                         a2119
                nRESET,                // Reset                                    a2120
                CP;                    // Systemtakt                               a2121
                                                                                  a2122
   // Ausgaenge                                                                    a2123
   wire         NO_FETCH;              // IFU soll nicht fetchen                   a2124
                                                                                  a2125
```

```verilog
// Eingaenge                                                              a2126
wire            HIT,                  // Instruktion vom Datenbus         a2127
                SERIAL_MODE,          // serieller Modus ist aktiviert    a2128
                WORK_IF,              // IF ist aktiviert                 a2129
                nRESET,               // Reset                            a2130
                CP;                   // Systemtakt                       a2131
                                                                         a2132
// interne Register                                                       a2133
reg             SM_NO_FETCH;          // internes NO_FETCH                a2134
                                                                         a2135
//                                                                        a2136
// kombinatorische Logik                                                  a2137
//                                                                        a2138
// im seriellen Mode pruefen, ob Fetch noetig ist                         a2139
//                                                                        a2140
assign NO_FETCH = SERIAL_MODE ? (SM_NO_FETCH | HIT) : 1'b0;               a2141
                                                                         a2142
//                                                                        a2143
// Reset                                                                  a2144
//                                                                        a2145
always @(negedge nRESET) begin                                           a2146
  while (~nRESET) begin                                                   a2147
    SM_NO_FETCH = 1'b0;                                                   a2148
    #1;                                                                   a2149
  end                                                                     a2150
end                                                                       a2151
                                                                         a2152
//                                                                        a2153
// mit jedem Step wird abwechselnd ein Speicherzugriff oder ein           a2154
// Nur-Cache-Zugriff geschaltet                                           a2155
//                                                                        a2156
always @(posedge CP) begin                                               a2157
  if (WORK_IF) begin                                                      a2158
    SM_NO_FETCH = #`DELTA (~SM_NO_FETCH & ~HIT);                          a2159
  end                                                                     a2160
end                                                                       a2161
endmodule // smc                                                          a2162
                                                                         a2163
                                                                         a2164
//------------------------------------------------------------------------ a2165
//                                                                        a2166
// EPL (External-PC-Logik)                                                 a2167
//                                                                        a2168
// Die IFU kann durch die PCU (Pipeline-Control-Unit) durch das USE_PCU_PC- a2169
// Signal dazu veranlasst werden, direkt zu einer am PC_BUS anliegenden    a2170
// Adresse zu springen. Dies ist z.B. noetig bei einem SRIS mit dem PC als a2171
// Zielregister, einem Interrupt oder einem RETI. Da bei einem SRIS der Sprung a2172
// nicht sofort ausgefuehrt werden muss, wenn z.B. wegen des seriellen Modus a2173
// oder eines Speicherzugriffs durch die MAU (Memory-Access-Unit) der Fetch a2174
// nicht abgeschlossen werden konnte, ist es notwendig, dass die anliegende a2175
// Adresse bis zum Ende des Steps gespeichert wird. Dafuer ist dieses Modul a2176
// zustaendig.                                                            a2177
// Erfolgt nach Sicherung der Sprungadresse ein weiterer zu verzoegernder oder a2178
// unmittelbar auszufuehrender Sprung, wird die alte Adresse im ersten Fall a2179
// ueberschrieben und im zweiten verworfen.                               a2180
//                                                                        a2181
//------------------------------------------------------------------------ a2182
                                                                         a2183
module epl (                                                             a2184
    LAST_PC_BUS, LAST_USE_PCU_PC,                                         a2185
    PC_BUS, USE_PCU_PC, SHIFT, WORK_IF, nRESET, CP                        a2186
);                                                                       a2187
output [29:0] LAST_PC_BUS;          // letzter PC von PCU                a2188
output        LAST_USE_PCU_PC;      // letzten PC von PCU benutzen        a2189
input  [29:0] PC_BUS;               // PC von PCU                        a2190
input         USE_PCU_PC,           // PC von PCU benutzen               a2191
              SHIFT,                // Register weiterschieben (STEP)     a2192
              WORK_IF,              // IF ist aktiviert                  a2193
              nRESET,               // Reset                            a2194
              CP;                   // Systemtakt                       a2195
                                                                         a2196
// Ausgaenge                                                              a2197
reg [29:0]    LAST_PC_BUS;          // letzter PC von PCU                a2198
reg           LAST_USE_PCU_PC;      // letzten PC von PCU benutzen        a2199
                                                                         a2200
// Eingaenge                                                              a2201
wire [29:0]   PC_BUS;               // PC von PCU                        a2202
wire          USE_PCU_PC,           // PC von PCU benutzen               a2203
              SHIFT,                // Register weiterschieben (STEP)     a2204
              WORK_IF,              // IF ist aktiviert                  a2205
              nRESET,               // Reset                            a2206
              CP;                   // Systemtakt                       a2207
```

```
always @(negedge nRESET) begin                                          a2208
  while (~nRESET) begin                                                 a2209
    LAST_PC_BUS = 30'b0;                                                a2210
    LAST_USE_PCU_PC = 1'b0;                                             a2211
    #1;                                                                 a2212
  end                                                                   a2213
end                                                                     a2214
                                                                        a2215
                                                                        a2216
always @(posedge CP) begin                                              a2217
  if (WORK_IF) begin                                                    a2218
    if (SHIFT) LAST_USE_PCU_PC = #`DELTA 1'b0;                          a2219
    else begin                                                          a2220
      if (USE_PCU_PC) begin                                             a2221
        fork                                                            a2222
          LAST_USE_PCU_PC = #`DELTA 1'b1;                               a2223
          LAST_PC_BUS     = #`DELTA PC_BUS;                             a2224
        join                                                            a2225
      end                                                               a2226
    end                                                                 a2227
  end                                                                   a2228
end                                                                     a2229
endmodule // epl                                                        a2230
```

Bild 4.64 Die Instruction-Fetch-Unit IFU

4.7.3 Die Instruction-Decode-Unit IDU

```
//-------------------------------------------------------------------------   b0000
//                                                                            b0001
// IDU: Modul fuer die Instruction-Decode-Unit                               b0002
//                                                                            b0003
// Dieser Modul bestimmt die fuer die Ausfuehrung der aktuellen Instruktion  b0004
// notwendigen Steuersignale unter Beachtung der momentanen Privilegierung   b0005
// des Prozessors und erzeugter Exception-Anforderungen.                     b0006
//                                                                            b0007
// Folgende Exception-Anforderungen werden von der IDU erzeugt:              b0008
// 'Unimplemented Instruction'  bei den Pseudoinstruktionen MUL und DIV      b0009
// 'Illegal Instruction'        bei nicht definierten Instruktionscodes      b0010
// 'Privilege Violation'        bei Verwendung von KERNEL-Befehlen als USER   b0011
//                                                                            b0012
// KERNEL-privilegierte Befehle sind:                                        b0013
// HALT, RETI und CLC                                                        b0014
// LRFS-Befehle, die andere Spezialregister als PC, RPC, LPC und SR lesen    b0015
// SRIS-Befehle, die andere Spezialregister als PC, RPC, LPC und SR schreiben b0016
//                                                                            b0017
// Eine Anforderung fuer eine Delayed-CTR-Exception von der IFU, die         b0018
// auftritt, wenn von der IFU ein BRANCH, ein CALL, ein SWI oder ein         b0019
// SRIS %PC im Delay-Slot eines der Befehle BRANCH, CALL, SWI oder SRIS %PC  b0020
// gefunden wird, wird von der IDU mit dem notwendigen Exception-Code        b0021
// versehen und wie die uebrigen Exceptions angefordert.                     b0022
//                                                                            b0023
//-------------------------------------------------------------------------   b0024
                                                                              b0025
module idu (                                                                  b0026
    IMMEDIATE, SWI_ID, EXCEPT_ID,                                             b0027
    ADDR_A, ADDR_B, ADDR_C, ADDR_D, ADDR_SREG,                               b0028
    ALU_OPCODE, MAU_ACC_MODE2, MAU_OPCODE2,                                  b0029
    USE_SREG_DATA, USE_IMMEDIATE, SWI_RQ, EXCEPT_RQ,                         b0030
    SREG_ACC_DIR, DO_RETI, DO_HALT, NEW_FLAGS, CCLR,                         b0031
    I_BUS,                                                                    b0032
    CP, WORK_ID, STEP, KILL_IDU, nRESET, ID_KUMODE, EXCEPT_CTR               b0033
);                                                                           b0034
                                                                              b0035
    // Ausgaenge                                                              b0036
    output [31:0] IMMEDIATE;        // IMMEDIATE-Operand B                    b0037
    output [ 3:0] SWI_ID;           // Software-Interrupt-Code                b0038
    output [ 2:0] EXCEPT_ID;        // Exception-Interrupt-Code               b0039
    output [ 4:0] ADDR_A,           // Adresse von Registeroperand A          b0040
                  ADDR_B,           // Adresse von Registeroperand B          b0041
                  ADDR_C,           // Ergebnisregisteradresse C              b0042
                  ADDR_D;           // Schreibdatenregisteradresse            b0043
    output [ 3:0] ADDR_SREG;        // Spezialregisteradresse                 b0044
    output [ 3:0] ALU_OPCODE;       // ALU-Operationscode                     b0045
    output [ 2:0] MAU_ACC_MODE2,    // MAU-Zugriffsangabe                     b0046
                  MAU_OPCODE2;      // MAU-Operationscode                     b0047
    output        USE_SREG_DATA,    // B-Operandenwahl: SREG                  b0048
                  USE_IMMEDIATE,    // B-Operandenwahl: IMMEDIATE             b0049
                  SWI_RQ,           // SWI-Anforderung                        b0050
                  EXCEPT_RQ,        // Exception-Anforderung                  b0051
                  SREG_ACC_DIR,     // Zugriffsrichtung auf SREG              b0052
                  DO_RETI,          // RETI-Anforderung                       b0053
                  DO_HALT,          // HALT-Anforderung                       b0054
                  NEW_FLAGS,        // Flagveraenderungs-Meldung              b0055
                  CCLR;             // Cache-Clear-Anforderung                b0056
                                                                              b0057
    // Eingaenge                                                              b0058
    input  [31:0] I_BUS;            // Instruktionsbus                        b0059
    input         CP,               // Systemtakt                            b0060
                  WORK_ID,          // Arbeitsfreigabe (stop/go)              b0061
                  STEP,             // Pipelinefreigabe                       b0062
                  KILL_IDU,         // Dekodierabschaltung                    b0063
                  nRESET,           // RESET-Signal                           b0064
                  ID_KUMODE,        // Prozessorprivilegierung                b0065
                  EXCEPT_CTR;       // CTR-Exception-Anforderung              b0066
                                                                              b0067
    reg    [31:0] IMMEDIATE;        // IMMEDIATE-Operand B                    b0068
    reg    [ 3:0] SWI_ID;           // Software-Interrupt-Code                b0069
    reg    [ 2:0] EXCEPT_ID;        // Exception-Interrupt-Code               b0070
    reg    [ 4:0] ADDR_A,           // Adresse von Registeroperand A          b0071
                  ADDR_B,           // Adresse von Registeroperand B          b0072
                  ADDR_C,           // Ergebnisregisteradresse C              b0073
                  ADDR_D;           // Schreibdatenregisteradresse            b0074
    reg    [ 3:0] ADDR_SREG;        // Spezialregisteradresse                 b0075
    reg    [ 3:0] ALU_OPCODE;       // ALU-Operationscode                     b0076
    reg    [ 2:0] MAU_ACC_MODE2,    // MAU-Zugriffsangabe                     b0077
```

```verilog
                MAU_OPCODE2;      // MAU-Operationscode                      b0078
reg             USE_SREG_DATA,    // B-Operandenwahl: SREG                  b0079
                USE_IMMEDIATE,    // B-Operandenwahl: IMMEDIATE             b0080
                SWI_RQ,           // SWI-Anforderung                       b0081
                EXCEPT_RQ,        // Exception-Anforderung                 b0082
                SREG_ACC_DIR,     // Zugriffsrichtung auf SREG             b0083
                DO_RETI,          // RETI-Anforderung                      b0084
                DO_HALT,          // HALT-Anforderung                      b0085
                NEW_FLAGS,        // Flagveraenderungs-Meldung             b0086
                CCLR;             // Cache-Clear-Anforderung               b0087
                                                                           b0088
wire    [31:0] I_BUS;            // Instruktionsbus                        b0089
wire           CP,               // Systemtakt                            b0090
               WORK_ID,          // Arbeitsfreigabe (stop/go)             b0091
               STEP,             // Pipelinefreigabe                      b0092
               KILL_IDU,         // Dekodierabschaltung                   b0093
               nRESET,           // RESET-Signal                          b0094
               ID_KUMODE,        // Prozessorprivilegierung               b0095
               EXCEPT_CTR;       // CTR-Exception-Anforderung             b0096
                                                                           b0097
reg     [31:0] IDU_IREG;         // Instruktionsregister                   b0098
reg            IDU_DEREG;        // IDU-Decode-Enable-Register             b0099
                                                                           b0100
//                                                                         b0101
// Instruktionsregister bei RESET mit Befehlscode fuer XOR %R0,%R0,%R0     b0102
// initialisieren (Pseudobefehl NOP)                                      b0103
//                                                                         b0104
always @(nRESET) begin                                                     b0105
  while (~nRESET) begin                                                    b0106
    IDU_IREG = 32'h49000000;                                              b0107
    IDU_DEREG = 1'b1;                                                     b0108
    #1;                                                                    b0109
  end                                                                      b0110
end                                                                        b0111
                                                                           b0112
//                                                                         b0113
// bei steigender Taktflanke Instruktionsregister neu laden,               b0114
// wenn Arbeitsfreigabe vorhanden ist                                      b0115
//                                                                         b0116
always @(posedge CP) if (WORK_ID) IDU_IREG = #`DELTA I_BUS;                b0117
                                                                           b0118
//                                                                         b0119
// bei steigender Taktflanke Decode-Enable-Register neu laden, wenn        b0120
// Pipelinefreigabe vorhanden ist                                         b0121
//                                                                         b0122
always @(posedge CP) if (STEP) IDU_DEREG = #`DELTA ~KILL_IDU;              b0123
                                                                           b0124
//----------------------------------------------------------------------  b0125
//                                                                         b0126
// Dekodiergruppe DG1                                                      b0127
//                                                                         b0128
// bei Veraenderung des Instruktionsregisters alle ausschliesslich         b0129
// von diesem Register abhaengigen Ausgaenge aktualisieren                 b0130
//                                                                         b0131
//----------------------------------------------------------------------  b0132
                                                                           b0133
always @(IDU_IREG) begin : DG1                                             b0134
                                                                           b0135
  //                                                                       b0136
  // Konstantzuweisungen                                                   b0137
  // ADDR_B, ADDR_D, SWI_ID und MAU_ACC_MODE2 aktualisieren                b0138
  //                                                                       b0139
  ADDR_B          = IDU_IREG[4:0];                                        b0140
  ADDR_D          = IDU_IREG[23:19];                                      b0141
  SWI_ID          = IDU_IREG[3:0];                                        b0142
  MAU_ACC_MODE2   = IDU_IREG[27:25];                                      b0143
                                                                           b0144
  //                                                                       b0145
  // IMMEDIATE in Abhaengigkeit von der Befehlsklasse aktualisieren;       b0146
  // bei MACC-Befehlen wird Bit 0 aus dem untersten Bit der Zugriffsangabe b0147
  // bestimmt, wenn ein Byte-Zugriff vorliegt und Bit 1 aus dem mittleren  b0148
  // Bit, wenn kein Wortzugriff erfolgt (Byte- oder Halbwortzugriff)       b0149
  //                                                                       b0150
  case(IDU_IREG[31:30])                                                    b0151
    2'b00: begin                                                           b0152
            IMMEDIATE[31:2] = {{16{IDU_IREG[13]}}, IDU_IREG[13:0]};        b0153
            IMMEDIATE[1]    = IDU_IREG[26] & ~(IDU_IREG[25] & IDU_IREG[27]); b0154
            IMMEDIATE[0]    = IDU_IREG[25] & ~IDU_IREG[27];    // MACC     b0155
           end                                                             b0156
    2'b11:   IMMEDIATE = {IDU_IREG[18:0], 13'b0};             // MISC      b0157
    default: IMMEDIATE = {{18{IDU_IREG[13]}}, IDU_IREG[13:0]}; // ALU      b0158
  endcase                                                                  b0159
                                                                           b0160
```

```
   //                                                                  b0161
   // ADDR_A in Abhaengigkeit von Bit 31 der Instruktion               b0162
   // (oberes Befehlsklassen-Bit) aktualisieren                        b0163
   //                                                                  b0164
   case(IDU_IREG[31])                                                  b0165
      1'b0: ADDR_A = IDU_IREG[18:14];   // ALU und MACC                b0166
      1'b1: ADDR_A = 5'b0;              // MISC                        b0167
   endcase                                                             b0168
                                                                       b0169
   //                                                                  b0170
   // ADDR_SREG in Abhaengigkeit von Bit 24 des Befehls aktualisieren  b0171
   //                                                                  b0172
   casez(IDU_IREG[24])                                                 b0173
      1'b0: ADDR_SREG = IDU_IREG[17:14];   // LRFS (fuer andere irrelevant)   b0174
      1'b1: ADDR_SREG = IDU_IREG[22:19];   // SRIS (fuer andere irrelevant)   b0175
   endcase                                                             b0176
                                                                       b0177
   //                                                                  b0178
   // ALU_OPCODE in Abhaengigkeit von der Befehlsklasse aktualisieren  b0179
   //                                                                  b0180
   case(IDU_IREG[31:30])                                               b0181
      2'b01:   ALU_OPCODE = IDU_IREG[29:26];   // ALU Befehle          b0182
      default: ALU_OPCODE = 4'b1000;           // ADD fuer sonstige Befehle   b0183
   endcase                                                             b0184
                                                                       b0185
   //                                                                  b0186
   // USE_SREG_DATA in Abhaengigkeit von der Instruktion aktualisieren b0187
   //                                                                  b0188
   case(IDU_IREG[31:24])                                               b0189
      8'b11101010: USE_SREG_DATA = 1'b1;   // LRFS                     b0190
      default:     USE_SREG_DATA = 1'b0;   // sonstige Befehle         b0191
   endcase                                                             b0192
                                                                       b0193
   //                                                                  b0194
   // USE_IMMEDIATE in Abhaengigkeit von der Instruktion aktualisieren b0195
   //                                                                  b0196
   case(IDU_IREG[31:25])                                               b0197
      7'b1110101: USE_IMMEDIATE = 1'b0;          // LRFS und SRIS      b0198
      default:    USE_IMMEDIATE = ~IDU_IREG[24]; // sonstige Befehle   b0199
   endcase                                                             b0200
                                                                       b0201
end                                                                    b0202
                                                                       b0203
//------------------------------------------------------------------   b0204
//                                                                     b0205
// Dekodiergruppe DG2                                                  b0206
//                                                                     b0207
// bei Veraenderungen des Instruktionsregisters oder des Ausgangs zur  b0208
// Exception-Anforderung alle hiervon abhaengigen Ausgaenge aktualisieren  b0209
//                                                                     b0210
//------------------------------------------------------------------   b0211
                                                                       b0212
always @(IDU_IREG or EXCEPT_RQ)  begin : DG2                           b0213
                                                                       b0214
   //                                                                  b0215
   // ADDR_C in Abhaengigkeit vom Befehl und vom Ausgang zur           b0216
   // Exception-Anforderung aktualisieren                              b0217
   //                                                                  b0218
   casez({EXCEPT_RQ, IDU_IREG[31:24]})                                 b0219
      9'b1????????: ADDR_C = 5'b0;          // Exception               b0220
      9'b000010????: ADDR_C = 5'b0;         // STORE                   b0221
      9'b0010??????: ADDR_C = 5'b0;         // CALL                    b0222
      9'b0111111??: ADDR_C = 5'b0;          // RETI, SWI, HALT und BRANCH   b0223
      9'b011100111: ADDR_C = 5'b0;          // CLC                     b0224
      9'b011101011: ADDR_C = 5'b0;          // SRIS                    b0225
      default:      ADDR_C = IDU_IREG[23:19];  // sonst                b0226
   endcase                                                             b0227
                                                                       b0228
end                                                                    b0229
                                                                       b0230
//------------------------------------------------------------------   b0231
//                                                                     b0232
// Dekodiergruppe DG3                                                  b0233
//                                                                     b0234
// bei Veraenderungen des Instruktionsregisters, des Enable-Registers  b0235
// oder des Ausgangs zur Exception-Anforderung alle hiervon abhaengigen   b0236
// Ausgaenge aktualisieren                                             b0237
//                                                                     b0238
//------------------------------------------------------------------   b0239
                                                                       b0240
always @(IDU_IREG or IDU_DEREG or EXCEPT_RQ) begin : DG3               b0241
                                                                       b0242
   //                                                                  b0243
```

```verilog
   // SREG_ACC_DIR in Abhaengigkeit vom Befehl, vom Enable-Zustand          b0244
   // und vom Ausgang zur Exception-Anforderung aktualisieren               b0245
   //                                                                        b0246
   casez({EXCEPT_RQ, IDU_DEREG, IDU_IREG[31:24]})                           b0247
     10'b0111101011: SREG_ACC_DIR = 1'b1;        // gueltiger SRIS-Befehl   b0248
     default:        SREG_ACC_DIR = 1'b0;        // sonstige Befehle        b0249
   endcase                                                                  b0250
                                                                            b0251
   //                                                                       b0252
   // SWI_RQ in Abhaengigkeit von der Instruktion, dem Enable-Zustand       b0253
   // und dem Ausgang zur Exception-Anforderung aktualisieren               b0254
   //                                                                       b0255
   case({EXCEPT_RQ, IDU_DEREG, IDU_IREG[31:24]})                           b0256
     10'b0111111101: SWI_RQ = 1'b1;     // gueltiger SWI-Befehl             b0257
     default:        SWI_RQ = 1'b0;     // sonstige Befehle                 b0258
   endcase                                                                  b0259
                                                                            b0260
   //                                                                       b0261
   // NEW_FLAGS in Abhaengigkeit von der Befehlsklasse, vom Enable-Zustand  b0262
   // und vom Ausgang zur Exception-Anforderung aktualisieren               b0263
   //                                                                       b0264
   case({EXCEPT_RQ, IDU_DEREG, IDU_IREG[31:30]})                           b0265
     4'b0101: NEW_FLAGS = IDU_IREG[25];    // gueltiger ALU-Befehl          b0266
     default: NEW_FLAGS = 1'b0;            // sonstige Befehle              b0267
   endcase                                                                  b0268
                                                                            b0269
end                                                                         b0270
                                                                            b0271
//--------------------------------------------------------------------     b0272
//                                                                          b0273
// Dekodiergruppe DG4                                                       b0274
//                                                                          b0275
// bei Veraenderung des Instruktionsregisters oder des Enable-Zustands      b0276
// alle hiervon abhaengigen Ausgaenge aktualisieren                        b0277
//                                                                          b0278
//--------------------------------------------------------------------     b0279
                                                                            b0280
always @(IDU_IREG or IDU_DEREG) begin : DG4                                b0281
                                                                            b0282
   //                                                                       b0283
   // MAU_OPCODE2 in Abhaengigkeit von der Befehlsklasse und dem            b0284
   // Enable-Zustand aktualisieren                                          b0285
   //                                                                       b0286
   case({IDU_DEREG, IDU_IREG[31:30]})                                      b0287
     3'b100:  MAU_OPCODE2 = {1'b0, IDU_IREG[29:28]};   // MACC Befehle      b0288
     default: MAU_OPCODE2 = {1'b1, IDU_IREG[29:28]};   // sonst: MAU als Puffer  b0289
   endcase                                                                  b0290
                                                                            b0291
   //                                                                       b0292
   // EXCEPT_ID in Abhaengigkeit von der Instruktion und dem                b0293
   // Enable-Zustand aktualisieren                                          b0294
   //                                                                       b0295
   // Exception-Code:   000 Delayed CTR Instruction (von IFU angefordert)   b0296
   //                   001 Privilege Violation                             b0297
   //                   010 Illegal Instruction                             b0298
   //                   011 Unimplemented Instruction                       b0299
   //                                                                       b0300
   casez({IDU_DEREG, IDU_IREG[31:24]})                                     b0301
     9'b100??????: EXCEPT_ID = 3'b000;   // MACC                            b0302
     9'b101000???: EXCEPT_ID = 3'b000;   // ALU (AND, OR)                   b0303
     9'b1010010??: EXCEPT_ID = 3'b000;   // ALU (XOR)                       b0304
     9'b10101????: EXCEPT_ID = 3'b000;   // ALU (LSL, LSR, ASR, ROT)        b0305
     9'b101110????: EXCEPT_ID = 3'b000;  // ALU (ADD, ADDC, SUB, SUBC)      b0306
     9'b101111???: EXCEPT_ID = 3'b011;   // ALU (MUL, DIV): unimplemented   b0307
     9'b110???????: EXCEPT_ID = 3'b000;  // CALL                            b0308
     9'b11111110?: EXCEPT_ID = 3'b000;   // MISC (BRANCH, SWI)              b0309
     9'b11111111?: EXCEPT_ID = 3'b001;   // MISC (RETI, HALT): wenn, dann PV  b0310
     9'b111100000: EXCEPT_ID = 3'b000;   // MISC (LDH)                      b0311
     9'b111100111: EXCEPT_ID = 3'b001;   // MISC (CLC): wenn, dann PV       b0312
     9'b11110101?: EXCEPT_ID = 3'b001;   // MISC (LRFS, SRIS): wenn, dann PV  b0313
     9'b0????????: EXCEPT_ID = 3'b000;   // wenn bei Abschaltung, dann IFU  b0314
     default:      EXCEPT_ID = 3'b010;   // illegale Instruktionen          b0315
   endcase                                                                  b0316
                                                                            b0317
end                                                                         b0318
                                                                            b0319
//--------------------------------------------------------------------     b0320
//                                                                          b0321
// Dekodiergruppe DG5                                                       b0322
//                                                                          b0323
// bei Veraenderungen des Instruktionsregisters, des Enable-Zustands        b0324
// oder der Prozessor-Privilegierung alle hiervon abhaengigen Ausgaenge     b0325
// aktualisieren                                                            b0326
```

```verilog
//                                                                    b0327
//------------------------------------------------------------------ b0328
//                                                                    b0329
always @(IDU_IREG or IDU_DEREG or ID_KUMODE) begin : DG5             b0330
                                                                     bJ331
  //                                                                  b0332
  // CCLR in Abhaengigkeit von der Instruktion, dem Enable-Zustand und b0333
  // der Prozessorprivilegierung setzen                               b0334
  //                                                                  b0335
  case(({IDU_DEREG, ID_KUMODE, IDU_IREG[31:24]}))                     b0336
    10'b1111100111: CCLR = 1'b1;       // gueltiger CLC-Befehl         b0337
    default:        CCLR = 1'b0;       // sonstige Befehle             b0338
  endcase                                                             b0339
                                                                     b0340
  //                                                                  b0341
  // DO_RETI in Abhaengigkeit von der Instruktion, dem Enable-Zustand und b0342
  // der Prozessorprivilegierung setzen                               b0343
  //                                                                  b0344
  case(({IDU_DEREG, ID_KUMODE, IDU_IREG[31:24]}))                     b0345
    10'b1111111110: DO_RETI = 1'b1;        // gueltiger RETI-Befehl    b0346
    default:        DO_RETI = 1'b0;        // sonstige Befehle         b0347
  endcase                                                             b0348
                                                                     b0349
  //                                                                  b0350
  // DO_HALT in Abhaengigkeit von der Instruktion, dem Enable-Zustand und b0351
  // der Prozessorprivilegierung setzen                               b0352
  //                                                                  b0353
  case(({IDU_DEREG, ID_KUMODE, IDU_IREG[31:24]}))                     b0354
    10'b1111111111: DO_HALT = 1'b1;        // gueltiger HALT-Befehl    b0355
    default:        DO_HALT = 1'b0;        // sonstige Befehle         b0356
  endcase                                                             b0357
                                                                     b0358
end                                                                  b0359
                                                                     b0360
//------------------------------------------------------------------ b0361
//                                                                    b0362
// Dekodiergruppe DG6                                                 b0363
//                                                                    b0364
// bei Veraenderung des Instruktionsregisters, des Enable-Zustands,   b0365
// des Eingangs zur Exception-Anforderung, der Prozessorprivilegierung b0366
// oder der Spezialregisteradressse alle hiervon abhaengigen Ausgaenge b0367
// aktualisieren                                                      b0368
//                                                                    b0369
//------------------------------------------------------------------ b0370
                                                                     b0371
always @(IDU_IREG or IDU_DEREG or                                    b0372
         EXCEPT_CTR or ID_KUMODE or ADDR_SREG) begin : DG6           b0373
                                                                     b0374
  //                                                                  b0375
  // EXCEPT_RQ in Abhaengigkeit von der Instruktion, dem Enable-Zustand, b0376
  // dem Eingang zur Exception-Anforderung, der Prozessorprivilegierung b0377
  // und der Spezialregisteradresse aktualisieren                     b0378
  //                                                                  b0379
  casez(({IDU_DEREG, IDU_IREG[31:24], ID_KUMODE, (|ADDR_SREG[3:2])})) b0380
    11'b100?????????: EXCEPT_RQ = 1'b0;         // MACC                b0381
    11'b101000?????: EXCEPT_RQ = 1'b0;          // ALU (AND, OR)       b0382
    11'b1010010????: EXCEPT_RQ = 1'b0;          // ALU (XOR)           b0383
    11'b10101??????: EXCEPT_RQ = 1'b0;          // ALU (LSL, LSR, ASR, ROT) b0384
    11'b10110??????: EXCEPT_RQ = 1'b0;          // ALU (ADD, ADDC, SUB, SUBC) b0385
    11'b101111?????: EXCEPT_RQ = 1'b1;          // ALU (MUL, DIV): unimplemented b0386
    11'b110????????: EXCEPT_RQ = EXCEPT_CTR;    // CALL                b0387
    11'b11111100??: EXCEPT_RQ = EXCEPT_CTR;     // MISC (BRANCH)       b0388
    11'b11111101??: EXCEPT_RQ = EXCEPT_CTR;     // MISC (SWI)          b0389
    11'b11111111?0?: EXCEPT_RQ = 1'b1;          // MISC (RETI, HALT): PV b0390
    11'b11111111?1?: EXCEPT_RQ = EXCEPT_CTR;    // MISC (RETI, HALT)   b0391
    11'b111100000??: EXCEPT_RQ = 1'b0;          // MISC (LDH)          b0392
    11'b11110011?0?: EXCEPT_RQ = 1'b1;          // MISC (CLC): PV      b0393
    11'b11110011?1?: EXCEPT_RQ = 1'b0;          // MISC (CLC)          b0394
    11'b11110101?00: EXCEPT_RQ = EXCEPT_CTR;    // MISC (LRFS, SRIS)   b0395
    11'b11110101?01: EXCEPT_RQ = 1'b1;          // MISC (LRFS, SRIS): PV b0396
    11'b11110101?1?: EXCEPT_RQ = EXCEPT_CTR;    // MISC (LRFS, SRIS)   b0397
    11'b0??????????: EXCEPT_RQ = EXCEPT_CTR;    // Abschaltung         b0398
    default:         EXCEPT_RQ = 1'b1;          // illegale Instruktionen b0399
  endcase                                                             b0400
                                                                     b0401
end                                                                  b0402
                                                                     b0403
endmodule // idu                                                     b0404
```

Bild 4.65 Die Instruction-Decode-Unit IDU

4.7.4   Die Arithmetic-Logic-Unit ALU

```
//------------------------------------------------------------------------  c0000
//                                                                          c0001
// ALU: Modul fuer die Arithmetic-Logic-Unit                               c0002
//                                                                          c0003
// Operationen:                                                             c0004
//    4'b0000: C3 = A AND B    \                                            c0005
//    4'b0001: C3 = A OR  B    | logische Befehle                          c0006
//    4'b0010: C3 = A XOR B    /                                            c0007
//                                                                          c0008
//    4'b0100: C3 = A <<  B    \                                            c0009
//    4'b0101: C3 = A >>  B    | verschiebende                             c0010
//    4'b0110: C3 = A ASR B    | Befehle                                   c0011
//    4'b0111: C3 = A ROT B    /                                            c0012
//                                                                          c0013
//    4'b1000: C3 = A + B      \                                            c0014
//    4'b1001: C3 = A + B + C  | arithmetische                             c0015
//    4'b1010: C3 = A - B      | Befehle                                   c0016
//    4'b1011: C3 = A - B - C  /                                            c0017
//                                                                          c0018
// Flags:                                                                   c0019
//    Bit 0   Carry-Bit     (1: Uebertrag)                                 c0020
//    Bit 1   Overflow-Bit  (1: Ueberlauf)                                 c0021
//    Bit 2   Zero-Bit      (1: Ergebnis Null)                             c0022
//    Bit 3   Negative-Bit  (1: Ergebnis negativ)                          c0023
//                                                                          c0024
//------------------------------------------------------------------------  c0025
//                                                                          c0026
module alu (                                                                c0027
    C3_BUS, FLAGS_FROM_ALU,                                                c0028
    A_BUS, B_BUS, ALU_CARRY, ALU_OPCODE,                                   c0029
    CP, WORK_EX                                                            c0030
);                                                                         c0031
                                                                           c0032
    // Ausgaenge                                                           c0033
    output [31:0] C3_BUS;           // Ergebnisbus                         c0034
    output [ 3:0] FLAGS_FROM_ALU;   // Ergebnisflags                       c0035
                                                                           c0036
    // Eingaenge                                                           c0037
    input  [31:0] A_BUS,            // Operandenbus A                      c0038
                  B_BUS;            // Operandenbus B                      c0039
    input         ALU_CARRY;        // Carry Operand                      c0040
    input  [ 3:0] ALU_OPCODE;       // Operationscode                     c0041
    input         CP,               // Prozessortakt                      c0042
                  WORK_EX;          // Arbeitsfreigabe                    c0043
                                                                           c0044
    reg    [31:0] C3_BUS;           // Ergebnis                           c0045
    reg    [ 3:0] FLAGS_FROM_ALU;   // Ergebnis-Flag                      c0046
    wire   [31:0] A_BUS,            // Operandenbus A                      c0047
                  B_BUS;            // Operandenbus B                      c0048
    wire          ALU_CARRY;        // Carry                              c0049
    wire   [ 3:0] ALU_OPCODE;       // Operationscode                     c0050
    wire          CP,               // Prozessortakt                      c0051
                  WORK_EX;          // Arbeitsfreigabesignal              c0052
                                                                           c0053
    reg    [31:0] ALU_AREG,         // Operandenregister A                c0054
                  ALU_BREG;         // Operandenregister B                c0055
    reg    [ 3:0] ALU_OREG;         // Opcoderegister                     c0056
    reg           ALU_CREG;         // Carry-Operandenregister            c0057
    wire   [31:0] ARITH_RES,        // Ergebnis von ARITHMETIC            c0058
                  LOGIC_RES,        // Ergebnis von LOGIC                 c0059
                  SHIFT_RES;        // Ergebnis von SHIFT                 c0060
    wire          ARITH_CFG,        // Carry-Ergebnis von ARITHMETIC      c0061
                  SHIFT_CFG,        // Carry-Ergebnis von SHIFT           c0062
                  ARITH_VFG;        // Overflow-Ergebnis von ARITHMETIC   c0063
                                                                           c0064
    //                                                                     c0065
    // Instanzen                                                           c0066
    //                                                                     c0067
                                                                           c0068
    arithmetic ARITHMETIC (                                                c0069
      ARITH_RES, ARITH_CFG, ARITH_VFG,                                    c0070
      ALU_AREG, ALU_BREG, ALU_CREG, ALU_OREG[1:0]                         c0071
    );                                                                    c0072
                                                                           c0073
    logic LOGIC (LOGIC_RES, ALU_AREG, ALU_BREG, ALU_OREG[1:0]);           c0074
                                                                           c0075
```

```
  shift SHIFT (SHIFT_RES, SHIFT_CFG, ALU_AREG, ALU_BREG[4:0], ALU_OREG[1:0]);   c0076
                                                                                c0077
                                                                                c0078
  //                                                                            c0079
  // bei steigender Taktflanke neue Eingabewerte einlesen,                      c0080
  // wenn Arbeitsfreigabe vorhanden ist                                         c0081
  //                                                                            c0082
  always @(posedge CP) begin                                                    c0082
    if (WORK_EX) begin                                                          c0083
      fork                                                                      c0084
        ALU_AREG = #`DELTA A_BUS;                                              c0085
        ALU_BREG = #`DELTA B_BUS;                                              c0086
        ALU_OREG = #`DELTA ALU_OPCODE;                                         c0087
        ALU_CREG = #`DELTA ALU_CARRY;                                          c0088
      join                                                                      c0089
    end                                                                         c0090
  end                                                                           c0091
                                                                                c0092
                                                                                c0093
  //                                                                            c0094
  // Ergebnisbus entsprechend der Operationsklasse auswaehlen;                  c0094
  // Negative-Flag und Zero-Flag aktualisieren                                  c0095
  //                                                                            c0096
  always @(ARITH_RES or LOGIC_RES or SHIFT_RES or ALU_OREG) begin               c0097
    case(ALU_OREG[3:2])                                                         c0098
      2'b00: C3_BUS = LOGIC_RES;               // Logik-Operationen             c0099
      2'b01: C3_BUS = SHIFT_RES;               // Verschiebungs-Operationen     c0100
      2'b10: C3_BUS = ARITH_RES;               // Arithmetik-Operationen        c0101
    endcase                                                                     c0102
    FLAGS_FROM_ALU[3] = C3_BUS[31];            // Negative-Flag                 c0103
    FLAGS_FROM_ALU[2] = ~(|C3_BUS[31:0]);      // Zero-Flag                     c0104
  end                                                                           c0105
                                                                                c0106
                                                                                c0107
  //                                                                            c0108
  // Overflow-Flag aktualisieren (nur von Arithmetik-Berechnungen abhaengig)    c0108
  //                                                                            c0109
  always @(ARITH_VFG)                                                           c0110
    FLAGS_FROM_ALU[1] = ARITH_VFG;                                             c0111
                                                                                c0112
  //                                                                            c0113
  // Carry-Flag entsprechend der Operationsklasse auswaehlen                    c0114
  // (Logik-Operationen erzeugen kein Carry und werden daher vernachlaessigt)   c0115
  //                                                                            c0116
  always @(ARITH_CFG or SHIFT_CFG or ALU_OREG) begin                            c0117
    case(ALU_OREG[3])                                                           c0118
      2'b0: FLAGS_FROM_ALU[0] = SHIFT_CFG;  // Verschiebungs-Operationen        c0119
      2'b1: FLAGS_FROM_ALU[0] = ARITH_CFG;  // Arithmetik-Operationen           c0120
    endcase                                                                     c0121
  end                                                                           c0122
                                                                                c0123
endmodule // alu                                                                c0124
                                                                                c0125
                                                                                c0126
//-----------------------------------------------------------------------       c0127
//                                                                              c0128
// arithmetic: Ausfuehrung additiver Verknuepfungen                             c0129
//                                                                              c0130
// Operationen:                                                                 c0131
//    2'b00: RESULT = A_IN + B_IN                                               c0132
//    2'b01: RESULT = A_IN + B_IN + C_IN                                        c0133
//    2'b10: RESULT = A_IN - B_IN                                               c0134
//    2'b11: RESULT = A_IN - B_IN - C_IN                                        c0135
//                                                                              c0136
// Flags:                                                                       c0137
//    C_OUT: 1: Uebertrag                                                       c0138
//    V_OUT: 1: Ueberlauf                                                       c0139
//                                                                              c0140
//-----------------------------------------------------------------------       c0141
                                                                                c0142
module arithmetic (                                                             c0143
   RESULT, C_OUT, V_OUT,                                                        c0144
   A_IN, B_IN, C_IN, OP_IN                                                      c0145
  );                                                                            c0146
                                                                                c0147
  output [31:0] RESULT;            // Ausgang fuer Ergebnis                      c0148
  output        C_OUT,            // Ausgang fuer Uebertragsflag                 c0149
                V_OUT;            // Ausgang fuer Ueberlaufsflag                 c0150
                                                                                c0151
  input  [31:0] A_IN,            // Eingang fuer Operand A                       c0152
                B_IN;            // Eingang fuer Operand B                       c0153
  input  [ 1:0] OP_IN;           // Eingang fuer Operationscode                 c0154
  input         C_IN;            // Eingang fuer Carry-Operand                   c0155
                                                                                c0156
  reg    [31:0] RESULT;          // Ergebnis                                    c0157
```

```
   reg            C_OUT,           // Carry-Flag                              c0158
                  V_OUT;           // Overflow-Flag                          c0159
   wire    [31:0] A_IN,            // Operand A                              c0160
                  B_IN;            // Operand B                              c0161
   wire    [ 1:0] OP_IN;           // Operationscode                        c0162
   wire           C_IN;            // Carry-Operand                         c0163
                                                                            c0164
   reg     [31:0] B_EFF;           // effektiv zu addierender Operand B      c0165
   reg            C_EFF,           // effektiv zu addierender Carry Operand  c0166
                  C_31,            // Uebertrag in 31. Addiererstelle        c0167
                  C_32;            // Uebertrag aus 31. Addiererstelle       c0168
                                                                            c0169
   //                                                                       c0170
   // effektiv zu addierenden Operanden B bestimmen                         c0171
   // ADD, ADDC:  B_IN                                                      c0172
   // SUB, SUBC: -B_IN-1 (Einerkomplement)                                  c0173
   //                                                                       c0174
   always @(B_IN or OP_IN)                                                  c0175
     B_EFF = B_IN ^ {32{OP_IN[1]}};                                         c0176
                                                                            c0177
   //                                                                       c0178
   // effektiv zu addierenden Carry-Operanden bestimmen                     c0179
   // ADD:   0                                                              c0180
   // ADDC:  C_IN                                                          c0181
   // SUB:   1    (=> Addition des Zweierkomplements von B_IN)              c0182
   // SUBC: ~C_IN (=> Bei Uebertrag Addition des Einerkomplements von B_IN) c0183
   //                                                                       c0184
   always @(C_IN or OP_IN)                                                  c0185
     C_EFF = (C_IN & OP_IN[0]) ^ OP_IN[1];                                  c0186
                                                                            c0187
   //                                                                       c0188
   // in Abhaengigkeit von A_IN, B_EFF und C_EFF Addition durchfuehren      c0189
   //                                                                       c0190
   always @(A_IN or B_EFF or C_EFF)                                         c0191
     RESULT = A_IN + B_EFF + C_EFF;                                         c0192
                                                                            c0193
   //                                                                       c0194
   // Uebertrag in 31. Addiererstelle (Bit-Wert 2^31) nachtraeglich bestimmen  c0195
   //                                                                       c0196
   always @(RESULT or A_IN or B_EFF)                                        c0197
     C_31 = RESULT[31] ^ A_IN[31] ^ B_EFF[31];                             c0198
                                                                            c0199
   //                                                                       c0200
   // Uebertrag aus 31. Addiererstelle nachtraeglich bestimmen              c0201
   //                                                                       c0202
   always @(A_IN or B_EFF or C_31)                                          c0203
     C_32 = (~A_IN[31] & (B_EFF[31] | C_31)) | (B_EFF[31] & C_31));        c0204
                                                                            c0205
   //                                                                       c0206
   // Carry-Bit fuer ausgefuehrte Operation bestimmen                       c0207
   // ADD, ADDC:  C_32                                                     c0208
   // SUB, SUBC: ~C_32 (Uebertrag wegen Komplementaddition invertiert)     c0209
   //                                                                       c0210
   always @(C_32 or OP_IN)                                                  c0211
     C_OUT = C_32 ^ OP_IN[1];                                               c0212
                                                                            c0213
   //                                                                       c0214
   // Overflow-Bit bestimmen                                                c0215
   //                                                                       c0216
   always @(C_31 or C_32)                                                   c0217
     V_OUT = C_31 ^ C_32;                                                   c0218
                                                                            c0219
endmodule // arithmetic                                                     c0220
                                                                            c0221
                                                                            c0222
//------------------------------------------------------------------------  c0223
//                                                                          c0224
// logic: Ausfuehrung logischer Bit-Verknuepfungen                          c0225
//                                                                          c0226
// Operationen:                                                             c0227
//    2'b00: RESULT = A AND B                                               c0228
//    2'b01: RESULT = A OR  B                                               c0229
//    2'b10: RESULT = A XOR B                                               c0230
//                                                                          c0231
//------------------------------------------------------------------------  c0232
                                                                            c0233
module logic (                                                              c0234
    RESULT,                                                                 c0235
    A_IN, B_IN, OP_IN                                                       c0236
    );                                                                      c0237
                                                                            c0238
  output [31:0] RESULT;           // Ausgang fuer Ergebnis                  c0239
```

```
   input   [31:0] A_IN,          // Eingang fuer Operand A                   c0240
                  B_IN;          // Eingang fuer Operand B                   c0241
   input   [ 1:0] OP_IN;         // Eingang fuer Operationscode              c0242
                                                                            c0243
   reg     [31:0] RESULT;        // Ergebnis                                 c0244
   wire    [31:0] A_IN,          // Operand A                                c0245
                  B_IN;          // Operand B                                c0246
   wire    [ 1:0] OP_IN;         // Operationscode                           c0247
                                                                            c0248
   always @(A_IN or B_IN or OP_IN) begin                                     c0249
     case(OP_IN)                                                             c0250
       2'b00: RESULT = A_IN & B_IN;    // AND                                c0251
       2'b01: RESULT = A_IN | B_IN;    // OR                                 c0252
       2'b10: RESULT = A_IN ^ B_IN;    // XOR                                c0253
     endcase                                                                c0254
   end                                                                      c0255
                                                                            c0256
endmodule // logic                                                          c0257
                                                                            c0258
                                                                            c0259
//---------------------------------------------------------------------------  c0260
//                                                                          c0261
// shift: Verschiebungen                                                     c0262
//                                                                          c0263
// Operationen:                                                             c0264
//    2'b00: RESULT = A <<  B     Linksverschiebung                         c0265
//    2'b01: RESULT = A >>  B     Rechtsverschiebung                        c0266
//    2'b10: RESULT = A ASR B     Rechtsverschiebung (vorzeichenerhaltend)   c0267
//    2'b11: RESULT = A ROT B     Rechtsrotation                            c0268
//                                                                          c0269
// Flags:                                                                   c0270
//    C_OUT: B#0: Um eine Position ueber Wortgrenze verschobenes Bit aus A   c0271
//           B=0: 0                                                         c0272
//                                                                          c0273
//---------------------------------------------------------------------------  c0274
                                                                            c0275
module shift (                                                              c0276
    RESULT, C_OUT,                                                          c0277
    A_IN, B_IN, OP_IN                                                       c0278
  );                                                                        c0279
                                                                            c0280
   output [31:0] RESULT;         // Ausgang fuer Ergebnis                    c0281
   output        C_OUT;          // Ausgang fuer Carryflag                   c0282
                                                                            c0283
   input  [31:0] A_IN;           // Eingang fuer Operand A                   c0284
   input  [ 4:0] B_IN;           // Eingang fuer Operand B                   c0285
   input  [ 1:0] OP_IN;          // Eingang fuer Operationscode              c0286
                                                                            c0287
   reg    [31:0] RESULT;         // Ergebnis                                 c0288
   reg           C_OUT;          // Carry-Flag                               c0289
   wire   [31:0] A_IN;           // Operand A                                c0290
   wire   [ 4:0] B_IN;           // Operand B                                c0291
   wire   [ 1:0] OP_IN;          // Operationscode                           c0292
                                                                            c0293
   reg    [31:0] ROTATED,        // Ergebnis des Barell-Shifters             c0294
                 AND_PATTERN,    // Vorlage fuer Filtermaske                 c0295
                 SIGN_PATTERN,   // Vorlage fuer Vorzeichenmaske             c0296
                 AND_MASK,       // Bitfiltermaske fuer Rotierergebnis       c0297
                 SIGN_MASK;      // Vorzeichenmaske fuer Rotierergebnis       c0298
   reg    [ 4:0] ROL_VAL;        // Effektiver Linksrotierwert               c0299
                                                                            c0300
   //                                                                       c0301
   // Linksrotationswert fuer nur linksrotierenden Barrel-Shifter bestimmen  c0302
   // Linksverschiebung: B_IN                                               c0303
   // Rechtsverschiebung und -rotation: 32-B_IN (= -B_IN fuer 5-Bit Codierung)  c0304
   //                                                                       c0305
   always @(B_IN or OP_IN)                                                  c0306
     ROL_VAL = (OP_IN) ? -B_IN : B_IN;                                      c0307
                                                                            c0308
   //                                                                       c0309
   // Ausgangswert des linksrotierenden Barrel-Shifters bestimmen           c0310
   //                                                                       c0311
   always @(A_IN or ROL_VAL)                                                c0312
     ROTATED = (A_IN << ROL_VAL) | (A_IN >> -ROL_VAL);                      c0313
                                                                            c0314
   //                                                                       c0315
   // Carry-Bit fuer ausgefuehrte Operation bestimmen                       c0316
   // Linksverschiebung:              Bit 0  des Rotierergebnisses           c0317
   // Rechtsverschiebung und -rotation: Bit 31 des Rotierergebnisses        c0318
   // keine Verschiebung (B_IN ist 0): 0                                    c0319
   //                                                                       c0320
```

```verilog
always @(OP_IN or ROTATED or ROL_VAL) begin                              c0322
  C_OUT = (!OP_IN) ? ROTATED[31] : ROTATED[0]) & (|ROL_VAL);            c0323
end                                                                     c0324
                                                                        c0325
//                                                                      c0326
// Grundmuster der Filtermaske zur Ausblendung der rotierten Bits bei   c0327
// Linksverschiebungen und Grundmuster der Vorzeichenmaske fuer         c0328
// vorzeichenerhaltende Rechtsverschiebung berechnen                    c0329
//                                                                      c0330
always @(A_IN or ROL_VAL) begin                                         c0331
  AND_PATTERN  = {32{1'b1}} << ROL_VAL;                                 c0332
  SIGN_PATTERN = {32{A_IN[31]}} << ROL_VAL;                             c0333
end                                                                     c0334
                                                                        c0335
//                                                                      c0336
// Filtermaske bei Rotieroperationen oder dem Verschiebungswert 0       c0337
// auf volle Durchlaessigkeit setzen, bei Linksverschiebungen direkt    c0338
// und bei Rechtsverschiebungen invertiert aus dem Grundmuster uebernehmen; c0339
//                                                                      c0340
// Vorzeichenmaske nur bei vorzeichenerhaltender Rechtsverschiebung und c0341
// einem Verschiebungswert ungleich 0 aus dem Grundmuster uebernehmen,  c0342
// sonst auf nichtmodifizierenden Wert setzen (loeschen)                c0343
//                                                                      c0344
always @(AND_PATTERN or SIGN_PATTERN or OP_IN or ROL_VAL) begin         c0345
  AND_MASK  = (AND_PATTERN ^ {32{|OP_IN}}) | {32{(&OP_IN) | ~(|ROL_VAL)}}; c0346
  SIGN_MASK =  SIGN_PATTERN & {32{OP_IN[1] & ~OP_IN[0] & (|ROL_VAL)}};  c0347
end                                                                     c0348
                                                                        c0349
//                                                                      c0350
// Ergebnis des Shifter-Moduls aus dem Ergebnis des Barrel-Shifters     c0351
// durch Verknuepfung mit Filtermaske und Vorzeichenmaske erzeugen      c0352
//                                                                      c0353
always @(ROTATED or AND_MASK or SIGN_MASK) begin                        c0354
  RESULT = (ROTATED & AND_MASK) | SIGN_MASK;                            c0355
end                                                                     c0356
                                                                        c0357
endmodule // shift                                                      c0358
```

Bild 4.66 Die Arithmetic-Logic-Unit ALU

4.7.5   Die Memory-Acess-Unit MAU

```
//-------------------------------------------------------------------   d0000
//                                                                      d0001
// MAU: Modul fuer die Memory-Access-Unit)                              d0002
//                                                                      d0003
// Dieser Modul liefert bei Speicherzugriffen gelesene Daten von        d0004
// MAU_READ_DATA an den C4_BUS und zu schreibende Daten vom D_BUS       d0005
// an MAU_WRITE_DATA. Hierbei werden sowohl die fuer die Zugriffsbreiten d0006
// BYTE und DBYTE notwendigen Bitpositions-Selektionen als auch die     d0007
// eventuell erforderliche Vorzeichenerweiterung der Lesedaten vorgenommen. d0008
//                                                                      d0009
// Die Bitpositions-Selektionen erfolgen unter Verwendung der im Fall eines d0010
// Speicherzugriffs am MAU_ADDR_BUS anliegenden Zugriffsadresse.        d0011
//                                                                      d0012
// Findet kein Speicherzugriff statt, so werden die am C3_BUS liegenden d0013
// Daten gepuffert an den C4_BUS uebergeben.                            d0014
//                                                                      d0015
// Wenn bei der positiven Taktflanke die Arbeitsfreigabe (WORK_MA=1)    d0016
// vorliegt, dann werden die Daten am C3_BUS und am D_BUS,              d0017
// ebenso wie der Zugriffsmodus und der Zugriffsoperationscode, in      d0018
// Eingaberegister uebernommen, deren Inhalte weiterverarbeitet werden. d0019
//                                                                      d0020
// Die Daten an MAU_READ_DATA werden asynchron uebernommen und verarbeitet. d0021
//                                                                      d0022
// Operationen:                                                         d0023
//    3'b000: Daten laden                                               d0024
//    3'b001: Daten laden und mit Vorzeichen erweitern                  d0025
//    3'b010: Daten speichern                                           d0026
//    3'b011: Datenworte vertauschen (SWAP)                             d0027
//    3'b1XX: Daten unveraendert von C3 nach C4 uebergeben (gepuffert)  d0028
//                                                                      d0029
// Zugriffsmodi fuer Load- und Store-Befehle:                           d0030
//    3'b0XX: Byte-Zugriff                                              d0031
//    3'b1X0: Halbwort-Zugriff                                          d0032
//    3'b1X1: Wort-Zugriff                                              d0033
//                                                                      d0034
//-------------------------------------------------------------------   d0035
//                                                                      d0036
module mau (                                                            d0037
    C4_BUS, MAU_WRITE_DATA,                                             d0038
    MAU_ADDR_BUS,                                                       d0039
    D_BUS, MAU_READ_DATA,                                               d0040
    C3_BUS,                                                             d0041
    MAU_ACC_MODE_3, MAU_OPCODE_3,                                       d0042
    CP, WORK_MA                                                         d0043
);                                                                      d0044
                                                                       d0045
    // Ausgaenge                                                        d0046
    output [31:0] C4_BUS,          // Datenbus C4                       d0047
                  MAU_WRITE_DATA,  // BCU-Schreibdaten                  d0048
                  MAU_ADDR_BUS;    // Zugriffsadresse                   d0049
                                                                       d0050
    // Eingaenge                                                        d0051
    input  [31:0] D_BUS,           // zu schreibenden Wert              d0052
                  MAU_READ_DATA,   // BCU-Lesedaten                     d0053
                  C3_BUS;          // Datenbus C3                       d0054
    input  [ 2:0] MAU_ACC_MODE_3,  // Zugriffsmodus                     d0055
                  MAU_OPCODE_3;    // Operationscode                    d0056
    input         CP,              // Systemtakt                        d0057
                  WORK_MA;         // Arbeitsfreigabe                   d0058
                                                                       d0059
    reg    [31:0] C4_BUS,          // Ausgaberegister fuer C4_BUS       d0060
                  MAU_WRITE_DATA,  // Ausgaberegister fuer MAU_WRITE_DATA d0061
                  MAU_ADDR_BUS;    // Ausgaberegister fuer MAU_ADDR_BUS d0062
    wire   [31:0] D_BUS,           // zu schreibender Wert              d0063
                  MAU_READ_DATA,   // Lesedaten von BCU                 d0064
                  C3_BUS;          // Datenbus C3                       d0065
    wire   [ 2:0] MAU_ACC_MODE_3,  // Zugriffsmodus                     d0066
                  MAU_OPCODE_3;    // Operationscode                    d0067
    wire          CP,              // Systemtakt                        d0068
                  WORK_MA;         // Arbeitsfreigabe                   d0069
                                                                       d0070
    reg    [31:0] MAU_C3REG,       // Eingangsregister fuer C3_BUS      d0071
                  MAU_DBREG,       // Eingangsregister fuer D_BUS       d0072
                  ST_MAPP16,       // nach Halbworten selektiertes Schreibdatum d0073
                  ST_MAPP08,       // nach Bytes selektiertes Schreibdatum d0074
                  LD_MAPP16,       // nach Halbworten selektiertes Lesedatum d0075
```

```
                   LD_MAPP08,       // nach Bytes selektiertes Lesedatum        d0076
                   FILTERED,        // gefiltertes Lesedatum                     d0077
                   SIGNMASK;        // Vorzeichenerweiterungsmaske               d0078
reg     [ 2:0] MAU_AMREG,       // Eingangsregister fuer MAU_ACC_MODE_3      d0079
               MAU_OPREG;       // Eingangsregister fuer MAU_OPCODE_3        d0080
reg     [ 1:0] ACCSIZ,          // Zugriffsbreite                            d0081
               MAPPING;         // Selektierung fuer Speicherdaten           d0082
                                                                            d0083
//                                                                          d0084
// bei steigender Taktflanke neue Eingabewerte einlesen,                    d0085
// wenn Arbeitsfreigabe vorhanden ist                                       d0086
//                                                                          d0087
always @(posedge CP) begin                                                  d0088
  if (WORK_MA) begin                                                        d0089
    fork                                                                    d0090
      MAU_C3REG = #`DELTA C3_BUS;                                           d0091
      MAU_DBREG = #`DELTA D_BUS;                                            d0092
      MAU_AMREG = #`DELTA MAU_ACC_MODE_3;                                   d0093
      MAU_CPREG = #`DELTA MAU_OPCODE_3;                                     d0094
    join                                                                    d0095
  end                                                                       d0096
end                                                                         d0097
                                                                            d0098
//                                                                          d0099
// MAU_ADDR_BUS aktualisieren                                               d0100
//                                                                          d0101
always @(MAU_C3REG)                                                         d0102
  MAU_ADDR_BUS = MAU_C3REG;                                                 d0103
                                                                            d0104
//                                                                          d0105
// Zugriffsbreite bestimmen                                                 d0106
// ACCSIZ: 00: Swap-, Lese- oder Schreibzugriff auf Wort                    d0107
//         01: Lese- oder Schreibzugriff auf Byte                           d0108
//         10: Lese- oder Schreibzugriff auf Halbwort                       d0109
//                                                                          d0110
always @(MAU_OPREG or MAU_AMREG) begin                                      d0111
  ACCSIZ[0] = ~(&MAU_OPREG[1:0]) & ~MAU_AMREG[2];                           d0112
  ACCSIZ[1] = ~(&MAU_OPREG[1:0]) & ~MAU_AMREG[0] & MAU_AMREG[2];            d0113
end                                                                         d0114
                                                                            d0115
//                                                                          d0116
// Byte- und Halbwortselektion fuer Lese-/Schreibzugriffe unter Verwendung  d0117
// der Zugriffsadress-Bits 0-1 (Position im Datenwort) bestimmen            d0118
//                                                                          d0119
// MAPPING: X0: Bits 0-7  von/nach Bit-Bereich  0- 7 selektieren            d0120
//          X1: Bits 0-7  von/nach Bit-Bereich  8-15 selektieren            d0121
//          0X: Bits 0-15 von/nach Bit-Bereich  0-15 selektieren            d0122
//          1X: Bits 0-15 von/nach Bit-Bereich 16-31 selektieren            d0123
//                                                                          d0124
always @(MAU_C3REG or ACCSIZ) begin                                         d0125
  MAPPING[0] = MAU_C3REG[0] & ACCSIZ[0];                                    d0126
  MAPPING[1] = MAU_C3REG[1] & (|ACCSIZ);                                    d0127
end                                                                         d0128
                                                                            d0129
//------------------------------------------------------------------------  d0130
//                                                                          d0131
// Write-Data-Selection                                                     d0132
//                                                                          d0133
// zu schreibende Daten entsprechend Zugriffsbreite und Zugriffsadresse     d0134
// auf MAU_WRITE_DATA legen                                                 d0135
//                                                                          d0136
//------------------------------------------------------------------------  d0137
                                                                            d0138
  //                                                                        d0139
  // Byte-Selektion in Schreibdaten vornehmen                               d0140
  //                                                                        d0141
  always @(MAU_DBREG or MAPPING[0]) begin                                   d0142
    case(MAPPING[0])                                                        d0143
      1'b0: ST_MAPP08 = {MAU_DBREG[31:16], MAU_DBREG[15:8], MAU_DBREG[7:0]};d0144
      1'b1: ST_MAPP08 = {MAU_DBREG[31:16], MAU_DBREG[ 7:0], MAU_DBREG[7:0]};d0145
    endcase                                                                 d0146
  end                                                                       d0147
                                                                            d0148
  //                                                                        d0149
  // Nach Byte-Selektion Halbwort-Selektion in Schreibdaten vornehmen       d0150
  //                                                                        d0151
  always @(ST_MAPP08 or MAPPING[1]) begin                                   d0152
    case(MAPPING[1])                                                        d0153
      1'b0: ST_MAPP16 = {ST_MAPP08[31:16], ST_MAPP08[15:0]};               d0154
      1'b1: ST_MAPP16 = {ST_MAPP08[15: 0], ST_MAPP08[15:0]};               d0155
    endcase                                                                 d0156
  end                                                                       d0157
```

```
    //                                                                    d0158
    //                                                                    d0159
    // Nach Byte- und Halbwort-Selektion Schreibdaten auf MAU_WRITE_DATA legen    d0160
    //                                                                    d0161
    always @(ST_MAPP16)                                                   d0162
      MAU_WRITE_DATA = ST_MAPP16;                                         d0163
                                                                          d0164
  //-----------------------------------------------------------------    d0165
  //                                                                      d0166
  // Read-Data-Selection                                                  d0167
  //                                                                      d0168
  // zu lesende Daten entsprechend Zugriffsbreite und Zugriffsadresse     d0169
  // aus MAU_READ_DATA filtern                                            d0170
  //                                                                      d0171
  //-----------------------------------------------------------------    d0172
                                                                          d0173
    //                                                                    d0174
    // Halbwort-Selektion in Lesedaten vornehmen                          d0175
    //                                                                    d0176
    always @(MAU_READ_DATA or MAPPING[1]) begin                          d0177
      case(MAPPING[1])                                                    d0178
        1'b0: LD_MAPP16 = {MAU_READ_DATA[31:16], MAU_READ_DATA[15: 0]};  d0179
        1'b1: LD_MAPP16 = {MAU_READ_DATA[31:16], MAU_READ_DATA[31:16]};  d0180
      endcase                                                            d0181
    end                                                                  d0182
                                                                          d0183
    //                                                                    d0184
    // nach Halbwort-Selektion Byte-Selektion in Lesedaten vornehmen      d0185
    //                                                                    d0186
    always @(LD_MAPP16 or MAPPING[0]) begin                              d0187
      case(MAPPING[0])                                                    d0188
        1'b0: LD_MAPP08 = {LD_MAPP16[31:16], LD_MAPP16[15:8], LD_MAPP16[ 7:0]};  d0189
        1'b1: LD_MAPP08 = {LD_MAPP16[31:16], LD_MAPP16[15:8], LD_MAPP16[15:8]};  d0190
      endcase                                                            d0191
    end                                                                  d0192
                                                                          d0193
    //                                                                    d0194
    // nach Halbwort- und Byte-Selektion Lesedaten filtern                d0195
    // (Bits ausserhalb der Zugriffsbreite auf 0 setzen)                 d0196
    //                                                                    d0197
    always @(LD_MAPP08 or ACCSIZ) begin                                  d0198
      FILTERED = LD_MAPP08 & {{16{~(|ACCSIZ)}}, {8{~ACCSIZ[0]}}, {8{1'b1}}};  d0199
    end                                                                  d0200
                                                                          d0201
  //                                                                      d0202
  // Vorzeichenerweiterungsmaske der Datenbreite entsprechend bestimmen   d0203
  //                                                                      d0204
  always @(LD_MAPP08 or ACCSIZ) begin                                    d0205
    case(ACCSIZ)                                                         d0206
      2'b01:   SIGNMASK = {{24{LD_MAPP08[ 7]}}, {8{1'b0}}};  // Byte     d0207
      2'b10:   SIGNMASK = {{16{LD_MAPP08[15]}}, {16{1'b0}}}; // Halbwort d0208
      default: SIGNMASK = 32'b0;                             // Wort     d0209
    endcase                                                             d0210
  end                                                                   d0211
                                                                          d0212
  //                                                                      d0213
  // bei Zugriffsoperationen gefilterte Lesedaten mit Vorzeichenmaske     d0214
  // verknuepfen (nur fuer 'load signed' aktiv) und auf den C4-Bus legen; d0215
  //                                                                      d0216
  // bei Pufferoperation C4-Bus mit Wert aus dem C3-Eingangsregister belegen   d0217
  //                                                                      d0218
  always @(MAU_OPREG or MAU_C3REG or FILTERED or SIGNMASK) begin         d0219
    case(MAU_OPREG[2])                                                   d0220
      1'b0: C4_BUS = FILTERED | (SIGNMASK & {32{MAU_OPREG[0]}});         d0221
      1'b1: C4_BUS = MAU_C3REG;                                          d0222
    endcase                                                             d0223
  end                                                                   d0224
                                                                          d0225
endmodule // mau                                                         d0226
```

Bild 4.67 Die Memory-Acess-Unit MAU

4.7.6 Die Forwarding-and-Register-Unit FRU

```
//------------------------------------------------------------------  e0000
//                                                                    e0001
// FRU: Modul fuer die Forwarding-and-Register-Unit                   e0002
//                                                                    e0003
// Aufbau:                                                            e0004
//    Registerfeld        Deklaration                                e0005
//    Adressumsetzer      Umsetzung der Registeradressen abh. vom Interruptstatus  e0006
//    Vergleicher         was kommt fuer ein Forwarding in Frage     e0007
//    Busumschalter       richtige Werte auf Busse, eigentliches Forwarding  e0008
//    Registerzugriffe geordnet nach Taktphasen                      e0009
//                                                                    e0010
// Alles was logisch-zeitlich zu anderen Pipeline-Stufen gehoert, ist  e0011
// zusammengefasst in Untermodule:                                   e0012
//    FRU_EX  arbeitet in der Pipeline parallel zur ALU              e0013
//    FRU_MA  arbeitet in der Pipeline parallel zur MAU              e0014
//    FRU_WB  stellt die Write-Back-Stufe der Pipeline dar           e0015
//                                                                    e0016
// Die FRU liefert Operanden fuer die ALU und die MAU und beherbergt die  e0017
// Write-Back-Stufe, welche als letzte Pipeline-Stufe dazu dient, Werte   e0018
// in das Registerfeld zurueckzuschreiben.                           e0019
// Die Werte werden vom Immediate-Bus oder dem Spezialregisterbus geholt oder  e0020
// aus den Prozessorregistern, die sich ebenfalls im Modul befinden.  e0021
// Werden Registerinhalte benoetigt, die noch in der Pipeline sind,  e0022
// so muessen diese durch Forwarding verfuegbar gemacht werden, bevor sie  e0023
// in den Registern sind.                                            e0024
//                                                                    e0025
// Verbindungen:                                                     e0026
//    haupsaechlich mit der IDU, zu der das Hauptmodul der FRU zeitlich gehoert,  e0027
//    aber natuerlich auch mit ALU, MAU und PCU (Work-Signale);      e0028
//    bis auf die Work-Signale wird alles asynchron uebernommen und synchron  e0029
//    weitergegeben.                                                 e0030
//                                                                    e0031
// Aufbau:                                                           e0032
//    Das Hauptmodul besteht zum Grossteil aus Logik. Als Zustaende gibt es  e0033
//    lediglich ein paar Work-Signale, die synchron uebernommen und dann  e0034
//    gehalten werden muessen, ausserdem gibt es das Registerfeld.   e0035
//    Darueber hinaus gibt es noch ein paar Zustaende in den Untermodulen,  e0036
//    in denen Daten synchron weitergereicht werden.                 e0037
//                                                                    e0038
//------------------------------------------------------------------  e0039
//                                                                    e0040
// Definitionen fuer die Mux-Auswahlleitungen SEL_A und SEL_B        e0041
`define WORK        1'b1                                             e0042
`define TAKE2_ADDR  2'b00                                           e0043
`define TAKE2_C3    2'b01                                           e0044
`define TAKE2_C4    2'b10                                           e0045
`define TAKE3_ADDR  3'b000                                          e0046
`define TAKE3_C3    3'b001                                          e0047
`define TAKE3_C4    3'b010                                          e0048
`define TAKE3_IMM   3'b100                                          e0049
`define TAKE3_SREG  3'b101                                          e0050
                                                                    e0051
module fru (                                                        e0052
    A_BUS, B_BUS, STORE_DATA,                                       e0053
    SREG_DATA, IMMEDIATE, C3_BUS, C4_BUS,                           e0054
    ADDR_A, ADDR_B, ADDR_C, ADDR_STORE_DATA,                        e0055
    INT_STATE, USE_IMMEDIATE,                                       e0056
    CP, STEP, WORK_ALU,                                             e0057
    WORK_MAU, WORK_WB, USE_SREG_DATA                                e0058
    );                                                              e0059
                                                                    e0060
                                                                    e0061
    // Ausgaenge                                                    e0062
    output [31:0] A_BUS,            // Datenbus A                   e0063
                  B_BUS,            // Datenbus B                   e0064
                  STORE_DATA;       // verzoegerte Schreibaten fuer MAU-STORE  e0065
                                                                    e0066
    // Eingaenge                                                    e0067
    input [31:0]  SREG_DATA,        // Daten aus Spezialregister    e0068
                  IMMEDIATE,        // Immediate-Wert fuer Datenbus B  e0069
                  C3_BUS,           // Ergebnisbus C3 fuer Forwarding  e0070
                  C4_BUS;           // Ergebnisbus C4 fuer Forwarding und WB  e0071
    input [4:0]   ADDR_A,           // Registeradresse fuer Datenbus A  e0072
                  ADDR_B,           // Registeradresse fuer Datenbus B  e0073
                  ADDR_C,           // Registeradresse fuer Ergebnisbus  e0074
                  ADDR_STORE_DATA;  // Registeradresse fuer Store-Daten  e0075
    input [1:0]   INT_STATE;        // Auswahl Interrupt-Overlay-Registersatz  e0076
    input         USE_IMMEDIATE,    // Wert am Immediate-Bus ist gueltig  e0077
```

```
                CP,                 // Clock-Pulse                               e0078
                STEP,               // BCU hat Operation abgeschlossen           e0079
                WORK_ALU,           // ALU ist aktiv                             e0080
                WORK_MAU,           // MAU ist aktiv                             e0081
                WORK_WB,            // WB soll Werte zurueckschreiben            e0082
                USE_SREG_DATA;      // Daten aus SREG_DATA von Spezialreg. nehmen e0083
                                                                                e0084
// Deklarationen                                                                e0085
reg [31:0]      REGFILE[0:39];      // Prozessorregister                         e0086
reg [31:0]      A_BUS,              // Daten A fuer ALU: FRU  -> ALU             e0087
                B_BUS;              // Daten B fuer ALU: FRU  -> ALU             e0088
wire [31:0]     STORE_DATA;         // Schreibdaten fuer MAU: EX -> MAU          e0089
reg [31:0]      STORE_DATA2,        // Schreibdaten fuer MAU: Register -> EX     e0090
                READ_STORE_DATA,    // Daten aus Register (ADDR_STORE_DATA)      e0091
                READ_A,             // Daten aus Register (ADDR_A)               e0092
                READ_B;             // Daten aus Register (ADDR_B)               e0093
wire [31:0]     C5_BUS;             // Ergebnisdaten von MAU: WB -> FRU          e0094
reg [5:0]       REG_ADDR_C,         // abh. von INT_STATE umgesetzte Registeraddr. e0095
                REG_ADDR_A,         // abh. von INT_STATE umgesetzte Registeraddr. e0096
                REG_ADDR_B,         // abh. von INT_STATE umgesetzte Registeraddr. e0097
                REG_ADDR_STORE_DATA; // umgesetzte Registeraddr.                 e0098
wire [5:0]      REG_ADDR_C3,        // Registeradresse fuer Ergebnis: EX -> MA   e0099
                REG_ADDR_C4,        // Registeradresse fuer Ergebnis: MA -> WB   e0100
                REG_ADDR_C5;        // Registeradresse fuer Ergebnis: WB -> FRU  e0101
reg [1:0]       SEL_A,              // Auswahlleitung fuer A_BUS                 e0102
                SEL_S;              // Auswahlleitung fuer STORE_DATA            e0103
reg [2:0]       SEL_B;              // Auswahlleitung fuer B_BUS                 e0104
reg             DO_ALU,             // ALU ist aktiviert worden                  e0105
                DO_MAU,             // MAU ist aktiviert worden                  e0106
                DO_WB;              // WB ist aktiviert worden                   e0107
                                                                                e0108
//                                                                              e0109
// Instanzen                                                                    e0110
//                                                                              e0111
                                                                                e0112
fru_ex FRU_EX (                                                                 e0113
  STORE_DATA2, REG_ADDR_C, CP, WORK_ALU, STORE_DATA, REG_ADDR_C3                e0114
);                                                                              e0115
                                                                                e0116
fru_ma FRU_MA (REG_ADDR_C3, CP, WORK_MAU, REG_ADDR_C4);                         e0117
                                                                                e0118
fru_wb FRU_WB (C4_BUS, REG_ADDR_C4, WORK_WB, CP, C5_BUS, REG_ADDR_C5);          e0119
                                                                                e0120
                                                                                e0121
//                                                                              e0122
// Synchrone Uebernahme einiger Eingangswerte                                   e0123
//                                                                              e0124
always @(posedge CP) if (STEP) DO_ALU  = #`DELTA WORK_ALU;                      e0125
always @(posedge CP) if (STEP) DO_MAU  = #`DELTA WORK_MAU;                      e0126
always @(posedge CP) if (STEP) DO_WB   = #`DELTA WORK_WB;                       e0127
                                                                                e0128
//----------------------------------------------------------------------------- e0129
//                                                                              e0130
// RAC (Register-Address-Converter)                                             e0131
//                                                                              e0132
// Hier findet die Registeradressumsetzung in Abhaengigkeit vom                 e0133
// Interrupt-Status statt. Der RAC kommt mit zwei Vergleichern und              e0134
// geschickter Verdrahtung aus und generiert die Registeradresse fuer ein       e0135
// Register-RAM. Dies ist noetig, da fuer jeden Interrupt-Status die            e0136
// oberen vier Register privat sind und daher jeweils entsprechend             e0137
// eingeblendet werden.                                                         e0138
// Die erzeugten Adressen heissen REG_XXX und werden sowohl von den             e0139
// Forwarding-Vergleichern als auch bei den Registerzugriffen weiter unten      e0140
// verwendet.                                                                   e0141
// Diese Adressen werden in der Pipeline weitergereicht.                        e0142
//                                                                              e0143
//----------------------------------------------------------------------------- e0144
                                                                                e0145
always @(ADDR_A or ADDR_B or ADDR_C or ADDR_STORE_DATA or INT_STATE)            e0146
begin: RAC                                                                      e0147
  //                                                                            e0148
  // Registeradressumsetzung  ADDR_STORE_DATA -> REG_ADDR_STORE_DATA            e0149
  //                                                                            e0150
  casez ({INT_STATE,ADDR_STORE_DATA})                                          e0151
    7'b011111??:             // intern.Interr. und obere Register angesprochen  e0152
      REG_ADDR_STORE_DATA = {4'b1000,ADDR_STORE_DATA[1:0]};                     e0153
    7'b1?111??:              // HW-Interrupt und obere Register angesprochen     e0154
      REG_ADDR_STORE_DATA = {4'b1001,ADDR_STORE_DATA[1:0]};                     e0155
    default:                 // untere Register angesprochen                    e0156
      REG_ADDR_STORE_DATA = {1'b0,ADDR_STORE_DATA};                             e0157
  endcase                                                                       e0158
                                                                                e0159
  //                                                                            e0160
```

```verilog
    // Registeradressumsetzung  ADDR_C -> REG_ADDR_C                              e0161
    //                                                                           e0162
    casez ({INT_STATE,ADDR_C})                                                   e0163
      7'b01111??:                  // SW-Interrupt und obere Register angesprochen e0164
        REG_ADDR_C = {4'b1000,ADDR_C[1:0]};                                      e0165
      7'b1?111??:                  // HW-Interrupt und obere Register angesprochen e0166
        REG_ADDR_C = {4'b1001,ADDR_C[1:0]};                                      e0167
      default:                     // untere Register angesprochen               e0168
        REG_ADDR_C = {1'b0,ADDR_C};                                              e0169
    endcase                                                                      e0170
                                                                                 e0171
    //                                                                           e0172
    // Registeradressumsetzung ADDR_A -> REG_ADDR_A                              e0173
    //                                                                           e0174
    casez ({INT_STATE,ADDR_A})                                                   e0175
      7'b01111??:                  // SW-Interrupt und obere Register angesprochen e0176
        REG_ADDR_A = {4'b1000,ADDR_A[1:0]};                                      e0177
      7'b1?111??:                  // HW-Interrupt und obere Register angesprochen e0178
        REG_ADDR_A = {4'b1001,ADDR_A[1:0]};                                      e0179
      default:                     // untere Register angesprochen               e0180
        REG_ADDR_A = {1'b0,ADDR_A};                                              e0181
    endcase                                                                      e0182
                                                                                 e0183
    //                                                                           e0184
    // Registeradressumsetzung ADDR_B -> REG_ADDR_B                              e0185
    //                                                                           e0186
    casez ({INT_STATE,ADDR_B})                                                   e0187
      7'b01111??:                  // SW-Interrupt und obere Register angesprochen e0188
        REG_ADDR_B = {4'b1000,ADDR_B[1:0]};                                      e0189
      7'b1?111??:                  // HW-Interrupt und obere Register angesprochen e0190
        REG_ADDR_B = {4'b1001,ADDR_B[1:0]};                                      e0191
      default:                     // untere Register angesprochen               e0192
        REG_ADDR_B = {1'b0,ADDR_B};                                              e0193
    endcase                                                                      e0194
end                                                                              e0195
                                                                                 e0196
//----------------------------------------------------------------------------   e0197
//                                                                               e0198
// CMP (Forwarding-Comparator)                                                   e0199
//                                                                               e0200
// Im Forwarding-Vergleicher wird die umgesetzte Registeradresse mit den         e0201
// entsprechenden Registeradressen verglichen, die sich gerade in einer Stufe    e0202
// der Pipeline befinden.                                                        e0203
// Gibt es eine Uebereinstimmung, so wird der Schalter fuer die Ausgangs-        e0204
// multiplexer (SEL_X) auf die jeweilige Stufe geschaltet. Frueher liegende      e0205
// Pipeline-Stufen werden bevorzugt, deshalb das Konstrukt if-else-if.           e0206
// Pipeline-Stufen kommen fuer das Forwarding nur in Betracht, wenn sie          e0207
// gueltige Work-Signale haben. Register 0 wird nicht vorgezogen.                e0208
//                                                                               e0209
//----------------------------------------------------------------------------   e0210
                                                                                 e0211
always @(REG_ADDR_A      or REG_ADDR_B      or REG_ADDR_STORE_DATA or            e0212
         REG_ADDR_C3   or REG_ADDR_C4   or REG_ADDR_C5 or                        e0213
         USE_IMMEDIATE or USE_SREG_DATA or INT_STATE or                          e0214
         DO_ALU        or DO_MAU        or DO_WB )                               e0215
begin: CMP                                                                       e0216
                                                                                 e0217
  //                                                                             e0218
  // Alu-Operand A bestimmen                                                     e0219
  //                                                                             e0220
  if ((REG_ADDR_A==REG_ADDR_C3) && (DO_ALU==`WORK) && (|REG_ADDR_A))            e0221
        SEL_A = `TAKE2_C3;                                                       e0222
  else begin                                                                     e0223
    if ((REG_ADDR_A==REG_ADDR_C4) && (DO_MAU==`WORK) && (|REG_ADDR_A))          e0224
        SEL_A = `TAKE2_C4;                                                       e0225
    else SEL_A = `TAKE2_ADDR;   // Vorgabe: Datum aus Registerfeld              e0226
  end                                                                            e0227
                                                                                 e0228
  //                                                                             e0229
  // Alu-Operand B bestimmen                                                     e0230
  //                                                                             e0231
  // Prioritaet hat ein Immediate-Wert, danach folgt ein Spezialregisterwert,    e0232
  // dann erst werden die Pipelinestufen abgefragt                               e0233
  //                                                                             e0234
  if (USE_IMMEDIATE)                                                             e0235
        SEL_B = `TAKE3_IMM;                                                      e0236
  else begin                                                                     e0237
    if (USE_SREG_DATA)                                                           e0238
        SEL_B = `TAKE3_SREG;                                                     e0239
    else begin                                                                   e0240
      if ((REG_ADDR_B==REG_ADDR_C3) && (DO_ALU==`WORK) && (|REG_ADDR_B))        e0241
        SEL_B = `TAKE3_C3;                                                       e0242
      else begin                                                                 e0243
```

```
        if ((REG_ADDR_B==REG_ADDR_C4) && (DO_MAU==`WORK) && (|REG_ADDR_B))     e0244
            SEL_B = `TAKE3_C4;                                                  e0245
        else SEL_B = `TAKE3_ADDR; // Vorgabe: aus Register                      e0246
      end                                                                       e0247
    end                                                                         e0248
  end                                                                           e0249
                                                                                e0250
  //                                                                            e0251
  // Store-Daten bestimmen                                                      e0252
  //                                                                            e0253
  if ((REG_ADDR_STORE_DATA==REG_ADDR_C3) && (DO_ALU==`WORK)                     e0254
                                        && (|REG_ADDR_STORE_DATA))              e0255
        SEL_S = `TAKE2_C3;                                                      e0256
  else begin                                                                    e0257
    if ((REG_ADDR_STORE_DATA==REG_ADDR_C4) && (DO_MAU==`WORK)                   e0258
                                        && (|REG_ADDR_STORE_DATA))              e0259
        SEL_S = `TAKE2_C4;                                                      e0260
    else SEL_S = `TAKE2_ADDR;              // Vorgabewert: Datum aus Register    e0261
  end                                                                           e0262
end                                                                             e0263
                                                                                e0264
//------------------------------------------------------------------------      e0265
//                                                                              e0266
// FSL (Forwarding-Selection-Logik)                                            e0267
//                                                                              e0268
// Dieser Ausgangsumschalter legt richtige Werte an A_BUS, B_BUS und           e0269
// STORE_DATA, abhaengig von der Forwarding-Logik; reine Kombinatorik.         e0270
//                                                                              e0271
//------------------------------------------------------------------------      e0272
                                                                                e0273
always @(SEL_A or SEL_B or SEL_S or READ_A or READ_B or READ_STORE_DATA or      e0274
         C3_BUS or C4_BUS or IMMEDIATE or SREG_DATA)                            e0275
begin: FSL                                                                      e0276
                                                                                e0277
  //                                                                            e0278
  // Alu-Operand A auswaehlen (MUX_A)                                           e0279
  //                                                                            e0280
  case(SEL_A)                                                                   e0281
    `TAKE2_ADDR: A_BUS = READ_A;                                                e0282
    `TAKE2_C3:   A_BUS = C3_BUS;                                                e0283
    `TAKE2_C4:   A_BUS = C4_BUS;                                                e0284
  endcase                                                                       e0285
                                                                                e0286
  //                                                                            e0287
  // Alu-Operand B auswaehlen (MUX_B)                                           e0288
  //                                                                            e0289
  case (SEL_B)                                                                  e0290
    `TAKE3_ADDR: B_BUS = READ_B;                                                e0291
    `TAKE3_C3:   B_BUS = C3_BUS;                                                e0292
    `TAKE3_C4:   B_BUS = C4_BUS;                                                e0293
    `TAKE3_IMM:  B_BUS = IMMEDIATE;                                             e0294
    `TAKE3_SREG: B_BUS = SREG_DATA;                                             e0295
  endcase                                                                       e0296
                                                                                e0297
  //                                                                            e0298
  // Store-Daten auswaehlen (MUX_S)                                             e0299
  //                                                                            e0300
  case (SEL_S)                                                                  e0301
    `TAKE2_ADDR: STORE_DATA2 = READ_STORE_DATA;                                 e0302
    `TAKE2_C3:   STORE_DATA2 = C3_BUS;                                          e0303
    `TAKE2_C4:   STORE_DATA2 = C4_BUS;                                          e0304
  endcase                                                                       e0305
end                                                                             e0306
                                                                                e0307
//------------------------------------------------------------------------      e0308
//                                                                              e0309
// RAL (Register-Access-Logik)                                                 e0310
//                                                                              e0311
// Registerzugriffe erfolgen nur, wenn nicht Register 0 angesprochen ist.      e0312
// Die Aufteilung in erste und zweite Takthaelfte wurde mit Hinsicht auf       e0313
// die spaetere Realisierung eingefuehrt, mit einem RAM, das nur zwei          e0314
// Zugriffe zu einer Zeit erlaubt. Die Genauigkeit an dieser Stelle ist        e0315
// noetig, weil hier das Prinzip des Modells (Register-Logik) verletzt         e0316
// wird.                                                                        e0317
//                                                                              e0318
//------------------------------------------------------------------------      e0319
                                                                                e0320
  //                                                                            e0321
  // Zugriff waehrend erster Takthaelfte                                        e0322
  //                                                                            e0323
                                                                                e0324
  //------------------------------------------------------------------------    e0325
  //                                                                            e0326
```

```verilog
      // SDL (Store-Data-Logik)                                          e0327
      //                                                                 e0328
      // RAM-Schreibdaten aus Register auslesen                         e0329
      //                                                                 e0330
      //----------------------------------------------------------------  e0331
                                                                        e0332
      always @(REG_ADDR_STORE_DATA or REGFILE[REG_ADDR_STORE_DATA] or CP)  e0333
      begin: SDL                                                        e0334
        if (CP) begin                                                   e0335
          if (REG_ADDR_STORE_DATA != 6'b0) begin                        e0336
            READ_STORE_DATA = REGFILE[REG_ADDR_STORE_DATA];             e0337
          end                                                           e0338
          else READ_STORE_DATA = 32'b0;                                 e0339
        end                                                             e0340
      end                                                               e0341
                                                                        e0342
      //----------------------------------------------------------------  e0343
      //                                                                 e0344
      // WBL (Write-Back-Logik)                                         e0345
      //                                                                 e0346
      // Register beschreiben, wenn WB aktiviert ist;                   e0347
      // beschrieben wird mit Daten, die aus der WB kommen;             e0348
      // da das Registerfeld aber in der FRU angesiedelt ist, muss der Zugriff  e0349
      // hier erfolgen; was in der ersten Takthaelfte in das Registerfeld  e0350
      // geschrieben wird, ist in der zweiten Takthaelfte schon lesbar,  e0351
      // das Lesen erfolgt jedoch zur Zeit der IDU                      e0352
      //                                                                 e0353
      //----------------------------------------------------------------  e0354
                                                                        e0355
      always @(REG_ADDR_C5 or DO_WB or CP or C5_BUS)                    e0356
      begin: WBL                                                        e0357
        if (CP) begin                                                   e0358
          if ((REG_ADDR_C5 != 6'b0) && (DO_WB == `WORK)) begin         e0359
            REGFILE[REG_ADDR_C5] = C5_BUS;                              e0360
          end                                                           e0361
        end                                                             e0362
      end                                                               e0363
                                                                        e0364
                                                                        e0365
      //                                                                 e0366
      // Zugriff waehrend zweiter Takthaelfte                           e0367
      //                                                                 e0368
                                                                        e0369
      //----------------------------------------------------------------  e0370
      //                                                                 e0371
      // RRA (Read-Register-A)                                          e0372
      //                                                                 e0373
      // Register fuer Operand A auslesen                               e0374
      //                                                                 e0375
      //----------------------------------------------------------------  e0376
                                                                        e0377
      always @(REG_ADDR_A or REGFILE[REG_ADDR_A] or CP)                e0378
      begin: RRA                                                        e0379
        if (~CP) begin                                                  e0380
          if (REG_ADDR_A != 6'b0) READ_A = REGFILE[REG_ADDR_A];        e0381
          else                    READ_A = 32'b0;                       e0382
        end                                                             e0383
      end                                                               e0384
                                                                        e0385
      //----------------------------------------------------------------  e0386
      //                                                                 e0387
      // RRB (Read-Register-B)                                          e0388
      //                                                                 e0389
      // Register fuer Operand B auslesen                               e0390
      //                                                                 e0391
      //----------------------------------------------------------------  e0392
                                                                        e0393
      always @(REG_ADDR_B or REGFILE[REG_ADDR_B] or CP)                e0394
      begin: RRB                                                        e0395
        if (~CP) begin                                                  e0396
          if ( REG_ADDR_B != 6'b0) READ_B = REGFILE[REG_ADDR_B];       e0397
          else                    READ_B = 32'b0;                       e0398
        end                                                             e0399
      end                                                               e0400
                                                                        e0401
endmodule // fru                                                        e0402
                                                                        e0403
                                                                        e0404
//----------------------------------------------------------------------  e0405
//                                                                       e0406
// FRU_EX (Execution-Modul)                                             e0407
//                                                                       e0408
// parallel zur ALU arbeitender Modul;                                  e0409
```

```
// reicht Daten und Registeradressen in der Pipeline weiter                 e0410
//                                                                          e0411
//-------------------------------------------------------------------------e0412
//                                                                          e0413
module fru_ex (STORE_DATA2, REG_ADDR_C, CP, WORK_ALU, STORE_DATA, REG_ADDR_C3);  e0414
   input  [31:0] STORE_DATA2;                                               e0415
   input  [ 5:0] REG_ADDR_C;                                                e0416
   input         CP,                                                        e0417
                 WORK_ALU;                                                  e0418
   output [31:0] STORE_DATA;                                                e0419
   output [ 5:0] REG_ADDR_C3;                                               e0420
                                                                            e0421
   wire   [31:0] STORE_DATA2;                                               e0422
   wire   [ 5:0] REG_ADDR_C;                                                e0423
   wire          CP,                                                        e0424
                 WORK_ALU;                                                  e0425
   reg    [31:0] STORE_DATA;                                                e0426
   reg    [ 5:0] REG_ADDR_C3;                                               e0427
                                                                            e0428
   always @(posedge CP) if (WORK_ALU) REG_ADDR_C3 = #`DELTA REG_ADDR_C;     e0429
   always @(posedge CP) if (WORK_ALU) STORE_DATA  = #`DELTA STORE_DATA2;    e0430
                                                                            e0431
endmodule // fru_ex                                                         e0432
                                                                            e0433
                                                                            e0434
//-------------------------------------------------------------------------e0435
//                                                                          e0436
// FRU_MA (Memory-Access-Modul)                                            e0437
//                                                                          e0438
// parallel zur MAU arbeitender Modul;                                     e0439
// gibt Registeradresse zum Rueckschreiben an naechste Pipeline-Stufe weiter e0440
//                                                                          e0441
//-------------------------------------------------------------------------e0442
//                                                                          e0443
module fru_ma (REG_ADDR_C3, CP, WORK_MAU, REG_ADDR_C4);                     e0444
   input  [5:0] REG_ADDR_C3;                                                e0445
   input        CP,                                                         e0446
                WORK_MAU;                                                   e0447
   output [5:0] REG_ADDR_C4;                                                e0448
                                                                            e0449
   wire   [5:0] REG_ADDR_C3;                                                e0450
   wire         CP,                                                         e0451
                WORK_MAU;                                                   e0452
   reg    [5:0] REG_ADDR_C4;                                                e0453
                                                                            e0454
   always @(posedge CP)  if (WORK_MAU)  REG_ADDR_C4 = #`DELTA REG_ADDR_C3;  e0455
                                                                            e0456
endmodule // fru_ma                                                         e0457
                                                                            e0458
                                                                            e0459
//-------------------------------------------------------------------------e0460
//                                                                          e0461
// FRU_WB (Write-Back-Modul)                                               e0462
//                                                                          e0463
// Moduldeklaration fuer Write-Back-Einheit (WB);                          e0464
// haelt Rueckschreibadresse REG_ADDR_C5 und Wert C_BUS aus Pipeline fest  e0465
//                                                                          e0466
//-------------------------------------------------------------------------e0467
//                                                                          e0468
module fru_wb (C4_BUS, REG_ADDR_C4, WORK_WB, CP, C5_BUS, REG_ADDR_C5);      e0469
   input  [31:0] C4_BUS;                                                    e0470
   input  [ 5:0] REG_ADDR_C4;                                               e0471
   input         WORK_WB,                                                   e0472
                 CP;                                                        e0473
   output [31:0] C5_BUS;                                                    e0474
   output [ 5:0] REG_ADDR_C5;                                               e0475
                                                                            e0476
   wire   [31:0] C4_BUS;                                                    e0477
   wire   [ 5:0] REG_ADDR_C4;                                               e0478
   wire          WORK_WB,                                                   e0479
                 CP;                                                        e0480
   reg    [31:0] C5_BUS;                                                    e0481
   reg    [ 5:0] REG_ADDR_C5;                                               e0482
                                                                            e0483
   always @(posedge CP)  if (WORK_WB)  REG_ADDR_C5 = #`DELTA REG_ADDR_C4;   e0484
   always @(posedge CP)  if (WORK_WB)  C5_BUS      = #`DELTA C4_BUS;        e0485
                                                                            e0486
endmodule // fru_wb                                                         e0487
```

Bild 4.68 Die Forwarding-and-Register-Unit FRU

4.7.7   Die Pipeline-Control-Unit PCU

```
//------------------------------------------------------------------- f0000
//                                                                    f0001
// PCU: Modul fuer die Pipeline-Control-Unit                          f0002
//                                                                    f0003
// Aufgaben: Verwaltung der Work-FIFO, MAU-Befehlsverzoegerung,       f0004
// Speicherzugriffsverteilung, Interrupt-Kontrolle, Verwaltung der    f0005
// Spezialregister VBR (Vektorbasisregister), SR (Statusregister),    f0006
// ISR (Interrupt-Statusregister), Return-PC, Interrupt-Return-PCs    f0007
// und Interrupt-Adressen                                             f0008
//                                                                    f0009
// Signalkodierungen                                                  f0010
// SREG_ADDR:       0000: PC      (Program Counter)                   f0011
//                  0001: RPC     (Return-PC)                         f0012
//                  0010: LPC     (Last-PC)                           f0013
//                  0011: SR      (Statusregister)                    f0014
//                  0101: VBR     (Interrupt-Vektorbasisregister)     f0015
//                  0110: HISR    (Hardware-Interrupt-Statusregister) f0016
//                  0111: ECSR    (Exception-Statusregister)          f0017
//                  1000: SISR    (Software-Interrupt-Statusregister) f0018
//                  1001: HIRPC   (Hardware-Interrupt-Return-PC)      f0019
//                  1010: ECRPC   (Exception-Return-PC)               f0020
//                  1011: SIRPC   (Software-Interrupt-Return-PC)      f0021
//                  1100: HIADR   (Speicheradresse bei HWI-Ausloesung) f0022
//                  1101: ECADR   (Instruktionsadresse der Exception-Ausloesung) f0023
// MAU_ACC_MODEx:   0??: Bytezugriff                                  f0024
//                  1?0: Halbwortzugriff                              f0025
//                  1?1: Wortzugriff                                  f0026
// MAU_OPCODEx:     00?: MAU-Lesezugriff                              f0027
//                  010: MAU-Schreibzugriff                           f0028
//                  011: MAU-SWAP-Zugriff                             f0029
//                  1??: kein MAU-Zugriff                             f0030
// BCU_ACC_MODE:    000: MAU-Bytezugriff                              f0031
//                  001: MAU-Halbwortzugriff                          f0032
//                  010: MAU-Wortzugriff                              f0033
//                  110: IFU-Fetch-Zugriff                            f0034
// BCU_ACC_DIR:     00: Daten lesen                                   f0035
//                  01: Daten schreiben                               f0036
//                  10: SWAP                                          f0037
// INT_STATE:       00: Interrupt-Overlay-Registersaetze ausgeblendet f0038
//                  01: EXC/SWI-Overlay-Registersatz eingeblendet     f0039
//                  1?: Hardware-Interrup-Overlay-Registersatz eingeblendet f0040
// xx_STATUS:       Bit 0: Carry-Flag         \                       f0041
//                  Bit 1: Overflow-Flag       | Flags                f0042
//                  Bit 2: Zero-Flag           |                      f0043
//                  Bit 3: Negative-Flag      /                       f0044
//                  Bit 4: SWI-Status         \                       f0045
//                  Bit 5: EXC-Status          | Modus                f0046
//                  Bit 6: HWI-Status          |                      f0047
//                  Bit 7: Kernel/User-Status /                       f0048
//                                                                    f0049
//------------------------------------------------------------------- f0050
//                                                                    f0051
module pcu (                                                          f0052
    SREG_DATA, IF_FLAGS, FD_FLAGS, ALU_CARRY,                         f0053
    PC_BUS,                                                           f0054
    MAU_ACC_MODE3, MAU_OPCODE3, BCU_ACC_MODE, BCU_ACC_DIR, INT_STATE, f0055
    nIRA, SYS_KUMODE, IF_KUMODE, ID_KUMODE, STEP,                     f0056
    WORK_IF, WORK_FD, WORK_ID, WORK_EX, WORK_MA, WORK_WB,             f0057
    USE_PCU_PC, LOST_ACC_NOW, EMERG_FETCH, KILL_IDU,                  f0058
    B_BUS, FLAGS_FROM_ALU, SWI_ID, IRQ_ID, EXCEPT_ID,                 f0059
    MAU_ADDR_BUS, IFU_ADDR_BUS, NPC, SREG_ADDR, MAU_ACC_MODE2, MAU_OPCODE2, f0060
    CP, nRESET, nIRQ, BCU_READY,                                      f0061
    CALL_NOW, IFU_CORRECT, DS_IN_IFU, DIS_IDU, DIS_ALU,              f0062
    SREG_ACC_DIR, SWI_RQ, EXCEPT_RQ, DO_HALT, DO_RETI, NEW_FLAGS     f0063
    );                                                                f0064
                                                                      f0065
    // Ausgaenge                                                      f0066
    output [31:0] SREG_DATA;        // Daten aus Spezialregister      f0067
    output [ 3:0] IF_FLAGS,         // Flags fuer IF-Sprungentscheidung f0068
                  FD_FLAGS;         // Flags fuer FD-Sprungentscheidung f0069
    output        ALU_CARRY;        // Carry-Operand fuer ALU         f0070
    output [31:2] PC_BUS;           // Bus fuer PC-Uebergabe an IFU   f0071
    output [ 2:0] MAU_ACC_MODE3,    // Zugriffsbreite fuer MAU        f0072
                  MAU_OPCODE3,      // Operationscode fuer MAU        f0073
                  BCU_ACC_MODE;     // BCU-Zugriffseinheit (IFU/MAU) und -breite f0074
    output [ 1:0] BCU_ACC_DIR,      // BCU-Zugriffsrichtung           f0075
```

```
                 INT_STATE;          // Interrupt-Overlay-Registersatz-Selektion    f0076
output           nIRA,               // Interrupt-Bestaetigung an System            f0077
                 SYS_KUMODE,         // Kernel/User-Modus fuer Systemzugriffe       f0078
                 IF_KUMODE,          // Kernel/User-Modus fuer IF                   f0079
                 ID_KUMODE,          // Kernel/User-Modus fuer ID                   f0080
                 STEP,               // Pipeline-Freigabe                           f0081
                 WORK_IF,            // Arbeitsfreigabe fuer IF-Stufe               f0082
                 WORK_FD,            // Arbeitsfreigabe fuer FD-Stufe               f0083
                 WORK_ID,            // Arbeitsfreigabe fuer ID-Stufe               f0084
                 WORK_EX,            // Arbeitsfreigabe fuer EX-Stufe               f0085
                 WORK_MA,            // Arbeitsfreigabe fuer MA-Stufe               f0086
                 WORK_WB,            // Arbeitsfreigabe fuer WB-Stufe               f0087
                 USE_PCU_PC,         // IFU zur Beachtung des PC_BUS auffordern     f0088
                 LDST_ACC_NOW,       // IFU ueber MAU-Speicherzugriff informieren   f0089
                 EMERG_FETCH,        // im naechsten Step muss IFU fetchen          f0090
                 KILL_IDU;           // Dekodiersperre fuer IDU                     f0091
                                                                                    f0092
// Eingaenge                                                                        f0093
input   [31:0] B_BUS;                // Operandenbus B                              f0094
input   [ 3:0] FLAGS_FROM_ALU,       // Flags von der ALU                           f0095
               SWI_ID;               // SWI-Code von IDU                            f0096
input   [ 2:0] IRQ_ID,               // System-Interrupt-Anforderungscode           f0097
               EXCEPT_ID;            // Exception-Code von IDU                      f0098
input   [31:0] MAU_ADDR_BUS;         // MAU-Speicherzugriffsadresse                 f0099
input   [31:2] IFU_ADDR_BUS,         // Fetch-PC von IFU (Speicherzugriffsadresse)  f0100
               NPC;                  // Next-PC von IFU (Return-PC fuer CALL und SWI f0101
input   [ 3:0] SREG_ADDR;            // Spezialregisteradresse von IDU              f0102
input   [ 2:0] MAU_ACC_MODE2,        // Zugriffsbreite und -art fuer MA von IDU     f0103
               MAU_OPCODE2;          // Operationscode fuer MA                      f0104
input          CP,                   // Systemtakt                                  f0105
               nRESET,               // RESET-Signal                                f0106
               nIRQ,                 // System-Interrupt-Request                    f0107
               BCU_READY,            // kein Speicherzugriff in Ausfuehrung         f0108
               CALL_NOW,             // CALL-Befehl ist in ID                       f0109
               IFU_CORRECT,          // IFU korrigiert Sprungentscheidung           f0110
               DS_IN_IFU,            // CTR in ID und Delay-Instruktion in IF       f0111
               DIS_IDU,              // IDU deaktivieren (disable)                  f0112
               DIS_ALU,              // ALU deaktivieren (disable)                  f0113
               SREG_ACC_DIR,         // Zugriffsrichtung fuer Spezialregister       f0114
               SWI_RQ,               // IDU fordert SWI an                          f0115
               EXCEPT_RQ,            // IDU fordert Exeption an                     f0116
               DO_HALT,              // IDU hat HALT dekodiert                      f0117
               DO_RETI,              // IDU hat RETI dekodiert                      f0118
               NEW_FLAGS;            // flag-veraendernder ALU Befehl in ID (.F)    f0119
                                                                                    f0120
// Register fuer Ausgaenge                                                          f0121
reg    [31:0] SREG_DATA;             // Daten aus Spezialregister                   f0122
reg    [31:2] PC_BUS;                // Bus fuer PC-Ueberqabe an IFU                f0123
reg    [ 2:0] MAU_ACC_MODE3,         // Zugriffsbreite fuer MAU                      f0124
              MAU_OPCODE3,           // Operationscode fuer MAU                     f0125
              BCU_ACC_MODE;          // BCU-Zugriffseinheit (IFU/MAU) und -breite   f0126
reg    [ 1:0] BCU_ACC_DIR;           // BCU-Zugriffsrichtung                        f0127
reg           nIRA,                  // Interrupt-Bestaetigung an System            f0128
              SYS_KUMODE,            // Kernel/User-Modus fuer Systemzugriffe       f0129
              IF_KUMODE,             // Kernel/User-Modus fuer IFU                  f0130
              ID_KUMODE,             // Kernel/User-Modus fuer IDU                  f0131
              USE_PCU_PC,            // IFU zu Beachtung des PC_BUS auffordern      f0132
              EMERG_FETCH;           // im naechsten Step muss IFU fetchen          f0133
                                                                                    f0134
// Wires fuer Ausgaenge                                                             f0135
wire          WORK_IF,               // Arbeitsfreigabe fuer IF-Stufe               f0136
              WORK_FD,               // Arbeitsfreigabe fuer FD-Stufe               f0137
              WORK_ID,               // Arbeitsfreigabe fuer ID-Stufe               f0138
              WORK_EX,               // Arbeitsfreigabe fuer EX-Stufe               f0139
              WORK_MA,               // Arbeitsfreigabe fuer MA-Stufe               f0140
              WORK_WB;               // Arbeitsfreigabe fuer WB-Stufe               f0141
                                                                                    f0142
// Wires fuer Eingaenge                                                             f0143
wire   [31:0] B_BUS;                 // Operandenbus B                              f0144
wire   [ 3:0] FLAGS_FROM_ALU,        // Flags von der ALU                           f0145
              SWI_ID;                // SWI-Code von IDU                            f0146
wire   [ 2:0] IRQ_ID,                // System-Interrupt-Anforderungscode           f0147
              EXCEPT_ID;             // Exception-Code von IDU                      f0148
wire   [31:0] MAU_ADDR_BUS;          // C3-Bus (MAU-Speicherzugriffsadresse)        f0149
wire   [31:2] IFU_ADDR_BUS,          // Fetch-PC von IFU (Speicherzugriffsadresse)  f0150
              NPC;                   // Next-PC von IFU (Return-PC fuer CALL und SWI f0151
wire   [ 3:0] SREG_ADDR;             // Spezialregisteradresse von IDU              f0152
wire   [ 2:0] MAU_ACC_MODE2,         // Zugriffsbreite und -art fuer MA von IDU     f0153
              MAU_OPCODE2;           // Operationscode fuer MA                      f0154
wire          CP,                    // Systemtakt                                  f0155
              nRESET,                // RESET-Signal                                f0156
              nIRQ,                  // System-Interrupt-Request                    f0157
```

```verilog
                BCU_READY,          // kein Speicherzugriff in Ausfuehrung         f0158
                CALL_NOW,           // CALL-Befehl ist in ID                       f0159
                IFU_CORRECT,        // IFU korrigiert Sprungentscheidung           f0160
                DS_IN_IFU,          // CTR in ID und Delay-Instruktion in IF       f0161
                DIS_IDU,            // IDU deaktivieren (disable)                  f0162
                DIS_ALU,            // ALU deaktivieren (disable)                  f0163
                SREG_ACC_DIR,       // Zugriffsrichtung fuer Spezialregister       f0164
                SWI_RQ,             // IDU fordert SWI an                          f0165
                EXCEPT_RQ,          // IDU fordert Exeption an                     f0166
                DO_HALT,            // IDU hat HALT dekodiert                      f0167
                DO_RETI,            // IDU hat RETI dekodiert                      f0168
                NEW_FLAGS;          // flag-veraendernder ALU Befehl in ID (.F)    f0169
                                                                                   f0170
// Register fuer interne Verwendung                                               f0171
reg  [31:0]     HWIADR,             // beim HWI am Adressbus anliegende Adresse    f0172
                EXCADR;             // Adresse der Exception-Ausloesung            f0173
reg  [31:2]     RPC,                // Return-PC                                   f0174
                HWIRPC,             // Interrupt-Return-PC fuer HW-Interrupts      f0175
                EXCRPC,             // IRPC fuer Exceptions                        f0176
                SWIRPC,             // IRPC fuer Software-Interrupts               f0177
                PC_ID,              // PC des Befehls in der ID-Pipeline-Stufe     f0178
                PC_EX,              // PC des Befehls in der EX-Pipeline-Stufe     f0179
                PC_MA,              // PC des Befehls in der MA-Pipeline-Stufe     f0180
                PC_WB;              // PC des Befehls in der WB-Pipeline-Stufe     f0181
reg  [31:8]     VBR;                // Vektorbasisregister                         f0182
reg  [ 7:0]     EX_STATUS,          // SR des Befehls in EX                        f0183
                MA_STATUS,          // SR des Befehls in MA                        f0184
                SWISR,              // SR fuer RETI nach SWI                       f0185
                EXCSR,              // SR fuer RETI nach EXC                       f0186
                HWISR;              // SR fuer RETI nach HWI                       f0187
reg  [ 3:0]     IF_MODE,            // IF-Modus (beruecksichtigt SRIS SR in IDU)   f0188
                FLAGS,              // die aktuellen Flags                         f0189
                IF_FLAGS,           // die Flags fuer die IF-Sprungentscheidung    f0190
                FD_FLAGS;           // die Flags fuer die FD-Sprungentscheidung    f0191
reg  [ 2:0]     IRQ_IDREG;          // Harware-Interrupt-Kennung                   f0192
reg             IRQ_REG,            // Hardware-Interrupt-Anforderung              f0193
                DS_IN_IDU,          // BCC/CALL in EX und Delay-Instruktion in IDU f0194
                DS_IN_ALU,          // BCC/CALL in MA und Delay-Instruktion in ALU f0195
                DS_IN_MAU,          // BCC/CALL in WB und Delay-Instruktion in MAU f0196
                MAU_USES_BUS,       // Prozessorbus wird durch MAU-Zugriff belegt  f0197
                NEW_FLAGS_DEL,      // flag-veraendernder ALU-Befehl in EX         f0198
                NEXT_KUMODE,        // Kernel/User-Modus nach diesem Fetch         f0199
                NEXT_HWIACT,        // Hardware-Interrupt-Zustand nach diesem Fetch f0200
                NEXT_SWIACT,        // Software-Interrupt-Zustand nach diesem Fetch f0201
                NEXT_EXCACT,        // Exception-Zustand nach diesem Fetch         f0202
                IF_HWIACT,          // Hardware-Interrupt-Zustand fuer IF          f0203
                IF_SWIACT,          // Software-Interrupt-Zustand fuer IF          f0204
                IF_EXCACT,          // Exception-Zustand fuer IF                   f0205
                ID_HWIACT,          // Hardware-Interrupt-Zustand fuer ID          f0206
                ID_SWIACT,          // Software-Interrupt-Zustand fuer ID          f0207
                ID_EXCACT,          // Exception-Zustand fuer ID                   f0208
                DO_HWI,             // Hardware-Interrupt-Anforderung liegt vor    f0209
                DO_EXC,             // Exception-Anforderung liegt vor             f0210
                DO_SWI,             // Software-Interrupt-Anforderung liegt vor    f0211
                DO_PANIC,           // Interrupt-Routinenfehler liegt vor          f0212
                DO_STARTUP,         // Pipeline hochfahren (nach RESET)            f0213
                FLUSH_PIPE,         // Pipeline leeren (bei MAU-HWI)               f0214
                RERUN_MA,           // bei MA aufsetzen (MAU-HWI bei IFU-HWI)      f0215
                PANIC,              // Interrupt-Fehler wird bearbeitet            f0216
                SRIS_SR,            // Anzeige eines gueltigen SRIS SR             f0217
                SRIS_KSR,           // Anzeige eines gueltigen Kernel SRIS SR      f0218
                SRIS_HISR,          // Anzeige eines gueltigen SRIS HISR           f0219
                SRIS_HIRPC;         // Anzeige eines gueltigen SRIS HIRPC          f0220
                                                                                   f0221
                                                                                   f0222
//                                                                                 f0223
// Assignments fuer Ausgaenge                                                      f0224
//                                                                                 f0225
// Schattenregistersatz abhaengig von Interrupt selektieren                        f0226
wire [ 1:0]     INT_STATE    = {ID_HWIACT, (ID_EXCACT | ID_SWIACT)};              f0227
                                                                                   f0228
// mit jedem abgeschlossenen Speicherzugriff neuen STEP einleiten                  f0229
wire            STEP         = BCU_READY;                                          f0230
                                                                                   f0231
// pruefen, ob IDU abgeschaltet werden muss                                        f0232
wire            KILL_IDU     = DIS_IDU | EMERG_FETCH;                              f0233
                                                                                   f0234
// pruefen, ob MAU auf Speicher zugreift                                           f0235
wire            LDST_ACC_NOW = (~MAU_OPCODE3[2] & ~RERUN_MA);                      f0236
                                                                                   f0237
// Carry-Flag bestimmen                                                            f0238
wire            ALU_CARRY    = FD_FLAGS[0];                                        f0239
```

```
                                                                      f0240
                                                                      f0241
    //                                                                f0242
    // Assignments fuer interne Verwendung                            f0243
    //                                                                f0244
    wire [31:2] PC_IF = IFU_ADDR_BUS;               // PC des Befehls in der IF    f0245
                                                                      f0246
    // wichtige Signale fuer den Status der IF zusammenfassen         f0247
    wire [7:0] IF_STATUS = {IF_MODE, IF_FLAGS};                       f0248
                                                                      f0249
    // wichtige Signale fuer den Status der ID zusammenfassen         f0250
    wire [7:0] ID_STATUS = {ID_KUMODE, ID_HWIACT, ID_EXCACT, ID_SWIACT, FD_FLAGS};    f0251
                                                                      f0252
    // pruefen, ob ALU abgeschaltet werden muss                       f0253
    wire        KILL_ALU  = DIS_ALU | FLUSH_PIPE | (IFU_CORRECT & DO_HWI);    f0254
                                                                      f0255
                                                                      f0256
    //                                                                f0257
    // Instanz                                                        f0258
    //                                                                f0259
                                                                      f0260
    work_unit WORK_UNIT (                                             f0261
      WORK_IF, WORK_FD, WORK_ID, WORK_EX, WORK_MA, WORK_WB,           f0262
      CP, nRESET, STEP, DIS_IDU, KILL_ALU, RERUN_MA,                  f0263
      FLUSH_PIPE, EMERG_FETCH, DO_HALT                                f0264
    );                                                                f0265
                                                                      f0266
    //------------------------------------------------------------------    f0267
    //                                                                f0268
    // RESET-Logik                                                    f0269
    //                                                                f0270
    // asynchrone Initialisierung aller fuer den RESET-Zustand relevanten Register    f0271
    // bei aktivem RESET-Signal und Starten der Pipeline nach Deaktivierung    f0272
    // des RESET-Signals                                              f0273
    //                                                                f0274
    //------------------------------------------------------------------    f0275
                                                                      f0276
      //                                                              f0277
      // Die PCU wird in den RESET-Zustand gebracht                   f0278
      //                                                              f0279
      always @(nRESET) begin                                         f0280
        while (~nRESET) begin                                         f0281
          DO_STARTUP   = 1'b1;                                        f0282
          NEXT_KUMODE = 1'b1;                                         f0283
          NEXT_HWIACT = 1'b1;                                         f0284
          NEXT_EXCACT = 1'b1;                                         f0285
          NEXT_SWIACT = 1'b1;                                         f0286
          IF_KUMODE   = 1'b1;                                         f0287
          IF_HWIACT   = 1'b1;                                         f0288
          IF_EXCACT   = 1'b1;                                         f0289
          IF_SWIACT   = 1'b1;                                         f0290
          ID_KUMODE   = 1'b1;                                         f0291
          ID_HWIACT   = 1'b1;                                         f0292
          ID_EXCACT   = 1'b1;                                         f0293
          ID_SWIACT   = 1'b1;                                         f0294
          PANIC       = 1'b0;                                         f0295
          FLAGS       = 4'b0;                                         f0296
          MAU_OPCODE3 = 3'b100;                                       f0297
          #1;                                                         f0298
        end                                                           f0299
      end                                                             f0300
                                                                      f0301
      //                                                              f0302
      // DO_STARTUP (RESET-Setzung) loeschen, sobald Pipeline angelaufen ist    f0303
      //                                                              f0304
      always @(posedge CP)                                            f0305
        if (WORK_IF) DO_STARTUP = #`DELTA 1'b0;                       f0306
                                                                      f0307
    //------------------------------------------------------------------    f0308
    //                                                                f0309
    // Interrupt-Logik                                                f0310
    //                                                                f0311
    // Annahme von Hardware-Interrupts, Exceptions und Software-Interrupts;    f0312
    // Bestaetigung von angenommenen Hardware-Interrupts;             f0313
    // Loeschung der Pipeline bei Hardware-Interrupt-Ausloesung durch einen    f0314
    // Speicherzugriff in der MA-Stufe (Pipeline Flush);              f0315
    // Anforderung einer Wiederaufsatzpunktkorrektur                  f0316
    //                                                                f0317
    //------------------------------------------------------------------    f0318
                                                                      f0319
      //                                                              f0320
      // Operationen auf negativer Taktflanke:                        f0321
```

```
//    Hardware-Interrupt-Eingaenge in Register uebernehmen              f0322
//    Interrupt-Acknowledge deaktivieren                                f0323
//                                                                      f0324
always @(negedge CP) begin                                              f0325
  fork                                                                  f0326
    IRQ_IDREG = #`DELTA IRQ_ID;                                         f0327
    IRQ_REG   = #`DELTA nIRQ;                                           f0328
    nIRA      = #`DELTA 1'b1;                                           f0329
  join                                                                  f0330
end                                                                     f0331
                                                                        f0332
//                                                                      f0333
// Hardware-Interrupt-Annahme zu Step-Beginn mit negativer Flanke von   f0334
// Interrupt Acknowledge bestaetigen;                                   f0335
// ist RERUN_MA gesetzt, so wird der Interrupt nach aussen als angenommen f0336
// gemeldet, obwohl der bereits angenommene weiter bearbeitet wird;     f0337
// dies fuehrt zu keinem Fehler, da nach Abschluss des momentanen       f0338
// Interrupts auf die Instruktion, die RERUN_MA ausloeste, aufgesetzt wird f0339
//                                                                      f0340
always @(posedge CP) begin                                              f0341
  if (STEP) begin                                                       f0342
    nIRA = #`DELTA (IRQ_REG | ((IF_HWIACT | ~DO_HWI) & ~RERUN_MA));     f0343
  end                                                                   f0344
end                                                                     f0345
                                                                        f0346
//                                                                      f0347
// DO_HWI bestimmen (anzunehmende Hardware-Interrupt-Anforderung)       f0348
//                                                                      f0349
always @(IRQ_REG or IF_HWIACT or PANIC) begin                           f0350
  DO_HWI = ~IRQ_REG & ~IF_HWIACT & ~PANIC;                              f0351
end                                                                     f0352
                                                                        f0353
//                                                                      f0354
// DO_EXC bestimmen (anzunehmende Exeption-Anforderung)                 f0355
//                                                                      f0356
always @(EXCEPT_RQ or IF_EXCACT or IF_HWIACT or PANIC) begin            f0357
  DO_EXC = EXCEPT_RQ & ~IF_EXCACT & ~IF_HWIACT & ~PANIC;                f0358
end                                                                     f0359
                                                                        f0360
//                                                                      f0361
// DO_SWI bestimmen (anzunehmende Software-Interrupt-Anforderung)       f0362
//                                                                      f0363
always @(SWI_RQ or IF_SWIACT or IF_EXCACT or IF_HWIACT or PANIC) begin  f0364
  DO_SWI = SWI_RQ & ~IF_SWIACT & ~IF_EXCACT & ~IF_HWIACT & ~PANIC;      f0365
end                                                                     f0366
                                                                        f0367
//                                                                      f0368
// DO_PANIC bestimmen (Verletzung der Interrupt-Hierarchie)             f0369
//                                                                      f0370
always @(IF_HWIACT or IF_EXCACT or IF_SWIACT or EXCEPT_RQ or SWI_RQ) begin f0371
  casez({IF_HWIACT, IF_EXCACT, IF_SWIACT, EXCEPT_RQ, SWI_RQ, PANIC})    f0372
    6'b1??1?0: DO_PANIC = 1'b1;                 // EXC in HWI           f0373
    6'b1???10: DO_PANIC = 1'b1;                 // SWI in HWI           f0374
    6'b?1?1?0: DO_PANIC = 1'b1;                 // EXC in EXC           f0375
    6'b?1??10: DO_PANIC = 1'b1;                 // SWI in EXC           f0376
    6'b??1?10: DO_PANIC = 1'b1;                 // SWI in SWI           f0377
    default:   DO_PANIC = 1'b0;                                         f0378
  endcase                                                               f0379
end                                                                     f0380
                                                                        f0381
//                                                                      f0382
// PANIC-Zustand sichern                                                f0383
//                                                                      f0384
always @(posedge CP) begin                                              f0385
  if (STEP) begin                                                       f0386
    PANIC = PANIC | DO_PANIC;                                           f0387
  end                                                                   f0388
end                                                                     f0389
                                                                        f0390
//                                                                      f0391
// FLUSH_PIPE bestimmen                                                 f0392
//                                                                      f0393
always @(DO_HWI or IRQ_IDREG or MAU_USES_BUS) begin                     f0394
  casez({DO_HWI, IRQ_IDREG, MAU_USES_BUS})                             f0395
    5'b100?1: FLUSH_PIPE = 1'b1;    // MAU-HWI                         f0396
    5'b10101: FLUSH_PIPE = 1'b1;    // MAU-HWI                         f0397
    default: FLUSH_PIPE = 1'b0;                                        f0398
  endcase                                                               f0399
end                                                                     f0400
                                                                        f0401
//                                                                      f0402
// EMERG_FETCH bestimmen (aktuelle IF-Instruktion ungueltig setzen)     f0403
```

```
  //                                                                     f0404
  always @(DO_HWI or DO_EXC or DO_PANIC) begin                          f0405
    EMERG_FETCH = (DO_HWI | DO_EXC | DO_PANIC);                         f0406
  end                                                                    f0407
                                                                         f0408
  //                                                                     f0409
  // RERUN_MA bestimmen (aktiv bei MAU-HWI nach Annahme eines IFU-HWI)   f0410
  //                                                                     f0411
  always @(IRQ_REG or IRQ_IDREG or MAU_USES_BUS or IF_HWIACT) begin     f0412
    casez({IRQ_REG, IRQ_IDREG, MAU_USES_BUS, IF_HWIACT})               f0413
      6'b000?11: RERUN_MA = 1'b1;     // MAU-HWI                        f0414
      6'b001011: RERUN_MA = 1'b1;     // MAU-HWI                        f0415
      default:   RERUN_MA = 1'b0;                                      f0416
    endcase                                                             f0417
  end                                                                    f0418
                                                                         f0419
//-----------------------------------------------------------------------f0420
//                                                                       f0421
// PC_BUS-Logik                                                          f0422
//                                                                       f0423
// Aktivierung von USE_PCU_PC und Belegung des PC_BUS                    f0424
//                                                                       f0425
//-----------------------------------------------------------------------f0426
                                                                         f0427
  //                                                                     f0428
  // USE_PCU_PC bestimmen (PC-Uebernahmeaufforderung an IFU)            f0429
  //                                                                     f0430
  always @(DO_STARTUP or DO_HWI or DO_PANIC or DO_EXC or DO_SWI or      f0431
           KILL_ALU or DO_RETI or SREG_ACC_DIR or SREG_ADDR)           f0432
  begin                                                                  f0433
    casez({DO_STARTUP, DO_HWI, DO_PANIC, KILL_ALU, DO_EXC, DO_SWI, DO_RETI, f0434
           SREG_ACC_DIR, SREG_ADDR})                                    f0435
      12'b1???????????: USE_PCU_PC = 1'b1;  // RESET                    f0436
      12'b01??????????: USE_PCU_PC = 1'b1;  // Hardware-Interrupt       f0437
      12'b001?????????: USE_PCU_PC = 1'b1;  // Uncorrectable Error (PANIC) f0438
      12'b00001???????: USE_PCU_PC = 1'b1;  // Exception                f0439
      12'b0000?1??????: USE_PCU_PC = 1'b1;  // Software-Interrupt       f0440
      12'b0000??1?????: USE_PCU_PC = 1'b1;  // RETI                     f0441
      12'b000000010000: USE_PCU_PC = 1'b1;  // SRIS PC                  f0442
      default:          USE_PCU_PC = 1'b0;                             f0443
    endcase                                                             f0444
  end                                                                    f0445
                                                                         f0446
  //                                                                     f0447
  // PC_BUS bestimmen (Bus fuer PC-Uebergabe an IFU)                    f0448
  //                                                                     f0449
  always @(DO_STARTUP or DO_HWI or DO_PANIC or DO_EXC or DO_SWI or      f0450
           KILL_ALU or DO_RETI or ID_HWIACT or ID_EXCACT or ID_SWIACT or f0451
           SREG_ACC_DIR or SREG_ADDR or RERUN_MA or DS_IN_MAU or       f0452
           VBR or IRQ_IDREG or EXCEPT_ID or SWI_ID or                  f0453
           HWIRPC or EXCRPC or SWIRPC or B_BUS or PC_MA or PC_WB)      f0454
  begin                                                                  f0455
    casez({DO_STARTUP, DO_HWI, DO_PANIC, KILL_ALU, DO_EXC, DO_SWI, DO_RETI, f0456
           ID_HWIACT, ID_EXCACT, ID_SWIACT, SREG_ACC_DIR, SREG_ADDR,   f0457
           RERUN_MA, DS_IN_MAU})                                        f0458
      17'b1?????????????????: PC_BUS = 30'b0;                          // Start    f0459
      17'b01????????????????: PC_BUS = {VBR, 2'b00, IRQ_IDREG, 1'b0}; // HWI      f0460
      17'b001???????????????: PC_BUS = {VBR, 2'b01, 3'b111,    1'b0}; // PANIC    f0461
      17'b000001??????????: PC_BUS = {VBR, 2'b01, EXCEPT_ID, 1'b0}; // EXC      f0462
      17'b0000001???????????: PC_BUS = {VBR, 1'b1,  SWI_ID,   1'b0}; // SWI      f0463
      17'b00000011???????0?: PC_BUS = HWIRPC;                         // HI-RETI  f0464
      17'b00000011???????10: PC_BUS = PC_MA;                          // HI-RETI  f0465
      17'b00000011???????11: PC_BUS = PC_WB;                          // HI-RETI  f0466
      17'b00000001011???????: PC_BUS = EXCRPC;                        // EC-RETI  f0467
      17'b00000001001???????: PC_BUS = SWIRPC;                        // SI-RETI  f0468
      17'b0000000???10000??: PC_BUS = B_BUS[31:2];                    // SRIS PC  f0469
    endcase                                                             f0470
  end                                                                    f0471
                                                                         f0472
//-----------------------------------------------------------------------f0473
//                                                                       f0474
// BCU-Logik                                                             f0475
//                                                                       f0476
// Bestimmung des Zugriffsmodus, der Zugriffsrichtung und der            f0477
// Zugriffsprivilegierung fuer Speicherzugriffe durch die BCU           f0478
//                                                                       f0479
//-----------------------------------------------------------------------f0480
                                                                         f0481
  //                                                                     f0482
  // BCU_ACC_MODE bestimmen                                             f0483
  // (Zugriffseinheit und Zugriffsbreite fuer Prozessorbus)             f0484
  //                                                                     f0485
```

```
    always @(WORK_MA or MAU_OPCODE3 or MAU_ACC_MODE3) begin              f0486
      casez({WORK_MA, MAU_OPCODE3, MAU_ACC_MODE3})                       f0487
        7'b100?0??: BCU_ACC_MODE = 3'b000;      // MAU-Load   (BYTE)     f0488
        7'b100?1?0: BCU_ACC_MODE = 3'b001;      // MAU-Load   (DBYTE)    f0489
        7'b100?1?1: BCU_ACC_MODE = 3'b010;      // MAU-Load   (QBYTE)    f0490
        7'b10100??: BCU_ACC_MODE = 3'b000;      // MAU-Store  (Byte)     f0491
        7'b10101?0: BCU_ACC_MODE = 3'b001;      // MAU-Store  (DBYTE)    f0492
        7'b10101?1: BCU_ACC_MODE = 3'b010;      // MAU-Store  (QBYTE)    f0493
        7'b1011???: BCU_ACC_MODE = 3'b010;      // MAU-Swap-Zugriff (QBYTE)  f0494
        default:    BCU_ACC_MODE = 3'b110;      // IFU-Fetch-Zugriff (QBYTE) f0495
      endcase                                                            f0496
    end                                                                  f0497
                                                                         f0498
    //                                                                   f0499
    // BCU_ACC_DIR bestimmen (Zugriffsrichtung)                          f0500
    //                                                                   f0501
    always @(WORK_MA or MAU_OPCODE3) begin                               f0502
      casez({WORK_MA, MAU_OPCODE3})                                      f0503
        4'b1010: BCU_ACC_DIR = 2'b01;           // MAU-Store             f0504
        4'b1011: BCU_ACC_DIR = 2'b10;           // MAU-Swap              f0505
        default: BCU_ACC_DIR = 2'b00;           // MAU-Load und IFU-Fetch f0506
      endcase                                                            f0507
    end                                                                  f0508
                                                                         f0509
    //                                                                   f0510
    // SYS_KUMODE bestimmen (Zugriffsprivilegierung)                     f0511
    //                                                                   f0512
    always @(MAU_USES_BUS or IF_KUMODE or MA_STATUS) begin               f0513
      casez(MAU_USES_BUS)                                                f0514
        1'b0: SYS_KUMODE = IF_KUMODE;           // IFU-Buszugriff        f0515
        1'b1: SYS_KUMODE = MA_STATUS[7];        // MAU-Buszugriff        f0516
      endcase                                                            f0517
    end                                                                  f0518
                                                                         f0519
//------------------------------------------------------------------    f0520
//                                                                       f0521
// Status-Forwarding-Logik                                              f0522
//                                                                       f0523
// Bestimmung der Zustaende der durch die Instruktionen ALU.F und SRIS SR  f0524
// fuer den naechsten Step berechneten Statusbits, die aber noch in     f0525
// diesem Step benoetigt werden, weil                                   f0526
// - eine Sprungentscheidung aufgrund dieser Bits erfolgt               f0527
// - ein Hardware-Interrupt diese Bits sichern muss                     f0528
//                                                                       f0529
//------------------------------------------------------------------    f0530
                                                                         f0531
    //                                                                   f0532
    // Flags fuer IF-Sprungentscheidung bestimmen                       f0533
    //                                                                   f0534
    always @(SRIS_SR or NEW_FLAGS_DEL or FLAGS_FROM_ALU or FLAGS or B_BUS)  f0535
    begin                                                                f0536
      casez({SRIS_SR, NEW_FLAGS_DEL})                                   f0537
        2'b00: IF_FLAGS = FLAGS;                // Statusregisterflags   f0538
        2'b1?: IF_FLAGS = B_BUS[3:0];           // SRIS SR               f0539
        2'b01: IF_FLAGS = FLAGS_FROM_ALU;       // .F Befehl             f0540
      endcase                                                            f0541
    end                                                                  f0542
                                                                         f0543
    //                                                                   f0544
    // Flags fuer FD-Sprungentscheidung bestimmen                       f0545
    //                                                                   f0546
    always @(NEW_FLAGS_DEL or FLAGS_FROM_ALU or FLAGS)                   f0547
    begin                                                                f0548
      casez(NEW_FLAGS_DEL)                                               f0549
        1'b0: FD_FLAGS = FLAGS;                 // Statusregister-Flags  f0550
        1'b1: FD_FLAGS = FLAGS_FROM_ALU;        // .F Befehl             f0551
      endcase                                                            f0552
    end                                                                  f0553
                                                                         f0554
    //                                                                   f0555
    // Modus fuer diesen IF-Step unter Beruecksichtigung einer eventuell f0556
    // in der ID-Stufe befindlichen Instruktion SRIS SR mit             f0557
    // Kernel-Privilegierung bestimmen                                  f0558
    //                                                                   f0559
    always @(SRIS_KSR or B_BUS      or                                   f0560
             IF_KUMODE or IF_HWIACT or IF_EXCACT or IF_SWIACT)          f0561
    begin                                                                f0562
      case(SRIS_KSR)                                                     f0563
        1'b0: IF_MODE = {IF_KUMODE, IF_HWIACT, IF_EXCACT, IF_SWIACT};   f0564
        1'b1: IF_MODE = B_BUS[7:4];                                     f0565
      endcase                                                            f0566
    end                                                                  f0567
```

```verilog
//----------------------------------------------------------------------- f0568
//                                                                        f0569
//                                                                        f0570
// Status-Pipeline: PF-Stufe                                              f0571
//                                                                        f0572
// Verwaltung der nach Abschluss des laufenden Fetch fuer die            f0573
// IF gueltigen Statusbits fuer KUMODE-Zustand, HWI-Zustand,             f0574
// Exception-Zustand und SWI-Zustand                                      f0575
//                                                                        f0576
//----------------------------------------------------------------------- f0577
                                                                          f0578
  //                                                                      f0579
  // Kernel/User-Modus fuer die IF nach Abschluss von diesem Fetch        f0580
  //                                                                      f0581
  always @(posedge CP) begin                                              f0582
    if (STEP) begin                                                       f0583
      casez({DO_HWI, DO_PANIC, KILL_ALU, DO_EXC, DO_SWI, DO_RETI,         f0584
             ID_HWIACT, ID_EXCACT, ID_SWIACT, SRIS_KSR})                  f0585
        10'b1??????????: NEXT_KUMODE = #`DELTA 1'b1;       // HWI          f0586
        10'b01????????: NEXT_KUMODE = #`DELTA 1'b1;       // PANIC        f0587
        10'b0001??????: NEXT_KUMODE = #`DELTA 1'b1;       // Exception    f0588
        10'b00001?????: NEXT_KUMODE = #`DELTA 1'b1;       // SWI          f0589
        10'b0000011???: NEXT_KUMODE = #`DELTA HWISR[7]; // HWI-RETI       f0590
        10'b00000101??: NEXT_KUMODE = #`DELTA EXCSR[7]; // EXC-RETI       f0591
        10'b0000001001?: NEXT_KUMODE = #`DELTA SWISR[7]; // SWI-RETI      f0592
        10'b000000???1: NEXT_KUMODE = #`DELTA B_BUS[7]; // SRIS SR        f0593
      endcase                                                             f0594
    end                                                                   f0595
  end                                                                     f0596
                                                                          f0597
  //                                                                      f0598
  // Hardware-Interrupt-Zustand fuer die IF nach Abschluss von diesem Fetch f0599
  //                                                                      f0600
  always @(posedge CP) begin                                              f0601
    if (STEP) begin                                                       f0602
      casez({DO_HWI, KILL_ALU, DO_RETI, ID_HWIACT, ID_EXCACT, ID_SWIACT,  f0603
             SRIS_KSR})                                                   f0604
        7'b1??????: NEXT_HWIACT = #`DELTA 1'b1;          // HWI           f0605
        7'b0011???: NEXT_HWIACT = #`DELTA HWISR[6];  // HWI-RETI          f0606
        7'b00101??: NEXT_HWIACT = #`DELTA EXCSR[6];  // EXC-RETI          f0607
        7'b001001?: NEXT_HWIACT = #`DELTA SWISR[6];  // SWI-RETI          f0608
        7'b000???1: NEXT_HWIACT = #`DELTA B_BUS[6];  // SRIS SR           f0609
      endcase                                                             f0610
    end                                                                   f0611
  end                                                                     f0612
                                                                          f0613
  //                                                                      f0614
  // Exception-Zustand fuer die IF nach Abschluss von diesem Fetch        f0615
  //                                                                      f0616
  always @(posedge CP) begin                                              f0617
    if (STEP) begin                                                       f0618
      casez({KILL_ALU, DO_EXC, DO_RETI, ID_HWIACT, ID_EXCACT, ID_SWIACT,  f0619
             SRIS_KSR})                                                   f0620
        7'b01?????: NEXT_EXCACT = #`DELTA 1'b1;          // Exception     f0621
        7'b0011???: NEXT_EXCACT = #`DELTA HWISR[5];  // HWI-RETI          f0622
        7'b00101??: NEXT_EXCACT = #`DELTA EXCSR[5];  // EXC-RETI          f0623
        7'b001001?: NEXT_EXCACT = #`DELTA SWISR[5];  // SWI-RETI          f0624
        7'b000???1: NEXT_EXCACT = #`DELTA B_BUS[5];  // SRIS SR           f0625
      endcase                                                             f0626
    end                                                                   f0627
  end                                                                     f0628
                                                                          f0629
  //                                                                      f0630
  // Software-Interrupt-Zustand fuer die IF nach Abschluss von diesem Fetch f0631
  //                                                                      f0632
  always @(posedge CP) begin                                              f0633
    if (STEP) begin                                                       f0634
      casez({KILL_ALU, DO_SWI, DO_RETI, ID_HWIACT, ID_EXCACT, ID_SWIACT,  f0635
             SRIS_KSR})                                                   f0636
        7'b01?????: NEXT_SWIACT = #`DELTA 1'b1;          // SWI           f0637
        7'b0011???: NEXT_SWIACT = #`DELTA HWISR[4];  // HWI-RETI          f0638
        7'b00101??: NEXT_SWIACT = #`DELTA EXCSR[4];  // EXC-RETI          f0639
        7'b001001?: NEXT_SWIACT = #`DELTA SWISR[4];  // SWI-RETI          f0640
        7'b000???1: NEXT_SWIACT = #`DELTA B_BUS[4];  // SRIS SR           f0641
      endcase                                                             f0642
    end                                                                   f0643
  end                                                                     f0644
                                                                          f0645
  //----------------------------------------------------------------------- f0646
  //                                                                      f0647
  // Status-Pipeline: IF-Stufe                                            f0648
  //                                                                      f0649
```

```verilog
// Verwaltung der fuer die IF gueltigen Statusbits fuer KUMODE-Zustand,      f0650
// HWI-Zustand, Exception-Zustand und SWI-Zustand                            f0651
//                                                                           f0652
//--------------------------------------------------------------------       f0653
                                                                             f0654
  //                                                                         f0655
  // Kernel/User-Modus fuer diesen IF-Step bestimmen                         f0656
  //                                                                         f0657
  always @(posedge CP) begin                                                 f0658
    if (STEP) begin                                                          f0659
      casez({DO_HWI, DO_PANIC, KILL_ALU, DO_EXC, DO_SWI, DO_RETI, ID_HWIACT, f0660
             ID_EXCACT, ID_SWIACT, SRIS_KSR, (~DIS_IDU | EMERG_FETCH)})      f0661
        11'b1???????1: IF_KUMODE = #'DELTA 1'b1;            // HWI           f0662
        11'b01??????1: IF_KUMODE = #'DELTA 1'b1;            // PANIC         f0663
        11'b0001????1: IF_KUMODE = #'DELTA 1'b1;            // Exception     f0664
        11'b00001???1: IF_KUMODE = #'DELTA 1'b1;            // SWI           f0665
        11'b0000011??1: IF_KUMODE = #'DELTA HWISR[7];       // HWI-RETI      f0666
        11'b00000101??1: IF_KUMODE = #'DELTA EXCSR[7];      // EXC-RETI      f0667
        11'b000001001?1: IF_KUMODE = #'DELTA SWISR[7];      // SWI-RETI      f0668
        11'b000000???1?: IF_KUMODE = #'DELTA B_BUS[7];      // SRIS SR       f0669
        11'b????????00: IF_KUMODE = #'DELTA IF_KUMODE;      // Zustand halten f0670
        default:        IF_KUMODE = #'DELTA NEXT_KUMODE;                     f0671
      endcase                                                                f0672
    end                                                                      f0673
  end                                                                        f0674
                                                                             f0675
  //                                                                         f0676
  // Hardware-Interrupt-Zustand fuer diesen IF-Step bestimmen                f0677
  //                                                                         f0678
  always @(posedge CP) begin                                                 f0679
    if (STEP) begin                                                          f0680
      casez({DO_HWI, KILL_ALU, DO_RETI, ID_HWIACT, ID_EXCACT, ID_SWIACT,     f0681
             SRIS_KSR, (~DIS_IDU | EMERG_FETCH)})                            f0682
        8'b1??????1: IF_HWIACT = #'DELTA 1'b1;              // HWI           f0683
        8'b0011???1: IF_HWIACT = #'DELTA HWISR[6];          // HWI-RETI      f0684
        8'b00101??1: IF_HWIACT = #'DELTA EXCSR[6];          // EXC-RETI      f0685
        8'b001001?1: IF_HWIACT = #'DELTA SWISR[6];          // SWI-RETI      f0686
        8'b000???1?: IF_HWIACT = #'DELTA B_BUS[6];          // SRIS SR       f0687
        8'b??????00: IF_HWIACT = #'DELTA IF_HWIACT;         // Zustand halten f0688
        default:     IF_HWIACT = #'DELTA NEXT_HWIACT;                        f0689
      endcase                                                                f0690
    end                                                                      f0691
  end                                                                        f0692
                                                                             f0693
  //                                                                         f0694
  // Exception-Zustand fuer diesen IF-Step bestimmen                         f0695
  //                                                                         f0696
  always @(posedge CP) begin                                                 f0697
    if (STEP) begin                                                          f0698
      casez({KILL_ALU, DO_EXC, DO_RETI, ID_HWIACT, ID_EXCACT, ID_SWIACT,     f0699
             SRIS_KSR, (~DIS_IDU | EMERG_FETCH)})                            f0700
        8'b01?????1: IF_EXCACT = #'DELTA 1'b1;              // Exception     f0701
        8'b0011???1: IF_EXCACT = #'DELTA HWISR[5];          // HWI-RETI      f0702
        8'b00101??1: IF_EXCACT = #'DELTA EXCSR[5];          // EXC-RETI      f0703
        8'b001001?1: IF_EXCACT = #'DELTA SWISR[5];          // SWI-RETI      f0704
        8'b000???1?: IF_EXCACT = #'DELTA B_BUS[5];          // SRIS SR       f0705
        8'b??????00: IF_EXCACT = #'DELTA IF_EXCACT;         // Zustand halten f0706
        default:     IF_EXCACT = #'DELTA NEXT_EXCACT;                        f0707
      endcase                                                                f0708
    end                                                                      f0709
  end                                                                        f0710
                                                                             f0711
  //                                                                         f0712
  // Software-Interrupt-Zustand fuer diesen IF-Step bestimmen                f0713
  //                                                                         f0714
  always @(posedge CP) begin                                                 f0715
    if (STEP) begin                                                          f0716
      casez({KILL_ALU, DO_SWI, DO_RETI, ID_HWIACT, ID_EXCACT, ID_SWIACT,     f0717
             SRIS_KSR, (~DIS_IDU | EMERG_FETCH)})                            f0718
        8'b01?????1: IF_SWIACT = #'DELTA 1'b1;              // SWI           f0719
        8'b0011???1: IF_SWIACT = #'DELTA HWISR[4];          // HWI-RETI      f0720
        8'b00101??1: IF_SWIACT = #'DELTA EXCSR[4];          // EXC-RETI      f0721
        8'b001001?1: IF_SWIACT = #'DELTA SWISR[4];          // SWI-RETI      f0722
        8'b000???1?: IF_SWIACT = #'DELTA B_BUS[4];          // SRIS SR       f0723
        8'b??????00: IF_SWIACT = #'DELTA IF_SWIACT;         // Zustand halten f0724
        default:     IF_SWIACT = #'DELTA NEXT_SWIACT;                        f0725
      endcase                                                                f0726
    end                                                                      f0727
  end                                                                        f0728
                                                                             f0729
//--------------------------------------------------------------------       f0730
//                                                                           f0731
```

```
// Status-Pipeline: ID-Stufe                                              f0732
//                                                                        f0733
// Sicherung des Delay-Slot-Status der ID-Instruktion;                    f0734
// Sicherung des Program-Counters der ID-Instruktion;                     f0735
// Verwaltung der fuer die ID gueltigen Statusbits                        f0736
//                                                                        f0737
//-----------------------------------------------------------------------  f0738
                                                                          f0739
  //                                                                      f0740
  // Delay-Slot-Status der aktuellen Instruktion sichern                  f0741
  //                                                                      f0742
  always @(posedge CP)                                                    f0743
    if (STEP) DS_IN_IDU = #`DELTA DS_IN_IFU;                              f0744
                                                                          f0745
  //                                                                      f0746
  // PC fuer ID-Instruktion uebernehmen                                   f0747
  //                                                                      f0748
  always @(posedge CP)                                                    f0749
    if (WORK_ID) PC_ID = #`DELTA PC_IF;                                   f0750
                                                                          f0751
  //                                                                      f0752
  // Kernel/User-Modus fuer diesen ID-Step bestimmen                      f0753
  //                                                                      f0754
  always @(posedge CP) begin                                             f0755
    if (STEP) begin                                                      f0756
      case(SRIS_KSR)                                                     f0757
        1'b1: ID_KUMODE = #`DELTA B_BUS[7];            // SRIS SR        f0758
        1'b0: ID_KUMODE = #`DELTA IF_KUMODE;                            f0759
      endcase                                                           f0760
    end                                                                  f0761
  end                                                                    f0762
                                                                          f0763
  //                                                                      f0764
  // Hardware-Interrupt-Zustand fuer diesen ID-Step bestimmen             f0765
  //                                                                      f0766
  always @(posedge CP) begin                                             f0767
    if (STEP) begin                                                      f0768
      case(SRIS_KSR)                                                     f0769
        1'b1: ID_HWIACT = #`DELTA B_BUS[6];            // SRIS SR        f0770
        1'b0: ID_HWIACT = #`DELTA IF_HWIACT;                            f0771
      endcase                                                           f0772
    end                                                                  f0773
  end                                                                    f0774
                                                                          f0775
  //                                                                      f0776
  // Exception-Zustand fuer diesen ID-Step bestimmen                      f0777
  //                                                                      f0778
  always @(posedge CP) begin                                             f0779
    if (STEP) begin                                                      f0780
      case(SRIS_KSR)                                                     f0781
        1'b1: ID_EXCACT = #`DELTA B_BUS[5];            // SRIS SR        f0782
        1'b0: ID_EXCACT = #`DELTA IF_EXCACT;                            f0783
      endcase                                                           f0784
    end                                                                  f0785
  end                                                                    f0786
                                                                          f0787
  //                                                                      f0788
  // Software-Interrupt-Zustand fuer diesen ID-Step bestimmen             f0789
  //                                                                      f0790
  always @(posedge CP) begin                                             f0791
    if (STEP) begin                                                      f0792
      casez(SRIS_KSR)                                                    f0793
        1'b1: ID_SWIACT = #`DELTA B_BUS[4];            // SRIS SR        f0794
        1'b0: ID_SWIACT = #`DELTA IF_SWIACT;                            f0795
      endcase                                                           f0796
    end                                                                  f0797
  end                                                                    f0798
                                                                          f0799
  //                                                                      f0800
  // Flags fuer naechsten ID-Step bestimmen                              f0801
  //                                                                      f0802
  always @(posedge CP) begin                                             f0803
    if (STEP) begin                                                      f0804
      casez({KILL_ALU, DO_RETI, ID_HWIACT, ID_EXCACT, ID_SWIACT,        f0805
             SRIS_SR, NEW_FLAGS_DEL})                                    f0806
        7'b011??0?: FLAGS = #`DELTA HWISR[3:0];        // HWI-RETI       f0807
        7'b0101?0?: FLAGS = #`DELTA EXCSR[3:0];        // EXC-RETI       f0808
        7'b0100010?: FLAGS = #`DELTA SWISR[3:0];       // SWI-RETI       f0809
        7'b00???1?: FLAGS = #`DELTA B_BUS[3:0];        // SRIS SR        f0810
        7'b00???01: FLAGS = #`DELTA FLAGS_FROM_ALU;    // .F Befehl      f0811
        7'b1?????1: FLAGS = #`DELTA FLAGS_FROM_ALU;    // .F Befehl      f0812
      endcase                                                           f0813
```

```
      end                                                       f0814
    end                                                         f0815
                                                                f0816
  //----------------------------------------------------------  f0817
  //                                                            f0818
  // Status-Pipeline: EX-Stufe                                  f0819
  //                                                            f0820
  // Bestimmung der Zugriffsoperation und des Zugriffsmodus fuer f0821
  // die in die EX-Stufe uebernommene MA-Operation (MAU_...3)   f0822
  //                                                            f0823
  // Bestimmung des NEW_FLAGS-Signals fuer die in die EX-Stufe  f0824
  // uebernommene ALU-Operation (NEW_FLAGS_DEL)                 f0825
  //                                                            f0826
  // Uebernahme des Delay-Slot-Status der EX-Instruktion aus ID f0827
  //                                                            f0828
  // Verwaltung des fuer EX gueltigen PC und der Statusbits fuer EX f0829
  //                                                            f0830
  //----------------------------------------------------------  f0831
                                                                f0832
    //                                                          f0833
    // MAU-Steuercodes und NEW_FLAGS eintakten;                 f0834
    // Statusbits und Delay-Slot-Status fuer EX-Instruktion uebernehmen f0835
    //                                                          f0836
    always @(posedge CP) begin                                  f0837
      if (STEP) begin                                           f0838
        fork                                                    f0839
          MAU_ACC_MODE3 = #`DELTA MAU_ACC_MODE2;                f0840
          MAU_OPCODE3   = #`DELTA (WORK_EX) ? MAU_OPCODE2 : 3'b100; f0841
          NEW_FLAGS_DEL = #`DELTA (WORK_EX) ? NEW_FLAGS   : 1'b0; f0842
          DS_IN_ALU     = #`DELTA DS_IN_IDU;                    f0843
          EX_STATUS     = #`DELTA ID_STATUS;                    f0844
        join                                                    f0845
      end                                                       f0846
    end                                                         f0847
                                                                f0848
    //                                                          f0849
    // PC fuer EX-Instruktion uebernehmen                       f0850
    //                                                          f0851
    always @(posedge CP)                                        f0852
      if (WORK_EX) PC_EX = #`DELTA PC_ID;                       f0853
                                                                f0854
  //----------------------------------------------------------  f0855
  //                                                            f0856
  // Status-Pipeline: MA-Stufe                                  f0857
  //                                                            f0858
  // Bestimmung des MA-Speicherzugriffstatus fuer die in die MA f0859
  // uebernommene Instruktion (MAU_USES_BUS);                   f0860
  // Uebernahme des Delay-Slot-Status der MA-Instruktion aus EX; f0861
  // Verwaltung des fuer MA gueltigen PC und der Status-Bits fuer MA f0862
  //                                                            f0863
  //----------------------------------------------------------  f0864
                                                                f0865
    //                                                          f0866
    // Speicherzugriffsstatus, Delay-Slot-Status und Status-Bits fuer f0867
    // MA-Instruktion uebernehmen                               f0868
    //                                                          f0869
    always @(posedge CP) begin                                  f0870
      if (STEP) begin                                           f0871
        fork                                                    f0872
          MAU_USES_BUS = #`DELTA ~MAU_OPCODE3[2] & WORK_MA;     f0873
          DS_IN_MAU    = #`DELTA DS_IN_ALU;                     f0874
          MA_STATUS    = #`DELTA EX_STATUS;                     f0875
        join                                                    f0876
      end                                                       f0877
    end                                                         f0878
                                                                f0879
    //                                                          f0880
    // PC fuer MA-Instruktion uebernehmen                       f0881
    //                                                          f0882
    always @(posedge CP)                                        f0883
      if (WORK_MA) PC_MA = #`DELTA PC_EX;                       f0884
                                                                f0885
  //----------------------------------------------------------  f0886
  //                                                            f0887
  // Status-Pipeline: WB-Stufe                                  f0888
  //                                                            f0889
  // Verwaltung des fuer die WB-Stufe gueltigen PC              f0890
  //                                                            f0891
  //----------------------------------------------------------  f0892
                                                                f0893
    //                                                          f0894
    // PC fuer WB-Instruktion uebernehmen                       f0895
```

```verilog
  //                                                                   f0896
  always @(posedge CP)                                                 f0897
    if (WORK_WB) PC_WB = #`DELTA PC_MA;                                f0898
                                                                       f0899
//-----------------------------------------------------------------   f0900
//                                                                     f0901
// SREG-Read-Logik                                                     f0902
//                                                                     f0903
// durch den LRFS-Befehl angeforderten Spezialregisterinhalt          f0904
// an SREG_DATA legen                                                  f0905
//                                                                     f0906
//-----------------------------------------------------------------   f0907
                                                                       f0908
  //                                                                   f0909
  // auszulesende Spezialregister auf SREG_DATA legen                  f0910
  // (unabhaengig von SREG_ACC_DIR)                                    f0911
  //                                                                   f0912
  always @(SREG_ADDR or RERUN_MA or DS_IN_MAU or PC_IF or RPC or PC_ID or   f0913
           ID_STATUS or VBR or HWISR or EXCSR or SWISR or PC_MA or PC_WB or  f0914
           HWIRPC or EXCRPC or SWIRPC or HWIADR or EXCADR)            f0915
  begin                                                                f0916
    casez((SREG_ADDR, RERUN_MA, DS_IN_MAU))                           f0917
      6'b0000??: SREG_DATA = {PC_IF, 2'b00};          // PC           f0918
      6'b0001??: SREG_DATA = {RPC, 2'b00};            // RPC          f0919
      6'b0010??: SREG_DATA = {PC_ID, 2'b00};          // LPC          f0920
      6'b0011??: SREG_DATA = {24'b0, ID_STATUS};      // SR           f0921
      6'b0101??: SREG_DATA = {VBR, 8'b0};             // VBR          f0922
      6'b0110??: SREG_DATA = {24'b0, HWISR};          // HWISR        f0923
      6'b0111??: SREG_DATA = {24'b0, EXCSR};          // EXCSR        f0924
      6'b1000??: SREG_DATA = {24'b0, SWISR};          // SWISR        f0925
      6'b10010?: SREG_DATA = {HWIRPC, 2'b0};          // HWIRPC       f0926
      6'b100110: SREG_DATA = {PC_MA, 2'b0};           // HWIRPC (korrigiert)  f0927
      6'b100111: SREG_DATA = {PC_WB, 2'b0};           // HWIRPC (korrigiert)  f0928
      6'b1010??: SREG_DATA = {EXCRPC, 2'b0};          // EXCRPC       f0929
      6'b1011??: SREG_DATA = {SWIRPC, 2'b0};          // SWIRPC       f0930
      6'b1100??: SREG_DATA = HWIADR;                  // HWIADR       f0931
      6'b1101??: SREG_DATA = EXCADR;                  // EXCADR       f0932
      default:   SREG_DATA = 32'bx;        // IR und unbelegte Adressen  f0933
    endcase                                                            f0934
  end                                                                  f0935
                                                                       f0936
//-----------------------------------------------------------------   f0937
//                                                                     f0938
// SREG-Write-Enable-Logik                                            f0939
//                                                                     f0940
// Generierung von Schreibsignalen bei gueltigen Spezialregisterzugriffen  f0941
// mittels SRIS fuer Register, die von mehreren Quellen gleichzeitig  f0942
// beschrieben werden koennen (SRIS, Interrupt, neue Flags), um eine  f0943
// konfliktfreie priorisierte Bearbeitung der Zugriffe zu ermoeglichen;  f0944
//                                                                     f0945
// betroffene Spezialregister sind                                    f0946
//   SR:    SRIS, Interrupt, neue Flags                               f0947
//   HISR:  SRIS, Interrupt, Korrektur der Flags                      f0948
//   HIRPC: SRIS, Interrupt, Korrektur des Unterbrechungspunktes      f0949
//                                                                     f0950
//-----------------------------------------------------------------   f0951
                                                                       f0952
  //                                                                   f0953
  // Erkennung von gueltigen 'SRIS SR'-Schreibzugriffen               f0954
  //                                                                   f0955
  always @(KILL_ALU or SREG_ACC_DIR or SREG_ADDR) begin               f0956
    casez({KILL_ALU, SREG_ACC_DIR, SREG_ADDR})                        f0957
      6'b010011: SRIS_SR = 1'b1;                                      f0958
      default:   SRIS_SR = 1'b0;                                      f0959
    endcase                                                            f0960
  end                                                                  f0961
                                                                       f0962
  //                                                                   f0963
  // Erkennung von gueltigen 'SRIS SR'-Schreibzugriffen im Kernel-Modus  f0964
  //                                                                   f0965
  always @(ID_KUMODE or KILL_ALU or SREG_ACC_DIR or SREG_ADDR) begin  f0966
    casez({ID_KUMODE, KILL_ALU, SREG_ACC_DIR, SREG_ADDR})            f0967
      7'b1010011: SRIS_KSR = 1'b1;                                    f0968
      default:    SRIS_KSR = 1'b0;                                    f0969
    endcase                                                            f0970
  end                                                                  f0971
                                                                       f0972
  //                                                                   f0973
  // Erkennung von gueltigen 'SRIS HISR'-Schreibzugriffen             f0974
  //                                                                   f0975
  always @(KILL_ALU or SREG_ACC_DIR or SREG_ADDR) begin               f0976
    casez({KILL_ALU, SREG_ACC_DIR, SREG_ADDR})                        f0977
```

```verilog
      6'b010110: SRIS_HISR = 1'b1;                              f0978
         default:   SRIS_HISR = 1'b0;                           f0979
      endcase                                                   f0980
   end                                                          f0981
                                                                f0982
                                                                f0983
   //                                                           f0984
   // Erkennung von gueltigen 'SRIS HIRPC'-Schreibzugriffen     f0984
   //                                                           f0985
   always @(KILL_ALU or SREG_ACC_DIR or SREG_ADDR) begin        f0986
      casez({KILL_ALU, SREG_ACC_DIR, SREG_ADDR})                f0987
      6'b011001: SRIS_HIRPC = 1'b1;                             f0988
         default:   SRIS_HIRPC = 1'b0;                          f0989
      endcase                                                   f0990
   end                                                          f0991
                                                                f0992
//---------------------------------------------------------------  f0993
//                                                              f0994
// SREG-Write-Logik                                             f0995
//                                                              f0996
// Bearbeitung der Schreibzugriffe auf Spezialregister          f0997
// (ausser Schreibzugriffen auf PC, LPC, SR und IR)             f0998
//                                                              f0999
//---------------------------------------------------------------  f1000
                                                                f1001
   //                                                           f1002
   // RPC-Schreibzugriffe durchfuehren                          f1003
   //                                                           f1004
   always @(posedge CP) begin                                   f1005
      casez({CALL_NOW, KILL_ALU, SREG_ACC_DIR, SREG_ADDR})      f1006
      7'b1??????: RPC = NPC;                7/ CALL             f1007
      7'b0010001: RPC = B_BUS[31:2];      // SRIS RPC           f1008
      endcase                                                   f1009
   end                                                          f1010
                                                                f1011
   //                                                           f1012
   // VBR-Schreibzugriffe durchfuehren (SRIS VBR)               f1013
   //                                                           f1014
   always @(posedge CP) begin                                   f1015
      casez({KILL_ALU, SREG_ACC_DIR, SREG_ADDR})                f1016
      6'b010101: VBR = B_BUS[31:8];                             f1017
      endcase                                                   f1018
   end                                                          f1019
                                                                f1020
   //                                                           f1021
   // HWISR-Schreibzugriffe ausfuehren                          f1022
   //                                                           f1023
   always @(posedge CP) begin                                   f1024
      casez({DO_HWI, IRQ_IDREG, MAU_USES_BUS, DO_EXC, SRIS_HISR,  f1025
             IF_HWIACT, ID_HWIACT, NEW_FLAGS_DEL, RERUN_MAT})   f1026
      11'b1??700?????: HWISR = IF_STATUS;    // IFU-HWI         f1027
      11'b1???01?????: HWISR = ID_STATUS;    // IFU-HWI         f1028
      11'b100?1??????: HWISR = MA_STATUS;    // MAU-HWI         f1029
      11'b10101?????: HWISR = MA_STATUS;     // MAU-HWI         f1030
      11'b101110?????: HWISR = IF_STATUS;    // HWI             f1031
      11'b11??10?????: HWISR = IF_STATUS;    // HWI             f1032
      11'b101111?????: HWISR = ID_STATUS;    // HWI             f1033
      11'b11??11?????: HWISR = ID_STATUS;    // HWI             f1034
      11'b0?????1????: HWISR = B_BUS[7:0];   // SRIS HWISR      f1035
      11'b0?????01010: HWISR = ID_STATUS;    // Flag-Korrektur  f1036
      11'b0?????0???1: HWISR = MA_STATUS;    // MAU-RERUN-HWI   f1037
      endcase                                                   f1038
   end                                                          f1039
                                                                f1040
   //                                                           f1041
   // EXCSR-Schreibzugriffe ausfuehren                          f1042
   //                                                           f1043
   always @(posedge CP) begin                                   f1044
      casez({DO_EXC, KILL_ALU, SREG_ACC_DIR, SREG_ADDR})        f1045
      7'b1??????: EXCSR = IF_STATUS;    // Exception            f1046
      7'b0010111: EXCSR = B_BUS[7:0];   // SRIS EXCSR           f1047
      endcase                                                   f1048
   end                                                          f1049
                                                                f1050
   //                                                           f1051
   // SWISR-Schreibzugriffe ausfuehren                          f1052
   //                                                           f1053
   always @(posedge CP) begin                                   f1054
      casez({DO_SWI, KILL_ALU, SREG_ACC_DIR, SREG_ADDR})        f1055
      7'b1??????: SWISR = IF_STATUS;    // Software-Interrupt   f1056
      7'b0011000: SWISR = B_BUS[7:0];   // SRIS SWISR           f1057
      endcase                                                   f1058
   end                                                          f1059
```

```
                                                                            f1060
   //                                                                       f1061
   // HWIRPC-Schreibzugriffe ausfuehren                                     f1062
   //                                                                       f1063
   always @(posedge CP) begin                                               f1064
     casez({DO_HWI, IRQ_IDREG, MAU_USES_BUS, DS_IN_IFU, DS_IN_IDU, DS_IN_MAU,  f1065
            RERUN_MA, SRIS_HIRPC, DO_EXC, IFU_CORRECT})                     f1066
       12'b1???00????00: HWIRPC = PC_IF;          // IFU-HWI, IF-Aufsatz    f1067
       12'b1???00????01: HWIRPC = PC_ID;          // IFU-HWI, ID-Aufsatz    f1068
       12'b1???000???1?: HWIRPC = PC_ID;          // IFU-HWI, ID-Aufsatz    f1069
       12'b1???001???1?: HWIRPC = PC_EX;          // IFU-HWI, EX-Aufsatz    f1070
       12'b1???01??????: HWIRPC = PC_ID;          // IFU-HWI, CTR in ID     f1071
       12'b100?1??0????: HWIRPC = PC_MA;          // MAU-HWI, kein WB-CTR    f1072
       12'b10101??0????: HWIRPC = PC_MA;          // MAU-HWI, kein WB-CTR    f1073
       12'b100?1??1????: HWIRPC = PC_WB;          // MAU-HWI, CTR in WB      f1074
       12'b10101??1????: HWIRPC = PC_WB;          // MAU-HWI, CTR in WB      f1075
       12'b101110???00: HWIRPC = PC_IF;           // HWI, IF-Aufsatz        f1076
       12'b11??10????00: HWIRPC = PC_IF;          // HWI, IF-Aufsatz        f1077
       12'b101110???01: HWIRPC = PC_ID;           // HWI, ID-Aufsatz        f1078
       12'b11??10????01: HWIRPC = PC_ID;          // HWI, ID-Aufsatz        f1079
       12'b101100???1?: HWIRPC = PC_ID;           // HWI, ID-Aufsatz        f1080
       12'b11??100???1?: HWIRPC = PC_ID;          // HWI, ID-Aufsatz        f1081
       12'b101101???1?: HWIRPC = PC_EX;           // HWI, EX-Aufsatz        f1082
       12'b11??101???1?: HWIRPC = PC_EX;          // HWI, EX-Aufsatz        f1083
       12'b101111??????: HWIRPC = PC_ID;          // HWI, CTR in ID         f1084
       12'b11??11??????: HWIRPC = PC_ID;          // HWI, CTR in ID         f1085
       12'b0??????010??: HWIRPC = PC_MA;          // MAU-RERUN-HWI, kein WB-CTR  f1086
       12'b0??????110??: HWIRPC = PC_WB;          // MAU-RERUN-HWI, CTR in WB    f1087
       12'b0??????????1??: HWIRPC = B_BUS[31:2];  // SRIS HWIRPC            f1088
     endcase                                                                f1089
   end                                                                      f1090
                                                                            f1091
   //                                                                       f1092
   // EXCRPC-Schreibzugriffe ausfuehren                                     f1093
   //                                                                       f1094
   always @(posedge CP) begin                                               f1095
     casez({KILL_ALU, DO_EXC, SREG_ACC_DIR, SREG_ADDR})                     f1096
       7'b01?????: EXCRPC = PC_IF;              // Exception                f1097
       7'b0011010: EXCRPC = B_BUS[31:2];        // SRIS EXCRPC              f1098
     endcase                                                                f1099
   end                                                                      f1100
                                                                            f1101
   //                                                                       f1102
   // SWIRPC-Schreibzugriffe ausfuehren                                     f1103
   //                                                                       f1104
   always @(posedge CP) begin                                               f1105
     casez({KILL_ALU, DO_SWI, SREG_ACC_DIR, SREG_ADDR})                     f1106
       7'b01?????: SWIRPC = NPC;                // Software-Interrupt        f1107
       7'b0011011: SWIRPC = B_BUS[31:2];        // SRIS SWIRPC              f1108
     endcase                                                                f1109
   end                                                                      f1110
                                                                            f1111
   //                                                                       f1112
   // HWIADR-Schreibzugriffe ausfuehren                                     f1113
   //                                                                       f1114
   always @(posedge CP) begin                                               f1115
     casez({DO_HWI, MAU_USES_BUS, KILL_ALU, SREG_ACC_DIR, SREG_ADDR})       f1116
       10'b10??????: HWIADR = {PC_IF, 2'b00};    // Hardware-Interrupt      f1117
       10'b11??????: HWIADR = MAU_ADDR_BUS;      // Hardware-Interrupt      f1118
       10'b0?011100: HWIADR = B_BUS[31:0];       // SRIS HIADR              f1119
     endcase                                                                f1120
   end                                                                      f1121
                                                                            f1122
   //                                                                       f1123
   // EXCADR-Schreibzugriffe ausfuehren                                     f1124
   //                                                                       f1125
   always @(posedge CP) begin                                               f1126
     casez({KILL_ALU, DO_EXC, SREG_ACC_DIR, SREG_ADDR})                     f1127
       7'b01?????: EXCADR = {PC_ID, 2'b00};      // Exception               f1128
       7'b0011101: EXCADR = B_BUS[31:0];         // SRIS ECADR              f1129
     endcase                                                                f1130
   end                                                                      f1131
                                                                            f1132
endmodule // pcu                                                            f1133
                                                                            f1134
//--------------------------------------------------------------------------  f1135
//                                                                          f1136
// work_unit                                                                f1137
//                                                                          f1138
// Verwaltung der Prozessoraktivierung (ACTIVE) und der Arbeitsfreigaben    f1139
// fuer die einzelnen Pipeline-Stufen (WORK-Signale) unter Beruecksichtigung  f1140
// der Pipeline-Freigabe (STEP) und der Loeschanforderung                   f1141
```

```verilog
// (FLUSH_PIPE, bei Annahme eines Hardware-Interrupts aktiv);          f1142
//                                                                     f1143
// die WORK-Verwaltungsregister bilden ein Schieberegister (WORK-FIFO) f1144
//                                                                     f1145
//-------------------------------------------------------------------- f1146
//                                                                     f1147
module work_unit (                                                     f1148
    WORK_IF, WORK_FD, WORK_ID, WORK_EX, WORK_MA, WORK_WB,              f1149
    CP, nRESET, STEP, DIS_IDU, KILL_ALU, RERUN_MA,                    f1150
    FLUSH_PIPE, NO_DELAY, DO_HALT                                     f1151
  );                                                                   f1152
                                                                       f1153
    // Ausgaenge                                                       f1154
    output WORK_IF,        // aktiviert IF-Stufe                       f1155
           WORK_FD,        // aktiviert FD-Stufe                       f1156
           WORK_ID,        // aktiviert ID-Stufe                       f1157
           WORK_EX,        // aktiviert EX-Stufe                       f1158
           WORK_MA,        // aktiviert MA-Stufe                       f1159
           WORK_WB;        // aktiviert WB-Stufe                       f1160
                                                                       f1161
    // Eingaenge                                                       f1162
    input  CP,             // Systemtakt                               f1163
           nRESET,         // RESET-Signal                             f1164
           STEP,           // Pipeline kann weiterarbeiten             f1165
           DIS_IDU,        // IDU im naechsten Step abschalten         f1166
           KILL_ALU,       // ALU im naechsten Step abschalten         f1167
           RERUN_MA,       // Pipeline-Stufen MA und WB loeschen       f1168
           FLUSH_PIPE,     // alle Pipeline-Stufen von ID bis WB loeschen f1169
           NO_DELAY,       // HWI und EXC Delay-Instruktion ignorieren f1170
           DO_HALT;        // Prozessor ist aktiv                      f1171
                                                                       f1172
    // Wires fuer Eingaenge                                            f1173
    wire   CP,             // Systemtakt                               f1174
           nRESET,         // RESET-Signal                             f1175
           STEP,           // Pipeline kann weiterarbeiten             f1176
           DIS_IDU,        // IDU im naechsten Step abschalten         f1177
           KILL_ALU,       // ALU im naechsten Step abschalten         f1178
           RERUN_MA,       // Pipeline-Stufen MA und WB loeschen       f1179
           FLUSH_PIPE,     // alle Pipeline-Stufen von ID bis WB loeschen f1180
           NO_DELAY,       // HWI und EXC Delay-Instruktion ignorieren f1181
           DO_HALT;        // Prozessor ist aktiv                      f1182
                                                                       f1183
    // Aktivierungsstatus fuer Pipeline (Quelle der 1'en des WORK-FIFO) f1184
    reg    ACTIVE;                                                     f1185
                                                                       f1186
    // WORK-Verwaltungregister (WORK-FIFO)                             f1187
    reg    WORKFF_IF,      // Register fuer Instruction-Fetch Stufe    f1188
           WORKFF_ID,      // Register fuer Instruction-Decode Stufe   f1189
           WORKFF_EX,      // Register fuer Execute Stufe              f1190
           WORKFF_MA,      // Register fuer Memory-Access Stufe        f1191
           WORKFF_WB;      // Register fuer Write-Back Stufe           f1192
                                                                       f1193
    // Assignments fuer Ausgaenge                                      f1194
    wire   WORK_IF;        // Work-Signal fuer IF                      f1195
    wire   WORK_FD;        // Work-Signal fuer FD                      f1196
    wire   WORK_ID;        // Work-Signal fuer ID                      f1197
    wire   WORK_EX;        // Work-Signal fuer EX                      f1198
    wire   WORK_MA;        // Work-Signal fuer MA                      f1199
    wire   WORK_WB;        // Work-Signal fuer WB                      f1200
                                                                       f1201
    assign WORK_IF = WORKFF_IF & STEP      & nRESET;                   f1202
    assign WORK_FD = WORKFF_ID & STEP      & ~FLUSH_PIPE & ~NO_DELAY & ACTIVE; f1203
    assign WORK_ID = WORKFF_ID & WORK_FD & ~DIS_IDU;                   f1204
    assign WORK_EX = WORKFF_EX & STEP      & ~KILL_ALU  & ACTIVE;      f1205
    assign WORK_MA = WORKFF_MA & STEP      & ~FLUSH_PIPE & ~RERUN_MA;  f1206
    assign WORK_WB = WORKFF_WB & STEP      & ~FLUSH_PIPE & ~RERUN_MA;  f1207
                                                                       f1208
                                                                       f1209
    //                                                                 f1210
    // Bei aktivem RESET-Signal ACTIVE-Register und WORK-FIFO-Register f1211
    // asynchron in RESET-Zustand versetzen                            f1212
    //                                                                 f1213
    always @(nRESET) begin                                            f1214
      while (~nRESET) begin                                           f1215
        ACTIVE     = 1'b1;                                            f1216
        WORKFF_IF = 1'b1;                                            f1217
        WORKFF_ID = 1'b0;                                            f1218
        WORKFF_EX = 1'b0;                                            f1219
        WORKFF_MA = 1'b0;                                            f1220
        WORKFF_WB = 1'b0;                                            f1221
        #1;                                                           f1222
      end                                                             f1223
```

```
    end                                                                f1224
                                                                       f1225
    //                                                                 f1226
    // bei gueltiger HALT-Anforderung ACTIVE loeschen                  f1227
    //                                                                 f1228
    always @(posedge CP) if (STEP) begin                               f1229
      if (~KILL_ALU & DO_HALT) ACTIVE = #`DELTA 1'b0;                  f1230
    end                                                                f1231
                                                                       f1232
                                                                       f1233
    //                                                                 f1234
    // bei positiver Systemtaktflanke WORK-FIFO weiterschieben, wenn   f1234
    // Pipeline-Freigabe vorhanden ist;                                f1235
    // bei RESET WORK-FIFO initialisieren                              f1236
    //                                                                 f1237
    always @(posedge CP) begin                                         f1238
      if (STEP) begin                                                  f1239
        fork                                                           f1240
          WORKFF_IF = #`DELTA ACTIVE;                                  f1241
          WORKFF_ID = #`DELTA WORK_IF;                                 f1242
          WORKFF_EX = #`DELTA WORK_ID;                                 f1243
          WORKFF_MA = #`DELTA WORK_EX;                                 f1244
          WORKFF_WB = #`DELTA WORK_MA;                                 f1245
        join                                                           f1246
      end                                                              f1247
    end                                                                f1248
                                                                       f1249
endmodule // work_unit                                                 f1250
```

Bild 4.69 Die Pipeline-Control-Unit PCU

4.7.8 Die Bus-Control-Unit BCU

```
//------------------------------------------------------------------------ g0000
//                                                                         g0001
// BCU: Modul fuer die Bus-Control-Unit                                    g0002
//                                                                         g0003
// BCU dient der Anpassung der internen Daten- sowie Adressbusse von IFU und  g0004
// MAU an den externen Daten- und Adressbus. Die Busarbitrierung wird von der g0005
// PCU uebernommen und durch BCU_ACC_MODE und BCU_ACC_DIR angegeben. Auch  g0006
// wird in diesem Modul das externe Timing des Prozessors durch #'BCUDELAY g0007
// modelliert. Ein zweites Busprotokolls kann durch BUS_PRO wahlweise von  g0008
// asynchron auf synchron umgeschaltet werden.                            g0009
//                                                                         g0010
// Signalcodierungen:                                                      g0011
// BCU_ACC_MODE:     000: MAU-Byte-Zugriff                                 g0012
//                   001: MAU-Halbwortzugriff                              g0013
//                   010: MAU-Wortzugriff                                  g0014
//                   110: IFU-Fetch-Zugriff                                g0015
//                                                                         g0016
// BCU_ACC DIR:      00: Daten lesen                                       g0017
//                   01: Daten schreiben                                   g0018
//                   10: SWAP                                              g0019
//                                                                         g0020
// ADDR_SELECT:      0: IFU                                                g0021
//                   1: MAU                                                g0022
//                                                                         g0023
//------------------------------------------------------------------------ g0024
//                                                                         g0025
'define SYNC BUS_PRO                                                       g0026
//                                                                         g0027
module bcu (                                                               g0028
    MAU_READ_DATA, IFU_DATA_BUS,                                           g0029
    ADDR_BUS,                                                              g0030
    ACMD, BCU_READY, nMRQ, FACC, nRMW, RnW,                               g0031
    DATA_BUS,                                                              g0032
    MAU_WRITE_DATA,                                                        g0033
    IFU_ADDR_BUS, MAU_ADDR_BUS,                                            g0034
    CP, nRESET, BCU_ACC_MODE, BCU_ACC_DIR, BREAK_MEM_ACC, DO_FETCH,        g0035
    BUS_PRO, nHLT, nMHS                                                    g0036
);                                                                        g0037
                                                                          g0038
    // Ausgaenge                                                           g0039
    output [31:0] MAU_READ_DATA;   // Lesedaten fuer MAU                   g0040
    output [31:0] IFU_DATA_BUS;    // geholtes Speicherwort fuer IFU       g0041
    output [31:0] ADDR_BUS;        // Adressbus                            g0042
    output [1:0]  ACMD;            // Zugriffsbeite fuer Speicher          g0043
    output        BCU_READY;       // BCU ist fertig                       g0044
    output        nMRQ;            // Doppelbedeutung (je nach Busprotokoll):  g0045
                                   // Speicherzugriff anfordern (async.)   g0046
                                   // Adressen gueltig (sync.)             g0047
    output        FACC;            // Fetch-Access wird durchgefuehrt      g0048
    output        nRMW;            // Read-Modify-Write-Cycle              g0049
    output        RnW;             // Schreib-/Lesezugriff spezifizieren   g0050
                                                                          g0051
    // bidirektional                                                       g0052
    inout  [31:0] DATA_BUS;        // Datenbus                             g0053
                                                                          g0054
    // Eingaenge                                                           g0055
    input [31:0] MAU_WRITE_DATA;   // Schreibdaten von MAU                 g0056
    input [31:2] IFU_ADDR_BUS;     // Fetch-Adresse von IFU (=PC_BUS)      g0057
    input [31:0] MAU_ADDR_BUS;     // Adresse fuer MAU-Zugriff             g0058
    input        CP;               // Takt                                 g0059
    input        nRESET;           // RESET (low active)                   g0060
    input [2:0]  BCU_ACC_MODE;     // Zugriffsart und MUX-Errichtung IFU<->MAU  g0061
    input [1:0]  BCU_ACC_DIR;      // lesen, swappen oder schreiben?       g0062
    input        BREAK_MEM_ACC;    // Speicherzugriff abbrechen            g0063
    input        DO_FETCH;         // bei 1 soll gefetchd werden           g0064
    input        BUS_PRO;          // Auswahl des Busprotokolls            g0065
    input        nHLT;             // externer Halt-Eingang                g0066
    input        nMHS;             // Speicher hat Daten angelegt (async.) g0067
                                   // Speicher fordert Waitstate (sync.)   g0068
                                                                          g0069
    reg          nMRQ;             // Doppelbedeutung (je nach Busprotokoll):  g0070
                                   // Speicherzugriff anfordern (async.)   g0071
                                   // Adressen gueltig (sync.)             g0072
    reg          nRMW;             // Read-Modify-Write-Cycle              g0073
    reg          RnW;              // Schreib-/Lesezugriff spezifizieren   g0074
    reg    [1:0]  ACMD;            // Zugriffsbreite fuer Speicher         g0075
```

```
wire    [31:0] MAU_READ_DATA;     // Lesedaten fuer MAU                          g0076
wire    [31:0] IFU_DATA_BUS;      // geholtes Speicherwort fuer IFU              g0077
wire    [31:0] ADDR_BUS;          // Adressbus zum Speicher                      g0078
wire           BCU_READY;         // Speicherzugriff abgeschlossen               g0079
wire    [31:0] DATA_BUS;          // bidirektionaler Datenbus zum Speicher       g0080
wire    [31:0] MAU_WRITE_DATA;    // Schreibdaten von MAU                        g0081
wire    [31:2] IFU_ADDR_BUS;      // Schreibdaten von IFU                        g0082
wire    [31:0] MAU_ADDR_BUS;      // Adresse fuer MAU-Zugriff                    g0083
wire           CP;                // Takt                                        g0084
wire           nRESET;            // RESET (low active)                          g0085
wire    [2:0]  BCU_ACC_MODE;      // Zugriffsart und MUX-Errichtung IFU<->MAU    g0086
wire    [1:0]  BCU_ACC_DIR;       // lesen, swappen oder schreiben?              g0087
wire           BREAK_MEM_ACC;     // Speicherzugriff abbrechen                   g0088
wire           DO_FETCH;          // bei 1 soll gefetched werden                 g0089
wire           BUS_PRO;           // Auswahl des Busprotokolls                   g0090
wire           FACC;              // Fetch-Access wird durchgefuehrt             g0091
wire           nHLT;              // externer Halt-Eingang                       g0092
wire           nMHS;              // Speicher hat Daten angelegt (async.)        g0093
                                  // Speicher fordert Waitstate (sync.)          g0094
                                                                                 g0095
// Interne Register                                                              g0096
reg     [31:0] READ_BUFFER;       // Eingangs-Latch am Datenbus                  g0097
reg     [31:0] ADDR_DRV,          // Tri-State-Treiber fuer den Adress-Bus       g0098
               DATA_DRV;          // Tri-State-Treiber fuer Datenbus             g0099
reg     [2:0]  ACC_MODE;          // speichert BCU_ACC_MODE                      g0100
reg     [1:0]  ACC_DIR;           // speichert BCU_ACC_DIR                       g0101
reg            DATA_WDR_D0;       // Datenbustreiber D0-D7    oeffnen            g0102
reg            DATA_WDR_D8;       // Datenbustreiber D8-D15   oeffnen            g0103
reg            DATA_WDR_D16;      // Datenbustreiber D16-D23 oeffnen             g0104
reg            DATA_WDR_D24;      // Datenbustreiber D24-D31 oeffnen             g0105
reg            OPEN_ADDR_DRV;     // Adressbustreiber oeffnen                    g0106
reg            ADDR_SELECT;       // IFU- oder MAU-Adresse anlegen               g0107
                                                                                 g0108
                                                                                 g0109
// continuous assignments                                                        g0110
assign IFU_DATA_BUS = READ_BUFFER;   // Daten fuer IFU auslesen                  g0111
assign ADDR_BUS = ADDR_DRV;          // Adressbus                               g0112
assign DATA_BUS = DATA_DRV;          // Datenbus                                g0113
assign MAU_READ_DATA = READ_BUFFER;  // Daten fuer MAU auslesen                 g0114
assign FACC = ACC_MODE[2];           // Fetch-Access bestimmen                  g0115
                                                                                 g0116
// Die Pipeline darf nur weiterarbeiten, wenn der Speicherzugriff beendet ist   g0117
assign BCU_READY = (nMRQ) & (nMHS) & (nHLT) & (~((`SYNC) & (~nRMW) & (RnW)));   g0118
                                                                                 g0119
//                                                                               g0120
// Der Module BCU wird im BCURESET-Block initialisiert.                          g0121
// Waehrend der gesammten RESET-Phase werden die Startwerte                      g0122
// in die Zustaende gezwungen                                                    g0123
//                                                                               g0124
always @(nRESET) begin : BCURESET                                                g0125
  while (~nRESET) begin                                                          g0126
    OPEN_ADDR_DRV = 0;                                                           g0127
    DATA_DRV = 32'bz;                                                            g0128
    nMRQ = 1'b1;                                                                 g0129
    RnW  = 1'b1;                                                                 g0130
    nRMW = 1'b1;                                                                 g0131
    ACMD = 2'bz;                                                                 g0132
    #1;                                                                          g0133
  end                                                                            g0134
end                                                                              g0135
                                                                                 g0136
//                                                                               g0137
// bei positiver Taktflanke einen neuen Speicherzugriff einleiten;               g0138
// hier wird auch die Verzoegerung des nMRQ gegenueber dem Takt erzeugt          g0139
//                                                                               g0140
always @(posedge CP) begin : start_access                                       g0141
                                                                                 g0142
  //                                                                             g0143
  // ein neuer Zugriff wird nur angestartet, wenn kein Zugriff noch aktiv ist    g0144
  //                                                                             g0145
  if ((nMRQ != 0) && ((nMHS == 1) || (BREAK_MEM_ACC ==1)) && (nRESET) && nHLT   g0146
     && (DO_FETCH | ~BCU_ACC_MODE[2]) && ((nRMW != 0) || (RnW != 1))) begin     g0147
    ACC_MODE = BCU_ACC_MODE;                                                     g0148
    ACC_DIR = BCU_ACC_DIR;                                                       g0149
    OPEN_ADDR_DRV = 0;                                                           g0150
    ADDR_SELECT = (ACC_MODE[2]) ? 0: 1;                                          g0151
    DATA_DRV = 32'bz;                                                            g0152
                                                                                 g0153
    //                                                                           g0154
    // Verzoegerung von nMRQ gegenueber CP                                       g0155
    //                                                                           g0156
                                                                                 g0157
```

```
      # `BCUDELAY                                                       g0158
                                                                        g0159
      //                                                                g0160
      // bei SWAP RnW auf lesen schalten, sonst ACC_DIR benutzen        g0161
      //                                                                g0162
      RnW  = (ACC_DIR[1]) ? 1 : ~ACC_DIR[0];                            g0163
      nRMW = ~ACC_DIR[1];                                               g0164
                                                                        g0165
      //                                                                g0166
      // Adressen durchschalten;                                        g0167
      // es wird das Worst-Case-Verhalten ausserhalb des Chips simuliert; g0168
      // in Hardware werden die Adressen ASAP durchgeschaltet           g0169
      //                                                                g0170
      ACMD = ACC_MODE[1:0];                                             g0171
      if (~BREAK_MEM_ACC) begin                                         g0172
        OPEN_ADDR_DRV = 1;                                              g0173
        nMRQ = 0;                                                       g0174
      end                                                               g0175
    end                                                                 g0176
end                                                                     g0177
                                                                        g0178
                                                                        g0179
//                                                                      g0180
// Adressbus-Treiberstufe mit Adress-MUX                                g0181
//                                                                      g0182
always @(OPEN_ADDR_DRV or MAU_ADDR_BUS                                  g0183
           or IFU_ADDR_BUS or ADDR_SELECT) begin : adr_odrv            g0184
  if (OPEN_ADDR_DRV)                                                    g0185
    ADDR_DRV = (ADDR_SELECT) ? MAU_ADDR_BUS : {IFU_ADDR_BUS, 2'b00};   g0186
  else ADDR_DRV = 32'bz;                                                g0187
end                                                                     g0188
                                                                        g0189
                                                                        g0190
//                                                                      g0191
// im update_readbuffer werden Daten vom externen Bus gelatched         g0192
//                                                                      g0193
always @(DATA_BUS or nMHS or nMRQ or RnW) begin : update_readbuffer     g0194
  if((RnW) && (~`SYNC) && (~nMRQ) && (~nMHS)) READ_BUFFER = DATA_BUS;   g0195
  if((RnW) && (`SYNC))                        READ_BUFFER = DATA_BUS;   g0196
end                                                                     g0197
                                                                        g0198
                                                                        g0199
//                                                                      g0200
// Es werden die Schreibdaten auf den externen Bus geschaltet;          g0201
// asynchrones Busprotokoll.                                            g0202
//                                                                      g0203
always @(negedge nMHS) begin                                            g0204
  if((~RnW) && (~`SYNC)) begin : write_out_async                       g0205
                                                                        g0206
    //                                                                  g0207
    // die entsprechenden Ausgangstreiber beim Schreibzugriff           g0208
    // je nach Adresse und Zugriffsbreite durchschalten;               g0209
    // Datenbustreiber fuer Schreibzugriffe selektieren                 g0210
    //                                                                  g0211
    DATA_WDR_D0  = ((ACC_MODE[1:0]==2'b10)                             g0212
               || ((ACC_MODE[1:0]==2'b01) && (MAU_ADDR_BUS[1]==0))     g0213
               || ((ACC_MODE[1:0]==2'b00) && (MAU_ADDR_BUS[1:0]==2'b00)) g0214
               ) ? 1'b1 : 1'b0;                                         g0215
    DATA_WDR_D8  = ((ACC_MODE[1:0]==2'b10)                             g0216
               || ((ACC_MODE[1:0]==2'b01) && (MAU_ADDR_BUS[1]==0))     g0217
               || ((ACC_MODE[1:0]==2'b00) && (MAU_ADDR_BUS[1:0]==2'b01)) g0218
               ) ? 1'b1 : 1'b0;                                         g0219
    DATA_WDR_D16 = ((ACC_MODE[1:0]==2'b10)                             g0220
               || ((ACC_MODE[1:0]==2'b01) && (MAU_ADDR_BUS[1]==1))     g0221
               || ((ACC_MODE[1:0]==2'b00) && (MAU_ADDR_BUS[1:0]==2'b10)) g0222
               ) ? 1'b1 : 1'b0;                                         g0223
    DATA_WDR_D24 = ((ACC_MODE[1:0]==2'b10)                             g0224
               || ((ACC_MODE[1:0]==2'b01) && (MAU_ADDR_BUS[1]==1))     g0225
               || ((ACC_MODE[1:0]==2'b00) && (MAU_ADDR_BUS[1:0]==2'b11)) g0226
               ) ? 1'b1 : 1'b0;                                         g0227
                                                                        g0228
    DATA_DRV[7:0]   = DATA_WDR_D0  ? MAU_WRITE_DATA[7:0]   : 8'bz;      g0229
    DATA_DRV[15:8]  = DATA_WDR_D8  ? MAU_WRITE_DATA[15:8]  : 8'bz;      g0230
    DATA_DRV[23:16] = DATA_WDR_D16 ? MAU_WRITE_DATA[23:16] : 8'bz;      g0231
    DATA_DRV[31:24] = DATA_WDR_D24 ? MAU_WRITE_DATA[31:24] : 8'bz;      g0232
  end                                                                   g0233
end                                                                     g0234
                                                                        g0235
                                                                        g0236
//                                                                      g0237
// Hier werden die Schreibdaten auf den externen Bus geschaltet;        g0238
// synchrones Busprotokoll.                                             g0239
//
always @(negedge CP) begin
  if((`SYNC) && (~RnW)) begin : write_out_sync
```

```
    //                                                                      g0240
    // Datenbustreiber fuer Schreibzugriffe selektieren                     g0241
    //                                                                      g0242
    DATA_WDR_D0  = ((ACC_MODE[1:0]==2'b10)                                  g0243
            || ((ACC_MODE[1:0]==2'b01) && (MAU_ADDR_BUS[1]==0))             g0244
            || ((ACC_MODE[1:0]==2'b00) && (MAU_ADDR_BUS[1:0]==2'b00))       g0245
            ) ? 1'b1 : 1'b0;                                                g0246
    DATA_WDR_D8  = ((ACC_MODE[1:0]==2'b10)                                  g0247
            || ((ACC_MODE[1:0]==2'b01) && (MAU_ADDR_BUS[1]==0))             g0248
            || ((ACC_MODE[1:0]==2'b00) && (MAU_ADDR_BUS[1:0]==2'b01))       g0249
            ) ? 1'b1 : 1'b0;                                                g0250
    DATA_WDR_D16 = ((ACC_MODE[1:0]==2'b10)                                  g0251
            || ((ACC_MODE[1:0]==2'b01) && (MAU_ADDR_BUS[1]==1))             g0252
            || ((ACC_MODE[1:0]==2'b00) && (MAU_ADDR_BUS[1:0]==2'b10))       g0253
            ) ? 1'b1 : 1'b0;                                                g0254
    DATA_WDR_D24 = ((ACC_MODE[1:0]==2'b10)                                  g0255
            || ((ACC_MODE[1:0]==2'b01) && (MAU_ADDR_BUS[1]==1))             g0256
            || ((ACC_MODE[1:0]==2'b00) && (MAU_ADDR_BUS[1:0]==2'b11))       g0257
                   )? 1'b1 : 1'b0;                                          g0258
                                                                           g0259
    //                                                                      g0260
    // die entsprechenden Ausgangstreiber beim Schreibzugriff               g0261
    // je nach Adresse und Zugriffsbreite durchschalten                     g0262
    //                                                                      g0263
    DATA_DRV[7:0]   = DATA_WDR_D0  ? MAU_WRITE_DATA[7:0]   : 8'bz;          g0264
    DATA_DRV[15:8]  = DATA_WDR_D8  ? MAU_WRITE_DATA[15:8]  : 8'bz;          g0265
    DATA_DRV[23:16] = DATA_WDR_D16 ? MAU_WRITE_DATA[23:16] : 8'bz;          g0266
    DATA_DRV[31:24] = DATA_WDR_D24 ? MAU_WRITE_DATA[31:24] : 8'bz;          g0267
  end //                                                                    g0268
end //                                                                      g0269
                                                                           g0270
//                                                                          g0271
// im synchronen Protokoll Bus bei Nichtbenutzung (z.B. bei nHLT oder       g0272
// bei Nichtbenutzung durch Cache-Aktivitaet)                              g0273
//                                                                          g0274
always @(posedge CP) begin : free_bus                                      g0275
  if (`SYNC) begin                                                         g0276
                                                                           g0277
    //                                                                      g0278
    // feststellen, ob Zugriff beendet, nicht vom Prozessor belegt          g0279
    //                                                                      g0280
    if (( nMHS  & ( ~((~nRMW) & RnW) ))) begin                             g0281
      //                                                                    g0282
      // ueberpruefen, ob Bus freigegeben werden soll                       g0283
      //                                                                    g0284
      if(  ~(DO_FETCH | ~BCU_ACC_MODE[2]) || ~nHLT) begin                  g0285
        //                                                                  g0286
        // Bus freigeben                                                    g0287
        //                                                                  g0288
        nRMW = 1;                                                          g0289
        RnW  = 1;                                                          g0290
        OPEN_ADDR_DRV = 0;                                                 g0291
        DATA_DRV[31:0] = 32'bz;                                            g0292
      end                                                                  g0293
    end                                                                    g0294
  end                                                                      g0295
end                                                                        g0296
                                                                           g0297
//                                                                          g0298
// nMRQ bei synchronem Busprotokoll zur negedge CP wegnehmen                g0299
//                                                                          g0300
always @(negedge CP)                                                       g0301
  if(`SYNC)   nMRQ = #`DELTA 1;                                            g0302
                                                                           g0303
//                                                                          g0304
// SWAP-Schreibzugriff bei synchronem Busprotokoll einleiten, wenn          g0305
// Lesezugriff abgeschlossen ist                                           g0306
//                                                                          g0307
always @(posedge CP) begin                                                 g0308
  if ((`SYNC) && (~nRMW) && (nMHS) && (RnW)) begin                         g0309
    fork                                                                   g0310
      RnW  = #`DELTA 0;                                                    g0311
      nMRQ = #`BCUDELAY 0;                                                 g0312
    join                                                                   g0313
  end                                                                      g0314
end                                                                        g0315
                                                                           g0316
//                                                                          g0317
// SWAP-Schreibzugriff bei synchronem Busprotokoll beenden, wenn            g0318
// Schreibzugriff abgeschlossen ist                                        g0319
//                                                                          g0320
always @(posedge CP)                                                       g0321
```

```verilog
     if ((`SYNC) && (~nRMW) && (nMHS) && (~RnW)) nRMW = 1;                   g0322
                                                                            g0323
  //                                                                        g0324
  // bei posedge nMHS Speicherzugriff beenden oder SWAP-Schreiben einleiten; g0325
  // asynchrones Busprotokoll                                               g0326
  //                                                                        g0327
  always @(posedge nMHS or posedge BREAK_MEM_ACC) begin                     g0328
    if (~`SYNC) begin : nmhs_ack                                            g0329
      //                                                                    g0330
      // Datenbustreiber hochohmig schalten                                 g0331
      //                                                                    g0332
      DATA_DRV = 32'bz;                                                     g0333
      fork                                                                  g0334
        //                                                                  g0335
        // falls normaler Zugriff vorliegt  oder der                       g0336
        // SWAP schon geschrieben hat, Adresstreiber hochohmig schalten,    g0337
        // da Zugriff beendet                                              g0338
        //                                                                  g0339
        if (~(~nRMW & RnW)) OPEN_ADDR_DRV = #`DELTA 0;                      g0340
        //                                                                  g0341
        // falls noch SWAP-Lesezugriff laeuft, SWAP-Schreibzugriff einleiten, g0342
        // sonst Zugriff durch nMRQ HIGH beenden                            g0343
        //                                                                  g0344
        nMRQ = #`DELTA ((~nRMW & RnW) ? 0 : 1);                            g0345
        RnW  = #`DELTA ((~nRMW & RnW) ? 0 : 1);                            g0346
        nRMW = #`DELTA ((~nRMW & RnW) ? 0 : 1);                            g0347
      join                                                                  g0348
    end                                                                     g0349
  end                                                                       g0350
                                                                            g0351
                                                                            g0352
  endmodule // bcu                                                          g0353
```

Bild 4.70 Die Bus-Control-Unit BCU

4.7.9 Die Systemumgebung SYSTEM

```
//------------------------------------------------------------------------  s0000
//                                                                          s0001
// SYSTEM: Modul fuer eine Testumgebung von TOOBSIE bestehend aus           s0002
// Prozessor, Betriebssystem im ROM, RAM und Systemkontroller mit           s0003
// Speichersteuerung und Interrupt-Timer                                    s0004
//                                                                          s0005
// Instanzen:                                                               s0006
//    CHIP       Prozessor                                                  s0007
//    RAM        RAM-Speicher                                               s0008
//    KRAM       RAM-Speicher                                               s0009
//    ROM        ROM-Speicher                                               s0010
//    CLKTM      System-Uhr                                                 s0011
//    BUSCNV     Datenbus-Protokollkonvertierung                           s0012
//    SYSCON     Systemkontroller                                           s0013
//                                                                          s0014
// festlegen der Cache-Konfiguration gemaess `define-Angaben;               s0015
// festlegen des Bus-Protkolls gemaess `define-Angabe                       s0016
//                                                                          s0017
// Signaldefinitionen fuer nicht selbsterklaerende Signalnamen:             s0018
//    ACMD:     00: Byte-Zugriff                                            s0019
//              01: Halbwortzugriff                                         s0020
//              10: Wortzugriff                                             s0021
//    IRQ_ID: 000: Bus-Error                                                s0022
//            001: Page-Fault                                               s0023
//            010: Misalign                                                 s0024
//            011: Timer                                                    s0025
//            1XX: unbenutzt                                                s0026
//    CONFIG: 00000: beide Caches abgeschaltet                              s0027
//            0XX01: BTC (nur BCC), paralleler Mode                         s0028
//            0XX10: BTC (nur CALL), paralleler Mode                        s0029
//            0XX11: BTC (BCC und CALL), paralleler Mode                    s0030
//            001XX: RIB, parallerer Mode                                   s0031
//            010XX: IC, paralleler Mode                                    s0032
//            X11XX: reserviert                                             s0033
//            1XXXX: serieller Mode                                         s0034
//    BUSPRO: 0: asynchrones Busprotokoll                                   s0035
//            1: synchrones Busprotokoll                                    s0036
//    FACC:   0: Datenzugriff                                               s0037
//            1: Befehlszugriff                                             s0038
//    KUMODE: 0: USER                                                       s0039
//            1: KERNEL                                                     s0040
//                                                                          s0041
//------------------------------------------------------------------------  s0042
//                                                                          s0043
module system;                                                             s0044
                                                                            s0045
  wire [31:0] CPU_DATA_BUS,      // Prozessordatenbus                       s0046
              SYS_DATA_BUS,      // Systemdatenbus                          s0047
              ADDR_BUS;          // Systemadressbus                         s0048
  wire [ 2:0] IRQ_ID;            // Interrupt-Identifikation der CPU        s0049
  wire [ 1:0] ACMD;             // Speicherzugriffsmodus der CPU            s0050
  wire        CP,                // Systemtaktsignal                        s0051
              nRESET,            // RESET-Eingang der CPU                   s0052
              nIRQ,              // Interrupt-Eingang der CPJ               s0053
              nIRA,              // Interrupt-Acknowledge der CPU           s0054
              MRnW,              // Memory-Read/Write der CPU               s0055
              nRMW,              // Read-Modify-Write der CPU               s0056
              nMRQ,              // Memory-Request der CPU                  s0057
              FACC,              // Fetch-Access der CPU                     s0058
              nMHS,              // Memory-Handshake-Eingang der CPU        s0059
              KUMODE,            // Privilegierung der CPU                  s0060
              nRAM_SEL0,         // RAM-Speicheraktivierung Bit 7-0         s0061
              nRAM_SEL1,         // RAM-Speicheraktivierung Bit 15-8        s0062
              nRAM_SEL2,         // RAM-Speicheraktivierung Bit 23-16       s0063
              nRAM_SEL3,         // RAM-Speicheraktivierung Bit 31-24       s0064
              nROM_SEL;          // ROM-Speicheraktivierung                s0065
  reg  [ 4:0] CONFIG;            // Cache-Konfiguration der CPU             s0066
  reg         BUSPRO,            // Busprotokollwahl-Eingang der CPU        s0067
              nHLT;              // HALT-Eingang der CPU                    s0068
  integer     MHS_WAIT,          // nMHS-Pulsdauer abzueglich Wartezyklen   s0069
              CYCLE_CNT;         // Anzahl der bereits simulierten Taktzyklen s0070
                                                                            s0071
  //                                                                        s0072
  // Instanzen                                                              s0073
  //                                                                        s0074
                                                                            s0075
```

```verilog
      // CHIP                                                                   s0076
      chip    CHIP (ADDR_BUS, ACMD, nIRA, MRnW, nRMW, nMRQ, FACC, KUMODE,       s0077
                    CPU_DATA_BUS,                                               s0078
                    CONFIG, IRQ_ID, CP, nRESET, nIRQ, nMHS, nHLT, BUSPRO);      s0079
                                                                                s0080
      // RAM                                                                    s0081
      ram     #('USER_RAM_SIZE)                                                 s0082
              RAM (SYS_DATA_BUS, ADDR_BUS[29:2],                                s0083
                   MRnW, nRAM_SEL0, nRAM_SEL1, nRAM_SEL2, nRAM_SEL3, ADDR_BUS[30]);  s0084
                                                                                s0085
      // RAM                                                                    s0086
      ram     #('KERNEL_RAM_SIZE)                                               s0087
              KRAM (SYS_DATA_BUS, ADDR_BUS[29:2],                               s0088
                   MRnW, nRAM_SEL0, nRAM_SEL1, nRAM_SEL2, nRAM_SEL3, ~ADDR_BUS[30]); s0089
                                                                                s0090
      // ROM                                                                    s0091
      rom     #('ROM_SIZE)                                                      s0092
              ROM (SYS_DATA_BUS, ADDR_BUS[29:2], nROM_SEL);                     s0093
                                                                                s0094
      // Clock-Timer                                                            s0095
      clktm   #(32'h80000008)                                                  s0096
              CLKTM (SYS_DATA_BUS, ADDR_BUS, MRnW, nMRQ, nMHS);                 s0097
                                                                                s0098
      // Bus-Konverter                                                          s0099
      buscnv BUSCNV (CPU_DATA_BUS, SYS_DATA_BUS, CP, BUSPRO, MRnW, nMHS);       s0100
                                                                                s0101
      // System-Controller                                                      s0102
      syscon SYSCON (IRQ_ID, CP, nRESET, nIRQ, nMHS,                            s0103
                     nRAM_SEL0, nRAM_SEL1, nRAM_SEL2, nRAM_SEL3, nROM_SEL,      s0104
                     SYS_DATA_BUS, ADDR_BUS, ACMD, nIRA, MRnW, nMRQ, KUMODE);   s0105
                                                                                s0106
                                                                                s0107
      //                                                                        s0108
      // Cache-Konfiguration und Busprotokoll festlegen und nHLT inaktiv setzen s0109
      // (Festverdrahtungen)                                                    s0110
      //                                                                        s0111
      initial begin                                                            s0112
        CONFIG = {'SERIAL_MODE, 'IC_MODE, 'RIB_MODE, 'BTC_CALL, 'BTC_BCC};      s0113
        BUSPRO = 'PROTOCOL;                                                     s0114
        nHLT   = 1'b1;                                                         s0115
      end                                                                       s0116
                                                                                s0117
      //                                                                        s0118
      // Simulations-CYCLE_CNT initialisieren                                   s0119
      //                                                                        s0120
      initial CYCLE_CNT = 0;                                                    s0121
                                                                                s0122
      //                                                                        s0123
      // Simulation nach vorgegebener Anzahl Taktzyklen stoppen                 s0124
      //                                                                        s0125
      always @(posedge CP) begin                                               s0126
        if (CYCLE_CNT <= 'MAX_CYCLES)  CYCLE_CNT = CYCLE_CNT + 1;               s0127
        else begin                                                             s0128
          $display("\nTimeout %0d %0d",CYCLE_CNT,'MAX_CYCLES);                  s0129
          $stop(2);                                                            s0130
        end                                                                     s0131
      end                                                                       s0132
                                                                                s0133
      //                                                                        s0134
      // Bei aktiviertem DMA-Interleave (DMAILEAVE = 1)                         s0135
      // nHLT zu jeder negativen Taktflanke kippen                             s0136
      //                                                                        s0137
      always @(negedge CP)                                                     s0138
        if ('DMAILEAVE) nHLT = ~nHLT;                                         s0139
                                                                                s0140
endmodule // system                                                            s0141
                                                                                s0142
                                                                                s0143
//--------------------------------------------------------------------------   s0144
//                                                                             s0145
// RAM                                                                          s0146
//                                                                             s0147
// 8KW 32 Bit breiter Arbeitsspeicher mit definierbarer Zugriffszeit;          s0148
// das RAM besteht effektiv aus 4 RAMs, die jedoch, um den Speicher            s0149
// mittels $readmem mit 32-Bit-Worten initialsieren zu koennen, nicht          s0150
// durch Instanziierung beschrieben werden koennen;                            s0151
// (der Speicher muss fuer $readmem ein lineares Feld sein)                     s0152
//                                                                             s0153
//--------------------------------------------------------------------------   s0154
                                                                                s0155
module ram (RAM_DATA, RAM_ADDR, RAM_RnW, nRAMS0, nRAMS1, nRAMS2, nRAMS3, nSEL); s0156
                                                                                s0157
```

```verilog
parameter     WC =              13;      // Word-Count/RAM-Size in Word-Addr-Bits     s0158
                                         // 2^13=8KW=32KB RAM als Default-Wert         s0159
                                                                                       s0160
inout    [31:0] RAM_DATA;                // Ein-/Ausgang fuer Systemdatenbus           s0161
                                                                                       s0162
input    [27:0] RAM_ADDR;                // Eingang fuer RAM-Adressbus (Wort)          s0163
input           RAM_RnW,                 // Eingang fuer Memory-Read/Write             s0164
                nRAMS0,                  // Eingang fuer RAM-Selektion Bits 0-7        s0165
                nRAMS1,                  // Eingang fuer RAM-Selektion Bits 8-15       s0166
                nRAMS2,                  // Eingang fuer RAM-Selektion Bits 16-23      s0167
                nRAMS3,                  // Eingang fuer RAM-Selektion Bits 24-31      s0168
                nSEL;                    // Eingang fuer RAM-Freigabe                  s0169
                                                                                       s0170
reg      [31:0] DATA_DRV;                // Datenausgabe-Treiberregister               s0171
wire     [31:0] RAM_DATA = DATA_DRV;     // Datenbus                                   s0172
wire     [27:0] RAM_ADDR;                // Adressbus (Wort-Adresse)                   s0173
wire            RAM_RnW,                 // Memory-Read/Write                          s0174
                nRAMS0,                  // RAM-Selektion Bits 0-7                     s0175
                nRAMS1,                  // RAM-Selektion Bits 8-15                    s0176
                nRAMS2,                  // RAM-Selektion Bits 16-23                   s0177
                nRAMS3,                  // RAM-Selektion Bits 24-31                   s0178
                nSEL;                    // RAM-Freigabe                               s0179
                                                                                       s0180
reg      [31:0] MEMORY[0:(1<<WC)-1],     // 32-Bit-Arbeitsspeicher                     s0181
                MEMWORD;                 // temporaeres Wortregister fuer Zugriffe     s0182
integer         TIMER_0,                 // Zugriffszeitzaehler fuer Bits 0-7          s0183
                TIMER_1,                 // Zugriffszeitzaehler fuer Bits 8-15         s0184
                TIMER_2,                 // Zugriffszeitzaehler fuer Bits 16-23        s0185
                TIMER_3;                 // Zugriffszeitzaehler fuer Bits 24-31        s0186
                                                                                       s0187
//                                                                                     s0188
// Speicher mit Testprogramm und/oder Testdaten laden                                 s0189
//                                                                                     s0190
initial begin                                                                          s0191
  //                                                                                   s0192
  // liegen mindestens 2^8=256W=1KB RAM vor und nicht mehr als                         s0193
  // 2^24=16MW=64MB RAM (das schafft die SUN gewiss nicht mehr)                        s0194
  //                                                                                   s0195
  if (( WC < 8 ) || ( WC > 24) ) begin                                                 s0196
    $display("FATAL ERROR:\n%m: wrong RAM size\n");                                    s0197
    $finish(2);                                                                        s0198
  end                                                                                  s0199
  //                                                                                   s0200
  // Programm laden                                                                    s0201
  //                                                                                   s0202
  if (`PRG_FORMAT) $readmemh(`PROGRAM, MEMORY);                                        s0203
  else             $readmemb(`PROGRAM, MEMORY);                                        s0204
end                                                                                    s0205
                                                                                       s0206
//                                                                                     s0207
// bei aktivierter Byte-Gruppe 0 (Bits 7-0) nach Ablauf der                            s0208
// Zugriffswartezeit den gewuenschten Zugriff ausfuehren                              s0209
//                                                                                     s0210
always @(TIMER_0) begin                                                                s0211
  if ((nRAMS0 == 1'b0)  && (nSEL == 1'b0) && (TIMER_0 == 0))                           s0212
  begin                                                                                s0213
    if ((`CHK_HGH_BITs == 1) && (RAM_ADDR[27:WC] != 0))                                s0214
    begin                                                                              s0215
      $display(                                                                        s0216
        "\nERROR: Addr unvalid; Addr = --%b--\n", RAM_ADDR                             s0217
      );                                                                               s0218
      $stop(2);                                                                        s0219
    end                                                                                s0220
    MEMWORD = MEMORY[RAM_ADDR[WC-1:0]];                                                s0221
    if (RAM_RnW == 1'b1) DATA_DRV[ 7: 0] =  MEMWORD[ 7: 0];                            s0222
    else                 MEMWORD[ 7: 0] = RAM_DATA[ 7: 0];                             s0223
    MEMORY[RAM_ADDR[WC-1:0]] = MEMWORD;                                                s0224
  end                                                                                  s0225
end                                                                                    s0226
                                                                                       s0227
//                                                                                     s0228
// bei aktivierter Byte-Gruppe 1 (Bits 15-8) nach Ablauf der                           s0229
// Zugriffswartezeit den gewuenschten Zugriff ausfuehren;                             s0230
// falls Adresse ausserhalb des RAMs, System stoppen                                  s0231
//                                                                                     s0232
always @(TIMER_1) begin                                                                s0233
  if ((nRAMS1 == 1'b0) && (nSEL == 1'b0) && (TIMER_1 == 0))                            s0234
  begin                                                                                s0235
    if ((`CHK_HGH_BITs == 1) && (RAM_ADDR[27:WC] != 0))                                s0236
    begin                                                                              s0237
      $display(                                                                        s0238
        "\nERROR: Addr unvalid; Addr = --%b--\n", RAM_ADDR                             s0239
```

```
            );                                                       s0240
          $stop(2);                                                  s0241
        end                                                          s0242
        MEMWORD = MEMORY[RAM_ADDR[WC-1:0]];                          s0243
        if (RAM_RnW == 1'b1) DATA_DRV[15: 8] =  MEMWORD[15: 8];      s0244
        else                 MEMWORD[15: 8] = RAM_DATA[15: 8];       s0245
        MEMORY[RAM_ADDR[WC-1:0]] = MEMWORD;                          s0246
      end                                                            s0247
end                                                                  s0248
                                                                     s0249
//                                                                   s0250
// bei aktivierter Byte-Gruppe 2 (Bits 23-16) nach Ablauf der        s0251
// Zugriffswartezeit den gewuenschten Zugriff ausfuehren             s0252
//                                                                   s0253
always @(TIMER_2) begin                                              s0254
  if ((nRAMS2 == 1'b0) && (nSEL == 1'b0) && (TIMER_2 == 0))          s0255
  begin                                                              s0256
    if ((`CHK_HGH_BITs == 1) && (RAM_ADDR[27:WC] != 0))              s0257
    begin                                                            s0258
      $display(                                                      s0259
        "\nERROR: Addr unvalid; Addr = **%b**\n", RAM_ADDR           s0260
      );                                                             s0261
      $stop(2);                                                      s0262
    end                                                              s0263
    MEMWORD = MEMORY[RAM_ADDR[WC-1:0]];                              s0264
    if (RAM_RnW == 1'b1) DATA_DRV[23:16] =  MEMWORD[23:16];          s0265
    else                 MEMWORD[23:16] = RAM_DATA[23:16];           s0266
    MEMORY[RAM_ADDR[WC-1:0]] = MEMWORD;                              s0267
  end                                                                s0268
end                                                                  s0269
                                                                     s0270
//                                                                   s0271
// bei aktivierter Byte-Gruppe 3 (Bits 31-24) nach Ablauf der        s0272
// Zugriffswartezeit den gewuenschten Zugriff ausfuehren             s0273
//                                                                   s0274
always @(TIMER_3) begin                                              s0275
  if ((nRAMS3 == 1'b0) && (nSEL == 1'b0) && (TIMER_3 == 0))          s0276
  begin                                                              s0277
    if ((`CHK_HGH_BITs == 1) && (RAM_ADDR[27:WC] != 0))              s0278
    begin                                                            s0279
      $display(                                                      s0280
        "\nERROR: Addr unvalid; Addr = **%b**\n", RAM_ADDR           s0281
      );                                                             s0282
      $stop(2);                                                      s0283
    end                                                              s0284
    MEMWORD = MEMORY[RAM_ADDR[WC-1:0]];                              s0285
    if (RAM_RnW == 1'b1) DATA_DRV[31:24] =  MEMWORD[31:24];          s0286
    else                 MEMWORD[31:24] = RAM_DATA[31:24];           s0287
    MEMORY[RAM_ADDR[WC-1:0]] = MEMWORD;                              s0288
  end                                                                s0289
end                                                                  s0290
                                                                     s0291
//                                                                   s0292
// bei aktivierten Byte-Gruppen Zugriffswartezeit dieser Byte-Gruppen s0293
// synchron zur Simulationszeit herunterzaehlen                      s0294
//                                                                   s0295
always #1 if ((nRAMS0 == 1'b0) && (nSEL == 1'b0) && (TIMER_0 > 0))   s0296
            TIMER_0 = TIMER_0 - 1;                                   s0297
always #1 if ((nRAMS1 == 1'b0) && (nSEL == 1'b0) && (TIMER_1 > 0))   s0298
            TIMER_1 = TIMER_1 - 1;                                   s0299
always #1 if ((nRAMS2 == 1'b0) && (nSEL == 1'b0) && (TIMER_2 > 0))   s0300
            TIMER_2 = TIMER_2 - 1;                                   s0301
always #1 if ((nRAMS3 == 1'b0) && (nSEL == 1'b0) && (TIMER_3 > 0))   s0302
            TIMER_3 = TIMER_3 - 1;                                   s0303
                                                                     s0304
//                                                                   s0305
// bei Aktivierung einer Byte-Gruppe verbleibende Zugriffswartezeit  s0306
// dieser Byte-Gruppe auf Speicherzugriffszeit setzen                s0307
//                                                                   s0308
always @(nRAMS0 or nSEL)                                             s0309
  if ((nRAMS0 == 1'b0) && (nSEL == 1'b0))   TIMER_0 = `RAMTIME;      s0310
always @(nRAMS1 or nSEL)                                             s0311
  if ((nRAMS1 == 1'b0) && (nSEL == 1'b0))   TIMER_1 = `RAMTIME;      s0312
always @(nRAMS2 or nSEL)                                             s0313
  if ((nRAMS2 == 1'b0) && (nSEL == 1'b0))   TIMER_2 = `RAMTIME;      s0314
always @(nRAMS3 or nSEL)                                             s0315
  if ((nRAMS3 == 1'b0) && (nSEL == 1'b0))   TIMER_3 = `RAMTIME;      s0316
                                                                     s0317
//                                                                   s0318
// Zustand des Datenbus-Treiberregisters aktualisieren               s0319
// (in jedem always-Block fuer jeweils eine Byte-Gruppe)             s0320
//                                                                   s0321
```

```verilog
  always @(RAM_RnW or nRAMS0 or nSEL)                                    s0322
    if ((RAM_RnW == 1'b1) && (nRAMS0 == 1'b0) && (nSEL == 1'b0))        s0323
        DATA_DRV[ 7: 0] = 8'bxxxxxxxx;                                  s0324
    else DATA_DRV[ 7: 0] = 8'bzzzzzzzz;                                 s0325
  always @(RAM_RnW or nRAMS1 or nSEL)                                    s0326
    if ((RAM_RnW == 1'b1) && (nRAMS1 == 1'b0) && (nSEL == 1'b0))        s0327
        DATA_DRV[15: 8] = 8'bxxxxxxxx;                                  s0328
    else DATA_DRV[15: 8] = 8'bzzzzzzzz;                                 s0329
  always @(RAM_RnW or nRAMS2 or nSEL)                                    s0330
    if ((RAM_RnW == 1'b1) && (nRAMS2 == 1'b0) && (nSEL == 1'b0))        s0331
        DATA_DRV[23:16] = 8'bxxxxxxxx;                                  s0332
    else DATA_DRV[23:16] = 8'bzzzzzzzz;                                 s0333
  always @(RAM_RnW or nRAMS3 or nSEL)                                    s0334
    if ((RAM_RnW == 1'b1) && (nRAMS3 == 1'b0) && (nSEL == 1'b0))        s0335
        DATA_DRV[31:24] = 8'bxxxxxxxx;                                  s0336
    else DATA_DRV[31:24] = 8'bzzzzzzzz;                                 s0337
                                                                        s0338
  //                                                                    s0339
  // bei Aenderung der Zugriffsadresse oder der Zugriffsart verbleibende s0340
  // Zugriffswartezeit aller Byte-Gruppen auf Speicherzugriffszeit setzen s0341
  //                                                                    s0342
  always @(RAM_ADDR or RAM_RnW) begin                                   s0343
    TIMER_0 = `RAMTIME;                                                 s0344
    TIMER_1 = `RAMTIME;                                                 s0345
    TIMER_2 = `RAMTIME;                                                 s0346
    TIMER_3 = `RAMTIME;                                                 s0347
  end                                                                   s0348
                                                                        s0349
endmodule // ram                                                        s0350
                                                                        s0351
                                                                        s0352
//------------------------------------------------------------------------ s0353
//                                                                      s0354
// ROM                                                                  s0355
//                                                                      s0356
// 4KW 32 Bit breiter Nur-Lese-Speicher mit definierbarer Zugriffszeit  s0357
//                                                                      s0358
//------------------------------------------------------------------------ s0359
                                                                        s0360
module rom (ROM_DATA, ROM_ADDR, nROM_SEL);                              s0361
                                                                        s0362
  parameter     WC =            11;     // Word-Count/ROM-Size in Word-Addr-Bits s0363
                                        // 2^11=2KW=8KB ROM als Default-Wert s0364
                                                                        s0365
  output [31:0] ROM_DATA;               // Ausgang fuer ROM-Daten       s0366
                                                                        s0367
  input  [27:0] ROM_ADDR;               // Eingang fuer ROM-Adressbus   s0368
  input         nROM_SEL;               // Eingang fuer ROM-Selektion   s0369
                                                                        s0370
  reg    [31:0] DATA_DRV;               // Datenausgabe-Treiberregister s0371
                                                                        s0372
  wire   [31:0] ROM_DATA = DATA_DRV; // Datenbus                        s0373
  wire   [27:0] ROM_ADDR;               // Adressbus                    s0374
  wire          nROM_SEL;               // ROM-Selektion                s0375
                                                                        s0376
  reg    [31:0] MEMORY[0:(1<<WC)-1]; // 4KW 32-Bit-Nur-Lese-Speicher    s0377
  integer       TIMER;                  // Zugriffszeitzaehler          s0378
                                                                        s0379
  //                                                                    s0380
  // Speicher mit Betriebssystem laden                                  s0381
  //                                                                    s0382
  initial begin                                                         s0383
    //                                                                  s0384
    // liegen mindestens 2^8=256W=1KB ROM vor und nicht mehr als        s0385
    // 2^24=16MW=64MB ROM                                               s0386
    //                                                                  s0387
    if (( WC < 8 ) || ( WC > 24) ) begin                               s0388
       $display("FATAL ERROR:\n%m: wrong ROM size\n");                 s0389
       $finish(2);                                                     s0390
    end                                                                 s0391
    //                                                                  s0392
    // Programm laden                                                   s0393
    //                                                                  s0394
    if (`OS_FORMAT) $readmemh(`OS_ROM, MEMORY);                        s0395
    else            $readmemb(`OS_ROM, MEMORY);                        s0396
  end                                                                   s0397
                                                                        s0398
                                                                        s0399
  //                                                                    s0400
  // bei aktiviertem Speicher nach Ablauf der Zugriffswartezeit         s0401
  // Speicherdaten auf den Datenbus legen;                             s0402
  // falls Adresse ausserhalb des ROMs, System stoppen                 s0403
```

```verilog
//                                                              s0404
always @(TIMER) begin                                          s0405
  if ((nROM_SEL == 1'b0) && (TIMER == 0)) begin                s0406
    if ((`CHK_HGH_BITs == 1) && (ROM_ADDR[27:WC+1] != 0))      s0407
    begin                                                      s0408
      $display(                                                s0409
        "\nERROR: Addr unvalid; Addr = --%b--\n", ROM_ADDR     s0410
      );                                                       s0411
      $stop(2);                                                s0412
    end                                                        s0413
    DATA_DRV = MEMORY[ROM_ADDR[WC-1:0]];                       s0414
  end                                                          s0415
end                                                            s0416
                                                               s0417
//                                                             s0418
// bei aktiviertem Speicher Zugriffswartezeit                  s0419
// synchron zur Simulationszeit herunterzaehlen                s0420
//                                                             s0421
always #1 if ((nROM_SEL == 1'b0) && (TIMER > 0)) TIMER = TIMER - 1;  s0422
                                                               s0423
//                                                             s0424
// bei Aenderung der Speicheraktivierung verbleibende Zugriffswartezeit  s0425
// und Zustand des Datenbus-Treibers aktualisieren             s0426
//                                                             s0427
always @(nROM_SEL) begin                                       s0428
  if (nROM_SEL == 1'b0) begin                                  s0429
    TIMER = `ROMTIME;                                          s0430
    DATA_DRV = {32{1'bx}};                                     s0431
  end                                                          s0432
  else DATA_DRV = {32{1'bz}};                                  s0433
end                                                            s0434
                                                               s0435
//                                                             s0436
// bei Aenderung der Zugriffsadresse verbleibende Zugriffswartezeit  s0437
// auf Speicherzugriffszeit setzen                             s0438
//                                                             s0439
always @(ROM_ADDR)  TIMER = `ROMTIME;                          s0440
                                                               s0441
endmodule // rom                                               s0442
                                                               s0443
                                                               s0444
//------------------------------------------------------------  s0445
//                                                             s0446
// clktm (Clock-Timer)                                         s0447
//                                                             s0448
// Nur-Lese-Speicher fuer die Anzahl verstrichener Takte seit Systemstart  s0449
//                                                             s0450
//------------------------------------------------------------  s0451
                                                               s0452
module clktm (DATA_BUS, ADDR_BUS, MRnW, nMRQ, nMHS);           s0453
                                                               s0454
  parameter     SYS_ADDR = 32'h80000008; // Systemadresse des Bausteins  s0455
                                                               s0456
  output [31:0] DATA_BUS;                  // Ausgang fuer Daten  s0457
                                                               s0458
  input  [31:0] ADDR_BUS;                  // Eingang fuer Adressbus  s0459
  input         MRnW,                      // Memory-Read/not Write der CPU  s0460
                nMRQ,                      // Memory-Request der CPU  s0461
                nMHS;                      // Memory-Handshake von der Peripherie  s0462
                                                               s0463
                                                               s0464
  reg    [31:0] DATA_DRV;                  // Datenausgabe-Treiberregister  s0465
  wire   [31:0] DATA_BUS = DATA_DRV;       // Datenbus            s0466
  wire   [31:0] ADDR_BUS;                  // Adressbus           s0467
  wire          MRnW,                      // Memory-Read/not Write der CPU  s0468
                nMHQ,                      // Memory-Request der CPU  s0469
                nMHS;                      // Memory-Handshake von der Peripherie  s0470
                                                               s0471
  initial DATA_DRV = 32'bz;                // Treiber ist zunaechst deaktiviert  s0472
                                                               s0473
  always @(nMRQ) begin                                         s0474
    if (!nMRQ && ADDR_BUS == SYS_ADDR) begin // Baustein wird angesprochen  s0475
      if (MRnW) begin                        // Systemzeit wird ausgelesen  s0476
        wait(!nMRQ && !nMHS);                // Bus ist frei      s0477
        if (ADDR_BUS == SYS_ADDR) begin      // inzwischen abgebrochen?  s0478
          DATA_DRV = system.CYCLE_CNT;       // Zeit uebergeben   s0479
          wait(nMRQ && nMHS);                // Datum wurde uebernommen  s0480
          DATA_DRV = 32'bz;                  // Treiber abschalten  s0481
        end                                                    s0482
      end                                                      s0483
      else                                   // unerlaubter Schreibzugriff  s0484
        $display(                                              s0485
```

```
            "\nERROR: read only;     Addr = %h\n", ADDR_BUS          s0486
        );                                                           s0487
    end                                                              s0488
  end                                                                s0489
                                                                     s0490
endmodule // clktm                                                   s0491
                                                                     s0492
                                                                     s0493
//-----------------------------------------------------------------  s0494
//                                                                   s0495
// buscnv (Bus-Konverter)                                            s0496
//                                                                   sC497
// Anpassung des asynchronen Systemdaten-Busprotokolls              s0498
// an das aktuelle Prozessordaten-Busprotokoll                      s0499
//                                                                   s0500
//-----------------------------------------------------------------  s0501
                                                                     s0502
module buscnv (CPU_DATA, SYS_DATA, CP, BUSPRO, MRnW, nMHS);          s0503
                                                                     s0504
  inout [31:0] CPU_DATA,              // Ein-/Ausgang fuer Prozessordatenbus    s0505
               SYS_DATA;              // Ein-/Ausgang fuer Systemdatenbus       s0506
                                                                     s0507
  input        CP,                    // Eingang fuer Systemtakt      s0508
               BUSPRO,                // Eingang fuer Protokollwahl   s0509
               MRnW,                  // Eingang fuer Memory-Read/Write  s0510
               nMHS;                  // Eingang fuer Memory-Handshake   s0511
                                                                     s0512
  reg   [31:0] CD_REG,                // Prozessor-Datenbusausgabe-Treiberregister  s0513
               SD_REG;                // System-Datenbusausgabe-Treiberregister     s0514
  wire  [31:0] CPU_DATA = CD_REG;     // Prozessordatenbus            s0515
  wire  [31:0] SYS_DATA = SD_REG;     // Systemdatenbus               s0516
  wire         CP,                    // Systemtakt                   s0517
               BUSPRO,                // Protokollwahl                s0518
               MRnW,                  // Memory-Read/Write            s0519
               nMHS;                  // Memory-Handshake             s0520
                                                                     s0521
  //                                                                 s0522
  // bei asynchronem Busprotokoll Datenbusse entsprechend der        s0523
  // Datenrichtung miteinander verbinden;                            s0524
  //                                                                 s0525
  // bei synchronem Busprotokoll Lesedaten waehrend der Low-Phase    s0526
  // von nMHS in ein Latch uebernehmen und Schreibdaten waehrend     s0527
  // der zweiten Takthaelfte in ein Latch uebernehmen;               s0528
  // => bei synchronem Protokoll muss die Zugriffswartezeit der      s0529
  // Speicher groesser als eine Takthaelfte sein                     s0530
  //                                                                 s0531
  always @(CP or BUSPRO or MRnW or nMHS or CPU_DATA or SYS_DATA) begin  s0532
    if (MRnW) begin                                                  s0533
      SD_REG = {32{1'bz}};                                           s0534
      if (BUSPRO) begin                                              s0535
        if (~nMHS) CD_REG = SYS_DATA;                                s0536
      end                                                            s0537
      else if (~nMHS | CP) CD_REG = SYS_DATA;                        s0538
    end                                                              s0539
    else begin                                                       s0540
      CD_REG = {32{1'bz}};                                           s0541
      if (BUSPRO) begin                                              s0542
        if (~CP) SD_REG = CPU_DATA;                                  s0543
      end                                                            s0544
      else SD_REG = CPU_DATA;                                        s0545
    end                                                              s0546
  end                                                                s0547
                                                                     s0548
endmodule // buscnv                                                  s0549
                                                                     s0550
                                                                     s0551
//-----------------------------------------------------------------  s0552
//                                                                   s0553
// syscon (System-Controller)                                        s0554
//                                                                   s0555
// - Speicheransteuerung und Speicherschutz                          s0556
// - Interrupt-Kontroll-Logik                                        s0557
// - Interrupt-Timer                                                 s0558
// - RESET-Logik                                                     s0559
// - Systemtaktgenerator                                             s0560
//                                                                   s0561
//                                                                   s0562
// Speicheraufteilung:                                               s0563
//                                                                   s0564
// Bank  Adresse        direkt nach RESET        nach 1. Zugriff auf Bank 3  s0565
//                                                                   s0566
//   3   $FFFFFFFF       ROM                      ROM                s0567
```

```
//          $C0000000_      (nur KERNEL-Zugriff)        (nur KERNEL-Zugriff)          s0568
//                                                                                    s0569
//    2     $BFFFFFFF       I/O                          I/O                           s0570
//          $80000000_      (nur KERNEL-Zugriff)        (nur KERNEL-Zugriff)          s0571
//                                                                                    s0572
//    1     $7FFFFFFF       RAM                          RAM                           s0573
//          $40000000_      (nur KERNEL-Zugriff)        (nur KERNEL-Zugriff)          s0574
//                                                                                    s0575
//    0     $3FFFFFFF       ROM                          RAM (USER-Zugriff nur        s0576
//          $00000000_      (nur KERNEL-Zugriff)          auf freigegebene Seiten)    s0577
//                                                                                    s0578
// I/O-Bereich: wortweise organisiert, nur beschreibbar, nicht lesbar                 s0579
//                                                                                    s0580
// A2=0: erstes Element des drei Eintraege langen USER-Page-FIFO-Speichers,           s0581
//        in dem  die drei fuer USER-Zugriffe freigegebenen Seitennummern             s0582
//        gespeichert sind (Bits 31-8 relevant); beim Eintrag wird der                s0583
//        FIFO-Speicher um ein Element weitergeschoben, das bisher letzte             s0584
//        Element wird aus dem FIFO-Speicher herausgeschoben;                         s0585
//        'Page Fault' (ID=001) bei Verletzung                                        s0586
//                                                                                    s0587
//     1: Interrupt-Timerkontrolle (Bits 15-0 relevant):                             s0588
//        Bit 15:    Timer-Modus (0=Countdown, 1=MODulo)                             s0589
//        Bit 14-0: Vierteltakt-Countdown bis Interrupt                              s0590
//        'Interrupt 3' (ID=011) bei Timer-Ablauf                                    s0591
//                                                                                    s0592
// Sonstige Hardware-Interrupts:                                                      s0593
// 'Bus-Error' (ID=000) bei Schreibzugriff auf ROM oder USER-Zugriff auf             s0594
//             KERNEL-privilegierte Speicherbereiche                                  s0595
// 'Misalign'  (ID=001) bei ungueltiger Adressangabe fuer Datenbreite                s0596
//                                                                                    s0597
// Waitstates bei Speicherzugriff:                                                    s0598
// ueber das 'define WAITSTATE kann die Anzahl der beim Zugriff auf eine             s0599
// Bank abzuwartenden Wartetakte angegeben werden (8'bB3B2B1B0):                     s0600
// Bx: Anzahl der Wartetakte fuer Bank x (binaerkodiert)                             s0601
//                                                                                    s0602
//------------------------------------------------------------------------------     s0603
//                                                                                    s0604
module syscon (IRQ_ID, CP, nRESET, nIRQ, nMHS,                                        s0605
               nRAM_SEL0, nRAM_SEL1, nRAM_SEL2, nRAM_SEL3, nROM_SEL,                  s0606
               SYS_DATA_BUS, ADDR_BUS, ACMD, nIRA, MRnW, nMRQ, KUMODE);              s0607
                                                                                      s0608
    // Ausgaenge                                                                      s0609
    output [ 2:0] IRQ_ID;              // Interrupt-Kennung                           s0610
    output        CP,                  // Systemtakt                                  s0611
                  nRESET,              // RESET                                       s0612
                  nIRQ,                // Interrupt-Anforderung                       s0613
                  nMHS,                // Memory-Handshake                            s0614
                  nRAM_SEL0,           // RAM-Selektion Bits 7-0                      s0615
                  nRAM_SEL1,           // RAM-Selektion Bits 15-8                     s0616
                  nRAM_SEL2,           // RAM-Selektion Bits 23-16                    s0617
                  nRAM_SEL3,           // RAM-Selektion Bits 31-24                    s0618
                  nROM_SEL;            // ROM-Selektion                              s0619
                                                                                      s0620
    // Eingaenge                                                                      s0621
    input  [31:0] SYS_DATA_BUS,        // Systemdatenbus                              s0622
                  ADDR_BUS;            // Adressbus                                   s0623
    input  [ 1:0] ACMD;               // Speicherzugriffsmodus                        s0624
    input         nIRA,                // Interrupt-Acknowledge                       s0625
                  MRnW,                // Memory-Read/Write                           s0626
                  nMRQ,                // Memory-Request                              s0627
                  KUMODE;              // Prozessorprivilegierung                     s0628
                                                                                      s0629
    reg           CP,                  // Systemtakt                                  s0630
                  nRESET;              // RESET                                       s0631
                                                                                      s0632
    wire   [ 2:0] IRQ_ID;              // Interrupt-Kennung                           s0633
    wire          nIRQ,                // Interrupt-Anforderung                       s0634
                  nMHS,                // Memory-Handshake                            s0635
                  nRAM_SEL0,           // RAM-Selektion Bits 7-0                      s0636
                  nRAM_SEL1,           // RAM-Selektion Bits 15-8                     s0637
                  nRAM_SEL2,           // RAM-Selektion Bits 23-16                    s0638
                  nRAM_SEL3,           // RAM-Selektion Bits 31-24                    s0639
                  nROM_SEL;            // ROM-Selektion                              s0640
    wire   [31:0] SYS_DATA_BUS,        // Systemdatenbus                              s0641
                  ADDR_BUS;            // Adressbus                                   s0642
    wire   [ 1:0] ACMD;               // Zugriffsmodus                                s0643
    wire          nIRA,                // Interrupt-Acknowledge                       s0644
                  MRnW,                // Memory-Read/Write                           s0645
                  nMRQ,                // Memory-Request                              s0646
                  KUMODE;              // Prozessorprivilegierung                     s0647
                                                                                      s0648
    reg           CP2;                 // Timertakt (doppelter Systemtakt)            s0649
```

```
    wire            ROM_REMAP,          // Belegung von Bank 0: 0=RAM, 1=ROM      s0650
                    BEI_RQ,             // Bus-Error-Interrupt-Request            s0651
                    MAI_RQ,             // Misalign-Interrupt-Request             s0652
                    PFI_RQ,             // Page-Fault-Interrupt-Request           s0653
                    TMI_RQ,             // Timer-Interrupt-Request                s0654
                    nIO_SEL0,           // IO-Selektion (USER Page FIFO)          s0655
                    nIO_SEL1;           // IO-Selektion (Timer Register)          s0656
                                                                                  s0657
    //                                                                            s0658
    // Instanzen                                                                  s0659
    //                                                                            s0660
                                                                                  s0661
    // ROM_REMAP-Generator                                                        s0662
    map_gen MAP_GEN(ROM_REMAP, ADDR_BUS[31:30], nMRQ, nRESET);                    s0663
                                                                                  s0664
    // Memory-Handshake-Generator                                                 s0665
    mhs_gen MHS_GEN(nMHS, ADDR_BUS[31:30], MRnW, nMRQ, CP, ROM_REMAP);            s0666
                                                                                  s0667
    // Bus-Error-Interrupt-Generator                                             s0668
    bei_gen BEI_GEN(BEI_RQ, ADDR_BUS[31:30], MRnW, nMRQ, KUMODE, ROM_REMAP);      s0669
                                                                                  s0670
    // Misalign-Interrupt-Generator                                              s0671
    mai_gen MAI_GEN(MAI_RQ, ADDR_BUS[1:0], ACMD, nMRQ);                           s0672
                                                                                  s0673
    // Selektions-Generator                                                       s0674
    sel_gen SEL_GEN(nROM_SEL, nIO_SEL0, nIO_SEL1,                                 s0675
                    nRAM_SEL0, nRAM_SEL1, nRAM_SEL2, nRAM_SEL3,                   s0676
                    ADDR_BUS[2:0], ADDR_BUS[31:30],                              s0677
                    ACMD, ROM_REMAP, nMHS, BEI_RQ, MAI_RQ, PFI_RQ);             s0678
                                                                                  s0679
    // Page-Fault-Interrupt-Generator                                            s0680
    pfi_gen PFI_GEN(PFI_RQ, SYS_DATA_BUS[31:8], ADDR_BUS[31:8],                  s0681
                    MRnW, nMRQ, KUMODE, nIO_SEL0);                                s0682
                                                                                  s0683
    // Timer-Interrupt-Generator                                                 s0684
    tmi_gen TMI_GEN(TMI_RQ, SYS_DATA_BUS[15:0], MRnW, CP2, nRESET, nIO_SEL1);    s0685
                                                                                  s0686
    // Interrupt-Generator                                                        s0687
    int_gen INT_GEN(IRQ_ID, nIRQ,                                                s0688
                    CP2, nIRA, nMRQ, PFI_RQ, BEI_RQ, MAI_RQ, TMI_RQ);           s0689
                                                                                  s0690
                                                                                  s0691
    //                                                                            s0692
    // Systemtaktsignal und Timer-/Interrupt-Generatortakt erzeugen               s0693
    //                                                                            s0694
    always begin                                                                  s0695
      CP   = 1'b1;                                                                 s0696
      CP2  = 1'b1;                                                                 s0697
      #`QUAD_CYCLE;                                                                s0698
      CP2  = 1'b0;                                                                 s0699
      #`QUAD_CYCLE;                                                                s0700
      CP   = 1'b0;                                                                 s0701
      CP2  = 1'b1;                                                                 s0702
      #`QUAD_CYCLE;                                                                s0703
      CP2  = 1'b0;                                                                 s0704
      #`QUAD_CYCLE;                                                                s0705
    end                                                                           s0706
                                                                                  s0707
                                                                                  s0708
    //                                                                            s0709
    // Nach dem 'Einschalten' RESET-Impuls erzeugen                               s0710
    //                                                                            s0711
    initial begin                                                                 s0712
      nRESET = 1'b0;                                                               s0713
      #`RESET_TIME;                                                                s0714
      nRESET = 1'b1;                                                               s0715
    end                                                                           s0716
                                                                                  s0717
endmodule // syscon                                                               s0718
                                                                                  s0719
                                                                                  s0720
//----------------------------------------------------------------------------   s0721
//                                                                                s0722
// map_gen (ROM_REMAP-Generator)                                                  s0723
//                                                                                s0724
// ROM_REMAP-Signal waehrend RESET auf 1 setzen und bei erstem Zugriff            s0725
// nach RESET auf Speicherbank 3 auf 0 zuruecksetzen                              s0726
//                                                                                s0727
//----------------------------------------------------------------------------   s0728
                                                                                  s0729
module map_gen (ROM_REMAP, BANK_ID, nMRQ, nRESET);                                s0730
                                                                                  s0731
```

```verilog
   output         ROM_REMAP;            // Ausgang fuer ROM_REMAP              s0732
   input   [1:0]  BANK_ID;              // Eingang fuer Speicherbanknummer     s0733
   input          nMRQ,                 // Eingang fuer Memory-Request         s0734
                  nRESET;               // Eingang fuer RESET                  s0735
                                                                              s0736
   reg            ROM_REMAP;            // ROM_REMAP                          s0737
   wire    [1:0]  BANK_ID;              // Speicherbanknummer                  s0738
   wire           nMRQ,                 // Memory-Request                     s0739
                  nRESET;               // RESET                              s0740
                                                                              s0741
   always @(posedge nRESET)                                                   s0742
     ROM_REMAP = 1'b1;                                                        sC743
                                                                              s0744
   always @(negedge nMRQ)                                                     s0745
     if ((BANK_ID == 2'b11) && (nRESET == 1'b1)) ROM_REMAP = 1'b0;            s0746
                                                                              s0747
endmodule // map_gen                                                          s0748
                                                                              s0749
                                                                              s0750
//---------------------------------------------------------------------       s0751
//                                                                            s0752
// mhs_gen (Memory-Handshake-Generator)                                       s0753
//                                                                            s0754
// Memory-Handshake-Signal unter Beruecksichtigung der Pulsbreitenzeit und    s0755
// der Waitstates der aktuellen Speicherbank erzeugen                         s0756
//                                                                            s0757
//---------------------------------------------------------------------       s0758
                                                                              s0759
module mhs_gen (nMHS, BANK_ID, MRnW, nMRQ, CP, ROM_REMAP);                    s0760
                                                                              s0761
   output         nMHS;                 // Ausgang fuer Memory-Handshake      s0762
                                                                              s0763
   input [1:0]    BANK_ID;              // Eingang fuer Speicherbanknummer     s0764
   input          MRnW,                 // Eingang fuer Memory-Read/Write     s0765
                  nMRQ,                 // Eingang fuer Memory-Request        s0766
                  CP,                   // Eingang fuer Systemtakt            s0767
                  ROM_REMAP;            // Eingang fuer Bank-0-Belegung       s0768
                                                                              s0769
   reg            nMHS;                 // Memory-Handshake                   s0770
   wire    [1:0]  BANK_ID;              // Speicherbanknummer                  s0771
   wire           MRnW,                 // Memory-Read/Write                  s0772
                  nMRQ,                 // Memory-Request                     s0773
                  CP,                   // Systemtakt                         s0774
                  ROM_REMAP;            // Bank-0-Belegung                    s0775
                                                                              s0776
   reg     [7:0]  WAITSTATE;            // Waitstate-Register: 2 Bit pro Bank  s0777
   integer        WAIT_COUNT;           // Waitstate-Zaehler                  s0778
                                                                              s0779
   initial nMHS = 1'b1;                                                       s0780
   initial WAITSTATE = `WAITSTATE;                                            s0781
                                                                              s0782
   //                                                                         s0783
   // bei Beginn des Speicherzugriffs Waitstate-Zaehler initialisieren        s0784
   // und nMHS auf 0 setzen                                                   s0785
   //                                                                         s0786
   always @(negedge nMRQ) begin                                              s0787
     casez({BANK_ID, ROM_REMAP})                                            s0788
       3'b000: WAIT_COUNT = WAITSTATE[1:0];   // Bank 0 RAM                  s0789
       3'b001: WAIT_COUNT = WAITSTATE[7:6];   // Bank 0 ROM (= Bank 3)       s0790
       3'b01?: WAIT_COUNT = WAITSTATE[3:2];   // Bank 1 RAM                  s0791
       3'b10?: WAIT_COUNT = WAITSTATE[5:4];   // Bank 2 I/O                  s0792
       3'b11?: WAIT_COUNT = WAITSTATE[7:6];   // Bank 3 ROM                  s0793
     endcase                                                                 s0794
     nMHS = #1 1'b0;                                                         s0795
   end                                                                       s0796
                                                                             s0797
   //                                                                        s0798
   // bei Aenderung des MRnW Signals waehrend des Speicherzugriffs zu 0      s0799
   // (SWAP Zugriff) Waitstate-Zaehler initialisieren und nMHS auf 0 setzen  s0800
   //                                                                        s0801
   always @(negedge MRnW) begin                                             s0802
     if (~nMRQ & nMHS) begin                                                s0803
       casez({BANK_ID, ROM_REMAP})                                          s0804
         3'b000: WAIT_COUNT = WAITSTATE[1:0];   // Bank 0 RAM                s0805
         3'b001: WAIT_COUNT = WAITSTATE[7:6];   // Bank 0 ROM (= Bank 3)     s0806
         3'b01?: WAIT_COUNT = WAITSTATE[3:2];   // Bank 1 RAM                s0807
         3'b10?: WAIT_COUNT = WAITSTATE[5:4];   // Bank 2 I/O                s0808
         3'b11?: WAIT_COUNT = WAITSTATE[7:6];   // Bank 3 ROM                s0809
       endcase                                                              s0810
       nMHS = #1 1'b0;                                                      s0811
     end                                                                    s0812
   end                                                                      s0813
```

```
//                                                                        s0814
// nMHS nach Ablauf der Waitstates und Pulsbreitenzeit auf 1 setzen      s0815
//                                                                        s0816
//                                                                        s0817
always @(posedge CP or negedge nMHS) begin                              s0818
  if (WAIT_COUNT) WAIT_COUNT = WAIT_COUNT - 1;                           s0819
  else if (~nMHS) nMHS = #`MHS_TIME 1'b1;                                s0820
end                                                                      s0821
                                                                         s0822
endmodule // mhs_gen                                                     s0823
                                                                         s0824
                                                                         s0825
//------------------------------------------------------------------    s0826
//                                                                        s0827
// bei_gen (Bus-Error-Interrupt-Generator)                              s0828
//                                                                        s0829
// Anforderung eines Interrupts bei Schreibzugriffen auf ROM-Speicher   s0830
// und bei USER-Lesezugriffen auf KERNEL-privilegierte Speicher         s0831
//                                                                        s0832
//------------------------------------------------------------------    s0833
                                                                         s0834
module bei_gen (BEI_RQ, BANK_ID, MRnW, nMRQ, KUMODE, ROM_REMAP);        s0835
                                                                         s0836
  output        BEI_RQ;            // Ausgang fuer Bus-Error-Interrupt-Request  s0837
                                                                         s0838
  input  [1:0]  BANK_ID;           // Eingang fuer Speicherbanknummer    s0839
  input         MRnW,              // Eingang fuer Memory-Read/Write     s0840
                nMRQ,              // Eingang fuer Memory-Request        s0841
                KUMODE,            // Eingang fuer Kernel/User Mode      s0842
                ROM_REMAP;         // Eingang fuer Bank-0-Belegung       s0843
                                                                         s0844
  reg           BEI_RQ;            // Bus-Error-Interrupt-Request        s0845
  wire   [1:0]  BANK_ID;           // Speicherbanknummer                 s0846
  wire          MRnW,              // Memory-Read/Write                  s0847
                nMRQ,              // Memory-Request                     s0848
                KUMODE,            // Kernel/User Mode                   s0849
                ROM_REMAP;         // Bank-0-Belegung                    s0850
                                                                         s0851
  initial BEI_RQ = 1'b0;                                                 s0852
                                                                         s0853
  always @(nMRQ)                                                         s0854
    casez({nMRQ, BANK_ID, MRnW, KUMODE, ROM_REMAP})                     s0855
      6'b0000?1: BEI_RQ = 1'b1;     // ROM-Schreibzugriff                s0856
      6'b0110??: BEI_RQ = 1'b1;     // ROM-Schreibzugriff                s0857
      6'b000?01: BEI_RQ = 1'b1;     // ROM-Zugriff durch USER            s0858
      6'b001?0?: BEI_RQ = 1'b1;     // KERNEL-RAM-Zugriff durch USER     s0859
      6'b010?0?: BEI_RQ = 1'b1;     // I/O-Zugriff durch USER            s0860
      6'b011?0?: BEI_RQ = 1'b1;     // ROM-Zugriff durch USER            s0861
      default:   BEI_RQ = 1'b0;                                          s0862
    endcase                                                              s0863
                                                                         s0864
endmodule // bei_gen                                                     s0865
                                                                         s0866
                                                                         s0867
//------------------------------------------------------------------    s0868
//                                                                        s0869
// mai_gen (Misalign-Interrupt-Generator)                               s0870
//                                                                        s0871
// Anforderung eines Interrupts bei Datenzugriffen auf Adressen,        s0872
// die nicht auf gueltigen Datengrenzen liegen                          s0873
//                                                                        s0874
//------------------------------------------------------------------    s0875
                                                                         s0876
module mai_gen (MAI_RQ, ALIGN, ACMD, nMRQ);                             s0877
                                                                         s0878
  output        MAI_RQ;            // Ausgang fuer Misalign-Interrupt-Request  s0879
                                                                         s0880
  input  [1:0]  ALIGN,             // Eingang fuer Adresse im Speicherwort  s0881
                ACMD;              // Eingang fuer Zugriffsmodus         s0882
  input         nMRQ;              // Eingang fuer Memory-Request        s0883
                                                                         s0884
  reg           MAI_RQ;            // Misalign-Interrupt-Request         s0885
  wire   [1:0]  ALIGN,             // Adresse im Speicherwort            s0886
                ACMD;              // Zugriffsmodus                      s0887
  wire          nMRQ;              // Memory-Request                     s0888
                                                                         s0889
  initial MAI_RQ = 1'b0;                                                 s0890
                                                                         s0891
  always @(nMRQ)                                                         s0892
    casez({nMRQ, ACMD, ALIGN})                                          s0893
      5'b1????: MAI_RQ = 1'b0;      // kein Zugriff                      s0894
      5'b000??: MAI_RQ = 1'b0;      // gueltiger Byte-Zugriff            s0895
```

```verilog
      5'b001?0: MAI_RQ = 1'b0;      // gueltiger Halbwortzugriff      s0896
      5'b01000: MAI_RQ = 1'b0;      // gueltiger Wortzugriff         s0897
      default:  MAI_RQ = 1'b1;      // ungueltige Zugriffe           s0898
   endcase                                                           s0899
                                                                     s0900
endmodule // mai_gen                                                 s0901
                                                                     s0902
                                                                     s0903
//----------------------------------------------------------------- s0904
//                                                                   s0905
// sel_gen (Selektions-Generator)                                    s0906
//                                                                   s0907
// bei gueltigen Speicherzugriffen die Selektionssignale der         s0908
// angesprochenen Speichereinheiten aktivieren                       s0909
//                                                                   s0910
//----------------------------------------------------------------- s0911
                                                                     s0912
module sel_gen (nROM_SEL, nIO_SEL0, nIO_SEL1,                        s0913
                nRAM_SEL0, nRAM_SEL1, nRAM_SEL2, nRAM_SEL3,          s0914
                ADDRESS, BANK_ID,                                    s0915
                ACMD, ROM_REMAP, nMHS, BEI_RQ, MAI_RQ, PFI_RQ);      s0916
                                                                     s0917
   // Ausgaenge                                                      s0918
   output      nROM_SEL,            // ROM-Selektion                 s0919
               nIO_SEL0,            // IO-Selektion (USER-Page-FIFO) s0920
               nIO_SEL1,            // IO-Selektion (Timer)          s0921
               nRAM_SEL0,           // RAM-Selektion Bits 7-0        s0922
               nRAM_SEL1,           // RAM-Selektion Bits 15-8       s0923
               nRAM_SEL2,           // RAM-Selektion Bits 23-16      s0924
               nRAM_SEL3;           // RAM-Selektion Bits 31-24      s0925
                                                                     s0926
   // Eingaenge                                                      s0927
   input [2:0] ADDRESS;             // Addressbits 0-2               s0928
   input [1:0] BANK_ID,             // Speicherbanknummer            s0929
               ACMD;                // Zugriffsmodus                 s0930
   input       ROM_REMAP,           // Bank-0-Belegung               s0931
               nMHS,                // Memory-Handshake              s0932
               BEI_RQ,              // Bus-Error-Interrupt-Request   s0933
               MAI_RQ,              // Misalign-Interrupt-Request    s0934
               PFI_RQ;              // Page-Fault-Interrupt-Request  s0935
                                                                     s0936
   reg         nROM_SEL,            // ROM-Selektion                 s0937
               nIO_SEL0,            // IO-Selektion (USER Page FIFO) s0938
               nIO_SEL1,            // IO-Selektion (Timer)          s0939
               nRAM_SEL0,           // RAM-Selektion Bits 7-0        s0940
               nRAM_SEL1,           // RAM-Selektion Bits 15-8       s0941
               nRAM_SEL2,           // RAM-Selektion Bits 23-16      s0942
               nRAM_SEL3;           // RAM-Selektion Bits 31-24      s0943
   wire  [2:0] ADDRESS;             // Addressbits 0-2               s0944
   wire  [1:0] BANK_ID,             // Speicherbanknummer            s0945
               ACMD;                // Zugriffsmodus                 s0946
   wire        ROM_REMAP,           // Bank-0-Belegung               s0947
               nMHS,                // Memory-Handshake              s0948
               BEI_RQ,              // Bus-Error-Interrupt-Request   s0949
               MAI_RQ,              // Misalign-Interrupt-Request    s0950
               PFI_RQ;              // Page-Fault Interrupt-Request  s0951
                                                                     s0952
   reg         ACCESS_VALID,        // Speicherzugriffsfreigabe      s0953
               RAM_ACCESS,          // RAM-Speicherzugriffsfreigabe  s0954
               BS0,                 // Byte-Selektion Bits 7-0       s0955
               BS1,                 // Byte-Selektion Bits 15-8      s0956
               BS2,                 // Byte-Selektion Bits 23-16     s0957
               BS3,                 // Byte-Selektion Bits 31-24     s0958
               DS0,                 // Halbwortselektion Bits 15-0   s0959
               DS1,                 // Halbwortselektion Bits 31-16  s0960
               WS;                  // Wortselektion                 s0961
                                                                     s0962
   initial begin                                                    s0963
     nROM_SEL  = 1'b1;                                               s0964
     nIO_SEL0  = 1'b1;                                               s0965
     nIO_SEL1  = 1'b1;                                               s0966
     nRAM_SEL0 = 1'b1;                                               s0967
     nRAM_SEL1 = 1'b1;                                               s0968
     nRAM_SEL2 = 1'b1;                                               s0969
     nRAM_SEL3 = 1'b1;                                               s0970
   end                                                              s0971
                                                                     s0972
   //                                                                s0973
   // Speicherzugriff freigeben, wenn Zugriff gueltig ist            s0974
   //                                                                s0975
   always @(nMHS or BEI_RQ or MAI_RQ or PFI_RQ)                      s0976
     ACCESS_VALID = ~nMHS & ~BEI_RQ & ~MAI_RQ & ~PFI_RQ;            s0977
```

```verilog
//                                                                       s0978
//                                                                       s0979
// RAM-Speicherzugriff freigeben, wenn Zugriff gueltig ist und          s0980
// keine ROM-Ueberblendung stattfindet                                  s0981
//                                                                       s0982
always @(ACCESS_VALID or BANK_ID or ROM_REMAP)                          s0983
  casez(({ACCESS_VALID, BANK_ID, ROM_REMAP}))                           s0984
    4'b1000: RAM_ACCESS = 1'b1;                                         s0985
    4'b101?: RAM_ACCESS = 1'b1;                                         s0986
    default: RAM_ACCESS = 1'b0;                                         s0987
  endcase                                                                s0988
                                                                         s0989
//                                                                       s0990
// nROM_SEL aktualisieren                                                s0991
//                                                                       s0992
always @(ACCESS_VALID or BANK_ID or ROM_REMAP)                          s0993
  casez(({ACCESS_VALID, BANK_ID, ROM_REMAP}))                           s0994
    4'b1001: nROM_SEL = 1'b0;                                           s0995
    4'b111?: nROM_SEL = 1'b0;                                           s0996
    default: nROM_SEL = 1'b1;                                           s0997
  endcase                                                                s0998
                                                                         s0999
//                                                                       s1000
// nIO_SEL0 aktualisieren                                                s1001
//                                                                       s1002
always @(ACCESS_VALID or BANK_ID or ADDRESS[2])                         s1003
  case(({ACCESS_VALID, BANK_ID, ADDRESS[2]}))                           s1004
    4'b1100: nIO_SEL0 = 1'b0;                                           s1005
    default: nIO_SEL0 = 1'b1;                                           s1006
  endcase                                                                s1007
                                                                         s1008
//                                                                       s1009
// nIO_SEL1 aktualisieren                                                s1010
//                                                                       s1011
always @(ACCESS_VALID or BANK_ID or ADDRESS[2])                         s1012
  case(({ACCESS_VALID, BANK_ID, ADDRESS[2]}))                           s1013
    4'b1101: nIO_SEL1 = 1'b0;                                           s1014
    default: nIO_SEL1 = 1'b1;                                           s1015
  endcase                                                                s1016
                                                                         s1017
//                                                                       s1018
// Selektionsangaben fuer Bitpositionen aktualisieren                   s1019
//                                                                       s1020
always @(RAM_ACCESS or ACMD or ADDRESS[1:0]) begin                      s1021
  BS0 = RAM_ACCESS & ~ACMD[1] & ~ACMD[0] & ~ADDRESS[1] & ~ADDRESS[0];   s1022
  BS1 = RAM_ACCESS & ~ACMD[1] & ~ACMD[0] & ~ADDRESS[1] &  ADDRESS[0];   s1023
  BS2 = RAM_ACCESS & ~ACMD[1] & ~ACMD[0] &  ADDRESS[1] & ~ADDRESS[0];   s1024
  BS3 = RAM_ACCESS & ~ACMD[1] & ~ACMD[0] &  ADDRESS[1] &  ADDRESS[0];   s1025
  DS0 = RAM_ACCESS & ~ACMD[1] &  ACMD[0] & ~ADDRESS[1];                 s1026
  DS1 = RAM_ACCESS & ~ACMD[1] &  ACMD[0] &  ADDRESS[1];                 s1027
  WS  = RAM_ACCESS &  ACMD[1] & ~ACMD[0];                               s1028
end                                                                      s1029
                                                                         s1030
//                                                                       s1031
// nRAM_SELx aktualisieren                                               s1032
//                                                                       s1033
always @(BS0 or BS1 or BS2 or BS3 or DS0 or DS1 or WS) begin            s1034
  nRAM_SEL0 = ~(BS0 | DS0 | WS);                                        s1035
  nRAM_SEL1 = ~(BS1 | DS0 | WS);                                        s1036
  nRAM_SEL2 = ~(BS2 | DS1 | WS);                                        s1037
  nRAM_SEL3 = ~(BS3 | DS1 | WS);                                        s1038
end                                                                      s1039
                                                                         s1040
endmodule // sel_gen                                                     s1041
                                                                         s1042
                                                                         s1043
//----------------------------------------------------------------------s1044
//                                                                       s1045
// pfi_gen (Page-Fault-Interrupt-Generator)                             s1046
//                                                                       s1047
// Erzeugen eines Page-Fault-Interrupts, wenn bei USER-Speicherzugriffen s1048
// die Seitennummer mit keiner der drei Seitennummern im USER-Page-FIFO- s1049
// Speicher uebereinstimmt;                                              s1050
//                                                                       s1051
// ein neuer Eintrag in den USER-Page-FIFO-Speicher erfolgt, wenn ein   s1052
// gueltiger Schreibzugriff an die entsprechende I/O-Speicherstelle erfolgt; s1053
//                                                                       s1054
// beim Eintrag werden die Elemente des FIFO-Speichers um ein Element    s1055
// weitergeschoben, der bisher letzte Eintrag wird herausgeschoben;      s1056
//                                                                       s1057
// ein Auslesen des Eintragungsregisters ist nicht moeglich             s1058
//                                                                       s1059
```

```verilog
//--------------------------------------------------------------------------   s1060
                                                                               s1061
module pfi_gen (PFI_RQ, PAGE_DATA, PAGE_ADDR, MRnW, nMRQ, KUMODE, nPFIG_SEL);   s1062
                                                                               s1063
  output        PFI_RQ;                  // Ausgang fuer PF-Interrupt-Request  s1064
                                                                               s1065
  input [23:0] PAGE_DATA,                // Eingang fuer Seitennummer (Daten)  s1066
               PAGE_ADDR;                // Eingang fuer Seitennummer (Adresse) s1067
  input        MRnW,                     // Eingang fuer Memory-Read/Write     s1068
               nMRQ,                     // Eingang fuer Memory-Request        s1069
               KUMODE,                   // Eingang fuer Prozessorprivilegierung s1070
               nPFIG_SEL;                // Eingang fuer Generatorselektion    s1071
                                                                               s1072
  reg          PFI_RQ;                   // Page-Fault-Interrupt-Request       s1073
                                                                               s1074
  wire  [23:0] PAGE_DATA,                // Seitennummer (Daten)               s1075
               PAGE_ADDR;                // Seitennummer (Adresse)             s1076
  wire         MRnW,                     // Memory-Read/Write                  s1077
               nMRQ,                     // Memory-Request                     s1078
               KUMODE,                   // Prozessorprivilegierung            s1079
               nPFIG_SEL;                // Generatorselektion                 s1080
                                                                               s1081
  reg   [23:0] USER_PAGE1,               // 1. fuer USER freigegebene Seite    s1082
               USER_PAGE2,               // 2. fuer USER freigegebene Seite    s1083
               USER_PAGE3;               // 3. fuer USER freigegebene Seite    s1084
                                                                               s1085
  initial PFI_RQ = 1'b0;                                                       s1086
                                                                               s1087
  always @(nMRQ)                                                               s1088
    if ((nMRQ == 1'b1) ||                                                      s1089
        (KUMODE == 1'b1) ||                                                    s1090
        (USER_PAGE1 == PAGE_ADDR) ||                                           s1091
        (USER_PAGE2 == PAGE_ADDR) ||                                           s1092
        (USER_PAGE3 == PAGE_ADDR))                                             s1093
      PFI_RQ = 1'b0;                                                           s1094
    else If ('PAGEFAULTS) PFI_RQ = 1'b1;                                       s1095
                                                                               s1096
  always @(negedge nPFIG_SEL)                                                  s1097
    if (~MRnW) begin                                                           s1098
      USER_PAGE3 = USER_PAGE2;                                                 s1099
      USER_PAGE2 = USER_PAGE1;                                                 s1100
    end                                                                        s1101
                                                                               s1102
  always @(posedge nPFIG_SEL) if (~MRnW) USER_PAGE1 = PAGE_DATA;               s1103
                                                                               s1104
endmodule // pfi_gen                                                           s1105
                                                                               s1106
                                                                               s1107
//--------------------------------------------------------------------------   s1108
//                                                                             s1109
// tmi_gen (Timer-Interrupt-Generator)                                         s1110
//                                                                             s1111
// Erzeugen eines Timer-Interrupts, wenn das 15-Bit-Timer-Register            s1112
// auf den Wert 0 heruntergezaehlt wurde;                                      s1113
//                                                                             s1114
// der Timer bestitzt zwei Betriebsmodi:                                       s1115
// 1: Countdown-Modus:                                                         s1116
//    der Timer wird bis 0 heruntergezaehlt und dann deaktiviert              s1117
// 2: Modulo-Modus:                                                            s1118
//    der Timer wird bis 0 heruntergezaehlt und danach auf den                s1119
//    zuletzt in den Timer geschriebenen Startwert gesetzt                    s1120
//                                                                             s1121
// Das Timerregister wird beschrieben, wenn ein gueltiger Schreibzugriff      s1122
// an die entsprechende I/O-Speicherstelle erfolgt.                            s1123
//                                                                             s1124
// Die Datenbits 14-0 bilden den Timer-Startwert, Bit 15 gibt den zu          s1125
// verwendenden Timer-Modus an (0=Countdown, 1=MODulo).                        s1126
//                                                                             s1127
//--------------------------------------------------------------------------   s1128
                                                                               s1129
module tmi_gen (TMI_RQ, TIMER_DATA, MRnW, TIMER_CLOCK, nRESET, nTIMER_SEL);    s1130
                                                                               s1131
  output        TMI_RQ;                  // Ausgang fuer Timer-Interrupt-Request s1132
                                                                               s1133
  input [15:0] TIMER_DATA;               // Eingang fuer Timer-Daten           s1134
  input        MRnW,                     // Eingang fuer Memory-Read/Write     s1135
               TIMER_CLOCK,              // Eingang fuer Timer-Takt            s1136
               nRESET,                   // Eingang fuer RESET                 s1137
               nTIMER_SEL;               // Eingang fuer Timer-Selektion       s1138
                                                                               s1139
  reg          TMI_RQ;                   // Timer-Interrupt-Request            s1140
                                                                               s1141
```

```
wire   [15:0] TIMER_DATA;              // Timer-Daten                                  s1142
wire          MRnW,                    // Memory-Read/Write                            s1143
              TIMER_CLOCK,             // Timer-Takt                                   s1144
              nRESET,                  // RESET                                        s1145
              nTIMER_SEL;              // Timer-Selektion                              s1146
                                                                                       s1147
reg    [14:0] TIMER;                   // Timer-Register                               s1148
reg    [14:0] MODULE;                  // Timer Startwert fuer MODulo Modus            s1149
reg           MODE;                    // Timer-Modus: 0=Countdown, 1=MOD-Counter      s1150
                                                                                       s1151
initial begin                                                                          s1152
  TIMER  = 15'b0;                                                                      s1153
  TMI_RQ = 1'b0;                                                                       s1154
  MODE   = 1'b0;                                                                       s1155
end                                                                                    s1156
                                                                                       s1157
always @(TIMER_CLOCK) begin                                                            s1158
  if (TIMER[14:0]) begin                                                               s1159
    TIMER[14:0] = TIMER[14:0] - 1;                                                     s1160
    if (TIMER[14:0] == 15'b0) TMI_RQ = 1'b1;                                           s1161
  end                                                                                  s1162
  else begin                                                                           s1163
    if (TMI_RQ == 1'b1) begin                                                          s1164
      TMI_RQ = 1'b0;                                                                   s1165
      if (MODE == 1'b1) TIMER = MODULE;                                                s1166
    end                                                                                s1167
  end                                                                                  s1168
end                                                                                    s1169
                                                                                       s1170
always @(nTIMER_SEL or MRnW or TIMER_DATA or TIMER) begin                              s1171
  if (~nTIMER_SEL & ~MRnW) begin                                                       s1172
    TIMER  = TIMER_DATA[14:0];                                                         s1173
    MODULE = TIMER_DATA[14:0];                                                         s1174
    MODE   = TIMER_DATA[15];                                                           s1175
    TMI_RQ = 1'b0;                                                                     s1176
  end                                                                                  s1177
end                                                                                    s1178
                                                                                       s1179
endmodule //; tmi_gen                                                                  s1180
                                                                                       s1181
                                                                                       s1182
//------------------------------------------------------------------------             s1183
//                                                                                     s1184
// int_gen (Interrupt-Generator)                                                       s1185
//                                                                                     s1186
// Anlegen der Interrupt-Kennung und Anforderung eines Prozessor-Interrupts,           s1187
// wenn eine der Interrupt-Quellen eine Interrupt-Anforderung ausgibt                  s1188
//                                                                                     s1189
//------------------------------------------------------------------------             s1190
                                                                                       s1191
module int_gen (IRQ_ID, nIRQ,                                                          s1192
                CP2, nIRA, nMRQ, PFI_RQ, BEI_RQ, MAI_RQ, TMI_RQ);                      s1193
                                                                                       s1194
  output [2:0] IRQ_ID;                 // Ausgang fuer Interrupt-Kennung               s1195
  output       nIRQ;                   // Ausgang fuer Interrupt-Anforderung           s1196
                                                                                       s1197
  input        CP2,                    // Eingang fuer doppelten Systemtakt            s1198
               nIRA,                   // Eingang fuer Interrupt-Acknowledge           s1199
               nMRQ,                   // Eingang fuer Memory-Request                  s1200
               PFI_RQ,                 // Eingang fuer PF-Interrupt-Request            s1201
               BEI_RQ,                 // Eingang fuer Bus-Error-Interrupt-Request     s1202
               MAI_RQ,                 // Eingang fuer Misalign-Interrupt-Request      s1203
               TMI_RQ;                 // Eingang fuer Timer-Interrupt-Request         s1204
                                                                                       s1205
  reg    [2:0] IRQ_ID;                 // Interrupt-Kennung                            s1206
  reg          nIRQ;                   // Interrupt-Anforderung                        s1207
                                                                                       s1208
  wire         CP2,                    // doppelter Systemtakt                         s1209
               nIRA,                   // Interrupt-Acknowledge                        s1210
               nMRQ,                   // Memory-Request                               s1211
               PFI_RQ,                 // Page-Fault-Interrupt-Request                 s1212
               BEI_RQ,                 // Bus-Error-Interrupt-Request                  s1213
               MAI_RQ,                 // Misalign-Interrupt-Request                   s1214
               TMI_RQ;                 // Timer-Interrupt-Request                      s1215
                                                                                       s1216
  reg    [3:0] REQUESTED;              // Bitmaske fuer zu bearbeitende IRQ's          s1217
                                                                                       s1218
  initial begin                                                                        s1219
    REQUESTED = 4'b0;                                                                  s1220
    IRQ_ID    = 3'b000;                                                                s1221
    nIRQ      = 1'b1;                                                                  s1222
  end                                                                                  s1223
```

```verilog
//                                                                  s1224
//                                                                  s1225
// eingehende Interrupt-Anforderungen speichern                    s1226
//                                                                  s1227
always @(BEI_RQ or PFI_RQ or MAI_RQ or TMI_RQ) begin               s1228
  if (BEI_RQ) REQUESTED[3] = 1'b1;        // Bus Error             s1229
  if (PFI_RQ) REQUESTED[2] = 1'b1;        // Page Fault            s1230
  if (MAI_RQ) REQUESTED[1] = 1'b1;        // Misalign              s1231
  if (TMI_RQ) REQUESTED[0] = 1'b1;        // Timer                 s1232
end                                                                s1233
                                                                   s1234
//                                                                  s1235
// Interrupt-Kennung des Interrupts mit hoechster Prioritaet ausgeben  s1236
//                                                                  s1237
always @(negedge CP2)                                             s1238
  casez(REQUESTED)                                                s1239
    4'b1???: IRQ_ID = 3'b000;        // Bus-Error                 s1240
    4'b010?: IRQ_ID = 3'b001;        // Page-Fault                s1241
    4'b0?1?: IRQ_ID = 3'b010;        // Misalign                  s1242
    4'b0001: IRQ_ID = 3'b011;        // Timer                     s1243
  endcase                                                         s1244
                                                                   s1245
//                                                                  s1246
// Interrupt-Anforderung an Prozessor ausgeben, wenn Anforderung vorliegt  s1247
//                                                                  s1248
always @(negedge CP2) nIRQ = ~(|REQUESTED);                      s1249
                                                                   s1250
//                                                                  s1251
// Interrupt-Anforderung mit hoechster Prioritaet loeschen, wenn   s1252
//   Annahme der Anforderung bestaetigt wird                       s1253
//                                                                  s1254
always @(negedge nIRA)                                           s1255
  casez(REQUESTED)                                                s1256
    4'b1???: REQUESTED = REQUESTED & 4'b0001; // Speicherfehler-Bits loeschen  s1257
    4'b010?: REQUESTED = REQUESTED & 4'b1011; // Page Fault-Bit loeschen  s1258
    4'b0?1?: REQUESTED = REQUESTED & 4'b1001; // MAI+PFI-Bits loeschen  s1259
    4'b0001: REQUESTED = REQUESTED & 4'b1110; // Timer-Bit loeschen  s1260
  endcase                                                         s1261
                                                                   s1262
endmodule // int_gen                                             s1263
```

Bild 4.71 Die Systemumgebung SYSTEM

4.7.10 Die Service-Module

4.7.10.1   Die Steuerdatei TEST

```
//----------------------------------------------------------------------   t0000
//                                                                         t0001
// TEST                                                                    t0002
//                                                                         t0003
// Steuerdatei fuer die Testmodule TRACE, DUMP, GRAPHWAVES und CHECKBUS    t0004
//                                                                         t0005
//----------------------------------------------------------------------   t0006
                                                                           t0007
`define TRACE          1         // Instruktionen anzeigen                 t0008
`define STATISTICS     0         // Statistik am Ende ausgeben             t0009
`define DUMP           0         // Hex-Dump ermoeglichen                  t0010
`define STEP           0         // Dump im Einzelschrittmodus ausgeben    t0011
`define EXTRACE        0         // Dump nach jeder Instruktion            t0012
`define MEMDUMP        1         // Systemspeicher-Dump ausgeben           t0013
`define REGDUMP        0         // Register-Dump ausgeben                 t0014
`define BTCDUMP        0         // BTC-Inhalt ausgeben                    t0015
`define MPCDUMP        0         // MPC-Inhalt ausgeben                    t0016
`define MDUMPLO    'h0000        // Speicher-Dump: Anfangsadresse          t0017
`define MDUMPHI    'h00ff        // Speicher-Dump: Endadresse              t0018
`define WAVES          0         // Graphwaves anzeigen                    t0019
`define REGS           0         // Graph-Register anzeigen                t0020
                                                                           t0021
// System                                                                  t0022
`define PROTOCOL              0 // Busprotokoll: 1=synchron, 0=asynchron   t0023
`define QUAD_CYCLE           25 // Taktperiode / 4                         t0024
`define RESET_TIME          525 // RESET-Pulsbreite                        t0025
`define MAX_CYCLES      500_000 // maximal zu simulierende Taktzyklen      t0026
`define MHS_TIME             80 // MHS-Pulsbreite nach Waitstates          t0027
`define PROGRAM "beispiel.exe"  // RAM: Initialisierungsdatei              t0028
`define OS_ROM    "vos.exe"     // Betriebssystem-ROM: Initialisierungsdatei t0029
`define PRG_FORMAT            1 // Format User-Programm:    0=binaer, 1=hex t0030
`define OS_FORMAT            1 // Format OS-/ROM-Programm: 0=binaer, 1=hex t0031
`define USER_RAM_SIZE       13 // Anzahl der Wort-Address-Bits (13=32KB)   t0032
`define KERNEL_RAM_SIZE     13 // Anzahl der Wort-Address-Bits (13=32KB)   t0033
`define ROM_SIZE            10 // Anzahl der Wort-Address-Bits (10= 4KB)   t0034
`define RAMTIME             60 // Zeiteinheiten RAM-Zugriffszeit           t0035
`define ROMTIME             60 // Zeiteinheiten ROM-Zugriffszeit           t0036
`define WAITSTATE  8'b00_00_00_00 // Wait-States fuer Speicherzugriffe     t0037
`define PAGEFAULTS           0 // Page-Fault-Ausloesung: 0=nein, 1=ja      t0038
`define DMAILEAVE            0 // DMA-Interleave: 0=nein, 1=ja             t0039
`define CHK_EN               1 // Checking enabled: 0=off, 1=on            t0040
`define CHK_STP_EN           1 // Stop, wenn Checking-Fehler: 0=off, 1=on  t0041
`define CHK_HGH_BITs         1 // Check High Bits (ADDR[29:..]): 0=off, 1=on t0042
                                 // <=> RAM nicht "zyklisch"               t0043
                                                                           t0044
// Cache-Mode                                                              t0045
`define SERIAL_MODE    1'b0     // 0=paralleler Mode, 1=serieller Mode     t0046
`define EN_MEM_BRK     1'b1     // MEMBRK fuer asynchrones Busprotokoll     t0047
`define IC_MODE        1'b1     // Instruction-Cache-Mode: 0=off, 1=on     t0048
`define RIB_MODE       1'b0     // Reduced-Instruction-Buffer-Mode: 0=off, 1=on t0049
`define BTC_CALL       1'b1     // CALLs im BTC speichern                  t0050
`define BTC_BCC        1'b1     // BCCs im BTC speichern                   t0051
                                                                           t0052
// Register-Transfer-Verzoegerung in Simulationszeiteinheiten             t0053
`define DELTA      1                                                       t0054
                                                                           t0055
// Verzoegerung fuer nMRQ nach positiver Taktflanke (> DELTA)             t0056
`define BCUDELAY  2                                                        t0057
```

Bild 4.72 Die Steuerdatei TEST

4.7.10.2   Die Statistik TRACE

```
//---------------------------------------------------------------------------  u0000
//                                                                             u0001
// TRACE: Modul fuer Auswertung und Statistik                                  u0002
//                                                                             u0003
//---------------------------------------------------------------------------  u0004
//                                                                             u0005
module trace;                                                                  u0006
  reg [31:0]      I1,              // Instruction-Code fuer ID                  u0007
                  I2,              // Instruction-Code fuer EX                  u0008
                  I3,              // Instruction-Code fuer MA                  u0009
                  I4;              // Instruction-Code fuer WB                  u0010
  reg [31:0]      PC;              // Program-Counter                           u0011
  reg [5*8:1]     M0,              // Mnemonic fuer IF                          u0012
                  M1,              // Mnemonic fuer ID                          u0013
                  M2,              // Mnemonic fuer EX                          u0014
                  M3,              // Mnemonic fuer MA                          u0015
                  M4;              // Mnemonic fuer WB                          u0016
  reg             T2,              // Taken-Flag fuer EX                        u0017
                  T3,              // Taken-Flag fuer MA                        u0018
                  T4;              // Taken-Flag fuer WB                        u0019
  reg             H2,              // Halt-Signal in EX                         u0020
                  H3,              // Halt-Signal in MA                         u0021
                  H4;              // Halt-Signal in WB                         u0022
  reg [1:0]       S1,              // Quelle fuer Instruktion in ID             u0023
                  S2,              // Quelle fuer Instruktion in EX             u0024
                  S3,              // Quelle fuer Instruktion in MA             u0025
                  S4;              // Quelle fuer Instruktion in EX             u0026
  integer         CP_Cnt,          // Anzahl der Takte                          u0027
                  CP_Kernel_Cnt,   // Anzahl der Takte im Kernel-Modus          u0028
                  CP_Except_Cnt,   // Anzahl der Takte in Exception             u0029
                  CP_SWI_Cnt,      // Anzahl der Takte in SWI                   u0030
                  CP_HWI_Cnt,      // Anzahl der Takte in HWI                   u0031
                  CP_Wait_Cnt,     // Anzahl der Wartetakte (HALT, MHS)         u0032
                  Step_Cnt,        // Anzahl der Steps                          u0033
                  Step_Kernel_Cnt, // Anzahl der Steps im Kernel-Modus          u0034
                  Step_Except_Cnt, // Anzahl der Steps in Exception             u0035
                  Step_SWI_Cnt,    // Anzahl der Steps in SWI                   u0036
                  Step_HWI_Cnt,    // Anzahl der Steps in HWI                   u0037
                  Wait_Cnt,        // Anzahl Arbeitspausen (HALT, MHS)          u0038
                  Ins_Cnt,         // Anzahl der Instruktionen total            u0039
                  Ins_Exec_Cnt,    // Anzahl ausgefuehrter Instruktionen        u0040
                  Ins_Exec_RAM,    // Anzahl sinnvoller Instr. aus RAM          u0041
                  Ins_Exec_MPC,    // Anzahl sinnvoller Instr. aus MPC          u0042
                  Ins_Exec_BTC,    // Anzahl sinnvoller Instr. aus BTC          u0043
                  Ins_Active_Cnt,  // Anzahl der Instruktionen in WB            u0044
                  Ops_Exec_Cnt,    // Anzahl ausgefuehrter Operationen          u0045
                  Bus_Cnt,         // Anzahl der Buszugriffe                     u0046
                  IF_Cnt,          // Anzahl Fetch-Zugriffe RAM+Cache           u0047
                  IF_RAM_Cnt,      // Anzahl der Fetch-Zugriffe RAM             u0048
                  IF_Cache_Cnt,    // Anzahl der Fetch-Zugriffe Cache           u0049
                  BMA_Cnt,         // Anzahl der Fetch-Abbrueche                u0050
                  MA_Cnt,          // Anzahl der Datenzugriffe                  u0051
                  CP_Miss_Cnt,     // Anzahl der Takte mit Miss bei MA          u0052
                  MA_Miss_Cnt,     // Datenzugriffe bei Miss                    u0053
                  MA_Hit_Cnt,      // Datenzugriffe bei Hit                     u0054
                  MA_Miss_Exec_Cnt,// Datenzugriffe bei Miss, sinnvoll          u0055
                  MA_Hit_Exec_Cnt, // Datenzugriffe bei Hit, sinnvoll           u0056
                  BTC_Cnt,         // Anzahl der BTC-Hits                       u0057
                  BTC_Exec_Cnt,    // Anzahl der BTC-Hits, sinnvoll             u0058
                  MPC_Cnt,         // Anzahl der MPC-Hits                       u0059
                  MPC_Exec_Cnt,    // Anzahl der MPC-Hits, sinnvoll             u0060
                  St_Cnt,          // Anzahl ST.*   RD,RS1,RS2                  u0061
                  BC_Cnt,          // Anzahl der Sprungkorrekturen              u0062
                  CBra_Pred,       // Anzahl der Sprungentsch.-Prognosen        u0063
                  Bcc_Width,       // Bit-Breite der Sprungdistanz              u0064
                  Bcc_Dist[19:0],  // Sprungbreitenverteilung                   u0065
                  Bcc_Cnt,         // Anzahl der BCCs                           u0066
                  MACC_Width,      // Speicherzugriffsdistanz in Bit            u0067
                  MACC_Dist[16:0], // Zugriffsbreitenverteilung                 u0068
                  MA_I_Cnt,        // Anzahl der Immediate-MACCs                u0069
                  ALU_Width,       // Immediate-Groesse bei ALU-Ops             u0070
                  ALU_Imm[14:0],   // Immediate-Groessen-Verteilung             u0071
                  ALU_Cnt,         // Anzahl der ALU-Ops                        u0072
                  SRIS_Cnt,        // Anzahl der SRIS %PC-Befehle                u0073
                  NOP_Cnt,         // Anzahl der NOPs (XOR R00,R00,R00)         u0074
                  IFU_Cnt,         // Anzahl der Takte mit WORK_IF              u0075
```

```
                    Bcc_t_f,                    // Anzahl Spruenge taken/vorw.       u0076
                    Bcc_t_r,                    // Anzahl Spruenge taken/rueckw.     u0077
                    Bcc_nt_f,                   // Anzahl Spruenge nottaken/vorw.    u0078
                    Bcc_nt_r;                   // Anzahl Spruenge nottaken/rueckw.  u0079
reg                 LAST_WAIT;                  // Prozessor hat zuletzt gewartet    u0080
reg                 LAST_MA;                    // MA hat zuletzt Buszugriff         u0081
reg                 Last_Miss;                                                     u0082
reg                 FIRST;                                                         u0083
reg [18:0]          Dist;                       // Sprungdistanz                     u0084
reg [13:0]          Dist_MACC;                  // MACC-Distanz                      u0085
reg [13:0]          Dist_ALU;                   // ALU-Distanz                       u0086
reg                 last_direction_forward;     // letzter Sprung aus BTC war vorw.  u0087
                                                                                   u0088
                                                                                   u0089
integer     MNE_AND, MNE_AND_F, MNE_OR, MNE_OR_F, MNE_XOR, MNE_XOR_F,             u0090
            MNE_LSL, MNE_LSL_F, MNE_LSR, MNE_LSR_F, MNE_ASR, MNE_ASR_F,           u0091
            MNE_ROT, MNE_ROT_F, MNE_ADD, MNE_ADD_F, MNE_ADDC, MNE_ADDC_F,         u0092
            MNE_SUB, MNE_SUB_F, MNE_SUBC, MNE_SUBC_F, MNE_MUL, MNE_MUL_F,         u0093
            MNE_DIV, MNE_DIV_F, MNE_BGT, MNE_BGT_A, MNE_BLE, MNE_BLE_A,           u0094
            MNE_BGE, MNE_BGE_A, MNE_BLT, MNE_BLT_A, MNE_BHI, MNE_BHI_A,           u0095
            MNE_BLS, MNE_BLS_A, MNE_BPL, MNE_BPL_A, MNE_BMI, MNE_BMI_A,           u0096
            MNE_BNE, MNE_BNE_A, MNE_BEQ, MNE_BEQ_A, MNE_BVC, MNE_BVC_A,           u0097
            MNE_BVS, MNE_BVS_A, MNE_BCC, MNE_BCC_A, MNE_BCS, MNE_BCS_A,           u0098
            MNE_BT, MNE_BT_A, MNE_BF, MNE_BF_A, MNE_RETI, MNE_SWI, MNE_HALT,      u0099
            MNE_CALL, MNE_LDUB, MNE_LDUD, MNE_LDUQ,                               u0100
            MNE_LDSB, MNE_LDSD, MNE_LDSQ, MNE_STB, MNE_STD,                       u0101
            MNE_STQ, MNE_SWP, MNE_LDH, MNE_CLC, MNE_LRFS, MNE_SRIS,               u0102
            MNE_UNKNOWN;                                                          u0103
                                                                                   u0104
integer     Ins_ALU, Ins_Flag, Ins_MA;                                           u0105
                                                                                   u0106
integer     i;                                                                    u0107
                                                                                   u0108
                                                                                   u0109
//                                                                                 u0110
// nur falls Trace und Statistik wirklich aktiviert sind,                          u0111
// die Routinen anstarten                                                          u0112
//                                                                                 u0113
initial  if ('TRACE || 'STATISTICS)   fork                                        u0114
                                                                                   u0115
  begin                                   // Initialisierung                       u0116
    // FIRST fuer "einmalige" Ausgabe setzen                                       u0117
    FIRST = 1'b1;                                                                  u0118
                                                                                   u0119
    // Zaehler initialisieren                                                      u0120
    CP_Cnt = 0;                                                                    u0121
    CP_Kernel_Cnt = 0;                                                             u0122
    CP_Except_Cnt = 0;                                                             u0123
    CP_SWI_Cnt = 0;                                                                u0124
    CP_HWI_Cnt = 0;                                                                u0125
    CP_Wait_Cnt = 0;                                                               u0126
    Step_Cnt = 0;                                                                  u0127
    Step_Kernel_Cnt = 0;                                                           u0128
    Step_Except_Cnt = 0;                                                           u0129
    Step_SWI_Cnt = 0;                                                              u0130
    Step_HWI_Cnt = 0;                                                              u0131
    Wait_Cnt = 0;                                                                  u0132
    Ins_Cnt = 0;                                                                   u0133
    Ins_Exec_Cnt = 0;                                                              u0134
    Ins_Exec_RAM = 0;                                                              u0135
    Ins_Exec_MPC = 0;                                                              u0136
    Ins_Exec_BTC = 0;                                                              u0137
    Ins_Active_Cnt = 0;                                                            u0138
    Ops_Exec_Cnt = 0;                                                              u0139
    Bus_Cnt = 0;                                                                   u0140
    IF_Cnt = 0;                                                                    u0141
    IF_RAM_Cnt = 0;                                                                u0142
    IF_Cache_Cnt = 0;                                                              u0143
    BMA_Cnt = 0;                                                                   u0144
    MA_Cnt = 0;                                                                    u0145
    CP_Miss_Cnt = 0;                                                               u0146
    MA_Miss_Cnt = 0;                                                               u0147
    MA_Miss_Exec_Cnt = 0;                                                          u0148
    MA_Hit_Cnt = 0;                                                                u0149
    MA_Hit_Exec_Cnt = 0;                                                           u0150
    BTC_Cnt = 0;                                                                   u0151
    BTC_Exec_Cnt = 0;                                                              u0152
    MPC_Cnt = 0;                                                                   u0153
    MPC_Exec_Cnt = 0;                                                              u0154
    BC_Cnt = 0;                                                                    u0155
    St_Cnt = 0;                                                                    u0156
    CBra_Pred = 0;                                                                 u0157
```

```
      Bcc_Width = 0;                                                          u0158
      Bcc_Cnt = 0;                                                            u0159
      CBra_Pred = 0;                                                          u0160
      for (i=0; i<20; i=i+1) Bcc_Dist[i] = 0;                                 u0161
      MACC_Width = 0;                                                         u0162
      for (i=0; i<17; i=i+1) MACC_Dist[i] = 0;                                u0163
      MA_I_Cnt = 0;                                                           u0164
      ALU_Width = 0;                                                          u0165
      for (i=0; i<15; i=i+1) ALU_Imm[i] = 0;                                  u0166
      ALU_Cnt = 0;                                                            u0167
      SRIS_Cnt = 0;                                                           u0168
      NOP_Cnt = 0;                                                            u0169
      IFU_Cnt = 0;                                                            u0170
      Bcc_t_f = 0;                                                            u0171
      Bcc_t_r = 0;                                                            u0172
      Bcc_nt_f = 0;                                                           u0173
      Bcc_nt_r = 0;                                                           u0174
      LAST_WAIT = 1'b0;                                                       u0175
      Last_Miss = 1'b0;                                                       u0176
      MNE_AND = 0; MNE_AND_F = 0; MNE_OR = 0; MNE_OR_F = 0; MNE_XOR = 0;      u0177
      MNE_XOR_F = 0; MNE_LSL = 0; MNE_LSL_F = 0; MNE_LSR = 0; MNE_LSR_F = 0;  u0178
      MNE_ASR = 0; MNE_ASR_F = 0; MNE_ROT = 0; MNE_ROT_F = 0; MNE_ADD = 0;    u0179
      MNE_ADD_F = 0; MNE_ADDC = 0; MNE_ADDC_F = 0; MNE_SUB = 0; MNE_SUB_F = 0; u0180
      MNE_SUBC = 0; MNE_SUBC_F = 0; MNE_MUL = 0; MNE_MUL_F = 0; MNE_DIV = 0;  u0181
      MNE_DIV_F = 0; MNE_BGT = 0; MNE_BGT_A = 0; MNE_BLE = 0; MNE_BLE_A = 0;  u0182
      MNE_BGE = 0; MNE_BGE_A = 0; MNE_BLT = 0; MNE_BLT_A = 0; MNE_BHI = 0;    u0183
      MNE_BHI_A = 0; MNE_BLS = 0; MNE_BLS_A = 0; MNE_BPL = 0; MNE_BPL_A = 0;  u0184
      MNE_BMI = 0; MNE_BMI_A = 0; MNE_BNE = 0; MNE_BNE_A = 0; MNE_BEQ = 0;    u0185
      MNE_BEQ_A = 0; MNE_BVC = 0; MNE_BVC_A = 0; MNE_BVS = 0; MNE_BVS_A = 0;  u0186
      MNE_BCC = 0; MNE_BCC_A = 0; MNE_BCS = 0; MNE_BCS_A = 0; MNE_BT = 0;     u0187
      MNE_BT_A = 0; MNE_BF = 0; MNE_BF_A = 0; MNE_RETI = 0; MNE_SWI = 0;      u0188
      MNE_HALT = 0; MNE_CALL = 0; MNE_LDUB = 0; MNE_LDUD = 0;                 u0189
      MNE_LDUQ = 0; MNE_LDSB = 0; MNE_LDSD = 0; MNE_LDSQ = 0;                 u0190
      MNE_STB = 0; MNE_STD = 0; MNE_STQ = 0; MNE_SWP = 0;                     u0191
      MNE_LDH = 0; MNE_CLC = 0; MNE_LRFS = 0; MNE_SRIS = 0; MNE_UNKNOWN = 0;  u0192
      Ins_ALU = 0;                                                            u0193
      Ins_Flag = 0;                                                           u0194
      Ins_MA = 0;                                                             u0195
      H2 = 0; H3 = 0; H4 = 0;                                                 u0196
      S1 = 0; S2 = 0; S3 = 0; S4 = 0;                                         u0197
   end                                                                        u0198
                                                                              u0199
   //                                                                         u0200
   // Instruktions-Pipeline                                                   u0201
   //                                                                         u0202
   forever @(posedge system.CP) if (system.CHIP.nRESET && !H4) begin          u0203
      if (system.CHIP.WORK_WB) I4 = I3;                                       u0204
      if (system.CHIP.WORK_MA) I3 = I2;                                       u0205
      if (system.CHIP.WORK_EX) I2 = I1;                                       u0206
      if (system.CHIP.WORK_ID) I1 = system.CHIP.I_BUS;                        u0207
                                                                              u0208
      if (system.CHIP.WORK_WB) S4 = S3;                                       u0209
      if (system.CHIP.WORK_MA) S3 = S2;                                       u0210
      if (system.CHIP.WORK_EX) S2 = S1;                                       u0211
      if (system.CHIP.WORK_ID) S1 =                                           u0212
         (system.CHIP.IFU.BTC_HIT & ~system.CHIP.IFU.BTC_CORRECT             u0213
          & system.CHIP.IFU.SHIFT) ? 2'b01 :                                  u0214
         ((system.CHIP.IFU.MPC_HIT & system.CHIP.IFU.SHIFT) ? 2'b10 :         u0215
          (system.CHIP.IFU.SHIFT ? 2'b11 : 2'b00));                           u0216
                                                                              u0217
      PC = (system.CHIP.IFU.NEW_PC, 2'b0);                                    u0218
      M0 = system.CHIP.IFU.BTC_HIT & ~system.CHIP.IFU.BTC_CORRECT ?           u0219
         (system.CHIP.IFU.BTC_TYPE ? " CALL" : "  BCC") : "*****";            u0220
      M1 = system.CHIP.WORK_ID ? mnemonic(I1) : "*****";                      u0221
      M2 = system.CHIP.WORK_EX ? mnemonic(I2) : "*****";                      u0222
      M3 = system.CHIP.WORK_MA ? mnemonic(I3) : "*****";                      u0223
      M4 = system.CHIP.WORK_WB ? mnemonic(I4) : "*****";                      u0224
                                                                              u0225
      // Pipeline fuer Taken-Signal                                           u0226
      if (system.CHIP.WORK_WB) T4 = T3;                                       u0227
      if (system.CHIP.WORK_MA) T3 = T2;                                       u0228
      if (system.CHIP.WORK_EX) T2 = system.CHIP.IFU.TAKEN;                    u0229
                                                                              u0230
      // Pipeline fuer Halt-Signal                                            u0231
      if (system.CHIP.WORK_WB) H4 = H3;                                       u0232
      if (system.CHIP.WORK_MA) H3 = H2;                                       u0233
      if (system.CHIP.WORK_EX) H2 = system.CHIP.DO_HALT;                      u0234
                                                                              u0235
      // Takte zaehlen                                                        u0236
      CP_Cnt = CP_Cnt + 1;                                                    u0237
      if (system.CHIP.IFU.KU_MODE) CP_Kernel_Cnt = CP_Kernel_Cnt + 1;         u0238
      if (system.CHIP.PCU.IF_HWIACT) CP_HWI_Cnt = CP_HWI_Cnt + 1;             u0239
```

```
else begin                                                               u0240
  if (system.CHIP.PCU.IF_EXCACT) CP_Except_Cnt = CP_Except_Cnt + 1;      u0241
  else if (system.CHIP.PCU.IF_SWIACT) CP_SWI_Cnt = CP_SWI_Cnt + 1;       u0242
end                                                                      u0243
if (!system.CHIP.STEP) begin                                             u0244
  CP_Wait_Cnt = CP_Wait_Cnt + 1;                                         u0245
  if (!LAST_WAIT) Wait_Cnt = Wait_Cnt + 1;                               u0246
end                                                                      u0247
                                                                         u0248
LAST_WAIT = !system.CHIP.STEP;                                           u0249
                                                                         u0250
// Steps zaehlen                                                         u0251
if (system.CHIP.IFU.SHIFT) begin                                         u0252
  Step_Cnt = Step_Cnt + 1;                                               u0253
  if (system.CHIP.IFU.KU_MODE) Step_Kernel_Cnt = Step_Kernel_Cnt + 1;    u0254
  if (system.CHIP.PCU.IF_HWIACT) Step_HWI_Cnt = Step_HWI_Cnt + 1;        u0255
  else begin                                                             u0256
    if (system.CHIP.PCU.IF_EXCACT)                                       u0257
      Step_Except_Cnt = Step_Except_Cnt + 1;                             u0258
    else if (system.CHIP.PCU.IF_SWIACT) Step_SWI_Cnt = Step_SWI_Cnt + 1; u0259
  end                                                                    u0260
end                                                                      u0261
                                                                         u0262
// IFU-Takte zaehlen                                                     u0263
if (system.CHIP.WORK_IF) IFU_Cnt = IFU_Cnt + 1;                          u0264
                                                                         u0265
if (`TRACE) begin                                                        u0266
  if (FIRST) begin                                                       u0267
    FIRST = 1'b0;                                                        u0268
    $display;                                                            u0269
    $display("Trace:        M = MPC-Hit");                               u0270
    $display("              B = BTC-Hit");                               u0271
    $display("              K = Sprungkorrektur");                       u0272
    $display;                                                            u0273
    $write(" Taktnummer   Adresse       ");                             u0274
    $display("IF        ID        EX        MA        WB");              u0275
    $write("------------------------");                                  u0276
    $display("---------------------------------------------");          u0277
  end                                                                    u0278
  $display("%d  %h  %s    %s %s    %s %s    %s %s    %s %s    %s  %s  %s",u0279
    CP_Cnt, PC,                                                          u0280
    M0,                                                                  u0281
    M1, system.CHIP.WORK_ID ? source(S1) : " ",                         u0282
    M2, system.CHIP.WORK_EX ? source(S2) : " ",                         u0283
    M3, system.CHIP.WORK_MA ? source(S3) : " ",                         u0284
    M4, system.CHIP.WORK_WB ? source(S4) : " ",                         u0285
    system.CHIP.IFU.MPC_HIT ? "M" : " ",                                u0286
    system.CHIP.IFU.BTC_HIT ? "B" : " ",                                u0287
    system.CHIP.IFU.BTC_CORRECT ? "K" : " ");                           u0288
end                                                                      u0289
                                                                         u0290
//                                                                       u0291
// nur wenn die statistische Auswertung aktiviert ist, diese             u0292
// durchfuehren                                                          u0293
//                                                                       u0294
if (`STATISTICS) begin                                                   u0295
                                                                         u0296
  // Instruktionen zaehlen                                               u0297
  if (system.CHIP.WORK_FD &                                              u0298
      (system.CHIP.IFU.MPC_HIT | system.CHIP.IFU.BTC_HIT |              u0299
       system.CHIP.IFU.BTC_CORRECT | !system.CHIP.IFU.NO_ACC))          u0300
    Ins_Cnt = Ins_Cnt + 1;                                               u0301
  if (system.CHIP.IFU.BTC_HIT & ~system.CHIP.IFU.BTC_CORRECT            u0302
      & system.CHIP.IFU.SHIFT) Ins_Cnt = Ins_Cnt + 1;                   u0303
                                                                         u0304
  // sinnvolle Instruktionen zaehlen                                     u0305
  if (system.CHIP.WORK_WB) begin                                         u0306
    Ins_Exec_Cnt = Ins_Exec_Cnt + 1;                                     u0307
    case(S4)                                                             u0308
      2'b01: Ins_Exec_BTC = Ins_Exec_BTC + 1;                           u0309
      2'b10: Ins_Exec_MPC = Ins_Exec_MPC + 1;                           u0310
      2'b11: Ins_Exec_RAM = Ins_Exec_RAM + 1;                           u0311
    endcase                                                              u0312
  end                                                                    u0313
                                                                         u0314
  if (system.CHIP.IFU.BTC_HIT & ~system.CHIP.IFU.BTC_CORRECT            u0315
      & system.CHIP.IFU.SHIFT) begin                                     u0316
    Ins_Exec_Cnt = Ins_Exec_Cnt + 1;                                     u0317
    Ins_Exec_BTC = Ins_Exec_BTC + 1;                                     u0318
  end                                                                    u0319
                                                                         u0320
  if (system.CHIP.WORK_WB) Ins_Active_Cnt = Ins_Active_Cnt + 1;          u0321
```

```
                                                                          u0322
   // Operationen zaehlen                                                 u0323
   if (system.CHIP.WORK_WB)                                              u0324
     if (I4 != 32'h49000000) Ops_Exec_Cnt = Ops_Exec_Cnt + 1;            u0325
   if (system.CHIP.IFU.BTC_HIT & ~system.CHIP.IFU.BTC_CORRECT            u0326
      & system.CHIP.IFU.SHIFT) Ops_Exec_Cnt = Ops_Exec_Cnt + 1;          u0327
                                                                          u0328
   // Instruction-Fetches zaehlen                                        u0329
   if (system.CHIP.WORK_IF) begin                                       u0330
     if (~system.CHIP.IFU.NO_ACC&&(system.CHIP.IFU.CACHE_MODE[3:0]!=4'b0)) u0331
       IF_Cnt = IF_Cnt + 1;                                             u0332
     if (~system.CHIP.IFU.NO_ACC&&(system.CHIP.IFU.CACHE_MODE[3:0]==4'b0)) u0333
       IF_RAM_Cnt = IF_RAM_Cnt + 1;                                     u0334
     if (system.CHIP.IFU.NO_ACC&&(system.CHIP.IFU.CACHE_MODE[3:0]!=4'b0)) u0335
       IF_Cache_Cnt = IF_Cache_Cnt + 1;                                 u0336
   end                                                                   u0337
                                                                          u0338
   // MA-Miss-Zugriffe zaehlen                                           u0339
   if (LAST_MA) begin                                                   u0340
     if ((system.CHIP.IFU.BTC_HIT | system.CHIP.IFU.MPC_HIT)            u0341
        & system.CHIP.IFU.SHIFT) begin                                  u0342
       MA_Hit_Cnt = MA_Hit_Cnt + 1;                                     u0343
       if (~system.CHIP.IFU.BTC_CORRECT) begin                         u0344
         MA_Hit_Exec_Cnt = MA_Hit_Exec_Cnt + 1;                        u0345
       end                                                              u0346
       Last_Miss = 1'b0;                                               u0347
     end                                                                u0348
     else begin                                                        u0349
       CP_Miss_Cnt = CP_Miss_Cnt + 1;                                  u0350
       if (!Last_Miss) begin                                          u0351
         MA_Miss_Cnt = MA_Miss_Cnt + 1;                               u0352
         if (~system.CHIP.IFU.BTC_CORRECT) begin                     u0353
           MA_Miss_Exec_Cnt = MA_Miss_Exec_Cnt + 1;                  u0354
         end                                                          u0355
       end                                                            u0356
       Last_Miss = 1'b1;                                              u0357
     end                                                              u0358
   end                                                                 u0359
   else Last_Miss = 1'b1;                                            u0360
                                                                          u0361
   // BTC-Hits                                                           u0362
   if (system.CHIP.IFU.BTC_HIT & system.CHIP.IFU.SHIFT) begin           u0363
     BTC_Cnt = BTC_Cnt + 1;                                            u0364
     if (~system.CHIP.IFU.BTC_CORRECT) begin                          u0365
       BTC_Exec_Cnt = BTC_Exec_Cnt + 1;                               u0366
     end                                                               u0367
   end                                                                 u0368
                                                                          u0369
   // MPC-Hits                                                           u0370
   if (system.CHIP.IFU.MPC_HIT & system.CHIP.IFU.SHIFT) begin           u0371
     MPC_Cnt = MPC_Cnt + 1;                                            u0372
     if (~system.CHIP.IFU.BTC_CORRECT) begin                          u0373
       MPC_Exec_Cnt = MPC_Exec_Cnt + 1;                               u0374
     end                                                               u0375
   end                                                                 u0376
                                                                          u0377
   //                                                                   u0378
   // Sprungentscheidungs-Prognosen                                     u0379
   //                                                                   u0380
   // immer wenn ein CBra (BCC\Bt+Bf) ausgefuehrt wird und die Flags    u0381
   // nicht gueltig sind, muss eine Prognose erfolgen                   u0382
   //                                                                   u0383
   if (system.CHIP.IFU.BTC_HIT                 // BTC-Hit               u0384
      & system.CHIP.IFU.SHIFT                  // Step-Ende             u0385
      & ~system.CHIP.IFU.BTC_CORRECT           // keine Sprungkorrektur u0386
      & system.CHIP.IFU.BTC.NEW_FLAGS          // Flags ungueltig       u0387
   // & ~system.CHIP.IFU.BTC.BTC_TYPE          // BCC                   u0388
      & system.CHIP.IFU.BTC.BCACHE.CCODE[2:0] != 3'b111 // kein UBra    u0389
   ) begin                                                             u0390
     CBra_Pred = CBra_Pred + 1;                                        u0391
   end                                                                 u0392
                                                                          u0393
   // Fehlspruenge                                                       u0394
   if (system.CHIP.IFU.BTC_CORRECT                                      u0395
      & system.CHIP.IFU.SHIFT) begin                                   u0396
     BC_Cnt = BC_Cnt + 1;                                              u0397
     if (system.CHIP.IFU.BTC.LAST_HITAKEN &&                          u0398
        !system.CHIP.IFU.BTC.LAST_TAKEN) begin                        u0399
       if (last_direction_forward) begin                              u0400
         Bcc_t_f = Bcc_t_f - 1;                                       u0401
         Bcc_nt_f = Bcc_nt_f + 1;                                     u0402
       end                                                            u0403
```

```
          else begin                                                 u0404
            Bcc_t_r = Bcc_t_r - 1;                                   u0405
            Bcc_nt_r = Bcc_nt_r + 1;                                 u0406
          end                                                        u0407
        end                                                          u0408
        else begin                                                   u0409
          if (last_direction_forward) begin                          u0410
            Bcc_t_f = Bcc_t_f + 1;                                   u0411
            Bcc_nt_f = Bcc_nt_f - 1;                                 u0412
          end                                                        u0413
          else begin                                                 u0414
            Bcc_t_r = Bcc_t_r + 1;                                   u0415
            Bcc_nt_r = Bcc_nt_r - 1;                                 u0416
          end                                                        u0417
        end                                                          u0418
      end                                                            u0419
                                                                     u0420
      // Instruktionen zaehlen                                       u0421
      if (system.CHIP.WORK_WB)                                       u0422
        casez(I4[31:19])                                             u0423
          13'b0100000??????: MNE_AND = MNE_AND+1;                    u0424
          13'b0100001??????: MNE_AND_F = MNE_AND_F+1;               u0425
          13'b0100010??????: MNE_OR = MNE_OR+1;                      u0426
          13'b0100011??????: MNE_OR_F = MNE_OR_F+1;                 u0427
          13'b0100100??????: MNE_XOR = MNE_XOR+1;                    u0428
          13'b0100101??????: MNE_XOR_F = MNE_XOR_F+1;               u0429
          13'b0101000??????: MNE_LSL = MNE_LSL+1;                    u0430
          13'b0101001??????: MNE_LSL_F = MNE_LSL_F+1;               u0431
          13'b0101010??????: MNE_LSR = MNE_LSR+1;                    u0432
          13'b0101011??????: MNE_LSR_F = MNE_LSR_F+1;               u0433
          13'b0101100??????: MNE_ASR = MNE_ASR+1;                    u0434
          13'b0101101??????: MNE_ASR_F = MNE_ASR_F+1;               u0435
          13'b0101110??????: MNE_ROT = MNE_ROT+1;                    u0436
          13'b0101111??????: MNE_ROT_F = MNE_ROT_F+1;               u0437
          13'b0110000??????: MNE_ADD = MNE_ADD+1;                    u0438
          13'b0110001??????: MNE_ADD_F = MNE_ADD_F+1;               u0439
          13'b0110010??????: MNE_ADDC = MNE_ADDC+1;                  u0440
          13'b0110011??????: MNE_ADDC_F = MNE_ADDC_F+1;             u0441
          13'b0110100??????: MNE_SUB = MNE_SUB+1;                    u0442
          13'b0110101??????: MNE_SUB_F = MNE_SUB_F+1;               u0443
          13'b0110110??????: MNE_SUBC = MNE_SUBC+1;                  u0444
          13'b0110111??????: MNE_SUBC_F = MNE_SUBC_F+1;             u0445
          13'b0111100??????: MNE_MUL = MNE_MUL+1;                    u0446
          13'b0111101??????: MNE_MUL_F = MNE_MUL_F+1;               u0447
          13'b0111110??????: MNE_DIV = MNE_DIV+1;                    u0448
          13'b0111111??????: MNE_DIV_F = MNE_DIV_F+1;               u0449
          13'b1111110000110: MNE_BGT = MNE_BGT+1;                    u0450
          13'b1111110010110: MNE_BGT_A = MNE_BGT_A+1;               u0451
          13'b1111110001110: MNE_BLE = MNE_BLE+1;                    u0452
          13'b1111110011110: MNE_BLE_A = MNE_BLE_A+1;               u0453
          13'b1111110000101: MNE_BGE = MNE_BGE+1;                    u0454
          13'b1111110010101: MNE_BGE_A = MNE_BGE_A+1;               u0455
          13'b1111110001101: MNE_BLT = MNE_BLT+1;                    u0456
          13'b1111110011101: MNE_BLT_A = MNE_BLT_A+1;               u0457
          13'b1111110000011: MNE_BHI = MNE_BHI+1;                    u0458
          13'b1111110010011: MNE_BHI_A = MNE_BHI_A+1;               u0459
          13'b1111110001011: MNE_BLS = MNE_BLS+1;                    u0460
          13'b1111110011011: MNE_BLS_A = MNE_BLS_A+1;               u0461
          13'b1111110000010: MNE_BPL = MNE_BPL+1;                    u0462
          13'b1111110010010: MNE_BPL_A = MNE_BPL_A+1;               u0463
          13'b1111110001010: MNE_BMI = MNE_BMI+1;                    u0464
          13'b1111110011010: MNE_BMI_A = MNE_BMI_A+1;               u0465
          13'b1111110000000: MNE_BNE = MNE_BNE+1;                    u0466
          13'b1111110010000: MNE_BNE_A = MNE_BNE_A+1;               u0467
          13'b1111110001000: MNE_BEQ = MNE_BEQ+1;                    u0468
          13'b1111110011000: MNE_BEQ_A = MNE_BEQ_A+1;               u0469
          13'b1111110000100: MNE_BVC = MNE_BVC+1;                    u0470
          13'b1111110010100: MNE_BVC_A = MNE_BVC_A+1;               u0471
          13'b1111110001100: MNE_BVS = MNE_BVS+1;                    u0472
          13'b1111110011100: MNE_BVS_A = MNE_BVS_A+1;               u0473
          13'b1111110000001: MNE_BCC = MNE_BCC+1;                    u0474
          13'b1111110010001: MNE_BCC_A = MNE_BCC_A+1;               u0475
          13'b1111110001001: MNE_BCS = MNE_BCS+1;                    u0476
          13'b1111110011001: MNE_BCS_A = MNE_BCS_A+1;               u0477
          13'b1111110001111: MNE_BT = MNE_BT+1;                      u0478
          13'b1111110011111: MNE_BT_A = MNE_BT_A+1;                 u0479
          13'b1111110000111: MNE_BF = MNE_BF+1;                      u0480
          13'b1111110010111: MNE_BF_A = MNE_BF_A+1;                 u0481
          13'b11111110?????: MNE_RETI = MNE_RETI+1;                 u0482
          13'b11111101?????: MNE_SWI = MNE_SWI+1;                    u0483
          13'b11111111?????: MNE_HALT = MNE_HALT+1;                 u0484
          13'b10???????????: MNE_CALL = MNE_CALL+1;                 u0485
```

198


```
      13'b00000????????: MNE_LDUB = MNE_LDUB+1;                                    u0486
      13'b00001?0??????: MNE_LDUD = MNE_LDUD+1;                                    u0487
      13'b00001?1??????: MNE_LDUQ = MNE_LDUQ+1;                                    u0488
      13'b00010????????: MNE_LDSB = MNE_LDSB+1;                                    u0489
      13'b00011?0??????: MNE_LDSD = MNE_LDSD+1;                                    u0490
      13'b00011?1??????: MNE_LDSQ = MNE_LDSQ+1;                                    u0491
      13'b00100????????: MNE_STB = MNE_STB+1;                                      u0492
      13'b00101?0??????: MNE_STD = MNE_STD+1;                                      u0493
      13'b00101?1??????: MNE_STQ = MNE_STQ+1;                                      u0494
      13'b0011?????????: MNE_SWP = MNE_SWP+1;                                      u0495
      13'b11100000?????: MNE_LDH = MNE_LDH+1;                                      u0496
      13'b11100111?????: MNE_CLC = MNE_CLC+1;                                      u0497
      13'b11101010?????: MNE_LRFS = MNE_LRFS+1;                                    u0498
      13'b11101011?????: MNE_SRIS = MNE_SRIS+1;                                    u0499
      default: MNE_UNKNOWN = MNE_UNKNOWN+1;                                        u0500
    endcase                                                                        u0501
                                                                                   u0502
if (system.CHIP.IFU.BTC_HIT & ~system.CHIP.IFU.BTC_CORRECT                         u0503
    & system.CHIP.IFU.SHIFT) begin                                                u0504
  casez({system.CHIP.IFU.BTC.ANNUL,system.CHIP.IFU.BTC.CCODE})                     u0505
    5'b00110: MNE_BGT = MNE_BGT+1;                                                 u0506
    5'b10110: MNE_BGT_A = MNE_BGT_A+1;                                             u0507
    5'b01110: MNE_BLE = MNE_BLE+1;                                                 u0508
    5'b11110: MNE_BLE_A = MNE_BLE_A+1;                                             u0509
    5'b00101: MNE_BGE = MNE_BGE+1;                                                 u0510
    5'b10101: MNE_BGE_A = MNE_BGE_A+1;                                             u0511
    5'b01101: MNE_BLT = MNE_BLT+1;                                                 u0512
    5'b11101: MNE_BLT_A = MNE_BLT_A+1;                                             u0513
    5'b00011: MNE_BHI = MNE_BHI+1;                                                 u0514
    5'b10011: MNE_BHI_A = MNE_BHI_A+1;                                             u0515
    5'b01011: MNE_BLS = MNE_BLS+1;                                                 u0516
    5'b11011: MNE_BLS_A = MNE_BLS_A+1;                                             u0517
    5'b00010: MNE_BPL = MNE_BPL+1;                                                 u0518
    5'b10010: MNE_BPL_A = MNE_BPL_A+1;                                             u0519
    5'b01010: MNE_BMI = MNE_BMI+1;                                                 u0520
    5'b11010: MNE_BMI_A = MNE_BMI_A+1;                                             u0521
    5'b00000: MNE_BNE = MNE_BNE+1;                                                 u0522
    5'b10000: MNE_BNE_A = MNE_BNE_A+1;                                             u0523
    5'b01000: MNE_BEQ = MNE_BEQ+1;                                                 u0524
    5'b11000: MNE_BEQ_A = MNE_BEQ_A+1;                                             u0525
    5'b00100: MNE_BVC = MNE_BVC+1;                                                 u0526
    5'b10100: MNE_BVC_A = MNE_BVC_A+1;                                             u0527
    5'b01100: MNE_BVS = MNE_BVS+1;                                                 u0528
    5'b11100: MNE_BVS_A = MNE_BVS_A+1;                                             u0529
    5'b00001: MNE_BCC = MNE_BCC+1;                                                 u0530
    5'b10001: MNE_BCC_A = MNE_BCC_A+1;                                             u0531
    5'b01001: MNE_BCS = MNE_BCS+1;                                                 u0532
    5'b11001: MNE_BCS_A = MNE_BCS_A+1;                                             u0533
    5'b01111: begin                                                               u0534
              if (system.CHIP.IFU.BTC.BTC_TYPE) MNE_CALL = MNE_CALL+1;            u0535
              else MNE_BT = MNE_BT+1;                                             u0536
              end                                                                 u0537
    5'b11111: begin                                                               u0538
              if (system.CHIP.IFU.BTC.BTC_TYPE) MNE_CALL = MNE_CALL+1;            u0539
              else MNE_BT_A = MNE_BT_A+1;                                         u0540
              end                                                                 u0541
    5'b00111: MNE_BF = MNE_BF+1;                                                   u0542
    5'b10111: MNE_BF_A = MNE_BF_A+1;                                               u0543
  endcase                                                                          u0544
  if (system.CHIP.IFU.BTC.BTC_TYPE==1'b0) begin                                    u0545
    if (system.CHIP.IFU.BTC.TARGET < system.CHIP.IFJ.BTC.PC) begin                u0546
      if (system.CHIP.IFU.BTC.BTC_TAKEN) Bcc_t_r = Bcc_t_r + 1;                    u0547
      else Bcc_nt_r = Bcc_nt_r + 1;                                               u0548
      last_direction_forward = 1'b0;                                              u0549
      Dist = system.CHIP.IFU.BTC.PC - system.CHIP.IFU.BTC.TARGET;                 u0550
      Bcc_Width = 1;                                                              u0551
    end                                                                           u0552
    else begin                                                                    u0553
      if (system.CHIP.IFU.BTC.BTC_TAKEN) Bcc_t_f = Bcc_t_f + 1;                    u0554
      else Bcc_nt_f = Bcc_nt_f + 1;                                               u0555
      last_direction_forward = 1'b1;                                              u0556
      Dist = system.CHIP.IFU.BTC.TARGET - system.CHIP.IFU.BTC.PC;                 u0557
      Bcc_Width = 0;                                                              u0558
    end                                                                           u0559
    casez(Dist[17:0])                                                             u0560
      18'b000000000000000001 : Bcc_Width = Bcc_Width + 1;                          u0561
      18'b00000000000000001? : Bcc_Width = Bcc_Width + 2;                          u0562
      18'b0000000000000001?? : Bcc_Width = Bcc_Width + 3;                          u0563
      18'b000000000000001??? : Bcc_Width = Bcc_Width + 4;                          u0564
      18'b00000000000001???? : Bcc_Width = Bcc_Width + 5;                          u0565
      18'b0000000000001????? : Bcc_Width = Bcc_Width + 6;                          u0566
      18'b000000000001?????? : Bcc_Width = Bcc_Width + 7;                          u0567
```

```
      18'b00000000001????????  :  Bcc_Width = Bcc_Width +  8;              u0568
      18'b0000000001?????????  :  Bcc_Width = Bcc_Width +  9;              u0569
      18'b000000001??????????  :  Bcc_Width = Bcc_Width + 10;              u0570
      18'b00000001???????????  :  Bcc_Width = Bcc_Width + 11;              u0571
      18'b0000001????????????  :  Bcc_Width = Bcc_Width + 12;              u0572
      18'b000001?????????????  :  Bcc_Width = Bcc_Width + 13;              u0573
      18'b00001??????????????  :  Bcc_Width = Bcc_Width + 14;              u0574
      18'b0001???????????????  :  Bcc_Width = Bcc_Width + 15;              u0575
      18'b001????????????????  :  Bcc_Width = Bcc_Width + 16;              u0576
      18'b01?????????????????  :  Bcc_Width = Bcc_Width + 17;              u0577
      18'b1??????????????????  :  Bcc_Width = Bcc_Width + 18;              u0578
    endcase                                                               u0579
    Bcc_Cnt = Bcc_Cnt + 1;                                                u0580
    Bcc_Dist[Bcc_Width] = Bcc_Dist[Bcc_Width] + 1;                        u0581
  end                                                                     u0582
end                                                                       u0583
                                                                          u0584
if (system.CHIP.WORK_WB) begin                                           u0585
  casez(I4)                                                               u0586
    32'b11101011_00000_????????????????????  : SRIS_Cnt = SRIS_Cnt + 1;  u0587
    32'h49000000                              : NOP_Cnt = NOP_Cnt + 1;    u0588
  endcase                                                                 u0589
end                                                                       u0590
                                                                          u0591
if (system.CHIP.WORK_WB) begin                                           u0592
  if (I4[31:24] == 8'b11111100) begin                                    u0593
    Dist = I4[18:0];                                                     u0594
    if (Dist[18]) begin                                                  u0595
      if (T4) Bcc_t_r = Bcc_t_r + 1;                                     u0596
      else Bcc_nt_r = Bcc_nt_r + 1;                                      u0597
      Dist = -Dist;                                                      u0598
      Bcc_Width = 1;                                                     u0599
    end                                                                  u0600
    else begin                                                           u0601
      if (T4) Bcc_t_f = Bcc_t_f + 1;                                     u0602
      else Bcc_nt_f = Bcc_nt_f + 1;                                      u0603
      Bcc_Width = 0;                                                     u0604
    end                                                                  u0605
    casez(Dist[17:0])                                                    u0606
      18'b000000000000000001  :  Bcc_Width = Bcc_Width +  1;             u0607
      18'b00000000000000001?  :  Bcc_Width = Bcc_Width +  2;             u0608
      18'b0000000000000001??  :  Bcc_Width = Bcc_Width +  3;             u0609
      18'b000000000000001???  :  Bcc_Width = Bcc_Width +  4;             u0610
      18'b00000000000001????  :  Bcc_Width = Bcc_Width +  5;             u0611
      18'b0000000000001?????  :  Bcc_Width = Bcc_Width +  6;             u0612
      18'b000000000001??????  :  Bcc_Width = Bcc_Width +  7;             u0613
      18'b00000000001???????  :  Bcc_Width = Bcc_Width +  8;             u0614
      18'b0000000001????????  :  Bcc_Width = Bcc_Width +  9;             u0615
      18'b000000001?????????  :  Bcc_Width = Bcc_Width + 10;             u0616
      18'b00000001??????????  :  Bcc_Width = Bcc_Width + 11;             u0617
      18'b0000001???????????  :  Bcc_Width = Bcc_Width + 12;             u0618
      18'b000001????????????  :  Bcc_Width = Bcc_Width + 13;             u0619
      18'b00001?????????????  :  Bcc_Width = Bcc_Width + 14;             u0620
      18'b0001??????????????  :  Bcc_Width = Bcc_Width + 15;             u0621
      18'b001???????????????  :  Bcc_Width = Bcc_Width + 16;             u0622
      18'b01????????????????  :  Bcc_Width = Bcc_Width + 17;             u0623
      18'b1?????????????????  :  Bcc_Width = Bcc_Width + 18;             u0624
    endcase                                                              u0625
    Bcc_Cnt = Bcc_Cnt + 1;                                               u0626
    Bcc_Dist[Bcc_Width] = Bcc_Dist[Bcc_Width] + 1;                       u0627
  end                                                                    u0628
end                                                                      u0629
                                                                         u0630
//                                                                       u0631
// ALU                                                                   u0632
//                                                                       u0633
if (system.CHIP.WORK_EX) begin                                           u0634
  casez(I2[31:19])                                                       u0635
    13'b01????0??????: Ins_ALU = Ins_ALU+1;                             u0636
    13'b01????1??????: begin                                            u0637
                       Ins_ALU = Ins_ALU+1;                             u0638
                       Ins_Flag = Ins_Flag+1;                           u0639
                   end                                                  u0640
  endcase                                                                u0641
  if ((I2[31:30] == 2'b01) && (I2[24] == 1'b0)) begin                   u0642
    Dist_ALU = I2[13:0];                                                u0643
    if (Dist_ALU[13]) begin                                             u0644
      Dist_ALU = -Dist_ALU;                                             u0645
      ALU_Width = 1;                                                    u0646
    end                                                                 u0647
    else ALU_Width = 0;                                                 u0648
    casez(Dist_ALU[12:0])                                               u0649
```

```verilog
      13'b0000000000001 : ALU_Width = ALU_Width + 1;          u0650
      13'b000000000001? : ALU_Width = ALU_Width + 2;          u0651
      13'b00000000001?? : ALU_Width = ALU_Width + 3;          u0652
      13'b0000000001??? : ALU_Width = ALU_Width + 4;          u0653
      13'b000000001???? : ALU_Width = ALU_Width + 5;          u0654
      13'b00000001????? : ALU_Width = ALU_Width + 6;          u0655
      13'b0000001?????? : ALU_Width = ALU_Width + 7;          u0656
      13'b000001??????? : ALU_Width = ALU_Width + 8;          u0657
      13'b00001???????? : ALU_Width = ALU_Width + 9;          u0658
      13'b0001????????? : ALU_Width = ALU_Width + 10;         u0659
      13'b001?????????? : ALU_Width = ALU_Width + 11;         u0660
      13'b01??????????? : ALU_Width = ALU_Width + 12;         u0661
      13'b1???????????? : ALU_Width = ALU_Width + 13;         u0662
    endcase                                                   u0663
    ALU_Cnt = ALU_Cnt + 1;                                    u0664
    ALU_Imm[ALU_Width] = ALU_Imm[ALU_Width] + 1;              u0665
  end                                                         u0666
end                                                           u0667
                                                              u0668
//                                                            u0669
// WB                                                         u0670
//                                                            u0671
if (system.CHIP.WORK_MA) begin                                u0672
  casez(I3[31:24])                                            u0673
    8'b0010???1: begin                                        u0674
              if ((I3[18:14]!=5'b0) && (I3[4:0]!=5'b0))       u0675
                St_Cnt = St_Cnt + 1;                          u0676
            end                                               u0677
  endcase                                                     u0678
  if (I3[31:30] == 2'b00) begin                               u0679
    Ins_MA = Ins_MA + 1;                                      u0680
    if (I3[24] == 1'b0) begin                 // Immediate-Zugriff   u0681
      Dist_MACC = I3[13:0];                                   u0682
      if (Dist_MACC[13]) begin                                u0683
        Dist_MACC = -Dist_MACC;                               u0684
        MACC_Width = 1;                                       u0685
      end                                                     u0686
      else MACC_Width = 0;                                    u0687
      casez(Dist_MACC[12:0])                                  u0688
        13'b0000000000001 : MACC_Width = MACC_Width + 1;      u0689
        13'b000000000001? : MACC_Width = MACC_Width + 2;      u0690
        13'b00000000001?? : MACC_Width = MACC_Width + 3;      u0691
        13'b0000000001??? : MACC_Width = MACC_Width + 4;      u0692
        13'b000000001???? : MACC_Width = MACC_Width + 5;      u0693
        13'b00000001????? : MACC_Width = MACC_Width + 6;      u0694
        13'b0000001?????? : MACC_Width = MACC_Width + 7;      u0695
        13'b000001??????? : MACC_Width = MACC_Width + 8;      u0696
        13'b00001???????? : MACC_Width = MACC_Width + 9;      u0697
        13'b0001????????? : MACC_Width = MACC_Width + 10;     u0698
        13'b001?????????? : MACC_Width = MACC_Width + 11;     u0699
        13'b01??????????? : MACC_Width = MACC_Width + 12;     u0700
        13'b1???????????? : MACC_Width = MACC_Width + 13;     u0701
      endcase                                                 u0702
      MA_I_Cnt = MA_I_Cnt + 1;                                u0703
      MACC_Dist[MACC_Width] = MACC_Dist[MACC_Width] + 1;      u0704
    end //of if                                               u0705
  end //of if                                                 u0706
  end //of if                                                 u0707
 end //of if                                                  u0708
end //of forever                                              u0709
                                                              u0710
                                                              u0711
if (`TRACE || `STATISTICS)                                    u0712
  //                                                          u0713
  // Speicherzugriffe zaehlen                                 u0714
  //                                                          u0715
  forever @(negedge system.CHIP.nMRQ) if (system.CHIP.nRESET) begin   u0716
    Bus_Cnt = Bus_Cnt + 1;                                    u0717
    Last_Miss = 1'b0;                                         u0718
    if (system.CHIP.FACC) begin                               u0719
      LAST_MA = 1'b0;                                         u0720
    end                                                       u0721
    else begin                                                u0722
      MA_Cnt = MA_Cnt + 1;                                    u0723
      LAST_MA = 1'b1;                                         u0724
    end                                                       u0725
  end //of forever                                            u0726
//end of if                                                   u0727
                                                              u0728
if (`TRACE || `STATISTICS)                                    u0729
  //                                                          u0730
  // Speicherzugriffs-Abbrueche zaehlen                       u0731
```

```
    //                                                                              u0732
    forever @(negedge system.CHIP.BREAK_MEM_ACC)                                    u0733
      if (system.CHIP.nRESET && system.CHIP.STEP) BMA_Cnt = BMA_Cnt + 1;            u0734
    //end of forever                                                                u0735
  //end of if                                                                       u0736
                                                                                    u0737
                                                                                    u0738
                                                                                    u0739
    //                                                                              u0740
    // Programmende                                                                 u0741
    //                                                                              u0742
    if (`TRACE || `STATISTICS)                                                      u0743
      forever @(mctrl.DISP_STAT_EVAL)                                               u0744
        if (mctrl.DISP_STAT_EVAL == 1) begin                                        u0745
          $display;                                                                 u0746
          $display("Laufzeit");                                                     u0747
          $display("--------");                                                     u0748
          $display("Takte                      : %d", CP_Cnt);                      u0749
          $display("   Ein Takt entspricht");                                       u0750
          $display("   einem Clock-Pulse CP");                                      u0751
          $display("Steps                      : %d", Step_Cnt);                    u0752
          $display("   IFU-Steps, d. h. es");                                       u0753
          $display("   zaehlen keine Warte-");                                      u0754
          $display("   pausen bei MA");                                             u0755
                                                                                    u0756
          $display;                                                                 u0757
          $display("Laufzeit im Kernel-/User-Modus");                              u0758
          $display("------------------------------");                              u0759
          $display("Takte im Kernel-Modus    : %d @ %6.2f Prozent",                u0760
            CP_Kernel_Cnt, 100.0*CP_Kernel_Cnt/CP_Cnt);                            u0761
          $display("Steps im Kernel-Modus    : %d @ %6.2f Prozent",                u0762
            Step_Kernel_Cnt, 100.0*Step_Kernel_Cnt/Step_Cnt);                      u0763
          $display("Takte im User-Modus      : %d @ %6.2f Prozent",                u0764
            CP_Cnt-CP_Kernel_Cnt, 100.0*(CP_Cnt-CP_Kernel_Cnt)/CP_Cnt);            u0765
          $display("Steps im User-Modus      : %d @ %6.2f Prozent",                u0766
            Step_Cnt-Step_Kernel_Cnt, 100.0*(Step_Cnt-Step_Kernel_Cnt)/Step_Cnt)  u0767
                                                                                    u0768
          $display;                                                                 u0769
          $display("Laufzeit in Exception/Interrupt");                             u0770
          $display("-------------------------------");                             u0771
          $display("Takte in Exception       : %d @ %6.2f Prozent",                u0772
            CP_Except_Cnt, 100.0*CP_Except_Cnt/CP_Cnt);                            u0773
          $display("Steps in Exception       : %d @ %6.2f Prozent",                u0774
            Step_Except_Cnt, 100.0*Step_Except_Cnt/Step_Cnt);                      u0775
          $display("Takte in SWI             : %d @ %6.2f Prozent",                u0776
            CP_SWI_Cnt, 100.0*CP_SWI_Cnt/CP_Cnt);                                  u0777
          $display("Steps in SWI             : %d @ %6.2f Prozent",                u0778
            Step_SWI_Cnt, 100.0*Step_SWI_Cnt/Step_Cnt);                            u0779
          $display("Takte in HWI             : %d @ %6.2f Prozent",                u0780
            CP_HWI_Cnt, 100.0*CP_HWI_Cnt/CP_Cnt);                                  u0781
          $display("Steps in HWI             : %d @ %6.2f Prozent",                u0782
            Step_HWI_Cnt, 100.0*Step_HWI_Cnt/Step_Cnt);                            u0783
                                                                                    u0784
          $display;                                                                 u0785
          $display("Wartezeit");                                                    u0786
          $display("---------");                                                    u0787
          $display("Wartetakte               : %d @ %6.2f Prozent",                u0788
            CP_Wait_Cnt, 100.0*CP_Wait_Cnt/CP_Cnt);                                u0789
          $display("   Warten auf Speicher");                                       u0790
          $display("Wartepausen              : %d", Wait_Cnt);                      u0791
          $display("   Wird mehrere Takte");                                        u0792
          $display("   hintereinander ge-");                                        u0793
          $display("   wartet, ist dies eine");                                     u0794
          $display("   Wartepause");                                                u0795
                                                                                    u0796
          $display;                                                                 u0797
          $display("Programm");                                                     u0798
          $display("--------");                                                     u0799
          $display("Instruktionen total      : %d @ %6.2f Ins/Takt".              u0800
            Ins_Cnt, 1.0*Ins_Cnt/CP_Cnt);                                         u0801
          $display("   Alle Instruktionen,");                                       u0802
          $display("   die die IFU durch-");                                        u0803
          $display("   laufen incl. der evtl.");                                    u0804
          $display("   spaeter abgeschalteten");                                    u0805
          $display("Instruktionen sinnvoll   : %d @ %6.2f Ins/Takt",              u0806
            Ins_Exec_Cnt, 1.0*Ins_Exec_Cnt/CP_Cnt);                               u0807
          $display("   Instruktionen, die");                                        u0808
          $display("   tatsaechlich ausge-");                                       u0809
          $display("   fuehrt werden, d. h.");                                      u0810
          $display("   auch Spruenge aus");                                         u0811
          $display("   dem BTC");                                                   u0812
          $display("Instr sinnvoll aus RAM   : %d @ %6.2f Prozent",               u0813
```

```
              Ins_Exec_RAM, 100.0*Ins_Exec_RAM/Ins_Exec_Cnt);                 u0814
  $display("Instr sinnvoll aus BTC    : %d @ %6.2f Prozent",                   u0815
              Ins_Exec_BTC, 100.0*Ins_Exec_BTC/Ins_Exec_Cnt);                  u0816
  $display("Instr sinnvoll aus MPC    : %d @ %6.2f Prozent",                   u0817
              Ins_Exec_MPC, 100.0*Ins_Exec_MPC/Ins_Exec_Cnt);                  u0818
  $display("Instruktionen daueraktiv  : %d @ %6.2f Ins/Takt",                  u0819
              Ins_Active_Cnt, 1.0*Ins_Active_Cnt/CP_Cnt);                      u0820
  $display("   Instruktionen, die");                                          u0821
  $display("   die Pipeline voll-");                                           u0822
  $display("   staendig durchlaufen,");                                        u0823
  $display("   d. h. ohne Spruenge");                                          u0824
  $display("   aus dem BTC");                                                  u0825
  $display("Operationen sinnvoll      : %d @ %6.2f Ops/Takt",                  u0826
              Ops_Exec_Cnt, 1.0*Ops_Exec_Cnt/CP_Cnt);                         u0827
  $display("   Instruktionen sinnvoll");                                      u0828
  $display("   ohne NOPs");                                                   u0829
                                                                              u0830
                                                                              u0831
  $display;                                                                   u0832
  $display("Busbelastung");                                                   u0833
  $display("------------");
  $display("Buszugriffe               : %d", Bus_Cnt);                         u0834
  $display("   Anzahl der Zugriffe");                                          u0835
  $display("   auf den Speicherbus");                                          u0836
  $display("I-Fetch Speicher&Cache    : %d", IF_Cnt);                          u0837
  $display("   Zugriff auf Speicher");                                         u0838
  $display("   und Cache");                                                    u0839
  $display("   gleichzeitig");                                                 u0840
  $display("I-Fetch nur Speicher      : %d", IF_RAM_Cnt);                      u0841
  $display("   Zugriff nur auf den");                                          u0842
  $display("   Speicher,");                                                    u0843
  $display("   nur moeglich, wenn");                                           u0844
  $display("   Cache abgeschaltet");                                           u0845
  $display("   ist");                                                          u0846
  $display("I-Fetch nur Cache         : %d", IF_Cache_Cnt);                    u0847
  $display("   Zugriff nur auf Cache,");                                       u0848
  $display("   nur im seriellen Mode");                                        u0849
  $display("   moeglich");                                                     u0850
  $display("I-Fetch abgebrochen       : %d @ %6.2f Prozent",                   u0851
              BMA_Cnt, 100.0*BMA_Cnt/(IF_Cnt+IF_RAM_Cnt));                     u0852
  $display("   Abbrueche bei Hit oder");                                       u0853
  $display("   Sprungkorrektur");                                              u0854
  $display("MA-Buszugriffe            : %d", MA_Cnt);                          u0855
  $display("   Speicherzugriffe");                                             u0856
  $display("Hit bei MA, total         : %d @ %6.2f Prozent",                   u0857
              MA_Hit_Cnt, 100.0*MA_Hit_Cnt/MA_Cnt);                           u0858
  $display("   Speicherzugriffe, bei");                                       u0859
  $display("   denen ein Hit vorlag");                                         u0860
  $display("Hit bei MA, sinnvoll      : %d @ %6.2f Prozent",                   u0861
              MA_Hit_Exec_Cnt, 100.0*MA_Hit_Exec_Cnt/MA_Cnt);                 u0862
  $display("   Speicherzugriffe, bei");                                       u0863
  $display("   denen ein Hit vorlag");                                         u0864
  $display("   und nicht gleichzeitig");                                       u0865
  $display("   korrigiert wurde");                                             u0866
  $display("Miss bei MA, total        : %d @ %6.2f Prozent",                   u0867
              MA_Miss_Cnt, 100.0*MA_Miss_Cnt/MA_Cnt);                         u0868
  $display("   Speicherzugriffe, bei");                                       u0869
  $display("   denen ein Miss vorlag");                                        u0870
  $display("Miss bei MA, sinnvoll     : %d @ %6.2f Prozent",                   u0871
              MA_Miss_Exec_Cnt, 100.0*MA_Miss_Exec_Cnt/MA_Cnt);              u0872
  $display("   Speicherzugriffe, bei");                                       u0873
  $display("   denen ein Miss vorlag");                                       u0874
  $display("   und nicht gleichzeitig");                                       u0875
  $display("   korrigiert wurde");                                             u0876
                                                                              u0877
  $display;                                                                   u0878
  $display("Durchsatz");                                                      u0879
  $display("---------");                                                      u0880
  $display("I-Fetchzeit (incl MACC)   : %d @ %6.2f Takte/Ins",                 u0881
              CP_Cnt, 1.0*CP_Cnt/Ins_Cnt);                                    u0882
  $display("   Takte incl. MA-Takte");                                         u0883
  $display("   pro Instr. total");                                             u0884
  $display("I-Fetchzeit (ohne MACC)   : %d @ %6.2f Takte/Ins",                 u0885
              CP_Cnt-CP_Miss_Cnt, 1.0*(CP_Cnt-CP_Miss_Cnt)/Ins_Cnt);        u0886
  $display("   Takte ohne MA-Takte,");                                         u0887
  $display("   bei denen kein Hit");                                           u0888
  $display("   vorlag, pro Instr.");                                           u0889
  $display("   total");                                                        u0890
                                                                              u0891
  $display;                                                                   u0892
  $display("Cache");                                                          u0893
  $display("-----");                                                          u0894
  $display("BTC Hits                  : %d", BTC_Cnt);                         u0895
```

```
$display("    Instr. in BTC gefunden");                          u0896
$display("BTC Hits, sinnvoll       : %d", BTC_Exec_Cnt);         u0897
$display("    Instruktion in BTC");                              u0898
$display("    gefunden und zugleich");                           u0899
$display("    keine Sprungkorrektur");                           u0900
$display("BTC Mispredictions       : %d", BC_Cnt);              u0901
$display("    Sprungkorrekturen");                               u0902
$display("    wegen falscher Sprung-");                          u0903
$display("    vorhersage durch BTC");                            u0904
$display("BTC Predictions          : %d", CBra_Pred);           u0905
$display("    Noetige Prognosen bei");                           u0906
$display("    ungueltigen Flags fuer");                          u0907
$display("    CBra / BCC ohne Bt+Bf");                           u0908
$display("MPC Hits                 : %d", MPC_Cnt);             u0909
$display("    Instr. in MPC gefunden");                          u0910
$display("MPC Hits, sinnvoll       : %d", MPC_Exec_Cnt);        u0911
$display("    Instruktion in MPC");                              u0912
$display("    gefunden und zugleich");                           u0913
$display("    keine Sprungkorrektur");                           u0914
                                                                 u0915
$display;                                                        u0916
$display("CTR-Auswertung");                                      u0917
$display("--------------");                                      u0918
$display("BCCs                     : %d", Bcc_Cnt);             u0919
$display("BCCs taken, vorw.        : %d @ %6.2f Prozent",        u0920
  Bcc_t_f, 100.0*Bcc_t_f/Bcc_Cnt);                               u0921
$display("BCCs taken, rueckw.      : %d @ %6.2f Prozent",        u0922
  Bcc_t_r, 100.0*Bcc_t_r/Bcc_Cnt);                               u0923
$display("BCCs not taken, vorw.    : %d @ %6.2f Prozent",        u0924
  Bcc_nt_f, 100.0*Bcc_nt_f/Bcc_Cnt);                             u0925
$display("BCCs not taken, rueckw.  : %d @ %6.2f Prozent",        u0926
  Bcc_nt_r, 100.0*Bcc_nt_r/Bcc_Cnt);                             u0927
$display("Sprungdistanz = 0 Bit    : %d @ %6.2f",                u0928
  Bcc_Dist[0], 100.0*Bcc_Dist[0]/Bcc_Cnt);                       u0929
$display("Sprungdistanz = 1 Bit    : %d @ %6.2f",                u0930
  Bcc_Dist[1], 100.0*Bcc_Dist[1]/Bcc_Cnt);                       u0931
$display("Sprungdistanz = 2 Bit    : %d @ %6.2f",                u0932
  Bcc_Dist[2], 100.0*Bcc_Dist[2]/Bcc_Cnt);                       u0933
$display("Sprungdistanz = 3 Bit    : %d @ %6.2f",                u0934
  Bcc_Dist[3], 100.0*Bcc_Dist[3]/Bcc_Cnt);                       u0935
$display("Sprungdistanz = 4 Bit    : %d @ %6.2f",                u0936
  Bcc_Dist[4], 100.0*Bcc_Dist[4]/Bcc_Cnt);                       u0937
$display("Sprungdistanz = 5 Bit    : %d @ %6.2f",                u0938
  Bcc_Dist[5], 100.0*Bcc_Dist[5]/Bcc_Cnt);                       u0939
$display("Sprungdistanz = 6 Bit    : %d @ %6.2f",                u0940
  Bcc_Dist[6], 100.0*Bcc_Dist[6]/Bcc_Cnt);                       u0941
$display("Sprungdistanz = 7 Bit    : %d @ %6.2f",                u0942
  Bcc_Dist[7], 100.0*Bcc_Dist[7]/Bcc_Cnt);                       u0943
$display("Sprungdistanz = 8 Bit    : %d @ %6.2f",                u0944
  Bcc_Dist[8], 100.0*Bcc_Dist[8]/Bcc_Cnt);                       u0945
$display("Sprungdistanz = 9 Bit    : %d @ %6.2f",                u0946
  Bcc_Dist[9], 100.0*Bcc_Dist[9]/Bcc_Cnt);                       u0947
$display("Sprungdistanz = 10 Bit   : %d @ %6.2f",                u0948
  Bcc_Dist[10], 100.0*Bcc_Dist[10]/Bcc_Cnt);                     u0949
$display("Sprungdistanz = 11 Bit   : %d @ %6.2f",                u0950
  Bcc_Dist[11], 100.0*Bcc_Dist[11]/Bcc_Cnt);                     u0951
$display("Sprungdistanz = 12 Bit   : %d @ %6.2f",                u0952
  Bcc_Dist[12], 100.0*Bcc_Dist[12]/Bcc_Cnt);                     u0953
$display("Sprungdistanz = 13 Bit   : %d @ %6.2f",                u0954
  Bcc_Dist[13], 100.0*Bcc_Dist[13]/Bcc_Cnt);                     u0955
$display("Sprungdistanz = 14 Bit   : %d @ %6.2f",                u0956
  Bcc_Dist[14], 100.0*Bcc_Dist[14]/Bcc_Cnt);                     u0957
$display("Sprungdistanz = 15 Bit   : %d @ %6.2f",                u0958
  Bcc_Dist[15], 100.0*Bcc_Dist[15]/Bcc_Cnt);                     u0959
$display("Sprungdistanz = 16 Bit   : %d @ %6.2f",                u0960
  Bcc_Dist[16], 100.0*Bcc_Dist[16]/Bcc_Cnt);                     u0961
$display("Sprungdistanz = 17 Bit   : %d @ %6.2f",                u0962
  Bcc_Dist[17], 100.0*Bcc_Dist[17]/Bcc_Cnt);                     u0963
$display("Sprungdistanz = 18 Bit   : %d @ %6.2f",                u0964
  Bcc_Dist[18], 100.0*Bcc_Dist[18]/Bcc_Cnt);                     u0965
$display("Sprungdistanz = 19 Bit   : %d @ %6.2f",                u0966
  Bcc_Dist[19], 100.0*Bcc_Dist[19]/Bcc_Cnt);                     u0967
$display("SRIS PC                  : %d", SRIS_Cnt);            u0968
                                                                 u0969
$display;                                                        u0970
$display("ALU-Auswertung");                                      u0971
$display("--------------");                                      u0972
$display("ALU-Instruktionen        : %d", Ins_ALU);             u0973
$display("ALU-Immediate            : %d", ALU_Cnt);             u0974
$display("Immediatebreite = 0 Bit  : %d @ %6.2f",                u0975
  ALU_Imm[0], 100.0*ALU_Imm[0]/ALU_Cnt);                         u0976
$display("Immediatebreite = 1 Bit  : %d @ %6.2f",                u0977
```

```verilog
      ALU_Imm[1], 100.0*ALU_Imm[1]/ALU_Cnt);                          u0978
$display("Immediatebreite = 2 Bit  : %d @ %6.2f",                     u0979
   ALU_Imm[2], 100.0*ALU_Imm[2]/ALU_Cnt);                             u0980
$display("Immediatebreite = 3 Bit  : %d @ %6.2f",                     u0981
   ALU_Imm[3], 100.0*ALU_Imm[3]/ALU_Cnt);                             u0982
$display("Immediatebreite = 4 Bit  : %d @ %6.2f",                     u0983
   ALU_Imm[4], 100.0*ALU_Imm[4]/ALU_Cnt);                             u0984
$display("Immediatebreite = 5 Bit  : %d @ %6.2f",                     u0985
   ALU_Imm[5], 100.0*ALU_Imm[5]/ALU_Cnt);                             u0986
$display("Immediatebreite = 6 Bit  : %d @ %6.2f",                     u0987
   ALU_Imm[6], 100.0*ALU_Imm[6]/ALU_Cnt);                             u0988
$display("Immediatebreite = 7 Bit  : %d @ %6.2f",                     u0989
   ALU_Imm[7], 100.0*ALU_Imm[7]/ALU_Cnt);                             u0990
$display("Immediatebreite = 8 Bit  : %d @ %6.2f",                     u0991
   ALU_Imm[8], 100.0*ALU_Imm[8]/ALU_Cnt);                             u0992
$display("Immediatebreite = 9 Bit  : %d @ %6.2f",                     u0993
   ALU_Imm[9], 100.0*ALU_Imm[9]/ALU_Cnt);                             u0994
$display("Immediatebreite = 10 Bit : %d @ %6.2f",                     u0995
   ALU_Imm[10], 100.0*ALU_Imm[10]/ALU_Cnt);                           u0996
$display("Immediatebreite = 11 Bit : %d @ %6.2f",                     u0997
   ALU_Imm[11], 100.0*ALU_Imm[11]/ALU_Cnt);                           u0998
$display("Immediatebreite = 12 Bit : %d @ %6.2f",                     u0999
   ALU_Imm[12], 100.0*ALU_Imm[12]/ALU_Cnt);                           u1000
$display("Immediatebreite = 13 Bit : %d @ %6.2f",                     u1001
   ALU_Imm[13], 100.0*ALU_Imm[13]/ALU_Cnt);                           u1002
$display("Immediatebreite = 14 Bit : %d @ %6.2f",                     u1003
   ALU_Imm[14], 100.0*ALU_Imm[14]/ALU_Cnt);                           u1004
$display("Flag-veraendernde Instr. : %d @ %6.2f Prozent",             u1005
   Ins_Flag, 100.0*Ins_Flag/Ins_ALU);                                u1006
$display("NOP (XOR R00,R00,R00)     : %d", NOP_Cnt);                  u1007
                                                                      u1008
$display;                                                             u1009
$display("MA-Auswertung");                                            u1010
$display("-------------");                                            u1011
$display("MACC                      : %d", Ins_MA);                   u1012
$display("MACC Immediate            : %d", MA_I_Cnt);                 u1013
$display("Zugriffsdistanz = 0 Bit  : %d @ %6.2f",                     u1014
   MACC_Dist[0], 100.0*MACC_Dist[0]/MA_I_Cnt);                        u1015
$display("Zugriffsdistanz = 1 Bit  : %d @ %6.2f",                     u1016
   MACC_Dist[1], 100.0*MACC_Dist[1]/MA_I_Cnt);                        u1017
$display("Zugriffsdistanz = 2 Bit  : %d @ %6.2f",                     u1018
   MACC_Dist[2], 100.0*MACC_Dist[2]/MA_I_Cnt);                        u1019
$display("Zugriffsdistanz = 3 Bit  : %d @ %6.2f",                     u1020
   MACC_Dist[3], 100.0*MACC_Dist[3]/MA_I_Cnt);                        u1021
$display("Zugriffsdistanz = 4 Bit  : %d @ %6.2f",                     u1022
   MACC_Dist[4], 100.0*MACC_Dist[4]/MA_I_Cnt);                        u1023
$display("Zugriffsdistanz = 5 Bit  : %d @ %6.2f",                     u1024
   MACC_Dist[5], 100.0*MACC_Dist[5]/MA_I_Cnt);                        u1025
$display("Zugriffsdistanz = 6 Bit  : %d @ %6.2f",                     u1026
   MACC_Dist[6], 100.0*MACC_Dist[6]/MA_I_Cnt);                        u1027
$display("Zugriffsdistanz = 7 Bit  : %d @ %6.2f",                     u1028
   MACC_Dist[7], 100.0*MACC_Dist[7]/MA_I_Cnt);                        u1029
$display("Zugriffsdistanz = 8 Bit  : %d @ %6.2f",                     u1030
   MACC_Dist[8], 100.0*MACC_Dist[8]/MA_I_Cnt);                        u1031
$display("Zugriffsdistanz = 9 Bit  : %d @ %6.2f",                     u1032
   MACC_Dist[9], 100.0*MACC_Dist[9]/MA_I_Cnt);                        u1033
$display("Zugriffsdistanz = 10 Bit : %d @ %6.2f",                     u1034
   MACC_Dist[10], 100.0*MACC_Dist[10]/MA_I_Cnt);                      u1035
$display("Zugriffsdistanz = 11 Bit : %d @ %6.2f",                     u1036
   MACC_Dist[11], 100.0*MACC_Dist[11]/MA_I_Cnt);                      u1037
$display("Zugriffsdistanz = 12 Bit : %d @ %6.2f",                     u1038
   MACC_Dist[12], 100.0*MACC_Dist[12]/MA_I_Cnt);                      u1039
$display("Zugriffsdistanz = 13 Bit : %d @ %6.2f",                     u1040
   MACC_Dist[13], 100.0*MACC_Dist[13]/MA_I_Cnt);                      u1041
$display("Zugriffsdistanz = 14 Bit : %d @ %6.2f",                     u1042
   MACC_Dist[14], 100.0*MACC_Dist[14]/MA_I_Cnt);                      u1043
$display("(LDUB+LDUD)/(LDSB+LDSD)   : %d @ %6.2f Prozent",            u1044
   MNE_LDUB+MNE_LDUD+MNE_LDSB+MNE_LDSD,                               u1045
   100.0*(MNE_LDUB+MNE_LDUD)/(MNE_LDUB+MNE_LDUD));                    u1046
$display("ST.* RD,RS1,RS2           : %d", St_Cnt);                   u1047
                                                                      u1048
$display;                                                             u1049
$display("Instruktionsuebersicht");                                  u1050
$display("----------------------");                                  u1051
$display("AND      : %d", MNE_AND);                                   u1052
$display("AND_F    : %d", MNE_AND_F);                                 u1053
$display("OR       : %d", MNE_OR);                                    u1054
$display("OR_F     : %d", MNE_OR_F);                                  u1055
$display("XOR      : %d", MNE_XOR);                                   u1056
$display("XOR_F    : %d", MNE_XOR_F);                                 u1057
$display("LSL      : %d", MNE_LSL);                                   u1058
$display("LSL_F    : %d", MNE_LSL_F);                                 u1059
```

```
      $display("LSR       : %d", MNE_LSR);                          u1060
      $display("LSR_F     : %d", MNE_LSR_F);                        u1061
      $display("ASR       : %d", MNE_ASR);                          u1062
      $display("ASR_F     : %d", MNE_ASR_F);                        u1063
      $display("ROT       : %d", MNE_ROT);                          u1064
      $display("ROT_F     : %d", MNE_ROT_F);                        u1065
      $display("ADD       : %d", MNE_ADD);                          u1066
      $display("ADD_F     : %d", MNE_ADD_F);                        u1067
      $display("ADDC      : %d", MNE_ADDC);                         u1068
      $display("ADDC_F    : %d", MNE_ADDC_F);                       u1069
      $display("SUB       : %d", MNE_SUB);                          u1070
      $display("SUB_F     : %d", MNE_SUB_F);                        u1071
      $display("SUBC      : %d", MNE_SUBC);                         u1072
      $display("SUBC_F    : %d", MNE_SUBC_F);                       u1073
      $display("MUL       : %d", MNE_MUL);                          u1074
      $display("MUL_F     : %d", MNE_MUL_F);                        u1075
      $display("DIV       : %d", MNE_DIV);                          u1076
      $display("DIV_F     : %d", MNE_DIV_F);                        u1077
      $display("BGT       : %d", MNE_BGT);                          u1078
      $display("BGT_A     : %d", MNE_BGT_A);                        u1079
      $display("BLE       : %d", MNE_BLE);                          u1080
      $display("BLE_A     : %d", MNE_BLE_A);                        u1081
      $display("BGE       : %d", MNE_BGE);                          u1082
      $display("BGE_A     : %d", MNE_BGE_A);                        u1083
      $display("BLT       : %d", MNE_BLT);                          u1084
      $display("BLT_A     : %d", MNE_BLT_A);                        u1085
      $display("BHI       : %d", MNE_BHI);                          u1086
      $display("BHI_A     : %d", MNE_BHI_A);                        u1087
      $display("BLS       : %d", MNE_BLS);                          u1088
      $display("BLS_A     : %d", MNE_BLS_A);                        u1089
      $display("BPL       : %d", MNE_BPL);                          u1090
      $display("BPL_A     : %d", MNE_BPL_A);                        u1091
      $display("BMI       : %d", MNE_BMI);                          u1092
      $display("BMI_A     : %d", MNE_BMI_A);                        u1093
      $display("BNE       : %d", MNE_BNE);                          u1094
      $display("BNE_A     : %d", MNE_BNE_A);                        u1095
      $display("BEQ       : %d", MNE_BEQ);                          u1096
      $display("BEQ_A     : %d", MNE_BEQ_A);                        u1097
      $display("BVC       : %d", MNE_BVC);                          u1098
      $display("BVC_A     : %d", MNE_BVC_A);                        u1099
      $display("BVS       : %d", MNE_BVS);                          u1100
      $display("BVS_A     : %d", MNE_BVS_A);                        u1101
      $display("BCC       : %d", MNE_BCC);                          u1102
      $display("BCC_A     : %d", MNE_BCC_A);                        u1103
      $display("BCS       : %d", MNE_BCS);                          u1104
      $display("BCS_A     : %d", MNE_BCS_A);                        u1105
      $display("BT        : %d", MNE_BT);                           u1106
      $display("BT_A      : %d", MNE_BT_A);                         u1107
      $display("BF        : %d", MNE_BF);                           u1108
      $display("BF_A      : %d", MNE_BF_A);                         u1109
      $display("RETI      : %d", MNE_RETI);                         u1110
      $display("SWI       : %d", MNE_SWI);                          u1111
      $display("HALT      : %d", MNE_HALT);                         u1112
      $display("CALL      : %d", MNE_CALL);                         u1113
      $display("LDUB   8  : %d", MNE_LDUB);                         u1114
      $display("LDUD  16  : %d", MNE_LDUD);                         u1115
      $display("LDUQ  32  : %d", MNE_LDUQ);                         u1116
      $display("LDSB   8  : %d", MNE_LDSB);                         u1117
      $display("LDSD  16  : %d", MNE_LDSD);                         u1118
      $display("LDSQ  32  : %d", MNE_LDSQ);                         u1119
      $display("STB    8  : %d", MNE_STB);                          u1120
      $display("STD   16  : %d", MNE_STD);                          u1121
      $display("STQ   32  : %d", MNE_STQ);                          u1122
      $display("SWP       : %d", MNE_SWP);                          u1123
      $display("LDH       : %d", MNE_LDH);                          u1124
      $display("CLC       : %d", MNE_CLC);                          u1125
      $display("LRFS      : %d", MNE_LRFS);                         u1126
      $display("SRIS      : %d", MNE_SRIS);                         u1127
      $display("UNKNOWN : %d", MNE_UNKNOWN);                        u1128
    end //if if                                                    u1129
  //end of forever                                                 u1130
 //end of if                                                       u1131
join//of initial                                                   u1132
                                                                   u1133
function [8:1] source;                                             u1134
  input [1:0] SCODE;                                               u1135
  begin                                                            u1136
    case(SCODE)                                                    u1137
      2'b00: source = "?";                                         u1138
      2'b01: source = "B";                                         u1139
      2'b10: source = "M";                                         u1140
      2'b11: source = "R";                                         u1141
```

```
    endcase                                                      u1142
  end                                                            u1143
endfunction                                                      u1144
                                                                 u1145
function [5*8:1] mnemonic;                                       u1146
  input [31:0] INSTR;                                            u1147
  begin                                                          u1148
    casez(INSTR[31:19])                                          u1149
      13'b0100000??????: mnemonic = "AND";                       u1150
      13'b0100001??????: mnemonic = "AND.F";                     u1151
      13'b0100010??????: mnemonic = "OR";                        u1152
      13'b0100011??????: mnemonic = "OR.F";                      u1153
      13'b0100100??????: mnemonic = "XOR";                       u1154
      13'b0100101??????: mnemonic = "XOR.F";                     u1155
      13'b0101000??????: mnemonic = "LSL";                       u1156
      13'b0101001??????: mnemonic = "LSL.F";                     u1157
      13'b0101010??????: mnemonic = "LSR";                       u1158
      13'b0101011??????: mnemonic = "LSR.F";                     u1159
      13'b0101100??????: mnemonic = "ASR";                       u1160
      13'b0101101??????: mnemonic = "ASR.F";                     u1161
      13'b0101110??????: mnemonic = "ROT";                       u1162
      13'b0101111??????: mnemonic = "ROT.F";                     u1163
      13'b0110000??????: mnemonic = "ADD";                       u1164
      13'b0110001??????: mnemonic = "ADD.F";                     u1165
      13'b0110010??????: mnemonic = "ADDC";                      u1166
      13'b0110011??????: mnemonic = "ADDC.F";                    u1167
      13'b0110100??????: mnemonic = "SUB";                       u1168
      13'b0110101??????: mnemonic = "SUB.F";                     u1169
      13'b0110110??????: mnemonic = "SUBC";                      u1170
      13'b0110111??????: mnemonic = "SUBC.F";                    u1171
      13'b0111100??????: mnemonic = "MUL";                       u1172
      13'b0111101??????: mnemonic = "MUL.F";                     u1173
      13'b0111110??????: mnemonic = "DIV";                       u1174
      13'b0111111??????: mnemonic = "DIV.F";                     u1175
      13'b1111110000110: mnemonic = "BGT";                       u1176
      13'b1111110010110: mnemonic = "BGT.A";                     u1177
      13'b1111110001110: mnemonic = "BLE";                       u1178
      13'b1111110011110: mnemonic = "BLE.A";                     u1179
      13'b1111110000101: mnemonic = "BGE";                       u1180
      13'b1111110010101: mnemonic = "BGE.A";                     u1181
      13'b1111110001101: mnemonic = "BLT";                       u1182
      13'b1111110011101: mnemonic = "BLT.A";                     u1183
      13'b1111110000011: mnemonic = "BHI";                       u1184
      13'b1111110010011: mnemonic = "BHI.A";                     u1185
      13'b1111110001011: mnemonic = "BLS";                       u1186
      13'b1111110011011: mnemonic = "BLS.A";                     u1187
      13'b1111110000010: mnemonic = "BPL";                       u1188
      13'b1111110010010: mnemonic = "BPL.A";                     u1189
      13'b1111110001010: mnemonic = "BMI";                       u1190
      13'b1111110011010: mnemonic = "BMI.A";                     u1191
      13'b1111110000000: mnemonic = "BNE";                       u1192
      13'b1111110010000: mnemonic = "BNE.A";                     u1193
      13'b1111110001000: mnemonic = "BEQ";                       u1194
      13'b1111110011000: mnemonic = "BEQ.A";                     u1195
      13'b1111110000100: mnemonic = "BVC";                       u1196
      13'b1111110010100: mnemonic = "BVC.A";                     u1197
      13'b1111110001100: mnemonic = "BVS";                       u1198
      13'b1111110011100: mnemonic = "BVS.A";                     u1199
      13'b1111110000001: mnemonic = "BCC";                       u1200
      13'b1111110010001: mnemonic = "BCC.A";                     u1201
      13'b1111110001001: mnemonic = "BCS";                       u1202
      13'b1111110011001: mnemonic = "BCS.A";                     u1203
      13'b1111110001111: mnemonic = "BT";                        u1204
      13'b1111110011111: mnemonic = "BT.A";                      u1205
      13'b1111110000111: mnemonic = "BF";                        u1206
      13'b1111110010111: mnemonic = "BF.A";                      u1207
      13'b1111111110?????: mnemonic = "RETI";                    u1208
      13'b111111101?????: mnemonic = "SWI";                      u1209
      13'b111111111?????: mnemonic = "HALT";                     u1210
      13'b10???????????: mnemonic = "CALL";                      u1211
      13'b00000??????????: mnemonic = "LDUB";                    u1212
      13'b00001?0??????: mnemonic = "LDUD";                      u1213
      13'b00001?1??????: mnemonic = "LDUQ";                      u1214
      13'b00010???????: mnemonic = "LDSB";                       u1215
      13'b00011?0??????: mnemonic = "LDSD";                      u1216
      13'b00011?1??????: mnemonic = "LDSQ";                      u1217
      13'b00100????????: mnemonic = "STB";                       u1218
      13'b00101?0??????: mnemonic = "STD";                       u1219
      13'b00101?1??????: mnemonic = "STQ";                       u1220
      13'b00011?????????: mnemonic = "SWP";                      u1221
      13'b111100000?????: mnemonic = "LDH";                      u1222
      13'b111100111?????: mnemonic = "CLC";                      u1223
```

```
        13'b11101010?????: mnemonic = "LRFS";                                    u1224
        13'b11101011?????: mnemonic = "SRIS";                                    u1225
        default: mnemonic = "?????";                                             u1226
      endcase                                                                    u1227
    end                                                                          u1228
  endfunction                                                                    u1229
                                                                                 u1230
endmodule // trace                                                               u1231
```

Bild 4.73 Die Statistik TRACE

4.7.10.3   Die Speicher- und Registerausgabe DUMP

```
//----------------------------------------------------------------------  v0000
//                                                                        v0001
// DUMP                                                                   v0002
//                                                                        v0003
// Speicher- und Register-Dump                                            v0004
//                                                                        v0005
//----------------------------------------------------------------------  v0006
//                                                                        v0007
module RISC2_Dump;                                                        v0008
                                                                          v0009
    //                                                                    v0010
    // Die folgenden Parameter entsprechen den defines in TEST, wurden    v0011
    // aber zusaetzlich eingefuehrt, um die Einstellungen waehrend der Laufzeit  v0012
    // des Programms aendern zu koennen, z.B. "RISC2_Dump.DUMP=0;".       v0013
    //                                                                    v0014
    parameter DUMP    = `DUMP;                                            v0015
    parameter STEP    = `STEP;                                            v0016
    parameter EXTRACE = `EXTRACE;                                         v0017
    parameter MEMDUMP = `MEMDUMP;                                         v0018
    parameter REGDUMP = `REGDUMP;                                         v0019
    parameter BTCDUMP = `BTCDUMP;                                         v0020
    parameter MPCDUMP = `MPCDUMP;                                         v0021
    parameter MDUMPLO = `MDUMPLO;                                         v0022
    parameter MDUMPHI = `MDUMPHI;                                         v0023
                                                                          v0024
    //                                                                    v0025
    // die folgenden Wires dienen als Testabgriffe fuer die               v0026
    // benoetigten Prozessorsignale                                       v0027
    //                                                                    v0028
    wire [31:0] INSTR    = system.CHIP.I_BUS;                             v0029
    wire [31:0] C3_BUS   = system.CHIP.C3_BUS;                           v0030
    wire [31:0] C4_BUS   = system.CHIP.C4_BUS;                           v0031
    wire [31:0] ID_PC    = {system.CHIP.PCU.PC_ID, 2'b00};              v0032
    wire [31:0] RPC      = {system.CHIP.PCU.RPC, 2'b00};                v0033
    wire [31:0] VBR      = {system.CHIP.PCU.VBR, 8'b00000000};          v0034
    wire [31:0] HWI_RPC  = {system.CHIP.PCU.HWIRPC, 2'b00};             v0035
    wire [31:0] EXC_RPC  = {system.CHIP.PCU.EXCRPC, 2'b00};             v0036
    wire [31:0] SWI_RPC  = {system.CHIP.PCU.SWIRPC, 2'b00};             v0037
    wire [31:0] HWI_ADR  = system.CHIP.PCU.HWIADR;                       v0038
    wire [31:0] EXC_ADR  = system.CHIP.PCU.EXCADR;                       v0039
    wire [31:0] MAU_WD   = system.CHIP.MAU_WRITE_DATA;                   v0040
    wire [ 7:0] HWI_SR   = system.CHIP.PCU.HWISR;                        v0041
    wire [ 7:0] EXC_SR   = system.CHIP.PCU.EXCSR;                        v0042
    wire [ 7:0] SWI_SR   = system.CHIP.PCU.SWISR;                        v0043
    wire [ 5:0] RADR_C3  = system.CHIP.FRU.REG_ADDR_C3;                 v0044
    wire [ 5:0] RADR_C4  = system.CHIP.FRU.REG_ADDR_C4;                 v0045
    wire [ 3:0] FLAGS    = system.CHIP.PCU.FLAGS;                        v0046
    wire [ 3:0] STATE    = system.CHIP.PCU.EX_STATUS[7:4];             v0047
    wire [ 2:0] MAU_AM   = system.CHIP.MAU_ACC_MODE3;                   v0048
    wire [ 2:0] MAU_OP   = system.CHIP.MAU_OPCODE3;                     v0049
    wire        CP       = system.CHIP.CP;                               v0050
    wire        nRESET   = system.CHIP.nRESET;                           v0051
    wire        WORK_PIP = system.CHIP.STEP;                             v0052
    wire        WORK_ID  = system.CHIP.WORK_ID;                          v0053
    wire        WORK_EX  = system.CHIP.WORK_EX;                          v0054
    wire        WORK_MA  = system.CHIP.WORK_MA;                          v0055
    wire        WORK_WB  = system.CHIP.WORK_WB;                          v0056
    wire        DO_HALT  = system.CHIP.DO_HALT;                          v0057
                                                                          v0058
                                                                          v0059
    //                                                                    v0060
    // Die hier definierten Register werden zur Speicherung und zur       v0061
    // pipeline-synchronen Verzoegerung von Signalen benutzt, die zum     v0062
    // benoetigten Zeitpunkt nicht mehr aus dem Prozessor abgegriffen     v0063
    // werden koennen.                                                    v0064
    //                                                                    v0065
    reg [31:0] ID_INSTR,                                                  v0065
               EX_INSTR,                                                  v0066
               MA_INSTR;                                                  v0067
    reg [31:0] EX_PC;                                                     v0068
    reg [31:0] EX_RPC;                                                    v0069
    reg [31:0] EX_VBR;                                                    v0070
    reg [31:0] EX_HWIRPC;                                                 v0071
    reg [31:0] EX_EXCRPC;                                                 v0072
    reg [31:0] EX_SWIRPC;                                                 v0073
    reg [31:0] EX_HWIADR;                                                 v0074
    reg [31:0] EX_EXCADR;                                                 v0075
```

```verilog
reg  [31:0] MA_ADDR;                                              v0076
reg  [ 7:0] EX_HWISR;                                             v0077
reg  [ 7:0] EX_EXCSR;                                             v0078
reg  [ 7:0] EX_SWISR;                                             v0079
reg  [ 2:0] MA_MOP;                                               vC080
reg  [ 2:0] MA_MAM;                                               v0081
reg         EX_HALT,                                              v0082
            MA_HALT,                                              v0083
            WB_HALT;                                              v0084
                                                                 v0085
//                                                               v0086
//  Dieses Statusregister informiert die Dump-Routinen ueber den v0087
//  Arbeitszustand des Prozessors.                               v0088
//                                                               v0089
reg  [1:0] STATUS;                                               v0090
`define RESET    2'b00                                           v0091
`define STARTED  2'b01                                           v0092
`define WORKING  2'b10                                           v0093
`define HALTED   2'b11                                           v0094
                                                                 v0095
integer STEP_COUNTER;                                            v0096
                                                                 v0097
//                                                               v0098
// nach dem RESET-Vorgang Anfangs-Dump ausgeben und              v0099
// waehrend des RESET-Vorgangs die Dump-Verwaltung initialisieren v0100
//                                                               v0101
always @(posedge CP) begin                                       v0102
  if (nRESET == 1'b1) begin                                      v0103
    if (STATUS == `RESET) begin                                  v0104
      if (DUMP) begin                                            v0105
        $display("RISC2 - System Dump");                         v0106
        $display("Executing program: %s", `PROGRAM);             v0107
        $display("System state: RESET");                         v0108
      end                                                        v0109
      if (DUMP & MEMDUMP) Dump_Memory;                           v0110
      if (DUMP & REGDUMP) Dump_Registers;                        v0111
      if (DUMP & BTCDUMP) Dump_BT_Cache;                         v0112
      if (DUMP & MPCDUMP) Dump_MP_Cache;                         v0113
      STATUS = `STARTED;                                         v0114
    end                                                          v0115
    else if (STATUS == `STARTED) STATUS = `WORKING;              v0116
  end                                                            v0117
  else begin                                                     v0118
    STATUS = `RESET;                                             v0119
    STEP_COUNTER = 0;                                            v0120
    EX_HALT = 1'b0;                                              v0121
    MA_HALT = 1'b0;                                              v0122
    WB_HALT = 1'b0;                                              v0123
  end                                                            v0124
end                                                              v0125
                                                                 v0126
//                                                               v0127
// fuer jeden Befehl, der die EX-Stufe passiert hat, einen Dump ausgeben; v0128
// benoetige Daten, die im Prozessor nach der EX-Stufe nicht mehr v0129
// verfuegbar sind, werden in einer eigenen Pipleline, die synchron zu v0130
// der Prozessor-Pipeline arbeitet, gespeichert                  v0131
//                                                               v0132
always @(posedge CP) begin                                       v0133
  if (STATUS == `WORKING) begin                                  v0134
    if (WORK_PIP) begin                                          v0135
      STEP_COUNTER = STEP_COUNTER + 1;                           v0136
      if (DUMP & EXTRACE) begin                                  v0137
        $write("Processor step %0d completed, ", STEP_COUNTER);  v0138
        $display("new system state: Working");                   v0139
      end                                                        v0140
      if (DUMP & EXTRACE & MEMDUMP) Dump_Memory;                 v0141
      if (DUMP & EXTRACE & REGDUMP) Dump_Registers;              v0142
      if (DUMP & EXTRACE & BTCDUMP) Dump_BT_Cache;               v0143
      if (DUMP & EXTRACE & MPCDUMP) Dump_MP_Cache;               v0144
    end                                                          v0145
    if (WORK_WB) begin                                           v0146
      WB_HALT = MA_HALT;                                         v0147
    end                                                          v0148
    if (WORK_MA) begin                                           v0149
      MA_INSTR = EX_INSTR;                                       v0150
      MA_HALT  = EX_HALT;                                        v0151
      MA_ADDR  = C3_BUS;                                         v0152
      MA_MOP   = MAU_OP;                                         v0153
      MA_MAM   = MAU_AM;                                         v0154
    end                                                          v0155
    if (WORK_EX) begin                                           v0156
      EX_INSTR  = ID_INSTR;                                      v0157
```

```
      EX_PC       = ID_PC;                                                    v0158
      EX_RPC      = RPC;                                                      v0159
      EX_VBR      = VBR;                                                      v0160
      EX_HWIRPC   = HWI_RPC;                                                  v0161
      EX_EXCRPC   = EXC_RPC;                                                  v0162
      EX_SWIRPC   = SWI_RPC;                                                  v0163
      EX_HWIADR   = HWI_ADR;                                                  v0164
      EX_EXCADR   = EXC_ADR;                                                  v0165
      EX_HWISR    = HWI_SR;                                                   v0166
      EX_EXCSR    = EXC_SR;                                                   v0167
      EX_SWISR    = SWI_SR;                                                   v0168
      EX_HALT     = DO_HALT;                                                  v0169
    end                                                                      v0170
    if (WORK_ID) begin                                                       v0171
      ID_INSTR = INSTR;                                                      v0172
    end                                                                      v0173
    if (WORK_PIP & DUMP & STEP) $stop;                                       v0174
  end                                                                        v0175
end                                                                          v0176
                                                                             v0177
//                                                                           v0178
// wenn die HALT-Instruktion die gesamte Pipeline durchlaufen hat            v0179
// und der Prozessor steht, Abschluss-Dump ausgeben                         v0180
//                                                                           v0181
always @(WB_HALT) begin                                                      v0182
  if (WB_HALT && (STATUS == `WORKING)) begin                                v0183
    STATUS = `HALTED;                                                       v0184
    if (DUMP) begin                                                         v0185
      $write("Processor step %0d completed, ", STEP_COUNTER);               v0186
      $display("new system state: Halted");                                 v0187
    end                                                                      v0188
    if (DUMP & MEMDUMP) Dump_Memory;                                        v0189
    if (DUMP & REGDUMP) Dump_Registers;                                     v0190
    if (DUMP & BTCDUMP) Dump_BT_Cache;                                      v0191
    if (DUMP & MPCDUMP) Dump_MP_Cache;                                      v0192
  end                                                                        v0193
end                                                                          v0194
                                                                             v0195
//                                                                           v0196
// Speicher-Dump des wortweise adressierten Speichers in system.RAM          v0197
// von MDUMPLO bis MDUMPHI byte-weise ausgeben;                             v0198
// MDUMPLO wird, wenn dies nicht der Fall sein sollte, auf                   v0199
// Seitengrenzen (1 Seite = 256 Byte) justiert                             v0200
//                                                                           v0201
task Dump_Memory;                                                            v0202
  reg [31:0] B_ADDR,            // Byte-Adresse fuer Anzeige                 v0203
             MEM_WORD;          // aus dem Speicher gelesenes Datum           v0204
  reg [29:0] W_ADDR;            // Wortadresse fuer Speicherzugriff           v0205
  integer    INDEX;             // Byte-Index innerhalb einer Dump-Zeile      v0206
begin                                                                        v0207
  $display(" -System Memory:");                                             v0208
  MDUMPLO = MDUMPLO & 32'hffffff00;                                         v0209
  for (B_ADDR = MDUMPLO; B_ADDR < MDUMPHI; B_ADDR = B_ADDR + 32) begin       v0210
    if (!(B_ADDR & 8'hff)) $display(" Page: %h", B_ADDR[31:8]);             v0211
    $write("  %h: ", B_ADDR[7:0]);                                         v0212
    for (INDEX = 0; INDEX < 32; INDEX = INDEX + 4) begin                     v0213
      W_ADDR = (B_ADDR + INDEX) >> 2;                                       v0214
      MEM_WORD = system.RAM.MEMORY[W_ADDR];                                 v0215
      $write(" %h", MEM_WORD[ 7: 0]);                                       v0216
      $write("%h", MEM_WORD[15: 8]);                                       v0217
      $write("%h", MEM_WORD[23:16]);                                       v0218
      $write("%h", MEM_WORD[31:24]);                                       v0219
    end                                                                      v0220
    $display();                                                             v0221
  end                                                                        v0222
end                                                                          v0223
endtask                                                                      v0224
                                                                             v0225
//                                                                           v0226
// Register-Dump der Prozessorregister anfertigen, deren Inhalt              v0227
// fuer den Befehl in der EX-Stufe relevant ist, und die Instruktion,        v0228
// die gerade in der EX-Stufe bearbeitet wurde, zusammen mit der            v0229
// Adresse, von der sie gefetcht wurde, ausgeben                            v0230
//                                                                           v0231
task Dump_Registers;                                                         v0232
  reg [5:0] BASE;                                                            v0233
  reg [4:0] REGISTER;                                                        v0234
  integer   INDEX;                                                           v0235
begin                                                                        v0236
  $display(" -Processor Registers");                                        v0237
  for (BASE = 0; BASE < 32; BASE = BASE + 4) begin                          v0238
    for (INDEX = 0; INDEX < 4; INDEX = INDEX + 1) begin                     v0239
```

```
      REGISTER = BASE + INDEX;                                              v0240
      if (REGISTER<10) $write("  R0%0d: ", REGISTER);                      v0241
      else              $write("  R%0d: ",  REGISTER);                     v0242
      $write("%h", Read_Register(REGISTER));                               v0243
    end                                                                     v0244
    case(BASE)                                                              v0245
      6'h00: $display("  VBR:    %h", EX_VBR);                             v0246
      6'h04: $display("  HISR:   %b", EX_HWISR);                           v0247
      6'h08: $display("  ECSR:   %b", EX_EXCSR);                           v0248
      6'h0C: $display("  SISR:   %b", EX_SWISR);                           v0249
      6'h10: $display("  HIRPC:  %h", EX_HWIRPC);                          v0250
      6'h14: $display("  ECRPC:  %h", EX_EXCRPC);                          v0251
      6'h18: $display("  SIRPC:  %h", EX_SWIRPC);                          v0252
      6'h1C: $display("  HIADR:  %h", HWI_ADR);                            v0253
    endcase                                                                 v0254
  end                                                                       v0255
  $write("    PC: %h", EX_PC);                                             v0256
  $write("   RPC: %h", EX_RPC);                                            v0257
  $write("    SR: %b%b", STATE, FLAGS);                                    v0258
  $display("            ECADR: %h", EXC_ADR);                             v0259
  $write("  EX-Stage of Pipeline: ");                                     v0260
  if (WORK_MA) Write_Mnemonic(EX_INSTR);                                  v0261
  else $write("empty  ");                                                 v0262
  $display("        KHESNZVC");                                          v0263
  $write("  MA-Stage of Pipeline: ");                                    v0264
  if (WORK_WB) begin                                                      v0265
    Write_Mnemonic(MA_INSTR);                                             v0266
    Dump_MAU_Access;                                                      v0267
  end                                                                      v0268
  else $display("empty");                                                 v0269
end                                                                        v0270
endtask                                                                    v0271
                                                                           v0272
                                                                           v0273
//                                                                         v0274
// Datenregister auslesen, hierbei Forwarding-Effekte beachten             v0275
//                                                                         v0276
function [31:0] Read_Register;                                             v0276
  input [4:0] REGISTER;                                                    v0277
  reg   [5:0] RF_REGID;                                                    v0278
begin                                                                      v0279
  casez({STATE[2], (|STATE[1:0]), REGISTER})                              v0280
    7'b01111??: RF_REGID = {4'b1000, REGISTER[1:0]};  // SWI-Register      v0281
    7'b1?111??: RF_REGID = {4'b1001, REGISTER[1:0]};  // HWI-Register      v0282
    default:    RF_REGID = {1'b0, REGISTER};          // Standard-Register v0283
  endcase                                                                  v0284
  if (RF_REGID == 6'b0) Read_Register = 32'b0;                            v0285
  else if (RF_REGID == RADR_C3) Read_Register = C3_BUS;                   v0286
     else if (RF_REGID == RADR_C4) Read_Register = C4_BUS;               v0287
          else Read_Register = system.CHIP.FRU.REGFILE[RF_REGID];        v0288
end                                                                        v0289
endfunction                                                                v0290
                                                                           v0291
                                                                           v0292
//                                                                         v0293
// Dump des Branch-Target-Cache                                            v0293
//                                                                         v0294
task Dump_BT_Cache;                                                        v0295
  reg [7:0] CACHE_LID;                                                     v0296
begin                                                                      v0297
  $display(" -Branch Target Cache");                                      v0298
  $display("  LN  V  PC        P  Target      DS-OP      DS-MNEM  A  HI  CC");  v0299
  for (CACHE_LID = 0; CACHE_LID < `BTC_SIZE; CACHE_LID = CACHE_LID + 1) begin  v0300
    $write("  %h", CACHE_LID);                                            v0301
    $write("  %b", system.CHIP.IFU.BTC.BCACHE.C_VALID[CACHE_LID]);        v0302
    $write("  %h", {system.CHIP.IFU.BTC.BCACHE.C_PC[CACHE_LID], 2'b00}); v0303
    $write("  %b", system.CHIP.IFU.BTC.BCACHE.C_KU_MODE[CACHE_LID]);     v0304
    $write("  %h", {system.CHIP.IFU.BTC.BCACHE.C_TARGET[CACHE_LID], 2'b00}); v0305
    $write("  %h ", system.CHIP.IFU.BTC.BCACHE.C_DELAYSLOT[CACHE_LID]);  v0306
    Write_Mnemonic(system.CHIP.IFU.BTC.BCACHE.C_DELAYSLOT[CACHE_LID]);   v0307
    $write("  %b", system.CHIP.IFU.BTC.BCACHE.C_ANNULBIT[CACHE_LID]);    v0308
    $write("  %b", system.CHIP.IFU.BTC.BCACHE.C_HIBITS[CACHE_LID]);      v0309
    $display("  %b", system.CHIP.IFU.BTC.BCACHE.C_CCODE[CACHE_LID]);     v0310
  end                                                                      v0311
end                                                                        v0312
endtask                                                                    v0313
                                                                           v0314
                                                                           v0315
//                                                                         v0315
// Dump des Multi-Purpose-Cache                                            v0316
//                                                                         v0317
task Dump_MP_Cache;                                                        v0318
  reg [6:0] CACHE_LID;                                                     v0319
begin                                                                      v0320
  $display(" -Multi Purpose Cache");                                      v0321
```

```
    $display("  LN  V  PC         P  OPCODE    OP-MNEM");            v0322
    for (CACHE_LID = 0; CACHE_LID < `MPC_SIZE; CACHE_LID = CACHE_LID + 1) begin  v0323
      $write("  %h", {CACHE_LID, 1'b0});                            v0324
      $write("  %b", system.CHIP.IFU.MPC.ICACHE.C_VALID2[CACHE_LID]);  v0325
      $write("  %h", {system.CHIP.IFU.MPC.ICACHE.C_PC[CACHE_LID], 3'b000});  v0326
      $write("  %b", system.CHIP.IFU.MPC.ICACHE.C_KU_MODE[CACHE_LID]);  v0327
      $write("  %h ", system.CHIP.IFU.MPC.ICACHE.C_OPCODE2[CACHE_LID]);  v0328
      Write_Mnemonic(system.CHIP.IFU.MPC.ICACHE.C_OPCODE2[CACHE_LID]);  v0329
      $display;                                                    v0330
      $write("  %h", {CACHE_LID, 1'b1});                           v0331
      $write("  %b", system.CHIP.IFU.MPC.ICACHE.C_VALID1[CACHE_LID]);  v0332
      $write("  %h", {system.CHIP.IFU.MPC.ICACHE.C_PC[CACHE_LID], 3'b100});  v0333
      $write("  %b", system.CHIP.IFU.MPC.ICACHE.C_KU_MODE[CACHE_LID]);  v0334
      $write("  %h ", system.CHIP.IFU.MPC.ICACHE.C_OPCODE1[CACHE_LID]);  v0335
      Write_Mnemonic(system.CHIP.IFU.MPC.ICACHE.C_OPCODE1[CACHE_LID]);  v0336
      $display;                                                    v0337
    end                                                            v0338
end                                                                v0339
endtask                                                            v0340
                                                                   v0341
//                                                                 v0342
// Mnemonic des uebergebenen Instruktions-Codes anzeigen           v0343
//                                                                 v0344
task Write_Mnemonic;                                               v0345
  input [31:0] INSTRUCTION;                                        v0346
  casez(INSTRUCTION[31:19])                                        v0347
    13'b0100000??????: $write("AND    ");                          v0348
    13'b0100001??????: $write("AND.F  ");                          v0349
    13'b0100010??????: $write("OR     ");                          v0350
    13'b0100011??????: $write("OR.F   ");                          v0351
    13'b0100100??????: $write("XOR    ");                          v0352
    13'b0100101??????: $write("XOR.F  ");                          v0353
    13'b0101000??????: $write("LSL    ");                          v0354
    13'b0101001??????: $write("LSL.F  ");                          v0355
    13'b0101010??????: $write("LSR    ");                          v0356
    13'b0101011??????: $write("LSR.F  ");                          v0357
    13'b0101100??????: $write("ASR    ");                          v0358
    13'b0101101??????: $write("ASR.F  ");                          v0359
    13'b0101110??????: $write("ROT    ");                          v0360
    13'b0101111??????: $write("ROT.F  ");                          v0361
    13'b0110000??????: $write("ADD    ");                          v0362
    13'b0110001??????: $write("ADD.F  ");                          v0363
    13'b0110010??????: $write("ADDC   ");                          v0364
    13'b0110011??????: $write("ADDC.F ");                          v0365
    13'b0110100??????: $write("SUB    ");                          v0366
    13'b0110101??????: $write("SUB.F  ");                          v0367
    13'b0110110??????: $write("SUBC   ");                          v0368
    13'b0110111??????: $write("SUBC.F ");                          v0369
    13'b0111100??????: $write("MUL    ");                          v0370
    13'b0111101??????: $write("MUL.F  ");                          v0371
    13'b0111110??????: $write("DIV    ");                          v0372
    13'b0111111??????: $write("DIV.F  ");                          v0373
    13'b1111110000110: $write("BGT    ");                          v0374
    13'b1111110010110: $write("BGT.A  ");                          v0375
    13'b1111110001110: $write("BLE    ");                          v0376
    13'b1111110011110: $write("BLE.A  ");                          v0377
    13'b1111110000101: $write("BGE    ");                          v0378
    13'b1111110010101: $write("BGE.A  ");                          v0379
    13'b1111110001101: $write("BLT    ");                          v0380
    13'b1111110011101: $write("BLT.A  ");                          v0381
    13'b1111110000011: $write("BHI    ");                          v0382
    13'b1111110010011: $write("BHI.A  ");                          v0383
    13'b1111110001011: $write("BLS    ");                          v0384
    13'b1111110011011: $write("BLS.A  ");                          v0385
    13'b1111110000010: $write("BPL    ");                          v0386
    13'b1111110010010: $write("BPL.A  ");                          v0387
    13'b1111110001010: $write("BMI    ");                          v0388
    13'b1111110011010: $write("BMI.A  ");                          v0389
    13'b1111110000000: $write("BNE    ");                          v0390
    13'b1111110010000: $write("BNE.A  ");                          v0391
    13'b1111110001000: $write("BEQ    ");                          v0392
    13'b1111110011000: $write("BEQ.A  ");                          v0393
    13'b1111110000100: $write("BVC    ");                          v0394
    13'b1111110010100: $write("BVC.A  ");                          v0395
    13'b1111110001100: $write("BVS    ");                          v0396
    13'b1111110011100: $write("BVS.A  ");                          v0397
    13'b1111110000001: $write("BCC    ");                          v0398
    13'b1111110010001: $write("BCC.A  ");                          v0399
    13'b1111110001001: $write("BCS    ");                          v0400
    13'b1111110011001: $write("BCS.A  ");                          v0401
    13'b1111110001111: $write("BT     ");                          v0402
    13'b1111110011111: $write("BT.A   ");                          v0403
```

```
      13'b1111110000111: $write("BF       ");              v0404
      13'b1111110010111: $write("BF.A     ");              v0405
      13'b11111110?????: $write("RETI     ");              v0406
      13'b11111101?????: $write("SWI      ");              v0407
      13'b11111111?????: $write("HALT     ");              v0408
      13'b10???????????: $write("CALL     ");              v0409
      13'b00001?1??????: $write("LDU      ");              v0410
      13'b00000????????: $write("LDUB     ");              v0411
      13'b00001?0??????: $write("LDUD     ");              v0412
      13'b00001?1??????: $write("LDUQ     ");              v0413
      13'b00011?1??????: $write("LDS      ");              v0414
      13'b00010????????: $write("LDSB     ");              v0415
      13'b00011?0??????: $write("LDSD     ");              v0416
      13'b00011?1??????: $write("LDSQ     ");              v0417
      13'b00101?1??????: $write("ST       ");              v0418
      13'b00100????????: $write("STB      ");              v0419
      13'b00101?0??????: $write("STD      ");              v0420
      13'b00101?1??????: $write("STQ      ");              v0421
      13'b00011?????????: $write("SWP      ");             v0422
      13'b11100000?????: $write("LDH      ");              v0423
      13'b11100111?????: $write("CLC      ");              v0424
      13'b11101010?????: $write("LRFS     ");              v0425
      13'b11101011?????: $write("SRIS     ");              v0426
      default:           $write("illegal");               v0427
   endcase                                                 v0428
endtask                                                    v0429
                                                           v0430
//                                                         v0431
// MAU-Zugriffs-Dump                                       v0432
//                                                         v0433
task Dump_MAU_Access;                                      v0434
begin                                                      v0435
   casez(MA_MOP)                                           v0436
      3'b00??: begin                                       v0437
                 $write(" ADR: %h ", MA_ADDR);             v0438
                 Write_AccSize(MA_MAM);                    v0439
                 $display("%h", C4_BUS);                   v0440
               end                                         v0441
      3'b010:  begin                                       v0442
                 $write(" ADR: %h ", MA_ADDR);             v0443
                 Write_AccSize(MA_MAM);                    v0444
                 $display("%h", MAU_WD);                   v0445
               end                                         v0446
      3'b011:  begin                                       v0447
                 $write(" ADR: %h ", MA_ADDR);             v0448
                 $write("QBYTE ");                         v0449
                 $display("%h <LD ST> %h", C4_BUS, MAU_WD); v0450
               end                                         v0451
      default: $display;                                   v0452
   endcase                                                 v0453
end                                                        v0454
endtask                                                    v0455
                                                           v0456
                                                           v0457
//                                                         v0458
// MAU-Zugriffsbreite ausgeben                             v0459
//                                                         v0460
task Write_AccSize;                                        v0461
   input [2:0] SIZE;                                       v0462
begin                                                      v0463
   casez(SIZE)                                             v0464
      3'b0??: $write("BYTE  ");                            v0465
      3'b1?0: $write("DBYTE ");                            v0466
      3'b1?1: $write("QBYTE ");                            v0467
   endcase                                                 v0468
end                                                        v0469
endtask                                                    v0470
                                                           v0471
endmodule
```

Bild 4.74 Die Speicher- und Registerausgabe DUMP

4.7.10.4   Die Graphikausgabe GRAPHWAVES

```
//-------------------------------------------------------------------  w0000
//                                                                     w0001
// GRAPHWAVES                                                          w0002
//                                                                     w0003
// graphische Ausgabe von Timing-Diagrammen                           w0004
//                                                                     w0005
//-------------------------------------------------------------------  w0006
                                                                       w0007
module graphwaves;                                                     w0008
  reg [5*8:1]    MNE_DATA,                    // Mnenonics Datenbus     w0009
                 MNE_I_BUS;                   // Mnenonics I_BUS        w0010
  integer        STEP_CNT;                    // aktuelle Step-Nummer   w0011
                                                                       w0012
                                                                       w0013
  //                                                                   w0014
  // Step-Zaehler initialisieren                                       w0015
  //                                                                   w0016
  initial begin                                                        w0017
    STEP_CNT = 0;                                                      w0018
  end                                                                  w0019
                                                                       w0020
  //                                                                   w0021
  // Systemzustand akualisieren                                        w0022
  //                                                                   w0023
  always @(posedge system.CP) begin                                    w0024
    if ((system.CHIP.STEP) && (system.nRESET)) begin                   w0025
      STEP_CNT = STEP_CNT + 1;                                         w0026
    end                                                                w0027
  end                                                                  w0028
                                                                       w0029
                                                                       w0030
  //                                                                   w0031
  // Mnenonics IFU_DATA_BUS                                            w0032
  //                                                                   w0033
  always @ (system.CHIP.IFU_DATA_BUS) begin                            w0034
    casez(system.CHIP.IFU_DATA_BUS[31:19])                             w0035
      13'b0100000??????: MNE_DATA = "AND";                             w0036
      13'b0100001??????: MNE_DATA = "AND.F";                           w0037
      13'b0100010??????: MNE_DATA = "OR";                              w0038
      13'b0100011??????: MNE_DATA = "OR.F";                            w0039
      13'b0100100??????: MNE_DATA = "XOR";                             w0040
      13'b0100101??????: MNE_DATA = "XOR.F";                           w0041
      13'b0101000??????: MNE_DATA = "LSL";                             w0042
      13'b0101001??????: MNE_DATA = "LSL.F";                           w0043
      13'b0101010??????: MNE_DATA = "LSR";                             w0044
      13'b0101011??????: MNE_DATA = "LSR.F";                           w0045
      13'b0101100??????: MNE_DATA = "ASR";                             w0046
      13'b0101101??????: MNE_DATA = "ASR.F";                           w0047
      13'b0101110??????: MNE_DATA = "ROT";                             w0048
      13'b0101111??????: MNE_DATA = "ROT.F";                           w0049
      13'b0110000??????: MNE_DATA = "ADD";                             w0050
      13'b0110001??????: MNE_DATA = "ADD.F";                           w0051
      13'b0110010??????: MNE_DATA = "ADDC";                            w0052
      13'b0110011??????: MNE_DATA = "ADDC.F";                          w0053
      13'b0110100??????: MNE_DATA = "SUB";                             w0054
      13'b0110101??????: MNE_DATA = "SUB.F";                           w0055
      13'b0110110??????: MNE_DATA = "SUBC";                            w0056
      13'b0110111??????: MNE_DATA = "SUBC.F";                          w0057
      13'b0111100??????: MNE_DATA = "MUL";                             w0058
      13'b0111101??????: MNE_DATA = "MUL.F";                           w0059
      13'b0111110??????: MNE_DATA = "DIV";                             w0060
      13'b0111111??????: MNE_DATA = "DIV.F";                           w0061
      13'b1111110000110: MNE_DATA = "BGT";                             w0062
      13'b1111110010110: MNE_DATA = "BGT.A";                           w0063
      13'b1111110001110: MNE_DATA = "BLE";                             w0064
      13'b1111110011110: MNE_DATA = "BLE.A";                           w0065
      13'b1111110000101: MNE_DATA = "BGE";                             w0066
      13'b1111110010101: MNE_DATA = "BGE.A";                           w0067
      13'b1111110001101: MNE_DATA = "BLT";                             w0068
      13'b1111110011101: MNE_DATA = "BLT.A";                           w0069
      13'b1111110000011: MNE_DATA = "BHI";                             w0070
      13'b1111110010011: MNE_DATA = "BHI.A";                           w0071
      13'b1111110001011: MNE_DATA = "BLS";                             w0072
      13'b1111110011011: MNE_DATA = "BLS.A";                           w0073
      13'b1111110000010: MNE_DATA = "BPL";                             w0074
      13'b1111110010010: MNE_DATA = "BPL.A";                           w0075
```

```
      13'b1111110001010: MNE_DATA = "BMI";                                       w0076
      13'b1111110011010: MNE_DATA = "BMI.A";                                     w0077
      13'b1111110000000: MNE_DATA = "BNE";                                       w0078
      13'b1111110010000: MNE_DATA = "BNE.A";                                     w0079
      13'b1111110001000: MNE_DATA = "BEQ";                                       w0080
      13'b1111110011000: MNE_DATA = "BEQ.A";                                     w0081
      13'b1111110000100: MNE_DATA = "BVC";                                       w0082
      13'b1111110010100: MNE_DATA = "BVC.A";                                     w0083
      13'b1111110001100: MNE_DATA = "BVS";                                       w0084
      13'b1111110011100: MNE_DATA = "BVS.A";                                     w0085
      13'b1111110000001: MNE_DATA = "BCC";                                       w0086
      13'b1111110010001: MNE_DATA = "BCC.A";                                     w0087
      13'b1111110001001: MNE_DATA = "BCS";                                       w0088
      13'b1111110011001: MNE_DATA = "BCS.A";                                     w0089
      13'b1111110001111: MNE_DATA = "BT";                                        w0090
      13'b1111110011111: MNE_DATA = "BT.A";                                      w0091
      13'b1111110000111: MNE_DATA = "BF";                                        w0092
      13'b1111110010111: MNE_DATA = "BF.A";                                      w0093
      13'b1111111110??????: MNE_DATA = "RETI";                                   w0094
      13'b111111101?????: MNE_DATA = "SWI";                                      w0095
      13'b111111111?????: MNE_DATA = "HALT";                                     w0096
      13'b10??????????: MNE_DATA = "CALL";                                       w0097
      13'b000001?1??????: MNE_DATA = "LDU";                                      w0098
      13'b00000???????: MNE_DATA = "LDUB";                                       w0099
      13'b00001?0??????: MNE_DATA = "LDUD";                                      w0100
      13'b00001?1??????: MNE_DATA = "LDUQ";                                      w0101
      13'b00011?1??????: MNE_DATA = "LDS";                                       w0102
      13'b00010???????: MNE_DATA = "LDSB";                                       w0103
      13'b00011?0??????: MNE_DATA = "LDSD";                                      w0104
      13'b00011?1??????: MNE_DATA = "LDSQ";                                      w0105
      13'b00101?1??????: MNE_DATA = "ST";                                        w0106
      13'b00100???????: MNE_DATA = "STB";                                        w0107
      13'b00101?0??????: MNE_DATA = "STD";                                       w0108
      13'b00101?1??????: MNE_DATA = "STQ";                                       w0109
      13'b0011???????: MNE_DATA = "SWP";                                         w0110
      13'b111000000?????: MNE_DATA = "LDH";                                      w0111
      13'b111001111?????: MNE_DATA = "CLC";                                      w0112
      13'b111101010?????: MNE_DATA = "LRFS";                                     w0113
      13'b'11010011?????: MNE_DATA = "SRIS";                                     w0114
      default:           MNE_DATA = "???";                                       w0115
    endcase                                                                      w0116
end                                                                              w0117
                                                                                 w0118
//                                                                               w0119
// Mnenonics I_BUS                                                               w0120
//                                                                               w0121
always @ (system.CHIP.I_BUS) begin                                              w0122
  casez(system.CHIP.I_BUS[31:19])                                               w0123
      13'b0100000???????: MNE_I_BUS = "AND";                                     w0124
      13'b0100001??????: MNE_I_BUS = "AND.F";                                    w0125
      13'b0100010??????: MNE_I_BUS = "OR";                                       w0126
      13'b0100011??????: MNE_I_BUS = "OR.F";                                     w0127
      13'b0100100??????: MNE_I_BUS = "XOR";                                      w0128
      13'b0100101??????: MNE_I_BUS = "XOR.F";                                    w0129
      13'b0101000??????: MNE_I_BUS = "LSL";                                      w0130
      13'b0101001??????: MNE_I_BUS = "LSL.F";                                    w0131
      13'b0101010??????: MNE_I_BUS = "LSR";                                      w0132
      13'b0101011??????: MNE_I_BUS = "LSR.F";                                    w0133
      13'b0101100??????: MNE_I_BUS = "ASR";                                      w0134
      13'b0101101??????: MNE_I_BUS = "ASR.F";                                    w0135
      13'b0101110??????: MNE_I_BUS = "ROT";                                      w0136
      13'b0101111??????: MNE_I_BUS = "ROT.F";                                    w0137
      13'b0110000??????: MNE_I_BUS = "ADD";                                      w0138
      13'b0110001??????: MNE_I_BUS = "ADD.F";                                    w0139
      13'b0110010??????: MNE_I_BUS = "ADDC";                                     w0140
      13'b0110011??????: MNE_I_BUS = "ADDC.F";                                   w0141
      13'b0110100??????: MNE_I_BUS = "SUB";                                      w0142
      13'b0110101??????: MNE_I_BUS = "SUB.F";                                    w0143
      13'b0110110??????: MNE_I_BUS = "SUBC";                                     w0144
      13'b0110111??????: MNE_I_BUS = "SUBC.F";                                   w0145
      13'b0111100??????: MNE_I_BUS = "MUL";                                      w0146
      13'b0111101??????: MNE_I_BUS = "MUL.F";                                    w0147
      13'b0111110??????: MNE_I_BUS = "DIV";                                      w0148
      13'b0111111??????: MNE_I_BUS = "DIV.F";                                    w0149
      13'b1111110000110: MNE_I_BUS = "BGT";                                      w0150
      13'b1111110010110: MNE_I_BUS = "BGT.A";                                    w0151
      13'b1111110001110: MNE_I_BUS = "BLE";                                      w0152
      13'b1111110011110: MNE_I_BUS = "BLE.A";                                    w0153
      13'b1111110000101: MNE_I_BUS = "BGE";                                      w0154
      13'b1111110010101: MNE_I_BUS = "BGE.A";                                    w0155
      13'b1111110001101: MNE_I_BUS = "BLT";                                      w0156
      13'b1111110011101: MNE_I_BUS = "BLT.A";                                    w0157
```

```verilog
          13'b1111110000011: MNE_I_BUS = "BHI";                          w0158
          13'b1111110010011: MNE_I_BUS = "BHI.A";                        w0159
          13'b1111110001011: MNE_I_BUS = "BLS";                          w0160
          13'b1111110011011: MNE_I_BUS = "BLS.A";                        w0161
          13'b1111110000010: MNE_I_BUS = "BPL";                          w0162
          13'b1111110010010: MNE_I_BUS = "BPL.A";                        w0163
          13'b1111110001010: MNE_I_BUS = "BMI";                          w0164
          13'b1111110011010: MNE_I_BUS = "BMI.A";                        w0165
          13'b1111110000000: MNE_I_BUS = "BNE";                          w0166
          13'b1111110010000: MNE_I_BUS = "BNE.A";                        w0167
          13'b1111110001000: MNE_I_BUS = "BEQ";                          w0168
          13'b1111110011000: MNE_I_BUS = "BEQ.A";                        w0169
          13'b1111110000100: MNE_I_BUS = "BVC";                          w0170
          13'b1111110010100: MNE_I_BUS = "BVC.A";                        w0171
          13'b1111110001100: MNE_I_BUS = "BVS";                          w0172
          13'b1111110011100: MNE_I_BUS = "BVS.A";                        w0173
          13'b1111110000001: MNE_I_BUS = "BCC";                          w0174
          13'b1111110010001: MNE_I_BUS = "BCC.A";                        w0175
          13'b1111110001001: MNE_I_BUS = "BCS";                          w0176
          13'b1111110011001: MNE_I_BUS = "BCS.A";                        w0177
          13'b1111110001111: MNE_I_BUS = "BT";                           w0178
          13'b1111110011111: MNE_I_BUS = "BT.A";                         w0179
          13'b1111110000111: MNE_I_BUS = "BF";                           w0180
          13'b1111110010111: MNE_I_BUS = "BF.A";                         w0181
          13'b11111110?????: MNE_I_BUS = "RETI";                         w0182
          13'b11111101?????: MNE_I_BUS = "SWI";                          w0183
          13'b11111111?????: MNE_I_BUS = "HALT";                         w0184
          13'b10???????????: MNE_I_BUS = "CALL";                         w0185
          13'b00001?1??????: MNE_I_BUS = "LDU";                          w0186
          13'b00000????????: MNE_I_BUS = "LDUB";                         w0187
          13'b00001?0??????: MNE_I_BUS = "LDUD";                         w0188
          13'b00001?1??????: MNE_I_BUS = "LDUQ";                         w0189
          13'b00011?1??????: MNE_I_BUS = "LDS";                          w0190
          13'b00010????????: MNE_I_BUS = "LDSB";                         w0191
          13'b00011?0??????: MNE_I_BUS = "LDSD";                         w0192
          13'b00011?1??????: MNE_I_BUS = "LDSQ";                         w0193
          13'b00101?1??????: MNE_I_BUS = "ST";                           w0194
          13'b00100????????: MNE_I_BUS = "STB";                          w0195
          13'b00101?0??????: MNE_I_BUS = "STD";                          w0196
          13'b00101?1??????: MNE_I_BUS = "STQ";                          w0197
          13'b0011?????????: MNE_I_BUS = "SWP";                          w0198
          13'b111000001????: MNE_I_BUS = "LDH";                          w0199
          13'b111001111?????: MNE_I_BUS = "CLC";                         w0200
          13'b111010101?????: MNE_I_BUS = "LRFS";                        w0201
          13'b111010111?????: MNE_I_BUS = "SRIS";                        w0202
          default:           MNE_I_BUS = "???";                          w0203
        endcase                                                          w0204
  end                                                                    w0205
                                                                         w0206
  //                                                                     w0207
  // Waves                                                               w0208
  //                                                                     w0209
  initial if (`WAVES) begin                                             w0210
    $gr_waves(                                                           w0211
              // Zur allgemeinen Beobachtung des Prozessors benoetige Signale   w0212
              "CP",          system.CHIP.CP,                             w0213
              "nRESET",      system.CHIP.nRESET,                         w0214
              "ADDR    %h",  system.CHIP.ADDR_BUS,                       w0215
              "DATA    %h",  system.CHIP.DATA_BUS,                       w0216
              "ACCMODE%b",   system.CHIP.ACC_MODE,                       w0217
              "FACC",        system.CHIP.FACC,                           w0218
              "RnW",         system.CHIP.RnW,                            w0219
              "nRMW",        system.CHIP.nRMW,                           w0220
              "nMRQ",        system.CHIP.nMRQ,                           w0221
              "nMHS",        system.CHIP.nMHS,                           w0222
              "nIRQ",        system.CHIP.nIRQ,                           w0223
              "nIRA",        system.CHIP.nIRA,                           w0224
              "IRQ_ID %b",   system.CHIP.IRQ_ID,                         w0225
              "KU_MODE",     system.CHIP.KU_MODE,                        w0226
              "nHLT",        system.CHIP.nHLT,                           w0227
              "BUS_PRO",     system.CHIP.BUS_PRO,                        w0228
              "CONFIG %b",   system.CHIP.CONFIG,                         w0229
              "I-BUS   %h",  system.CHIP.I_BUS,                          w0230
              "ID-MNEM%s",   MNE_I_BUS,                                  w0231
              "A-BUS   %h",  system.CHIP.A_BUS,                          w0232
              "B-BUS   %h",  system.CHIP.B_BUS,                          w0233
              "NO_STEP%d",   STEP_CNT,                                   w0234
              "NO_CYCL%d",   system.CYCLE_CNT,                           w0235
                                                                         w0236
              // noch nicht betrachtete BCU-Ausgaenge                    w0237
              "BCU-RDY",     system.CHIP.BCU_READY,                      w0238
              "MAU-RD %h",   system.CHIP.MAU_READ_DATA,                  w0239
```

```
"IFU-DB %h", system.CHIP.IFU_DATA_BUS,                        w0240
"IF-MNEM%s", MNE_DATA,                                        w0241
                                                             w0242
// noch nicht betrachtete PCU-Ausgaenge                      w0243
"SRG-DAT%h", system.CHIP.SREG_DATA,                          w0244
"PC_BUS %h", system.CHIP.PC_BUS,                             w0245
"USE PC",    system.CHIP.USE_PCU_PC,                         w0246
"MAU-AM3%b", system.CHIP.MAU_ACC_MODE3,                      w0247
"MAU-OP3%b", system.CHIP.MAU_OPCODE3,                        w0248
"BCU_ACM%b", system.CHIP.BCU_ACC_MODE,                       w0249
"BCU_ACD%b", system.CHIP.BCU_ACC_DIR,                        w0250
"INTSTAT%b", system.CHIP.INT_STATE,                          w0251
"IF_KUMD",   system.CHIP.IF_KU_MODE,                         w0252
"ID_KUMD",   system.CHIP.ID_KU_MODE,                         w0253
"FLAGS  %b", system.CHIP.FD_FLAGS,                           w0254
"STEP",      system.CHIP.STEP,                               w0255
"WORK_IF",   system.CHIP.WORK_IF,                            w0256
"WORK_FD",   system.CHIP.WORK_FD,                            w0257
"WORK_ID",   system.CHIP.WORK_ID,                            w0258
"WORK_EX",   system.CHIP.WORK_EX,                            w0259
"WORK_MA",   system.CHIP.WORK_MA,                            w0260
"WORK_WB",   system.CHIP.WORK_WB,                            w0261
"KILL_ID",   system.CHIP.KILL_IDU,                           w0262
"LDSTACC",   system.CHIP.LDST_ACC_NOW,                       w0263
"EMERGFT",   system.CHIP.EMERG_FETCH,                        w0264
                                                             w0265
// PCU-Internas                                              w0266
"ACTIVE",    system.CHIP.PCU.WORK_UNIT.ACTIVE,              w0267
"IF-KUMD",   system.CHIP.PCU.IF_KUMODE,                      w0268
"IF-HWI",    system.CHIP.PCU.IF_HWIACT,                      w0269
"IF-EXC",    system.CHIP.PCU.IF_EXCACT,                      w0270
"IF-SWI",    system.CHIP.PCU.IF_SWIACT,                      w0271
"ID-STAT%b", system.CHIP.PCU.ID_STATUS,                      w0272
"RPC    %h", system.CHIP.PCU.RPC,                            w0273
"VBR    %h", system.CHIP.PCU.VBR,                            w0274
"HWISR  %b", system.CHIP.PCU.HWISR,                          w0275
"EXCSR  %b", system.CHIP.PCU.EXCSR,                          w0276
"SWISR  %b", system.CHIP.PCU.SWISR,                          w0277
"HWIRPC %h", system.CHIP.PCU.HWIRPC,                         w0278
"EXCRPC %h", system.CHIP.PCU.EXCRPC,                         w0279
"SWIRPC %h", system.CHIP.PCU.SWIRPC,                         w0280
"HWIADR %h", system.CHIP.PCU.HWIADR,                         w0281
"EXCADR %h", system.CHIP.PCU.EXCADR,                         w0282
"PC_ID  %h", system.CHIP.PCU.PC_ID,                          w0283
"PC_EX  %h", system.CHIP.PCU.PC_EX,                          w0284
"PC_MA  %h", system.CHIP.PCU.PC_MA,                          w0285
"PC_WB  %h", system.CHIP.PCU.PC_WB,                          w0286
"EX-STAT%b", system.CHIP.PCU.EX_STATUS,                      w0287
"MA-STAT%b", system.CHIP.PCU.MA_STATUS,                      w0288
                                                             w0289
// IFU-Ein- und Ausgaenge                                    w0290
"IF DATA%h", system.CHIP.IFU.IFU_DATA_BUS,                   w0291
"IF PC  %h", (system.CHIP.IFU.PC_BUS,2'b0),                  w0292
"IF CONF%b", system.CHIP.IFU.CACHE_MODE,                     w0293
"IF FLAG%b", system.CHIP.IFU.FLAGS_FD,                       w0294
"IF CP",     system.CHIP.IFU.CP,                             w0295
"IF WKIF",   system.CHIP.IFU.WORK_IF,                        w0296
"IF WKID",   system.CHIP.IFU.WORK_FD,                        w0297
"IF CCLR",   system.CHIP.IFU.CCLR,                           w0298
"IF nRES",   system.CHIP.IFU.nRESET,                         w0299
"IF KUMD",   system.CHIP.IFU.KU_MODE,                        w0300
"IF USPC",   system.CHIP.IFU.USE_PCU_PC,                     w0301
"IF NFLG",   system.CHIP.IFU.NEW_FLAGS,                      w0302
"IF LDST",   system.CHIP.IFU.LDST_ACC_NOW,                   w0303
"IF EMFT",   system.CHIP.IFU.EMERG_FETCH,                    w0304
"IF IBUS%h", system.CHIP.IFU.I_BUS,                          w0305
"IF LPC %h", system.CHIP.IFU.LPC,                            w0306
"IF ADDR%h", (system.CHIP.IFU.IFU_ADDR_BUS,2'b0),            w0307
"IF NPC %h", (system.CHIP.IFU.NPC_BUS,2'b0),                 w0308
"IF BMA",    system.CHIP.IFU.BREAK_MEM_ACC,                  w0309
"IF CALL",   system.CHIP.IFU.CALL_NOW,                       w0310
"IF DIDU",   system.CHIP.IFU.DIS_IDU,                        w0311
"IF DALU",   system.CHIP.IFU.DIS_ALU,                        w0312
"IF EXCP",   system.CHIP.IFU.EXCEPT,                         w0313
"IF DS",     system.CHIP.IFU.DS_NOW,                         w0314
"IF FRQ",    system.CHIP.IFU.IFU_FETCH_RQ,                   w0315
                                                             w0316
// IFU-interne Signale                                       w0317
"IF IMNE%s", MNE_I_BUS,                                       w0318
"IF DMNE%s", MNE_DATA,                                        w0319
"SHIFT",     system.CHIP.IFU.SHIFT,                          w0320
"IFU PC %h", system.CHIP.IFU.PC,                             w0321
```

```
"IFU INS%h",  system.CHIP.IFU.INSTR,                      w0322
"ID INS %h",  system.CHIP.IFU.ID_INSTR,                   w0323
"ID BRA",     system.CHIP.IFU.ID_BRANCH,                  w0324
"ID CPC %h",  system.CHIP.IFU.ID_CPC,                     w0325
"ID DIST%h",  system.CHIP.IFU.ID_DIST,                    w0326
"ID CCD %b",  system.CHIP.IFU.ID_CCODE,                   w0327
"ID ANUL",    system.CHIP.IFU.ID_ANNUL,                   w0328
"ID TYPE",    system.CHIP.IFU.ID_TYPE,                    w0329
"ID CTR",     system.CHIP.IFU.ID_CTR,                     w0330
"ID LBRA",    system.CHIP.IFU.ID_LAST_BRANCH,             w0331
"ID LCTR",    system.CHIP.IFU.ID_LAST_CTR,                w0332
"ID ENAB",    system.CHIP.IFU.IDL.ID_ENABLE,              w0333
"BTC DS %h",  system.CHIP.IFU.BTC_DELAYSLOT,              w0334
"BTC HIT%h",  system.CHIP.IFU.BTC_HIT,                    w0335
"BTC PC %h",  system.CHIP.IFU.BTC_PC,                     w0336
"BTC COR",    system.CHIP.IFU.BTC_CORRECT,                w0337
"BTC UL",     system.CHIP.IFU.BTC_USE_LAST,               w0338
"BTC TAK",    system.CHIP.IFU.BTC_TAKEN,                  w0339
"BTC DID",    system.CHIP.IFU.BTC_DIS_IDU,                w0340
"BTC DAL",    system.CHIP.IFU.BTC_DIS_ALU,                w0341
"MPC INS%h",  system.CHIP.IFU.MPC_INSTR,                  w0342
"MPC HIT",    system.CHIP.IFU.MPC_HIT,                    w0343
"BC BRA",     system.CHIP.IFU.BTC.BRANCH,                 w0344
"BC TYPE",    system.CHIP.IFU.BTC.TYPE,                   w0345
"BC CONF%b",  system.CHIP.IFU.BTC.CONFIG,                 w0346
"BC RW",      system.CHIP.IFU.BTC.WnR,                    w0347
"BC UPD",     system.CHIP.IFU.BTC.UPDATE,                 w0348
"BC LTK",     system.CHIP.IFU.BTC.LAST_TAKEN,             w0349
"BC NHI %b",  system.CHIP.IFU.BTC.NEW_HIBITS,             w0350
"BC DS  %h",  system.CHIP.IFU.BTC.BTC_DELAYSLOT,          w0351
"BC TARG%h",  system.CHIP.IFU.BTC.TARGET,                 w0352
"BC HIT",     system.CHIP.IFU.BTC.BTC_HIT,                w0353
"BC ANUL",    system.CHIP.IFU.BTC.ANNUL,                  w0354
"BC HIBI%b",  system.CHIP.IFU.BTC.HIBITS,                 w0355
"BC CCD %b",  system.CHIP.IFU.BTC.CCODE,                  w0356
"BC HTK",     system.CHIP.IFU.BTC.HITAKEN,                w0357
"BC NTK",     system.CHIP.IFU.BTC.NOW_TAKEN,              w0358
"BC LTG %h",  system.CHIP.IFU.BTC.LAST_TARGET,            w0359
"BC LHIT",    system.CHIP.IFU.BTC.LAST_HIT,               w0360
"BC LAN",     system.CHIP.IFU.BTC.LAST_ANNUL,             w0361
"BC LHTK",    system.CHIP.IFU.BTC.LAST_HITAKEN,           w0362
"BC LHIB%b",  system.CHIP.IFU.BTC.LAST_HIBITS,            w0363
"BC LCC %b",  system.CHIP.IFU.BTC.LAST_CCODE,             w0364
"C OPCDE",    system.CHIP.IFU.BTC.BCACHE.OPCODE,          w0365
"C PC",       system.CHIP.IFU.BTC.BCACHE.PC,             w0366
"C PCHT",     system.CHIP.IFU.BTC.BCACHE.PC_HIT,          w0367
"C PCLN %h",  system.CHIP.IFU.BTC.BCACHE.PC_LINE,         w0368
"C LPC",      system.CHIP.IFU.BTC.BCACHE.LPC,             w0369
"C LPCHT",    system.CHIP.IFU.BTC.BCACHE.LPC_HIT,         w0370
"C LPCLN%h",  system.CHIP.IFU.BTC.BCACHE.LPC_LINE,        w0371
"C INVHT",    system.CHIP.IFU.BTC.BCACHE.INVALID_HIT,     w0372
"C INVLN%h",  system.CHIP.IFU.BTC.BCACHE.INVALID_LINE,    w0373
"C KUHT",     system.CHIP.IFU.BTC.BCACHE.KU_HIT,          w0374
"C KULN %h",  system.CHIP.IFU.BTC.BCACHE.KU_LINE,         w0375
"C ANYLN%h",  system.CHIP.IFU.BTC.BCACHE.ANY_LINE,        w0376
"C JPC  %h",  system.CHIP.IFU.BTC.BCACHE.JPC,             w0377
"C CCODE%b",  system.CHIP.IFU.BTC.BCACHE.ID_CCODE,        w0378
"C ANUL",     system.CHIP.IFU.BTC.BCACHE.ID_ANNUL,        w0379
"C TAKEN",    system.CHIP.IFU.BTC.BCACHE.TAKEN,           w0380
"C KUMDE",    system.CHIP.IFU.BTC.BCACHE.KU_MODE,         w0381
"C CCLR",     system.CHIP.IFU.BTC.BCACHE.CCLR,            w0382
"C HIT",      system.CHIP.IFU.BTC.BCACHE.HIT,             w0383
"PC+1   %h",  system.CHIP.IFU.PC_1,                       w0384
"PC+2   %h",  system.CHIP.IFU.PC_2,                       w0385
"LPC    %h",  system.CHIP.IFU.LPC,                        w0386
"LPC+2  %h",  system.CHIP.IFU.LPC_2,                      w0387
"JPC    %h",  system.CHIP.IFU.JPC,                        w0388
"LS_ACC",     system.CHIP.IFU.LDST_ACC,                   w0389
"LAST LS",    system.CHIP.IFU.LAST_LDST,                  w0390
"MPC RW",     system.CHIP.IFU.MPC.ICACHE.WnR,             w0391
"I PC",       system.CHIP.IFU.MPC.ICACHE.PC,              w0392
"I PCHT",     system.CHIP.IFU.MPC.ICACHE.PC_HIT,          w0393
"I PCLN %h",  system.CHIP.IFU.MPC.ICACHE.PC_LINE,         w0394
"I LPC",      system.CHIP.IFU.MPC.ICACHE.LPC,             w0395
"I LPCHT",    system.CHIP.IFU.MPC.ICACHE.LPC_HIT,         w0396
"I LPCLN%h",  system.CHIP.IFU.MPC.ICACHE.LPC_LINE,        w0397
"I INVHT",    system.CHIP.IFU.MPC.ICACHE.INVALID_HIT,     w0398
"I INVLN%h",  system.CHIP.IFU.MPC.ICACHE.INVALID_LINE,    w0399
"I KUHT",     system.CHIP.IFU.MPC.ICACHE.KU_HIT,          w0400
"I KULN %h",  system.CHIP.IFU.MPC.ICACHE.KU_LINE,         w0401
"I ANYLN%h",  system.CHIP.IFU.MPC.ICACHE.ANY_LINE,        w0402
"I KUMDE",    system.CHIP.IFU.MPC.ICACHE.KU_MODE,         w0403
```

```
        "I CCLR",      system.CHIP.IFU.MPC.ICACHE.CCLR,                    w0404
        "I HIT",       system.CHIP.IFU.MPC.ICACHE.HIT,                     w0405
                                                                           w0406
        // noch nicht betrachtete IDU-Ausgaenge                           w0407
        "IMMED  %h",   system.CHIP.IMMEDIATE,                              w0408
        "USE-IMM",     system.CHIP.USE_IMMEDIATE,                          w0409
        "ADDR_A %h",   system.CHIP.ADDR_A,                                 w0410
        "ADDR_B %h",   system.CHIP.ADDR_B,                                 w0411
        "ADDR_C %h",   system.CHIP.ADDR_C,                                 w0412
        "ADDR_D %h",   system.CHIP.ADDR_D,                                 w0413
        "SRG_ADR%h",   system.CHIP.SREG_ADDR,                              w0414
        "SRG_DIR",     system.CHIP.SREG_ACC_DIR,                           w0415
        "USE_SRG",     system.CHIP.USE_SREG_DATA,                          w0416
        "ALU_OPC%h",   system.CHIP.ALU_OPCODE,                             w0417
        "SWI_ID",      system.CHIP.SWI_ID,                                 w0418
        "SWI_RQ",      system.CHIP.SWI_RQ,                                 w0419
        "MAU_AM2%b",   system.CHIP.MAU_ACC_MODE2,                          w0420
        "MAU_OC2%b",   system.CHIP.MAU_OPCODE2,                            w0421
        "EXC-ID %b",   system.CHIP.EXCEPT_ID,                              w0422
        "EXC_RQ",      system.CHIP.EXCEPT_RQ,                              w0423
        "DO_RETI",     system.CHIP.DO_RETI,                                w0424
        "DO_HALT",     system.CHIP.DO_HALT,                                w0425
        "NEWFLGS",     system.CHIP.NEW_FLAGS,                              w0426
        "CCLR",        system.CHIP.CCLR,                                   w0427
                                                                           w0428
        // noch nicht betrachtete ALU-Ausgaenge                           w0429
        "C3_BUS %h",   system.CHIP.C3_BUS,                                 w0430
        "EX_NZVC%B",   system.CHIP.FLAGS_FROM_ALU,                         w0431
                                                                           w0432
        // noch nicht betrachtete MAU-Ausgaenge                           w0433
        "C4_BUS %h",   system.CHIP.C4_BUS,                                 w0434
        "MAU-WD %h",   system.CHIP.MAU_WRITE_DATA,                         w0435
                                                                           w0436
        // noch nicht betrachtete FRU-Ausgaenge                           w0437
        "D_BUS  %h",   system.CHIP.D_BUS,                                  w0438
                                                                           w0439
        // FRU-Internas                                                    w0440
        "C3_ADR %h",   system.CHIP.FRU.REG_ADDR_C3,                        w0441
        "C4_ADR %h",   system.CHIP.FRU.REG_ADDR_C4,                        w0442
        "C5_ADR %h",   system.CHIP.FRU.REG_ADDR_C5,                        w0443
        "R1     %h",   system.CHIP.FRU.REGFILE[1],                         w0444
        "R2     %h",   system.CHIP.FRU.REGFILE[2],                         w0445
        "R3     %h",   system.CHIP.FRU.REGFILE[3],                         w0446
        "R4     %h",   system.CHIP.FRU.REGFILE[4],                         w0447
        "R5     %h",   system.CHIP.FRU.REGFILE[5],                         w0448
        "R6     %h",   system.CHIP.FRU.REGFILE[6],                         w0449
        "R7     %h",   system.CHIP.FRU.REGFILE[7],                         w0450
        "R8     %h",   system.CHIP.FRU.REGFILE[8],                         w0451
        "R9     %h",   system.CHIP.FRU.REGFILE[9],                         w0452
        "R10    %h",   system.CHIP.FRU.REGFILE[10],                        w0453
        "R11    %h",   system.CHIP.FRU.REGFILE[11],                        w0454
        "R12    %h",   system.CHIP.FRU.REGFILE[12],                        w0455
        "R13    %h",   system.CHIP.FRU.REGFILE[13],                        w0456
        "R14    %h",   system.CHIP.FRU.REGFILE[14],                        w0457
        "R15    %h",   system.CHIP.FRU.REGFILE[15],                        w0458
        "R16    %h",   system.CHIP.FRU.REGFILE[16],                        w0459
        "R17    %h",   system.CHIP.FRU.REGFILE[17],                        w0460
        "R18    %h",   system.CHIP.FRU.REGFILE[18],                        w0461
        "R19    %h",   system.CHIP.FRU.REGFILE[19],                        w0462
        "R20    %h",   system.CHIP.FRU.REGFILE[20],                        w0463
        "R21    %h",   system.CHIP.FRU.REGFILE[21],                        w0464
        "R22    %h",   system.CHIP.FRU.REGFILE[22],                        w0465
        "R23    %h",   system.CHIP.FRU.REGFILE[23],                        w0466
        "R24    %h",   system.CHIP.FRU.REGFILE[24],                        w0467
        "R25    %h",   system.CHIP.FRU.REGFILE[25],                        w0468
        "R26    %h",   system.CHIP.FRU.REGFILE[26],                        w0469
        "R27    %h",   system.CHIP.FRU.REGFILE[27],                        w0470
        "R28    %h",   system.CHIP.FRU.REGFILE[28],                        w0471
        "R29    %h",   system.CHIP.FRU.REGFILE[29],                        w0472
        "R30    %h",   system.CHIP.FRU.REGFILE[30],                        w0473
        "R31    %h",   system.CHIP.FRU.REGFILE[31],                        w0474
        "R28SIEC%h",   system.CHIP.FRU.REGFILE[32],                        w0475
        "R29SIEC%h",   system.CHIP.FRU.REGFILE[33],                        w0476
        "R30SIEC%h",   system.CHIP.FRU.REGFILE[34],                        w0477
        "R31SIEC%h",   system.CHIP.FRU.REGFILE[35],                        w0478
        "R28HWI %h",   system.CHIP.FRU.REGFILE[36],                        w0479
        "R29HWI %h",   system.CHIP.FRU.REGFILE[37],                        w0480
        "R30HWI %h",   system.CHIP.FRU.REGFILE[38],                        w0481
        "R31HWI %h",   system.CHIP.FRU.REGFILE[39]);                       w0482
                                                                           w0483
$define_group_waves(1, "CHIP",                                             w0484
        "CP",          "nRESET",      "ADDR  %h", "DATA  %h",              w0485
```

```
        "ACCMODE%b",  "FACC",        "RnW",         "nRMW",          w0486
        "nMRQ",        "nMHS",       "nIRQ",        "nIRA",          w0487
        "IRQ_ID %b",  "KU_MODE",     "nHLT",        "BUS_PRO",       w0488
        "CONFIG %b",  "I-BUS  %h",  "ID-MNEM%s",  "A-BUS   %h",     w0489
        "B-BUS   %h");                                               w0490
                                                                    w0491
$define_group_waves(2, "BCU",                                       w0492
        "CP",          "nRESET",     "BUS_PRO",    "IF BMA    ",    w0493
        "IF FRQ   ",  "BCU_ACM%b",  "BCU_ACD%b",  "IF ADDR%h",     w0494
        "C3_BUS %h",  "ADDR    %h",  "DATA    %h",  "IFU-DB %h",    w0495
        "MAU-RD %h",  "MAU-WD %h",  "BCU-RDY",     "ACCMODE%b",     w0496
        "nHLT",        "nMRQ",       "nRMW",        "RnW",           w0497
        "nMHS");                                                     w0498
                                                                    w0499
                                                                    w0500
$define_group_waves(3, "PCU 1",                                     w0501
        "SRG-DAT%h",  "PC_BUS %h",  "USE_PC",      "MAU-AM3%b",     w0502
        "MAU-OP3%b",  "BCU_ACM%b",  "BCU_ACD%b",  "INTSTAT%b",     w0503
        "IF_KUMD",     "ID_KUMD",    "FLAGS  %b",  "STEP",          w0504
        "WORK_IF",     "WORK_FD",    "WORK_ID",     "WORK_EX",      w0505
        "WORK_MA",     "WORK_WB",    "KILL_ID",     "LDSTACC",      w0506
        "EMERGFT");                                                  w0507
                                                                    w0508
$define_group_waves(4, "PCU 2",                                     w0509
        "ACTIVE",      "IF-KUMD",    "IF-HWI",      "IF-EXC",       w0510
        "IF-SWI",      "ID-STAT%b",  "RPC    %h",  "VBR    %h",     w0511
        "HWISR  %b",  "EXCSR  %b",  "SWISR  %b",  "HWIRPC %h",     w0512
        "EXCRPC %h",  "SWIRPC %h",  "HWIADR %h",  "EXCADR %h",     w0513
        "PC_ID  %h",  "PC_EX  %h",  "PC_MA  %h",  "PC_WB  %h");    w0514
                                                                    w0515
$define_group_waves(5, "IFU in",                                    w0516
        "IF_CP",                                                    w0517
        "IF WKIF",                                                  w0518
        "IF WKID",                                                  w0519
        "IF nRES",                                                  w0520
        "IF CONF%b",                                                w0521
        "IF KUMD",                                                  w0522
        "IF EMFT",                                                  w0523
        "IF USPC",                                                  w0524
        "IF PC  %h",                                                w0525
        "IF NFLG",                                                  w0526
        "IF FLAG%b",                                                w0527
        "IF CCLR",                                                  w0528
        "IF LDST",                                                  w0529
        "IF DATA%h");                                               w0530
                                                                    w0531
$define_group_waves(6, "IFU out",                                   w0532
        "IF_FRQ",                                                   w0533
        "IF ADDR%h",                                                w0534
        "IF IBUS%h",                                                w0535
        "IF NPC %h",                                                w0536
        "IF CALL",                                                  w0537
        "IF DIDU",                                                  w0538
        "IF DALU",                                                  w0539
        "IF BMA",                                                   w0540
        "IF EXCP",                                                  w0541
        "IF DS");                                                   w0542
                                                                    w0543
$define_group_waves(7, "IFU 1",                                     w0544
        "IF_CP",                                                    w0545
        "IF WKIF",                                                  w0546
        "IF WKID",                                                  w0547
        "IF nRES",                                                  w0548
        "IF KUMD",                                                  w0549
        "IF EMFT",                                                  w0550
        "IF USPC",                                                  w0551
        "IF PC  %h",                                                w0552
        "IF NFLG",                                                  w0553
        "IF FLAG%b",                                                w0554
        "IF LDST",                                                  w0555
        "IF FRQ",                                                   w0556
        "IF ADDR%h",                                                w0557
        "IF DMNE%s",                                                w0558
        "IF IMNE%s",                                                w0559
        "IF CALL",                                                  w0560
        "IF DIDU",                                                  w0561
        "IF DALU",                                                  w0562
        "IF BMA",                                                   w0563
        "IF EXCP",                                                  w0564
        "IF DS");                                                   w0565
                                                                    w0566
$define_group_waves(8, "IFU 2",                                     w0567
        "IF_CP",      "IF nRES",     "IF CCLR",
```

```
        "IF DS",      "IF FRQ",      "SHIFT",       "IF BMA",              w0568
        "IF CALL",                                                         w0569
        "PC+1    %h", "PC+2    %h", "LPC     %h", "LPC+2   %h",            w0570
        "JPC     %h",                                                      w0571
        "ID BRA",     "ID CTR",      "ID LBRA",    "ID LCTR",             w0572
        "ID ENAB  ");                                                     w0573
                                                                          w0574
$define_group_waves(9, "IFU 3",                                           w0575
        "IF CP",      "IFU PC %h", "IFU INS%h", "ID INS %h",             w0576
        "ID BRA",     "ID CPC %h", "ID DIST%h", "ID CCD %b",             w0577
        "ID ANUL",    "ID TYPE",   "BTC DS %h", "BTC HIT%h",             w0578
        "BTC PC %h", "BTC COR",    "BTC UL",     "BTC TAK",              w0579
        "BTC DID",    "BTC DAL",    "MPC INS%h", "MPC HIT");             w0580
                                                                          w0581
$define_group_waves(10, "BTC",                                            w0582
        "IF CP",      "BC BRA",     "BC TYPE",    "BC CONF%b",           w0583
        "BC RW",      "BC UPD",     "BC LTK",     "BC NHI %b",           w0584
        "BC DS   %h", "BC TARG%h", "BC HIT",     "BC ANUL",             w0585
        "BC HIBI%b", "BC CCD %b", "BC HTK",      "BC NTK",              w0586
        "BC LTG %h", "BC LHIT",    "BC LAN",                            w0587
        "BC LHTK",    "BC LHIB%b", "BC LCC %b");                        w0588
                                                                          w0589
$define_group_waves(11, "BCACH",                                          w0590
        "IF CP",      "BC RW",      "BC UPD",     "C OPCDE",             w0591
        "C PC",       "C PCHT",     "C PCLN %h", "C LPC",               w0592
        "C LPCHT",    "C LPCLN%h", "C INVHT",    "C INVLN%h",           w0593
        "C KUHT",     "C KULN %h", "C ANYLN%h", "C JPC  %h",           w0594
        "C CCODE%b", "C ANUL",     "C TAKEN",    "C KUMDE",             w0595
        "C HIT");                                                        w0596
                                                                          w0597
$define_group_waves(12, "MPC",                                            w0598
        "IF CP",      "LS_ACC",     "LAST_LS",    "ID INS %h",           w0599
        "MPC RW",     "I PC",       "I PCHT",     "I PCLN %h",           w0600
        "I LPC",      "I LPCHT",    "I LPCLN%h",                         w0601
        "I INVHT",    "I INVLN%h", "I KUHT",     "I KULN %h",           w0602
        "I ANYLN%h", "I KUMDE",    "I CCLR",     "I HIT");              w0603
                                                                          w0604
$define_group_waves(13, "IDU",                                            w0605
        "IMMED  %h", "USE-IMM",    "ADDR_A %h", "ADDR_B %h",           w0606
        "ADDR_C %h", "ADDR_D %h", "SRG_ADR%h", "SRG_DIR",             w0607
        "USE_SRG",    "ALU_OPC%h", "SWI_ID",     "SWI_RQ",              w0608
        "MAU_AM2%b", "MAU_OC2%b", "EXC_ID %b", "EXC_RQ",              w0609
        "DO_RETI",    "DO_HALT",    "NEWFLGS",    "CCLR");                w0610
                                                                          w0611
$define_group_waves(14, "ALU",                                            w0612
        "CP",         "WORK_EX",    "A-BUS  %h", "B-BUS  %h",           w0613
        "ALU_OPC",    "C3_BUS %h", "EX_NZVC%B");                        w0614
                                                                          w0615
$define_group_waves(15, "MAU",                                            w0616
        "CP",         "WORK_MA",    "D_BUS  %h", "C3_BUS %h",           w0617
        "MAU-AM3%b", "MAU-OP3%b", "MAU-RD %h", "MAU-WD %h",           w0618
        "C4_BUS %h");                                                    w0619
                                                                          w0620
$define_group_waves(16, "FRU 1",                                          w0621
        "CP",         "ADDR_A %h", "ADDR_B %h", "ADDR_C %h",           w0622
        "ADDR_D %h", "C3_BUS %h", "C4_BUS %h", "INTSTAT%b",           w0623
        "IMMED  %h", "USE-IMM  ",  "A-BUS  %h", "B-BUS  %h",           w0624
        "D_BUS  %h", "C3_ADR %h", "C4_ADR %h", "C5_ADR %h");           w0625
                                                                          w0626
$define_group_waves(17, "FRU 2",                                          w0627
        "R1      %h", "R2      %h", "R3      %h", "R4      %h",           w0628
        "R5      %h", "R6      %h", "R7      %h", "R8      %h",           w0629
        "R9      %h", "R10     %h", "R11     %h", "R12     %h",           w0630
        "R13     %h", "R14     %h", "R15     %h", "R16     %h");          w0631
                                                                          w0632
$define_group_waves(18, "FRU 3",                                          w0633
        "R17     %h", "R18     %h", "R19     %h", "R20     %h",           w0634
        "R21     %h", "R22     %h", "R23     %h", "R24     %h",           w0635
        "R25     %h", "R26     %h", "R27     %h", "R28     %h",           w0636
        "R29     %h", "R30     %h", "R31     %h");                        w0637
                                                                          w0638
$define_group_waves(19, "FRU 4",                                          w0639
        "R28SIEC%h", "R29SIEC%h", "R30SIEC%h", "R31SIEC%h",           w0640
        "R28HWI %h", "R29HWI %h", "R30HWI %h", "R31HWI %h");           w0641
                                                                          w0642
$define_group_waves(20, "SW-DEB",                                         w0643
        "nIRQ",       "nIRA",       "IRQ_ID %b",                         w0644
        "nRESET",     "nHLT",                                            w0645
        "KU_MODE",    "FACC",       "ACCMODE%b", "nRMW",                w0646
        "nMRQ",       "nMHS",       "DATA   %h", "ADDR   %h",           w0647
        "ID-MNEM%s", "I-BUS  %h", "IF ADDR%h", "NO_STEP%d",           w0648
        "CP",         "A-BUS  %h", "B-BUS  %h", "C3_BUS %h", "C4_BUS %h", w0649
```

```
            "WORK_IF",   "WORK_ID",   "WORK_EX",   "WORK_MA",   "WORK_WB",      w0650
            "WORK_FD",   "EX_NZVC%B", "BTC HIT%h", "NO_CYCL%h");                 w0651
                                                                                w0652
   $gr_waves_memsize(4000000);                                                  w0653
                                                                                w0654
 end                                                                            w0655
endmodule // graphwaves                                                         w0656
```

Bild 4.75 Die Graphikausgabe GRAPHWAVES

4.7.10.5   Die Busüberwachung CHECKBUS

```
//----------------------------------------------------------------------    x0000
//                                                                          x0001
// CHECKBUS                                                                 x0002
//                                                                          x0003
// Dieser Kontrollmodul ueberwacht den Adress- und den Datenbus, ob diese   x0004
// ungueltige Daten enthalten. Es muessen Zusicherungen erfuellt sein, damit x0005
// Hard- und Software einwandfrei arbeiten koennen. Ferner wird das         x0006
// Debuggen unterstuetzt. CHECKBUS laesst sich mit CHK_EN abschalten.       x0007
//                                                                          x0008
//----------------------------------------------------------------------    x0009
//                                                                          x0010
module checkbus;                                                           x0011
  parameter SYNC  = 1;                                                      x0012
  parameter ASYNC = 0;                                                      x0013
//                                                                          x0014
  wire   [31:0] ADDR_BUS = system.ADDR_BUS;       // Systemadressbus        x0015
  wire   [31:0] DATA_BUS = system.CPU_DATA_BUS;   // Systemdatenbus         x0016
  wire   [ 1:0] ACMD     = system.ACMD;           // Zugriffsmodus          x0017
  wire          nMRQ     = system.nMRQ;           // Memory-Request         x0018
  wire          nMHS     = system.nMHS;           // Memory-HandShake       x0019
  wire          CP       = system.CP;             // Takt                   x0020
  wire          BUSPRO   = system.BUSPRO;         // Busprotokollwahl       x0021
//                                                                          x0022
  //                                                                        x0023
  // Sollen die Assertions ueberhaupt aktiviert werden?                     x0024
  //                                                                        x0025
  initial  if (`CHK_EN)  fork                                               x0026
//                                                                          x0027
    //                                                                      x0028
    // ueberpruefen, ob die Werte auf dem Adressbus gueltig sind            x0029
    //                                                                      x0030
    // synchrones Busprotokoll                                              x0031
    //                                                                      x0032
    forever @(ADDR_BUS) begin                                              x0033
      //                                                                    x0034
      // waehrend nMHS=0 muss im sync. Busprotokoll die Adresse gueltig sein x0035
      //                                                                    x0036
      if ((BUSPRO == SYNC) && (nMHS == 0) && (1'bx===^ADDR_BUS)) begin      x0037
        $display(                                                          x0038
          "\nERROR: AddrBus invalid; Addr = %h AcMd=%b  #STEP=%0d\n",       x0039
          ADDR_BUS, ACMD, mctrl.STEP_CNT                                    x0040
        );                                                                 x0041
        if (`CHK_STP_EN == 1) $stop(0);                                    x0042
      end                                                                  x0043
    end //SEQ                                                              x0044
    //                                                                      x0045
    // asynchrones Busprotokoll                                            x0046
    //                                                                      x0047
    forever @(negedge nMRQ) begin                                          x0048
      if (BUSPRO == ASYNC) begin                                           x0049
        //                                                                  x0050
        // bis zur Datenuebergabe muss die Adresse gueltig sein             ::0051
        //                                                                  x0052
        while ((nMRQ != 1) && (nMHS != 1)) begin                           x0053
          if (1'bx===^ADDR_BUS) begin                                      x0054
            $display(                                                      x0055
              "\nERROR: AddrBus invalid; Addr = %h AcMd=%b  #STEP=%0d\n",   x0056
              ADDR_BUS, ACMD, mctrl.STEP_CNT                                x0057
            );                                                             x0058
            if (`CHK_STP_EN == 1) $stop(0);                                x0059
            #1; //Endlos-Schleife vermeiden                                x0060
          end                                                              x0061
          @(ADDR_BUS);                                                     x0062
        end                                                                x0063
      end                                                                  x0064
    end                                                                    x0065
                                                                           x0066
    //                                                                      x0067
    // ueberpruefen, ob die Werte auf dem Datenbus gueltig sind             x0068
    //                                                                      x0069
    // synchrones Busprotokoll                                              x0070
    //                                                                      x0071
    forever @(posedge nMHS) begin                                          x0072
      if (BUSPRO == SYNC) begin                                            x0073
        //                                                                  x0074
        // bei der Datenuebergabe muessen die Daten gueltig sein            x0075
```

```
/;                                                                  x0076
@(posedge CP);                                                      x0077
case (ACMD)                                                         x0078
                                                                    x0079
  2'b00: begin                              // Byte-Zugriff         x0080
    case (ADDR_BUS[1:0])                                            x0081
      2'b00: begin                          // ll-Byte              x0082
        if (1'bx===^DATA_BUS[7:0]) begin                           x0083
          $write("\nWARNING: DataBus invalid: ");                  x0084
          $display(                                                x0085
            "Addr=%h Data=%h AcMd=%b  #STEP=%0d\n",                x0086
            ADDR_BUS, DATA_BUS, ACMD, mctrl.STEP_CNT               x0087
          );                                                       x0088
          if (`CHK_STP_EN == 1) $stop(0);                          x0089
        end                                                        x0090
      end                                                          x0091
      2'b01: begin                          // lh-Byte              x0092
        if (1'bx===^DATA_BUS[15:8]) begin                          x0093
          $write("\nWARNING: DataBus invalid: ");                  x0094
          $display(                                                x0095
            "Addr=%h Data=%h AcMd=%b  #STEP=%0d\n",                x0096
            ADDR_BUS, DATA_BUS, ACMD, mctrl.STEP_CNT               x0097
          );                                                       x0098
          if (`CHK_STP_EN == 1) $stop(0);                          x0099
        end                                                        x0100
      end                                                          x0101
      2'b10: begin                          // hl-Byte              x0102
        if (1'bx===^DATA_BUS[23:16]) begin                         x0103
          $write("\nWARNING: DataBus invalid: ");                  x0104
          $display(                                                x0105
            "Addr=%h Data=%h AcMd=%b  #STEP=%0d\n",                x0106
            ADDR_BUS, DATA_BUS, ACMD, mctrl.STEP_CNT               x0107
          );                                                       x0108
          if (`CHK_STP_EN == 1) $stop(0);                          x0109
        end                                                        x0110
      end                                                          x0111
      2'b11: begin                          // hh-Byte              x0112
        if (1'bx===^DATA_BUS[31:24]) begin                         x0113
          $write("\nWARNING: DataBus invalid: ");                  x0114
          $display(                                                x0115
            "Addr=%h Data=%h AcMd=%b  #STEP=%0d\n",                x0116
            ADDR_BUS, DATA_BUS, ACMD, mctrl.STEP_CNT               x0117
          );                                                       x0118
          if (`CHK_STP_EN == 1) $stop(0);                          x0119
        end                                                        x0120
      end                                                          x0121
    endcase                                                        x0122
  end                                                              x0123
                                                                   x0124
  2'b01: begin                              // Halbwort-Zugriff     x0125
    casez (ADDR_BUS[1:0])                                          x0126
      2'b00: begin                          // l-Halbwort           x0127
        if (1'bx===^DATA_BUS[7:0]) begin                           x0128
          $write("\nWARNING: DataBus invalid: ");                  x0129
          $display(                                                x0130
            "Addr=%h Data=%h AcMd=%b  #STEP=%0d\n",                x0131
            ADDR_BUS, DATA_BUS, ACMD, mctrl.STEP_CNT               x0132
          );                                                       x0133
          if (`CHK_STP_EN == 1) $stop(0);                          x0134
        end                                                        x0135
      end                                                          x0136
      2'b10: begin                          // h-Halbwort           x0137
        if (1'bx===^DATA_BUS[23:16]) begin                         x0138
          $write("\nWARNING: DataBus invalid: ");                  x0139
          $display(                                                x0140
            "Addr=%h Data=%h AcMd=%b  #STEP=%0d\n",                x0141
            ADDR_BUS, DATA_BUS, ACMD, mctrl.STEP_CNT               x0142
          );                                                       x0143
          if (`CHK_STP_EN == 1) $stop(0);                          x0144
        end                                                        x0145
      end                                                          x0146
      2'b?1: begin                          // Fehler               x0147
        $write("\nWARNING: DataBus invalid: ");                    x0148
        $display(                                                  x0149
          "Addr=%h Data=%h AcMd=%b  #STEP=%0d\n",                  x0150
          ADDR_BUS, DATA_BUS, ACMD, mctrl.STEP_CNT                 x0151
        );                                                         x0152
        if (`CHK_STP_EN == 1) $stop(0);                            x0153
      end                                                          x0154
    endcase                                                        x0155
  end                                                              x0156
                                                                   x0157
```

```verilog
      2'b10: begin                               // Wort-Zugriff      x0158
        if (1'bx===^DATA_BUS) begin                                  x0159
          $write("\nWARNING: DataBus invalid: ");                    x0160
          $display(                                                  x0161
            "Addr=%h Data=%h AcMd=%b  #STEP=%0d\n",                  x0162
            ADDR_BUS, DATA_BUS, ACMD, mctrl.STEP_CNT                 x0163
          );                                                         x0164
          if (`CHK_STP_EN == 1) $stop(0);                            x0165
        end                                                          x0166
      end                                                            x0167
                                                                     x0168
    endcase                                                          x0169
  end                                                                x0170
end                                                                  x0171
//                                                                   x0172
// asynchrones Busprotokoll                                          x0173
//                                                                   x0174
forever @(negedge nMRQ) begin                                        x0175
  if (BUSPRO == ASYNC) begin                                         x0176
    // Bei der Datenuebergabe muessen die Daten gueltig sein         x0177
    @(posedge nMHS);                                                 x0178
    if (nMRQ == 0) begin                                             x0179
                                                                     x0180
    case (ACMD)                                                      x0181
                                                                     x0182
      2'b00: begin                               // Byte-Zugriff     x0183
        case (ADDR_BUS[1:0])                                         x0184
          2'b00: begin                           // ll-Byte          x0185
            if (1'bx===^DATA_BUS[7:0]) begin                         x0186
              $write("\nWARNING: DataBus invalid: ");                x0187
              $display(                                              x0188
                "Addr=%h Data=%h AcMd=%b  #STEP=%0d\n",              x0189
                ADDR_BUS, DATA_BUS, ACMD, mctrl.STEP_CNT             x0190
              );                                                     x0191
              if (`CHK_STP_EN == 1) $stop(0);                        x0192
            end                                                      x0193
          end                                                        x0194
          2'b01: begin                           // lh-Byte          x0195
            if (1'bx===^DATA_BUS[15:8]) begin                        x0196
              $write("\nWARNING: DataBus invalid: ");                x0197
              $display(                                              x0198
                "Addr=%h Data=%h AcMd=%b  #STEP=%0d\n",              x0199
                ADDR_BUS, DATA_BUS, ACMD, mctrl.STEP_CNT             x0200
              );                                                     x0201
              if (`CHK_STP_EN == 1) $stop(0);                        x0202
            end                                                      x0203
          end                                                        x0204
          2'b10: begin                           // hl-Byte          x0205
            if (1'bx===^DATA_BUS[23:16]) begin                       x0206
              $write("\nWARNING: DataBus invalid: ");                x0207
              $display(                                              x0208
                "Addr=%h Data=%h AcMd=%b  #STEP=%0d\n",              x0209
                ADDR_BUS, DATA_BUS, ACMD, mctrl.STEP_CNT             x0210
              );                                                     x0211
              if (`CHK_STP_EN == 1) $stop(0);                        x0212
            end                                                      x0213
          end                                                        x0214
          2'b11: begin                           // hh-Byte          x0215
            if (1'bx===^DATA_BUS[31:24]) begin                       x0216
              $write("\nWARNING: DataBus invalid: ");                x0217
              $display(                                              x0218
                "Addr=%h Data=%h AcMd=%b  #STEP=%0d\n",              x0219
                ADDR_BUS, DATA_BUS, ACMD, mctrl.STEP_CNT             x0220
              );                                                     x0221
              if (`CHK_STP_EN == 1) $stop(0);                        x0222
            end                                                      x0223
          end                                                        x0224
        endcase                                                      x0225
      end                                                            x0226
                                                                     x0227
      2'b01: begin                               // Halbwort-Zugriff x0228
        casez (ADDR_BUS[1:0])                                        x0229
          2'b00: begin                           // l-Halbwort       x0230
            if (1'bx===^DATA_BUS[7:0]) begin                         x0231
              $write("\nWARNING: DataBus invalid: ");                x0232
              $display(                                              x0233
                "Addr=%h Data=%h AcMd=%b  #STEP=%0d\n",              x0234
                ADDR_BUS, DATA_BUS, ACMD, mctrl.STEP_CNT             x0235
              );                                                     x0236
              if (`CHK_STP_EN == 1) $stop(0);                        x0237
            end                                                      x0238
          end                                                        x0239
```

```
          2'b10: begin                              // h-Halbwort        x0240
            if (1'bx===^DATA_BUS[23:16]) begin                          x0241
              $write("\nWARNING: DataBus invalid: ");                    x0242
              $display(                                                  x0243
                "Addr=%h Data=%h AcMd=%b  #STEP=%0d\n",                  x0244
                ADDR_BUS, DATA_BUS, ACMD, mctrl.STEP_CNT                 x0245
              );                                                         x0246
              if (`CHK_STP_EN == 1) $stop(0);                            x0247
            end                                                          x0248
          end                                                           x0249
          2'b?1: begin                              // Fehler           x0250
            $write("\nWARNING: DataBus invalid: ");                     x0251
            $display(                                                    x0252
              "Addr=%h Data=%h AcMd=%b  #STEP=%0d\n",                   x0253
              ADDR_BUS, DATA_BUS, ACMD, mctrl.STEP_CNT                  x0254
            );                                                          x0255
            if (`CHK_STP_EN == 1) $stop(0);                             x0256
          end                                                           x0257
        endcase                                                         x0258
      end                                                               x0259
                                                                        x0260
        2'b10: begin                               // Wort-Zugriff      x0261
          if (1'bx===^DATA_BUS) begin                                   x0262
            $write("\nWARNING: DataBus invalid: ");                     x0263
            $display(                                                    x0264
              "Addr=%h Data=%h AcMd=%b  #STEP=%0d\n",                   x0265
              ADDR_BUS, DATA_BUS, ACMD, mctrl.STEP_CNT                  x0266
            );                                                          x0267
            if (`CHK_STP_EN == 1) $stop(0);                             x0268
          end                                                           x0269
        end                                                             x0270
                                                                        x0271
      endcase                                                           x0272
    end                                                                 x0273
   end                                                                  x0274
  end                                                                   x0275
 join                                                                   x0276
endmodule // checkbus                                                   x0277
```

Bild 4.76 Die Busüberwachung CHECKBUS

4.7.10.6   Die Kontrolle MCTRL

```
//----------------------------------------------------------------------  y0000
//                                                                        y0001
// MCTRL (Main-Control)                                                    y0002
//                                                                        y0003
// Dieser Modul zentralisiert immer wiederkehrende Auswertungen. Er zaehlt y0004
// die Takte und Steps und bestimmt das Simulationsende.                   y0005
//                                                                        y0006
//----------------------------------------------------------------------  y0007
                                                                          y0008
module mctrl;                                                             y0009
   reg          DISP_STAT_EVAL,      // Aufforderung zur Ausgabe der Statitik  y0010
                HALT;                // Prozessor haelt                    y0011
                                                                          y0012
   integer      STEP_CNT,            // Anzahl der simulierten Steps       y0013
                CYCLE_CNT;           // Anzahl der simulierten Taktzyklen  y0014
                                                                          y0015
   //                                                                     y0016
   // Initialisierung                                                     y0017
   //                                                                     y0018
   initial begin                                                         y0019
     // Prozessor laeuft los                                              y0020
     HALT = 0;                                                           y0021
                                                                          y0022
     // Zaehler initialisieren                                            y0023
     CYCLE_CNT = 0;                                                      y0024
     STEP_CNT  = 0;                                                      yC025
                                                                          yC026
     // "Melder" zuruecksetzen                                            y0027
     DISP_STAT_EVAL = 0;                                                 y0028
                                                                          y0029
     // Speicher-Dump ausgeben                                            y0030
     if (`MEMDUMP) RISC2_Dump.Dump_Memory;                               y0031
   end                                                                   y0032
                                                                          y0033
   //                                                                     y0034
   // CYCLE- und STEP-Zaehler aktualisieren;                              y0035
   // Simulation nach vorgegebener Anzahl Taktzyklen stoppen              y0036
   //                                                                     y0037
   always @(posedge system.CP) begin                                     y0038
     if (system.CHIP.STEP && system.nRESET) STEP_CNT = STEP_CNT + 1;     y0039
     //                                                                   y0040
     // ist die maximale Simulationszeit abgelaufen?                      y0041
     //                                                                   y0042
     if (CYCLE_CNT <= `MAX_CYCLES)  CYCLE_CNT = CYCLE_CNT + 1;           y0043
     else begin                                                          y0044
       $display("\nTimeout %0d %0d",CYCLE_CNT,`MAX_CYCLES);              y0045
       $stop(2);                                                         y0046
     end                                                                 y0047
                                                                          y0048
     // Hat der Prozessor gestoppt?                                       y0049
     if ((system.CHIP.WORK_IF | system.CHIP.WORK_ID | system.CHIP.WORK_EX |  y0050
          system.CHIP.WORK_MA | system.CHIP.WORK_WB| ~system.CHIP.nRESET |  y0051
          ~system.CHIP.BCU_READY) == 1'b0)                               y0052
     begin                                                               y0053
                                                                          y0054
       // HALT melden                                                     y0055
       HALT = 1;                                                         y0056
                                                                          y0057
       // Eventuell MEM_DUMP ausgeben                                     y0058
       if (`MEMDUMP) #0 RISC2_Dump.Dump_Memory;                          y0059
                                                                          y0060
       // Eventuell Statistikauswertung anfordern                         y0061
       if (`STATISTICS) #0 DISP_STAT_EVAL = 1;                           y0062
                                                                          y0063
       // Simulation stoppen                                              y0064
       if (`WAVES) #0 $stop(2); else #0 $finish(2);                      y0065
                                                                          y0066
     end                                                                 y0067
   end                                                                   y0068
                                                                          y0069
endmodule // mctrl                                                       y0070
```

Bild 4.77 Die Kontrolle MCTRL

5

Das
Gattermodell

Im Einführungsband haben wir bereits umfangreiche Erfahrungen mit dem Gattermodell gesammelt. Es wird aus dem Grobstrukturmodell (Kapitel E7 und 4) synthetisiert. Während das Grobstrukturmodell in kompakter HDL-Form schon alle wesentlichen, auch kleineren Architekturkomponenten und die meisten Signale beschreibt, baut das Gattermodell auf der Bibliothek des Halbleiterherstellers in Abschnitt E8.1 auf. Die Synthese oder Übersetzung des Grobstruktur- in das Gattermodell haben wir im Kapitel E8 ausführlich geübt.

Nun müssen in einem Marathonlauf alle Schematics sinnvoll präsentiert und kommentiert werden. Natürlich ist das Verständnis jeweils entsprechender Teile des Grobstrukturmodells unbedingt nötig. Dabei wird erneut deutlich, welchen entscheidenden Vorteil eine vorherige HDL-Modellierung gegenüber dem direkten Gatterentwurf bietet.

Im Abschnitt 5.1 geben wir zunächst verschiedene Überblicke über die hierarchische Gliederung, in den folgenden drei Abschnitten wird dieser Baum Ebene für Ebene durchlaufen. Die eigentlichen graphischen Schematics sind im letzten Abschnitt 5.5 aufgeführt; die alphabetische Reihenfolge sichert einen schnellen Zugriff.

Selbst ein Experte wird nicht alles der Reihe nach lesen, vielmehr stellen wir uns den Sinn dieser sehr umfangreichen Schematics darin vor, daß der Leser wie in einem Atlas beliebige Reisen durch das Modell ausführt, wobei die Ebenen der Fortbewegungsart entsprechen: Ebene 1 ist dem Fliegen vergleichbar, Ebene 2 dem PKW und Ebene 3 dem Wandern. Weiter wird ein Gesamteindruck vermittelt, welchen Umfang ein realer Prozessorentwurf auf der Gatterebene annehmen kann. Dabei können wir potentiellen Designern den Trost bieten, daß das Gattermodell auf dem Rechner natürlich mit Hilfe leistungsfähiger CAD-Werkzeuge schneller und sicherer zu beherrschen ist als in einem Buch. Davon konnte Abschnitt E8.7 mit ersten Simulationsergebnissen nur einen kleinen Vorgeschmack geben.

5.1   Hierarchische Gliederung

Die Hierarchie des Gattermodells in Bild 5.1 enthält nach dem CHIP auf der ersten Ebene die großen Units wie die IFU oder die PCU auf Ebene 2 und auf der dritten Ebene unter anderem die größeren Komponenten wie den Multi-Purpose-Cache MPC in der IFU. Die Abschnitte 5.2 bis 5.4 orientieren sich im wesentlichen an den Ebenen 1 bis 3, pragmatische Ausnahmen sind jeweils offensichtlich.

Grundsätzlich enthält der Baum nur *Module*, d.h. aus Bibliothekszellen von uns zusammengesetzte Teilschaltungen. Die Bibliothekszellen oder kurz *Zellen* dagegen sind im Baum grundsätzlich nicht enthalten, sondern sind nur in den jeweiligen Schematics in Abschnitt 5.5 plaziert. Es gibt folgende Besonderheiten.

- Die Addierer CFB0220B und CFB0230B und der Shifter CFC1020B sind keine Module, sondern Megazellen der Bibliothek des Halbleiterherstellers (Abschnitte E8.1.10 und E8.1.11). Sie kommen daher nicht als eigenständige Schematics vor.

- Die RAM-Zellen RRkXn, wobei k und n verschiedene Dimensionen bezeichnen, sind ebenfalls Megazellen der Bibliothek (Abschnitt E8.1.12), die daher nicht als eigene Schematics auftauchen.

- Die RAM-Testmultiplexer RTMXn für die RAM-Zellen sind selbst entworfene, „harmlose" Module, die in den Tabellen 5.3 und 5.6 erläutert sind, jedoch nicht bei den Schematics aufgeführt werden.

- Der Testmodul PROCMON ist wiederum eine in Abschnitt E8.1.9 erläuterte Megazelle, die nicht als eigenes Schematic vorkommt.

- Der Pseudomodul SONSTIGES in Bild 5.1 faßt nur für den Leser etliche Module der Ebene 1 zusammen. Diese wünscht der Halbleiterhersteller für eine effiziente Plazierung und Verdrahtung auf der obersten Ebene, obwohl sie logisch tiefer anzusiedeln wären.

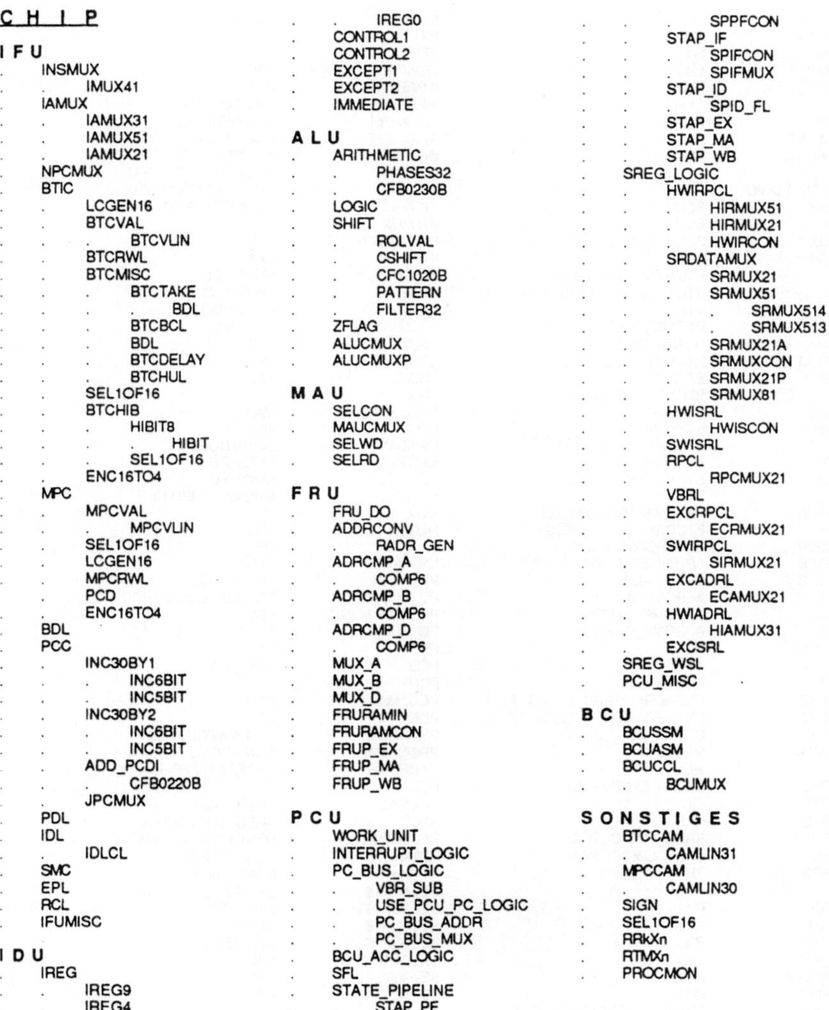

Bild 5.1 Hierarchische Gliederung des Gattermodells CHIP

Um zu jedem beliebigen Modul seinen Kontext leicht finden zu können, ist in Tabelle 5.2 zu jedem alphabetisch sortierten Modul sein Pfad zur Wurzel CHIP angegeben.

Name	Hierarchie
ADD_PCDI	PCC / IFU
ADDRCONV	FRU
ADRCMP_A	FRU
ADRCMP_B	FRU
ADRCMP_D	FRU
ALU	
ALUCMUX	ALU
ALUCMUXP	ALU
ARITHMETIC	ALU
BCU	
BCU_ACC_LOGIC	PCU
BCUASM	BCU
BCUCCL	BCU
BCUMUX	BCUCCL / BCU
BCUSSM	BCU
BDL	BTCMISC / BTIC / IFU
BDL	BTCTAKE / BTCMISC / BTIC / IFU
BDL	IFU
BTCBCL	BTCMISC / BTIC / IFU
BTCCAM	SONSTIGES
BTCDELAY	BTCMISC / BTIC / IFU
BTCHIB	BTIC / IFU
BTCHUL	BTCMISC / BTIC / IFU
BTCMISC	BTIC / IFU
BTCRWL	BTIC / IFU
BTCTAKE	BTCMISC / BTIC / IFU
BTCVAL	BTIC / IFU
BTCVLIN	BTCVAL / BTIC / IFU
BTIC	IFU
CAMLIN30	MPCCAM / SONSTIGES
CAMLIN31	BTCCAM / SONSTIGES
CFB0220B	ADD_PCDI / PCC / IFU
CFB0230B	ARITHMETIC / ALU
CFC1020B	SHIFT / ALU
COMP6	ADRCMP_A / FRU
COMP6	ADRCMP_B / FRU
COMP6	ADRCMP_D / FRU
CONTROL1	IDU
CONTROL2	IDU
CSHIFT	SHIFT / ALU
ECAMUX21	EXCADRL / SREG_LOGIC / PCU
ECRMUX21	EXCRPCL / SREG_LOGIC / PCU
ENC16TO4	BTIC / IFU
ENC16TO4	MPC / IFU
EPL	IFU
EXCADRL	SREG_LOGIC / PCU
EXCEPT1	IDU
EXCEPT2	IDU
EXCRPCL	SREG_LOGIC / PCU
EXCSRL	SREG_LOGIC / PCU
FILTER32	SHIFT / ALU
FRU	
FRU_DO	FRU
FRUP_EX	FRU
FRUP_MA	FRU
FRUP_WB	FRU
FRURAMCON	FRU
FRURAMIN	FRU
HIAMUX31	HWIADRL / SREG_LOGIC / PCU
HIBIT	HIBIT8 / BTCHIB / BTIC / IFU
HIBIT8	BTCHIB / BTIC / IFU
HIRMUX21	HWIRPCL / SREG_LOGIC / PCU
HIRMUX51	HWIRPCL / SREG_LOGIC / PCU
HWIADRL	SREG_LOGIC / PCU
HWIRCON	HWIRPCL / SREG_LOGIC / PCU
HWIRPCL	SREG_LOGIC / PCU
HWISCON	HWISRL / SREG_LOGIC / PCU
HWISRL	SREG_LOGIC / PCU
IAMUX	IFU
IAMUX21	IAMUX / IFU
IAMUX31	IAMUX / IFU
IAMUX51	IAMUX / IFU
IDL	IFU
IDLCL	IDL / IFU
IDU	
IFU	
IFUMISC	IFU
IMMEDIATE	IDU
IMUX41	INSMUX / IFU
INC30BY1	PCC / IFU
INC30BY2	PCC / IFU
INC5BIT	INC30BY1 / PCC / IFU
INC5BIT	INC30BY2 / PCC / IFU
INC6BIT	INC30BY1 / PCC / IFU
INC6BIT	INC30BY2 / PCC / IFU
INSMUX	IFU
INTERRUPT_LOGIC	PCU
IREG	IDU
IREG0	IREG / IDU
IREG4	IREG / IDU
IREG9	IREG / IDU
JPCMUX	PCC / IFU
LCGEN16	BTIC / IFU
LCGEN16	MPC / IFU
LOGIC	ALU
MAU	
MAUCMUX	MAU
MPC	IFU
MPCCAM	SONSTIGES
MPCRWL	MPC / IFU
MPCVAL	MPC / IFU
MPCVLIN	MPCVAL / MPC / IFU
MUX_A	FRU
MUX_B	FRU
MUX_D	FRU
NPCMUX	IFU
PATTERN	SHIFT / ALU
PC_BUS_ADDR	PC_BUS_LOGIC / PCU
PC_BUS_LOGIC	PCU
PC_BUS_MUX	PC_BUS_LOGIC / PCU
PCC	IFU
PCD	MPC / IFU
PCU	
PCU_MISC	PCU
PDL	IFU
PHASES32	ARITHMETIC / ALU
PROCMON	SONSTIGES
RADR_GEN	ADDRCONV / FRU
RCL	IFU
ROLVAL	SHIFT / ALU
RPCL	SREG_LOGIC / PCU
RPCMUX21	RPCL / SREG_LOGIC / PCU
RRkXn	SONSTIGES
RTMXn	SONSTIGES
SEL1OF16	BTCHIB / BTIC / IFU
SEL1OF16	BTIC / IFU
SEL1OF16	MPC / IFU
SEL1OF16	SONSTIGES
SELCON	MAU
SELRD	MAU
SELWD	MAU
SFL	PCU
SHIFT	ALU
SIGN	SONSTIGES
SIRMUX21	SWIRPCL / SREG_LOGIC / PCU
SMC	IFU
SONSTIGES	
SPID_FL	STAP_ID / STATE_PIPELINE / PCU
SPIFCON	STAP_IF / STATE_PIPELINE / PCU
SPIFMUX	STAP_IF / STATE_PIPELINE / PCU
SPPFCON	STAP_PF / STATE_PIPELINE / PCU
SRDATAMUX	SREG_LOGIC / PCU
SREG_LOGIC	PCU
SREG_WSL	PCU
SRMUX21	SRDATAMUX / SREG_LOGIC / PCU
SRMUX21A	SRDATAMUX / SREG_LOGIC / PCU

SRMUX21P	SRDATAMUX / SREG_LOGIC / PCU	STAP_WB	STATE_PIPELINE / PCU
SRMUX51	SRDATAMUX / SREG_LOGIC / PCU	STATE_PIPELINE	PCU
SRMUX513	SRMUX51 / SRDATAMUX / SREG_LOGIC / PCU	SWIRPCL	SREG_LOGIC / PCU
SRMUX514	SRMUX51 / SRDATAMUX / SREG_LOGIC / PCU	SWISRL	SREG_LOGIC / PCU
SRMUX81	SRDATAMUX / SREG_LOGIC / PCU	USE_PCU_PC_LOGIC	PC_BUS_LOGIC / PCU
SRMUXCON	SRDATAMUX / SREG_LOGIC / PCU	VBR_SUB	PC_BUS_LOGIC / PCU
STAP_EX	STATE_PIPELINE / PCU	VBRL	SREG_LOGIC / PCU
STAP_ID	STATE_PIPELINE / PCU	WORK_UNIT	PCU
STAP_IF	STATE_PIPELINE / PCU	ZFLAG	ALU
STAP_MA	STATE_PIPELINE / PCU		
STAP_PF	STATE_PIPELINE / PCU		

Tabelle 5.2 Module mit Pfad zur Wurzel CHIP

Tabelle 5.3 führt zu jedem Kurzbezeichner eines Moduls seinen langen Namen auf, der meist schon Hinweise auf seine Funktion enthält.

ADD_PCDI	Adder-for-PC-Plus-Distance	EXCSRL	Exception-Status-Register-Logic
ADDRCONV	Address-Converter	FILTER32	Shift-Filter
ADRCMP_A	Address-Comparator-for-A-Operand	FRU	Forwarding-and-Register-Unit
ADRCMP_B	Address-Comparator-for-B-Operand	FRU_DO	FRU-DO-Signal-Register
ADRCMP_D	Address-Comparator-for-D-Operand	FRUP_EX	FRU-Pipeline-EX-Stage
ALU	Arithmetic-Logic-Unit	FRUP_MA	FRU-Pipeline-MA-Stage
ALUCMUX	ALU-C_BUS-MUX	FRUP_WB	FRU-Pipeline-WB-Stage
ALUCMUXP	ALU-C_BUS-Power-MUX	FRURAMCON	FRU-RAM-Controller
ARITHMETIC	Arithmetic-Unit	FRURAMIN	FRU-RAM-Input-Latch
BCU	Bus-Control-Unit	HIAMUX31	Hardware-Interrupt-Address-MUX
BCU_ACC_LOGIC	BCU_ACC-Signal-Generator-Logic	HIBIT	History-Bit
BCUASM	BCU-Asynchronous-State-Machine	HIBIT8	History-Bit-Group-of-8
BCUCCL	BCU-Common-Combinatorial-Logic	HIRMUX21	Hardware-Interrupt-Return-PC-MUX21
BCUMUX	BCU-MUX	HIRMUX51	Hardware-Interrupt-Return-PC-MUX51
BCUSSM	BCU-Synchronous-State-Machine	HWIADRL	Hardware-Interrupt-Address-Logic
BDL	Branch-Decision-Logic	HWIRCON	Hardware-Interrupt-Return-PC-Controller
BTCBCL	BTIC-Branch-Correction-Logic		
BTCCAM	BTIC-Content-Address-Memory	HWIRPCL	Hardware-Interrupt-Return-PC-Logic
BTCDELAY	BTIC-Delay-Buffer-Register	HWISCON	Hardware-Interrupt-Status-Controller
BTCHIB	BTIC-History-Bit-Logic	HWISRL	Hardware-Interrupt-Status-Register-Logic
BTCHUL	BTIC-History-Bit-Update-Logic		
BTCMISC	BTIC-Miscellaneous-Logic	IAMUX	IFU-Address-MUX
BTCRWL	BTIC-Read-Write-Logic	IAMUX21	IFU-Address-MUX21
BTCTAKE	BTIC-TAKE-Signal-Generator-Logic	IAMUX31	IFU-Address-MUX31
BTCVAL	BTIC-Valid-Bit-Logic	IAMUX51	IFU-Address-MUX51
BTCVLIN	BTIC-Valid-Bit-Line	IDL	Instruction-Decode-Logic
BTIC	Branch-Target-Cache	IDLCL	IDL-Combinatorial-Logic
CAMLIN30	Content-Address-Memory-Line-of-30-Bits	IDU	Instruction-Decode-Unit
		IFU	Instruction-Fetch-Unit
CAMLIN31	Content-Address-Memory-Line-of-31-Bits	IFUMISC	IFU-Miscellaneous-Logic
		IMMEDIATE	Immediate-Operand-Generator-Logic
CFB0220B	16-Bit-Carry-Select-Adder, Bibliothekszelle (Abschnitt E8.1.10)	IMUX41	Instruction-MUX41
		INC30BY1	Increment-30-Bit-by-1
CFB0230B	32-Bit-Carry-Select-Adder, Bibliothekszelle (Abschnitt E8.1.10)	INC30BY2	Increment-30-Bit-by-2
		INC5BIT	Increment-5-Bit-by-1-controlled
CFC1020B	32-Bit-Barrel-Shifter, Bibliothekszelle (Abschnitt E8.1.11)	INC6BIT	Increment-6-Bit-by-1-controlled
		INSMUX	Instruction-MUX-and-Logic
CHIP	TOOBSIE-Chip	INTERRUPT_LOG	Interrupt-Logic
COMP6	Compare-6-Bits	IREG	Instruction-Register
CONTROL1	Control-Signal-Block1-Generator	IREG0	Instruction-Register-4-Bit-Reset-to-0
CONTROL2	Control-Signal-Block2-Generator	IREG4	Instruction-Register-4-Bit-Reset-to-4
CSHIFT	Shift-Unit-Carry-Signal-Generator	IREG9	Instruction-Register-4-Bit-Reset-to-9
ECAMUX21	Exception-Address-MUX	JPCMUX	Jump-PC-MUX
ECRMUX21	Exception-Return-Address-MUX	LCGEN16	Line-Count-Generator-0-to-15
ENC16TO4	Encoder-from-1-of-16-to-4-Bit	LOGIC	Logic-Unit
EPL	External-PC-Logic	MAU	Memory-Access-Unit
EXCADRL	Exception-Address-Logic	MAUCMUX	MAU-C_BUS-MUX
EXCEPT1	Exception-Signal-Block1-Generator	MPC	Multi-Purpose-Cache
EXCEPT2	Exception-Signal-Block2-Generator	MPCCAM	MPC-Content-Address-Memory
EXCRPCL	Exception-Return-PC-Logic	MPCRWL	MPC-Read-Write-Logic

Kurzname	Langname	Kurzname	Langname
MPCVAL	MPC-Valid-Bit-Logic	SIRMUX21	Software-Interrupt-Return-PC-MUX21
MPCVLIN	MPC-Valid-Bit-Line	SMC	Serial-Mode-Controller
MUX_A	A_BUS-MUX	SPID_FL	Status-Pipeline-ID-Stage-Flags-Logic
MUX_B	B_BUS-MUX	SPIFCON	Status-Pipeline-IF-Stage-Control-Logic
MUX_D	D_BUS-MUX		
NPCMUX	Next-PC-MUX	SPIFMUX	Status-Pipeline-IF-Stage-MUX
PATTERN	Shift-Filter-Pattern-Generator	SPPFCON	Status-Pipeline-Prefetch-Stage-Controller
PC_BUS_ADDR	PC_BUS-Address-Generator		
PC_BUS_LOGIC	PC_BUS-Address-Generator-Logic	SRDATAMUX	Special-Register-Read-Data-MUX
PC_BUS_MUX	PC_BUS-Address-Generator-MUX	SREG_LOGIC	Special-Register-Logic
PCC	PC-Calculator	SREG_WSL	Special-Register-Write-Status-Logic
PCD	PC-to-LPC-Differentiator	SRMUX21	Special-Register-MUX21
PCU	Pipeline-Control-Unit	SRMUX21A	Special-Register-MUX21A
PCU_MISC	PCU-Miscellaneous-Logic	SRMUX21P	Special-Register-MUX21-Power
PDL	Pipeline-Disable-Logic	SRMUX51	Special-Register-MUX51
PHASES32	32-Bit-Inverter-for-B_Operand	SRMUX513	Special-Register-MUX-with-Padding-Logic
PROCMON	Process-Monitor, Bibliothekszelle (Abschnitt E8.1.9)	SRMUX514	Special-Register-MUX-with-Padding-Logic
RADR_GEN	Register-Address-Generator		
RCL	Register-Control-Logic	SRMUX81	Special-Register-MUX81
ROLVAL	Rotate-Left-Value-for-Barrel-Shifter	SRMUXCON	Special-Register-MUX-Controller
RPCL	Return-PC-Logic	STAP_EX	Status-Pipeline-Execute-Stage
RPCMUX21	Return-PC-MUX21	STAP_ID	Status-Pipeline-Instruction-Decode-Stage
RRkXn	RAM-Zellen (Abschnitt E8.1.12)		
RTMX1660	RAM-Test-MUX21-for-Write-Data-of-MPCCAM	STAP_IF	Status-Pipeline-Instruction-Fetch-Stage
RTMX1662	RAM-Test-MUX21-for-Write-Data-of-BTCCAM	STAP_MA	Status-Pipeline-Memory-Access-Stage
RTMX316	RAM-Test-MUX31-for-Read-Data	STAP_PF	Status-Pipeline-Prefetch-Stage
RTMX467	RAM-Test-MUX21-for-Write-Data-of-BTC-RAMs	STAP_WB	Status-Pipeline-Write-Back-Stage
RTMX5132	RAM-Test-MUX51-for-Read-Data	STATE_PIPELINE	Status-Pipeline
RTMX532	RAM-Test-MUX21-for-Write-Data-of-MPC-RAM	SWIRPCL	Software-Interrupt-Return-PC-Logic
RTMX632	RAM-Test-MUX21-for-Write-Data-of-FRU-RAM	SWISRL	Software-Interrupt-Status-Register-Logic
		USE_PCU_PC_LO.	USE_PCU_PC-Signal-Generator-Logic
SEL1OF16	1-of-16-Decoder	VBR_SUB	PC_BUS-Subunit-for-Addresses-Depending-on-VBR
SELCON	Selection-Controller-for-MAU		
SELRD	Select-Read-Data	VBRL	Vector-Base-Register-Logic
SELWD	Select-Write-Data	WORK_UNIT	Work-Signal-Unit
SFL	Status-Forwarding-Logic	ZFLAG	Zero-Flag
SHIFT	Shift-Unit		
SIGN	Signature-Analysis-Register		

Tabelle 5.3 Kurze und lange Namen der Module

Die Beschreibung jedes Moduls in den nächsten drei Abschnitten enthält neben seinen zwei Namen und seiner Funktion Hinweise zu seinem Aufbau; soweit möglich wird der entsprechende VERILOG-Abschnitt des Grobstrukturmodells genannt, und schließlich leitet die Liste seiner Untermodule zu den anschließend beschriebenen Komponenten über. Letztere werden gegebenenfalls im Abschnitt zur nächsttieferen Ebene noch einmal aufgegriffen und verfeinert. Wird ein Modul X mehrfach im selben Modul Y oder dessen direkter Umgebung instanziiert, so erfolgt nur eine einzige Darstellung von X mit entsprechenden Verweisen.

Schließlich knüpft die Tabelle 5.4 an den Abschnitt E8.3 zur automatischen Logiksynthese an und registriert die halb- oder vollautomatisch synthetisierten Module.

automatisch	halbautomatisch
ADDRCONV	EXCADRL
ADRCMP_A	EXCRPCL
ADRCMP_B	EXCSRL
ADRCMP_D	HWIADRL
BCU_ACC_LOGIC	HWIRPCL
BDL	HWISRL
BTCHUL	IFUMISC
CONTROL1	INTERRUPT_LOGIC
CONTROL2	LCGEN16
CSHIFT	RPCL
EXCEPT1	SREG_WSL
EXCEPT2	SWIRPCL
FILTER32	SWISRL
HWIRCON	VBRL
HWISCON	
IDLCL	
LOGIC	
PC_BUS_ADDR	
SELCON	
SPID_FL	
SPIFCON	
SPPFCON	
SRMUX513	
SRMUX514	
SRMUXCON	
USE_PCU_PC_LOGIC	
VBR_SUB	

Tabelle 5.4 Automatisch synthetisierte Module

5.2   Der Prozessor-Chip (Ebene 1)

Genau wie im Grobstrukturmodell wird der Prozessor in seine Units zerlegt. Dagegen wird die Prozessorumgebung auf der Gatterebene zunächst nicht modelliert. Es folgt die Kompaktbeschreibung des Prozessors CHIP, des einzigen Moduls auf Ebene 1, mit den Untermodulen der Ebene 2 und einigen kleineren, darunter liegenden Modulen.

CHIP   **Chip**

Funktion: Implementiert den Prozessor TOOBSIE.

Aufbau: Enthält die Pipeline, die Register-RAMs und die CAM-Zellen mit Testmultiplexern sowie das Signaturanalyseregister, einen Testmodul und Eingangsbuffer und Ausgangstreiber.

Im Grobstrukturmodell: p0000-p0380

Komponenten:

Kurzname	Name Funktion	Ref.
IFU	Instruction-Fetch-Unit Implementiert die IF-Stufe.	U14
IDU	Instruction-Decode-Unit Implementiert die ID-Stufe.	U22
ALU	Arithmetic-Logic-Unit Implementiert die EX-Stufe.	U31
MAU	Memory-Access-Unit Implementiert die MAU-Stufe.	U32
FRU	Forwarding-and-Register-Unit Implementiert die WB-Stufe und die Forwarding-Logik.	U30
PCU	Pipeline-Control-Unit Implementiert die Pipeline-Kontrolle.	U28
BCU	Branch-Control-Unit Implementiert die Speicherschnittstelle BCU.	U35
BTCCAM	BTIC-Content-Address-Memory Address-Assoziativspeicher für BTIC	U21
MPCCAM	MPC-Content-Address-Memory Address-Assoziativspeicher für MPC	U20
SIGN	Signature-Analysis-Register Führt die Signaturanalyse wichtiger Signale durch.	U36
SEL1OF16	1-of-16-Decoder Dekodiert ein 4-Bit-Wort in einen 1-aus-16-Code.	U15
RR16X5	1R-1W-Port-RAM RAM für BTC, 16 x 5 Bit	U26
RR16X30	1R-1W-Port-RAM RAM für BTC, 16 x 30 Bit	U25
RR16X32	1R-1W-Port-RAM RAM für BTC, 16 x 32 Bit	U24
RR32X32	1R-1W-Port-RAM RAM für MPC, 32 x 32 Bit	U23
RR40X32	2R-1W-Port-RAM Mehrzweckregister, 40 x 32 Bit	U29
RRTMn	Test-Multiplexer	
PROCMON	Process-Monitor Testmodul	U44

IFU   **Instruction-Fetch-Unit**

Funktion: Implementiert die IF-Stufe einschließlich MPC und BTC. Dies schließt das Laden neuer Instruktionen und die Verwaltung der Caches, die Vorhersage von Sprungentscheidungen, die Dekodierung von CTR-Befehlen, die Verwaltung des Programmzählers und die Generierung einiger Steuersignale ein.

Aufbau: Enthält beide Caches. Der Modul BTIC implementiert den BTC und liest u.a. die Flags, die einzulagernde Instruktion und die Einlagerungsstrategie. Er gibt u.a. die Sprungadresse und den Inhalt des Delay-Slots aus. Der Modul MPC implementiert den MPC. Er liest u.a. die einzulagernde Instruktion und die Konfiguration der Caches. Der Modul SMC dient zur Generierung neuer Speicherzugriffe. Die Module RCL und PCC enthalten Register. Weiter sind Multiplexermodule für den Instruktionsbus, den Adreßbus und den Programmzähler vorhanden. Der Modul PDL erzeugt Steuersignale für die Pipeline.

Im Grobstrukturmodell: a0000-a2230

Besonderheiten: Die RAMs der Caches sind nicht in der IFU, sondern in CHIP angeordnet.

Komponenten:

Kurzname	Name Funktion	Ref.
INSMUX	Instruction-MUX-and-Logic Selektiert eine Instruktion für den I_BUS.	U11
IAMUX	IFU-Address-MUX Selektiert eine Adresse von der IFU für den nächsten Speicherzugriff.	U9
NPCMUX	Next-PC-MUX Selektiert den nächsten, nach Abschluß eines CALL-/SWI-Aufrufs zu verwendenden PC-Wert.	U10

BTIC	Branch-Target-Instruction-Cache U8 Implementiert den BTC.	
MPC	Multi-Purpose-Cache U7 Implementiert den MPC.	
BDL	Branch-Decision-Logic U6 Fällt eine nichtheuristische Sprungent- scheidung.	
PCC	Program-Counter-Calculator U4 Verwaltet den Programmzähler bzw. die nächste zu ladende Speicheradresse.	
PDL	Pipeline-Disable-Logic U14 Generiert einige Steuersignale für andere Pipeline-Stufen.	
IDL	Instruction-Decode-Logic U3 Dekodiert CTR-Befehle.	
SMC	Serial-Mode-Controller U1 Steuerung von Speicher-Zugriffen von der IFU	
EPL	External-PC-Logic U5 Verwaltet Sprunganforderungen auf extern anliegende PC-Werte wie z.B. bei SRIS-Befehlen.	
RCL	Register-Control-Logic U2 Speichert Steuersignale für die IFU.	
IFUMISC	IFU-Miscellaneous-Logic U15 Implementiert weitere Funktionalität der IFU.	

IDU   Instruction-Decode-Unit

Funktion: Implementiert die Teile der ID-Stufe, die keine CTR-Befehle dekodieren (diese sind im Modul IFU angeordnet). Dazu gehört das Speichern des Instruktionswortes, das Generieren von Kontrollsignalen und das Extrahieren des Immediate-Operanden.

Aufbau: Enthält Register zum Speichern eines Instruktionswortes und von Steuersignalen, den Modul IMMEDIATE zur Generierung des Immediate-Operanden und Module zur Generierung von Steuersignalen.

Im Grobstrukturmodell: b0000-b0404

Komponenten:

Kurzname	Name Funktion	Ref.
IREG	Instruction-Register U1 Speichert ein zu dekodierendes Instruktionswort.	
CONTROL1	Control-Signal-Block1-Generator U8 Generiert Steuersignale.	
CONTROL2	Control-Signal-Block2-Generator U7 Generiert Steuersignale.	
EXCEPT1	Exception-Signal-Block1-Generator U5 Generiert die Nummer der angefor- derten Exception.	
EXCEPT2	Exception-Signal-Block2-Generator U4 Generiert das Anforderungssignal für Exceptions.	

IMMEDIATE	Immediate-Operand-Generator-Logic U6 Generiert den Immediate-Operanden aus einem Instruktionswort.	

ALU   Arithmetic-Logic-Unit

Funktion: Implementiert die EX-Stufe.

Aufbau: Enthält Eingangsregister für Operanden, Operations-Code und Carry-Bit, Logikblöcke zur Ausführung arithmetischer, logischer und Shift-Operationen sowie Multiplexer zur Selektion des Ergebnisses.

Im Grobstrukturmodell: c0000-c0358

Komponenten:

Kurzname	Name Funktion	Ref.
ARITHMETIC	Arithmetic-Unit U6 Ausführung arithmetischer Operationen	
LOGIC	Logic-Unit U5 Ausführung logischer Operationen	
SHIFT	Shift-Unit U4 Ausführung von Shift-Operationen	
ZFLAG	Zero-Flag U11 Generiert das Zero-Flag.	
ALUCMUX	ALU-C_BUS-MUX U7 Selektiert aus den Ergebnissen von LOGIC und SHIFT.	
ALUCMUXP	ALU-C_BUS-Power-MUX U9 Selektiert und treibt das Endergebnis.	

MAU   Memory-Access-Unit

Funktion: Implementierung der Funktionalität der MAU-Pipeline-Stufe; entweder werden Eingangswerte gepuffert, oder es erfolgt die Ausführung eines Speicherzugriffs aufgrund eines LD/ST-Befehls.

Aufbau: Vier Eingangsregister U0-U3 laden die Eingangswerte. Der Modul SELCON steuert die Schreib- und Lesedaten der Selektionsblöcke. SELWD wählt die Schreibdaten aus, SELRD wählt zu lesende Daten aus und führt eine Vorzeichenerweiterung durch. MAUCMUX wählt aus, ob ein zu lesender Wert oder ein gepufferter Wert auf den Ausgangsbus gelegt wird.

Im Grobstrukturmodell: d0000-d0226

Komponenten:

Kurzname	Name Funktion	Ref.
SELCON	Selection-Controller-for-MAU U4 Ansteuerung der Selektionsblöcke	
MAUCMUX	MAU-C_BUS-Multiplexer U7 Auswahl der Daten, die an den C4_BUS gelegt werden	

SELWD	Select-Write-Data U6 Selektion der zu schreibenden Daten	
SELRD	Select-Read-Data U5 Auswahl der zu lesenden Daten und ggf. Vorzeichenerweiterung	

FRUP_MA	FRU-Pipeline-MA_Stage U3 Puffert Daten für die MA-Stufe.	
FRUP_WB	FRU-Pipeline-WA_Stage U4 Puffert Daten für die WB-Stufe.	

FRU — Forwarding-and-Register-Unit

Funktion: Bereitstellung der Operanden, Puffern von Daten und Adressen für die EX- und die MAU-Stufe. Implementiert außer den Mehrzweckregistern die WB-Stufe und verwaltet die Schattenregister für Interrupts.

Aufbau: Enthält drei Module für die FRU-Pipeline-Stufe, einen Adreßkonverter zur Bestimmung der effektiven Registeradressen, drei Adreßkomparatoren für das Forwarding, drei Multiplexer zur Auswahl von Daten für die Datenbusse sowie Module zur Ansteuerung des Registerfeldes. Die Module FRUP_EX, FRUP_MA und FRUP_WB bilden parallel zu der normalen eine weitere Pipeline, die Daten und Adressen für die EX-, MA und WB-Stufe bereitstellt.

Im Grobstrukturmodell: e0000-e0487, jedoch ohne das eigentliche Registerfeld

Komponenten:

Kurzname	Name Funktion	Ref.
FRU_DO	FRU_DO-Signal-Register Pufferung der WORK-Signale für EX, MA und WB	U1
ADDRCONV	Address-Converter Berechnung der effektiven Adresse bei Schattenregistern	U0
ADRCMP_A	Address-Comparator-for-A-Operand Forwarding-Vergleich mit Adresse des A-Operanden	U6
ADRCMP_B	Address-Comparator-for-B-Operand Forwarding-Vergleich mit Adresse des B-Operanden	U5
ADRCMP_D	Address-Comparator-for-D-Operand Forwarding-Vergleich mit Adresse des D-Operanden	U7
MUX_A	A_BUS-Multiplexer Stellt die Daten für den A_BUS bereit.	U12
MUX_B	B_BUS-Multiplexer Stellt die Daten für den B_BUS bereit.	U11
MUX_D	D_BUS-Multiplexer Stellt die Daten für den D_BUS bereit.	U13
FRURAMIN	FRU-RAM-Input-Latch Puffert gelesene Daten aus dem Registerfeld.	U9
FRURAMCON	FRU-RAM-Controller Steuert das Registerfeld an.	U8
FRUP_EX	FRU-Pipeline-EX_Stage Puffert Daten für die EX-Stufe.	U2

PCU — Pipeline-Control-Unit

Funktion: Implementiert die Pipeline-Kontrolle des Prozessors. Dazu gehören die Ansteuerung der Pipeline-Stufen, die Verwaltung der Interrupts einschließlich des Prozessorstatus und die Verwaltung der Spezialregister.

Aufbau: Enthält die WORK_UNIT zur Generierung der WORK-Signale, die INTERRUPT_LOGIC zur Verwaltung der Interrupts, die mit der STATE_PIPELINE zur Verwaltung des Prozessorstatus verbunden ist. Dazu dient auch der Modul SFL, der eine Forwarding-Logik für Statusinformationen bereitstellt. Die Spezialregister werden in den Modulen SREG_WSL und SREG_LOGIC verwaltet. BCU_ACC_LOGIC generiert Steuersignale für die BCU. PC_BUS_LOGIC ist mit der INTERRUPT_LOGIC verbunden und stellt ggf. eine PC-Anforderung zur Verfügung. Weitere Logik ist in PCU_MISC enthalten.

Im Grobstrukturmodell: f0000-f1133

Komponenten:

Kurzname	Name Funktion	Ref.
WORK_UNIT	Work-Signal-Unit Generierung der Work-Signale	U2
INTERRUPT_L.	Interrupt-Logic Verwaltung der Interrupts	U0
PC_BUS_LOGIC	PC_BUS_Address-Generator-Logic Generiert den PC-Wert für externe PC- Anforderungen.	U8
BCU_ACC_L	BCU_ACC-Signal-Generator-Logic Generiert die Signale BCU_ACC_ MODE, BCU_ACC_DIR und SYS_ KUMODE.	U6
SFL	Status-Forwarding-Logic Forwarding-Logik für Statusinforma- tionen	U4
STATE_PIPEL.	State-Pipeline Verwaltet den Prozessorstatus für jede Pipeline-Stufe.	U3
SREG_LOGIC	Special-Register-Logic Verwaltung der Spezialregister	U5
SREG_WSL	Special-Register-Write-Status-Logic Steuert Schreibzugriffe auf das Status- register.	U1
PCU_MISC	PCU-Miscellaneous-Logic Sonstige Funktionalität	U7

BCU   Bus-Control-Unit

Funktion: Steuert den Speicherbus mit den Zugriffs-arten des Prozessors.

Aufbau: Drei Untermodule implementieren Bus-protokolle und Treiber. BCUASM steuert die asynchronen Buszugriffe, BCUSSM die synchronen Buszugriffe und BCUCCL die Datenbus- und die Adreßbustreiber.

Im Grobstrukturmodell: g0000-g0353

Besonderheiten: Im Grobstrukturmodell ist keine eindeutige Zuordnung zu BCUASM und BCUSSM möglich.

Komponenten:

Kurzname	Name Funktion	Ref.
BCUSSM	Bus-Control-Unit- Synchronous-State-Machine Implementierung des synchronen Bus-Protokolls	U3
BCUASM	Bus-Control-Unit- Asynchronous-State-Machine Implementierung des asynchronen Bus-Protokolls	U4
BCUCCL	Bus-Control-Unit- Combinatorial-Logic Auswahl der Bus-Adresse und An-steuerung der Datenbustreiber	U16

BTCCAM   BTIC-Content-Address-Memory

Funktion: Implementiert den CAM-Teil des BTIC-Speichers.

Aufbau: Enthält 16 Module CAMLIN31.

Im Grobstrukturmodell: a0704-a0806

Besonderheiten: Im Grobstrukturmodell ist der BTCCAM nur auf der Verhaltensebene modelliert.

Komponenten:

Kurzname	Name Funktion	Ref.
CAMLIN31	Content-Address-Memory- Line-of-31-Bit Implementiert den TAG-Teil einer BTIC-Zeile.	U1

CAMLIN31   Content-Address-Memory-
Line-of-31-Bit

Funktion: Implementiert den TAG-Teil einer BTIC-Zeile.

Aufbau: Enthält Register für ein 31 Bit breites Wort und Kombinatorik zum Vergleich des Inhalts mit einem Prüfwort.

MPCCAM   MPC-Content-Address-Memory

Funktion: Implementiert den CAM-Teil des MPC-Speichers.

Aufbau: Enthält 16 Module CAMLIN30.

Im Grobstrukturmodell: a1415-a1492

Besonderheiten: Im Grobstrukturmodell ist MPCCAM nur auf der Verhaltensebene modelliert.

Komponenten:

Kurzname	Name Funktion	Ref.
CAMLIN30	Content-Address-Memory- Line-of-30-Bit Implementiert den TAG-Teil einer MPC-Zeile.	U1

CAMLIN30   Content-Address-Memory-Line-
of-30-Bit

Funktion: Implementiert den TAG-Teil einer MPC-Zeile.

Aufbau: Enthält Register für ein 30 Bit breites Wort und Kombinatorik zum Vergleich des Inhalts mit einem Prüfwort.

SIGN   Signature-Analysis-Register

Funktion: Führt eine Signaturanalyse wichtiger Signale in CHIP durch.

Aufbau: Kombinatorik und ein 107 Bit breites Register, in das rückgekoppelte Werte und zu testende Eingangssignale gespeist werden. Zum Treiben des Registers werden große Treiberstärken benötigt, die von den Bibliothekszellen BUF107 (U15, U14) zur Verfügung gestellt werden.

Besonderheiten: Im Gobstrukturmodell nicht implementiert.

SEL1OF16   1-of-16-Decoder

Funktion: Dekodiert ein 4-Bit-Wort in einen 1-aus-16-Code.

Aufbau: Kombinatorik

5.3 Die Pipeline-Stufen (Ebene 2)

In diesem Abschnitt werden die Pipeline-Units zerlegt. Je nach Komplexität werden alle Untermodule der Hierarchie aufgeführt oder in den Abschnitt zur Ebene 3 ausgelagert.

5.3.1 Die Instruction-Fetch-Unit IFU

IFU   **Instruction-Fetch-Unit**

Funktion: Implementiert die IF-Stufe einschließlich MPC und BTC. Dies schließt das Laden neuer Instruktionen und die Verwaltung der Caches, die Vorhersage von Sprungentscheidungen, die Dekodierung von CTR-Befehlen, die Verwaltung des Programmzählers und die Generierung einiger Steuersignale ein.

Aufbau: Enthält beide Caches. Der Modul BTIC implementiert den BTC des Grobstrukturmodells (der Name BTC ist in der Gatterbibliothek bereits vergeben). Er liest u.a. die Flags, die einzulagernde Instruktion und die Einlagerungsstrategie. Er gibt u.a. die Sprungadresse und den Inhalt des Delay-Slots aus. Der Modul MPC implementiert den MPC. Er liest u.a. die einzulagernde Instruktion und die Konfiguration der Caches. Der Modul SMC dient zur Generierung neuer Speicherzugriffe. Die Module RCL und PCC enthalten Register. Weiter sind Multiplexermodule für den Instruktionsbus, den Adreßbus und den Programmzähler vorhanden. Der Modul PDL erzeugt Steuersignale für die Pipeline. In Abschnitt 5.4 werden PCC, MPC und BTIC im einzelnen erläutert.

Im Grobstrukturmodell: a0000-a2230

Besonderheiten: Die RAMs der Caches sind nicht in der IFU, sondern in CHIP angeordnet.

Komponenten:

Kurzname	Name Funktion	Ref.
INSMUX	Instruction-MUX-and-Logic Selektiert eine Instruktion für den I_BUS.	U11
IAMUX	IFU-Address-MUX Selektiert eine Adresse von der IFU für den nächsten Speicherzugriff.	U9
NPCMUX	Next-PC-MUX Selektiert den nächsten, nach Abschluß eines CALL-/SWI-Aufrufs zu verwendenden PC-Wert.	U10
BTIC	Branch-Target-Instruction-Cache Implementiert den BTC.	U8
MPC	Multi-Purpose-Cache Implementiert den MPC.	U7
BDL	Branch-Decision-Logic Fällt eine nichtheuristische Sprungentscheidung.	U6

PCC	Program-Counter-Calculator Verwaltet den Programmzähler bzw. die nächste zu ladende Speicheradresse.	U4
PDL	Pipeline-Disable-Logic Generiert einige Steuersignale für andere Pipeline-Stufen.	U14
IDL	Instruction-Decode-Logic Dekodiert CTR-Befehle.	U3
SMC	Serial-Mode-Controller Steuerung von Speicher-Zugriffen von der IFU	U1
EPL	External-PC-Logic Verwaltet Sprunganforderungen auf extern anliegende PC-Werte wie z.B. bei SRIS-Befehlen.	U5
RCL	Register-Control-Logic Speichert Steuersignale für die IFU.	U2
IFUMISC	IFU-Miscellaneous-Logic Implementiert weitere Funktionalität der IFU.	U15

INSMUX   **Instruction-MUX-and-Logic**

Funktion: Selektiert die nächste auszuführende Instruktion. Diese kann aus vier verschiedenen Quellen kommen, nämlich als bereits dekodierte Instruktion (falls kein Speicherzugriff erfolgen konnte), aus dem MPC, dem BTIC oder dem Speicher.

Aufbau: Enthält einen 4-zu-1-Multiplexer.

Im Grobstrukturmodell: a0304-a0321

Komponenten:

Kurzname	Name Funktion	Ref.
IMUX41	Instruction-MUX41 Selektion eines 32-Bit-Wortes aus vier Alternativen	U3

IAMUX   **IFU-Address-MUX**

Funktion: Selektiert aus verschiedenen PC-Werten die Adresse, von der die nächste Instruktion gelesen werden soll.

Aufbau: In IAMUX31 wird die Adresse bei Sprungbefehlen und bei Inkrementierung selektiert. Zwischen dieser und den PC-Werten für eine Sprungkorrektur wird im Modul IAMUX51 ausgewählt. IAMUX21 bestimmt die endgültige Adresse aus dem Wert von IAMUX51 und der Adresse für externe Sprunganforderungen (Interrupt und SRIS PC).

Im Grobstrukturmodell: a0323-0355, a0529-a0541

Komponenten:

Kurzname	Name Funktion	Ref.
IAMUX31	IFU-Address-MUX-3-1 Selektiert die Adresse aus drei Alternativen.	U2
IAMUX51	IFU-Address-MUX-5-1 Selektiert die Adresse aus fünf Alternativen.	U5
IAMUX21	IFU-Address-MUX-2-1 Selektiert die Adresse aus zwei Alternativen.	U6

NPCMUX   **Next-PC-MUX**

Funktion: Selektiert die Rücksprungadresse bei den Befehlen CALL und SWI abhängig davon, ob ein BTC-Hit vorliegt.

Aufbau: Enthält drei 10 Bit breite 2-zu-1 Multiplexer.

Im Grobstrukturmodell: a0357-a0369

BTIC   **Branch-Target-Cache**

Funktion: Implementiert den Branch-Target-Cache, d.h. speichert Sprünge mit ihren Adressen, ihren Zieladressen und ihren Delay-Instruktionen. Beim Zugriff auf die Adresse eines gespeicherten Sprungs werden abhängig von der Art des Sprungs und ggf. der heuristisch gefällten Sprungentscheidung die Delay-Instruktion und die Sprungadresse ausgegeben.

Aufbau: Der Modul BTCRWL generiert aus den Eingangssignalen die Schreib-/Lesezugriffe auf das extern angeordnete Cache-CAM/RAM. LCGEN16 berechnet die Zeilenadresse für den nächsten Schreibzugriff, die vom Modul SEL1OF16 dekodiert wird. In BTCVAL befinden sich Status-Bits für jede CAM-Zeile, um die Gültigkeit ihres Eintrags festzustellen. Bei einem Zugriff codiert ENC16TO4 die Adresse. Im Modul BTCHIB erfolgt die Verwaltung der Sprungheuristik. BTCMISC enthält sonstige Komponenten, unter anderem die heuristische Sprungentscheidung und die Sprungkorrektur.

Im Grobstrukturmodell: a0373-a1257

Besonderheiten: CAM und RAM des BTIC sind im Modul CHIP angeordnet.

Komponenten:

Kurzname	Name Funktion	Ref.
LCGEN16	Line-Count-Generator-0-to-15 Generiert die Zeilenadresse des nächsten Eintrags.	U1
BTCVAL	BTIC-Valid-Bit-Logic Bestimmt die Gültigkeit eines Cache-Eintrags.	U3
BTCRWL	BTIC-Read-Write-Logic Generiert Schreib-/Lesezugriffe auf das CAM/RAM des BTIC.	U0
BTCMISC	BTIC-Miscellaneous-Logic Weitere Komponenten des BTIC	U8
SEL1OF16	1-of-16-Decoder Dekodiert ein 4-Bit-Wort in einen 1-aus-16-Code.	U2
BTCHIB	BTIC-History-Bit-Logic Verwaltet die Sprungheuristik und die History-Bits.	U7
ENC16TO4	Encoder-from-1-of-16-to-4-Bit Codiert einen 1-aus-16-Code in ein 4-Bit-Wort.	U4

MPC   **Multi-Purpose-Cache**

Funktion: Implementiert den MPC, d.h. speichert abhängig vom Modus Instruktionen mit ihren Adressen und gibt sie bei Zugriff auf ihre Adresse aus.

Aufbau: Der Modul PCD bestimmt die Differenz zwischen PC und LPC. Diese dient neben anderen Signalen dem Modul MPCRWL in Verbindung mit LCGEN16 zur Bestimmung der Cache-Adresse für einen neuen Eintrag. Diese wird mit dem Modul SEL1OF16 dekodiert. Der Modul MPCVAL überprüft die Gültigkeit der bereits vorhandenen Einträge. Über einen Codierer ENC16TO4 erfolgt der Lesezugriff auf das extern angeordnete Cache-RAM, Schreibzugriffe auf CAM und RAM erfolgen über die aus U7, U9, U10 und U11 bestehende Logik.

Im Grobstrukturmodell: a1260-a1713

Besonderheiten: Das eigentliche RAM des MPC ist im Modul CHIP angeordnet.

Komponenten:

Kurzname	Name Funktion	Ref.
MPCVAL	MPC-Valid-Bit-Logic Bestimmt die Gültigkeit eines Cache-Eintrags.	U5
SEL1OF16	1-of-16-Decoder Dekodiert ein 4-Bit-Wort in einen 1-aus-16-Code.	U4
LCGEN16	Line-Count-Generator-0-to-15 Generiert die Zeilenadresse des nächsten Eintrags.	U2

MPCRWL	MPC-Read-Write-Logic Steuert Lese-/Schreibzugriffe auf das CAM/RAM des Cache.	U1
PCD	Program-Counter-Differentiator Bildet die Differenz zwischen PC und LPC.	U0
ENC16TO4	Encoder-from-1-of-16-to-4-Bit Codiert einen 1-aus-16-Code in ein 4- Bit-Wort.	U7, U8

BDL   Branch-Decision-Logic

Funktion: Fällt aufgrund der Flags und des Condition-Code der Instruktion eine Sprungentscheidung und generiert das Signal TAKEN.

Aufbau: Mit Hilfe von Gattern wird ein Entscheidungsbaum für den Condition-Code gebildet, von dessen Blättern Multiplexer eine Alternative auswählen. Diese werden von den Flags angesteuert.

Im Grobstrukturmodell: a1716-a1764

Besonderheiten: Im Gegensatz zum Grobstrukturmodell erfolgt hier die Selektion aufgrund der Flags und nicht aufgrund des Condition-Code, da die Flags zeitkritischer sind als der Condition-/Code.

PCC   Program-Counter-Calculator

Funktion: Speichert und berechnet verschiedene PC-Werte.

Aufbau: In zwei Registern U0 und U1 werden der aktuelle PC und der vorhergehende PC-Wert LPC gespeichert. Daraus werden mit Inkrementierern die Nachfolgewerte bestimmt. Aus LPC und der Sprungdistanz wird mit Hilfe eines Addierers U5 die Sprungadresse bei relativen Sprüngen bestimmt. Ein Multiplexer U9 selektiert zwischen diesem Ergebnis und einem absoluten Sprungziel.

Im Grobstrukturmodell: a1767-a1830

Komponenten:

Kurzname	Name Funktion	Ref.
INC30BY1	Increment-30-Bit-by-1 Generiert den Wert PC_1.	U7
INC30BY2	Increment-30-Bit-by-2 Generiert den Wert LPC_2.	U8
INC30BY2	Increment-30-Bit-by-2 Generiert den Wert PC_2.	U6
ADD_PCDI	Adder-for-PC-plus-Distance Generiert die Sprungadresse bei relativen Sprüngen.	U5
JPCMUX	Jump-PC-MUX Selektiert die Sprungadresse bei Sprüngen aufgrund der Art des Sprungs.	U9

PDL   Pipeline-Disable-Logic

Funktion: Schaltet die ID-Stufe ab, falls z.B. eine Sprungkorrektur erfolgt.

Aufbau: Kombinatorik

Im Grobstrukturmodell: a1833-a1897

IDL   Instruction-Decode-Logic

Funktion: Dekodiert eine Instruktion, soweit es für die Sprungbehandlung nötig ist, und generiert daraus Steuersignale.

Aufbau: Im Register U0 wird das Instruktionswort zwischengespeichert. Im damit verbundenen Modul IDLCL werden Steuersignale für die Sprungbehandlung erzeugt. Weitere Register dienen der Pufferung von Eingangssignalen. Kombinatorik sorgt für die Generierung weiterer Steuersignale.

Im Grobstrukturmodell: a1900-a2090

Komponenten:

Kurzname	Name Funktion	Ref.
IDLCL	IDL-Combinatorial-Logic Generiert Steuersignale für die Sprungbehandlung.	U6

SMC   Serial-Mode-Controller

Funktion: Unterdrückt den Speicherzugriff der IFU im seriellen Betriebsmodus, wenn die zu lesende Instruktion in den Caches gesucht wird.

Aufbau: Kombinatorik

Im Grobstrukturmodell: a2093-a2162

EPL   External-PC-Logic

Funktion: Verwaltet Sprunganforderungen, die außerhalb der IFU erzeugt werden, z.B. bei SRIS-Befehlen.

Aufbau: Enthält das Register U3 zur Pufferung der Adresse, zu der gesprungen werden soll.

Im Grobstrukturmodell: a2165-a2230

RCL   Register-Control-Logic

Funktion: Verwaltet Register zum Speichern von Steuersignalen der IFU.

Aufbau: Enthält neun Register.

Besonderheiten: Stellt eine Zusammenfassung verschiedener Register des Grobstrukturmodells dar.

IFUMISC   **IFU-Miscellaneous-Logic**

Funktion: Generiert die Signale HIT und CALL_NOW.

Aufbau: Kombinatorik

5.3.2 Die Instruction-Decode-Unit IDU

IDU   **Instruction-Decode-Unit**

Funktion: Implementiert die Teile der ID-Stufe, die keine CTR-Befehle dekodieren (diese sind im Modul IFU angeordnet). Dazu gehört das Speichern des Instruktionswortes, das Generieren von Kontrollsignalen und das Extrahieren des Immediate-Operanden.

Aufbau: Enthält Register zum Speichern eines Instruktionswortes und von Steuersignalen, den Modul IMMEDIATE zur Generierung des Immediate-Operanden und Module zur Generierung von Steuersignalen.

Im Grobstrukturmodell: b0000-b0404

Komponenten:

Kurzname	Name Funktion	Ref.
IREG	Instruction-Register Speichert ein zu dekodierendes Instruktionswort.	U1
CONTROL1	Control-Signal-Block1-Generator Generiert Steuersignale.	U8
CONTROL2	Control-Signal-Block2-Generator Generiert Steuersignale.	U7
EXCEPT1	Exception-Signal-Block1-Generator Generiert die Nummer der angeforderten Exception.	U5
EXCEPT2	Exception-Signal-Block2-Generator Generiert das Anforderungssignal für Exceptions.	U4
IMMEDIATE	Immediate-Operand-Generator-Logic Generiert den Immediate-Operanden aus einem Instruktionswort.	U6

IREG   **Instruction-Register**

Funktion: Speichert eine zu dekodierende Instruktion.

Aufbau: Enthält acht 4-Bit-Register.

Im Grobstrukturmodell: b0113-b0117

Besonderheiten: Manche der 4-Bit-Register sind auf einen bestimmten Wert rücksetzbar, damit ein einfacherer Reset ermöglicht wird.

Komponenten:

Kurzname	Name Funktion	Ref.
IREG9	Instruction-Register-4-Bit-Reset-to-9 4-Bit-Register, auf 9 rücksetzbar	U3
IREG4	Instruction-Register-4-Bit-Reset-to-4 4-Bit-Register, auf 4 rücksetzbar	U2
IREG0	Instruction-Register-4-Bit-Reset-to-0 4-Bit-Register, auf 0 rücksetzbar	U4-U9

IREG9   **Instruction-Register-4-Bit-Reset-to-9**

Funktion: 4-Bit-Register, auf den Wert 9 rücksetzbar

Aufbau: Besteht aus vier 1-Bit-Registern.

IREG4   **Instruction-Register-4-Bit-Reset-to-4**

Funktion: 4-Bit-Register, auf den Wert 4 rücksetzbar

Aufbau: Besteht aus vier 1-Bit-Registern.

IREG0   **Instruction-Register-4-Bit-Reset-to-0**

Funktion: 4-Bit-Register, auf den Wert 0 rücksetzbar.

Aufbau: Besteht aus vier 1-Bit-Registern.

CONTROL1   **Control-Signal-Block1-Generator**

Funktion: Generiert Kontrollsignale aus dem Instruktionswort.

Aufbau: Kombinatorik

Besonderheiten: Kontrollsignale sind gegenüber dem Grobstrukturmodell umgruppiert.

CONTROL2   **Control-Signal-Block2-Generator**

Funktion: Generiert Kontrollsignale u.a. aus dem Instruktionswort und dem KUMODE.

Aufbau: Kombinatorik

Besonderheiten: Kontrollsignale sind gegenüber dem Grobstrukturmodell umgruppiert.

EXCEPT1   **Exception-Signal-Block1-Generator**

Funktion: Generiert die Nummer der angeforderten Exception.

Aufbau: Kombinatorik

Besonderheiten: Kontrollsignale sind gegenüber dem Grobstrukturmodell umgruppiert.

EXCEPT2   **Exception-Signal-Block2-Generator**

Funktion: Generiert das Signal zur Anforderung einer Exception.

Aufbau: Kombinatorik

Besonderheiten: Kontrollsignale sind gegenüber dem Grobstrukturmodell umgruppiert.

IMMEDIATE   **Immediate-Operand-Generator-Logic**

Funktion: Extrahiert den Immediate-Operanden aus dem Instruktionswort, führt ggf. eine Vorzeichenerweiterung durch bzw. führt eine Ausrichtung auf das höchstwertige Bit durch.

Aufbau: Kombinatorik

Im Grobstrukturmodell: b0145-b0159

5.3.3 Die Arithmetic-Logic-Unit ALU

ALU   **Arithmetic-Logic-Unit**

Funktion: Implementiert die EX-Stufe.

Aufbau: Enthält Eingangsregister für Operanden, Operations-Code und Carry-Bit, Logikblöcke zur Ausführung arithmetischer, logischer und Shift-Operationen sowie Multiplexer zur Selektion des Ergebnisses.

Im Grobstrukturmodell: c0000-c0358

Komponenten:

Kurzname	Name Funktion	Ref.
ARITHMETIC	Arithmetic-Unit Ausführung arithmetischer Operationen	U6
LOGIC	Logic-Unit Ausführung logischer Operationen	U5
SHIFT	Shift-Unit Ausführung von Shift-Operationen	U4

ZFLAG	Zero-Flag Generiert das Zero-Flag.	U11
ALUCMUX	ALU-C_BUS-MUX Selektiert das Ergebnis aus den Ergebnissen von LOGIC und SHIFT.	U7
ALUCMUXP	ALU-C_BUS-Power-MUX Selektiert und treibt das Endergebnis.	U9

ARITHMETIC   **Arithmetic-Unit**

Funktion: Ausführung der arithmetischen Operationen.

Aufbau: Enthält Inverter für den B-Operanden und den Carry-Select-Adder.

Im Grobstrukturmodell: c0127-c0220

Komponenten:

Kurzname	Name Funktion	Ref.
PHASES32	32-Bit-Inverter-for-B-Operand Selektiert zwischen nichtinvertiertem und invertiertem B-Operanden für die Addition bzw. Subtraktion.	U1
CFB0230B	32-Bit-Carry-Select-Adder Verknüpfung von A-Operand und selektiertem B-Operanden (LSI-Zelle)	U3

PHASES32   **32-Bit-Inverter-for-B-Operand**

Funktion: Selektiert zwischen nichtinvertiertem und invertiertem B-Operanden.

Aufbau: Enthält vier Multiplexer.

Im Grobstrukturmodell: c0170-c0175

LOGIC   **Logic-Unit**

Funktion: Ausführung logischer Operationen wie AND, OR und XOR zwischen den Operanden A und B.

Aufbau: Kombinatorik

Im Grobstrukturmodell: c0223-c0258

SHIFT   **Shift-Unit**

Funktion: Ausführung der Shift-Operationen.

Aufbau: Enthält einen Modul zur Umwandlung des B-Operanden in einen Rotate-Left-Wert, einen linksrotierenden Barrel-Shifter zur Shift-Operation des A-Operanden sowie Module zur Selektion der relevanten Bits des Ergebnisses und zur Berechnung des Carry-Signals bei Shift-Operationen.

Im Grobstrukturmodell: c0261-0358

Komponenten:

Kurzname	Name Funktion	Ref.
ROLVAL	Rotate-Left-Value-for-Barrel-Shifter Erzeugt den zweiten Operanden für den Barrel-Shifter.	U0
CSHIFT	Shift-Unit-Carry-Signal-Generator Generiert das Carry-Signal für Shift-Operationen.	U3
CFC1020B	32-Bit-Barrel-Shifter Führt eine Shift-Operation aus (LSI-Zelle).	U1
PATTERN	Shift-Filter-Pattern-Generator Berechnet die Maske zur Filterung der relevanten Ergebnis-Bits.	U2
FILTER32	Shift-Filter Filtert relevante Bits der Operation.	U4

ROLVAL   **Rotate-Left-Value-for-Barrel-Shifter**

Funktion: Generiert den zweiten Operanden für den Barrel-Shifter, da dieser nur links rotieren kann und andere Operationen damit nachgebildet werden müssen.

Aufbau: Kombinatorik

Im Grobstrukturmodell: c0302-c0308

CSHIFT   **Shift-Unit-Carry-Signal-Generator**

Funktion: Bestimmt das Carry-Bit für die ausgeführte Shift-Operation.

Aufbau: Kombinatorik

Im Grobstrukturmodell: c0316-c0324

PATTERN   **Shift-Filter-Pattern-Generator**

Funktion: Generiert die Filtermaske, mit der aus dem Ergebnis des Barrel-Shifters die notwendigen Bytes extrahiert werden.

Aufbau: Enthält einen Multiplexerbaum.

Im Grobstrukturmodell: c0326-c0334

FILTER32   **Shift-Filter**

Funktion: Ergebnistransfer und Unterdrückung irrelevanter Ergebnisse des Barrel-Shifters durch Ersetzung mit 0-Bits oder Vorzeichen-Bits.

Aufbau: Kombinatorik

Im Grobstrukturmodell: c0336-c0356

Besonderheiten: Anwendung von Transfer-Gattern, die für den Booth-Multiplikationsalgorithmus bestimmt sind.

Komponenten:

Kurzname	Name Funktion	Ref.
MUX21CBM	Transfer-Gate-MUX-for-Booth-Multiplying Führt die Filteroperation an Halbworten durch. (U11 und U12 bestehen aus 16 Instanzen MUX21CBM.)	U11, U12

ZFLAG   **Zero-Flag**

Funktion: Berechnet das Zero-Signal aus dem Ergebnis der ALU-Operation.

Aufbau: Kombinatorik

ALUCMUX   **ALU-C_BUS-Multiplexer**

Funktion: Selektiert gemäß Operationscode das Ergebnis der ALU-Operation aus den Ausgängen von LOGIC und SHIFT.

Aufbau: Enthält vier Multiplexer.

ALUCMUXP   **ALU-C_BUS-Power-Multiplexer**

Funktion: Selektiert gemäß Operationscode das Ergebnis der ALU-Operation aus den Ausgängen von ARITHMETIC und ALUCMUX und treibt den Ausgang der ALU.

Aufbau: Enthält vier Multiplexer-Treiber.

5.3.4 Die Memory-Access-Unit MAU

MAU   **Memory-Access-Unit**

Funktion: Implementierung der Funktionalität der MAU-Pipeline-Stufe; entweder werden Eingangswerte gepuffert, oder es erfolgt die Ausführung eines Speicherzugriffs aufgrund eines LD/ST-Befehls.

Aufbau: Vier Eingangsregister U0-U3 laden die Eingangswerte. Der Modul SELCON steuert die Schreib- und Lesedaten der Selektionsblöcke. SELWD wählt die Schreibdaten aus, SELRD wählt zu lesende Daten aus und führt eine Vorzeichenerweiterung durch. MAUCMUX wählt aus, ob ein zu lesender Wert oder ein gepufferter Wert auf den Ausgangsbus gelegt wird.

Im Grobstrukturmodell: d0000-d0226

Komponenten:

Kurzname	Name Funktion	Ref.
SELCON	Selection-Controller-for-MAU Ansteuerung der Selektionsblöcke	U4
MAUCMUX	MAU-C_BUS-Multiplexer Auswahl der Daten, die an den C4_BUS gelegt werden	U7
SELWD	Select-Write-Data Selektion der zu schreibenden Daten	U6
SELRD	Select-Read-Data Auswahl der zu lesenden Daten und ggf. Vorzeichenerweiterung	U5

SELCON   **Selection-Controller-for-MAU**

Funktion: Steuert die Selektionsblöcke für Schreib-
und Lesedaten an.

Aufbau: Kombinatorik

Im Grobstrukturmodell: d0105-d0128

MAUCMUX   **MAU-C_BUS-Multiplexer**

Funktion: Gibt die Daten auf den C4_BUS aus.

Aufbau: Die Multiplexer U5-U8 wählen aus, ob das
Datum auf dem C3_BUS oder das Datum der Select-
Read-Data-Logik ausgewählt wird.

SELWD   **Select-Write-Data**

Funktion: Bereitstellung und Ausrichtung der zu
schreibenden Daten

Aufbau: Der Multiplexer U1 verschiebt ggf. das unter-
ste Byte. Die Multiplexer U4 und U5 verschieben ggf.
das Halbwort.

Im Grobstrukturmodell: d0130-d0163

SELRD   **Select-Read-Data**

Funktion: Auswahl der zu lesenden Daten

Aufbau: Die Multiplexer U3-U5 bringen das zu lesende
Datum in die richtige Position. Die Multiplexer U18-U20
führen ggf. eine Vorzeichenerweiterung durch.

Im Grobstrukturmodell: d0165-d0224

5.3.5 Die Forwarding-and-Register-Unit FRU

FRU   **Forwarding-and-Register-Unit**

Funktion: Bereitstellung der Operanden, Puffern von
Daten und Adressen für die EX- und die MAU-Stufe.
Implementiert außer den Mehrzweckregistern die WB-
Stufe und verwaltet die Schattenregister für interrupts.

Aufbau: Enthält drei Module für die FRU-Pipeline-
Stufe, einen Adreßkonverter zur Bestimmung der
effektiven Registeradressen, drei Adreßkomparatoren
für das Forwarding, drei Multiplexer zur Auswahl von
Daten für die Datenbusse sowie Module zur Ansteuerung des Registerfeldes. Die Module FRUP_EX,
FRUP_MA und FRUP_WB bilden parallel zu der
normalen eine weitere Pipeline, die Daten und Adressen
für die EX-, MA und WB-Stufe bereitstellt.

Im Grobstrukturmodell: e0000-e0487, jedoch
ohne das eigentliche Registerfeld

Komponenten:

Kurzname	Name Funktion	Ref.
FRU_DO	FRU_DO-Signal-Register Pufferung der WORK-Signale für EX, MA und WB	U1
ADDRCONV	Address-Converter Berechnung der effektiven Adresse bei Schattenregistern	U0
ADRCMP_A	Address-Comparator-for-A-Operand Forwarding-Vergleich mit Adresse des A-Operanden	U6
ADRCMP_B	Address-Comparator-for-B-Operand Forwarding-Vergleich mit Adresse des B-Operanden	U5
ADRCMP_D	Address-Comparator-for-D-Operand Forwarding-Vergleich mit Adresse des D-Operanden	U7
MUX_A	A_BUS-Multiplexer Stellt die Daten für den A_BUS bereit.	U12
MUX_B	B_BUS-Multiplexer Stellt die Daten für den B_BUS bereit.	U11
MUX_D	D_BUS-Multiplexer Stellt die Daten für den D_BUS bereit.	U13
FRURAMIN	FRU-RAM-Input-Latch Puffert gelesene Daten aus dem Registerfeld.	U9
FRURAMCON	FRU-RAM-Controller Steuert das Registerfeld an.	U8
FRUP_EX	FRU-Pipeline-EX_Stage Puffert Daten für die EX-Stufe.	U2
FRUP_MA	FRU-Pipeline-MA_Stage Puffert Daten für die MA-Stufe.	U3
FRUP_WB	FRU-Pipeline-WA_Stage Puffert Daten für die WB-Stufe.	U4

FRU_DO   **FRU_DO-Signal-Register**

Funktion: Puffert WORK-Signale für die EX, MA und WB-Stufe.

Aufbau: Enthält drei Register.

ADDRCONV   **Address-Converter**

Funktion: In Abhängigkeit vom Interrupt-Status werden die effektiven Registeradressen bestimmt, damit ggf. die Schattenregister korrekt adressiert werden.

Aufbau: Enthält vier Module RADR-GEN.

Im Grobstrukturmodell: e0129-e0195

Komponenten:

Kurzname	Name Funktion	Ref.
RADR-GEN	Register-Address-Generator Generiert die effektive Register- adresse.	U0-U3

RADR-GEN   **Register-Address-Generator**

Funktion: Generiert die effektive Registeradresse aus Interrupt-Status und angesprochener Register-adresse.

Aufbau: Kombinatorik

Im Grobstrukturmodell: e0148-e0194

ADRCMP_A   **Address-Comparator-**
for-A-Operand

Funktion: Vergleicht die Adresse des A-Operanden mit den Zieladressen von C3_BUS und C4_BUS.

Aufbau: Kombinatorik mit 6-Bit-Komparatoren

Im Grobstrukturmodell: e0218-e0227

Komponenten:

Kurzname	Name Funktion	Ref.
COMP6	Compare-6-Bit Vergleicht 6-Bit Worte.	U1,U2

COMP6   **Compare-6-Bits**

Funktion: Vergleicht zwei 6-Bit-Worte miteinander.

Aufbau: Kombinatorik

ADRCMP_B   **Address-Comparator-**
for-B-Operand

Funktion: Vergleicht die Adresse des B-Operanden mit den Zieladressen von C3_BUS und C4_BUS unter Berücksichtigung der Immediate- und Spezialregister-Anforderungen.

Aufbau: Enthält Kombinatorik mit 6-Bit-Komparatoren.

Im Grobstrukturmodell: e0229-e0249

Komponenten:

Kurzname	Name Funktion	Ref.
COMP6	Compare-6-Bit Vergleicht 6-Bit Worte (siehe ADRCMP_A).	U1,U2

ADRCMP_D   **Address-Comparator-**
for-D-Operand

Funktion: Vergleicht die Adresse des D-Operanden mit den Zieladressen von C3_BUS und C4_BUS.

Aufbau: Enthält Kombinatorik mit 6-Bit-Komparatoren.

Im Grobstrukturmodell: e0251-e0263

Komponenten:

Kurzname	Name Funktion	Ref.
COMP6	Compare-6-Bit Vergleicht 6-Bit Worte (siehe ADRCMP_A).	U1,U2

MUX_A   **A_BUS-Multiplexer**

Funktion: Stellt Daten für den A_BUS zur Verfügung.

Aufbau: Enthält Multiplexer und Kombinatorik zu ihrer Ansteuerung.

MUX_B   **B_BUS-Multiplexer**

Funktion: Stellt Daten für den B_BUS zur Verfügung.

Aufbau: Enthält Multiplexer und Kombinatorik zu ihrer Ansteuerung.

MUX_D   **D_BUS-Multiplexer**

Funktion: Stellt Daten für den D_BUS zur Verfügung.

Aufbau: Enthält Multiplexer und Kombinatorik zu ihrer Ansteuerung.

FRURAMIN   **FRU-RAM-Input-Latch**

Funktion: Puffert Daten für den D_BUS, die aus dem Registerfeld gelesen wurden, und schleift Daten für den A_BUS und B_BUS durch.

Aufbau: Enthält Kombinatorik und ein Latch.

FRURAMCON   **FRU-RAM-Controller**

Funktion: Generiert die Adressen für den A- und B-Port des Mehrzweckregisterfeldes.

Aufbau: Zwei Multiplexer selektieren je eine Adresse aus den Adressen für den A_BUS und den C_BUS bzw. den B_BUS und den D_BUS.

FRUP_EX   **FRU-Pipeline-EX-Stage**

Funktion: Puffert den D_BUS und die Adresse des C_BUS für die EX-Stufe.

Aufbau: Register

Im Grobstrukturmodell: e0405-e0432

FRUP_MA   **FRU-Pipeline-MA-Stage**

Funktion: Puffert die Adresse des C_BUS für die MA-Stufe.

Aufbau: Register

Im Grobstrukturmodell: e0435-e0457

FRUP_WB   **FRU-Pipeline-WB-Stage**

Funktion: Puffert den C_BUS und die Adresse des C_BUS für die WB-Stufe.

Aufbau: Register

Im Grobstrukturmodell: e0460-e0487

5.3.6 Die Pipeline-Control-Unit PCU

PCU   **Pipeline-Control-Unit**

Funktion: Implementiert die Pipeline-Kontrolle des Prozessors. Dazu gehören die Ansteuerung der Pipeline-Stufen, die Verwaltung der Interrupts einschließlich des Prozessorstatus und die Verwaltung der Spezialregister.

Aufbau: Enthält die WORK_UNIT zur Generierung der WORK-Signale, die INTERRUPT_LOGIC zur Verwaltung der Interrupts, die mit der STATE_PIPELINE zur Verwaltung des Prozessorstatus verbunden ist. Dazu dient auch der Modul SFL, der eine Forwarding-Logik für Statusinformationen bereitstellt. Die Spezialregister werden in den Modulen SREG_WSL und SREG_LOGIC verwaltet. BCU_ACC_LOGIC generiert Steuersignale für die BCU. PC_BUS_LOGIC ist mit der INTERRUPT_LOGIC verbunden und stellt ggf. eine PC-Anforderung zur Verfügung. Weitere Logik ist in PCU_MISC enthalten.

Im Grobstrukturmodell: f0000-f1133

Komponenten:

Kurzname	Name Funktion	Ref.
WORK_UNIT	Work-Signal-Unit Generierung der Work-Signale	U2
INTERRUPT_L.	Interrupt-Logic Verwaltung der Interrupts	U0
PC_BUS_LOGIC	PC_BUS_Address-Generator-Logic Generiert den PC-Wert für externe PC-Anforderungen.	U8
BCU_ACC_L	BCU_ACC-Signal-Generator-Logic Generiert die Signale BCU_ACC_MODE, BCU_ACC_DIR und SYS_KUMODE.	U6
SFL	Status-Forwarding-Logic Forwarding-Logik für Statusinformationen	U4
STATE_PIPEL.	State-Pipeline Verwaltet den Prozessorstatus für jede Pipeline-Stufe.	U3
SREG_LOGIC	Special-Register-Logic Verwaltung der Spezialregister	U5
SREG_WSL	Special-Register-Write-Status-Logic Steuert Schreibzugriffe auf das Statusregister.	U1
PCU_MISC	PCU-Miscellaneous-Logic Sonstige Funktionalität	U7

WORK_UNIT   **Work-Signal-Unit**

Funktion: Generiert die Work-Signale für die Pipeline-Stufen.

Aufbau: Enthält ein 6-stufiges Schieberegister (ACTIVE, IF, ID, EX, MA und WB) mit zusätzlicher Kombinatorik zwischen den einzelnen Registern.

Im Grobstrukturmodell: f1135-f1250

INTERRUPT_LOGIC   **Interrupt-Logic**

Funktion: Verwaltet Interrupt-Anforderungen und generiert Steuersignale für die Interrupt-Behandlung.

Aufbau: Enthält Kombinatorik und Register zum Puffern von Anforderungen.

Im Grobstrukturmodell: f0308-f0418

PC_BUS_LOGIC — PC_BUS-Address-Generator-Logic

Funktion: Generiert externe PC-Anforderungen durch Bestimmung der Signale USE_PCU_PC und PC_BUS.

Aufbau: Enthält den Modul USE_PCU_PC_LOGIC zur Bestimmung des Signals USE_PCU_PC und anderer aus Interrupt-Anforderungssignalen und den Modul PC_BUS_ADDR zur Bestimmung des extern anzufordernden PC-Wertes. VBR_SUB bestimmt die unteren 6 Bits des PC-Wertes, falls er von VBR abhängig ist. PC_BUS_MUX selektiert die endgültige Alternative, u.a. aus den Spezialregistern zur Interrupt-Verwaltung. Der Modul wird in Abschnitt 5.4 vertieft.

Im Grobstrukturmodell: f0420-f0471

Komponenten:

Kurzname	Name Funktion	Ref.
VBR_SUB	PCU_BUS-Subunit-for-Addresses-Depending-on-VBR Generiert einen Wert für den PC_BUS, falls dieser von VBR abhängt.	U0
USE_PCU_PC_LOGIC	USE_PCU_PC-Signal-Generator-Logic Generiert das Signal USE_PCU_PC.	U2
PC_BUS_ADDR	PC_BUS-Address-Generator Generiert einen Wert für den PC_BUS.	U1
PC_BUS_MUX	PC_BUS-Address-Generator-MUX Selektiert den endgültigen Wert für den PC_BUS.	U3

BCU_ACC_LOGIC — BCU_ACC-Signal-Generator-Logic

Funktion: Generiert die Signale BCU_ACC_MODE, BCU_ACC_DIR und SYS_KUMODE.

Aufbau: Kombinatorik

Im Grobstrukturmodell: f0473-f0518

SFL — Status-Forwarding-Logic

Funktion: Bestimmt Statusinformationen, die erst für den nächsten Step berechnet werden, aber bereits im aktuellen Step benötigt werden, da z.B. Sprungentscheidungen gefällt werden müssen.

Aufbau: Enthält Multiplexer, mit denen in Abhängigkeit von der aktuellen Statusänderung (SRIS-SR-Befehl oder ALU.F-Befehl) die Statusinformation aus der aktuellen Statusinformation oder der nächsten Statusinformation selektiert wird.

Im Grobstrukturmodell: f0520-f0567

STATE_PIPELINE — Status-Pipeline

Funktion: Verwaltet den Prozessorstatus, um ihn nach einer Interrupt-Behandlung wiederherstellen zu können. Da der Wiederaufsetzpunkt zwischen allen Pipeline-Stufen liegen kann, ist der Status für jede Stufe zu speichern, so daß sich eine Pipeline ergibt.

Aufbau: Enthält für jede Stufe einen Modul, der den Status dieser Stufe verwaltet. Hinzu kommt eine Prefetch-Stufe für den nächsten Ladezugriff der IF-Stufe. Der Modul wird in Abschnitt 5.4 vertieft.

Im Grobstrukturmodell: f0569-f0935

Komponenten:

Kurzname	Name Funktion	Ref.
STAP_PF	Status-Pipeline-Prefetch-Stage Verwaltet den Status der nur in der Status-Pipeline vorhandenen Prefetch-Stufe.	U0
STAP_IF	Status-Pipeline-IF-Stage Verwaltet den Status der IF-Stufe.	U1
STAP_ID	Status-Pipeline-ID-Stage Verwaltet den Status der ID-Stufe.	U2
STAP_EX	Status-Pipeline-EX-Stage Verwaltet den Status der EX-Stufe.	U3
STAP_MA	Status-Pipeline-MA-Stage Verwaltet den Status der MA-Stufe.	U4
STAP_WB	Status-Pipeline-WB-Stage Verwaltet den Status der WB-Stufe.	U5

SREG_LOGIC — Special-Register-Logic

Funktion: Verwaltet die Spezialregister HWISR, HWIRPC, HWIADR, EXCSR, EXCRPC, EXCADR, SWISR, SWIRPC, RPC und VBR.

Aufbau: Enthält für jedes Spezialregister einen Modul. Hinzu kommt der Modul SRDATAMUX, der aus gelesenen Daten selektiert. SREG_LOGIC wird in Abschnitt 5.4 vertieft.

Im Grobstrukturmodell: f0900-f1133

Komponenten:

Kurzname	Name Funktion	Ref.
HWIRPCL	HWIRPC-Logic Verwaltung des HWIRPC-Registers	U1
SRDATA-MUX	SREG-Data-Mux Auswahl der Daten für den Bus SREG_DATA	U10
HWISRL	HWISR-Logic Verwaltung des HWISR-Registers	U2
SWISRL	SWISR-Logic Verwaltung des SWISR-Registers	U7

RPCL	RPC-Logic Verwaltung des RPC-Registers	U9
VBRL	VBR-Logic Verwaltung des VBR-Registers	U8
EXCRPCL	EXCRPC-Logic Verwaltung des EXCRPC-Registers	U4
SWIRPCL	SWIRPC-Logic Verwaltung des SWIRPC-Registers	U6
EXCADRL	EXCADR-Logic Verwaltung des EXCADR-Registers	U3
HWIADRL	HWIADR-Logic Verwaltung des HWIADR-Registers	U0
EXCSRL	EXCSR-Logic Verwaltung des EXCSR-Registers	U5

SREG_WSL   **Special-Register-
                                  Write-Status-Logic**

Funktion: Verwaltet SRIS-Schreibzugriffe auf den Prozessorstatus, indem in Abhängigkeit von der Prozessorprivilegierung Steuersigale für die übrigen Baugruppen der Statusverwaltung bestimmt werden.

Aufbau: Kombinatorik

PCU_MISC   **PCU-Miscellaneous-Logic**

Funktion: Generiert zusätzliche, außerhalb der PCU benötigte Steuersignale.

Aufbau: Kombinatorik

5.3.7 Die Bus-Control-Unit BCU

BCU   **Bus-Control-Unit**

Funktion: Steuert den Speicherbus mit den Zugriffsarten des Prozessors (siehe auch E8.5).

Aufbau: Drei Untermodule implementieren Busprotokolle und Treiber. BCUASM steuert die asynchronen Buszugriffe, BCUSSM die synchronen Buszugriffe und BCUCCL die Datenbus- und die Adreßbustreiber.

Im Grobstrukturmodell: g0000-g0353

Besonderheiten: Im Grobstrukturmodell ist keine eindeutige Zuordnung zu BCUASM und BCUSSM möglich.

Komponenten:

Kurzname	Name Funktion	Ref.
BCUSSM	Bus-Control-Unit- Synchronous-State-Machine Implementierung des synchronen Bus-Protokolls	U3
BCUASM	Bus-Control-Unit- Asynchronous-State-Machine Implementierung des asynchronen Bus-Protokolls	U4
BCUCCL	Bus-Control-Unit- Combinatorial-Logic Auswahl der Bus-Adresse und Ansteuerung der Datenbustreiber	U16

BCUSSM   **Bus-Control-Unit-
                                  Synchronous-State-Machine**

Funktion: Implementierung des synchronen Busprotokolls

Aufbau: Enthält Kombinatorik und Register.

Im Grobstrukturmodell: g0138-g0177 und g0271-g0322; dabei wird nur die Funktionalität für das synchrone Busprotokoll implementiert.

BCUASM   **Bus-Control-Unit-
                                  Asynchronous-State-Machine**

Funktion: Implementierung des asynchronen Buszugriffes

Aufbau: Enthält Kombinatorik und Register.

Im Grobstrukturmodell: g0138-g0177 und g0324-g0350, dabei wird nur die Funktionaliität für das asynchrone Busprotokoll implementiert.

BCUCCL   **Bus-Control-Unit-
                            Common-Combinatorial-Logic**

Funktion: Ansteuerung der Datenbustreiber, Auswahl
der Busadressen und Ausgabe des Zugriffsmodus

Aufbau: Enthält Kombinatorik und Multiplexer.

Im Grobstrukturmodell: g0179-g0269; zu beachten ist, daß dieser VERILOG-Ausschnitt durch den
kombinatorischen Block U8-U27 rechts unten implementiert wird; die anderen Komponenten implementieren teilweise Funktionalität aus den Zeilen g0138-
g0177.

Komponenten:

Kurzname	Name	Ref.
	Funktion	
BCUMUX	Bus-Control-Unit-Multiplexer	U7
	Auswahl der Bus-Adresse	

BCUMUX   **Bus-Control-Unit-Multiplexer**

Funktion: Auswahl der Bus-Adresse

Aufbau: Besteht aus vier einzelnen Multiplexern.

Besonderheiten: Neben den für Speicherzugriffe
benötigten Busadressen von IFU und MAU kann dieser
Multiplexer auch das Ausgabedatum des RAM-Test-
Multiplexers RTMX5132 (U33) selektieren, um für RAM-
Tests (RTE=1) einen direkten Zugriff auf die Ausgabe-
daten der RAM-Zellen zu ermöglichen.

5.4 Die Caches und andere Untermodule (Ebene 3)

Viele meist kleinere Module der dritten Hierarchieebene wurden bei den großen Units der zweiten Ebene kommentiert. Wir wenden uns jetzt Modulen zu, die aufgrund ihrer Komplexität nicht in den vorigen Abschnitt paßten. Sie liegen auf Ebene 3, alle darunter liegenden Ebenen werden mitbehandelt.

5.4.1 Der Program-Counter-Calculator PCC der IFU

PCC   **Program-Counter-Calculator**

Funktion: Speichert und berechnet verschiedene PC-Werte.

Hierarchie:
```
.   PCC
.   .       INC30BY1
.   .   .       INC6BIT
.   .   .       INC5BIT
.   .       INC30BY2
.   .   .       INC6BIT
.   .   .       INC5BIT
.   .       ADD_PCDI
.   .   .       CFB0220B
.   .       JPCMUX
```

Aufbau: In zwei Registern U0 und U1 werden der aktuelle PC und der vorhergehende PC-Wert LPC gespeichert. Daraus werden mit Inkrementierern die Nachfolgewerte bestimmt. Aus LPC und der Sprungdistanz wird mit Hilfe eines Addierers U5 die Sprungadresse bei relativen Sprüngen bestimmt. Ein Multiplexer U9 selektiert zwischen diesem Ergebnis und einem absoluten Sprungziel.

Im Grobstrukturmodell: a1767-a1830

Komponenten:

Kurzname	Name Funktion	Ref.
INC30BY1	Increment-30-Bit-by-1 Generiert den Wert PC_1.	U7
INC30BY2	Increment-30-Bit-by-2 Generiert den Wert LPC_2.	U8
INC30BY2	Increment-30-Bit-by-2 Generiert den Wert PC_2.	U6
ADD_PCDI	Adder-for-PC-plus-Distance Generiert die Sprungadresse bei relativen Sprüngen.	U5
JPCMUX	Jump-PC-MUX Selektiert die Sprungadresse bei Sprüngen aufgrund der Art des Sprungs.	U9

INC30BY1   **Increment-30-Bit-by-1**

Funktion: Inkrementiert den 30 Bit breiten Eingang um 1.

Aufbau: Enthält vier hintereinandergeschaltete 6-Bit-Inkrementierer INC6BIT (U0-U3) und einen 5-Bit-Inkrementierer INC5BIT (U4).

Komponenten:

Kurzname	Name Funktion	Ref.
INC6BIT	Increment-6-Bit-by-1-controlled Gesteuerter Inkrementierer für 6-Bit-Worte mit Carry	U0-U3
INC5BIT	Increment-5-Bit-by-1-controlled Gesteuerter Inkrementierer für 5-Bit-Worte mit Carry	U4

INC6BIT   **Increment-6-Bit-by-1-controlled**

Funktion: Inkrementiert abhängig vom Steuersignal INC den 6 Bit breiten Eingang VAL um 1 und generiert das CARRY.

Aufbau: Kombinatorik

INC5BIT   **Increment-5-Bit-by-1-controlled**

Funktion: Inkrementiert abhängig vom Steuersignal INC den 5 Bit breiten Eingang VAL um 1 und generiert das CARRY.

Aufbau: Kombinatorik

INC30BY2   **Increment-30-Bit-by-2**

Funktion: Inkrementiert den 30 Bit breiten Eingang um 2.

Aufbau: Enthält drei hintereinandergeschaltete 6-Bit-Inkrementierer INC6BIT (U0-U2) und zwei 5-Bit-Inkrementierer INC5BIT (U3-U4).

Komponenten:

Kurzname	Name Funktion	Ref.
INC6BIT	Increment-6-Bit-by-1-controlled Gesteuerter Inkrementierer für 6-Bit-Worte mit Carry (siehe INC30BY1)	U0-U2
INC5BIT	Increment-5-Bit-by-1-controlled Gesteuerter Inkrementierer für 5-Bit-Worte mit Carry (siehe INC30BY1)	U4-U5

ADD_PCDI   Adder-for-PC-Plus-Distance

Funktion: Addiert eine 19-Bit-Sprungdistanz zu einem 30-Bit-PC-Wert.

Aufbau: Enthält die Halbaddierer HA1 (U0) für das niedrigstwertige Bit, einen 16-Bit-Carry-Select-Adder (U3) für Bits 1-16, einen Volladdierer (U4) für Bit 17, einen 11-Bit-Volladdierer (U5) für Bit 18-28 und einen Volladdierer (U6) für Bit 29.

Komponenten:

Kurzname	Name Funktion	Ref.
HA1	Half-Adder 1-Bit-Halbaddierer (LSI-Zelle)	U0
CFB0220B	16-Bit-Carry-Select-Adder 16-Bit-Volladdierer (LSI-Zelle)	U3
FA1P	Full-Adder 1-Bit-Volladdierer mit schneller Summe (LSI-Zelle)	U4
FA1AP	Full-Adder 1-Bit-Volladdierer mit schnellem Übertrag (LSI-Zelle)	U4, U5

JPCMUX   Jump-PC-MUX

Funktion: Selektiert die Sprungadresse aus zwei verschiedenen Alternativen.

Aufbau: Enthält drei 10 Bit breite 2-zu-1-Multiplexer (U4-U6).

5.4.2 Der IFU-Address-Multiplexer und andere Untermodule der IFU

INSMUX   Instruction-MUX-and-Logic

Funktion: Selektiert die nächste auszuführende Instruktion. Diese kann aus vier verschiedenen Quellen kommen, nämlich als bereits dekodierte Instruktion (falls kein Speicherzugriff erfolgen konnte), aus dem MPC, dem BTIC oder dem Speicher.

Aufbau: Enthält einen 4-zu-1-Multiplexer.

Im Grobstrukturmodell: a0304-a0321

Komponenten:

Kurzname	Name Funktion	Ref.
IMUX41	Instruction-MUX41 Selektion eines 32-Bit-Wortes aus vier Alternativen	U3

IMUX41   Instruction-MUX41

Funktion: Selektion eines 32-Bit-Instruktionswortes aus vier Alternativen.

Aufbau: Enthält vier 8 Bit breite 4-zu-1-Multiplexer (U10-U13).

IAMUX   IFU-Address-MUX

Funktion: Selektiert aus verschiedenen PC-Werten die Adresse, von der die nächste Instruktion gelesen werden soll.

Aufbau: In IAMUX31 wird die Adresse bei Sprungbefehlen und bei Inkrementierung selektiert. Zwischen dieser und den PC-Werten für eine Sprungkorrektur wird im Modul IAMUX51 ausgewählt. IAMUX21 bestimmt die endgültige Adresse aus dem Wert von IAMUX51 und der Adresse für externe Sprunganforderungen (Interrupt und SRIS PC).

Im Grobstrukturmodell: a0323-0355, a0529-a0541

Komponenten:

Kurzname	Name Funktion	Ref.
IAMUX31	IFU-Address-MUX-3-1 Selektiert die Adresse aus drei Alternativen.	U2
IAMUX51	IFU-Address-MUX-5-1 Selektiert die Adresse aus fünf Alternativen.	U5
IAMUX21	IFU-Address-MUX-2-1 Selektiert die Adresse aus zwei Alternativen.	U6

IAMUX31   IFU-Address-MUX31

Funktion: Selektiert eine Adresse aus drei Alternativen.

Aufbau: Enthält drei Module (U8-U10), die als je 10 Bit breite 3-zu-1-Multiplexer genutzt werden.

IAMUX51   **IFU-Address-MUX51**

Funktion: Selektiert eine Adresse aus fünf Alternativen.

Aufbau: Enthält drei Module (U8-U10), die als je 10 Bit breite 5-zu-1-Multiplexer genutzt werden.

IAMUX21   **IFU-Address-MUX21**

Funktion: Selektiert eine Adresse aus zwei Alternativen.

Aufbau: Enthält drei 10 Bit breite 2-zu-1-Multiplexer.

IDL   **Instruction-Decode-Logic**

Funktion: Dekodiert eine Instruktion, soweit es für die Sprungbehandlung nötig ist, und generiert daraus Steuersignale.

Aufbau: Im Register U0 wird das Instruktionswort zwischengespeichert. Im damit verbundenen Modul IDLCL werden Steuersignale für die Sprungbehandlung erzeugt. Weitere Register dienen der Pufferung von Eingangssignalen. Kombinatorik sorgt für die Generierung weiterer Steuersignale.

Im Grobstrukturmodell: a1900-a2090

Komponenten:

Kurzname	Name Funktion	Ref.
IDLCL	IDL-Combinatorial-Logic Generiert Steuersignale für die Sprungbehandlung.	U6

IDLCL   **IDL-Combinatorial-Logic**

Funktion: Generiert aus dem Instruktionswort in Abhängigkeit von IDL_ENABLE die Signale ID_BRANCH und ID_CTR.

Aufbau: Kombinatorik

5.4.3 Der Multi-Purpose-Cache MPC

MPC   **Multi-Purpose-Cache**

Funktion: Implementiert den MPC, d.h. speichert abhängig vom Modus Instruktionen mit ihren Adressen und gibt sie bei Zugriff auf ihre Adresse aus.

Hierarchie:
```
MPC
 .     MPCVAL
 .       .     MPCVLIN
 .       .     SEL1OF16
 .       .     LCGEN16
 .       .     MPCRWL
 .       .     PCD
 .             ENC16TO4
```

Aufbau: Der Modul PCD bestimmt die Differenz zwischen PC und LPC. Diese dient neben anderen Signalen dem Modul MPCRWL in Verbindung mit LCGEN16 zur Bestimmung der Cache-Adresse für einen neuen Eintrag. Diese wird mit dem Modul SEL1OF16 dekodiert. Der Modul MPCVAL überprüft die Gültigkeit der bereits vorhandenen Einträge. Über einen Codierer ENC16TO4 erfolgt der Lesezugriff auf das extern angeordnete Cache-RAM, Schreibzugriffe auf CAM und RAM erfolgen über die aus U7, U9, U10 und U11 bestehende Logik.

Im Grobstrukturmodell: a1260-a1713

Besonderheiten: Das eigentliche RAM des MPC ist im Modul CHIP angeordnet.

Komponenten:

Kurzname	Name Funktion	Ref.
MPCVAL	MPC-Valid-Bit-Logic Bestimmt die Gültigkeit eines Cache-Eintrags.	U5
SEL1OF16	1-of-16-Decoder Dekodiert ein 4-Bit-Wort in einen 1-aus-16-Code.	U4
LCGEN16	Line-Count-Generator-0-to-15 Generiert die Zeilenadresse des nächsten Eintrags.	U2
MPCRWL	MPC-Read-Write-Logic Steuert Lese-/Schreibzugriffe auf das CAM/RAM des Cache.	U1
PCD	Program-Counter-Differentiator Bildet die Differenz zwischen PC und LPC.	U0
ENC16TO4	Encoder-from-1-of-16-to-4-Bit Codiert einen 1-aus-16-Code in ein 4-Bit-Wort.	U7, U8

MPCVAL   **MPC-Valid-Bit-Logic**

Funktion: Überprüft die Gültigkeit der Cache-Einträge.

Aufbau: Enthält den Modul MPCVLIN (U9), mit dem die Gültigkeit einer Zeile überprüft wird, und weitere Kombinatorik.

Komponenten:

Kurzname	Name	Ref.
	Funktion	
MPCVLIN	MPC-Valid-Bit-Line	U9
	Überprüft die Gültigkeit einer Zeile.	

MPCVLIN   MPC-Valid-Bit-Line

Funktion: Überprüft die Gültigkeit einer Zeile des MPC-CAM/RAM.

Aufbau: Ein Valid-Bit-Register für jede Halbzeile (MPC-Line-Size = 2 Instruktionen) und kombinatorische Logik, um die jeweilige Gültigkeit zu überprüfen oder eine Zeilenauffüllung zu veranlassen.

SEL1OF16   1-of-16-Decoder

Funktion: Dekodiert ein 4-Bit-Wort in einen 1-aus-16-Code.

Aufbau: Kombinatorik

LCGEN16   Line-Count-Generator-0-to-15

Funktion: Generiert die Zeilennummer der für den nächsten Cache-Eintrag zu verwendenden Cache-Zeile. Nach dem RESET oder einer Cache-Löschung erfolgt zunächst ein lineares Auffüllen, danach eine Ersetzung mit Zufallsstrategie. Die notwendigen Zufallszahlen werden aus dem Signaturanalyseregister abgegriffen.

Aufbau: Enthält ein 4-Bit-Register (U14) zum Speichern des generierten Wertes und Kombinatorik.

Besonderheiten: Im Grobstrukturmodell erfolgt die Einlagerung in die Caches mit Suchschleifen und einer linearen Ersetzungsstrategie.

MPCRWL   MPC-Read-Write-Logic

Funktion: Generiert die Signale MPCWEN, UPDATE und VALWRT, mit denen die Zugriffe auf das MPC-CAM/RAM erfolgen.

Aufbau: Kombinatorik

PCD   Program-Counter-Differentiator

Funktion: Bildet die Differenz zwischen aktuellem PC und LPC, um die Möglichkeit zur Auffüllung einer Zeile zu bestimmen, noch bevor der erste Halbeintrag abgeschlossen ist.

Aufbau: Enthält Kombinatorik, mit der das niedrigstwertige Bit bzw. die 29 höchstwertigen Bits von PC und LPC verglichen werden.

ENC16TO4   Encoder-from-1-of-16-to-4-Bit

Funktion: Codiert einen 1-aus-16-Code in ein 4-Bit-Wort.

Aufbau: Enthält Kombinatorik und Multiplexer.

5.4.4 Der Branch-Target-Cache BTIC

BTIC   Branch-Target-Cache

Funktion: Implementiert den Branch-Target-Cache, d.h. speichert Sprünge mit ihren Adressen, ihren Zieladressen und ihren Delay-Instruktionen. Beim Zugriff auf die Adresse eines gespeicherten Sprungs werden abhängig von der Art des Sprungs und ggf. der heuristisch gefällten Sprungentscheidung die Delay-Instruktion und die Sprungadresse ausgegeben.

Hierarchie:
```
   BTIC
   .   LCGEN16
   .   BTCVAL
   .   .   BTCVLIN
   .   BTCRWL
   .   BTCMISC
   .   .   BTCTAKE
   .   .   .   BDL
   .   .   BTCBCL
   .   .   BDL
   .   .   BTCDELAY
   .   .   BTCHUL
   .   SEL1OF16
   .   BTCHIB
   .   .   HIBIT8
   .   .   .   HIBIT
   .   .   SEL1OF16
   .   ENC16TO4
```

Aufbau: Der Modul BTCRWL generiert aus den Eingangssignalen die Schreib-/Lesezugriffe auf das extern angeordnete Cache-CAM/RAM. LCGEN16 berechnet die Zeilenadresse für den nächsten Schreibzugriff, die vom Modul SEL1OF16 dekodiert wird. In BTCVAL befinden sich Status-Bits für jede CAM-Zeile, um die Gültigkeit ihres Eintrags festzustellen. Bei einem Zugriff codiert ENC16TO4 die Adresse. Im Modul BTCHIB erfolgt die Verwaltung der Sprungheuristik. BTCMISC enthält sonstige Komponenten, unter anderem die heuristische Sprungentscheidung und die Sprungkorrektur.

Im Grobstrukturmodell: a0373-a1257

Besonderheiten: CAM und RAM des BTIC sind im Modul CHIP angeordnet.

Komponenten:

Kurzname	Name Funktion	Ref.
LCGEN16	Line-Count-Generator-0-to-15 Generiert die Zeilenadresse des näch- sten Eintrags.	U1
BTCVAL	BTIC-Valid-Bit-Logic Bestimmt die Gültigkeit eines Cache- Eintrags.	U3
BTCRWL	BTIC-Read-Write-Logic Generiert Schreib-/Lesezugriffe auf das CAM/RAM des BTIC.	U0
BTCMISC	BTIC-Miscellaneous-Logic Weitere Komponenten des BTIC	U8
SEL1OF16	1-of-16-Decoder Dekodiert ein 4-Bit-Wort in einen 1-aus- 16-Code.	U2
BTCHIB	BTIC-History-Bit-Logic Verwaltet die Sprungheuristik und die History-Bits.	U7
ENC16TO4	Encoder-from-1-of-16-to-4-Bit Codiert einen 1-aus-16-Code in ein 4- Bit-Wort.	U4

LCGEN16   Line-Count-Generator-0-to-15

Funktion: Generiert die Zeilennummer der für den
nächsten Cache-Eintrag zu verwendenden Cache-
Zeile. Nach dem RESET oder einer Cache-Löschung
erfolgt zunächst ein lineares Auffüllen, danach eine
Ersetzung mit Zufallsstrategie. Die notwendigen
Zufallszahlen werden aus dem Signaturanalyseregister
abgegriffen.

Aufbau: Enthält ein 4-Bit-Register (U14) zum Speichern des generierten Wertes und Kombinatorik.

Besonderheiten: Im Grobstrukturmodell erfolgt die
Einlagerung in die Caches unter Verwendung von
Suchschleifen und einer linearen Ersetzungsstrategie.

BTCVAL   BTIC-Valid-Bit-Logic

Funktion: Überprüft die Gültigkeit von Einträgen in
das BTIC-CAM/RAM.

Aufbau: Enthält den Modul BTCVLIN (U7), mit dem
einzelne Zeilen überprüft werden.

Komponenten:

Kurzname	Name Funktion	Ref.
BTCVLIN	BTIC-Valid-Bit-Line Überprüft eine Cache-Zeile auf Gültig- keit.	U7

BTCVLIN   BTIC-Valid-Bit-Line

Funktion: Überprüft eine Cache-Zeile auf Gültigkeit
und generiert das Signal NHIT.

Aufbau: Valid-Bit-Register und Kombinatorik zur
Prüfung eines CAM-Hit

BTCRWL   BTIC-Read-Write-Logic

Funktion: Steuert entsprechend dem aktuellen
Cache-Modus Schreib-/Lesezugriffe auf das BTIC-
CAM/RAM.

Aufbau: Kombinatorik

BTCMISC   BTIC-Miscellaneous-Logic

Funktion: Generiert abhängig von der Gültigkeit des
Cache-Zugriffs und der endgültigen Sprungentscheidung Steuersignale, mit denen die Aktivierung der ID-
und der EX-Stufe beeinflußt werden.

Aufbau: Enthält den Modul BTCTAKE (U0), mit dem
das Signal TAKE erzeugt wird. Dieses steuert u.a. den
Modul BTCDELAY (U2), mit dem die Sprungentscheidung und der Condition-Code gepuffert werden. Der
Modul BDL (U3) generiert aus Flags und Condition-Code
das Signal TAKEN. Dieses wird in BTCBCL (U5) mit der
heuristischen Vorhersage verglichen. Es dient auch im
Modul BTCHUL (U4) dazu, die History-Bits ggf. zu
modifizieren.

Komponenten:

Kurzname	Name Funktion	Ref.
BTCTAKE	BTIC-TAKE-Signal-Generator-Logic Generiert das BTC_TAKE-Signal.	U0
BTCBCL	BTIC-Branch-Correction-Logic Überprüft und korrigiert eine ggf. heuristisch getroffene Sprungent- scheidung.	U5
BDL	Branch-Decision-Logic Generiert eine Sprungentscheidung aus Condition-Code und Flags.	U3
BTCDELAY	BTIC-Delay-Buffer-Register Zwischenpuffer von Signalen, die im nächsten Zyklus ausgewertet werden	U2
BTCHUL	BTIC-History-Bit-Update-Logic Aktualisiert ggf. die History-Bits.	U4

BTCTAKE   BTIC-TAKE-Signal-
                                      Generator-Logic

Funktion: Fällt eine Sprungentscheidung für einen im
BTC eingetragenen Sprung.

Aufbau: Enthält Kombinatorik und den Modul BDL
(U3), der eine Sprungentscheidung aus Condition-Code
und Flags trifft.

Komponenten:

Kurzname	Name	Ref.
	Funktion	
BDL	Branch-Decision-Logic Generiert eine Sprungentscheidung aus Condition-Code und Flags.	U3

BTCBCL BTIC-Branch-Correction-Logic

Funktion: Bestimmt aus der gespeicherten heuristischen Spruntentscheidung und der endgültigen Sprungentscheidung, ob eine Korrektur vorgenommen werden muß.

Aufbau: Kombinatorik

Im Grobstrukturmodell: a1120-a1215

BDL Branch-Decision-Logic

Funktion: Fällt aufgrund der Flags und des Condition-Code der Instruktion eine Sprungentscheidung und generiert das Signal TAKEN.

Aufbau: Mit Hilfe von Gattern wird ein Entscheidungsbaum für den Condition-Code gebildet, an dessen Blättern Multiplexer eine Alternative auswählen. Diese werden von den Flags angesteuert.

Im Grobstrukturmodell: a1716-a1765

Besonderheiten: Im Gegensatz zum Grobstrukturmodell erfolgt hier die Selektion aufgrund der Flags und nicht aufgrund des Condition-Code, da die Flags zeitkritischer sind.

BTCDELAY BTIC-Delay-Buffer-Register

Funktion: Speichert Steuersignale, Sprungziel und letzte Sprungentscheidung.

Aufbau: Enthält drei Register verschiedener Breite.

BTCHUL BTIC-History-Bit-Update-Logic

Funktion: Modifiziert die History-Bits mit Hilfe der endgültigen Sprungentscheidung.

Aufbau: Kombinatorik

Im Grobstrukturmodell: a1218-a1257

SEL1OF16 1-of-16-Decoder

Funktion: Dekodiert ein 4-Bit-Wort in einen 1-aus-16-Code.

Aufbau: Kombinatorik

BTCHIB BTIC-History-Bit-Logic

Funktion: Implementiert die History-Bits zur heuristischen Sprungentscheidung.

Aufbau: Enthält den Modul SEL1OF16 (U2), mit dem die Adresse der Zeile dekodiert wird. Diese wird an zwei Module HIBIT8 (U8, U11) weitergeleitet, die die Register für die History-Bits enthalten.

Besonderheiten: Im Grobstrukturmodell sind die History-Bits zusammen mit dem RAM modelliert.

Komponenten:

Kurzname	Name	Ref.
	Funktion	
HIBIT8	History-Bit-Group-of-8 Enthält History-Bits für acht Cache-Einträge.	U8,U11
SEL1OF16	1-of-16-Decoder Dekodiert ein 4-Bit-Wort in einen 1-aus-16-Code.	U2

HIBIT8 History-Bit-Group-of-8

Funktion: Speichert die History-Bits von acht Einträgen in den BTIC.

Aufbau: Enthält acht Module HIBIT (U0).

HIBIT History-Bit

Funktion: Speichert History-Bits für einen Eintrag in den BTIC.

Aufbau: Enthält ein 2-Bit-Register.

SEL1OF16 1-of-16-Decoder

Funktion: Dekodiert ein 4-Bit-Wort in einen 1-aus-16-Code.

Aufbau: Kombinatorik

ENC16TO4 Encoder-from-1-of-16-to-4-Bit

Funktion: Codiert einen 1-aus-16-Code in ein 4-Bit-Wort.

Aufbau: Enthält Kombinatorik und Multiplexer.

5.4.5 Die PC-Bus-Logik
der PCU

PC_BUS_LOGIC   **PC_BUS-Address-
Generator-Logic**

Funktion: Generiert externe PC-Anforderungen durch Bestimmung der Signale USE_PCU_PC und PC_BUS.

Aufbau: Enthält den Modul USE_PCU_PC_LOGIC zur Bestimmung des Signals USE_PCU_PC und anderer aus Interrupt-Anforderungssignalen und den Modul PC_BUS_ADDR zur Bestimmung des extern anzufordernden PC-Wertes. VBR_SUB bestimmt die unteren 6 Bits des PC-Wertes, falls er von VBR abhängig ist. PC_BUS_MUX selektiert die endgültige Alternative, u.a. aus den Spezialregistern zur Interrupt-Verwaltung.

Im Grobstrukturmodell: f0420-f0471

Komponenten:

Kurzname	Name	Ref.
	Funktion	
VBR_SUB	PCU_BUS-Subunit-for-Addresses-Depending-on-VBR	U0
	Generiert einen Wert für den PC_BUS, falls dieser von VBR abhängt.	
USE_PCU_PC_LOGIC		
	USE_PCU_PC-Signal-Generator-Logic	U2
	Generiert das Signal USE_PCU_PC.	
PC_BUS_ADDR	PC_BUS-Address-Generator	U1
	Generiert einen Wert für den PC_BUS.	
PC_BUS_MUX	PC_BUS-Address-Generator-MUX	U3
	Selektiert den endgültigen Wert für den PC_BUS.	

VBR_SUB   **PC_BUS-Subunit-for-
Addresses-Depending-on-VBR**

Funktion: Generiert die niederwertigen 6 Bits der PC_BUS-Alternative, falls sie vom VBR abhängt. Dazu werden abhängig vom Interrupt-Status relevante Bits eingeblendet.

Aufbau: Enthält Kombinatorik und Multiplexer.

USE_PCU_PC_LOGIC   **USE_PCU_PC-
Signal-Generator-Logic**

Funktion: Generiert das Signal USE_PCU_PC.

Aufbau: Kombinatorik

PC_BUS_ADDR PC_BUS-Address-Generator

Funktion: Generiert die Selektionsadresse für den PC_BUS_MUX.

Aufbau: Kombinatorik

PC_BUS_MUX   **PC_BUS-MUX**

Funktion: Selektiert den endgültigen Wert für den PC_BUS aus acht verschiedenen Alternativen.

Aufbau: Enthält drei 10 Bit breite 8-zu-1-Multiplexer.

5.4.6 Die SREG-Logik
der PCU

SREG_LOGIC   **Special-Register-Logic**

Funktion: Verwaltet die Spezialregister HWISR, HWIRPC, HWIADR, EXCSR, EXCRPC, EXCADR, SWISR, SWIRPC, RPC und VBR.

Hierarchie:

```
SREG_LOGIC
    .    HWIRPCL
    .    .    HIRMUX51
    .    .    HIRMUX21
    .    .    HWIRCON
    .    SRDATAMUX
    .    .    SRMUX21
    .    .    SRMUX51
    .    .    .    SRMUX514
    .    .    .    SRMUX513
    .    .    SRMUX21A
    .    .    SRMUXCON
    .    .    SRMUX21P
    .    .    SRMUX81
    .    HWISRL
    .    .    HWISCON
    .    SWISRL
    .    RPCL
    .    .    RPCMUX21
    .    VBRL
    .    EXCRPCL
    .    .    ECRMUX21
    .    SWIRPCL
    .    .    SIRMUX21
    .    EXCADRL
    .    .    ECAMUX21
    .    HWIADRL
    .    .    HIAMUX31
    .    EXCSRL
```

Aufbau: Enthält für jedes Spezialregister einen Modul. Hinzu kommt der Modul SRDATAMUX, der aus gelesenen Daten selektiert.

Im Grobstrukturmodell: f0900-f1133

Komponenten:

Kurzname	Name	Ref.
	Funktion	
HWIRPCL	HWIRPC-Logic	U1
	Verwaltung des HWIRPC-Registers	

SRDATA-MUX	SREG-Data-Mux Auswahl der Daten für den Bus SREG_DATA	U10
HWISRL	HWISR-Logic Verwaltung des HWISR-Registers	U2
SWISRL	SWISR-Logic Verwaltung des SWISR-Registers	U7
RPCL	RPC-Logic Verwaltung des RPC-Registers	U9
VBRL	VBR-Logic Verwaltung des VBR-Registers	U8
EXCRPCL	EXCRPC-Logic Verwaltung des EXCRPC-Registers	U4
SWIRPCL	SWIRPC-Logic Verwaltung des SWIRPC-Registers	U6
EXCADRL	EXCADR-Logic Verwaltung des EXCADR-Registers	U3
HWIADRL	HWIADR-Logic Verwaltung des HWIADR-Registers	U0
EXCSRL	EXCSR-Logic Verwaltung des EXCSR-Registers	U5

HWIRPCL   HWIRPC-Logic

Funktion: Verwaltung des Spezialregisters HWIRPC

Aufbau: Enthält den Modul HWIRCON (U0), mit dem bestimmt wird, auf welche PC-Alternative in HWIRPC zugegriffen werden soll. Diese wird mit den Modulen HIRMUX51 und HIRMUX21 selektiert und in einem Register gespeichert.

Komponenten:

Kurzname	Name Funktion	Ref.
HIRMUX51	HWIRPC-MUX51 5-zu-1-Multiplexer	U1
HIRMUX21	HWIRPC-MUX21 2-zu-1-Multiplexer	U2
HWIRCON	HWIRPC-Controller Bestimmt die auszuwählende PC- Alternative.	U0

HIRMUX51   HWIRPC-Multiplexer51

Funktion: Selektiert den Wert für HWIRPC aus fünf Alternativen.

Aufbau: Enthält drei 10 Bit breite 5-zu-1-Multiplexer.

HIRMUX21   HWIRPC-Multiplexer21

Funktion: Selektiert den Wert für HWIRPC aus zwei Alternativen.

Aufbau: Enthält drei 10 Bit breite 2-zu-1-Multiplexer.

HWIRCON   HWIRPC-Controller

Funktion: Bestimmt die auszuwählende PC-Alternative.

Aufbau: Kombinatorik

SRDATAMUX   Special-Register-
Read-Data-MUX

Funktion: Selektiert bei einem Lesezugriff auf ein Spezialregister, aus welcher Stufe der Status-Pipeline gelesen wird.

Aufbau: Enthält verschiedene Multiplexer und den Modul SRMUXCON (U1) zu ihrer Ansteuerung.

Im Grobstrukturmodell: f0909-f0935

Besonderheiten: Im Grobstrukturmodell wird auch ausgewählt, welche Register aus einer Stufe der Status-Pipeline gelesen werden.

Komponenten:

Kurzname	Name Funktion	Ref.
SRMUX21	Special-Register-MUX21 2-zu-1-Mux	U0
SRMUX51	Special-Register-MUX51 5-zu-1-Mux	U4
SRMUX21A	Special-Register-MUX21A 2-zu-1-MuxA	U6
SRMUXCON	Special-Register-MUX-Controller Generiert Ansteuerungssignale für die Multiplexer.	U1
SRMUX21P	Special-Register-MUX21P 2-zu-1-Mux-Power	U7
SRMUX81	Special-Register-MUX81 8-zu-1-Mux	U5

SRMUX21   Special-Register-MUX21

Funktion: Selektiert aus zwei Alternativen.

Aufbau: Enthält vier 8 Bit breite 2-zu-1-Multiplexer.

SRMUX51   Special-Register-MUX51

Funktion: Selektiert aus fünf Alternativen, die 3, 24 und 32 Bit breit sind und daher ggf. mit Nullen auf 32 Bit aufgefüllt werden müssen.

Aufbau: Enthält drei 8 Bit breite 2-zu-1-Multiplexer und einen 8 Bit breiten 5-zu-1-Multiplexer.

Komponenten:

Kurzname	Name Funktion	Ref.
SRMUX514	Special-Register-MUX- with-Padding-Logic Selektiert für die Selektionsadressen 0, 2, 3 und 4 Daten und für die Selektions- adresse 1 den Wert 0.	U6
SRMUX513	Special-Register-MUX- with-Padding-Logic Selektiert für die Selektionsadressen 0, 2 und 3 den Wert 0 und für die Selekti- onsadressen 1 und 4 Daten.	U7-U8

SRMUX514   **Special-Register-MUX-**
**   with-Padding-Logic**

Funktion: Selektiert für die Selektionsadressen 0, 2,
3 und 4 Daten und für die Selektionsadresse 1 den Wert
0.

Aufbau: Kombinatorik

SRMUX513   **Special-Register-MUX-**
**   with-Padding-Logic**

Funktion: Selektiert für die Selektionsadressen 0, 2
und 3 den Wert 0 und für die Selektionsadressen 1 und
4 Daten.

Aufbau: Kombinatorik

SRMUX21A   **Special-Register-MUX21A**

Funktion: Selektiert aus zwei Alternativen, von
denen eine die Bits 0 und 1 konstant auf den Wert 0
gesetzt hat.

Aufbau: Enthält vier 8 Bit breite 2-zu-1-Multiplexer
und Kombinatorik.

SRMUXCON   **Special-Register-**
**   MUX-Controller**

Funktion: Ansteuerung der Multiplexer zur Auswahl
einer Alternative für den gelesenen Wert der Spezialregister.

Aufbau: Kombinatorik

SRMUX21P   **Special-Register-MUX21P**

Funktion: Selektiert zwischen zwei Alternativen, die
sich nur in den niedrigstwertigen acht Bit unterscheiden
und bietet eine große Treiberstärke.

Aufbau: Enthält einen 8 Bit breiten 2-zu-1-Power-
Multiplexer und Kombinatorik mit großer Treiberstärke.

SRMUX81   **Special-Register-MUX81**

Funktion: Selektiert zwischen acht 30 Bit breiten
Alternativen.

Aufbau: Enthält drei 10 Bit breite 8-zu-1-Multiplexer.

HWISRL   **HWISR-Logic**

Funktion: Verwaltung des Spezialregisters HWISR

Aufbau: Enthält den Modul HWISCON (U0), mit dem
bestimmt wird, auf welche Alternative in HWISRL
zugegriffen werden soll. Diese wird mit einem 4-zu-1-
Multiplexer selektiert und in einem Register gespeichert.

Komponenten:

Kurzname	Name Funktion	Ref.
HWISCON	HWISR-Controller Bestimmt die auszuwählende Alter- native.	U0

HWISCON   **HWISR-Controller**

Funktion: Bestimmt die auszuwählende Alternative
für den Zugriff auf das Spezialregister HWISR.

Aufbau: Kombinatorik

SWIRSRL   **SWISR-Logic**

Funktion: Verwaltung des Spezialregisters SWISR

Aufbau: Kombinatorik

RPCL   **Return-PC-Logic**

Funktion: Verwaltung des Spezialregisters RPC

Aufbau: Enthält Kombinatorik und den Modul
RPCMUX21.

Komponenten:

Kurzname	Name Funktion	Ref.
RPCMUX21	Return-PC-MUX21 Selektiert den Wert für RPC aus zwei Alternativen.	U5

RPCMUX21   **Return-PC-MUX21**

Funktion: Selektiert den Wert für RPC aus zwei Alternativen.

Aufbau: Enthält drei 10 Bit breite 2-zu-1-Multiplexer.

VBRL   **VBR-Logic**

Funktion: Verwaltung des Spezialregisters VBR

Aufbau: Kombinatorik

EXCRPCL   **EXCRPC-Logic**

Funktion: Verwaltung des Spezialregisters EXCRPC

Aufbau: Enthält Kombinatorik und den Modul EXCMUX21.

Komponenten:

Kurzname	Name Funktion	Ref.
ECRMUX21	Exception-Return-Address-MUX21 Selektiert den Wert für EXCRPC aus zwei Alternativen.	U3

ECRMUX21   **Exception-Return-**
                                   Address-MUX21

Funktion: Selektiert den Wert für EXCRPC aus zwei Alternativen.

Aufbau: Enthält drei 10 Bit breite 2-zu-1-Multiplexer.

SWIRPCL   **SWIRPC-Logic**

Funktion: Verwaltung des Spezialregisters SWIRPC

Aufbau: Enthält Kombinatorik und den Modul SIRMUX21.

Komponenten:

Kurzname	Name Funktion	Ref.
SIRMUX21	Software-Interrupt- Return-PC-MUX21 Selektiert den Wert für SWIRPC aus zwei Alternativen.	U4

SIRMUX21   **Software-Interrupt-**
                                Return-PC-MUX21

Funktion: Selektiert den Wert für SWIRPC aus zwei Alternativen.

Aufbau: Enthält drei 10 Bit breite 2-zu-1-Multiplexer.

EXCADRL   **EXCADR-Logic**

Funktion: Verwaltung des Spezialregisters EXCADR

Aufbau: Enthält Kombinatorik und den Modul ECAMUX21.

Komponenten:

Kurzname	Name Funktion	Ref.
ECAMUX21	Exception-Address-MUX21 Selektiert den Wert für EXCADR aus zwei Alternativen.	U5

ECAMUX21   **Exception-Address-MUX21**

Funktion: Selektiert den Wert für EXCADR aus zwei Alternativen.

Aufbau: Enthält vier 8 Bit breite 2-zu-1-Multiplexer.

HWIADRL   **HWIADR-Logic**

Funktion: Verwaltung des Spezialregisters HWIADR

Aufbau: Enthält Kombinatorik und den Modul HIAMUX31.

Komponenten:

Kurzname	Name Funktion	Ref.
HIAMUX31	Hardware-Interrupt-Address-MUX31 Selektiert den Wert für HWIADR aus drei Alternativen.	U5

HIAMUX31   **Hardware-Interrupt-**
                                Address-MUX31

Funktion: Selektiert den Wert für HWIADR aus drei Alternativen.

Aufbau: Enthält vier 8 Bit breite 3-zu-1-Multiplexer.

EXCSRL   **EXCSR-Logic**

Funktion: Verwaltung des Spezialregisters EXCSR

Aufbau: Kombinatorik

5.4.7 Die Status-Pipeline der PCU

STATE_PIPELINE   Status-Pipeline

Funktion: Verwaltet den Prozessorstatus, um ihn nach einer Interrupt-Behandlung wiederherstellen zu können. Da der Wiederaufsetzpunkt zwischen allen Pipeline-Stufen liegen kann, ist der Status für jede Stufe zu speichern, so daß sich eine Pipeline ergibt.

Hierarchie:
```
.    STATE_PIPELINE
.        .    STAP_PF
.        .        .    SPPFCON
.        .    STAP_IF
.        .        .    SPIFCON
.        .        .    SPIFMUX
.        .    STAP_ID
.        .        .    SPID_FL
.        .    STAP_EX
.        .    STAP_MA
.        .    STAP_WB
```

Aufbau: Enthält für jede Stufe einen Modul, der den Status dieser Stufe verwaltet. Hinzu kommt eine Prefetch-Stufe für den nächsten Ladezugriff der IF-Stufe.

Im Grobstrukturmodell: f0569-f0935

Komponenten:

Kurzname	Name Funktion	Ref.
STAP_PF	Status-Pipeline-Prefetch-Stage Verwaltet den Status der nur in der Status-Pipeline vorhandenen Prefetch-Stufe.	U0
STAP_IF	Status-Pipeline-IF-Stage Verwaltet den Status der IF-Stufe.	U1
STAP_ID	Status-Pipeline-ID-Stage Verwaltet den Status der ID-Stufe.	U2
STAP_EX	Status-Pipeline-EX-Stage Verwaltet den Status der EX-Stufe.	U3
STAP_MA	Status-Pipeline-MA-Stage Verwaltet den Status der MA-Stufe.	U4
STAP_WB	Status-Pipeline-WB-Stage Verwaltet den Status der WB-Stufe.	U5

STAP_PF   Status-Pipeline-Prefetch-Stage

Funktion: Verwaltet Statusinformationen der virtuellen Prefetch-Stufe. Dieses sind die im nächsten Arbeitsschritt von der IF-Stufe zu übernehmenden Modus-Informationen (KU_MODE, HWI, EXC, SWI). Diese Stufe ist notwendig, weil im seriellen Modus bei einem Cache-Miss einerseits im nächsten Schritt ein Speicherzugriff mit dem bisherigen IF-Modus ausgeführt werden muß, andererseits eine Statusänderung durch SRIS SR aber zu speichern ist.

Aufbau: Enthält den Modul SPPFCON zur Kontrolle der Prefetch-Stufe und vier Register, um die Statusinformationen zu speichern.

Im Grobstrukturmodell: f0569-f0644

Komponenten:

Kurzname	Name Funktion	Ref.
SPPFCON	Status-Pipeline-Prefetch-Stage-Controller Steuerung der Prefetch-Stufe	U0

SPPFCON   Status-Pipeline-Prefetch-Stage-Controller

Funktion: Steuerung der Prefetch-Stage, das heißt Generierung der Schreibzugriffe auf die Register

Aufbau: Kombinatorik

STAP_IF   Status-Pipeline-IF-Stage

Funktion: Verwaltet Statusinformationen der IF-Stufe. Dieses sind die im nächsten Arbeitsschritt von der ID-Stufe zu übernehmenden Informationen (KU_MODE, HWI, EXC, SWI).

Aufbau: Enthält den Modul SPIFCON (U0) zur Kontrolle von STAP_IF und SPIFMUX (U1).

Im Grobstrukturmodell: f0646-f0728

Komponenten:

Kurzname	Name Funktion	Ref.
SPIFCON	Status-Pipeline-IF-Stage-Controller Steuerung von STAP_IF	U0
SPIFMUX	Status-Pipeline-IF-Stage-MUX Auswahl aus fünf Alternativen	U1

SPIFCON   Status-Pipeline-IF-Stage-Controller

Funktion: Steuerung von STAP_IF

Aufbau: Kombinatorik

SPIFMUX   Status-Pipeline-IF-Stage-MUX

Funktion: Selektiert Statusinformation aus fünf Alternativen.

Aufbau: 4 Bit breiter 5-zu-1-Multiplexer

STAP_ID   Status-Pipeline-ID-Stage

Funktion: Verwaltet Statusinformationen der ID-Stufe. Dies sind die im nächsten Arbeitsschritt von der EX-Stufe zu übernehmenden Informationen (KU_MODE, HWI, EXC, SWI), die im letzten Arbeitsschritt berechneten Flags und der PC-Wert, von dem die Instruktion der ID-Stufe geladen wurde. Modus und Flags werden in dieser Stufe zum Statusregister der Instruktion zusammengefaßt. Außerdem wird gespeichert, ob die Instruktion eine Delay-Instruktion ist.

Aufbau: Enthält den Modul SPID_FL (U5) zur Auswahl der Flags aus mehreren Alternativen sowie mehrere Register.

Im Grobstrukturmodell: f0730-f0814

Komponenten:

Kurzname	Name Funktion	Ref.
SPID_FL	Status-Pipeline-ID-Stage- Flags-Logic Auswahl der Flags	U5

SPID_FL   Status-Pipeline-
ID-Stage-Flags-Logic

Funktion: Selektiert die Prozessor-Flags aus mehreren Alternativen, darunter die Flags der ALU und die Statusregister der Interrupt-Verwaltung.

Aufbau: Enthält Kombinatorik und einen 4 Bit breiten 5-zu-1-Multiplexer.

STAP_EX   Status-Pipeline-EX-Stage

Funktion: Verwaltet Statusinformationen der EX-Stufe. Diese beinhalten neben Instruktions-PC, Instruktions-Statusregister und Delay-Slot-Kennung auch ein EX-Flag-Bit (.F-Option), den MA-Operation-Code und den MA-Zugriffsmodus.

Aufbau: Enthält mehrere Register.

Im Grobstrukturmodell: f0817-f0853

STAP_MA   Status-Pipeline-MA-Stage

Funktion: Verwaltet Statusinformationen der MA-Stufe. Diese bestehen aus Instruktions-PC, Instruktions-Statusregister, Delay-Slot-Kennung und MA-Zugriffsanzeige.

Aufbau: Enthält mehrere Register.

Im Grobstrukturmodell: f0855-f0884

STAP_WB   Status-Pipeline-WB-Stage

Funktion: Verwaltet die Statusinformation der WB-Stufe, nämlich den Instruktions-PC.

Aufbau: Enthält ein 30 Bit breites Register zum Speichern des Wertes PC_MA.

Im Grobstrukturmodell: f0886-f0899

5.5 Schematics

Die Schematics dieses Abschnitts sind alphabetisch sortiert. Sie wurden in Abschnitt 5.1 gegliedert und in 5.2 bis 5.4 kommentiert. An die drucktechnischen Grenzen geraten die Module IFU, PCU und STATE_PIPELINE. Hier sind die Signalnamen in den Untermodulen auf der jeweils gegenüberliegenden Seite in ähnlicher Anordnung vergrößert wiedergegeben.

Jenseits der drucktechnischen Grenzen liegt der oberste Modul CHIP, dessen hier abgebildetes Schematic nur gelegentlich weiterhilft. Stattdessen ist die Verbindungsnetzliste von CHIP in der Tabelle 5.5 wiedergegeben. In der Regel wird man nur ausgewählte Verbindungen abfragen, etwa alle Signale von der PCU an die ALU.

Es sei daran erinnert, daß die „sonstigen" Module in Bild 5.1 nur aus technischen Gründen direkt in CHIP instanziiert sind, nämlich im wesentlichen die CAM- und RAM-Speicher und die Testlogik. Die peripheren Zellen sind im wesentlichen Ein- und Ausgangsschaltungen, die nur der Vollständigkeit halber aufgeführt sind.

Modul hier		
Signal hier	an/von Modul dort	Signal dort

Hauptmodule

CHIP = extern		
RTSEL	→ IBUFG (U11)	A
RTWEN	→ IBUFG (U10)	A
RTE	→ IBUFG (U9)	A
RTADRA	→ IBUFG (U8)	A
RTADRB	→ IBUFG (U7)	A
CONFIG	→ IBUFG (U6)	A
SCANIN	→ IBUFG (U5)	A
IRQ_ID	→ IBUFG (U4)	A
NIRQ	→ IBUFG (U3)	A
SCAN	→ IBUFG (U2)	A
CP	→ DRVSC16G (U1)	A
NRESET	→ IBUFNG (U0)	A
SIGSE	→ IBUFG (U42)	A
SIGSI	→ IBUFG (U41)	A
NHLT	→ IBUFG (U40)	A
NMHS	→ SCHMITOG (U39)	A
BUSPRO	→ BUFG (U38)	A
TN	→ ICPTNU (U43)	A
RTOUTB	← BG (U57)	Z
SIGSO	← BRPG (U56)	Z
FACC	← BRPG (U55))	Z
ACCMODE	← BRPG (U54)	Z
ADDR_BUS	← BTG (U45)	Z
NMRQ	← BRPG (U53)	Z
RNW	← BRPG (U52)	Z
NRMW	← BRPG (U51)	Z
PROCMONZ	← BRPG (U50)	Z
NIRA	← BRPG (U49)	Z
SCANOUT	← BRPG (U48)	Z
PANIC	← BRPG (U47)	Z
KUMODE	← BRPG (U46)	Z
DATA_BUS	↔ BDRPG (U37)	Z

IFU		U14
BTCWEN	→ RTMX467 (U19)	SFWEN
	→ RTMX1662 (U18)	SFWEN
BTCWDAT	→ RTMX467 (U19)	SFBDI
BTCRADR	→ RTMX467 (U19)	SFADR
BTCWAN	→ RTMX1662 (U18)	SFWAN
BTCTDAT	→ RTMX1662 (U18)	SFDATA
MPCWEN	→ RTMX1660 (U17)	SFWEN
	→ RTMX532 (U16)	SFWEN
MPCWAN	→ RTMX1660 (U17)	SFWAN
MPCTDAT	→ RTMX1660 (U17)	SFDATA
MPCWDAT	→ RTMX532 (U16)	SFBDI
MPCRADR	→ RTMX532 (U16)	SFADR
TEST_HIT	→ SIGN (U36)	TEST_HIT
TEST_IAMUX	→ SIGN (U36)	TEST_IAMUX
TEST_HIB	→ SIGN (U36)	TEST_HIB
SCANOUT	→ IDU (U22)	SCAN_IN
EXCEPT_CTR	→ IDU (U22)	EXCEPT_CTR
I_BUS	→ IDU (U22)	I_BUS
BREAK_MEMACC	→ BCU (U35)	BRK_MACC
FETCH_RQ	→ BCU (U35)	DO_FETCH
IF_ADDR_BUS	→ BCU (U35)	IFU_ADR
	→ PCU (U28)	PC_IF
CALL_NOW	→ PCU (U28)	CALL_NOW
IF_CORRECT	→ PCU (U28)	IFU_CORRECT
DS_IN_IF	→ PCU (U28)	DS_IN_IF

Signal	Connection	Port
DIS_IDU	→ PCU (U28)	DIS_IDU
DIS_ALU	→ PCU (U28)	DIS_ALU
NPC	→ PCU (U28)	NPC
IFU_DATBUS	← BCU (U35)	READ_DATA
RANDOM	← SIGN (U36)	RANDOM
MPCINST	← RR32X32 (U23)	ADO
MPCMAN	← MPCCAM (U20)	NMATCH
BTCMAN	← BTCCAM (U21)	NMATCH
BTCRDAT	← RR16X5 (U26)	ADO
	← RR16X30 (U25)	ADO
	← RR16X32 (U24)	ADO
CONFIG	← IBUFG (U6)	Z
SCANIN	← IBUFG (U5)	Z
SCAN	← IBUFG (U2)	Z
CP	← DRVSC16G (U1)	Z
NRESET	← B4IP (U13)	Z
KU_MODE	← PCU (U28)	IF_KUMODE
EMERG_FETCH	← PCU (U28)	EMERG_FETCH
LDST_ACC_NOW	← PCU (U28)	LDST_ACC_NOW
USE_PCUPC	← PCU (U28)	USE_PCU_PC
PC_BUS	← PCU (U28)	PC_BUS
WORK_IF	← PCU (U28)	WORK_IF
WORK_FD	← PCU (U28)	WORK_FD
FLAGS_IF	← PCU (U28)	IF_FLAGS
FLAGS_FD	← PCU (U28)	FD_FLAGS
NEW_FLAGS	← IDU (U22)	NEW_FLAGS
CCLR	← IDU (U22)	CCLR

IDU   **U22**

Signal	Connection	Port
ADDR_A	→ FRU (U30)	ADDR_A
ADDR_B	→ FRU (U30)	ADDR_B
ADDR_C	→ FRU (U30)	ADDR_C
ADDR_D	→ FRU (U30)	ADDR_D
IMMEDIATE	→ FRU (U30)	IMMEDIATE
USE_IMMEDIATE	→ FRU (U30)	USE_IMM
SCAN_OUT	→ FRU (U30)	SCANIN
USE_SREG_DATA	→ FRU (U30)	USE_SRD
ALU_OPCODE	→ ALU (U31)	ALU_OPCODE
ADDR_SREG	→ PCU (U28)	SREG_ADDR
SREG_ACC_DIR	→ PCU (U28)	SREG_ACC_DIR
EXCEPT_ID	→ PCU (U28)	EXCEPT_ID
EXCEPT_RQ	→ PCU (U28)	EXCEPT_RQ
SWI_ID	→ PCU (U28)	SWI_ID
SWI_RQ	→ PCU (U28)	SWI_RQ
MAU_ACC_MODE2	→ PCU (U28)	MAU_ACC_MODE2
MAU_OPCODE2	→ PCU (U28)	MAU_OPCODE2
DO_HALT	→ PCU (U28)	DO_HALT
DO_RETI	→ PCU (U28)	DO_RETI
NEW_FLAGS	→ PCU (U28)	NEW_FLAGS
	→ IFU (U14)	NEW_FLAGS
CCLR	→ IFU (U14)	CCLR
SCAN_IN	← IFU (U14)	SCANOUT
EXCEPT_CTR	← IFU (U14)	EXCEPT_CTR
I_BUS	← IFU (U14)	I_BUS
CP	← DRVSC16G (U1)	Z
SCAN	← IBUFG (U2)	Z
NRESET	← B4IP (U13)	Z
KILL_IDU	← PCU (U28)	KILL_IDU
WORK_ID	← PCU (U28)	WORK_ID
ID_KU_MODE	← PCU (U28)	ID_KUMODE
STEP	← PCU (U28)	STEP

PCU   **U28**

Signal	Connection	Port
STEP	→ FRU (U30)	STEP
	→ IDU (U22)	STEP

Signal	Connection	Port
WORK_WB	→ FRU (U30)	WORK_WB
WORK_EX	→ FRU (U30)	WORK_EX
	→ ALU (U31)	WORK_EX
WORK_MA	→ FRU (U30)	WORK_MA
	→ MAU (U32)	WORK_MA
SREG_DATA	→ FRU (U30)	SREG_DATA
INT_STATE	→ FRU (U30)	INT_STATE
ALU_CARRY	→ ALU (U31)	ALU_CARRY
MAU_ACC_MODE3	→ MAU (U32)	MAU_ACMODE
MAU_OPCODE3	→ MAU (U32)	MAU_OPCODE
CHECK_WORK	→ RTMX316 (U34)	VIEW_WORK
	→ SIGN (U36)	TEST_WORK
TEST_STATUS	→ SIGN (U36)	TEST_STATUS
TEST_CNTRL	→ SIGN (U36)	TEST_CNTRL
BCU_ACC_MODE	→ BCU (U35)	ACMODE
BCU_ACC_DIR	→ BCU (U35)	ACDIR
NIRA	→ BRPG (U49)	A
SCAN_OUT	→ BRPG (U48)	A
PANIC	→ BRPG (U47)	A
SYS_KUMODE	→ BRPG (U46)	A
IF_KUMODE	→ IFU (U14)	KU_MODE
EMERG_FETCH	→ IFU (U14)	EMERG_FETCH
LDST_ACC_NOW	→ IFU (U14)	LDST_ACC_NOW
USE_PCU_PC	→ IFU (U14)	USE_PCUPC
PC_BUS	→ IFU (U14)	PC_BUS
WORK_IF	→ IFU (U14)	WORK_IF
WORK_FD	→ IFU (U14)	WORK_FD
IF_FLAGS	→ IFU (U14)	FLAGS_IF
FD_FLAGS	→ IFU (U14)	FLAGS_FD
KILL_IDU	→ IDU (U22)	KILL_IDU
WORK_ID	→ IDU (U22)	WORK_ID
ID_KUMODE	→ IDU (U22)	ID_KU_MODE
BCU_READY	← BCU (U35)	BCU_READY
FLAGS_FROM_AL.	← ALU (U31)	FLAGS
B_BUS	← FRU (U30)	B_BUS
PC_IF	← IFU (U14)	IF_ADDR_BUS
SREG_ADDR	← IDU (U22)	ADDR_SREG
SREG_ACC_DIR	← IDU (U22)	SREG_ACC_DIR
EXCEPT_ID	← IDU (U22)	EXCEPT_ID
EXCEPT_RQ	← IDU (U22)	EXCEPT_RQ
SWI_ID	← IDU (U22)	SWI_ID
SWI_RQ	← IDU (U22)	SWI_RQ
MAU_ACC_MODE2	← IDU (U22)	MAU_ACC_MODE2
MAU_OPCODE2	← IDU (U22)	MAU_OPCODE2
DO_HALT	← IDU (U22)	DO_HALT
DO_RETI	← IDU (U22)	DO_RETI
NEW_FLAGS	← IDU (U22)	NEW_FLAGS
CALL_NOW	← IFU (U14)	CALL_NOW
IFU_CORRECT	← IFU (U14)	IF_CORRECT
DS_IN_IF	← IFU (U14)	DS_IN_IF
DIS_IDU	← IFU (U14)	DIS_IDU
DIS_ALU	← IFU (U14)	DIS_ALU
NPC	← IFU (U14)	NPC
IRQ_ID	← IBUFG (U4)	Z
NIRQ	← IBUFG (U3)	Z
SCAN	← IBUFG (U2)	Z
CP	← DRVSC16G (U1)	Z
NRESET	← B4IP (U12)	Z
MAU_ADDR_BUS	← MAU (U32)	MAU_ADDR
SCAN_IN	← MAU (U32)	SCAN_OUT

FRU   **U30**

Signal	Connection	Port
RAMADA	→ RTMX632 (U27)	SFADA
RAMADB	→ RTMX632 (U27)	SFADB
RAMWEN	→ RTMX632 (U27)	SFWEN

C5_BUS	→ RTMX632 (U27)	SFADI	DATA_IN	← BDRPG (U37)	ZI
TEST_RADR	→ SIGN (U36)	TEST_RADR	ADEN	→ BTG (U45)	EN
TEST_SEL	→ SIGN (U36)	TEST_SEL	BCUADR	→ BTG (U45)	A
D_BUS	→ MAU (U32)	D_BUS	NMHS	← SCHMITCG (U39)	Z
SCANOUT	→ ALU (U31)	SCAN_IN	NMRQ	→ BRPG (U53)	A
A_BUS	→ ALU (U31)	A_BUS	RNW	→ BRPG (U52)	A
B_BUS	→ ALU (U31)	B_BUS	NRMW	→ BRPG (U51)	A
	→ PCU (U28)	B_BUS	BUSPRO	← IBUFG (U38)	Z
RAMDB	← RR40X32 (U29)	BDO	RTE	← IBUFG (U9)	Z
RAMDA	← RR40X32 (U29)	ADO	RTDOUT	← RTMX5132 (U33)	RTDOUT
ADDR_A	← IDU (U22)	ADDR_A	CP	← DRVSC16G (U1)	Z
ADDR_B	← IDU (U22)	ADDR_B	NRESET	← B4IP (U12)	Z
ADDR_C	← IDU (U22)	ADDR_C	RTDIN	→ RTMX632 (U27)	RTADI
ADDR_D	← IDU (U22)	ADDR_D		→ RTMX532 (U16)	RTBDI
IMMEDIATE	← IDU (U22)	IMMEDIATE		→ RTMX1660 (U17)	RTDATA
USE_IMM	← IDU (U22)	USE_IMMEDIATE		→ RTMX1662 (U18)	RTDATA
SCANIN	← IDU (U22)	SCAN_OUT		→ RTMX467 (U19)	RTBDI
USE_SRD	← IDU (U22)	USE_SREG_DATA	BRK_MACC	← IFU (U14)	BREAK_MEMACC
SCAN	← IBUFG (U2)	Z	DO_FETCH	← IFU (U14)	FETCH_RQ
CP	← DRVSC16G (U1)	Z	IFU_ADR	← IFU (U14)	IF_ADDR_BUS
STEP	← PCU (U28)	STEP	BCU_READY	→ PCU (U28)	BCU_READY
WORK_WB	← PCU (U28)	WORK_WB	READ_DATA	→ MAU (U32)	READ_DATA
WORK_EX	← PCU (U28)	WORK_EX		→ IFU (U14)	IFU_DATBUS
WORK_MA	← PCU (U28)	WORK_MA	MAU_ADR	← MAU (U32)	MAU_ADDR
SREG_DATA	← PCU (U28)	SREG_DATA	ACMODE	← PCU (U28)	BCU_ACC_MODE
INT_STATE	← PCU (U28)	INT_STATE	ACDIR	← PCU (U28)	BCU_ACC_DIR
C3_BUS	← ALU (U31)	C3_BUS			
C4_BUS	← MAU (U32)	C4_BUS			

ALU   **U31**

C3_BUS	→ FRU (U30)	C3_BUS
	→ MAU (U32)	C3_BUS
SCAN_OUT	→ MAU (U32)	SCAN_IN
FLAGS	→ PCU (U28)	FLAGS_FROM_AL.
SCAN_IN	← FRU (U30)	SCANOUT
A_BUS	← FRU (U30)	A_BUS
ALU_OPCODE	← IDU (U22)	ALU_OPCODE
B_BUS	← FRU (U30)	B_BUS
ALU_CARRY	← PCU (U28)	ALU_CARRY
WORK_EX	← PCU (U28)	WORK_EX
SCAN	← IBUFG (U2)	Z
CP	← DRVSC16G (U1)	Z

MAU   **U32**

C4_BUS	→ FRU (U30)	C4_BUS
	→ SIGN (U36)	C4_BUS
WRITE_DATA	→ BDRPG (U37)	A
MAU_ADDR	→ PCU (U28)	MAU_ADDR_BUS
	→ BCU (U35)	MAU_ADR
SCAN_OUT	→ PCU (U28)	SCAN_IN
READ_DATA	← BCU (U35)	READ_DATA
C3_BUS	← ALU (U31)	C3_BUS
SCAN_IN	← ALU (U31)	SCAN_OUT
D_BUS	← FRU (U30)	D_BUS
SCAN	← IBUFG (U2)	Z
CP	← DRVSC16G (U1)	Z
WORK_MA	← PCU (U28)	WORK_MA
MAU_ACMODE	← PCU (U28)	MAU_ACC_MODE3
MAU_OPCODE	← PCU (U28)	MAU_OPCODE3

BCU   **U35**

NHLT	← IBUFG (U40)	Z
FACC	→ BRPG (U55)	A
ACMD	→ BRPG (U54)	A
DDEN	→ BDRPG (U37)	EN

Sonstige Module und Zellen

SEL1OF16		U15
NSELECT	→ RTMX1662 (U18)	RTWAN
	→ RTMX1660 (U17)	RTWAN
CODE	← IBUFG (U8)	Z

RTMX532		U16
WEN	→ RR32X32 (U23)	WEN
BDI	→ RR32X32 (U23)	BDI
ADR	→ RR32X32 (U23)	A
	→ RR32X32 (U23)	B
CP	← DRVSC16G (U1)	Z
SFWEN	← IFU (U14)	MPCWEN
SFBDI	← IFU (U14)	MPCWDAT
SFADR	← IFU (U14)	MPCRADR
RTADR	← IBUFG (U7)	Z
	← IBUFG (U8)	Z
RTWEN	← IBUFG (U10)	Z
RT	← IBUFG (U9)	Z
RTBDI	← BCU (U35)	RTDIN

RTMX1660		U17
CAMDATA	→ MPCCAM (U20)	CAMDATA
WAN	→ MPCCAM (U20)	NWSEL
WEN	→ MPCCAM (U20)	NWEN
SFWEN	← IFU (U14)	MPCWEN
SFWAN	← IFU (U14)	MPCWAN
SFDATA	← IFU (U14)	MPCTDAT
RTWEN	← IBUFG (U10)	Z
RTWAN	← SEL1OF16 (U15)	NSELECT
RTDATA	← BCU (U35)	RTDIN
RT	← IBUFG (U9)	Z

RTMX1662		U18
CAMDATA	→ BTCCAM (U21)	CAMDATA
WAN	→ BTCCAM (U21)	NWSEL
WEN	→ BTCCAM (U21)	NWEN
SFWEN	← IFU (U14)	BTCWEN
SFWAN	← IFU (U14)	BTCWAN
SFDATA	← IFU (U14)	BTCTDAT
RTWEN	← IBUFG (U10)	Z
RTWAN	← SEL1OF16 (U15)	NSELECT
RTDATA	← BCU (U35)	RTDIN
RT	← IBUFG (U9)	Z

RTMX467		U19
WEN	→ RR16X32 (U24)	WEN
	→ RR16X30 (U25)	WEN
	→ RR16X5 (U26)	WEN
BDI	→ RR16X32 (U24)	BDI
	→ RR16X30 (U25)	BDI
	→ RR16X5 (U26)	BDI
ADR	→ RR16X32 (U24)	A
	→ RR16X30 (U25)	A
	→ RR16X5 (U26)	A
	→ RR16X32 (U24)	B
	→ RR16X30 (U25)	B
	→ RR16X5 (U26)	B
CP	← DRVSC16G (U1)	Z
SFWEN	← IFU (U14)	BTCWEN
SFBDI	← IFU (U14)	BTCWDAT
SFADR	← IFU (U14)	BTCRADR
RTADR	← IBUFG (U7)	Z
	← IBUFG (U8)	Z

RTWEN	← IBUFG (U10)	Z
RT	← IBUFG (U9)	Z
RTBDI	← BCU (U35)	RTDIN

MPCCAM		U20
NMATCH	→ RTMX5132 (U33)	CAMS
	→ IFU (U14)	MPCMAN
CAMDATA	← RTMX1660 (U17)	CAMDATA
NWSEL	← RTMX1660 (U17)	WAN
NWEN	← RTMX1660 (U17)	WEN
CP	← DRVSC16G (U1)	Z

BTCCAM		U21
NMATCH	→ RTMX5132 (U33)	CAMS
	→ IFU (U14)	BTCMAN
CAMDATA	← RTMX1662 (U18)	CAMDATA
NWSEL	← RTMX1662 (U18)	WAN
NWEN	← RTMX1662 (U18)	WEN
CP	← DRVSC16G (U1)	Z

RR32X32		U23
ADO	→ RTMX5132 (U33)	MPCRAM
	→ IFU (U14)	MPCINST
WEN	← RTMX532 (U16)	WEN
BDI	← RTMX532 (U16)	BDI
B	← RTMX532 (U16)	ADR
A	← RTMX532 (U16)	ADR

RR16X32		U24
ADO	→ RTMX5132 (U33)	BTCRAM1
	→ IFU (U14)	BTCRDAT
WEN	← RTMX467 (U19)	WEN
BDI	← RTMX467 (U19)	BDI
B	← RTMX467 (U19)	ADR
A	← RTMX467 (U19)	ADR

RR16X30		U25
ADO	→ RTMX5132 (U33)	BTCRAM2
	→ IFU (U14)	BTCRDAT
WEN	← RTMX467 (U19)	WEN
BDI	← RTMX467 (U19)	BDI
B	← RTMX467 (U19)	ADR
A	← RTMX467 (U19)	ADR

RR16X5		U26
ADO	→ RTMX316 (U34)	BTCRAM3
	→ IFU (U14)	BTCRDAT
WEN	← RTMX467 (U19)	WEN
BDI	← RTMX467 (U19)	BDI
B	← RTMX467 (U19)	ADR
A	← RTMX467 (U19)	ADR

RTMX632		U27
ADI	→ RR40X32 (U29)	ADI
WEN	→ RR40X32 (U29)	WEN
ADB	→ RR40X32 (U29)	B
ADA	→ RR40X32 (U29)	A
SFADA	← FRU (U30)	RAMADA
SFADB	← FRU (U30)	RAMADB
SFWEN	← FRU (U30)	RAMWEN
SFADI	← FRU (U30)	C5_BUS
RT	← IBUFG (U9)	Z
RTADI	← BCU (U35)	RTDIN
RTWEN	← IBUFG (U10)	Z

RTADA	← IBUFG (U8)	Z
RTADB	← IBUFG (U7)	Z
CP	← DRVSC16G (U1)	Z

RR40X32		U29
BDO	→ FRU (U30)	RAMDB
	→ RTMX316 (U34)	FRURAMB
ADO	→ FRU (U30)	RAMDA
	→ RTMX5132 (U33)	FRURAMA
WEN	← RTMX632 (U27)	WEN
B	← RTMX632 (U27)	ADB
ADI	← RTMX632 U27)	ADI
A	← RTMX632 (U27)	ADA

RTMX5132		U33
RTDOUT	→ BCU (U35)	RTDOUT
MPCRAM	← RR32X32 (U23)	ADO
BTCRAM1	← RR16X32 (U24)	ADO
BTCRAM2	← RR16X30 (U25)	ADO
CAMS	← MPCCAM (U20)	NMATCH
	← BTCCAM (U21)	NMATCH
FRURAMA	← RR40X32 (U29)	ADO
RTSEL	← IBUFG (U11)	Z

RTMX316		U34
RTOUTB	→ BG (U57)	A
RTE	← IBUFG (U9)	Z
RTSEL2	← IBUFG (U11)	Z
BTCRAM3	← RR16X5 (U26)	ADO
FRURAMB	← RR40X32 (U29)	BDO
VIEW_WORK	← PCU (U28)	CHECK_WORK

SIGN		U36
RANDOM	→ IFU (U14)	RANDOM
SIGSE	← IBUFG (U42)	Z
SIGSI	← IBUFG (U41)	Z
SIGSO	→ BRPG (U56)	A
C4_BUS	← MAU (U32)	C4_BUS
TEST_RADR	← FRU (U30)	TEST_RADR
TEST_SEL	← FRU (U30)	TEST_SEL
TEST_HIT	← IFU (U14)	TEST_HIT
TEST_IAMUX	← IFU (U14)	TEST_IAMUX
TEST_HIB	← IFU (U14)	TEST_HIB
TEST_WORK	← PCU (U28)	CHECK_WORK
TEST_STATUS	← PCU (U28)	TEST_STATUS
TEST_CNTRL	← PCU (U28)	TEST_CNTRL
CP	← DRVSC16G (U1)	Z
NRESET	← B4IP (U12)	Z

PROCMON		U44
Z	→ BRPG (U50)	A
A	← IBUFG (U38)	PO
E	← ICPTNU (U43)	PO
S	← +5V	
N	← +5V	

Periphere Zellen

BUFN		U0
Z	→ B4IP (U13)	A
	→ B4IP (U12)	A
A	← CHIP	NRESET

DRVSC16G		U1
Z	→ IFU (U14)	CP
	→ PCU (U28)	CP
	→ SIGN (U36)	CP
	→ ALU (U31)	CP
	→ MAU (U32)	CP
	→ FRU (U30)	CP
	→ IDU (U22)	CP
	→ BCU (U35)	CP
	→ BTCCAM (U21)	CP
	→ MPCCAM (U20)	CP
	→ RTMX467 (U19)	CP
	→ RTMX632 (U27)	CP
	→ RTMX532 (U16)	CP
A	← CHIP	CP

IBUFG		U2
Z	→ PCU (U28)	SCAN
	→ IFU (U14)	SCAN
	→ IDU (U22)	SCAN
	→ ALU (U31)	SCAN
	→ MAU (U32)	SCAN
	→ FRU (U30)	SCAN
A	← CHIP	SCAN

IBUFG		U3
Z	→ PCU (U28)	NIRQ
A	← CHIP	NIRQ

IBUFG		U4
Z	→ PCU (U28)	IRQ_ID
A	← CHIP	IRQ_ID

IBUFG		U5
Z	→ IFU (U14)	SCANIN
A	← CHIP	SCANIN

IBUFG		U6
Z	→ IFU (U14)	CONFIG
A	← CHIP	CONFIG

IBUFG		U7
Z	→ RTMX532 (U16)	RTADR
	→ RTMX467 (U19)	RTADR
	→ RTMX632 (U27)	RTADB
A	← CHIP	RTADRB

IBUFG		U8
Z	→ SEL1OF16 (U15)	CODE
	→ RTMX467 (U19)	RTADR
	→ RTMX532 (U16)	RTADR
	→ RTMX632 (U27)	RTADA
A	← CHIP	RTADRA

IBUFG		U9
Z	→ RTMX467 (U19)	RT
	→ RTMX1662 (U18)	RT

	→ RTMX1660 (U17)	RT
	→ RTMX532 (U16)	RT
	→ RTMX632 (27)	RT
	→ RTMX316 (U34)	RTE
	→ BCU (U35)	RTE
A	← CHIP	RTE

IBUFG — U10

Z	→ RTMX467 (U19)	RTWEN
	→ RTMX1662 (U18)	RTWEN
	→ RTMX1660 (U17)	RTWEN
	→ RTMX532 (U16)	RTWEN
	→ RTMX632 (U27)	RTWEN
A	← CHIP	RTWEN

IBUFG — U11

Z	→ RTMX316 (U34)	RTSEL2
	→ RTMX5132 (U33)	RTSEL
A	← CHIP	RTSEL

IB4IP — U12

Z	→ PCU (U28)	NRESET
	→ BCU (U35)	NRESET
	→ SIGN (U36)	NRESET
A	← IBUFNG (U0)	Z

B4IP — U13

Z	→ IDU (U22)	NRESET
	→ IFU (U14)	NRESET
A	← IBUFNG (U0)	Z

BDRPG — U37

IO	↔ CHIP	DATA_BUS
ZI	→ BCU (U35)	DATA_IN
A	← MAU (U32)	WRITE_DATA
EN	← BCU (U35)	DDEN

IBUFG — U38

A	→ CHIP	BUSPRO
Z	← BCU (U35)	BUSPRO
PO	→ PROCMON (U44)	A

SCHMITCG — U39

A	← CHIP	NMHS
Z	→ BCU (U35	NMHS

BUFG — U40

A	← CHIP	NHLT
Z	→ BCU (U35)	NHLT

IBUFG — U41

A	← CHIP	SIGSI
Z	→ SIGN (U36)	SIGSI

IBUFG — U42

A	← CHIP	SIGSE
Z	→ SIGN (U36)	SIGSE

ICPTNU — U43

A	← CHIP	TN
Z	→ BTG (U45)	TN
	→ BDRPG (U37)	TN
PO	→ PROCMON (U44)	E

BTG — U45

Z	→ CHIP	ADDR_BUS
A	← BCU (U35)	BCUADR
EN	← BCU (U35)	ADEN

BRPG — U46

Z	→ CHIP	KUMODE
A	← PCU (U28)	SYS_KUMODE

BRPG — U47

Z	→ CHIP	PANIC
A	← PCU (U28)	PANIC

BRPG — U48

Z	→ CHIP	SCANOUT
A	← PCU (U28)	SCAN_OUT

BRPG — U49

Z	→ CHIP	NIRA
A	← PCU (U28)	NIRA

BRPG — U50

Z	→ CHIP	PROCMONZ
A	← PROCMON (U44)	Z

BRPG — U51

Z	← CHIP	NRMW
A	→ BCU (U35)	NRMW

BRPG — U52

Z	→ CHIP	RNW
A	← BCU (U35)	RNW

BRPG — U53

Z	→ CHIP	NMRQ
A	← BCU (U35)	NMRQ

BRPG — U54

Z	→ CHIP	ACCMODE
A	← BCU (U35)	ACMD

BRPG — U55

Z	→ CHIP	FACC
A	← BCU (U35)	FACC

BRPG — U56

Z	→ CHIP	SIGSO
A	← SIGN (U36)	SIGSO

BG — U57

Z	→ CHIP	RTOUTB
A	← RTMX316 (U34)	RTOUTB

Tabelle 5.5 Netzliste des Moduls CHIP

Die Signalnamen der Schematics sind teilweise in den vorigen Abschnitten und im Grobstrukturmodell erläutert. Etliche Namen erklären sich selbst, viele erläutert Tabelle 5.6.

BCU

ADEN	→ Address Driver Enable Negative	0-aktive Freigabe für PAD-Treiber des ADDR_BUS (sonst Tri-State)
BCUADR	→ BCU Address	von der BCU an den PAD-Treiber des ADDR_BUS angelegte Adresse
DDEN	→ Data Driver Enable Negative	0-aktive Freigabe für den PAD-Treiber des DATA_BUS (sonst Tri-State)
READ_DATA	→ Read Data	über Latch gesicherte Lesedaten vom DATA_BUS
RTDIN	→ RAM Test Data Input	über DATA_BUS angelegte Speichertestdaten
DATA_IN	← Data Input	Eingangssignale des bidirektionalen DATA_BUS
RTDOUT	← RAM Test Data Output	Testdaten, die über den ADDR_BUS vom CHIP kommen
RTE	← RAM Test Enable	Speichertest-Freigabe: 1=Test, 0=Normalbetrieb

BCUASM

BUSY	→ memory access is Busy	Anzeige eines laufenden Speicherzugriffs im asynchronen Busprotokoll
OPEN_AD	→ Open Address Driver	Freigabe für die Adreßbustreiber-PADs im asynchronen Busprotokoll
OPEN_DD	→ Open Data Driver	Freigabe für die Datenbustreiber-PADs im asynchronen Busprotokoll
OPEN_DL	→ Open Data Latch	Freigabe für das Eingangs-Latch des DATA_BUS im asynchronen Busprotokoll
NEW_ACC	← begin New Access	Anforderung eines Speicherzugriffs im asynchronen Busprotokoll

BCUCCL

BCU_ADR	→ BCU Address	von der BCU an die PAD-Treiber des ADDR_BUS angelegte Adresse
NSEL_DD	→ Data Driver Enable Negative	0-aktive Freigabe für die PAD-Treiber des DATA_BUS (sonst Tri-State)
BUSY	← memory access is Busy	Anzeige eines laufenden Speicherzugriffs
OPEN_DD	← Open Data Driver	Freigabe für die Datenbustreiber-PADs
RTDOUT	← RAM Test Data Output	Testdaten, die über den ADDR_BUS vom CHIP kommen
RTE	← RAM Test Enable	Speichertest-Freigabe: 1=Test, 0=Normalbetrieb

BCUSSM

BUSY	→ memory access is Busy	Anzeige eines laufenden Speicherzugriffs im synchronen Busprotokoll
OPEN_AD	→ Open Address Driver	Freigabe für die Adreßbustreiber-PADs im synchronen Busprotokoll
OPEN_DD	→ Open Data Driver	Freigabe für die Datenbustreiber-PADs im synchronen Busprotokoll
OPEN_DL	→ Open Data Latch	Freigabe für das Eingangs-Latch des DATA_BUS im synchronen Busprotokoll
NEW_ACC	← begin New Access	Anforderung eines Speicherzugriffs im synchronen Busprotokoll

BTCCAM

NMATCH	→ Negative Match	Vergleichsergebnisse der Zeilen des BTC-CAM
CAMDATA	← CAM Data	BTC-CAM-Eingangsdaten für Vergleich ([61:31]) und Eintrag ([30:0])
NWEN	← Negative Write Enable	Schreibfreigabe für das BTC-CAM (0-aktiv)
NWSEL	← Negative Write Select	Schreibselektionsadresse für das BTC-CAM (1-aus-16-Code)

BTCHIB

HIBUPD	← History Bit Update	Anzeige eines Update-Zugriffs auf die History-Bits
HIBWRT	← History Bit Write	Anzeige eines Schreib-Zugriffs auf die History-Bits

HITADR	← Hit Address	Cache-Hit-Adresse, Leseadresse für den HIBIT-Speicher
INITVAL	← Initial Value	Initialisierungswert für die History-Bits bei einem Schreibzugriff
NEWHIB	← New History Bits	Update-Wert der History-Bits bei einem Update-Zugriff
UPDADR	← Update Adress	Update- und Schreibadresse für den HIBIT-Speicher

BTCRWL

BTCACT	→ BTC Active	BTC-Eintragsanzeige für die Eintrags-Koordination mit dem MPC
BTCWEN	→ BTC Write Enable Negative	Schreibfreigabe für die BTC-Speicher (0-aktiv)
BTCWRT	→ BTC Write	Schreibfreigabe für die BTC-Speicher (1-aktiv)
HIBUPD	→ History Bit Update	Anzeige eines Update-Zugriffs auf die History-Bits
NBTCHIT	← Negative BTC Hit	0-aktive Anzeige eines BTC-Cache-Hit

BTCVAL

HITLIN	→ Hit Line	1-aus-16-Code für eine gültige Cache-Zeile mit Hit
NHIT	→ Negative Hit	0-aktive Anzeige eines BTC-Cache-Hit
BTCMAN	← BTC Match Address Negative	Vergleichsergebnisse der Zeilen des BTC-CAM
BTCWAN	← BTC Write Address Negative	Schreibselektionsadresse für das BTC-CAM (1-aus-16-Code)
BTCWRT	← BTC Write	Schreibfreigabe für die BTC-Speicher (1-aktiv)

BTCVLIN

NHIT	→ Negative Hit	0-aktive Hit-Anzeige einer Cache-Zeile
NMSEL	← Negative Match Select	0-aktive Hit-Anzeige einer CAM-Zeile
NWRT	← Negative Write	0-aktive Schreibfreigabe für den BTC-Speicher
NWSEL	← Negative Write Select	0-aktive Schreibselektion einer Cache-Zeile

BTIC

BTCACT	→ BTC Active	BTC-Eintragsanzeige für die Eintrags-Koordination mit dem MPC
BTCRADR	→ BTC RAM Address	RAM-Adressen für das Lesen ([7:4]) und Schreiben ([3:0]) der BTC-RAMs
BTCWAN	→ BTC Write Address Negative	Schreibselektionsadresse für das BTC-CAM (1-aus-16-Code)
BTCWEN	→ BTC Write Enable Negative	Schreibfreigabe für die BTC-Speicher (0-aktiv)
TEST_HIB	→ Test bus for ifu History-Bit signals	IFU-History-Bits für die Signaturanalyse
BTCMAN	← BTC Match Address Negative	Vergleichsergebnisse der Zeilen des BTC-CAM
BTCRDAT	← BTC RAM Data	Lesedaten aus BTC-RAMs
RANDOM	← Random number	4-Bit-Pseudo-Zufallszahl aus der Signatur für Ersetzungen von Cache-Zeilen

CAMLIN30

NMATCH	→ Negative Match	Vergleichsergebnisse einer Zeile des MPC-CAM
DCOMP	← Data for Compare	Daten zum Vergleich mit aktuellem Zeileninhalt
DIN	← Data for Input	Daten zum Schreiben in die Zeile
NWEN	← Negative Write Enable	Schreibfreigabe für das MPC-CAM (0-aktiv)
NWSEL	← Negative Write Select	Schreibselektionsadresse für eine Zeile des MPC-CAM

CAMLIN31

NMATCH	→ Negative Match	Vergleichsergebnisse einer Zeile des BTC-CAM
DCOMP	← Data for Compare	Daten zum Vergleich mit aktuellem Zeileninhalt
DIN	← Data for Input	Daten zum Schreiben in die Zeile
NWEN	← Negative Write Enable	Schreibfreigabe für das BTC-CAM (0-aktiv)
NWSEL	← Negative Write Select	Schreibselektionsadresse für eine Zeile des BTC-CAM

CHIP

PANIC	→ PANIC status	Ausgabe-Pin für das PANIC-Zustandsregister
PROCMONZ	→ PROCMON output Z	Ausgabe-Pin für den Z-Ausgang der PROCMON-Testschaltung von LSI
RTOUTB	→ RAM Test Output for port B of RR40x32	Ausgabebus für Testdaten, auch für RR16x5 und WORK-Signale
SCANOUT	→ Scan Output	Ausgabe-Pin für den Ausgang der Scan-Pfad-Testschaltung

SIGSO	→ Signature Scan Out	Ausgabe-Pin für den Ausgang des Scan-Pfades des Signaturregisters
RTADRA	← RAM Test Address A	Speichertest-Adresse (für RAM-Ports A und CAMs)
RTADRB	← RAM Test Address B	Speichertest-Adresse (für RAM-Ports B)
RTE	← RAM Test Enable	Speichertest-Freigabe-Pin:1=Test, 0=Normalbetrieb
RTSEL	← RAM Test Select	Steuersignale für den Speichertest-Ausgabemultiplexer (an ADDR_BUS und RTOUTB)
RTWEN	← RAM Test Write Enable Negative	Speichertest-Schreibfreigabe: 1=Lesen, 0=Schreiben
SCAN	← Scan enable	Scan-Test-Freigabe-Pin: 1=Scan-Test, 0=Normalbetrieb
SCANIN	← Scan Input	Scan-Pfad-Eingang
SIGSE	← Signature Scan Enable	Signatur-Scan-Freigabe-Pin: 1=Scan-Test, 0=Normalbetrieb
SIGSI	← Signature Scan Input	Signatur-Scan-Eingang
TN	← Test Negative	Test-Freigabe-Pin für LSI-Testschaltungen

FRU

C5_BUS	→ C5 Bus	RAM-Schreibdaten des FRU-RAMs RR40x32
D_BUS	→ D Bus	ALIAS: STORE_DATA (siehe Grobstrukturmodell)
RAMADA	→ RAM Address A	RAM-Adresse für Port A des RAMs RR40x32 (FRU-RAM)
RAMADB	→ RAM Address B	RAM-Adresse für Port B des RAMs RR40x32 (FRU-RAM)
RAMWEN	→ RAM Write Enable Negative	Schreibfreigabe für das RR40x32 (FRU-RAM)
TEST_RADR	→ Test bus for fru Register Addresses	FRU-Registeradressen für die Signaturanalyse
TEST_SEL	→ Test bus for fru forwarding Selection	FRU-Forwarding-Selektions-Signale für die Signaturanalyse
RAMDA	← RAM Data A	Lesedaten von Ausgabe-Port A des FRU-RAMs RR40x32
RAMDB	← RAM Data B	Lesedaten von Ausgabe-Port B des FRU-RAMs RR40x32

FRURAMCON

ADANUL	→ Address A is Null	Anzeige der Wertes 0 für RAM-Adresse A (Konstante 0 als Operand A)
ADBNUL	→ Address B is Null	Anzeige der Wertes 0 für RAM-Adresse B (Konstante 0 als Operand B)
RAMADA	→ RAM Address A	RAM-Adresse für Port A des RAMs RR40x32 (FRU-RAM)
RAMADB	→ RAM Address B	RAM-Adresse für Port B des RAMs RR40x32 (FRU-RAM)
RAMWEN	→ RAM Write Enable Negative	Schreibfreigabe für das RR40x32 (FRU-RAM)

FRURAMIN

DATA_A	→ Data for operand A	Daten aus Registerfeld RR40x32 für den Operanden A
DATA_B	→ Data for operand B	Daten aus Registerfeld RR40x32 für den Operanden B
DATA_D	→ Data for operand D	Daten aus Registerfeld RR40x32 für den Operanden D
ADANUL	← Address A is Null	Anzeige der Wertes 0 für RAM-Adresse A (Konstante 0 als Operand A)
ADBNUL	← Address B is Null	Anzeige der Wertes 0 für RAM-Adresse B (Konstante 0 als Operand B)
RAMDA	← RAM Data A	Lesedaten von Ausgabe-Port A des FRU-RAMs RR40x32
RAMDB	← RAM Data B	Lesedaten von Ausgabe-Port B des FRU-RAMs RR40x32

IAMUX

| TEST_IAM | → Test bus for IFU Address MUX selection | IFU-Adress-Multiplexer-Selektions-Signale für die Signaturanalyse |

IFU

BTCRADR	→ BTC RAM Address	RAM-Adressen für das Lesen ([7:4]) und Schreiben ([3:0]) der BTC-RAMs
BTCTDAT	→ BTC TAG Data	BTC-CAM-Eingangsdaten für Vergleich ([61:31]) und Eintrag ([30:0])
BTCWAN	→ BTC Write Address Negative	Schreibselektionsadresse für das BTC-CAM (1-aus-16-Code)
BTCWDAT	→ BTC Write ram Data	RAM-Schreibdaten der BTC-RAMs
BTCWEN	→ BTC Write Enable Negative	Schreibfreigabe für die BTC-Speicher (0-aktiv)
DS_IN_IF	→ Delay-Slot in IF	ALIAS: DS_NOW (siehe Grobstrukturmodell)
MPCRADR	→ MPC RAM Address	RAM-Adressen für das Lesen ([9:5]) und Schreiben ([4:0]) der BTC-RAMs

MPCTDAT	→ MPC TAG Data	MPC-CAM-Eingangsdaten für Vergleich ([59:30]) und Eintrag ([29:0])
MPCWAN	→ MPC Write Address Negative	Schreibselektionsadresse für das MPC-CAM (1-aus-16-Code)
MPCWDAT	→ MPC Write ram Data	RAM-Schreibdaten des MPC-RAMs
MPCWEN	→ MPC Write Enable Negative	Schreibfreigabe für das MPC-RAM
TEST_HIB	→ Test bus for ifu History-Bit signals	IFU-History-Bits für die Signaturanalyse
TEST_HIT	→ Test bus for ifu cache Hit signals	IFU-Cache-Hit-Signale für die Signaturanalyse
TEST_IAMUX	→ Test bus for IFU Address MUX selection	IFU-Adress-Multiplexer-Selektionsignale für die Signaturanalyse
BTCMAN	← BTC Match Address Negative	Vergleichsergebnisse der Zeilen des BTC-CAM
BTCRDAT	← BTC RAM Data	Lesedaten aus BTC-RAMs
MPCINST	← MPC RAM Data	Lesedaten aus MPC-RAM
MPCMAN	← MPC Match Address Negative	Vergleichsergebnisse der Zeilen des MPC-CAM
RANDOM	← Random number	4-Bit-Pseudo-Zufallszahl aus der Signatur für Ersetzungen von Cache-Zeilen

LCGEN16

LCODE	→ Line Code	4-Bit-Binärcode für eine Cache-Zeilennummer
RANDOM	← Random number	4-Bit-Pseudo-Zufallszahl aus der Signatur für Ersetzungen von Cache-Zeilen
VALWRT	← Valid Write	Anzeige eines Schreibzugriffs auf die Valid-Bits (Abschluß eines Eintrags)

MPC

MPCRADR	→ MPC RAM Address	RAM-Adressen für das Lesen ([9:5]) und Schreiben ([4:0]) der BTC-RAMs
MPCTWAN	→ MPC TAG Write Address Negative	Schreibselektionsadresse für das MPC-CAM (1-aus-16-Code)
MPCWEN	→ MPC Write Enable Negative	Schreibfreigabe für das MPC-RAM
BTCACT	← BTC Active	BTC-Eintragsanzeige für die Eintrags-Koordination mit dem MPC
MPCMAN	← MPC Match Address Negative	Vergleichsergebnisse der Zeilen des MPC-CAM
RANDOM	← Random number	4-Bit-Pseudo-Zufallszahl aus der Signatur für Ersetzungen von Cache-Zeilen

MPCCAM

NMATCH	→ Negative Match	Vergleichsergebnisse der Zeilen des MPC-CAM
CAMDATA	← CAM Data	MPC-CAM-Eingangsdaten für Vergleich ([59:30]) und Eintrag ([29:0])
NWEN	← Negative Write Enable	Schreibfreigabe für das MPC-CAM (0-aktiv)
NWSEL	← Negative Write Select	Schreibselektionsadresse für das MPC-CAM (1-aus-16-Code)

MPCRWL

MPCWEN	→ MPC Write Enable Negative	Schreibfreigabe für das MPC-RAM
UPDATE	→ Update	Anzeige eines Update-Zugriffs auf den Valid-Speicher
VALWRT	→ Valid Write	Anzeige eines Write-Zugriffs auf den Valid-Speicher
BTCACT	← BTC Active	BTC-Eintragsanzeige für die Eintrags-Koordination mit dem MPC
PC_DB0	← PCs Differ By 0	Gleichheit von LPC und PC
PC_DB1	← PCs Differ By 1	Ungleichheit von LPC und PC im untersten Bit
UPDHIT	← Update Hit	1-aktive Anzeige eines MPC-Update-Hit

MPCVAL

NRDLIN	→ Negative Read Line	1-aus-16-Code für eine gültige Cache-Zeile mit Hit
NUDLIN	→ Negative Update Line	1-aus-16-Code für eine update-fähige Cache-Zeile
RDHIT	→ Read Hit	1-aktive Anzeige eines MPC-Read-Hit
UDHIT	→ Update Hit	1-aktive Anzeige eines MPC-Update-Hit
MPCMAN	← MPC Match Address Negative	Vergleichsergebnisse der Zeilen des MPC-CAM
MPCWAN	← MPC Write Address Negative	Schreibselektionsadresse für das MPC-CAM (1-aus-16-Code)
RTADD0	← Read Tag Adress 0	Bit 0 der aktuellen CAM-Vergleichsadresse
VALUPD	← Valid Update	Anzeige eines Update-Zugriffs auf den Valid-Speicher

| VALWRT | ← Valid Write | Anzeige eines Write-Zugriffs auf den Valid-Speicher |
| WTADD0 | ← Write Tag Adress 0 | Bit 0 des aktuellen CAM-Eintragungs-Adreßwertes |

MPCVLIN

NRDHIT	→ Negative Read Hit	0-aktive Read-Hit-Anzeige einer Cache-Zeile
NUDHIT	→ Negative Update Hit	0-aktive Update-Hit-Anzeige einer Cache-Zeile
NTMSEL	← Negative Tag Match Select	0-aktive Hit-Anzeige einer CAM-Zeile
NTWSEL	← Negative Tag Write Select	0-aktive Schreibselektion einer Cache-Zeile
NVUPD	← Negative Valid Update	0-aktive Update-Freigabe
NVWRT	← Negative Valid Write	0-aktive Schreibfreigabe
RTADD0	← Read Tag Adress 0	Bit 0 der aktuellen CAM-Vergleichsadresse
WTADD0	← Write Tag Adress 0	Bit 0 des aktuellen CAM-Eintragungs-Adreßwertes

PCD

| D0 | → Difference 0 | Gleichheit von LPC und PC |
| D1 | → Difference 1 | Ungleichheit von LPC und PC im untersten Bit |

PCU

CHECK_WORK	→ Test bus for pcu Work signals	PCU-WORK-Signale für die Signaturanalyse und RTOUTB-Ausgabe
PANIC	→ PANIC status	Ausgabe-Port für das PANIC-Zustandsregister
TEST_CNTRL	→ Test bus for pcu Control signals	PCU-Kontrollsignale für die Signaturanalyse
TEST_STATUS	→ Test bus for pcu Status signals	PCU-Status (IF/ID-Stufe) für die Signaturanalyse
PC_IF	← PC in IF	ALIAS: IFU_ADDR_BUS (siehe Grobstrukturmodell)

PCU_MISC

| TEST_CNTRL | → Test bus for pcu Control signals | PCU-Kontrollsignale für die Signaturanalyse |

RTMX316

RTOUTB	→ RAM Test Output for port B of RR40x32	Ausgang für Testdaten, auch für RR16x5 und WORK-Signale
BTCRAM3	← BTC-RAM-3 data (RR16x5)	Eingang für Testdaten von RAM RR16x5 (3. BTC-RAM)
FRURAMB	← FRU-RAM port B data (RR40x32)	Eingang für Testdaten von RAM RR40x32 (port B, FRU-Register-RAM)
RTE	← RAM Test Enable	Speichertest-Freigabe: 1=Test, 0=Normalbetrieb
RTSEL2	← RAM Test Select Bit 2	Steuersignal für Speichertest-Ausgabemultiplexer (RTOUTB)
VIEW_WORK	← Viewable Work signals	Eingang für WORK-Register-Signale (gut beobachtbar, da über Takt stabil)

RTMX467

ADR	→ Address	RAM-Adressen für das Lesen ([7:4]) und Schreiben ([3:0]) der BTC-RAMs
BDI	→ port B Data Input	RAM-Daten für den Schreibeingang B der BTC-RAMs
WEN	→ Write Enable Negative	Schreibfreigabe für die 3 RAMs des BTC
RT	← RAM Test Enable	Speichertest-Freigabe: 1=Test, 0=Normalbetrieb
RTADR	← RAM Test Address	Speichertest-Adressen für das Lesen und Schreiben der BTC-RAMs
RTBDI	← RAM Test port B Data Input	Speichertest-Daten für den Schreibeingang B der BTC-RAMs
RTWEN	← RAM Test Write Enable Negative	Speichertest-Schreibfreigabe: 1=Lesen, 0=Schreiben
SFADR	← Standard Function Address	Normalbetrieb-Adressen für das Lesen und Schreiben der BTC-RAMs
SFBDI	← Standard Function port B Data Input	Normalbetrieb-Daten für den Schreibeingang B der BTC-RAMs
SFWEN	← Standard Function Write Enable Negative	Normalbetrieb-Schreibfreigabe für die BTC-RAMs (0-aktiv)

RTMX532

ADR	→ Address	RAM-Adressen für das Lesen ([9:5]) und Schreiben ([4:0]) des MPC-RAMs
BDI	→ port B Data Input	RAM-Daten für den Schreibeingang B des MPC-RAMs
WEN	→ Write Enable Negative	Schreibfreigabe für das MPC-RAM
RT	← RAM Test Enable	Speichertest-Freigabe: 1=Test, 0=Normalbetrieb

RTADR	← RAM Test Address	Speichertest-Adressen für das Lesen und Schreiben des MPC-RAMs
RTBDI	← RAM Test port B Data Input	Speichertest-Daten für den Schreibeingang B des MPC-RAMs
RTWEN	← RAM Test Write Enable Negative	Speichertest-Schreibfreigabe: 1=Lesen, 0=Schreiben
SFADR	← Standard Function Address	Normalbetrieb-Adressen für das Lesen und Schreiben des MPC-RAMs
SFBDI	← Standard Function port B Data Input	Normalbetrieb-Daten für den Schreibeingang B des MPC-RAMs
SFWEN	← Standard Function Write Enable Negative	Normalbetrieb-Schreibfreigabe für das MPC-RAM (0-aktiv)

RTMX632

ADA	→ Address A	RAM-Adresse für Port A des RAMs RR40x32 (FRU-RAM)
ADB	→ Address B	RAM-Adresse für Port B des RAMs RR40x32 (FRU-RAM)
ADI	→ port A Data Input	RAM-Daten für Schreibeingang A von RR40x32 (FRU-RAM)
WEN	→ Write Enable Negative	Schreibfreigabe für das RR40x32 (FRU-RAM)
RT	← RAM Test Enable	Speichertest-Freigabe: 1=Test, 0=Normalbetrieb
RTADA	← RAM Test Address A	Speichertest-Adresse für Port A des RAMs RR40x32 (FRU-RAM)
RTADB	← RAM Test Address B	Speichertest-Adresse für Port B des RAMs RR40x32 (FRU-RAM)
RTADI	← RAM test port A Data Input	Speichertest-Daten für Schreibeingang A von RR40x32 (FRU-RAM)
RTWEN	← RAM Test Write Enable Negative	Speichertest-Schreibfreigabe: 1=Lesen, 0=Schreiben
SFADA	← Standard Function Address A	Normalbetrieb-Adresse für Port A des RAMs RR40x32 (FRU-RAM)
SFADB	← Standard Function Address B	Normalbetrieb-Adresse für Port B des RAMs RR40x32 (FRU-RAM)
SFADI	← Standard Function port A Data Input	Normalbetrieb-Daten für Schreibeingang A von RR40x32 (FRU-RAM)
SFWEN	← Standard Function Write Enable Negative	Normalbetrieb-Schreibfreigabe für das FRU-RAM (0-aktiv)

RTMX1660

CAMDATA	→ CAM-Data	MPC-CAM-Eingangsdaten für Vergleich ([59:30]) und Eintrag ([29:0])
WAN	→ Write Address Negative	Schreibselektionsadresse für das MPC-CAM (1-aus-16-Code)
WEN	→ Write Enable Negative	Schreibfreigabe für das MPC-CAM (0-aktiv)
RT	← RAM Test Enable	Speichertest-Freigabe: 1=Test, 0=Normalbetrieb
RTDATA	← RAM Test Data	Speichertest-Daten für Vergleich oder Eintrag
RTWAN	← RAM Test Write Address Negative	Speichertest-Schreibselektionsadresse für das MPC-CAM (1-aus-16-Code)
RTWEN	← RAM Test Write Enable Negative	Speichertest-Schreibfreigabe: 1=Lesen, 0=Schreiben
SFDATA	← Standard Function Data	Normalbetrieb-Daten des MPC-CAMs für Vergleich und Eintrag
SFWAN	← Standard Function Write Address Negative	Normalbetrieb-Schreibselektionsadresse für das MPC-CAM (1-aus-16-Code)
SFWEN	← Standard Function Write Enable Negative	Normalbetrieb-Schreibfreigabe für das MPC-CAM (0-aktiv)

RTMX1662

CAMDATA	→ CAM-Data	BTC-CAM-Eingangsdaten für Vergleich ([61:31]) und Eintrag ([30:0])
WAN	→ Write Address Negative	Schreibselektionsadresse für das BTC-CAM (1-aus-16-Code)
WEN	→ Write Enable Negative	Schreibfreigabe für das BTC-CAM (0-aktiv)
RT	← RAM Test Enable	Speichertest-Freigabe: 1=Test, 0=Normalbetrieb
RTDATA	← RAM Test Data	Speichertest-Daten für Vergleich oder Eintrag
RTWAN	← RAM Test Write Address	Speichertest-Schreibselektionsadresse für das BTC-CAM (1-aus-16-Code)

RTWEN	← RAM Test Write Enable Negative	Speichertest-Schreibfreigabe: 1=Lesen, 0=Schreiben
SFDATA	← Standard Function Data	Normalbetrieb-Daten des BTC-CAMs für Vergleich und Eintrag
SFWAN	← Standard Function Write Address Negative	Normalbetrieb-Schreibselektionsadresse für das BTC-CAM (1-aus-16-Code)
SFWEN	← Standard Function Write Enable Negative	Normalbetrieb-Schreibfreigabe für das BTC-CAM (0-aktiv)

RTMX5132

RTDOUT	→ RAM Test Data Output	Ausgang für Testdaten, wird über ADDR_BUS aus CHIP gebracht
BTCRAM1	← BTC-RAM-1 data (RR16x32)	Eingang für Testdaten von RAM RR16x32 (1. BTC-RAM)
BTCRAM2	← BTC-RAM-1 data (RR16x30)	Eingang für Testdaten von RAM RR16x32 (2. BTC-RAM)
CAMS	← compare data from CAMS	Eingang für Testdaten von BTC-CAM und MPC-CAM (Vergleichssignale)
FRURAMA	← FRU-RAM port A data (RR40x32)	Eingang für Testdaten von RAM RR40x32 (port B, FRU-Register-RAM)
MPCRAM	← MPC-RAM data	Eingang für Testdaten von RAM RR32x32 (MPC-RAM)
RTSEL	← RAM Test Select	Steuersignale für Speichertest-Ausgabemultiplexer (an ADDR_BUS und RTOUTB)

SFL

| TEST_STAT | → Test bus for pcu Status signals | PCU-Status (IF/ID-Stufe) für die Signaturanalyse |
| SRIS_NSRK | ← SRIS SR with KILL_ALU Negative | invertierte Statusregister-Schreibfreigabe mit Berücksichtigung von KILL_ALU |

SIGN

RANDOM	→ Random number	4-Bit-Pseudo-Zufallszahl aus der Signatur für Ersetzungen von Cache-Zeilen
TEST_CNTRL	← Test bus for pcu Control signals	PCU-Kontrollsignale für die Signaturanalyse
TEST_HIB	← Test bus for ifu History-Bit signals	IFU-History-Bits für die Signaturanalyse
TEST_HIT	← Test bus for ifu cache Hit signals	IFU-Cache-Hit-Signale für die Signaturanalyse
TEST_IAMUX	← Test bus for IFU Address MUX selection	IFU-Adress-Multiplexer-Selektions-Signale für die Signaturanalyse
TEST_RADR	← Test bus for fru Register Addresses	FRU-Registeradressen für die Signaturanalyse
TEST_SEL	← Test bus for fru forwarding Selection	FRU-Forwarding-Selektionssignale für die Signaturanalyse
TEST_STATUS	← Test bus for pcu Status signals	PCU-Status (IF/ID-Stufe) für die Signaturanalyse
TEST_WORK	← Test bus for pcu Work signals	PCU-WORK-Signale für die Signaturanalyse

SREG_WSL

| SRIS_KSRK | → SRIS Kernel SR with KILL_ALU | Kernel-Statusregister-Schreibfreigabe mit Berücksichtigung von KILL_ALU |
| SRIS_NSRK | → SRIS SR with KILL_ALU Negative | invertierte Statusregister-Schreibfreigabe mit Berücksichtigung von KILL_ALU |

STATE_PIPELINE

| SRIS_KSRK | ← SRIS Kernel SR with KILL_ALU | Kernel-Statusregister-Schreibfreigabe mit Berücksichtigung von KILL_ALU |

WORK_UNIT

| CHECK_WORK | → Test bus for pcu Work signals | PCU-WORK-Signale für die Signaturanalyse und die RTOUTB-Ausgabe |

Tabelle 5.6 Erläuterungen von Signalnamen des Gattermodells

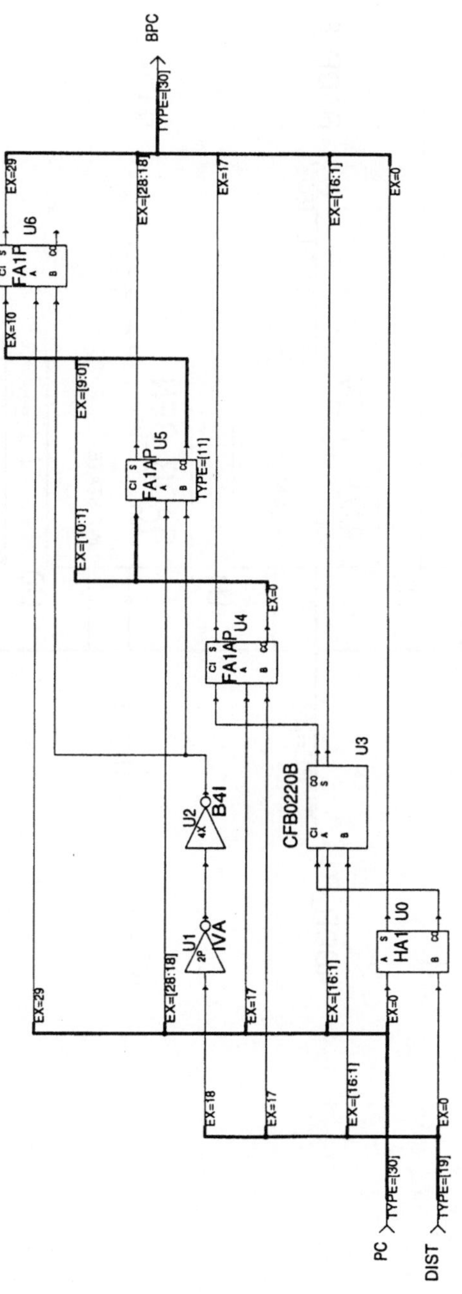

BPC
TYPE=[30]
EX=29
EX=[28:18]
EX=17
EX=[16:1]
EX=0
Ci S
FA1P
U6
A
B CO
EX=10
EX=[9:0]
Ci S
FA1AP
U5
A
B CO
TYPE=[11]
EX=[10:1]
EX=0
Ci S
FA1AP
U4
A
B CO
B4I
U2
4X
U3
CFB0220B
CO S
Ci
A B
IVA
U1
2P
HA1
U0
A S
B CO
EX=29
EX=[28:18]
EX=17
EX=[16:1]
EX=0
EX=18
EX=17
EX=[16:1]
EX=0
PC
TYPE=[30]
DIST
TYPE=[19]

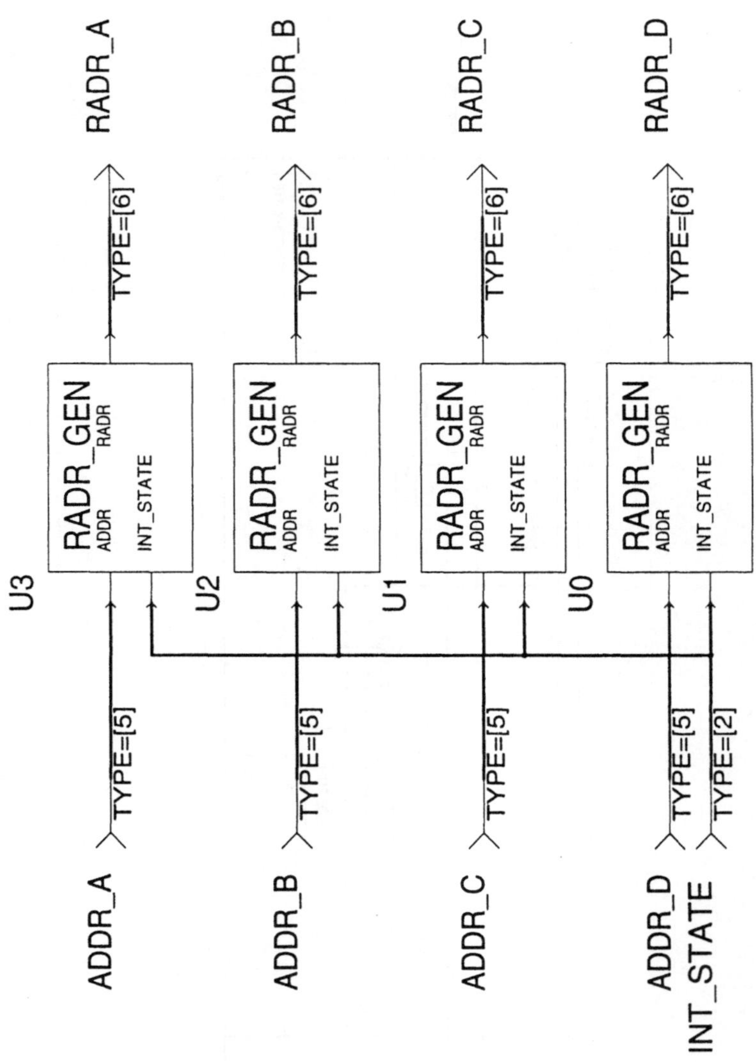

RADR_A
RADR_B
RADR_C
RADR_D
TYPE=[6]
TYPE=[6]
TYPE=[6]
TYPE=[6]
RADR_GEN
RADR
ADDR
INT_STATE
RADR_GEN
RADR
ADDR
INT_STATE
RADR_GEN
RADR
ADDR
INT_STATE
RADR_GEN
RADR
ADDR
INT_STATE
U3
U2
U1
U0
TYPE=[5]
TYPE=[5]
TYPE=[5]
TYPE=[5]
TYPE=[2]
ADDR_A
ADDR_B
ADDR_C
ADDR_D
INT_STATE

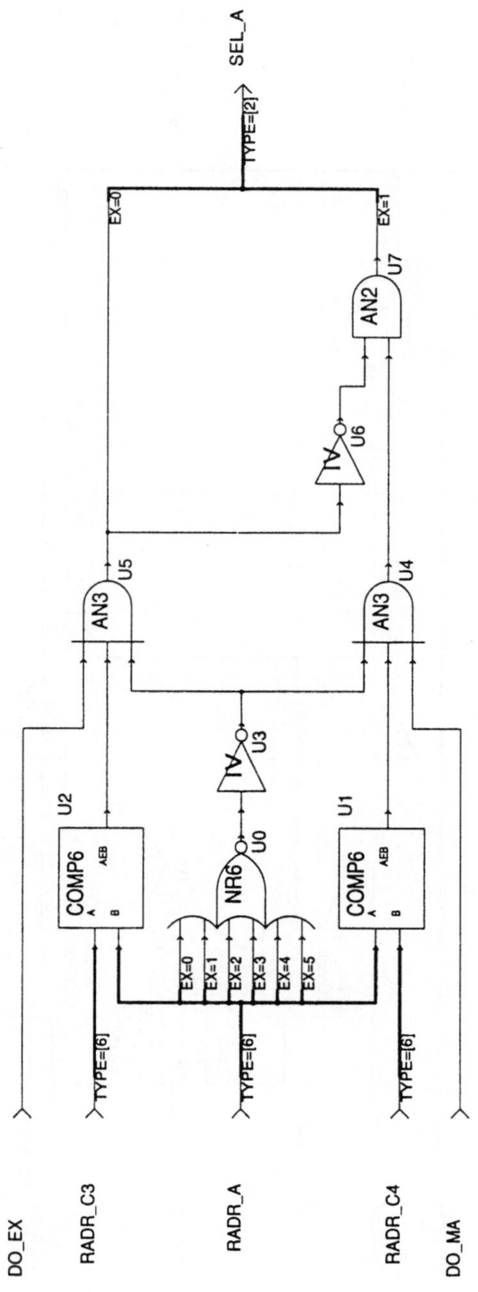
SEL_A
TYPE=[2]
EX=0
EX=1
AN2
U7
IV
U6
AN3
U5
AN3
U4
IV
U3
U2
COMP6
A
B
AEB
U1
COMP6
A
B
AEB
NR6
U0
EX=0
EX=1
EX=2
EX=3
EX=4
EX=5
TYPE=[6]
TYPE=[6]
TYPE=[6]
DO_EX
RADR_C3
RADR_A
RADR_C4
DO_MA

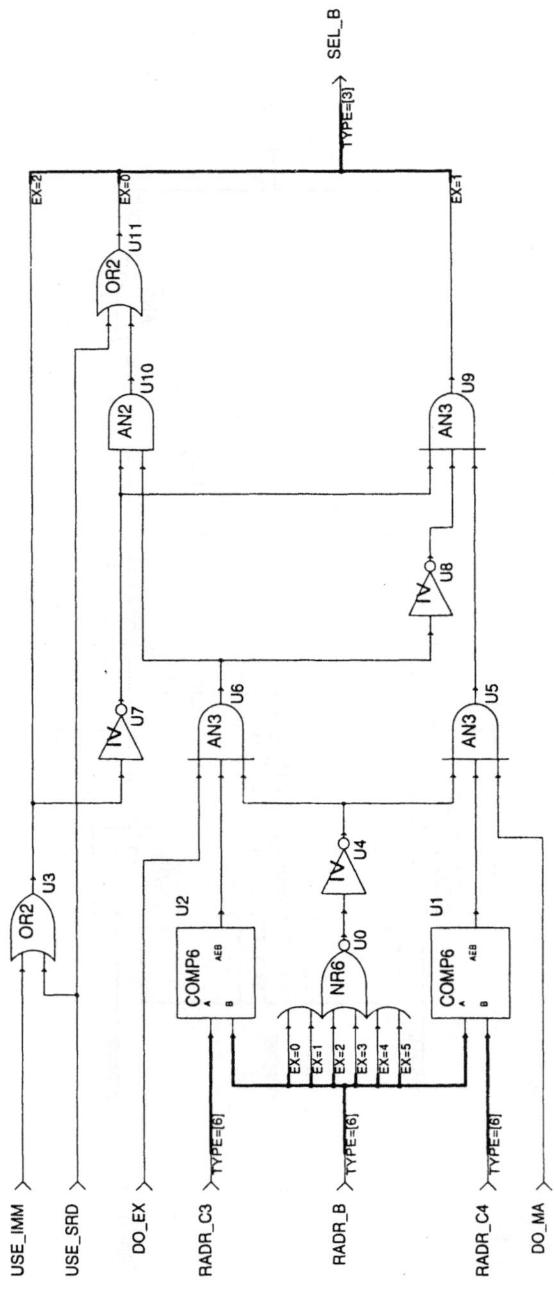
SEL_B
TYPE=[3]
EX=2
EX=0
EX=1
OR2 U11
AN2 U10
AN3 U9
IV U8
IV U7
AN3 U6
AN3 U5
IV U4
OR2 U3
U2
COMP6
A
B
AEB
NR6 U0
U1
COMP6
A
B
AEB
EX=0
EX=1
EX=2
EX=3
EX=4
EX=5
USE_IMM
USE_SRD
DO_EX
RADR_C3
TYPE=[6]
RADR_B
TYPE=[6]
RADR_C4
TYPE=[6]
DO_MA

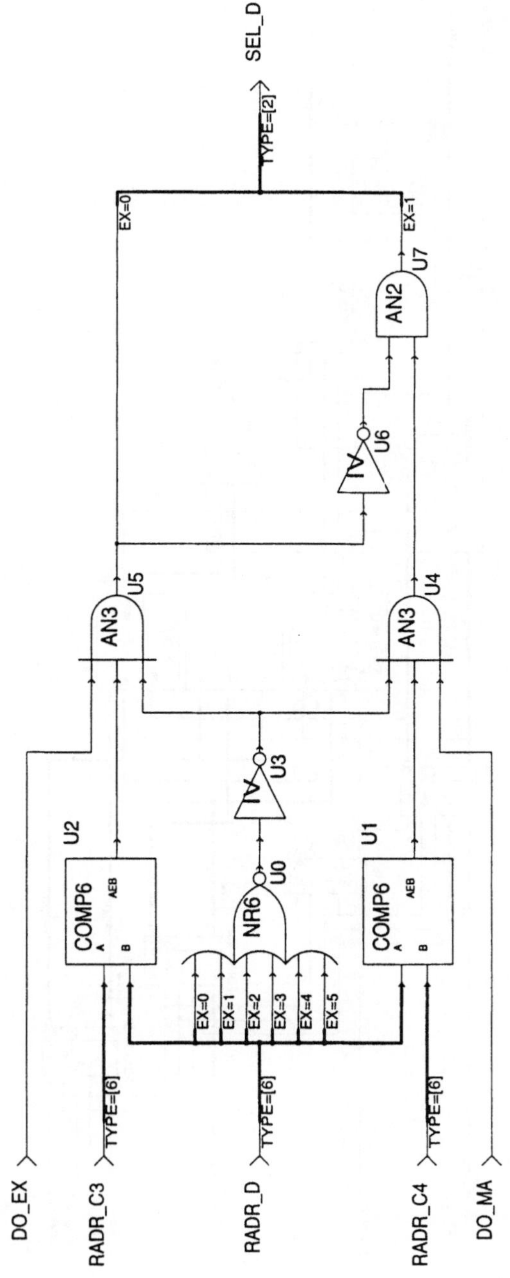
SEL_D
TYPE=[2]
EX=0
EX=1
AN2
U7
IV
U6
U5
AN3
U4
AN3
U3
IV
U2
COMP6
AEB
A
B
NR6
U0
EX=0
EX=1
EX=2
EX=3
EX=4
EX=5
U1
COMP6
AEB
A
B
DO_EX
RADR_C3
TYPE=[6]
RADR_D
TYPE=[6]
RADR_C4
TYPE=[6]
DO_MA

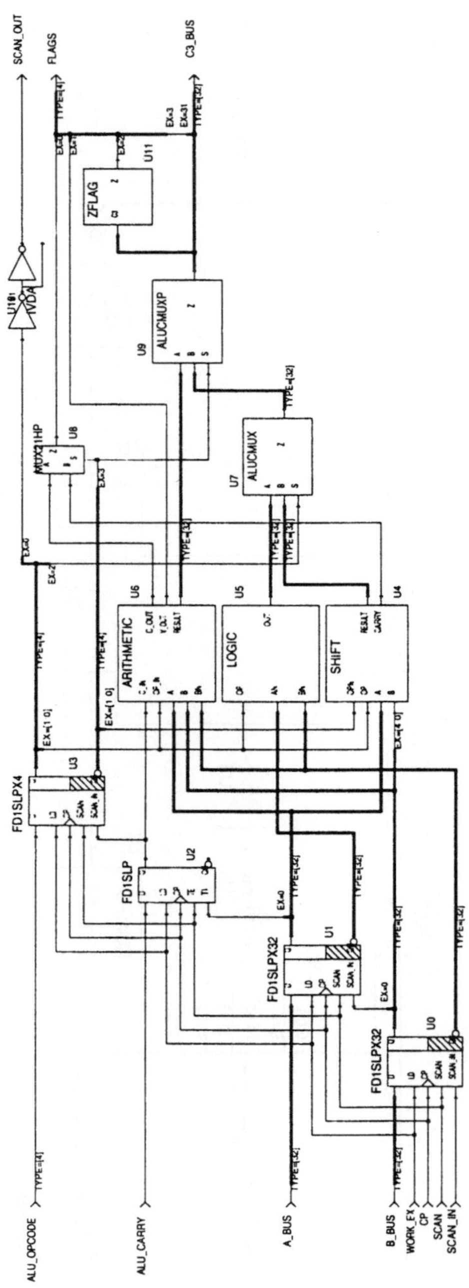
SCAN_OUT
FLAGS
C3_BUS
ZFLAG
U11
ALUCMUXP
U9
MUX21HP
U8
IVDA
U10
ALUCMUX
U7
ARITHMETIC
U6
LOGIC
U5
SHIFT
U4
FD1SLPX4
U3
FD1SLP
U2
FD1SLPX32
U1
FD1SLPX32
U0
ALU_OPCODE
ALU_CARRY
A_BUS
B_BUS
WORK_EN
CP
SCAN
SCAN_IN

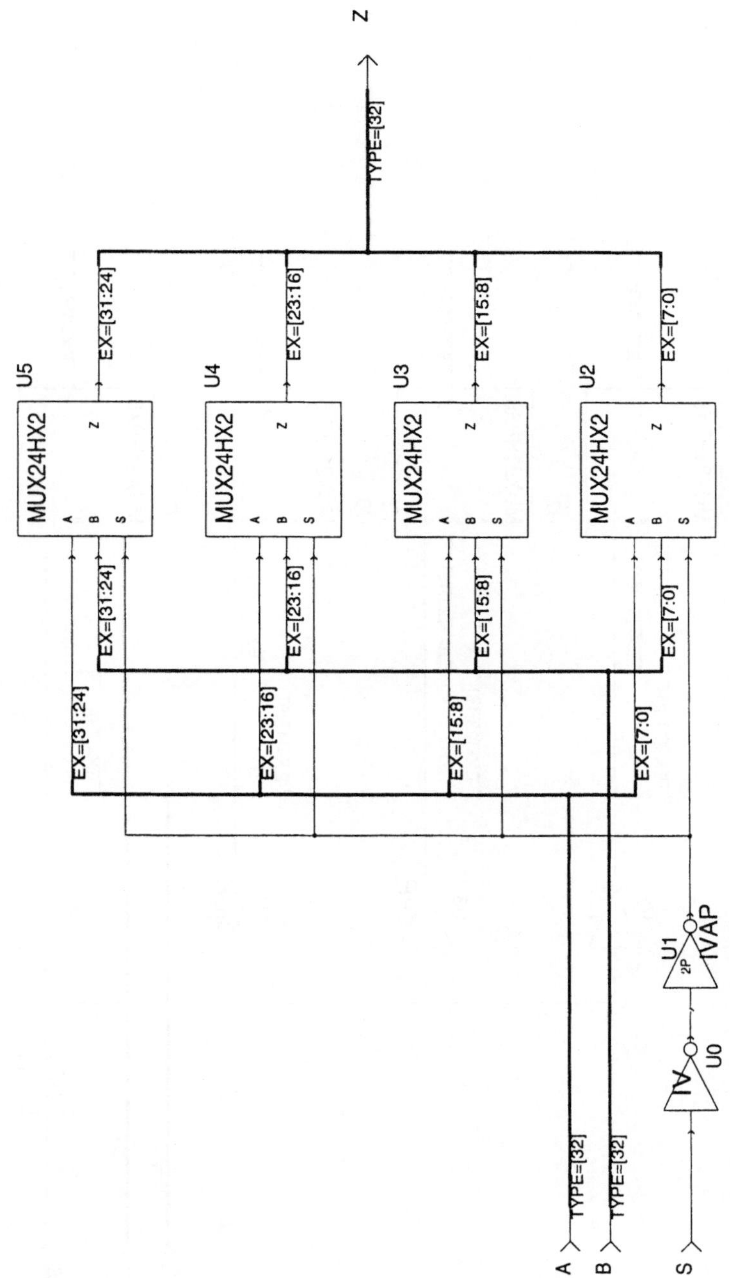
Z
TYPE=[32]
U5
MUX24HX2
A
B
S
Z
EX=[31:24]
EX=[31:24]
EX=[31:24]
U4
MUX24HX2
A
B
S
Z
EX=[23:16]
EX=[23:16]
EX=[23:16]
U3
MUX24HX2
A
B
S
Z
EX=[15:8]
EX=[15:8]
EX=[15:8]
U2
MUX24HX2
A
B
S
Z
EX=[7:0]
EX=[7:0]
EX=[7:0]
U1
2P
IVAP
IV
U0
TYPE=[32]
TYPE=[32]
A
B
S

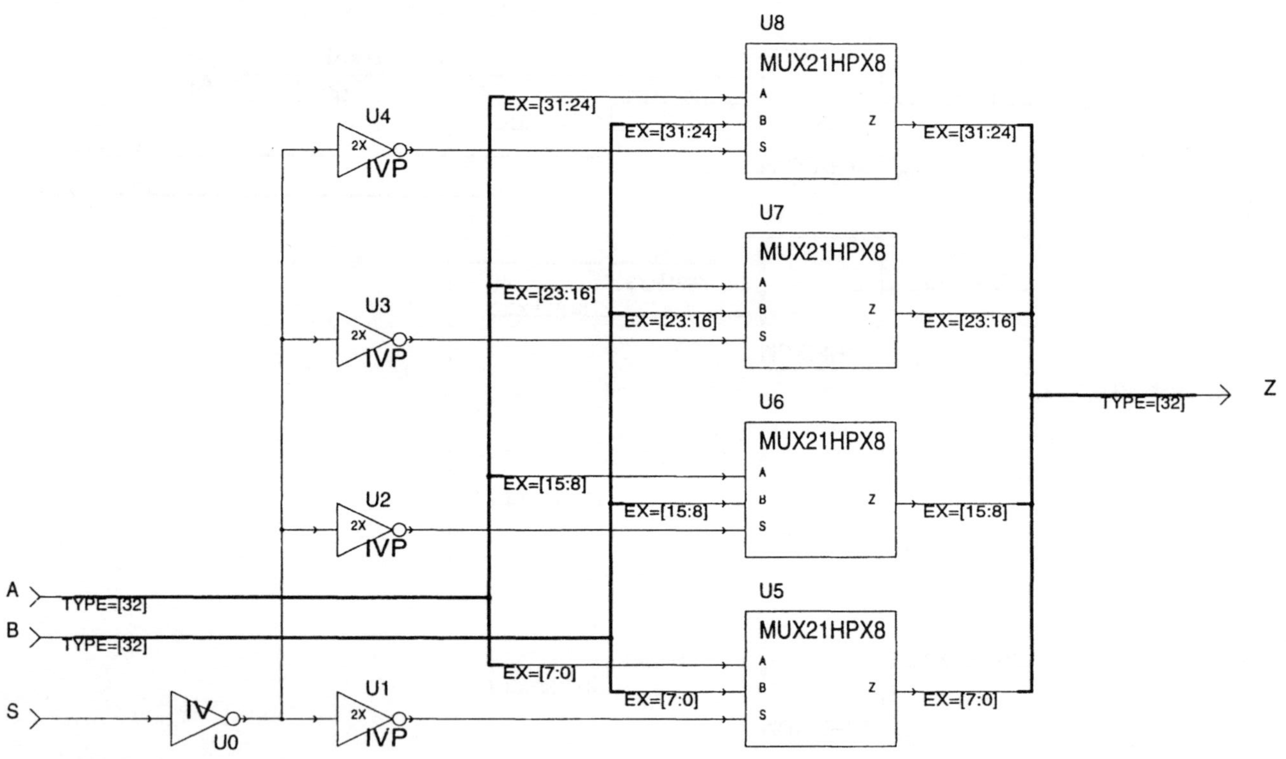

U8
MUX21HPX8
A
B
Z
S
EX=[31:24]
EX=[31:24]
EX=[31:24]
U7
MUX21HPX8
A
B
Z
S
EX=[23:16]
EX=[23:16]
EX=[23:16]
U6
MUX21HPX8
A
B
Z
S
EX=[15:8]
EX=[15:8]
EX=[15:8]
U5
MUX21HPX8
A
B
Z
S
EX=[7:0]
EX=[7:0]
EX=[7:0]
U4
2X
IVP
U3
2X
IVP
U2
2X
IVP
U1
2X
IVP
U0
IV
A
TYPE=[32]
B
TYPE=[32]
S
TYPE=[32]
Z

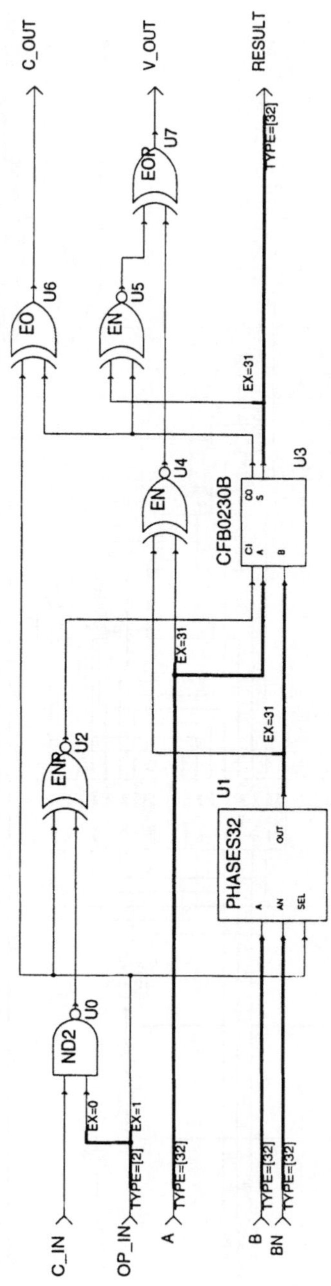
C_OUT
V_OUT
RESULT
TYPE=[32]
EOR U7
EO U6
EN U5
EX=31
EN U4
CFB0230B
U3
CI
A
B
S
CO
EX=31
ENR U2
EX=31
PHASES32
U1
A
AN
SEL
OUT
ND2 U0
EX=0
EX=1
TYPE=[2]
A
TYPE=[32]
B
BN
TYPE=[32]
TYPE=[32]
C_IN
OP_IN

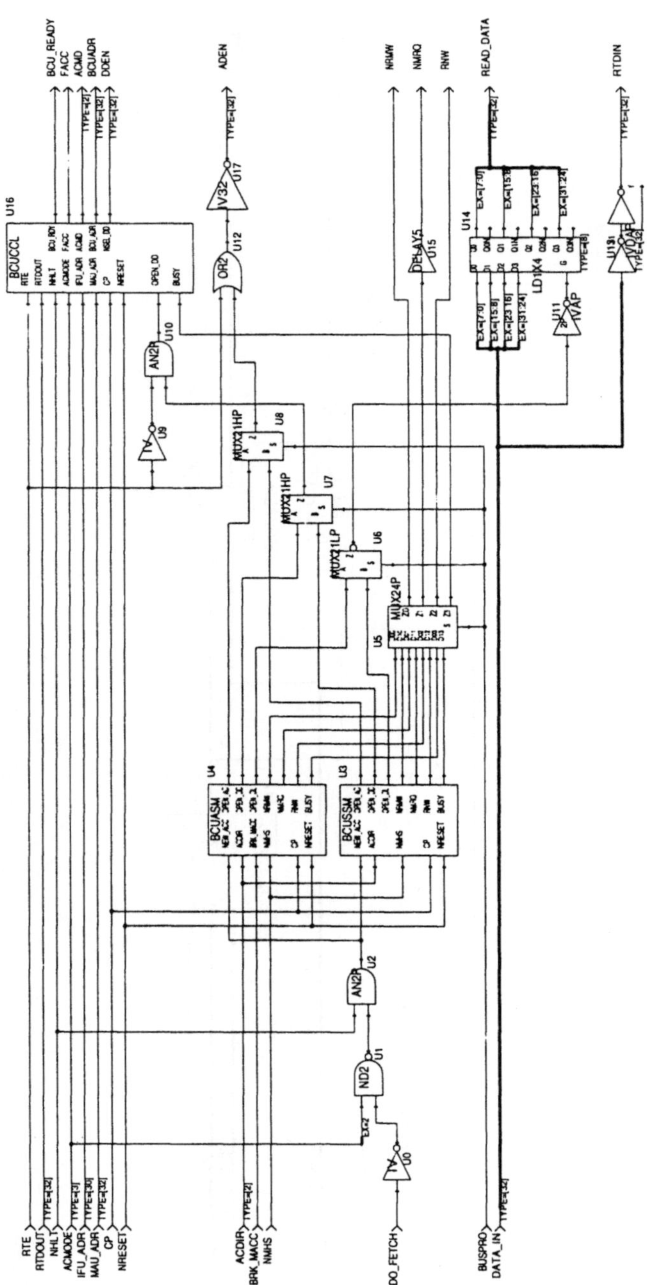

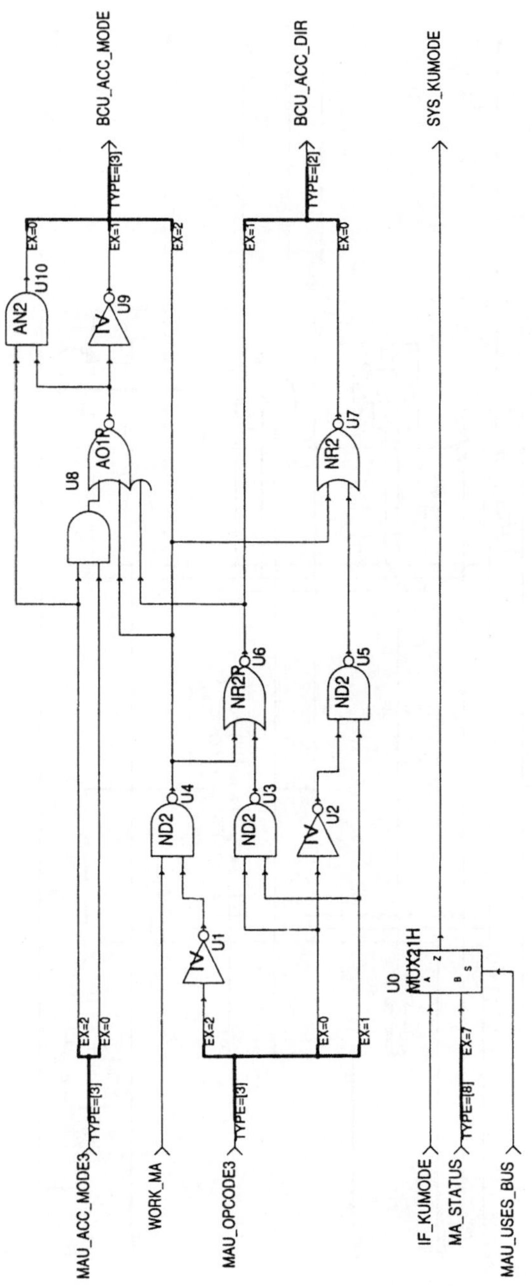

BCU_ACC_MODE
BCU_ACC_DIR
SYS_KUMODE
TYPE=[3]
TYPE=[2]
EX=0
EX=1
EX=2
EX=1
EX=0
AN2
U10
U9
IV
AO1R
U8
NR2
U7
NR2R
U6
ND2
U5
ND2
U4
ND2
U3
IV
U2
IV
U1
MUX21H
U0
Z
A
B
S
EX=2
EX=0
EX=2
EX=0
EX=1
EX=7
TYPE=[3]
TYPE=[3]
TYPE=[8]
MAU_ACC_MODE3
WORK_MA
MAU_OPCODE3
IF_KUMODE
MA_STATUS
MAU_USES_BUS

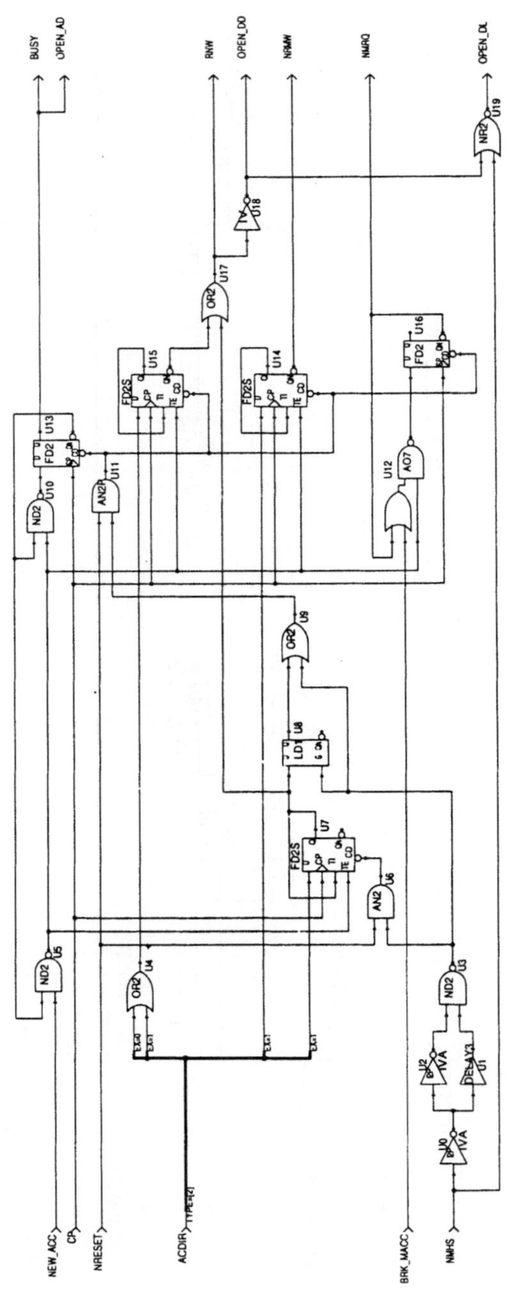

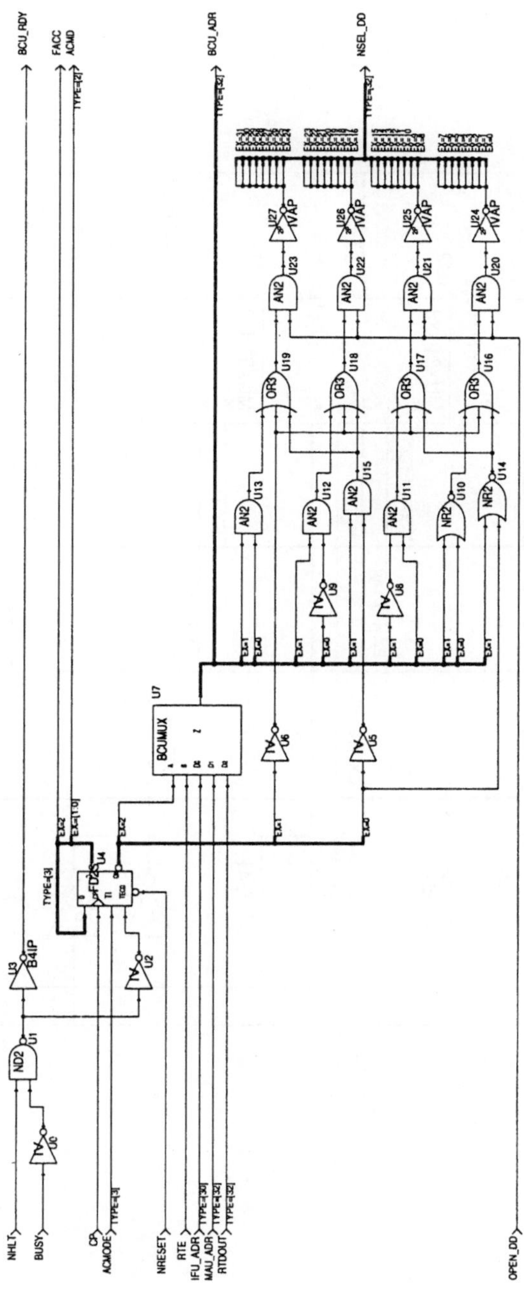

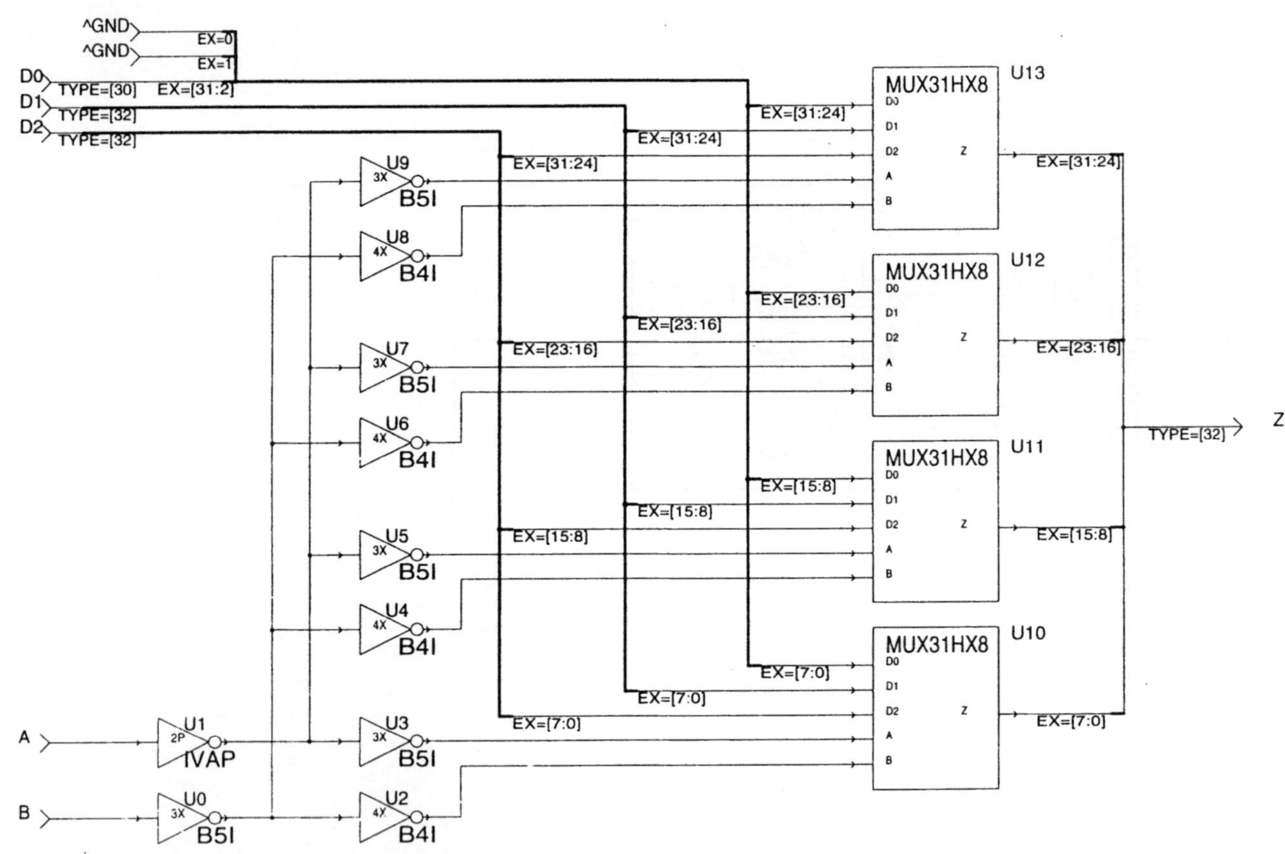

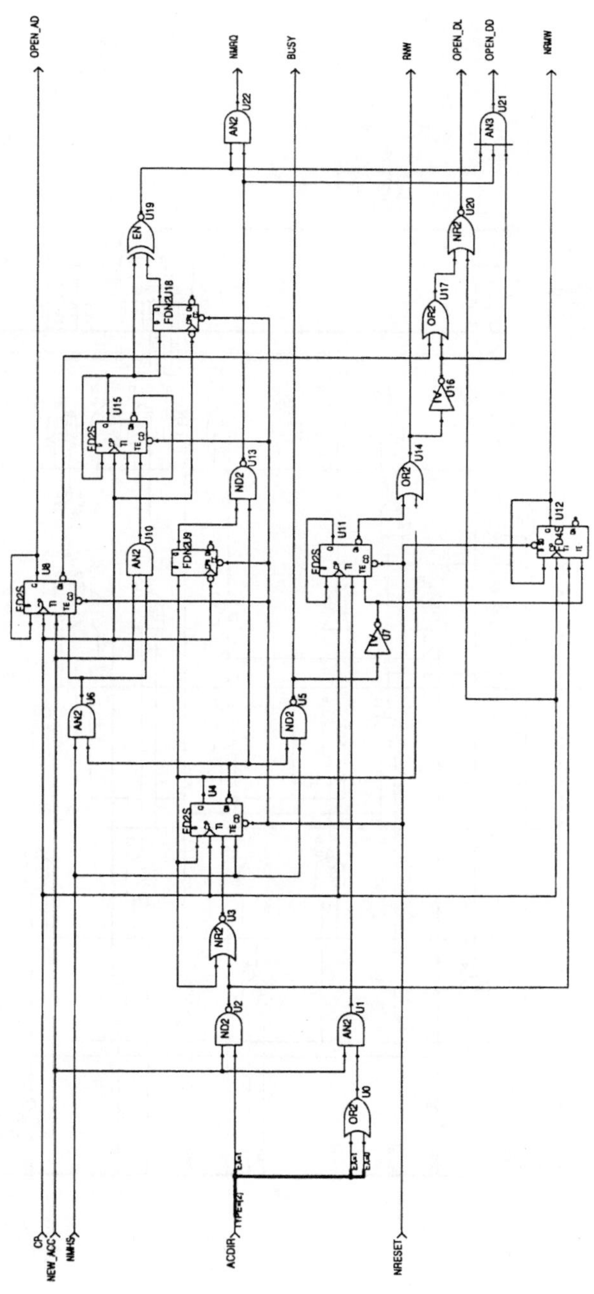

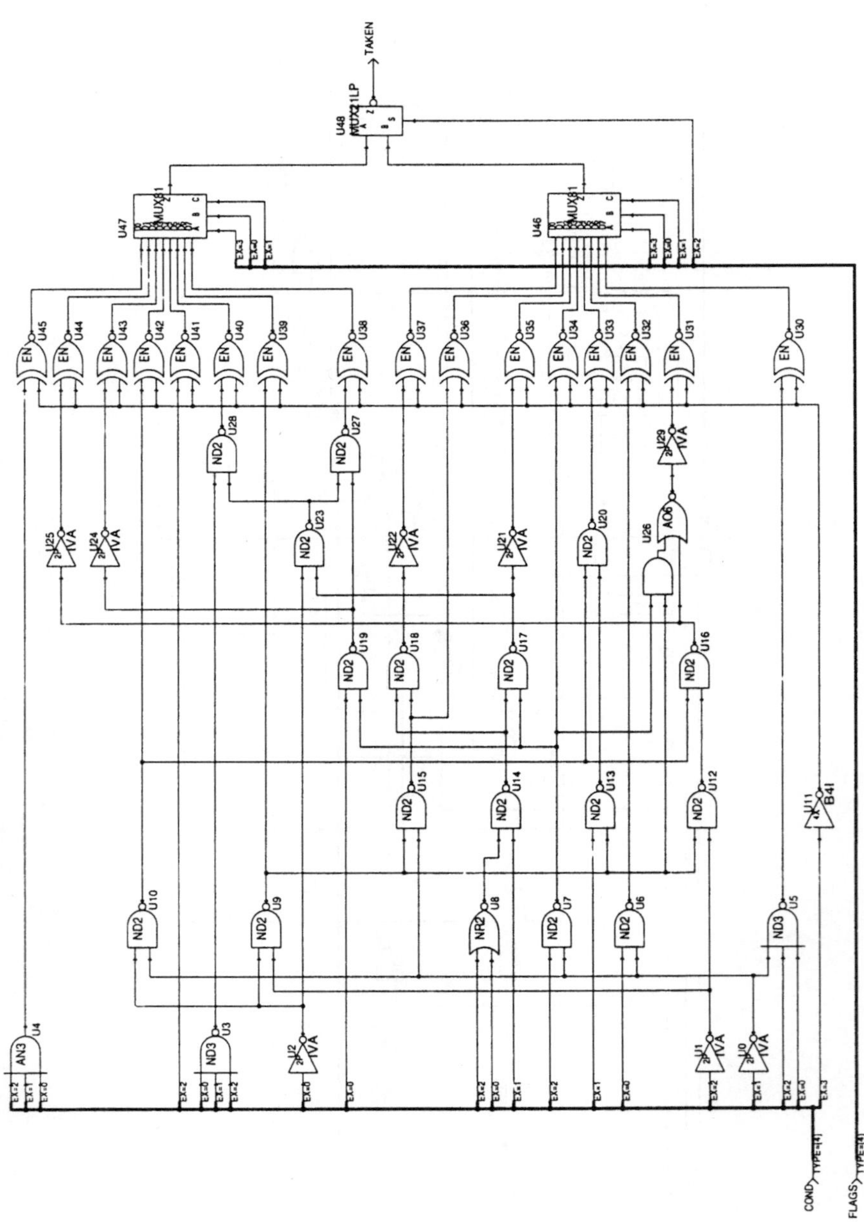

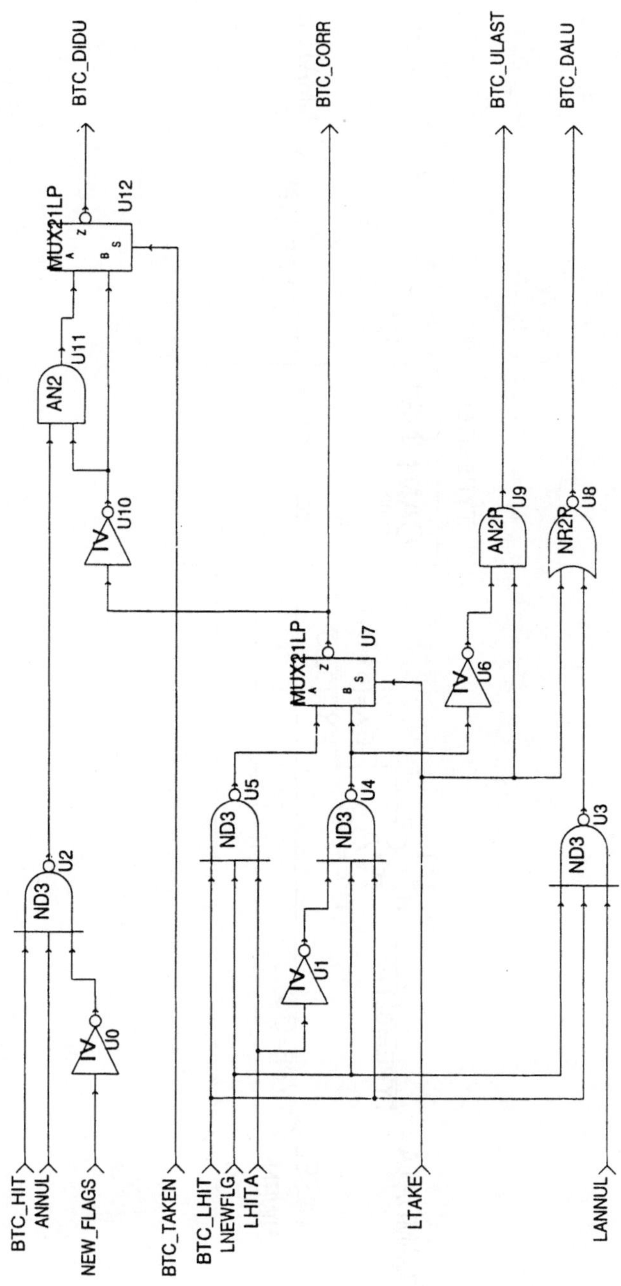

BTC_DIDU
MUX21LP
U12
AN2
U11
U10
ND3
U2
BTC_HIT
ANNUL
NEW_FLAGS
U0
BTC_TAKEN
MUX21LP
U7
ND3
U5
ND3
U4
U1
BTC_LHIT
LNEWFLG
LHITA
BTC_CORR
AN2R
U9
U6
NR2R
U8
ND3
U3
LTAKE
LANNUL
BTC_ULAST
BTC_DALU

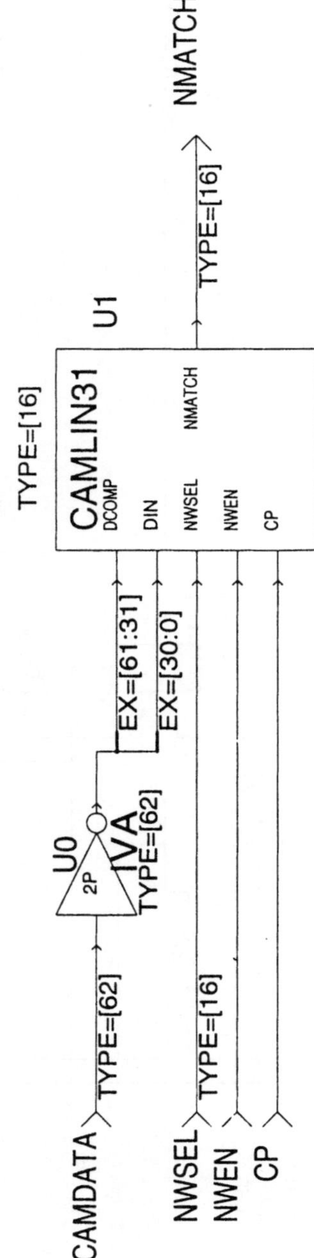
CAMDATA
TYPE=[62]
U0
2P
IVA
TYPE=[62]
TYPE=[16]
CAMLIN31
U1
DCOMP
DIN
NWSEL
NWEN
CP
NMATCH
EX=[61:31]
EX=[30:0]
NWSEL
NWEN
CP
TYPE=[16]
NMATCH
TYPE=[16]

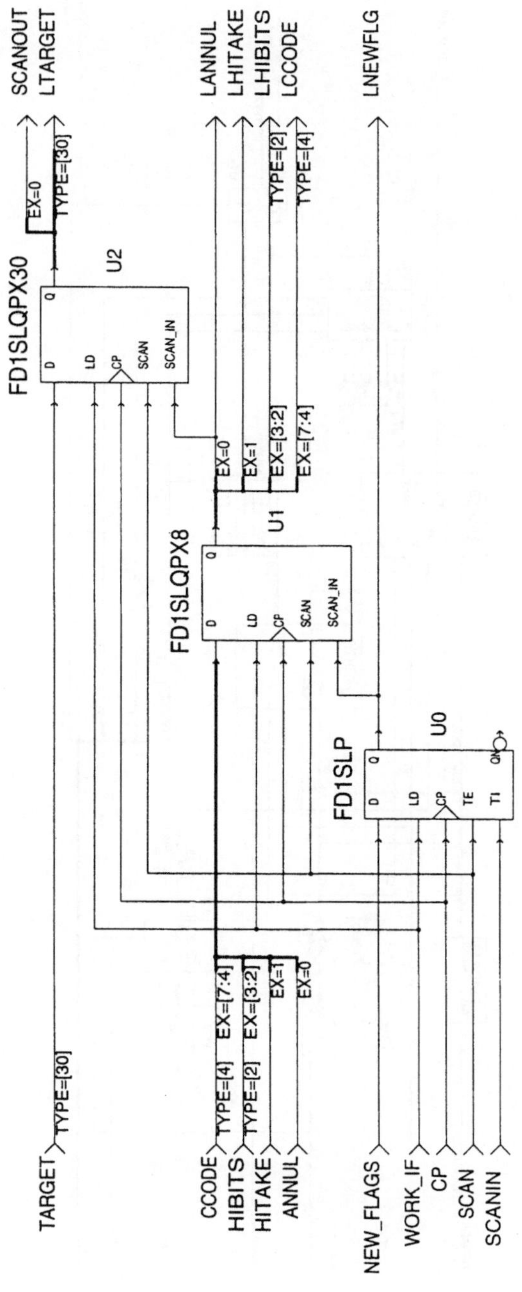

SCANOUT
LTARGET
LANNUL
LHITAKE
LHIBITS
LCCODE
LNEWFLG
FD1SLQPX30
U2
EX=0
TYPE=[30]
Q
D
LD
CP
SCAN
SCAN_IN
EX=0
EX=1
EX=[3:2]
EX=[7:4]
TYPE=[2]
TYPE=[4]
FD1SLQPX8
U1
FD1SLP
U0
Q
D
LD
CP
TE
T1
QN
TARGET
TYPE=[30]
CCODE
HIBITS
HITAKE
ANNUL
TYPE=[4]
TYPE=[2]
EX=[7:4]
EX=[3:2]
EX=1
EX=0
NEW_FLAGS
WORK_IF
CP
SCAN
SCANIN

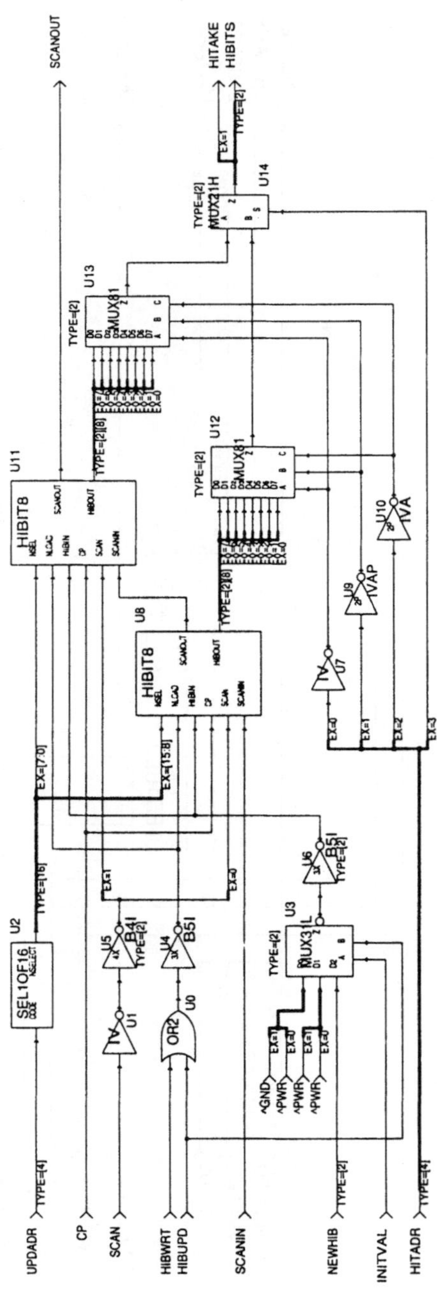

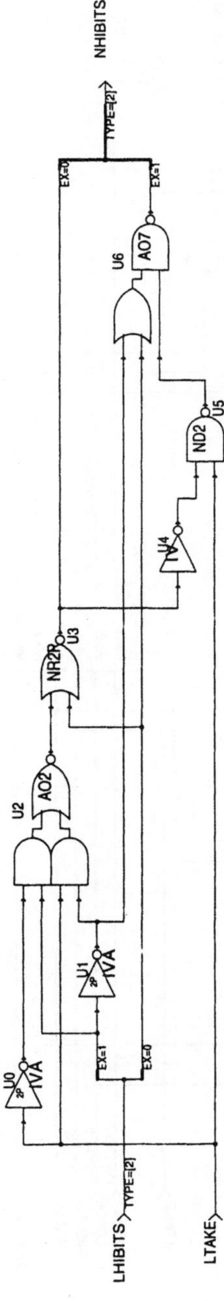

NHIBITS
TYPE=[2]
EX=0
EX=1
U6
AO7
U2
AO2
U3
NR2P
U4
IVA
U5
ND2
U0
IVA
2P
U1
IVA
2P
EX=1
EX=0
LHIBITS
TYPE=[2]
LTAKE

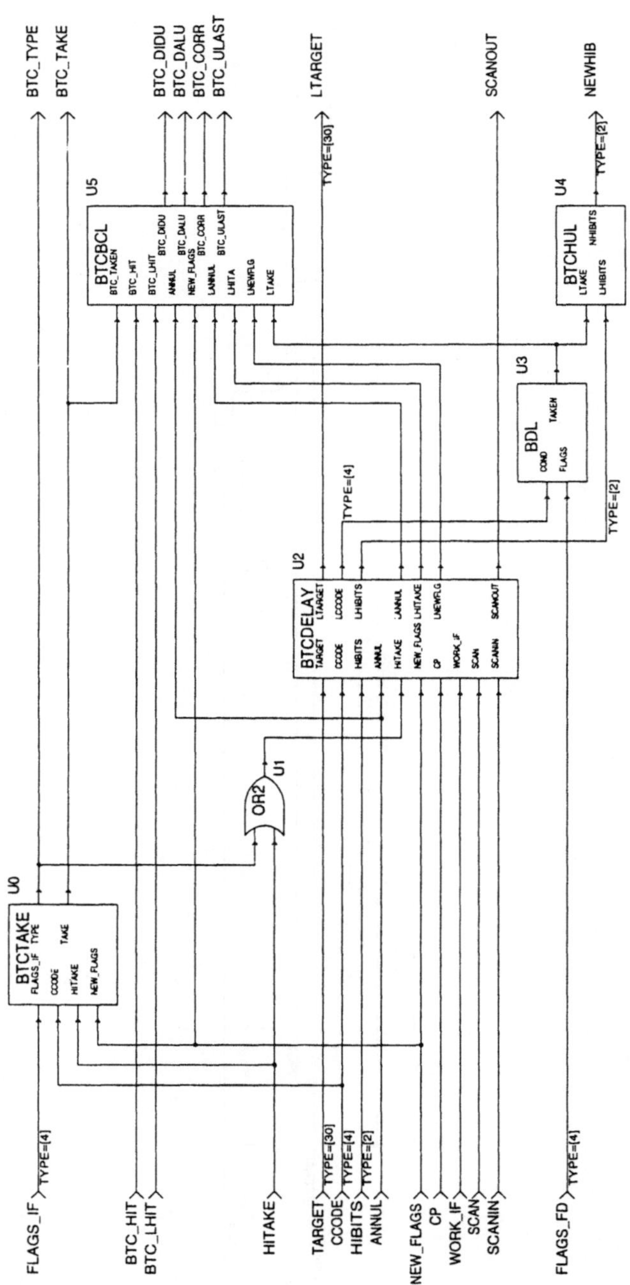

FLAGS_IF TYPE=[4]
BTC_TYPE
BTC_TAKE
BTC_HIT
BTC_LHIT
BTC_DIDU
BTC_DALU
BTC_CORR
BTC_ULAST
HITAKE
LTARGET
TARGET TYPE=[30]
CCODE TYPE=[4]
HIBITS TYPE=[2]
ANNUL
NEW_FLAGS
CP
WORK_IF
SCAN
SCANIN
SCANOUT
NEWHIB
FLAGS_FD TYPE=[4]
U0
BTCTAKE
FLAGS_IF TYPE
CCODE TAKE
HITAKE
NEW_FLAGS
U1
OR2
U2
BTCDELAY
TARGET LTARGET
CCODE LCCODE
HIBITS LHIBITS
ANNUL
HITAKE LANNUL
NEW_FLAGS LHITAKE
CP LNEWFLG
WORK_IF
SCAN
SCANIN SCANOUT
TYPE=[4]
TYPE=[30]
U3
BDL
COND TAKEN
FLAGS
U4
BTCHUL
LTAKE NHIBITS
LHIBITS
TYPE=[2]
U5
BTCBCL
BTC_TAKEN
BTC_HIT
BTC_LHIT
ANNUL BTC_DIDU
NEW_FLAGS BTC_DALU
LANNUL BTC_CORR
LHITA BTC_ULAST
LNEWFLG
LTAKE
TYPE=[2]

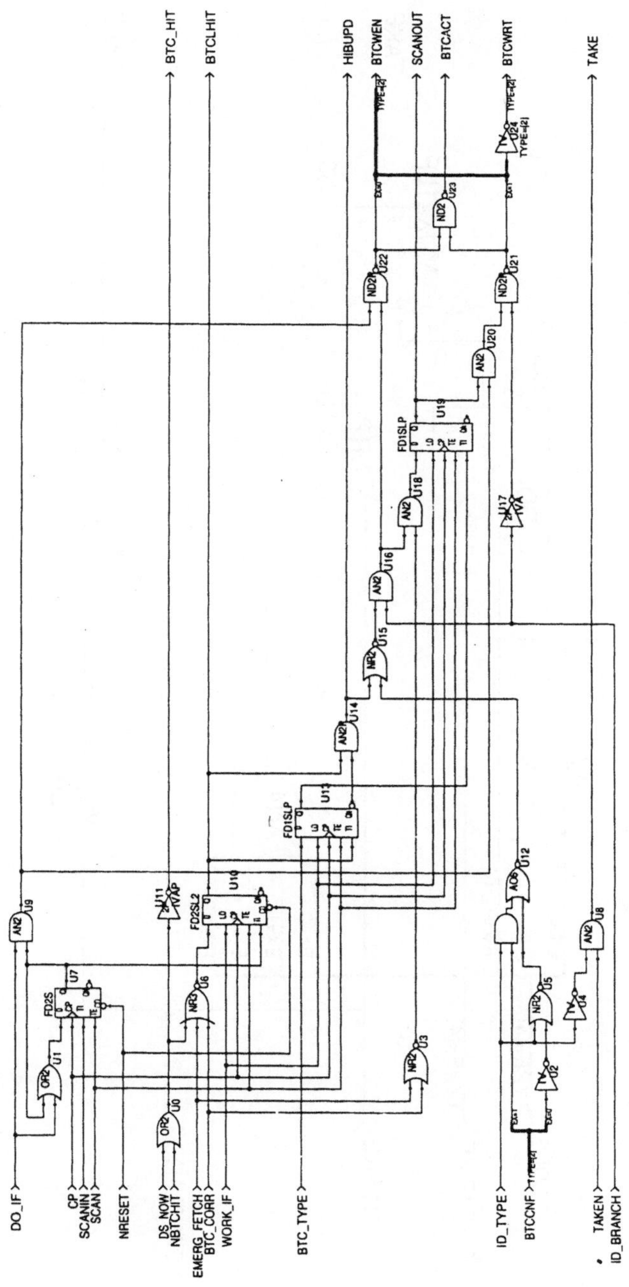

DO_IF
CP
SCANIN
SCAN
NRESET
DS_NOW
NBTCHIT
EMERG_FETCH
BTC_CORR
WORK_IF
BTC_TYPE
ID_TYPE
BTCNF
TAKEN
ID_BRANCH
BTC_HIT
BTCLHIT
HIBUPD
BTCWEN
SCANOUT
BTCACT
BTCWRT
TAKE
TYPE=2
TYPE=2
TYPE=2

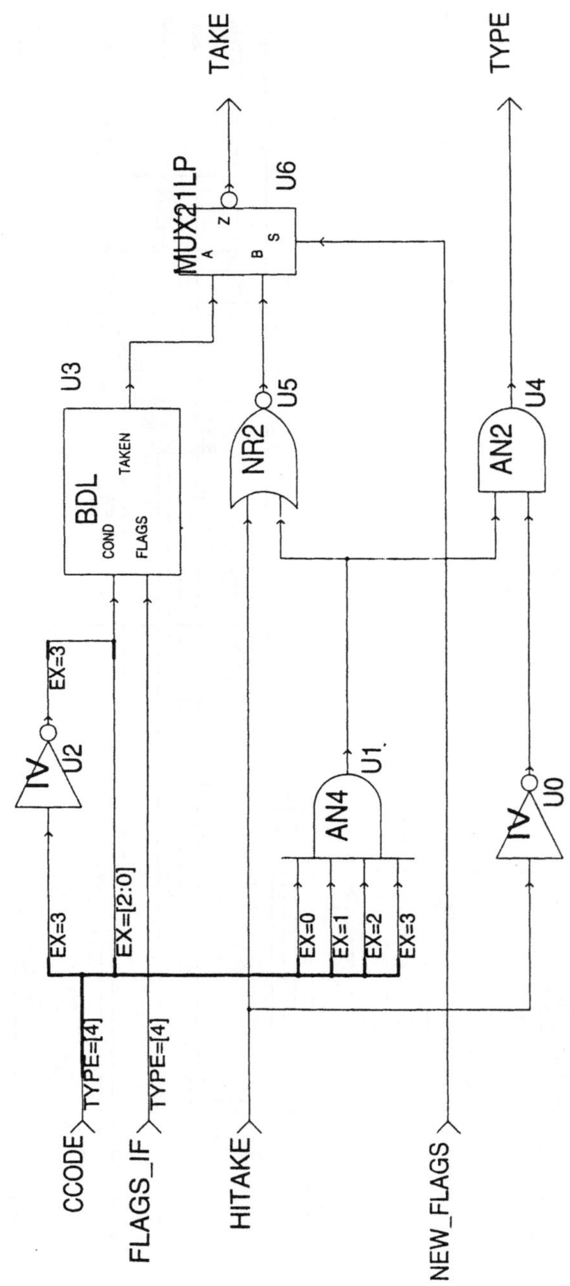
TAKE
TYPE
MUX21LP
U6
A
z
B
S
U3
BDL
COND
FLAGS
TAKEN
NR2
U5
AN2
U4
AN4
U1
IV
U2
IV
U0
EX=3
EX=3
EX=[2:0]
EX=0
EX=1
EX=2
EX=3
CCODE
TYPE=[4]
FLAGS_IF
TYPE=[4]
HITAKE
NEW_FLAGS

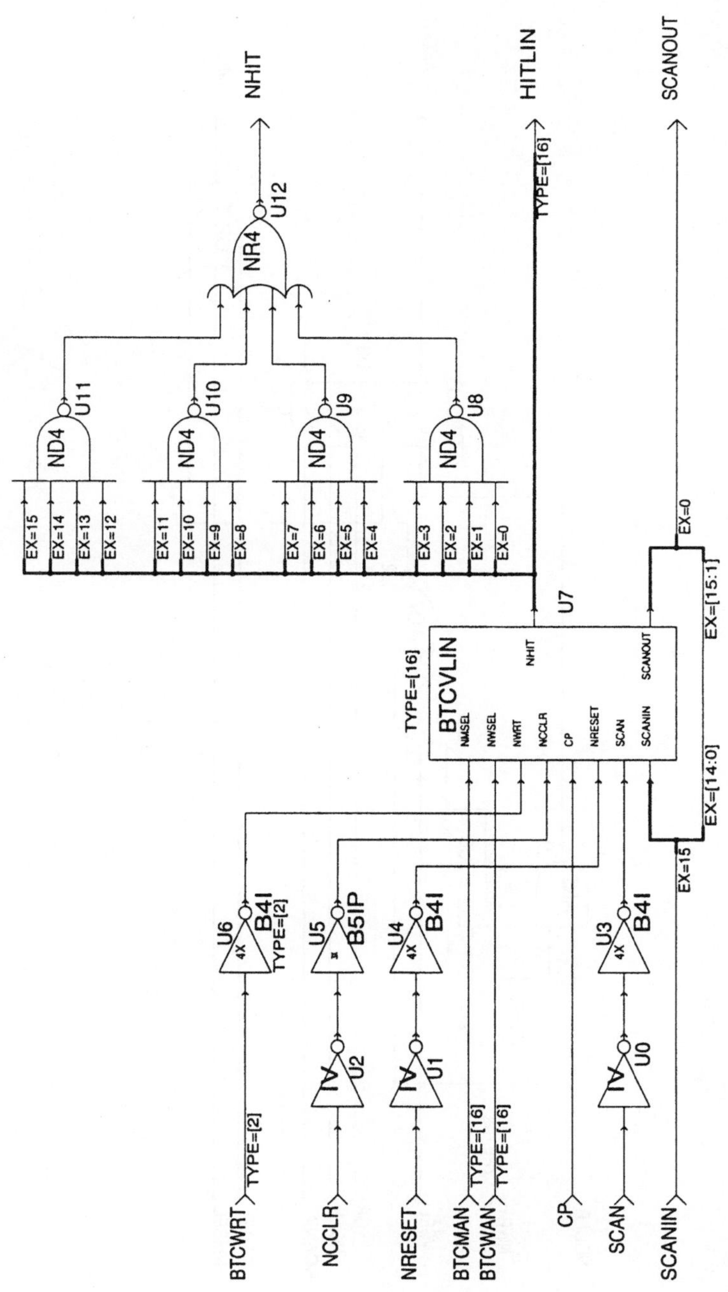

NHIT
HITLIN
SCANOUT
NR4
U12
ND4
U11
ND4
U10
ND4
U9
ND4
U8
EX=15
EX=14
EX=13
EX=12
EX=11
EX=10
EX=9
EX=8
EX=7
EX=6
EX=5
EX=4
EX=3
EX=2
EX=1
EX=0
TYPE=[16]
EX=0
EX=[15:1]
EX=[14:0]
EX=15
BTCVLIN
U7
TYPE=[16]
NMSEL
NWSEL
NWRT
NCCLR
CP
NRESET
SCAN
SCANIN
NHIT
SCANOUT
U6
4X
B4I
TYPE=[2]
U5
B5IP
U4
4X
B4I
U3
4X
B4I
IV
U2
IV
U1
IV
U0
BTCWRT
TYPE=[2]
NCCLR
NRESET
BTCMAN
TYPE=[16]
BTCWAN
TYPE=[16]
CP
SCAN
SCANIN

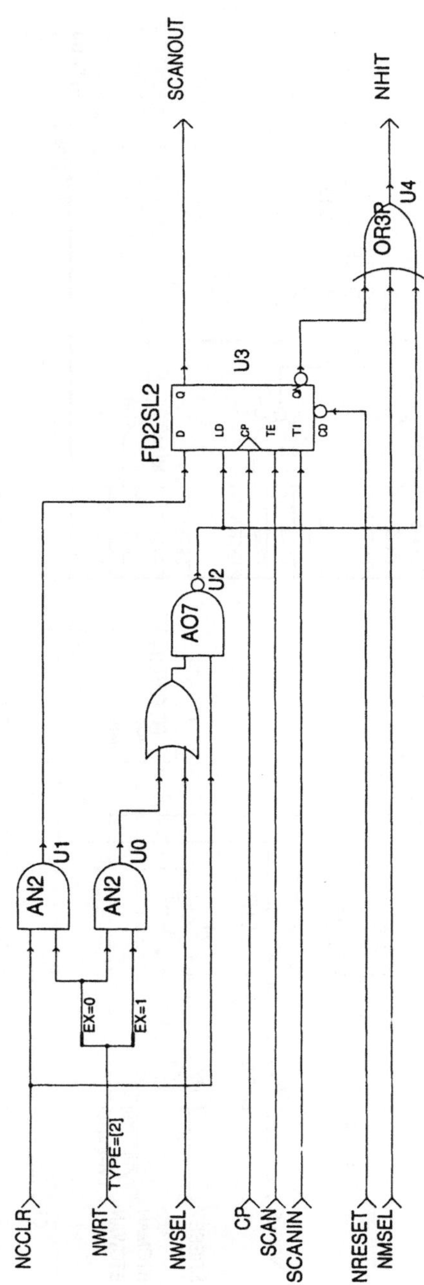

SCANOUT
NHIT
FD2SL2
U3
OR3B
U4
AO7
U2
AN2
U1
AN2
U0
EX=0
EX=1
NCCLR
NWRT
TYPE=[2]
NWSEL
CP
SCAN
SCANIN
NRESET
NMSEL
D
LD
CP
TE
TI
Q
QN
CD

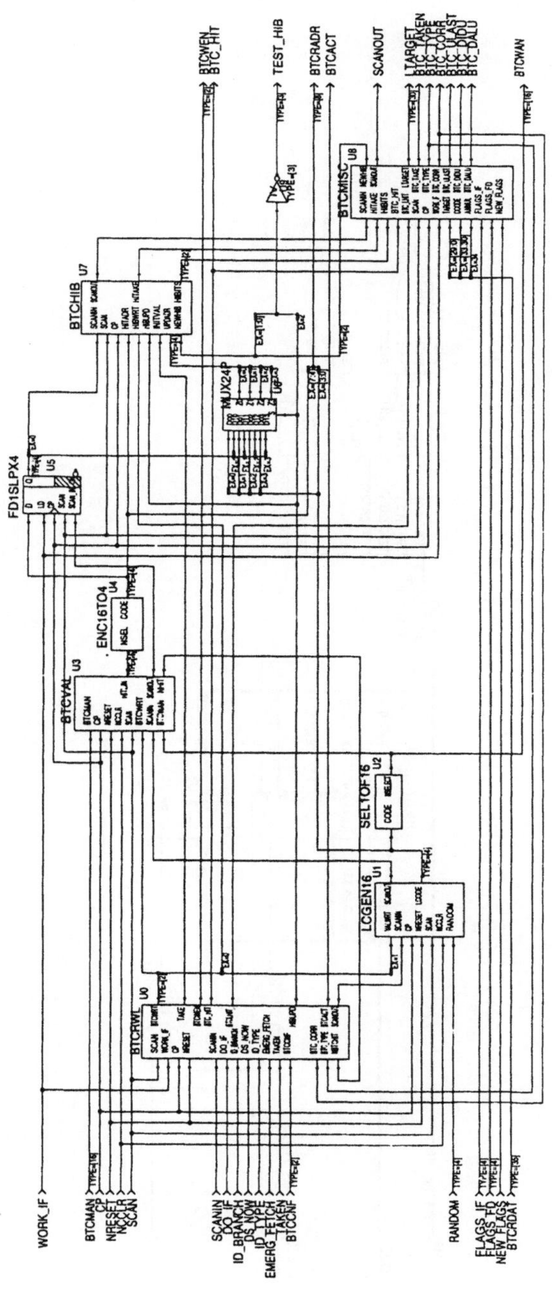

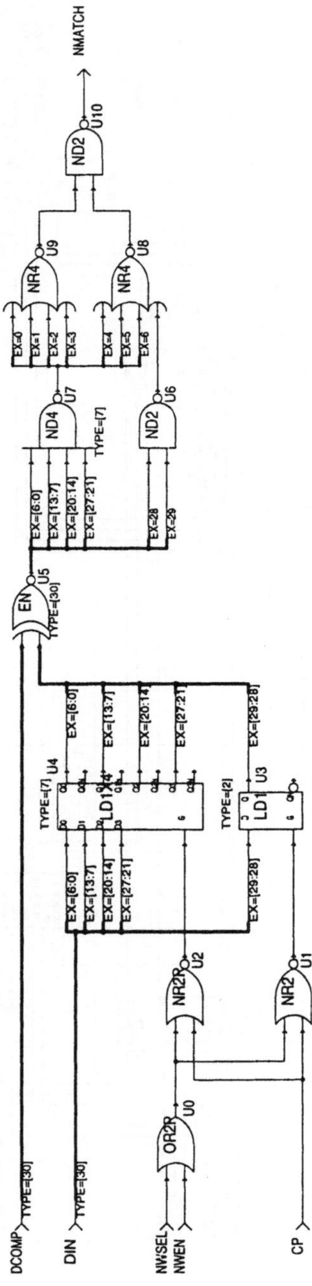

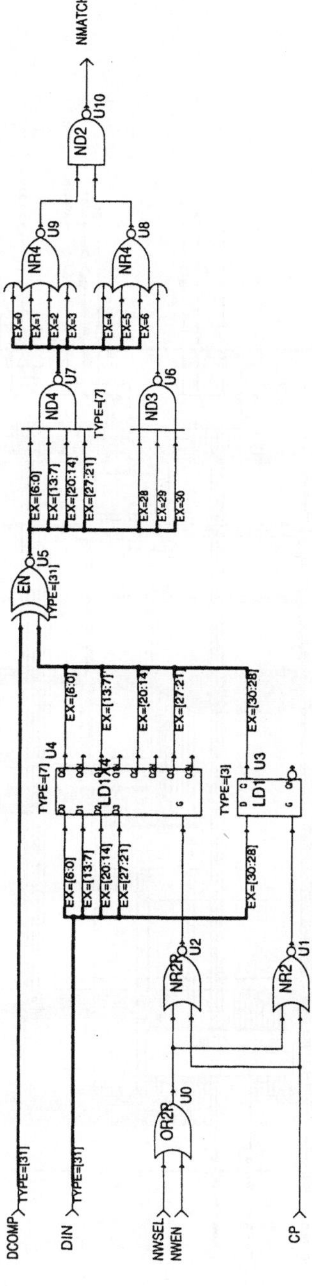
NMATCH
ND2
U10
NR4
U9
NR4
U8
EX=0
EX=1
EX=2
EX=3
EX=4
EX=5
EX=6
ND4
U7
TYPE=[7]
ND3
U6
EX=[6:0]
EX=[13:7]
EX=[20:14]
EX=[27:21]
EX=28
EX=29
EX=30
EN
U5
TYPE=[31]
EX=[6:0]
EX=[13:7]
EX=[20:14]
EX=[27:21]
EX=[30:28]
TYPE=[7] U4
LD1
TYPE=[3] U3
LD1
D Q
G
D Q
G
EX=[6:0]
EX=[13:7]
EX=[20:14]
EX=[27:21]
EX=[30:28]
NR2
U2
NR2
U1
OR2
U0
DCOMP
TYPE=[31]
DIN
TYPE=[31]
NWSEL
NWEN
CP

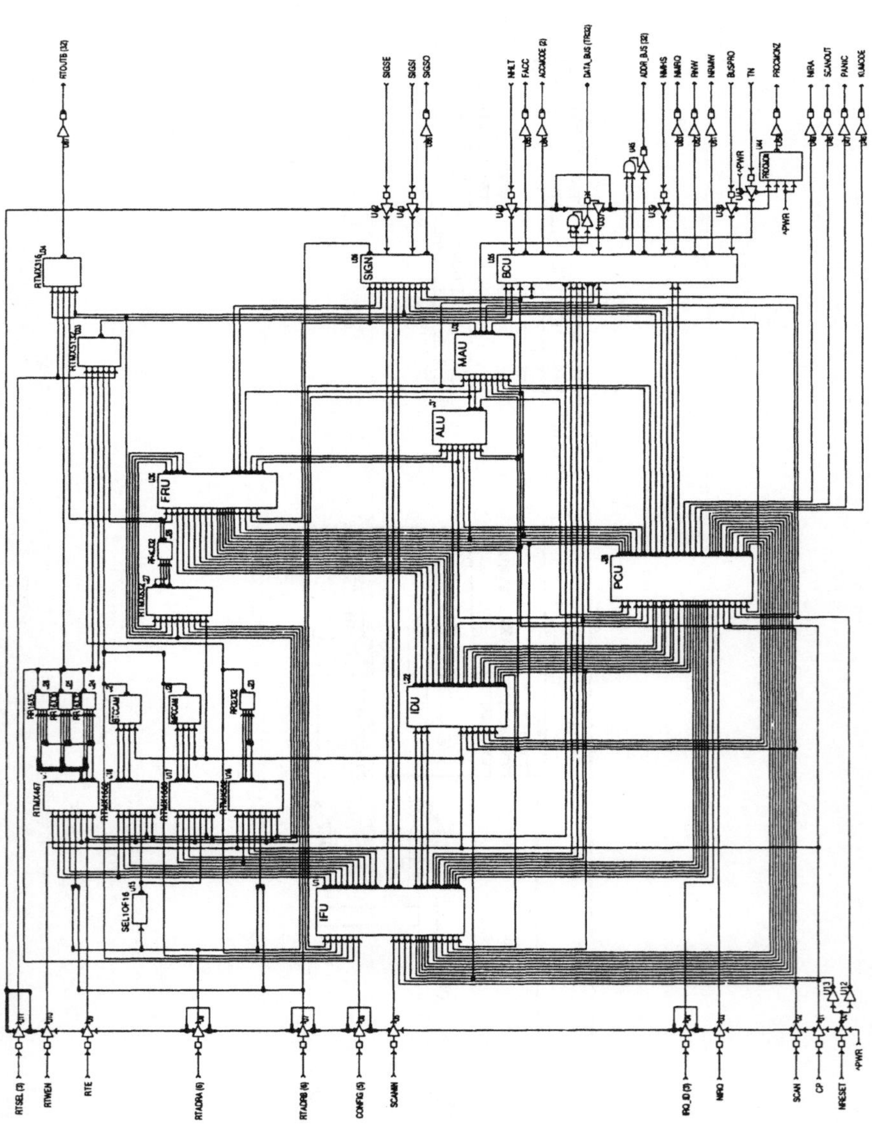

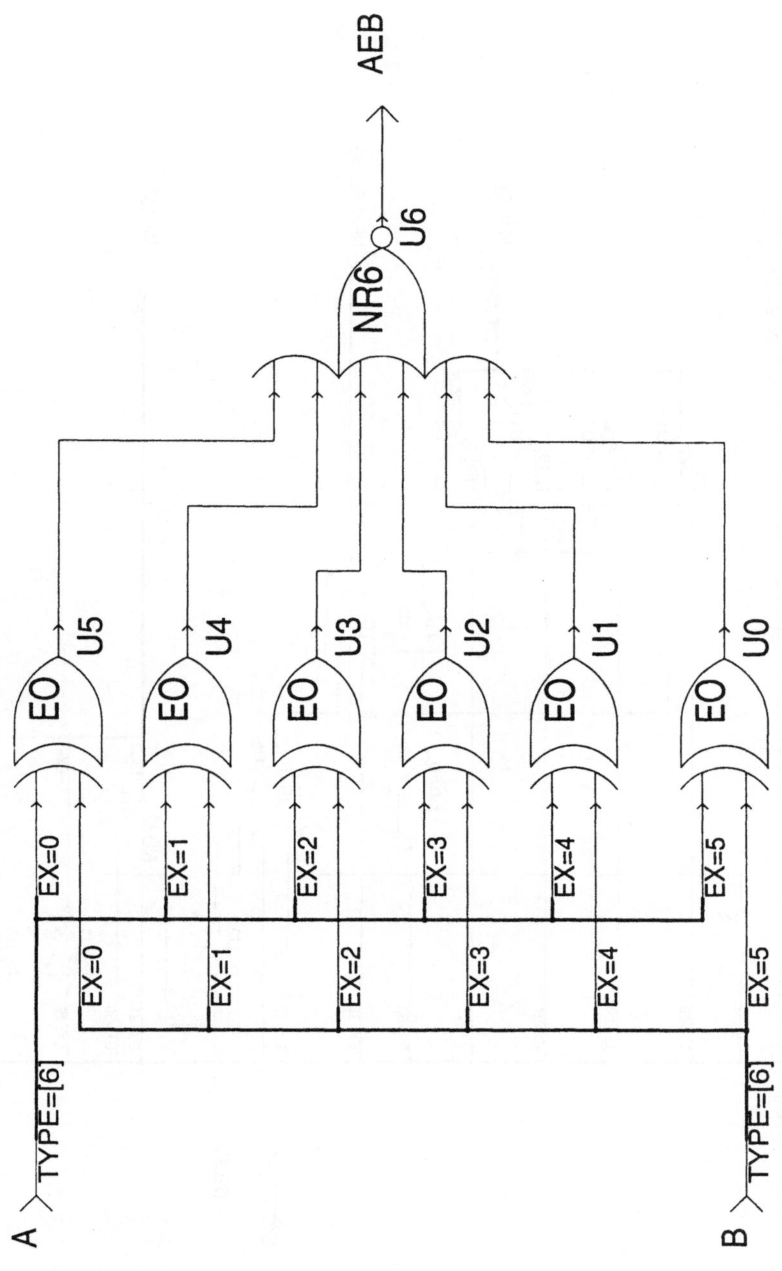
AEB
U6
NR6
EO
U5
EO
U4
EO
U3
EO
U2
EO
U1
EO
U0
EX=0
EX=1
EX=2
EX=3
EX=4
EX=5
EX=0
EX=1
EX=2
EX=3
EX=4
EX=5
TYPE=[6]
A
TYPE=[6]
B

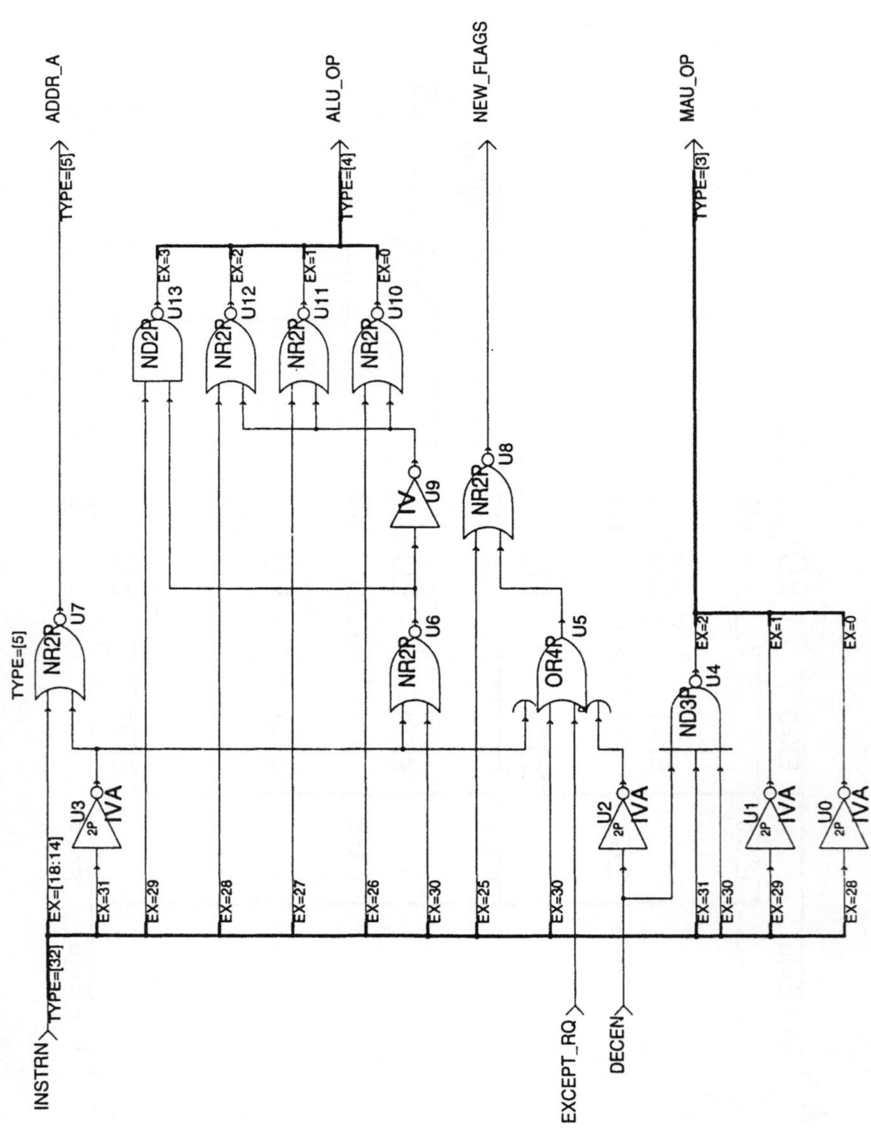

INSTRN
TYPE=[32]
TYPE=[5]
ADDR_A
ALU_OP
TYPE=[4]
NEW_FLAGS
MAU_OP
TYPE=[3]
EXCEPT_RQ
DECEN
NR2R U7
ND2P U13 EX=3
NR2R U12 EX=2
NR2R U11 EX=1
NR2R U10 EX=0
IV U9
NR2R U8
NR2R U6
OR4R U5
ND3P U4
IVA U3 2P
IVA U2 2P
IVA U1 2P
IVA U0 2P
EX=[18:14]
EX=31
EX=29
EX=28
EX=27
EX=26
EX=30
EX=25
EX=30
EX=31
EX=30
EX=29
EX=28
EX=2
EX=1
EX=0

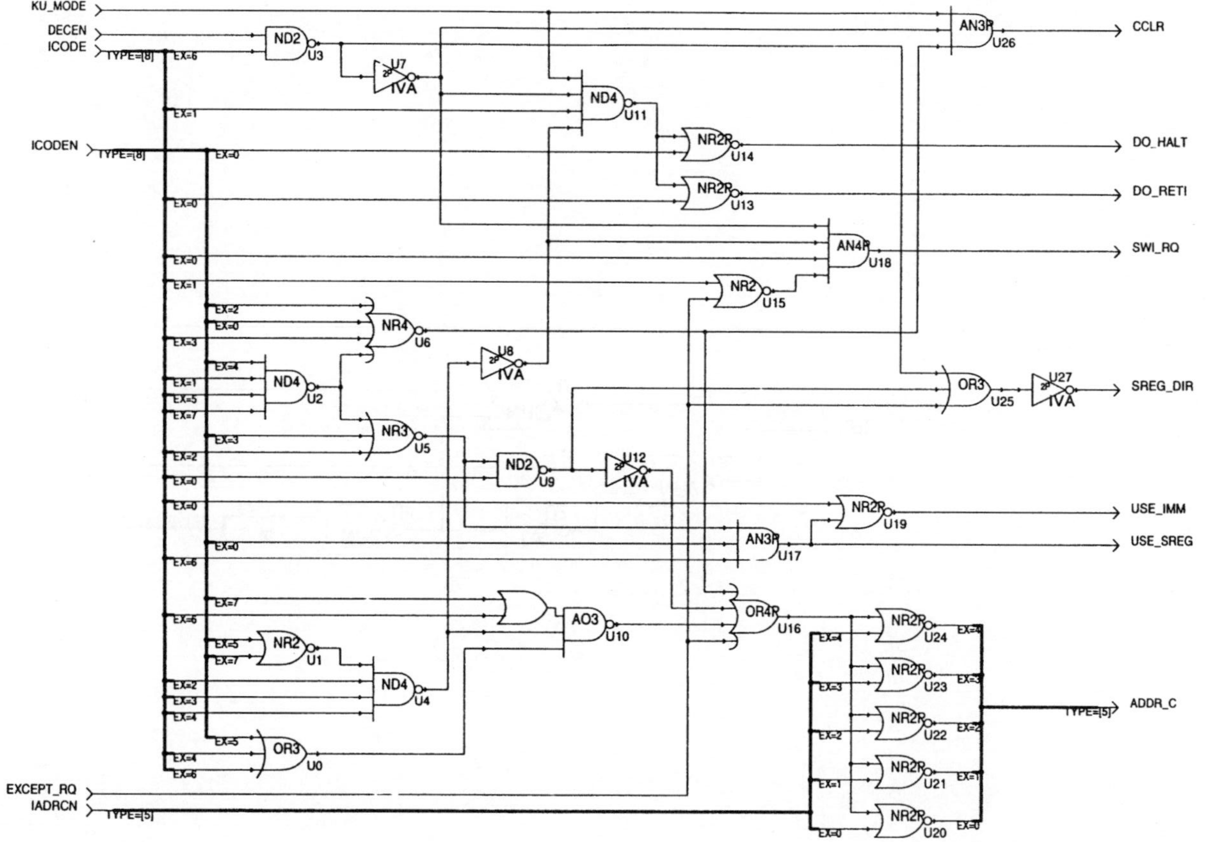

KU_MODE
DECEN
ICODE
TYPE=[8]
ICODEN
EXCEPT_RQ
IADRCN
CCLR
DO_HALT
DO_RETI
SWI_RQ
SREG_DIR
USE_IMM
USE_SREG
ADDR_C
TYPE=[5]
ND2
U3
IVA
U7
ND4
U11
NR2P
U14
NR2P
U13
AN4P
U18
NR2
U15
NR4
U6
IVA
U8
ND4
U2
NR3
U5
ND2
U9
IVA
U12
AN3P
U17
NR2P
U19
OR3
U25
IVA
U27
AN3P
U26
OR4P
U16
AO3
U10
NR2
U1
ND4
U4
OR3
U0
NR2P
U24
NR2P
U23
NR2P
U22
NR2P
U21
NR2P
U20
EX=6
EX=1
EX=0
EX=0
EX=0
EX=1
EX=2
EX=0
EX=3
EX=4
EX=1
EX=5
EX=7
EX=3
EX=2
EX=0
EX=0
EX=0
EX=6
EX=7
EX=6
EX=5
EX=7
EX=2
EX=3
EX=4
EX=5
EX=4
EX=6
EX=4
EX=3
EX=2
EX=1
EX=0
EX=4
EX=3
EX=2
EX=1
EX=0

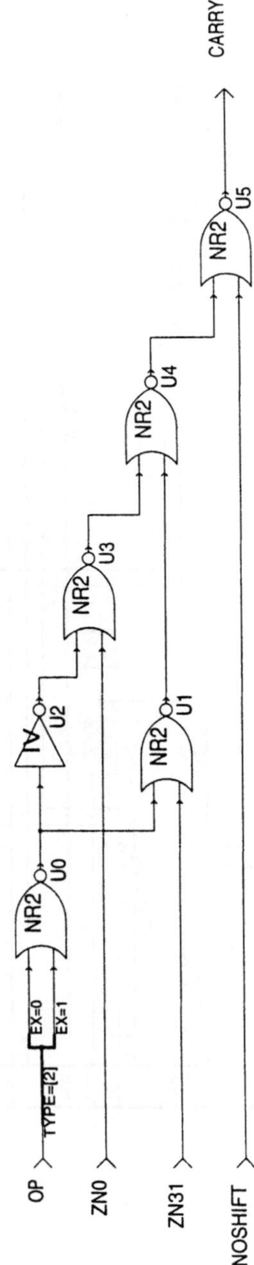

CARRY
NR2
U5
NR2
U4
NR2
U3
IV
U2
NR2
U0
NR2
U1
EX=0
EX=1
TYPE=[2]
OP
ZN0
ZN31
NOSHIFT

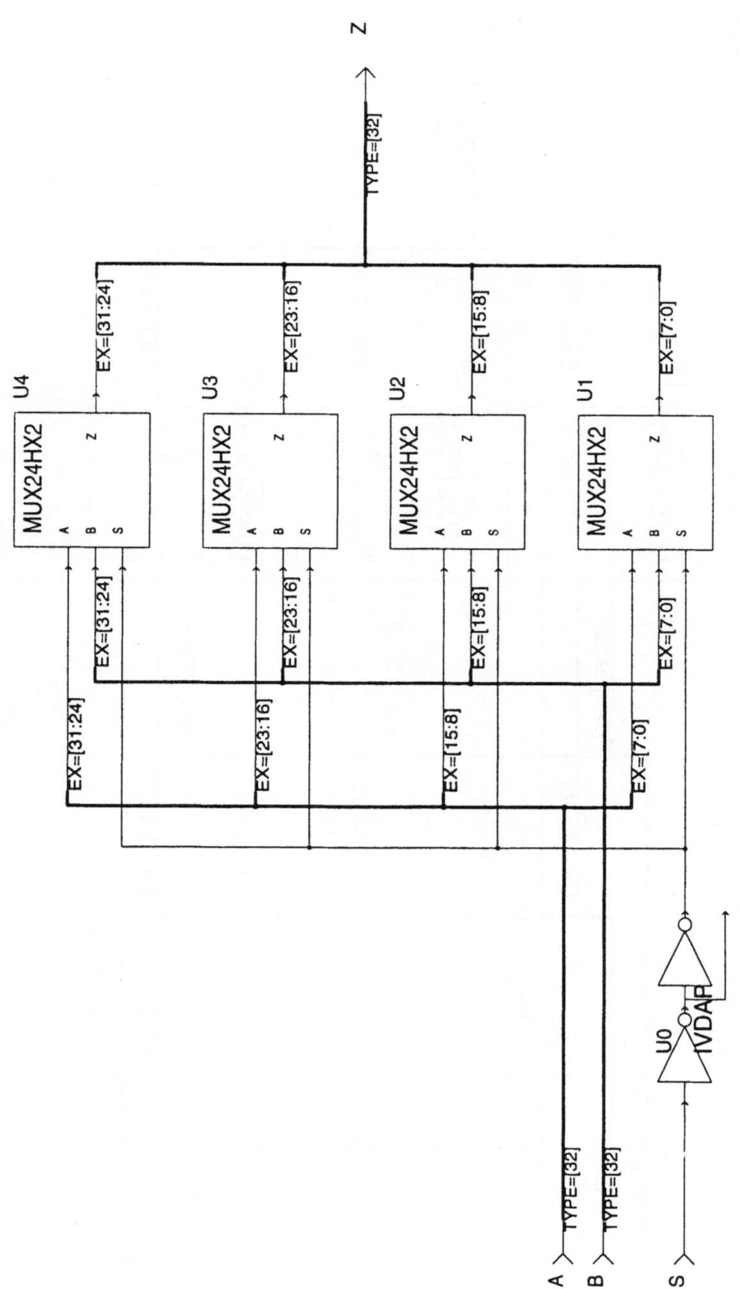

Z
TYPE=[32]
U4
MUX24HX2
A
B
S
Z
EX=[31:24]
U3
MUX24HX2
A
B
S
Z
EX=[23:16]
U2
MUX24HX2
A
B
S
Z
EX=[15:8]
U1
MUX24HX2
A
B
S
Z
EX=[7:0]
EX=[31:24]
EX=[23:16]
EX=[15:8]
EX=[7:0]
EX=[31:24]
EX=[23:16]
EX=[15:8]
EX=[7:0]
U0
IVDAP
A
TYPE=[32]
B
TYPE=[32]
S

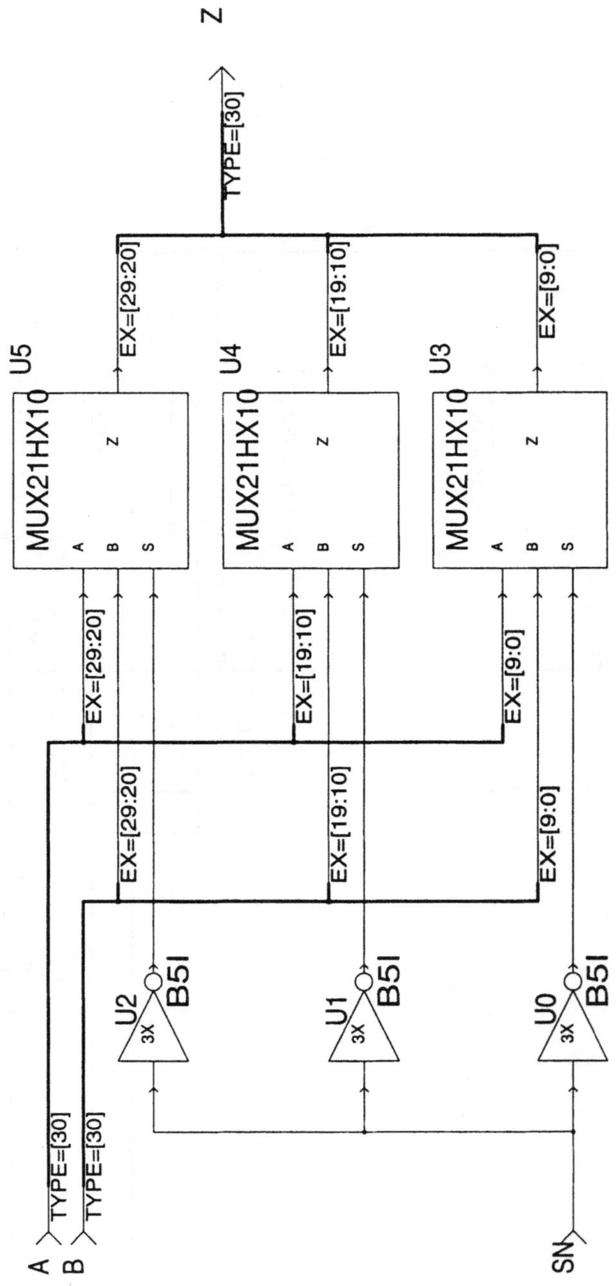

Z
TYPE=[30]
U5
MUX21HX10
U4
MUX21HX10
U3
MUX21HX10
EX=[29:20]
EX=[19:10]
EX=[9:0]
A
B
S
z
EX=[29:20]
EX=[19:10]
EX=[9:0]
EX=[29:20]
EX=[19:10]
EX=[9:0]
U2
B5I
U1
B5I
U0
B5I
3X
3X
3X
A
TYPE=[30]
B
TYPE=[30]
SN

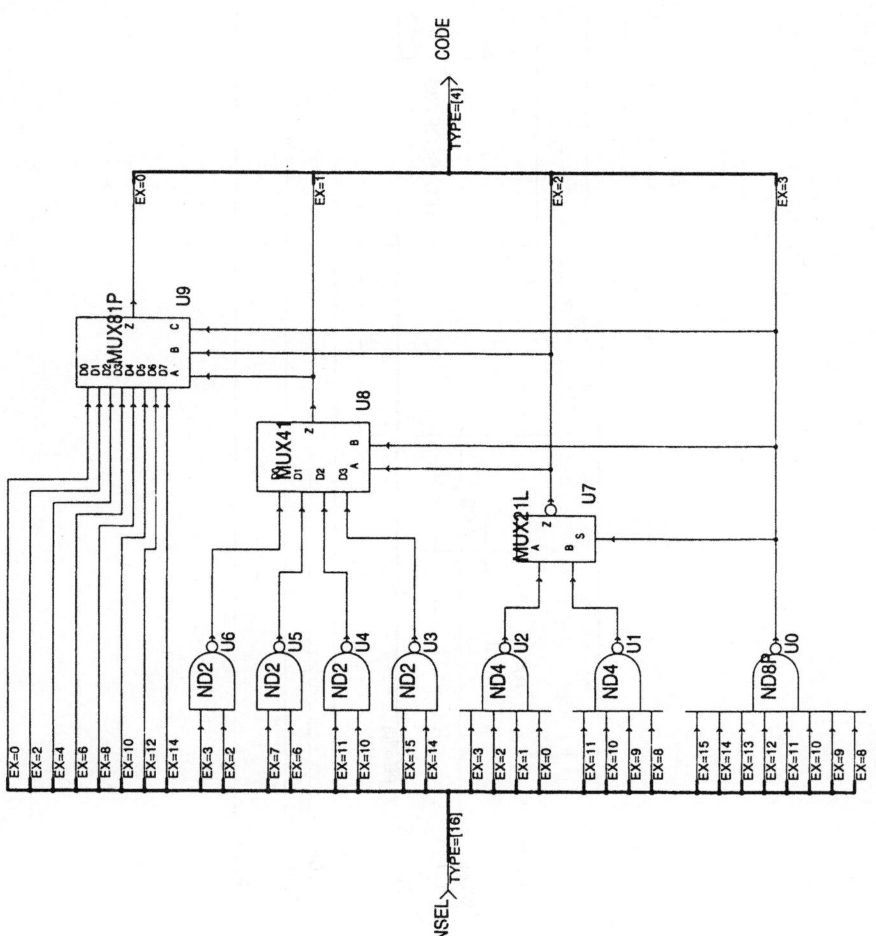
CODE
TYPE=[4]
EX=0
EX=1
EX=2
EX=3
MUX81P
U9
D0
D1
D2
D3
D4
D5
D6
D7
A B C
Z
MUX41
U8
D1
D2
D3
A B
Z
MUX21L
U7
A
B S
Z
ND2 U6
ND2 U5
ND2 U4
ND2 U3
ND4 U2
ND4 U1
ND8P U0
EX=0
EX=2
EX=4
EX=6
EX=8
EX=10
EX=12
EX=14
EX=3
EX=2
EX=7
EX=6
EX=11
EX=10
EX=15
EX=14
EX=3
EX=2
EX=1
EX=0
EX=11
EX=10
EX=9
EX=8
EX=15
EX=14
EX=13
EX=12
EX=11
EX=10
EX=9
EX=8
NSEL
TYPE=[16]

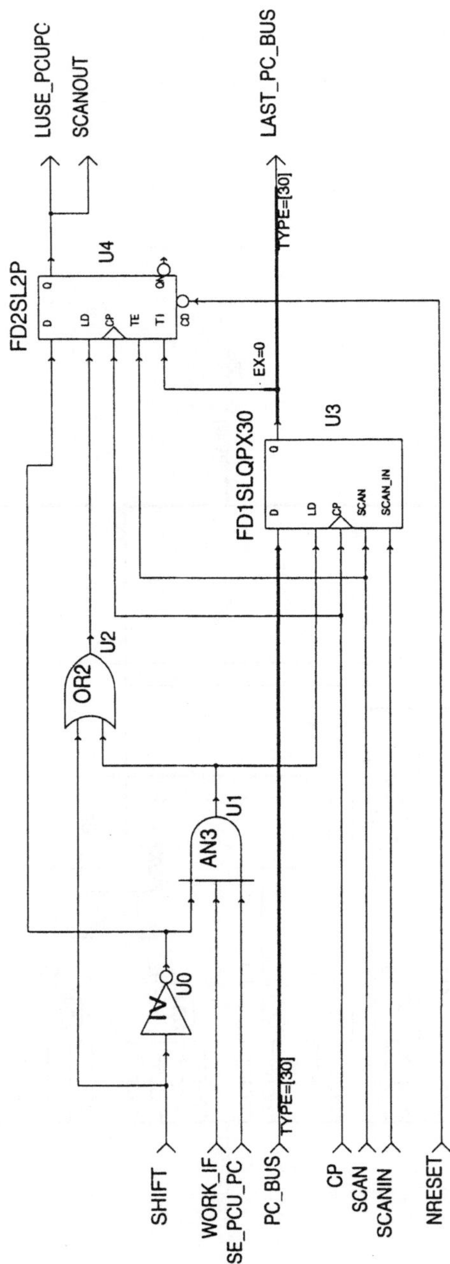

LUSE_PCUPC
SCANOUT
LAST_PC_BUS
FD2SL2P
U4
D
LD
CP
TE
TI
QN
Q
TYPE=[30]
EX=0
FD1SLQPX30
U3
D
LD
CP
SCAN
SCAN_IN
Q
OR2
U2
AN3
U1
IV
U0
SHIFT
WORK_IF
USE_PCU_PC
PC_BUS
TYPE=[30]
CP
SCAN
SCANIN
NRESET

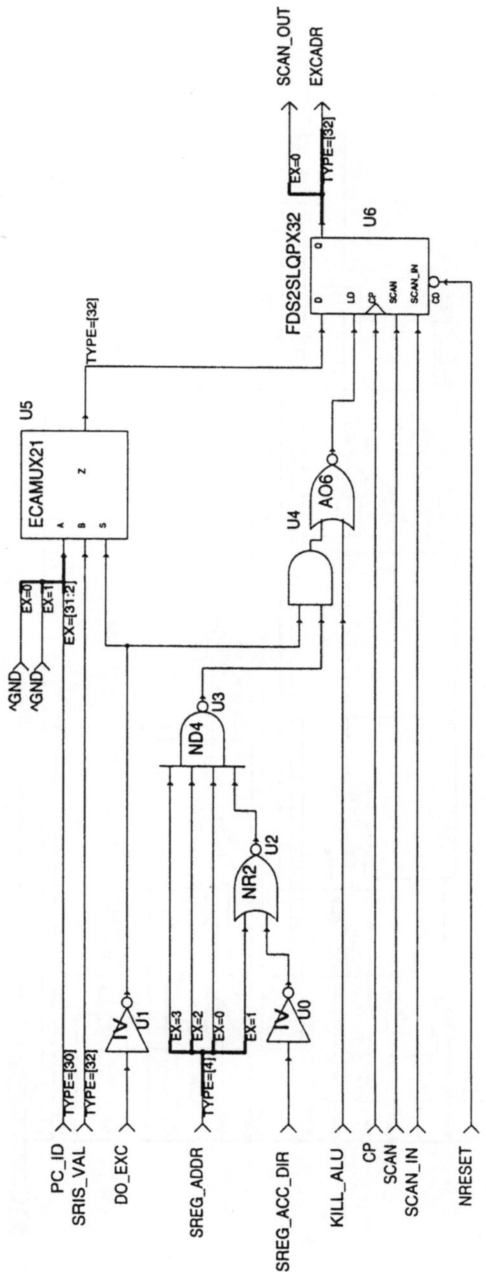

SCAN_OUT
EXCADR
EX=0
TYPE=[32]
FDS2SLQPX32
U6
Q
Q
D
LD
CP
SCAN
SCAN_IN
CD
ECAMUX21
U5
A
B
S
Z
TYPE=[32]
EX=0
EX=1
EX=[31:2]
^GND
^GND
PC_ID
SRIS_VAL
TYPE=[30]
TYPE=[32]
DO_EXC
U1
SREG_ADDR
TYPE=[4]
EX=3
EX=2
EX=0
EX=1
ND4
U3
NR2
U2
U0
SREG_ACC_DIR
AO6
U4
KILL_ALU
CP
SCAN
SCAN_IN
NRESET

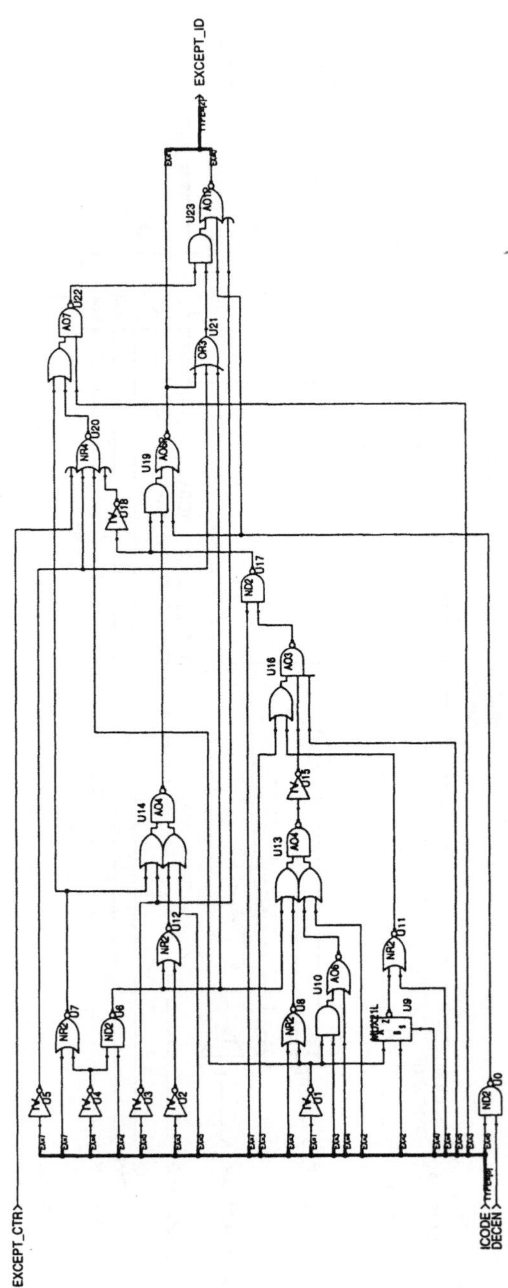

EXCEPT_ID
EXCEPT_CTR
ICODE
DECEN

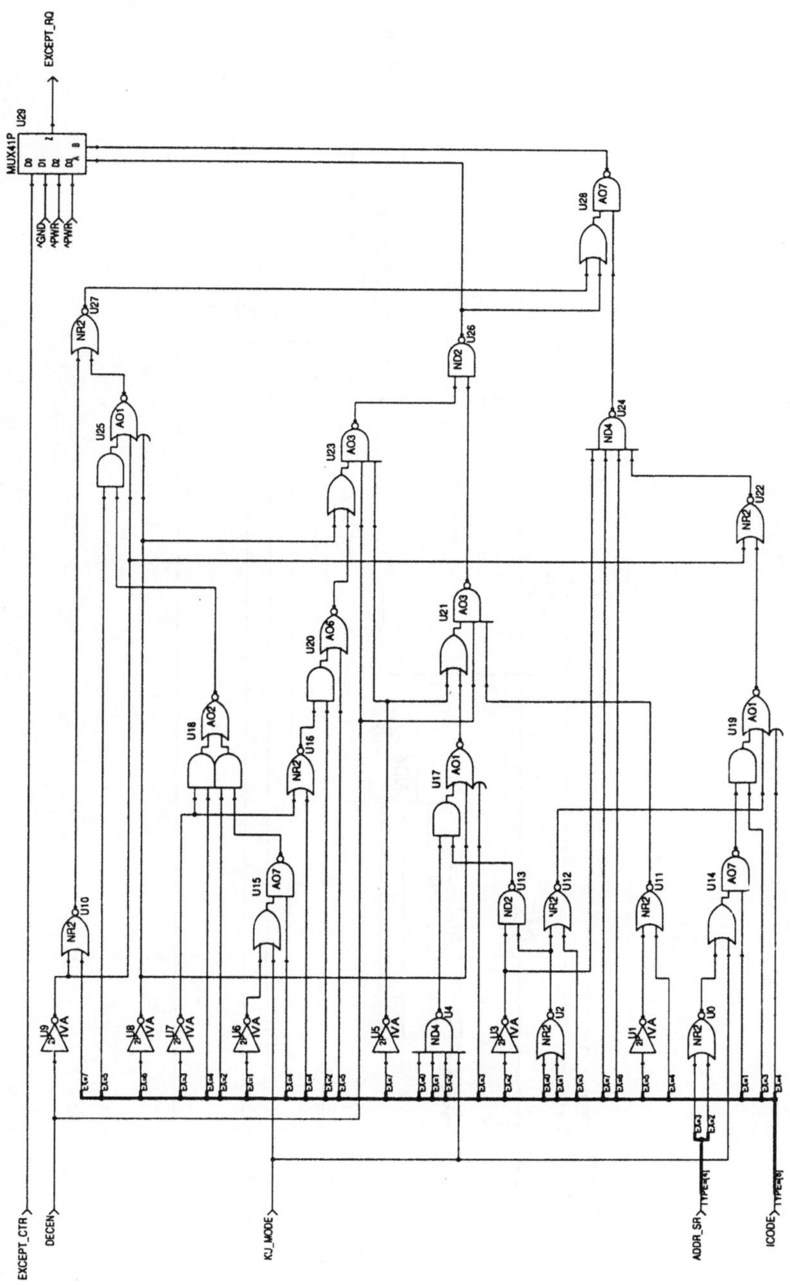

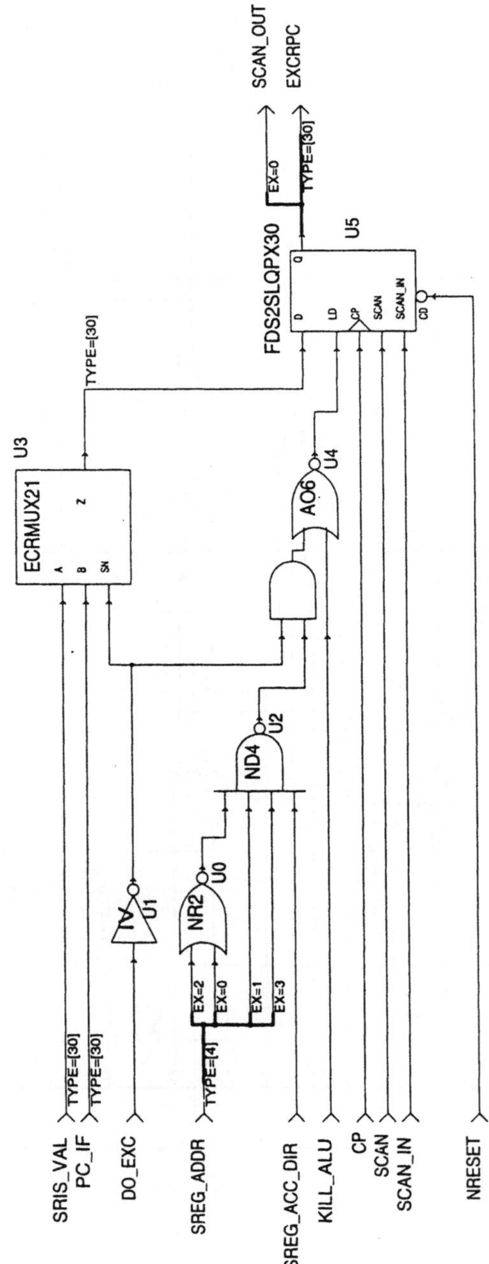

SCAN_OUT
EXCRPC
EX=0
TYPE=[30]
FDS2SLQPX30
U5
Q
D
LD
CP
SCAN
SCAN_IN
CD
ECRMUX21
U3
A
B
SN
Z
TYPE=[30]
AO6
U4
ND4
U2
IV
U1
NR2
U0
EX=2
EX=0
EX=1
EX=3
TYPE=[4]
SRIS_VAL
PC_IF
TYPE=[30]
TYPE=[30]
DO_EXC
SREG_ADDR
SREG_ACC_DIR
KILL_ALU
CP
SCAN
SCAN_IN
NRESET

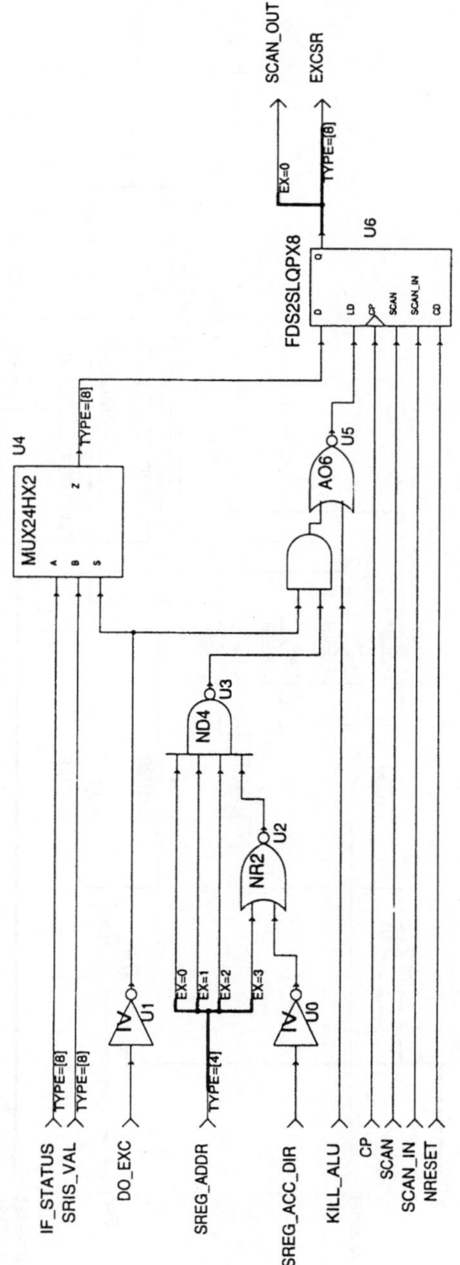
SCAN_OUT
EXCSR
EX=0
TYPE=[8]
FDS2SLQPX8
U6
D
LD
CP
SCAN
SCAN_IN
CO
Q
MUX24HX2
U4
A
B
S
Z
TYPE=[8]
ND4
U3
NR2
U2
AO6
U5
EX=0
EX=1
EX=2
EX=3
U1
U0
IF_STATUS
SRIS_VAL
DO_EXC
SREG_ADDR
SREG_ACC_DIR
KILL_ALU
CP
SCAN
SCAN_IN
NRESET
TYPE=[8]
TYPE=[8]
TYPE=[4]

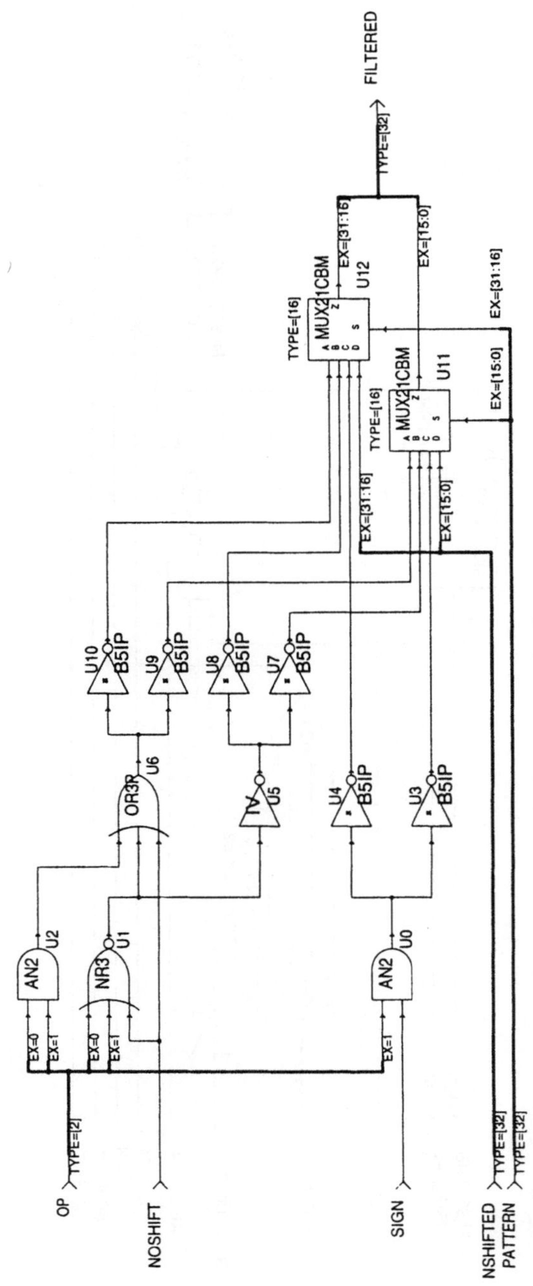
FILTERED
TYPE=[32]
MUX21CBM
U12
EX=[31:16]
EX=[15:0]
TYPE=[16]
A
B
C
D
Z
S
MUX21CBM
U11
EX=[31:16]
EX=[15:0]
TYPE=[16]
A
B
C
D
Z
S
EX=[31:16]
EX=[15:0]
U10 B5IP
U9 B5IP
U8 B5IP
U7 B5IP
OR3R U6
TV U5
U4 B5IP
U3 B5IP
AN2 U2
NR3 U1
AN2 U0
EX=0
EX=1
EX=0
EX=1
EX=1
OP TYPE=[2]
NOSHIFT
SIGN
NSHIFTED TYPE=[32]
PATTERN TYPE=[32]

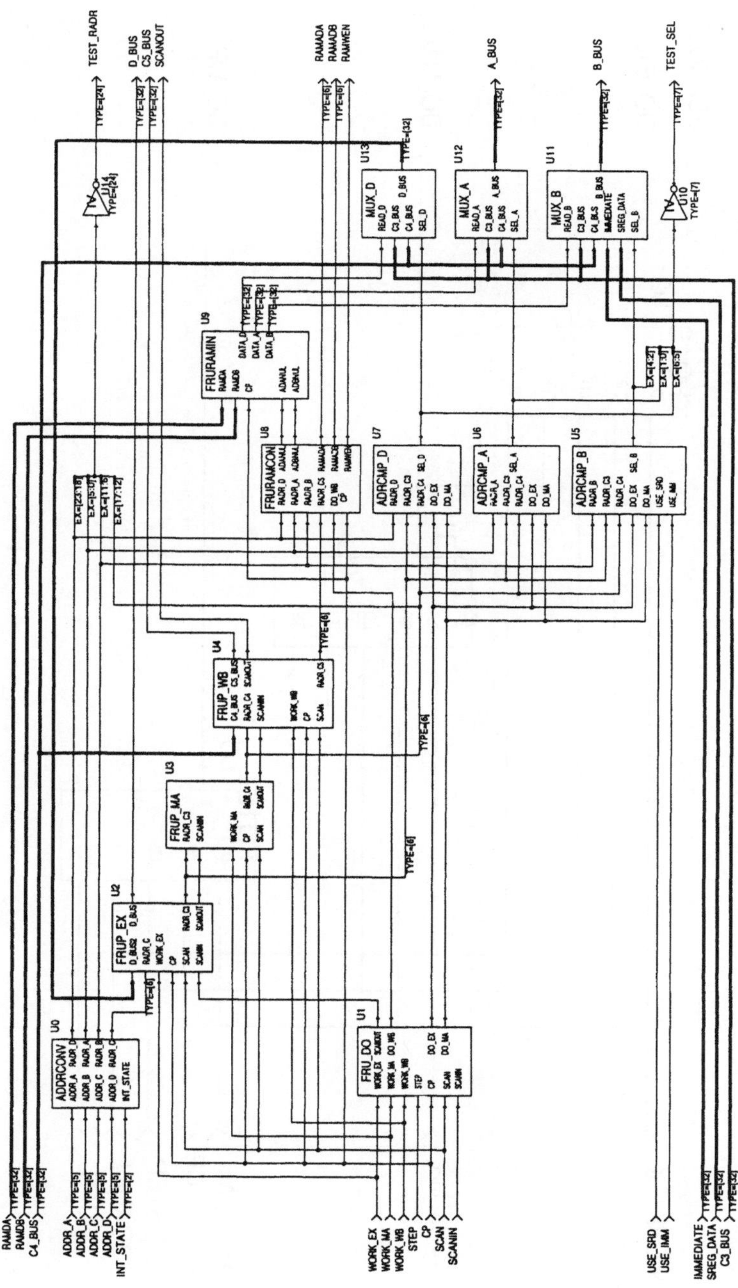

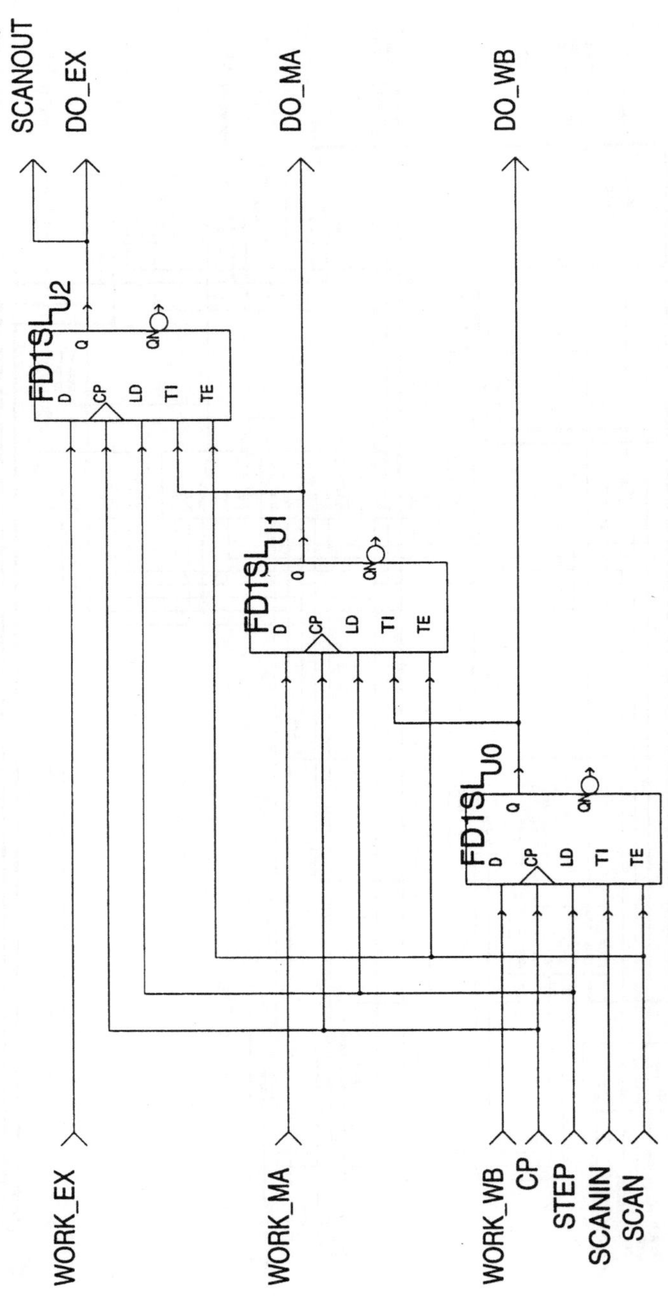

SCANOUT
DO_EX
DO_MA
DO_WB
FD1SL U2
FD1SL U1
FD1SL U0
D
CP
LD
TI
TE
Q
QN
WORK_EX
WORK_MA
WORK_WB
CP
STEP
SCANIN
SCAN

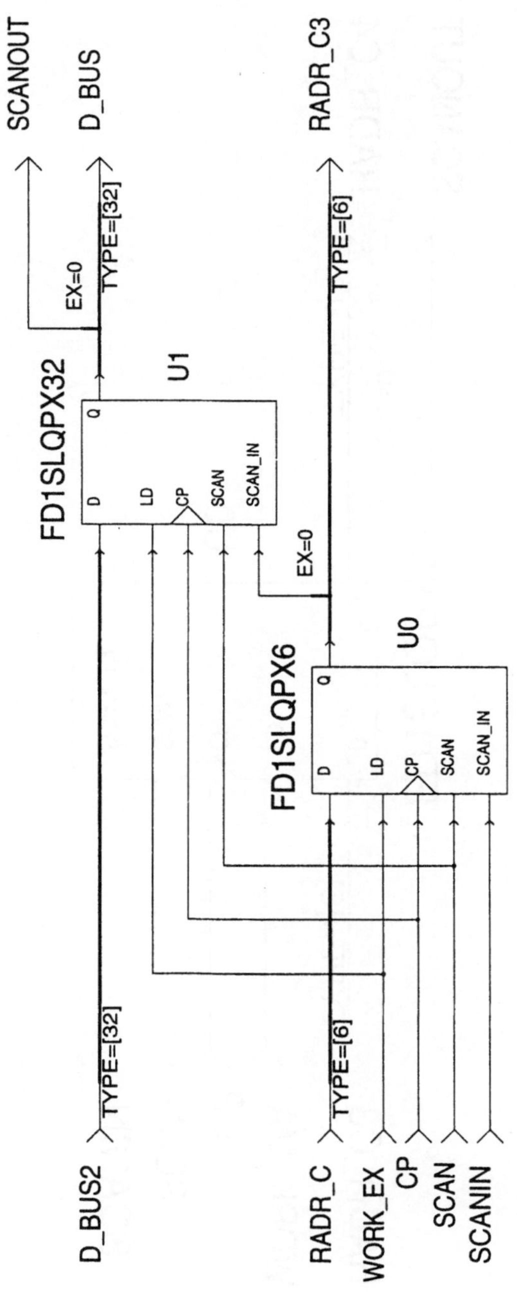

SCANOUT
D_BUS
RADR_C3
EX=0
TYPE=[32]
TYPE=[6]
FD1SLQPX32
U1
Q
D
LD
CP
SCAN
SCAN_IN
EX=0
FD1SLQPX6
U0
Q
D
LD
CP
SCAN
SCAN_IN
D_BUS2
TYPE=[32]
RADR_C
TYPE=[6]
WORK_EX
CP
SCAN
SCANIN

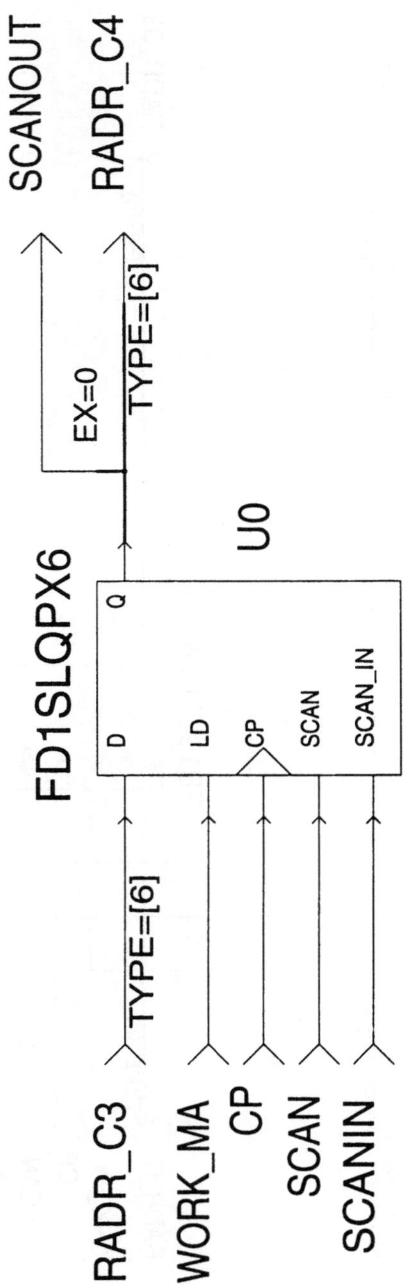
SCANOUT
RADR_C4
EX=0
TYPE=[6]
FD1SLQPX6
U0
Q
D
LD
CP
SCAN
SCAN_IN
TYPE=[6]
RADR_C3
WORK_MA
CP
SCAN
SCANIN

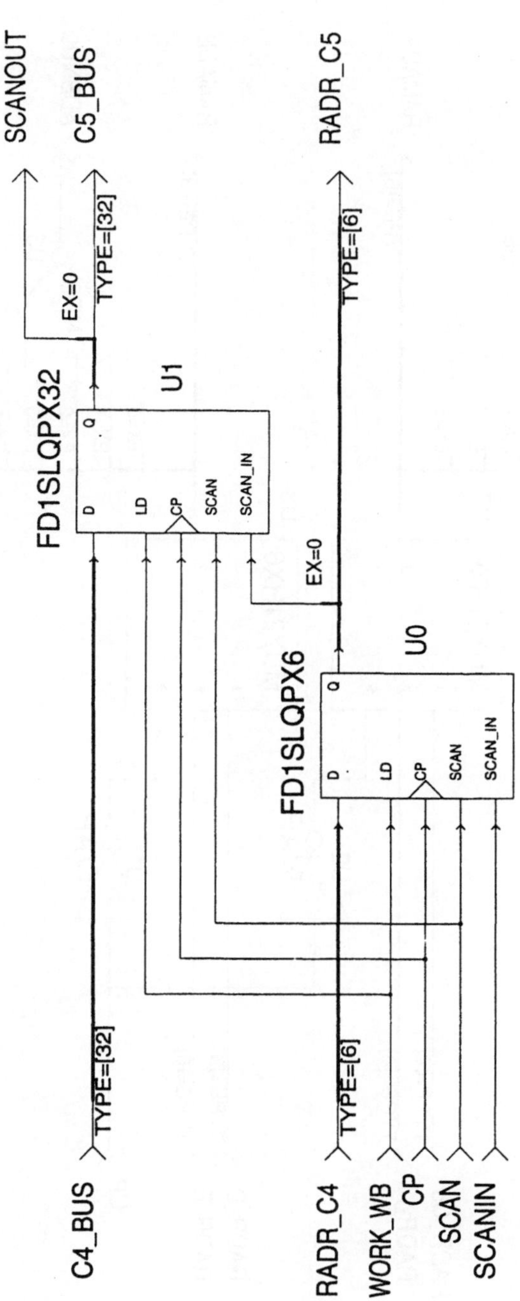

SCANOUT
C5_BUS
RADR_C5
EX=0
TYPE=[32]
TYPE=[6]
FD1SLQPX32
U1
D
Q
LD
CP
SCAN
SCAN_IN
EX=0
FD1SLQPX6
U0
D
Q
LD
CP
SCAN
SCAN_IN
C4_BUS
TYPE=[32]
RADR_C4
TYPE=[6]
WORK_WB
CP
SCAN
SCANIN

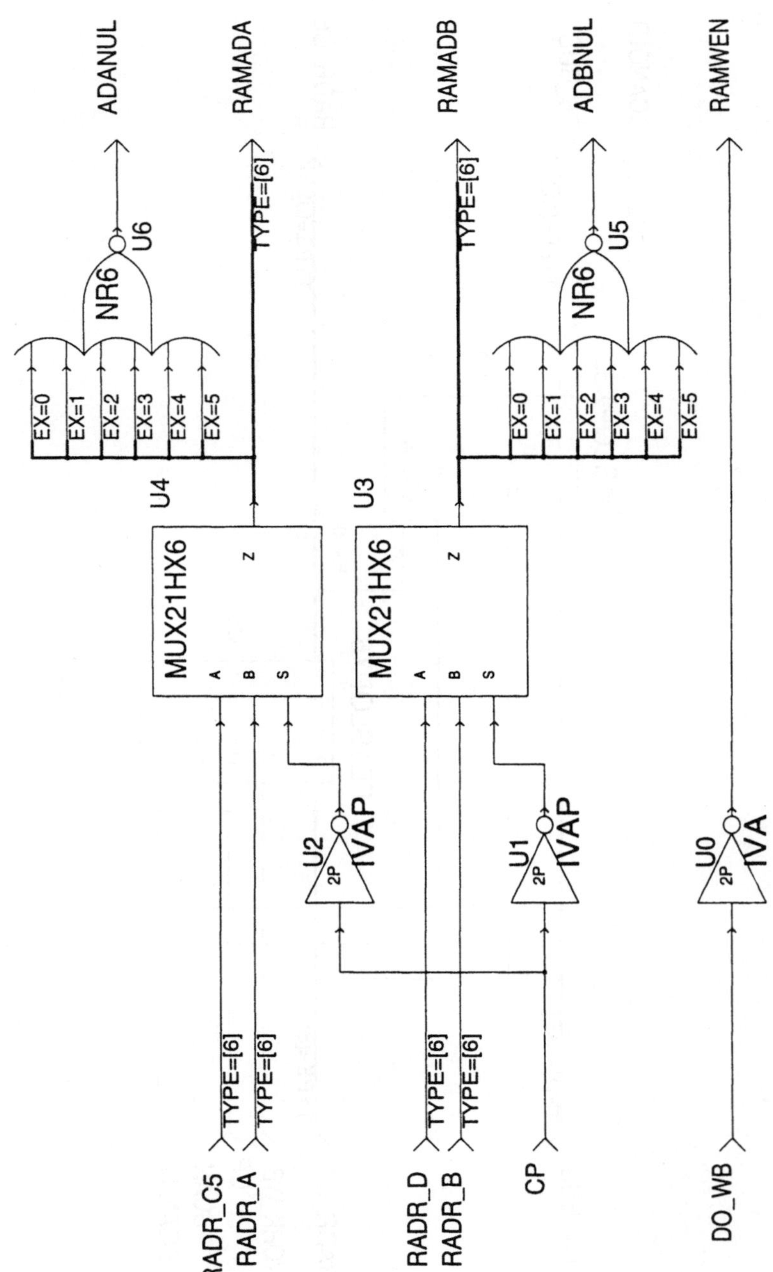

ADANUL
RAMADA
RAMADB
ADBNUL
RAMWEN
NR6
U6
NR6
U5
EX=0
EX=1
EX=2
EX=3
EX=4
EX=5
EX=0
EX=1
EX=2
EX=3
EX=4
EX=5
TYPE=[6]
TYPE=[6]
MUX21HX6
U4
MUX21HX6
U3
A
B
S
Z
A
B
S
Z
IVAP
U2
2P
IVAP
U1
2P
IVA
U0
2P
RADR_C5
RADR_A
TYPE=[6]
TYPE=[6]
RADR_D
RADR_B
TYPE=[6]
TYPE=[6]
CP
DO_WB

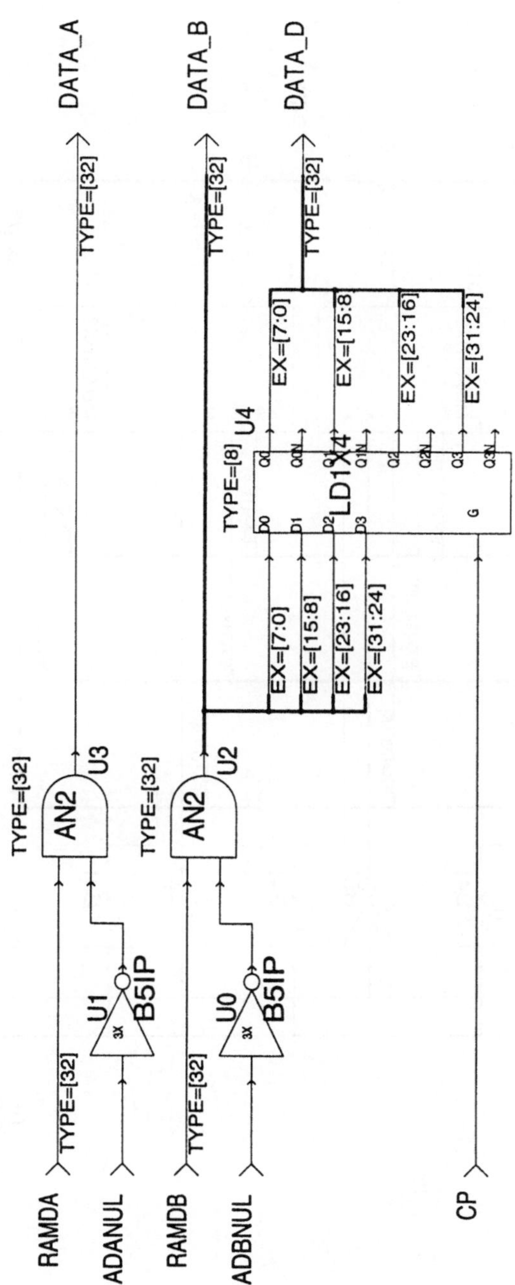
RAMDA
TYPE=[32]
DATA_A
TYPE=[32]
AN2
U3
ADANUL
U1
3x
B5IP
RAMDB
TYPE=[32]
DATA_B
TYPE=[32]
AN2
U2
ADBNUL
U0
3x
B5IP
TYPE=[8]
U4
LD1X4
D0 Q0 Q0N EX=[7:0]
D1 Q1N EX=[15:8]
D2 Q1 EX=[15:8]
D3 Q2 Q2N EX=[23:16]
Q3 Q3N EX=[31:24]
G
EX=[7:0]
EX=[15:8]
EX=[23:16]
EX=[31:24]
DATA_D
TYPE=[32]
CP

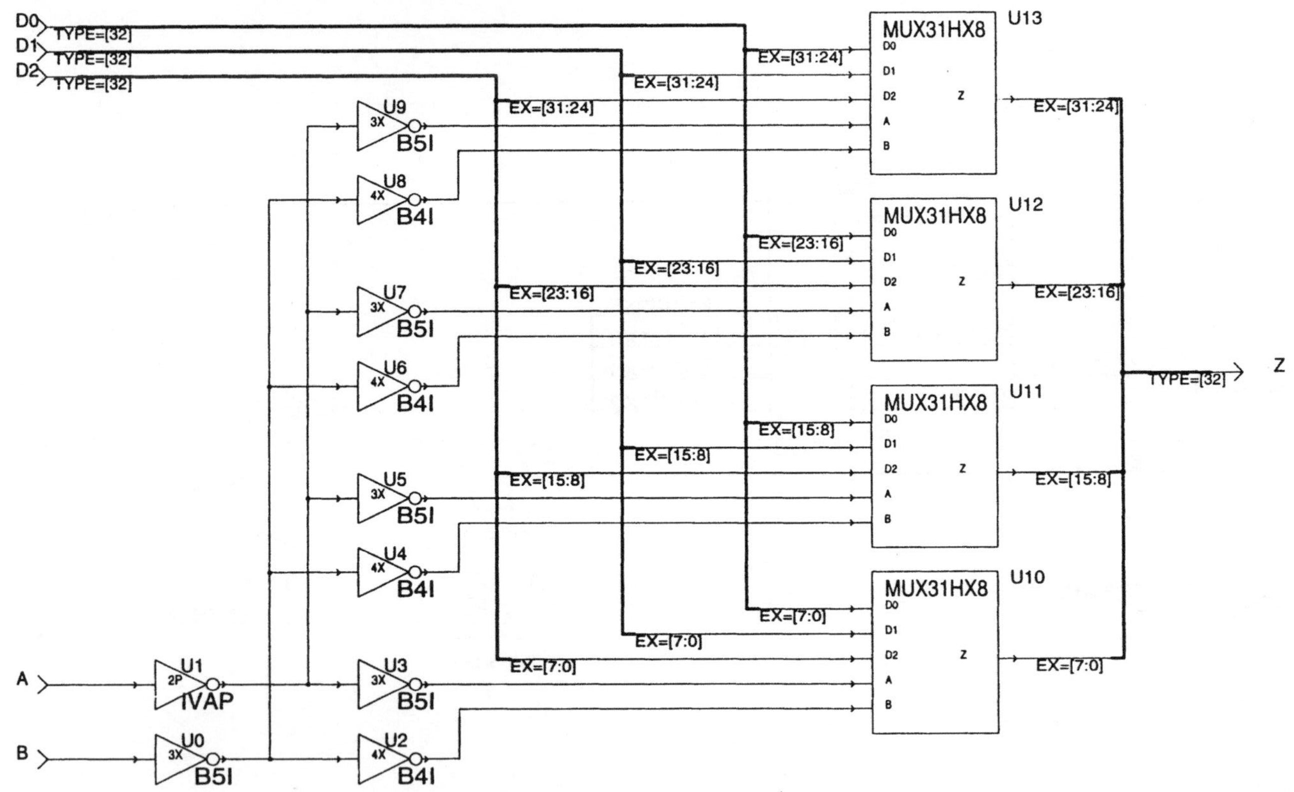
D0 TYPE=[32]
D1 TYPE=[32]
D2 TYPE=[32]
U13 MUX31HX8
D0 D1 D2 A B Z
EX=[31:24]
U12 MUX31HX8
D0 D1 D2 A B Z
EX=[23:16]
U11 MUX31HX8
D0 D1 D2 A B Z
EX=[15:8]
U10 MUX31HX8
D0 D1 D2 A B Z
EX=[7:0]
U9 3X B5I
U8 4X B4I
U7 3X B5I
U6 4X B4I
U5 3X B5I
U4 4X B4I
U3 3X B5I
U2 4X B4I
U1 2P 1VAP
U0 3X B5I
A
B
TYPE=[32] Z

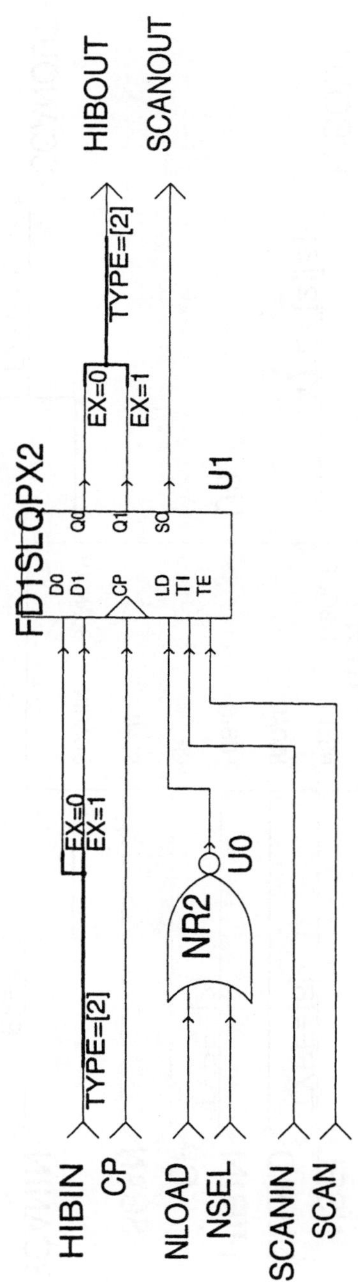
HIBOUT
SCANOUT
TYPE=[2]
EX=0
EX=1
FD1SLQPX2
D0
D1
CP
LD
TI
TE
Q0
Q1
SO
U1
NR2
U0
EX=0
EX=1
TYPE=[2]
HIBIN
CP
NLOAD
NSEL
SCANIN
SCAN

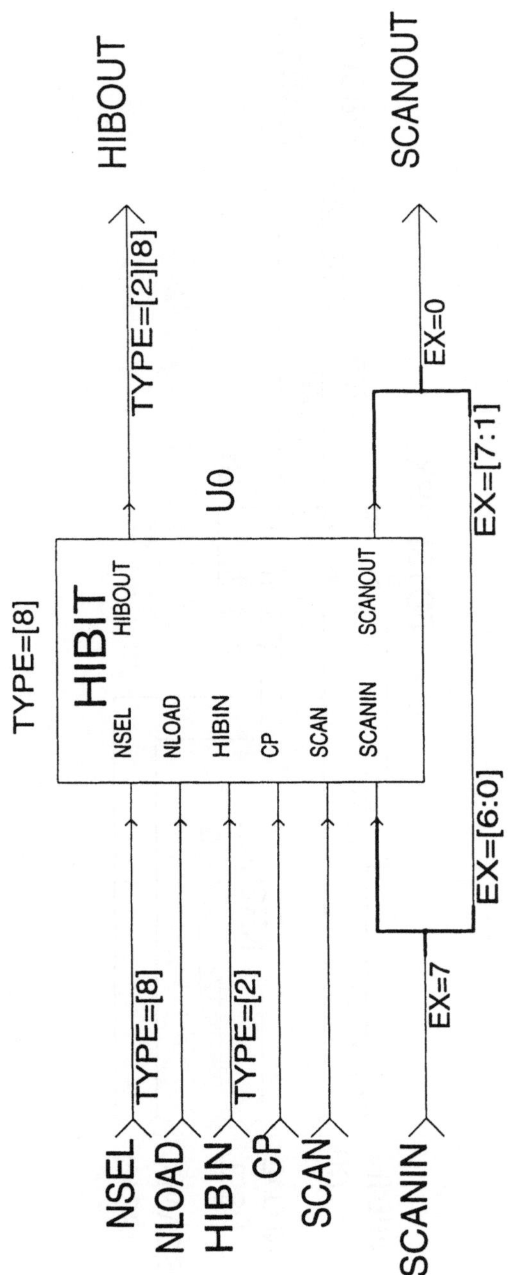
HIBOUT
SCANOUT
TYPE=[2][8]
EX=0
U0
EX=[7:1]
TYPE=[8]
HIBIT
NSEL
NLOAD
HIBIN
CP
SCAN
SCANIN
SCANOUT
HIBOUT
EX=[6:0]
EX=7
TYPE=[8]
TYPE=[2]
NSEL
NLOAD
HIBIN
CP
SCAN
SCANIN

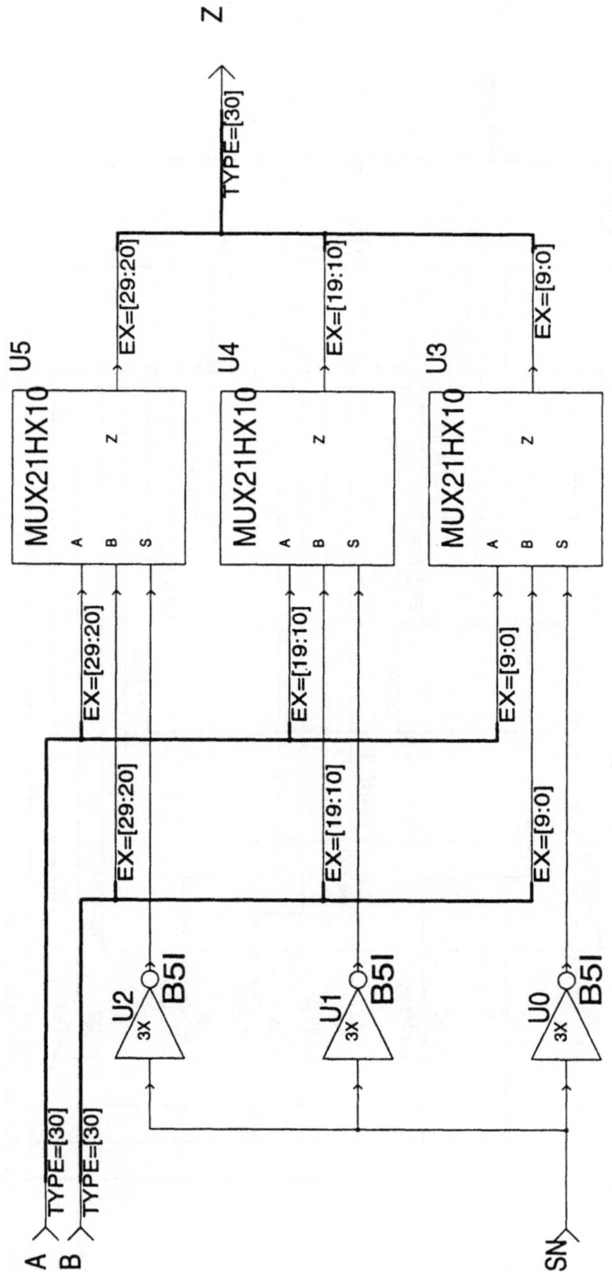

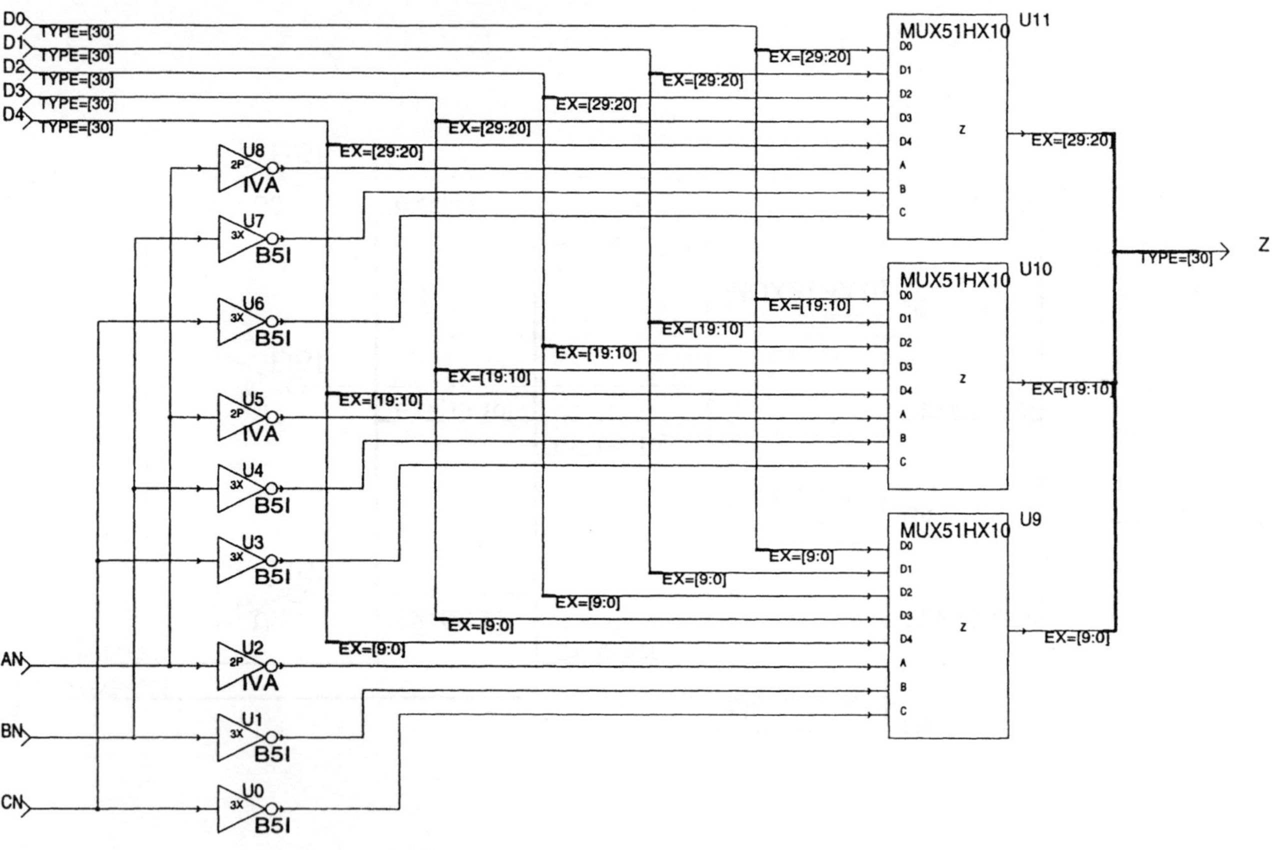
D0 TYPE=[30]
D1 TYPE=[30]
D2 TYPE=[30]
D3 TYPE=[30]
D4 TYPE=[30]
MUX51HX10 U11
D0 D1 D2 D3 D4 A B C Z
EX=[29:20]
EX=[19:10]
EX=[9:0]
TYPE=[30]
Z
U8 2P IVA
U7 3X B5I
U6 3X B5I
U5 2P IVA
U4 3X B5I
U3 3X B5I
U2 2P IVA
U1 3X B5I
U0 3X B5I
MUX51HX10 U10
MUX51HX10 U9
AN
BN
CN

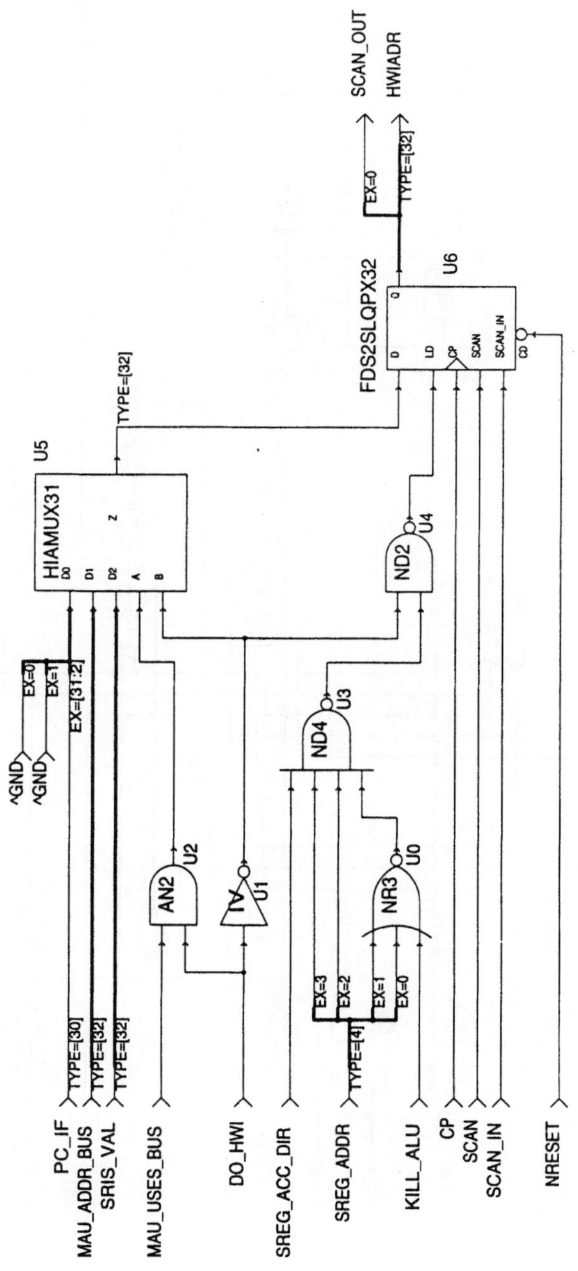

PC_IF
MAU_ADDR_BUS
SRIS_VAL
MAU_USES_BUS
DO_HWI
SREG_ACC_DIR
SREG_ADDR
KILL_ALU
CP
SCAN
SCAN_IN
NRESET
TYPE=[30]
TYPE=[32]
TYPE=[32]
TYPE=[4]
GND
GND
EX=0
EX=1
EX=[31:2]
EX=3
EX=2
EX=1
EX=0
AN2
U2
INV
U1
ND4
U3
NR3
U0
ND2
U4
HIAMUX31
U5
D0
D1
D2
A
B
Z
TYPE=[32]
FDS2SLQPX32
U6
D
LD
CP
SCAN
SCAN_IN
CD
Q
EX=0
TYPE=[32]
SCAN_OUT
HWIADR

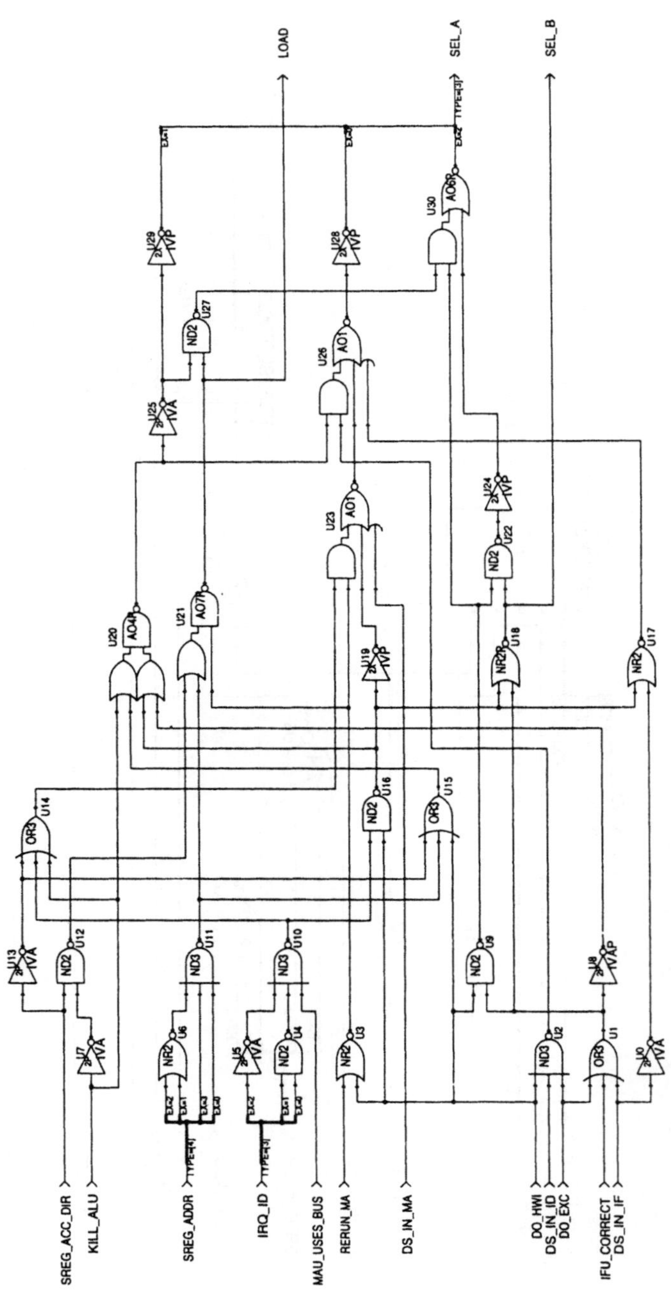

LOAD
SEL_A
SEL_B
SREG_ACC_DIR
KILL_ALU
SREG_ADDR
IRQ_ID
MAU_USES_BUS
RERUN_MA
DS_IN_MA
DO_HWI
DS_IN_ID
DO_EXC
IFU_CORRECT
DS_IN_IF

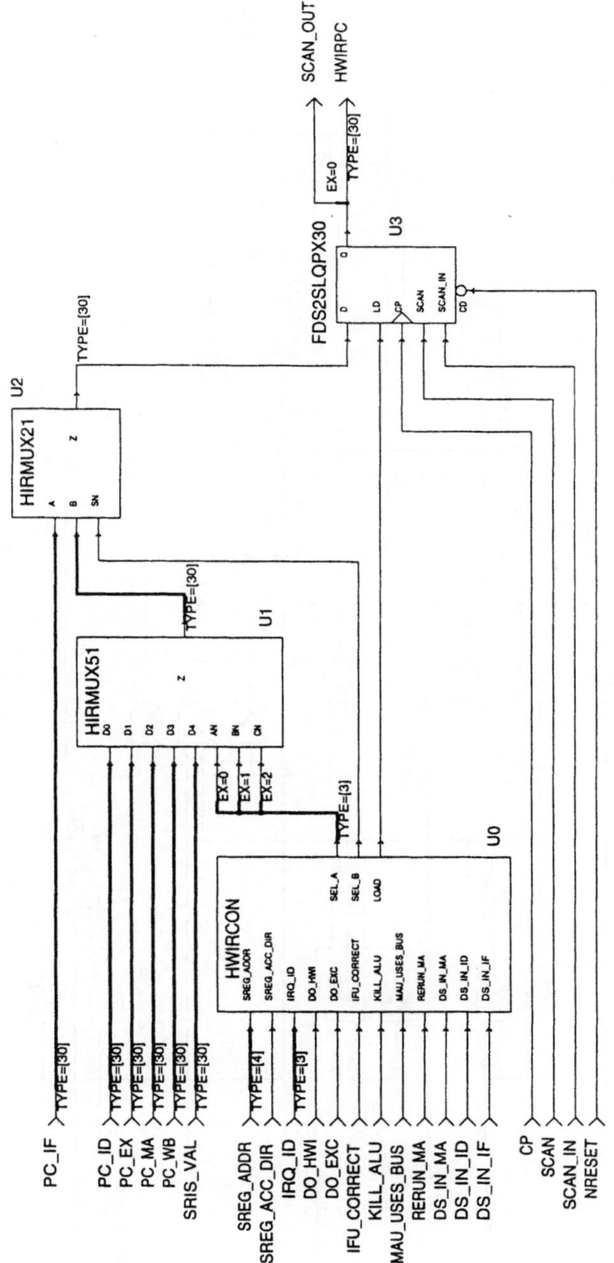

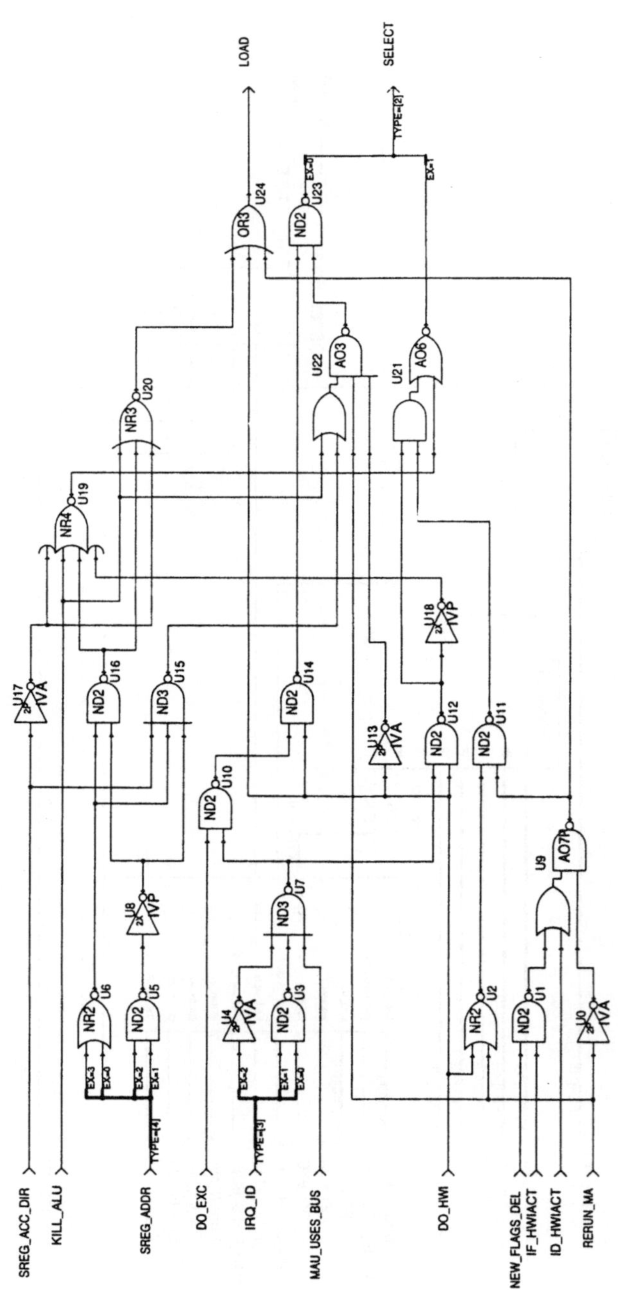

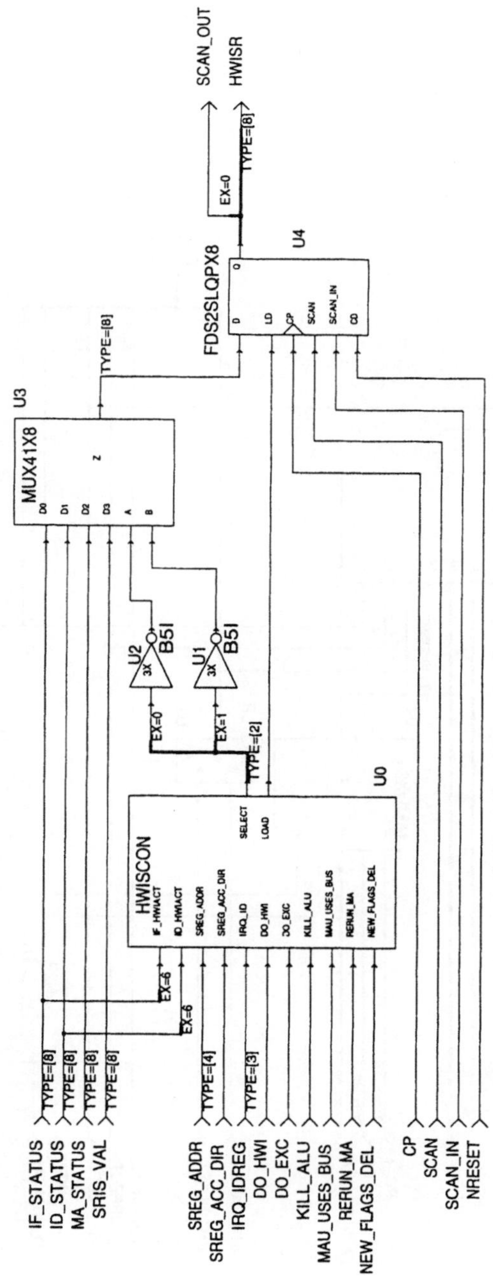

SCAN_OUT
HWISR
EX=0
TYPE=[8]
FDS2SLQPX8
U4
Q
D
LD
CP
SCAN
SCAN_IN
CO
TYPE=[8]
U3
MUX41X8
Z
D0
D1
D2
D3
A
B
U2
3X
B5I
EX=0
U1
3X
B5I
EX=1
TYPE=[2]
U0
HWISCON
SELECT
LOAD
IF_HWIACT
ID_HWIACT
SREG_ADDR
SREG_ACC_DIR
IRQ_ID
DO_HWI
DO_EXC
KILL_ALU
MAU_USES_BUS
RERUN_MA
NEW_FLAGS_DEL
EX=6
EX=6
TYPE=[8]
TYPE=[8]
TYPE=[8]
TYPE=[8]
TYPE=[4]
TYPE=[3]
IF_STATUS
ID_STATUS
MA_STATUS
SRIS_VAL
SREG_ADDR
SREG_ACC_DIR
IRQ_IDREG
DO_HWI
DO_EXC
KILL_ALU
MAU_USES_BUS
RERUN_MA
NEW_FLAGS_DEL
CP
SCAN
SCAN_IN
NRESET

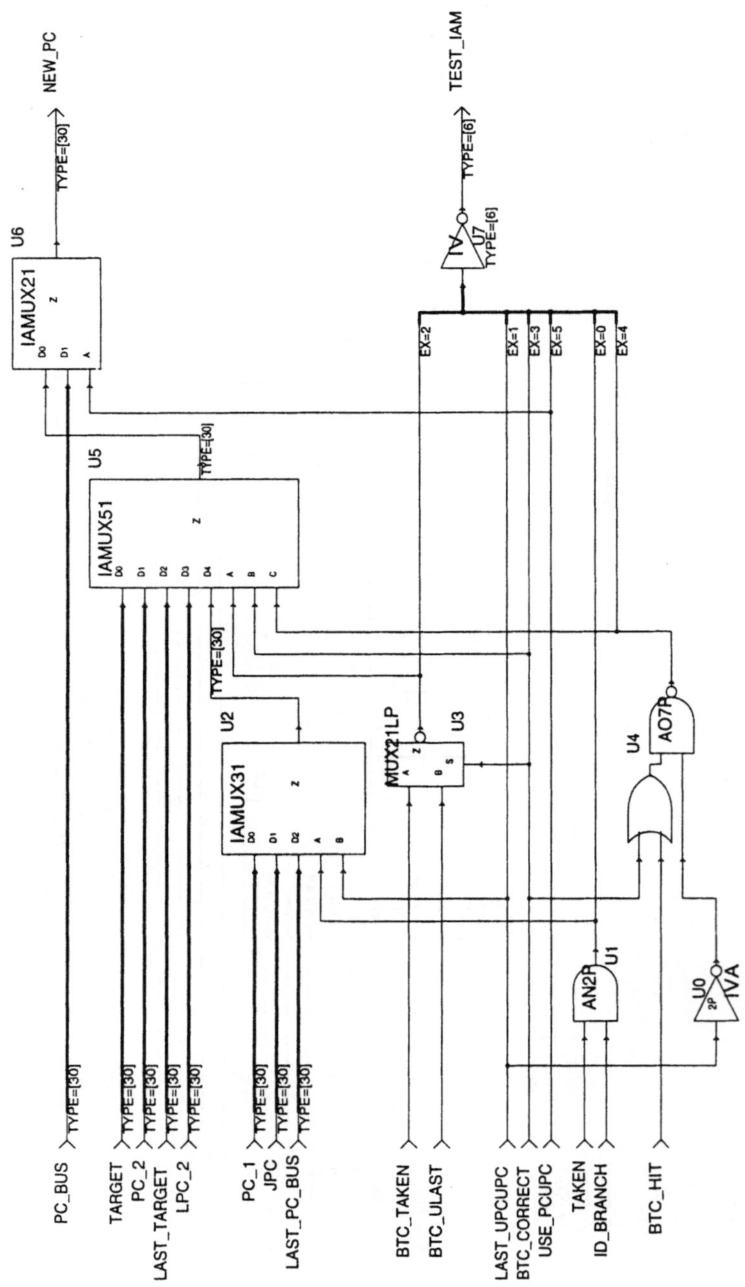

NEW_PC
TYPE=[30]
U6
IAMUX21
Z
D0
D1
A
TEST_IAM
TYPE=[6]
U7
TYPE=[6]
IV
U5
TYPE=[30]
IAMUX51
Z
D0
D1
D2
D3
D4
A
B
C
EX=2
EX=1
EX=3
EX=5
EX=0
EX=4
U2
TYPE=[30]
IAMUX31
Z
D0
D1
D2
A
B
MUX21LP
Z
A
B
S
U3
U4
AO7P
U1
AN2P
U0
IVA
2P
PC_BUS
TYPE=[30]
TARGET
PC_2
LAST_TARGET
LPC_2
TYPE=[30]
TYPE=[30]
TYPE=[30]
TYPE=[30]
PC_1
JPC
LAST_PC_BUS
TYPE=[30]
TYPE=[30]
TYPE=[30]
BTC_TAKEN
BTC_ULAST
LAST_UPCUPC
BTC_CORRECT
USE_PCUPC
TAKEN
ID_BRANCH
BTC_HIT

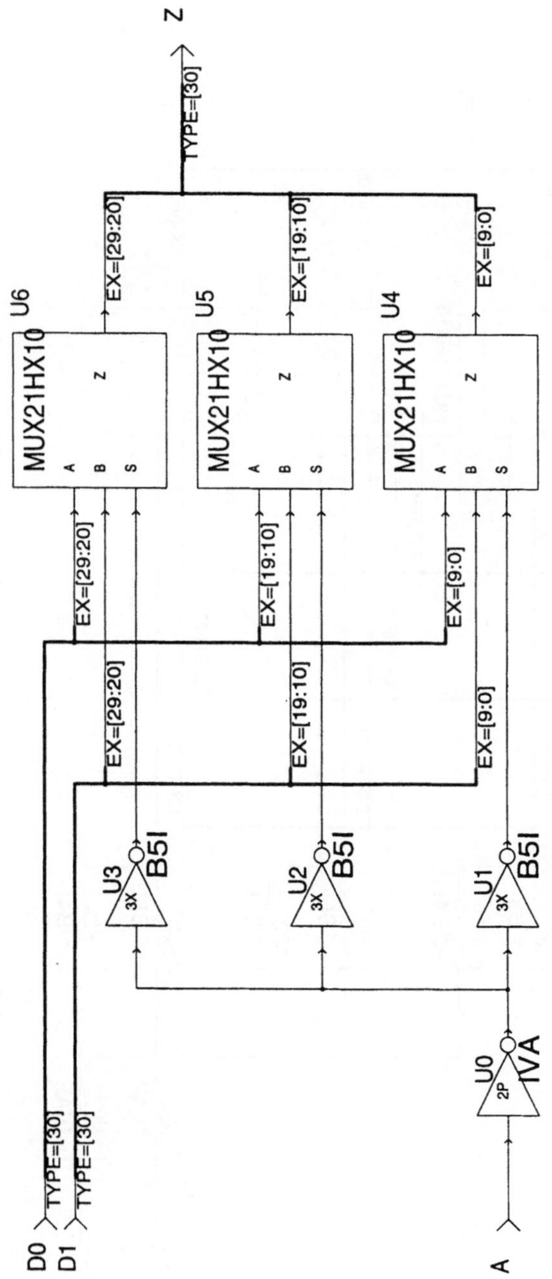
Z
TYPE=[30]
U6
MUX21HX10
A
B
S
Z
EX=[29:20]
U5
MUX21HX10
A
B
S
Z
EX=[19:10]
U4
MUX21HX10
A
B
S
Z
EX=[9:0]
EX=[29:20]
EX=[19:10]
EX=[9:0]
EX=[29:20]
EX=[19:10]
EX=[9:0]
U3
3X
B5I
U2
3X
B5I
U1
3X
B5I
U0
2P
IVA
D0
D1
TYPE=[30]
TYPE=[30]
A

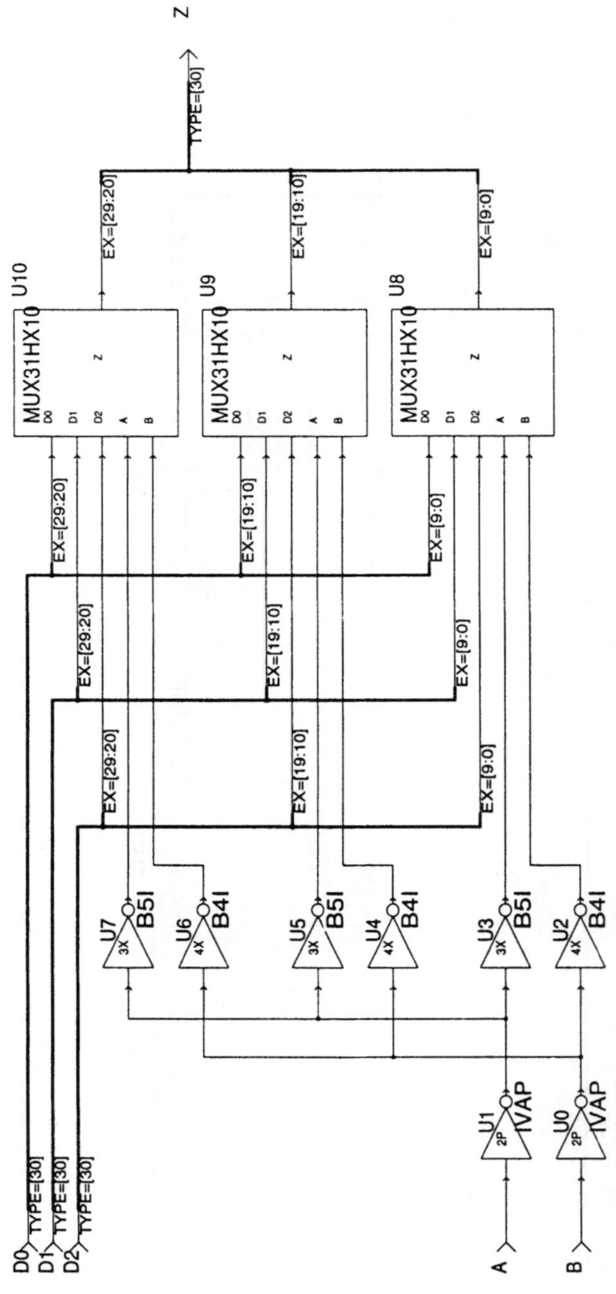

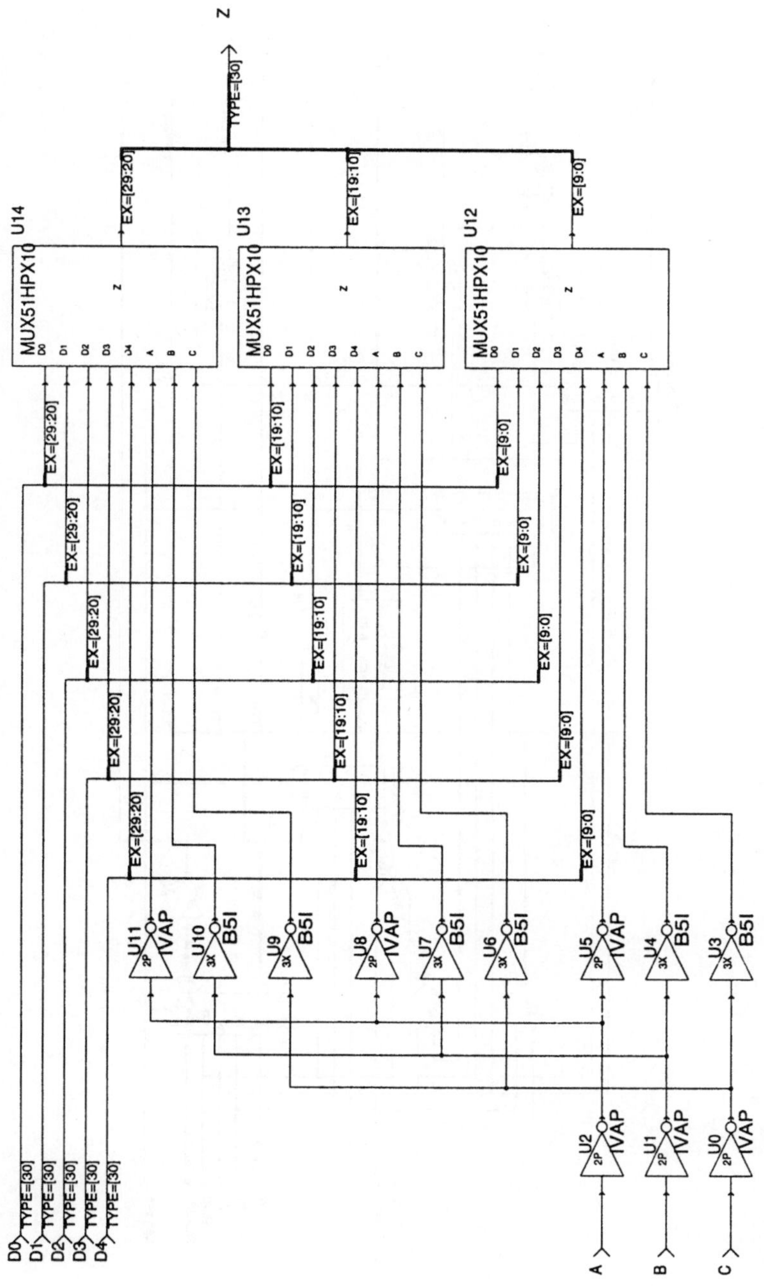
Z
TYPE=[30]
EX=[29:20]
EX=[19:10]
EX=[9:0]
U14
MUX51HPX10
Z
D0 D1 D2 D3 D4 A B C
U13
MUX51HPX10
Z
D0 D1 D2 D3 D4 A B C
U12
MUX51HPX10
Z
D0 D1 D2 D3 D4 A B C
EX=[29:20]
EX=[19:10]
EX=[9:0]
U11 2P IVAP
U10 3X B5I
U9 3X B5I
U8 2P IVAP
U7 3X B5I
U6 3X B5I
U5 2P IVAP
U4 3X B5I
U3 3X B5I
U2 2P IVAP
U1 2P IVAP
U0 2P IVAP
D0 TYPE=[30]
D1 TYPE=[30]
D2 TYPE=[30]
D3 TYPE=[30]
D4 TYPE=[30]
A
B
C

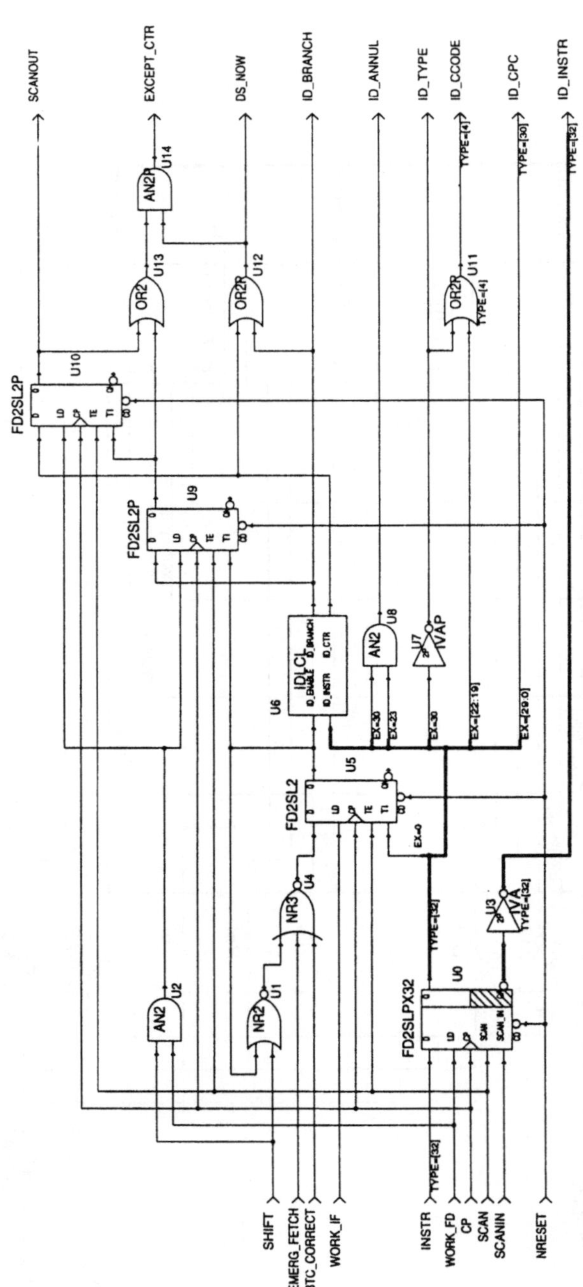

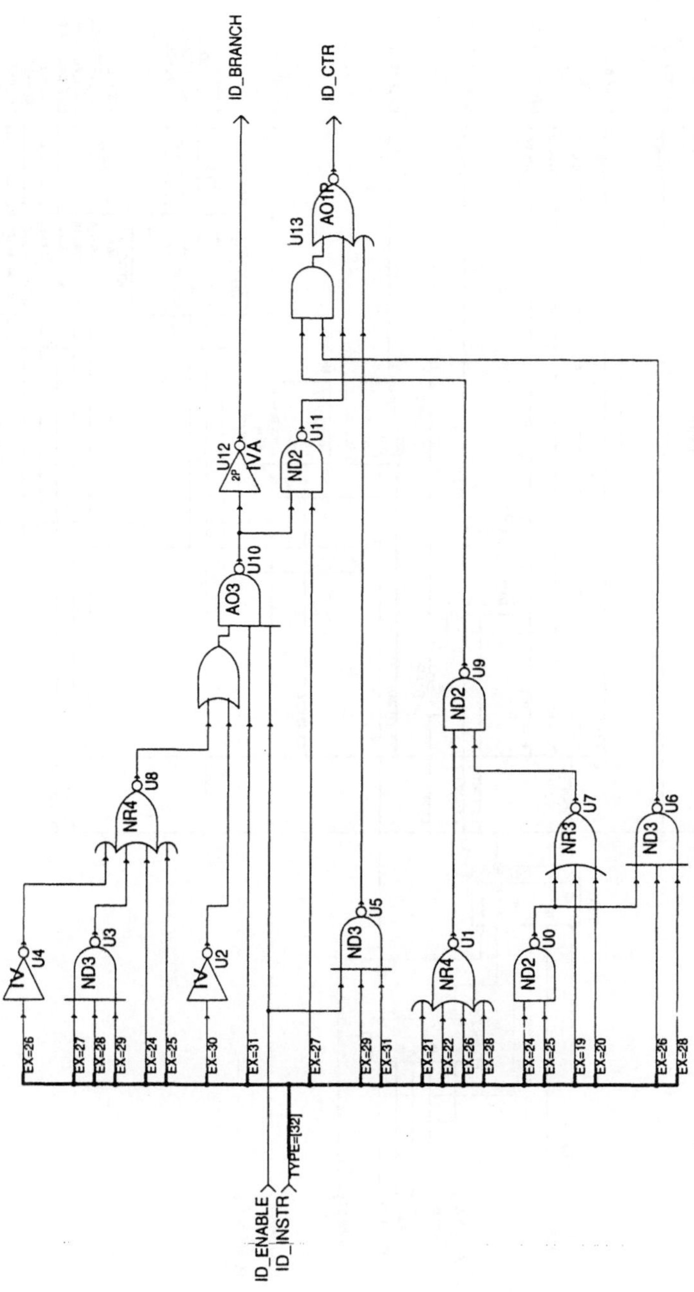

ID_BRANCH
ID_CTR
U13
AO1P
U12
2P
IVA
ND2
U11
AO3
U10
NR4
U8
IV
U4
ND3
U3
IV
U2
ND3
U5
ND2
U9
NR3
U7
ND3
U6
NR4
U1
ND2
U0
EX=26
EX=27
EX=28
EX=29
EX=24
EX=25
EX=30
EX=31
EX=27
EX=29
EX=31
EX=21
EX=22
EX=26
EX=28
EX=24
EX=25
EX=19
EX=20
EX=26
EX=28
ID_ENABLE
ID_INSTR
TYPE=[32]

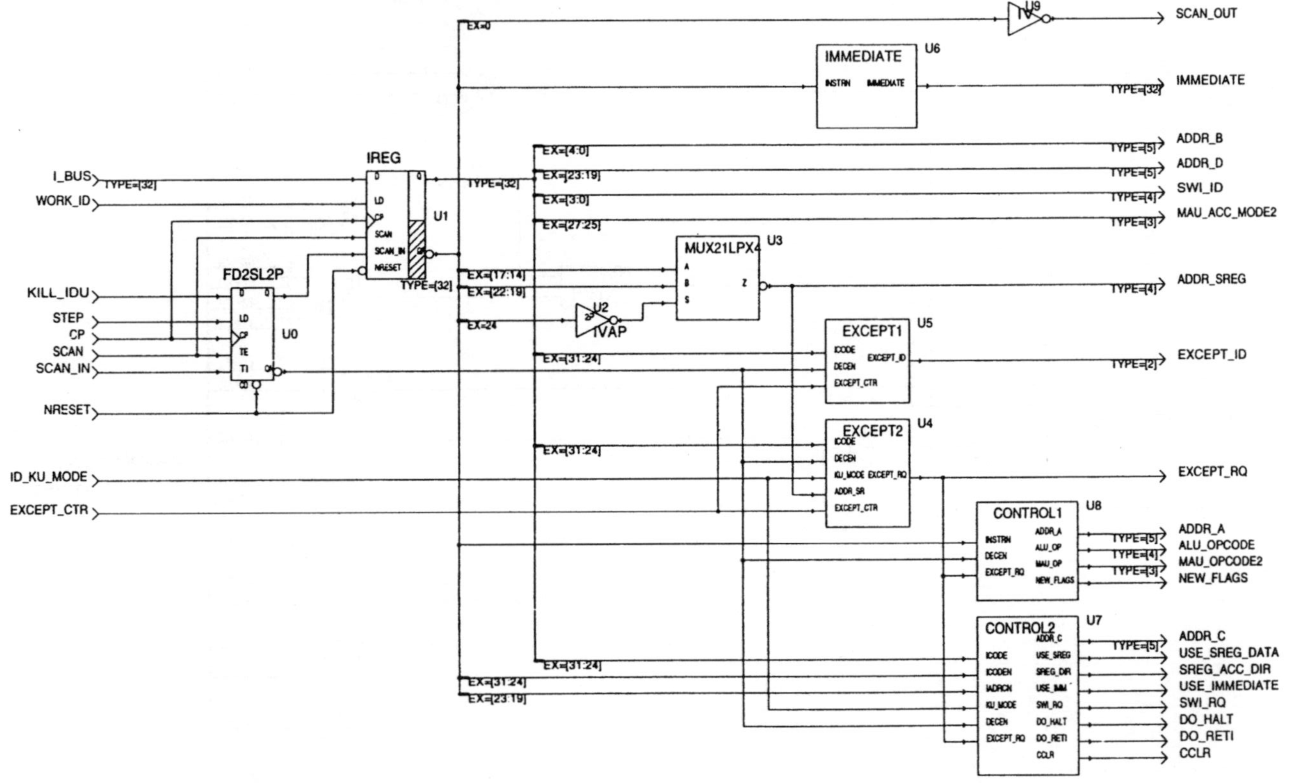

SCAN_OUT
U9
1VA
IMMEDIATE U6
INSTRN
IMMEDIATE
TYPE=[32]
IMMEDIATE
EX=0
I_BUS
TYPE=[32]
WORK_ID
IREG
U1
LD
CP
SCAN
SCAN_IN
NRESET
TYPE=[32]
TYPE=[32]
EX=[4:0]
TYPE=[5]
ADDR_B
EX=[23:19]
TYPE=[5]
ADDR_D
EX=[3:0]
TYPE=[4]
SWI_ID
EX=[27:25]
TYPE=[3]
MAU_ACC_MODE2
MUX21LPX4 U3
A
B
S
Z
EX=[17:14]
EX=[22:19]
TYPE=[4]
ADDR_SREG
U2
1VAP
EX=24
FD2SL2P
U0
LD
CP
TE
TI
KILL_IDU
STEP
CP
SCAN
SCAN_IN
NRESET
EXCEPT1 U5
ICODE
DECEN
EXCEPT_CTR
EXCEPT_ID
TYPE=[2]
EXCEPT_ID
EX=[31:24]
EXCEPT2 U4
ICODE
DECEN
KU_MODE
ADDR_SR
EXCEPT_CTR
EXCEPT_RQ
EX=[31:24]
ID_KU_MODE
EXCEPT_CTR
EXCEPT_RQ
CONTROL1 U8
INSTRN
DECEN
EXCEPT_RQ
ADDR_A
ALU_OP
MAU_OP
NEW_FLAGS
TYPE=[5]
ADDR_A
TYPE=[4]
ALU_OPCODE
TYPE=[3]
MAU_OPCODE2
NEW_FLAGS
CONTROL2 U7
ICODE
ICODEN
IADRCN
KU_MODE
DECEN
EXCEPT_RQ
ADDR_C
USE_SREG
SREG_DIR
USE_IMM
SWI_RQ
DO_HALT
DO_RETI
CCLR
TYPE=[5]
ADDR_C
USE_SREG_DATA
SREG_ACC_DIR
USE_IMMEDIATE
SWI_RQ
DO_HALT
DO_RETI
CCLR
EX=[31:24]
EX=[31:24]
EX=[23:19]

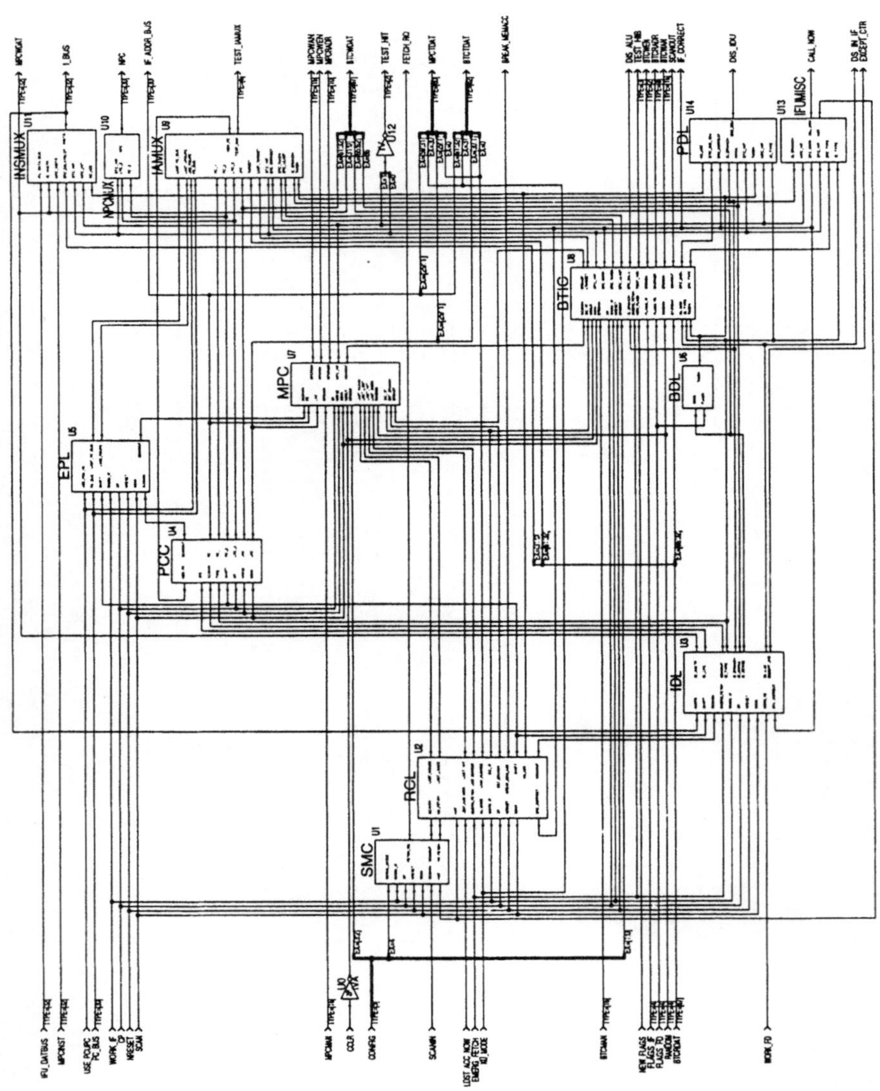

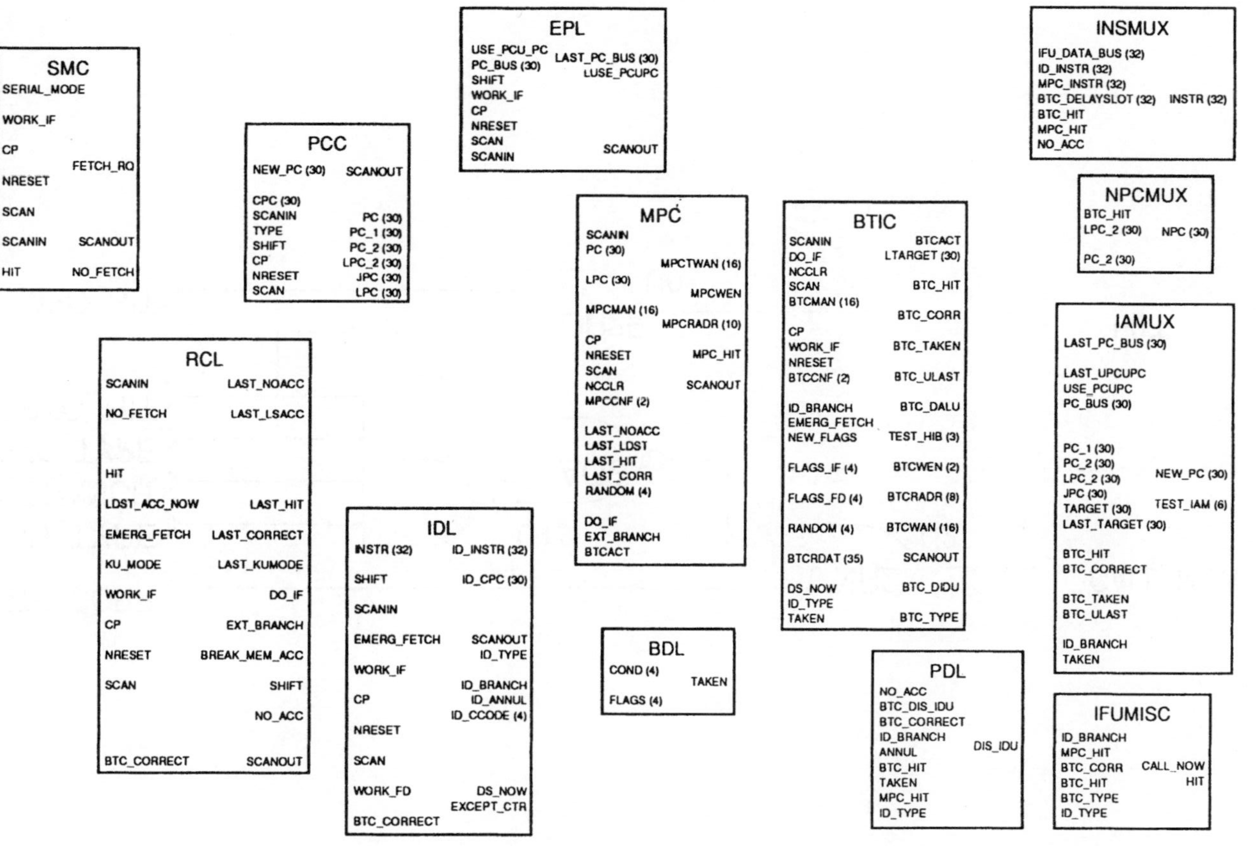

SMC
SERIAL_MODE
WORK_IF
CP
FETCH_RQ
NRESET
SCAN
SCANIN   SCANOUT
HIT   NO_FETCH

PCC
NEW_PC (30)   SCANOUT
CPC (30)
SCANIN   PC (30)
TYPE   PC_1 (30)
SHIFT   PC_2 (30)
CP   LPC_2 (30)
NRESET   JPC (30)
SCAN   LPC (30)

EPL
USE_PCU_PC   LAST_PC_BUS (30)
PC_BUS (30)   LUSE_PCUPC
SHIFT
WORK_IF
CP
NRESET
SCAN
SCANIN   SCANOUT

INSMUX
IFU_DATA_BUS (32)
ID_INSTR (32)
MPC_INSTR (32)
BTC_DELAYSLOT (32)   INSTR (32)
BTC_HIT
MPC_HIT
NO_ACC

NPCMUX
BTC_HIT
LPC_2 (30)   NPC (30)
PC_2 (30)

RCL
SCANIN   LAST_NOACC
NO_FETCH   LAST_LSACC
HIT
LDST_ACC_NOW   LAST_HIT
EMERG_FETCH   LAST_CORRECT
KU_MODE   LAST_KUMODE
WORK_IF   DO_IF
CP   EXT_BRANCH
NRESET   BREAK_MEM_ACC
SCAN   SHIFT
NO_ACC
BTC_CORRECT   SCANOUT

MPC
SCANIN
PC (30)
MPCTWAN (16)
LPC (30)
MPCWEN
MPCMAN (16)
MPCRADR (10)
CP
NRESET   MPC_HIT
SCAN
NCCLR   SCANOUT
MPCCNF (2)
LAST_NOACC
LAST_LDST
LAST_HIT
LAST_CORR
RANDOM (4)
DO_IF
EXT_BRANCH
BTCACT

BTIC
SCANIN   BTCACT
DO_IF   LTARGET (30)
NCCLR
SCAN   BTC_HIT
BTCMAN (16)
BTC_CORR
CP
WORK_IF   BTC_TAKEN
NRESET
BTCCNF (2)   BTC_ULAST
ID_BRANCH   BTC_DALU
EMERG_FETCH
NEW_FLAGS   TEST_HIB (3)
FLAGS_IF (4)   BTCWEN (2)
FLAGS_FD (4)   BTCRADR (8)
RANDOM (4)   BTCWAN (16)
BTCRDAT (35)   SCANOUT
DS_NOW   BTC_DIDU
ID_TYPE
TAKEN   BTC_TYPE

IAMUX
LAST_PC_BUS (30)
LAST_UPCUPC
USE_PCUPC
PC_BUS (30)
PC_1 (30)
PC_2 (30)
LPC_2 (30)   NEW_PC (30)
JPC (30)
TARGET (30)   TEST_IAM (6)
LAST_TARGET (30)
BTC_HIT
BTC_CORRECT
BTC_TAKEN
BTC_ULAST
ID_BRANCH
TAKEN

IDL
INSTR (32)   ID_INSTR (32)
SHIFT   ID_CPC (30)
SCANIN
EMERG_FETCH   SCANOUT
ID_TYPE
WORK_IF   ID_BRANCH
CP   ID_ANNUL
ID_CCODE (4)
NRESET
SCAN
WORK_FD   DS_NOW
EXCEPT_CTR
BTC_CORRECT

BDL
COND (4)   TAKEN
FLAGS (4)

PDL
NO_ACC
BTC_DIS_IDU
BTC_CORRECT
ID_BRANCH
ANNUL   DIS_IDU
BTC_HIT
TAKEN
MPC_HIT
ID_TYPE

IFUMISC
ID_BRANCH
MPC_HIT
BTC_CORR   CALL_NOW
BTC_HIT   HIT
BTC_TYPE
ID_TYPE

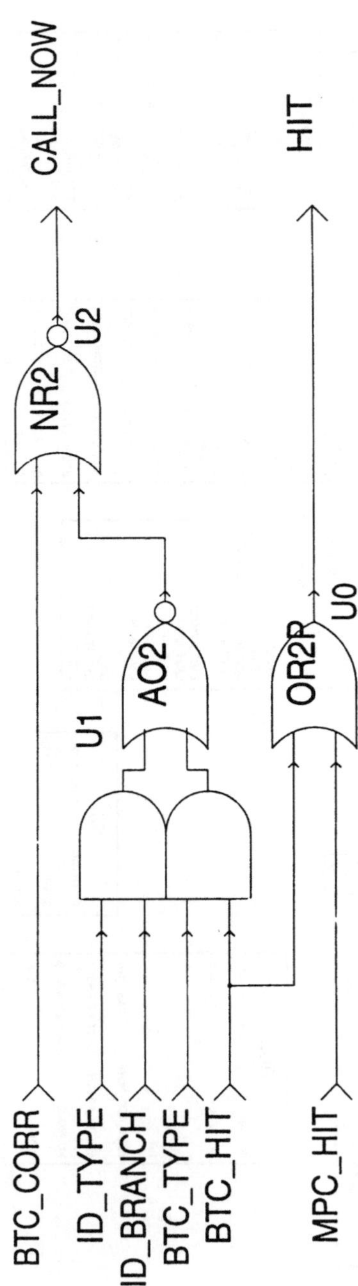

CALL_NOW
HIT
NR2
U2
AO2
U1
OR2R
U0
BTC_CORR
ID_TYPE
ID_BRANCH
BTC_TYPE
BTC_HIT
MPC_HIT

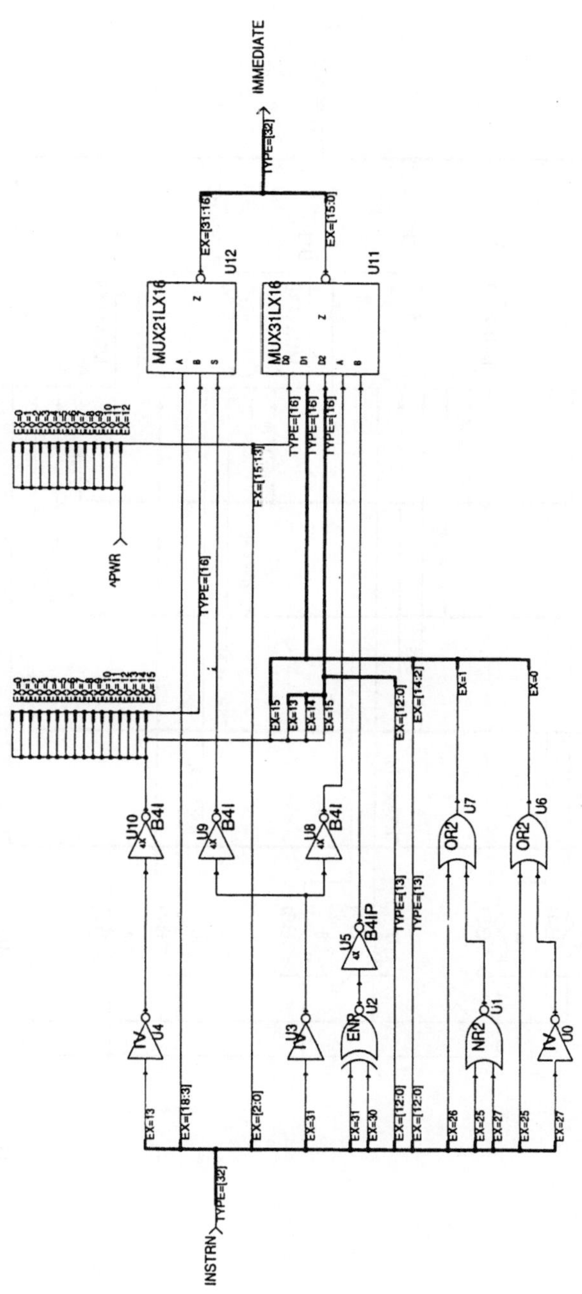

IMMEDIATE
TYPE=[32]
EX=[31:16]
EX=[15:0]
MUX21LX16
U12
MUX31LX16
U11
TYPE=[16]
TYPE=[16]
TYPE=[16]
EX=[15:13]
TYPE=[16]
PWR
EX=15
EX=13
EX=14
EX=15
EX=[12:0]
EX=[14:2]
EX=1
EX=0
B4I
U10
B4I
U9
B4I
U8
B4IP
U5
ENR
U2
OR2
U7
OR2
U6
NR2
U1
TYPE=[13]
TYPE=[13]
INV
U4
INV
U3
INV
U0
EX=13
EX=[18:3]
EX=[2:0]
EX=31
EX=31
EX=30
EX=[12:0]
EX=[12:0]
EX=26
EX=25
EX=27
EX=25
EX=27
INSTRN
TYPE=[32]

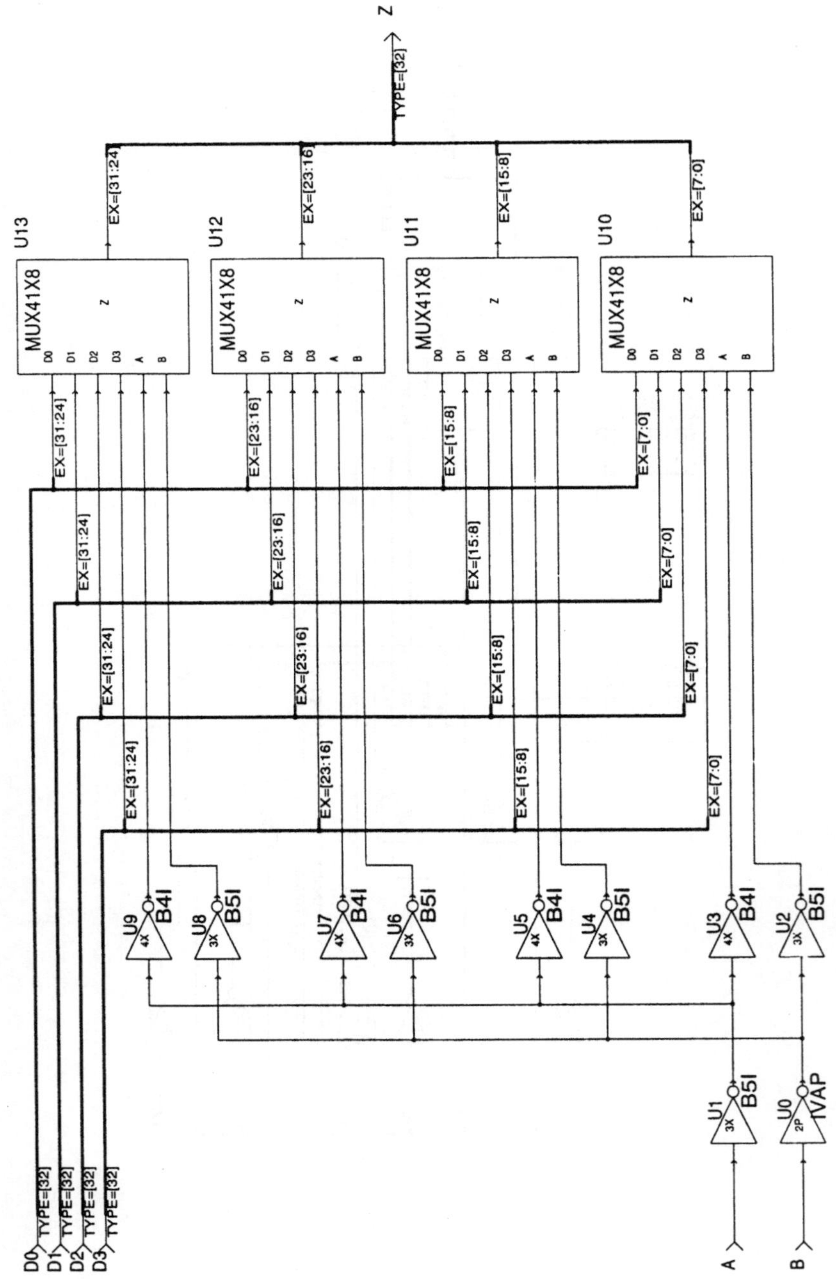

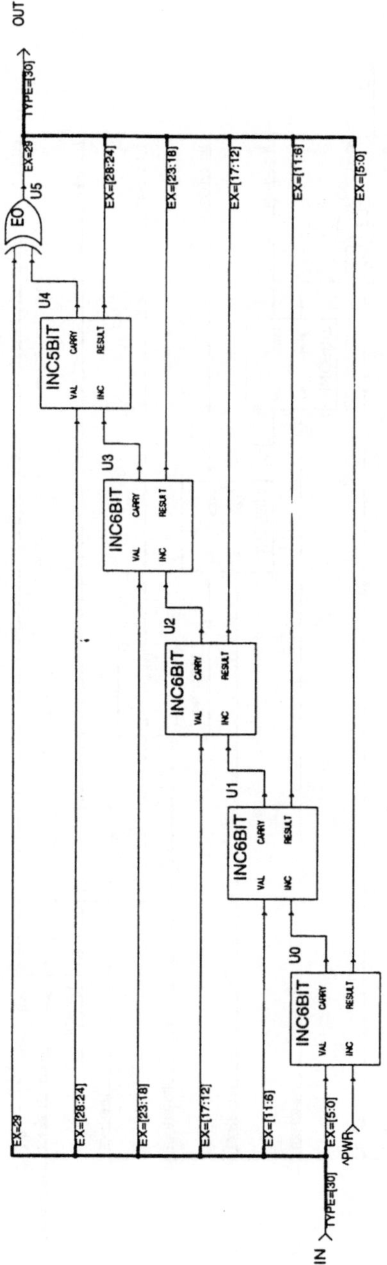
OUT
TYPE=[30]
EX=29
U5
EO
EX=[28:24]
EX=[23:18]
EX=[17:12]
EX=[11:8]
EX=[5:0]
U4
INC5BIT
VAL
CARRY
INC
RESULT
U3
INC6BIT
VAL
CARRY
INC
RESULT
U2
INC6BIT
VAL
CARRY
INC
RESULT
U1
INC6BIT
VAL
CARRY
INC
RESULT
U0
INC6BIT
VAL
CARRY
INC
RESULT
EX=29
EX=[28:24]
EX=[23:18]
EX=[17:12]
EX=[11:6]
EX=[5:0]
PWR
TYPE=[30]
IN

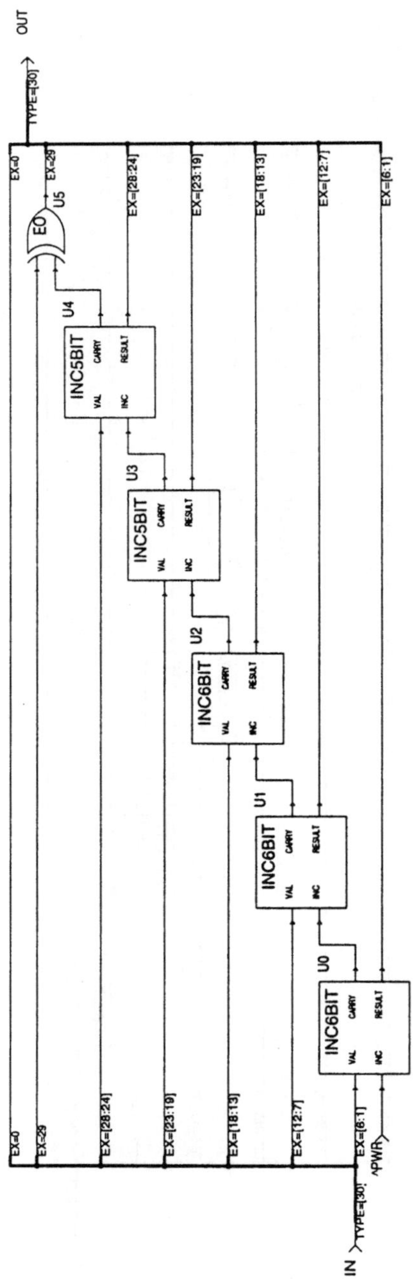

OUT
TYPE=[30]
EX=0
EX=29
EX=[28:24]
EX=[23:19]
EX=[18:13]
EX=[12:7]
EX=[6:1]
EO
U5
U4
INC5BIT
VAL CARRY INC RESULT
U3
INC5BIT
VAL CARRY INC RESULT
U2
INC6BIT
VAL CARRY INC RESULT
U1
INC6BIT
VAL CARRY INC RESULT
U0
INC6BIT
VAL CARRY INC RESULT
EX=0
EX=29
EX=[28:24]
EX=[23:19]
EX=[18:13]
EX=[12:7]
EX=[6:1]
PWR
IN
TYPE=[30]

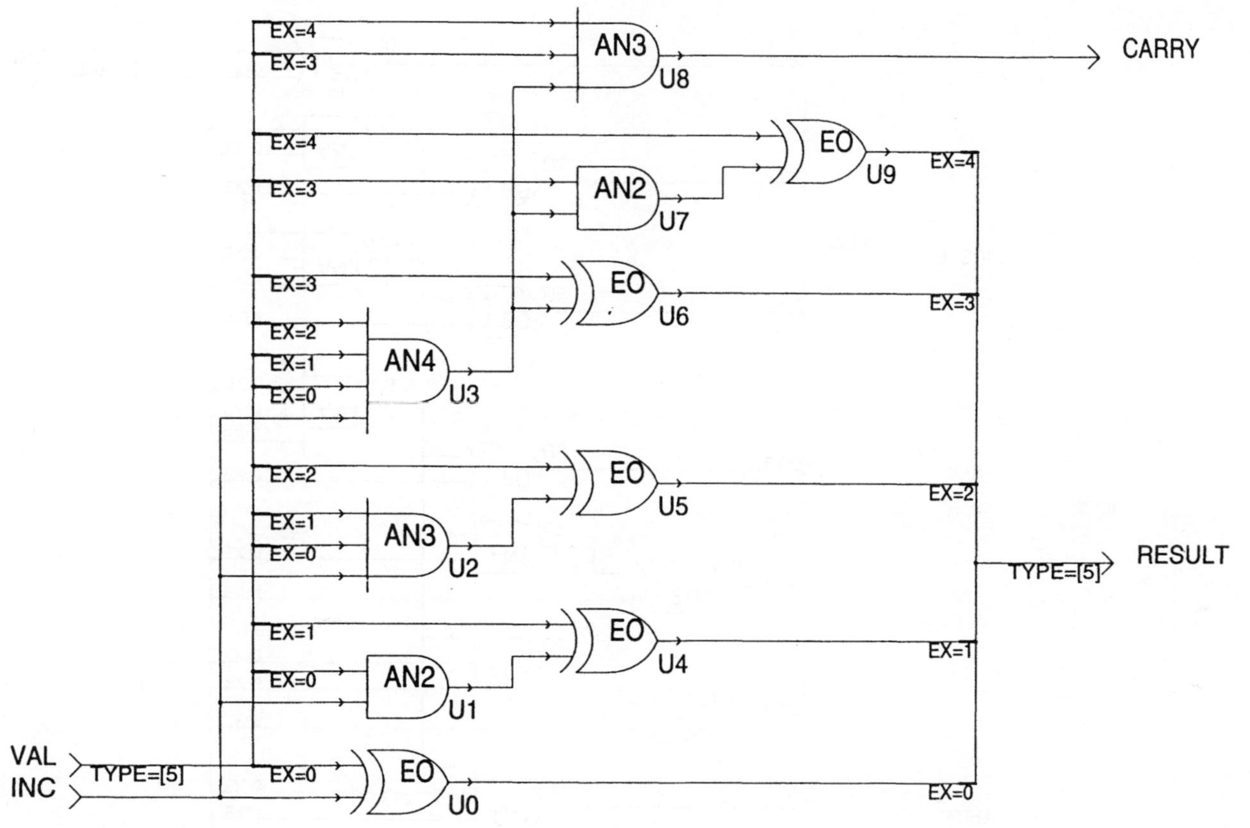

CARRY
RESULT
TYPE=[5]
EX=4
EX=3
AN3
U8
EX=4
EX=3
AN2
U7
EO
U9
EX=4
EX=3
EO
U6
EX=3
EX=2
EX=1
EX=0
AN4
U3
EX=2
EX=1
EX=0
AN3
U2
EO
U5
EX=2
EX=1
EX=0
AN2
U1
EO
U4
EX=1
VAL
INC
TYPE=[5]
EX=0
EO
U0
EX=0

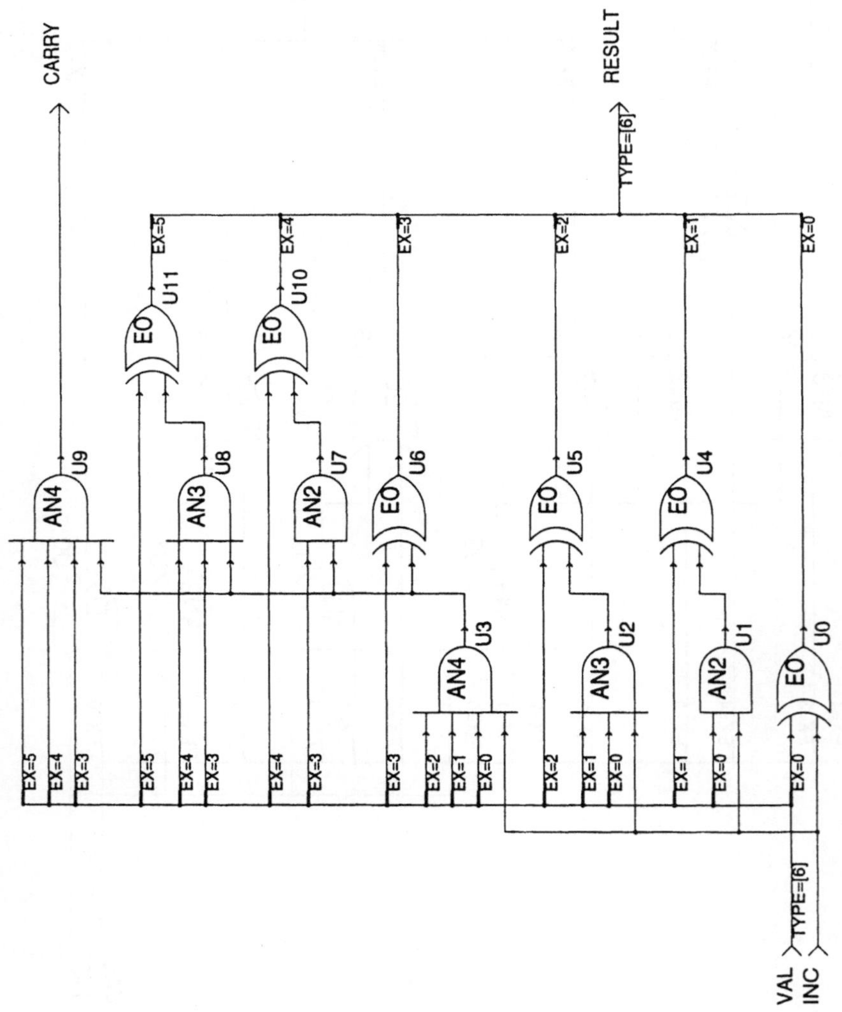

CARRY
RESULT
TYPE=[6]
EX=5
EX=4
EX=3
EX=2
EX=1
EX=0
EO U11
EO U10
EO U6
EO U5
EO U4
AN4 U9
AN3 U8
AN2 U7
AN4 U3
AN3 U2
AN2 U1
EO U0
EX=5
EX=4
EX=3
EX=5
EX=4
EX=3
EX=4
EX=3
EX=3
EX=2
EX=1
EX=0
EX=2
EX=1
EX=0
EX=1
EX=0
EX=0
VAL
INC
TYPE=[6]

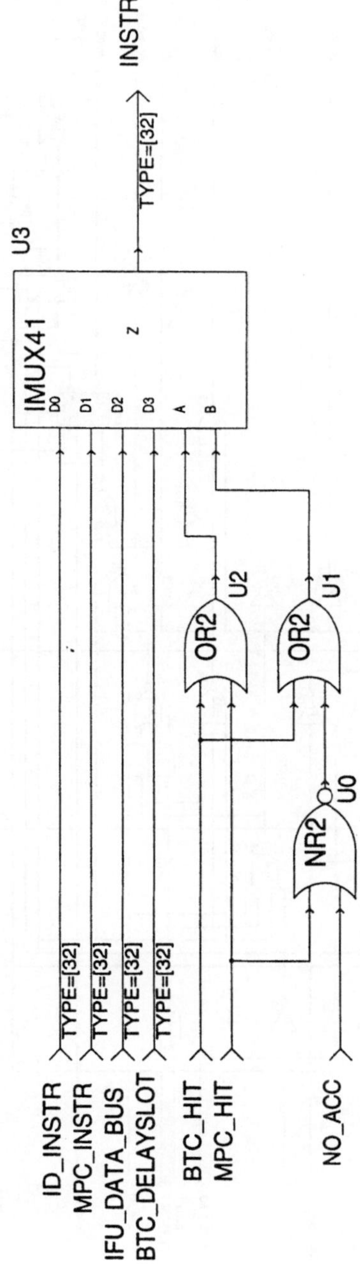

INSTR
TYPE=[32]
U3
IMUX41
D0
D1
D2
D3
A
B
Z
OR2
U2
OR2
U1
NR2
U0
ID_INSTR
MPC_INSTR
IFU_DATA_BUS
BTC_DELAYSLOT
BTC_HIT
MPC_HIT
NO_ACC
TYPE=[32]
TYPE=[32]
TYPE=[32]
TYPE=[32]

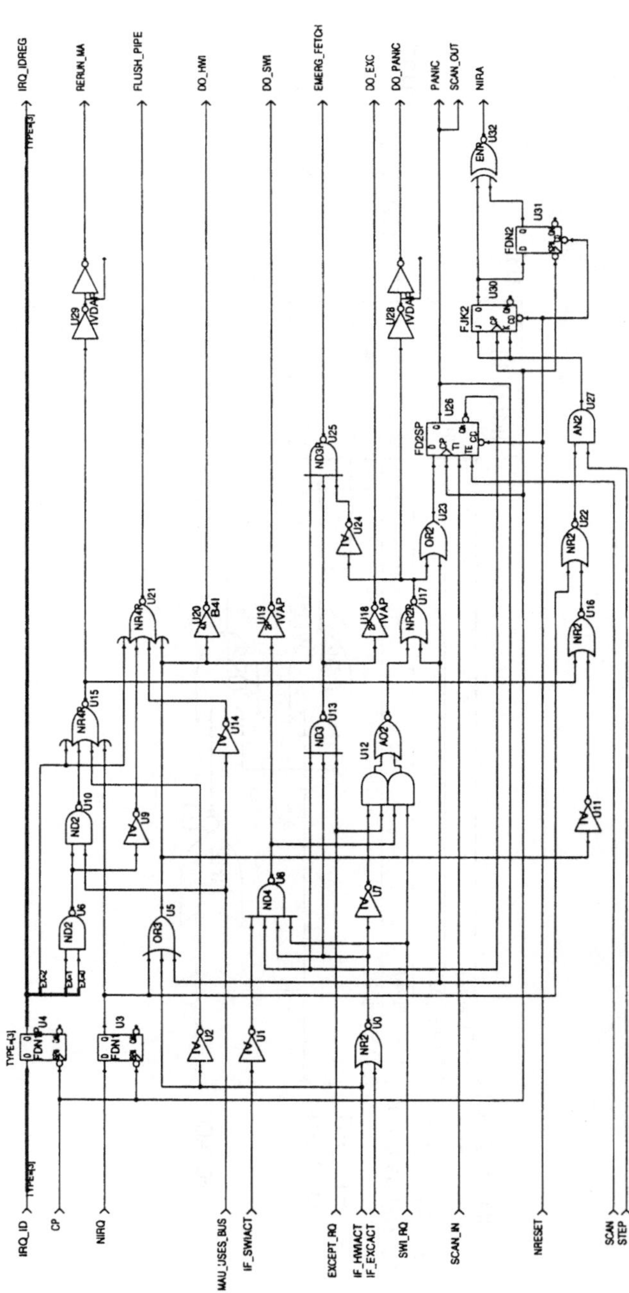

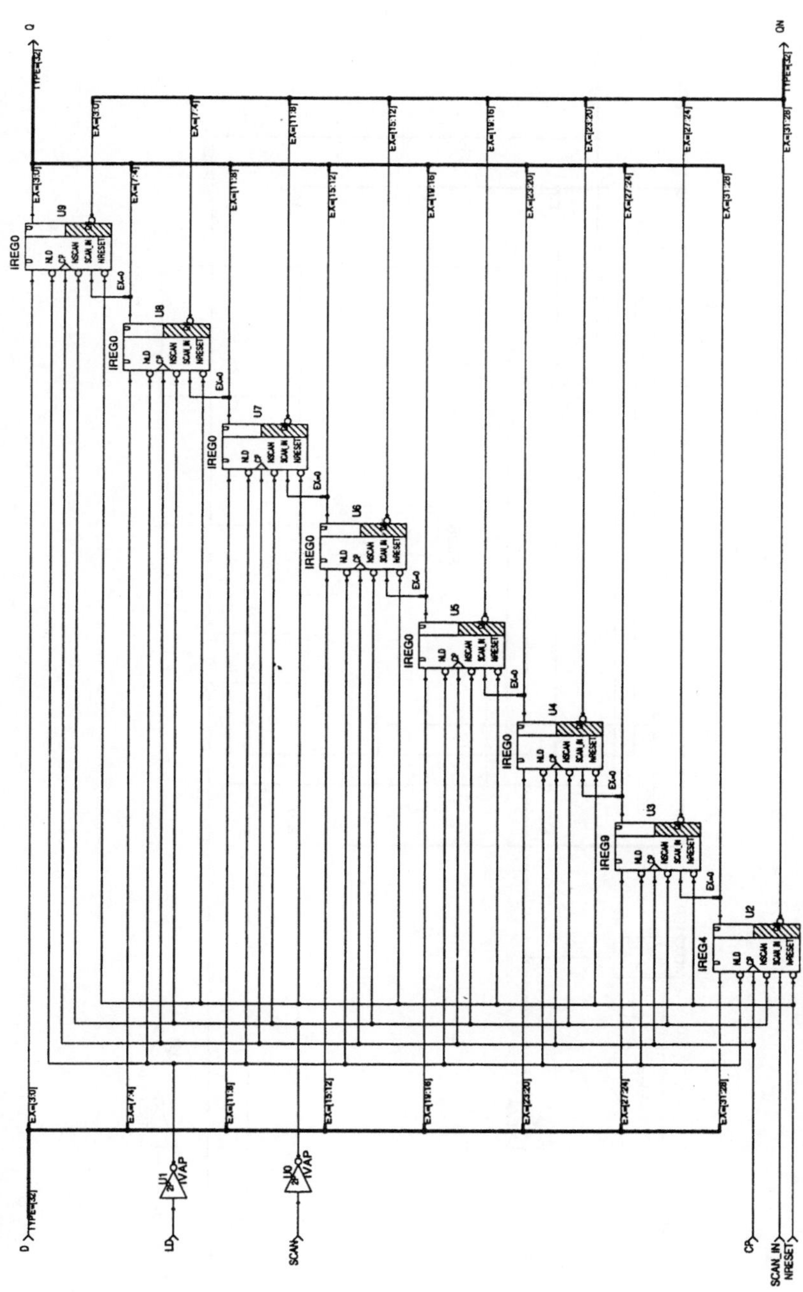

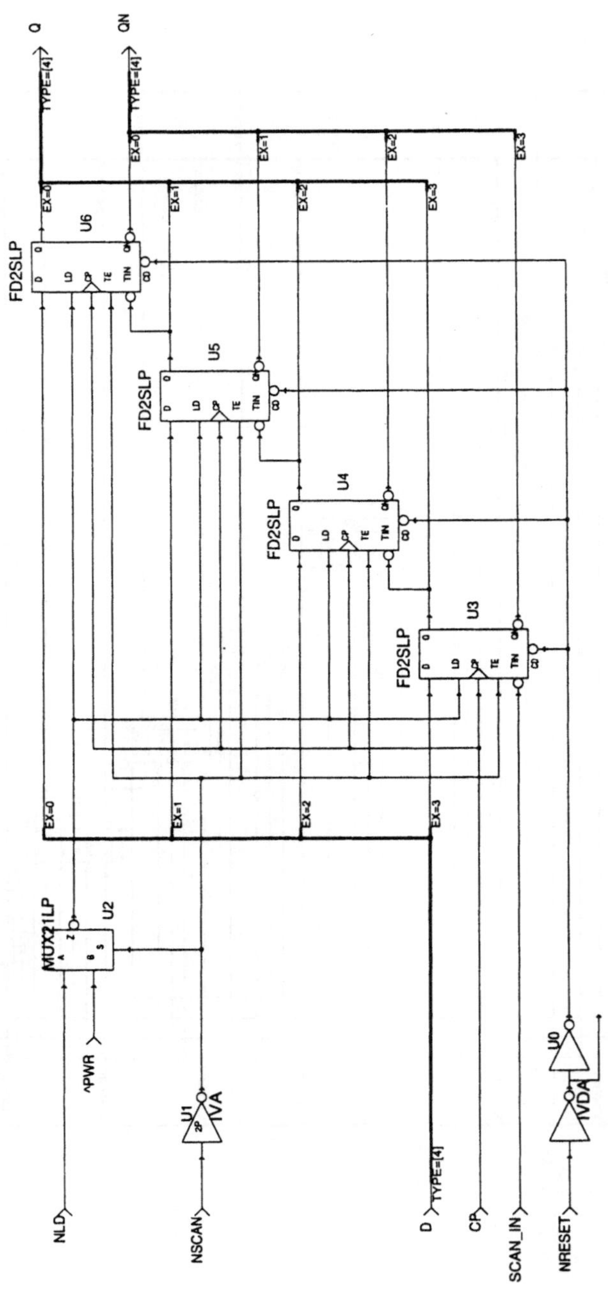

Q
QN
TYPE=[4]
FD2SLP
U6
D
LD
CP
TE
TIN
Q
QN
EX=0
EX=1
EX=2
EX=3
FD2SLP
U5
FD2SLP
U4
FD2SLP
U3
MUX21LP
U2
A
Z
B
S
^PWR
U1
2P
IVA
U0
IVDA
NLD
NSCAN
D   TYPE=[4]
CP
SCAN_IN
NRESET

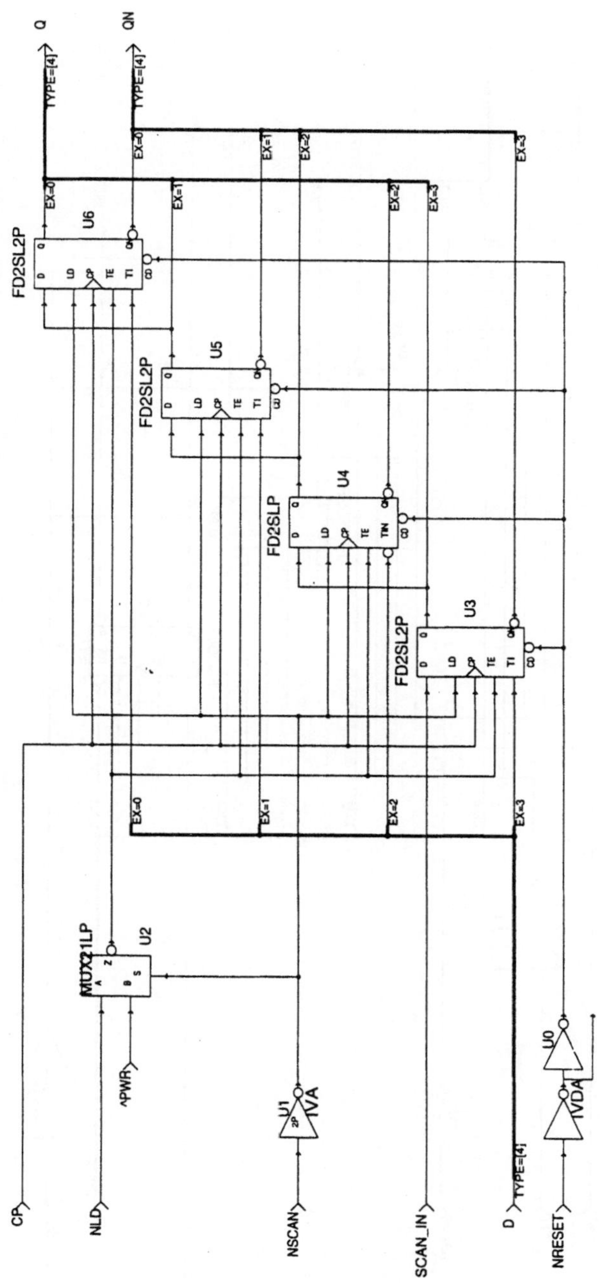
Q
QN
TYPE=[4]
TYPE=[4]
FD2SL2P
U6
FD2SL2P
U5
FD2SLP
U4
FD2SL2P
U3
D Q
LD
CP
TE
TI
EX=0
EX=1
EX=2
EX=3
MUX21LP
U2
A
Z
B
S
^PWR
U1
2P
1VA
U0
1VDA
TYPE=[4]
CP
NLD
NSCAN
SCAN_IN
D
NRESET

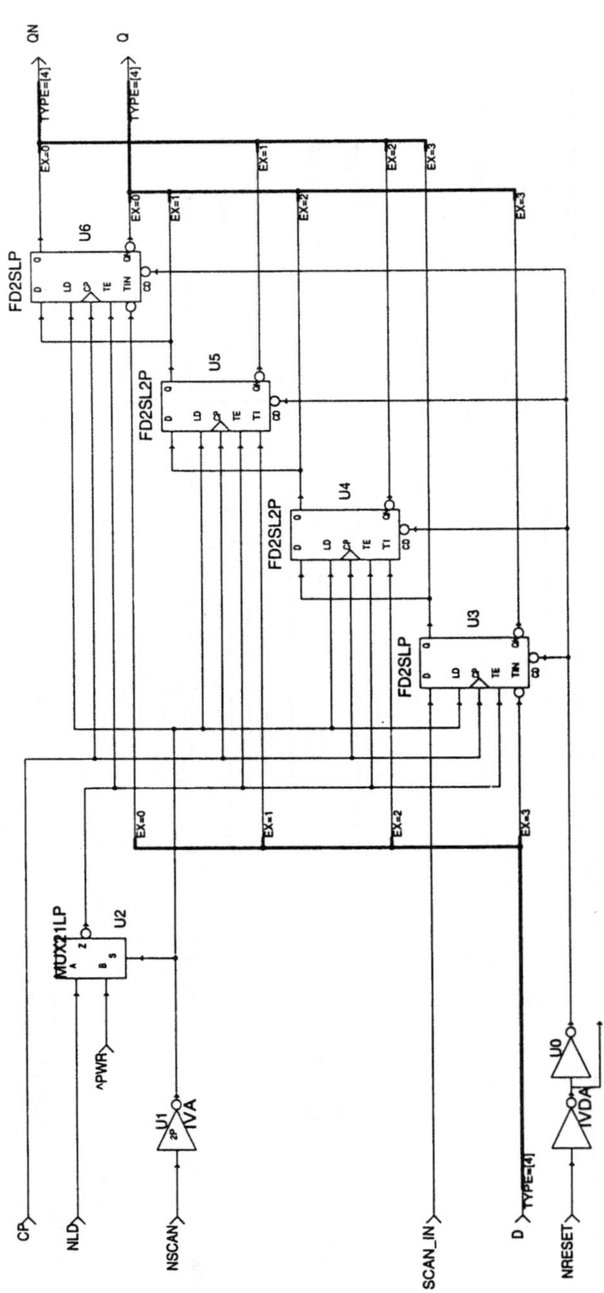
QN
Q
TYPE=[4]
EX=0
EX=1
EX=2
EX=3
U6
FD2SLP
D LD CP TE TIN QN Q
U5
FD2SL2P
D LD CP TE TI QN
U4
FD2SL2P
D LD CP TE TI QN
U3
FD2SLP
D LD CP TE TIN QN
EX=0
EX=1
EX=2
EX=3
MUX21LP
U2
A Z
B S
^PWR
U1
2P
1VA
NSCAN
U0
1VDA
D TYPE=[4]
NRESET
SCAN_IN
CP
NLD

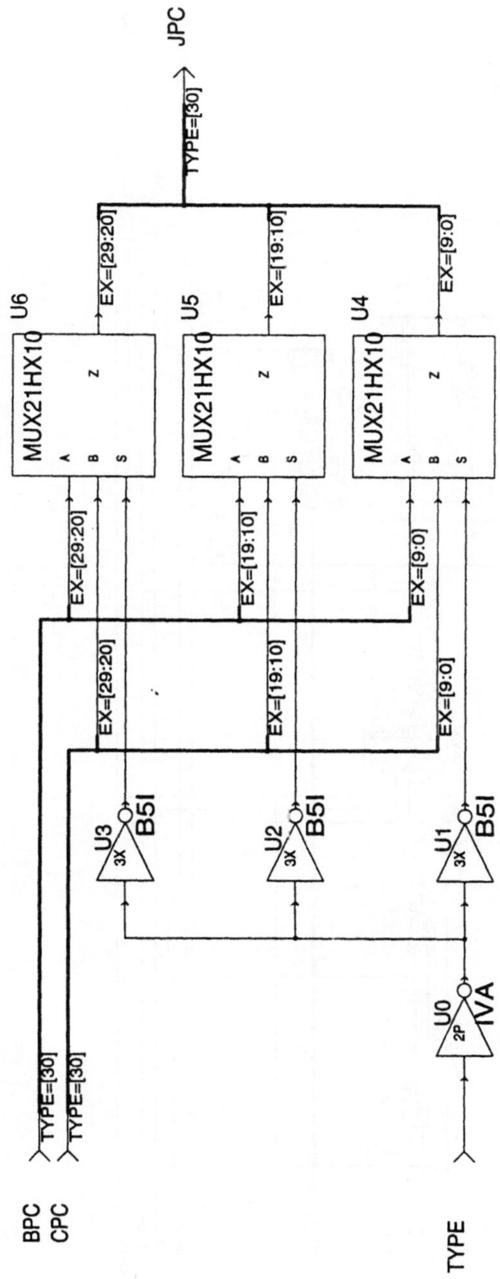
JPC
TYPE=[30]
U6
MUX21HX10
A B S Z
EX=[29:20]
EX=[29:20]
U5
MUX21HX10
A B S Z
EX=[19:10]
EX=[19:10]
U4
MUX21HX10
A B S Z
EX=[9:0]
EX=[9:0]
EX=[29:20]
EX=[19:10]
EX=[9:0]
U3
3X
B5I
U2
3X
B5I
U1
3X
B5I
U0
2P
IVA
TYPE=[30]
TYPE=[30]
BPC
CPC
TYPE

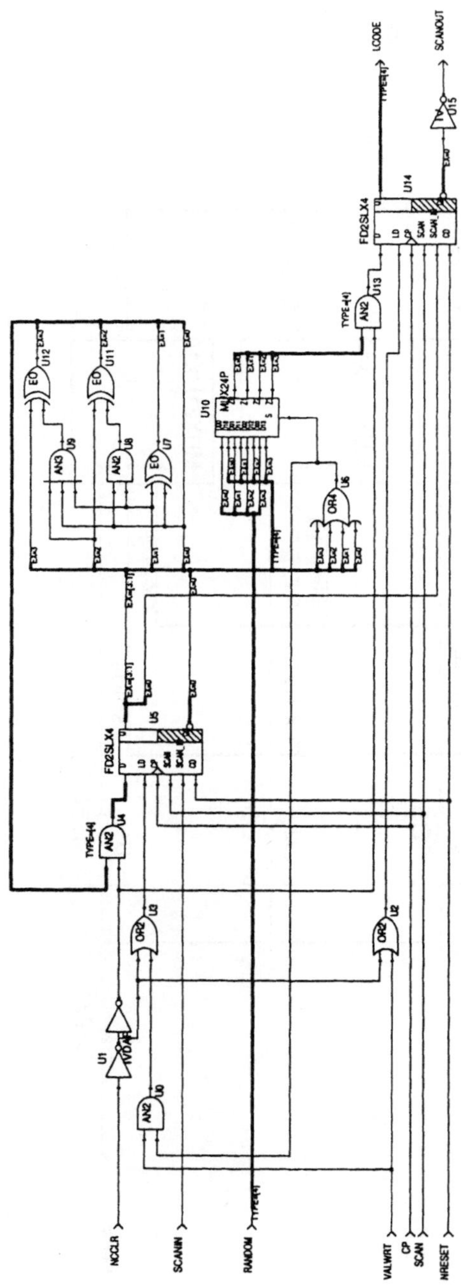
NCLR
SCANIN
RANDOM
VALWRT
CP
SCAN
NRESET
LCODE
SCANOUT
FD2SLX4
MUX24P
U10
U14
U13
U15
TYPE(4)
TYPE(4)
AN2
OR2
OR4
EO
AN3
U1
U2
U3
U4
U5
U6
U7
U8
U9
U11
U12

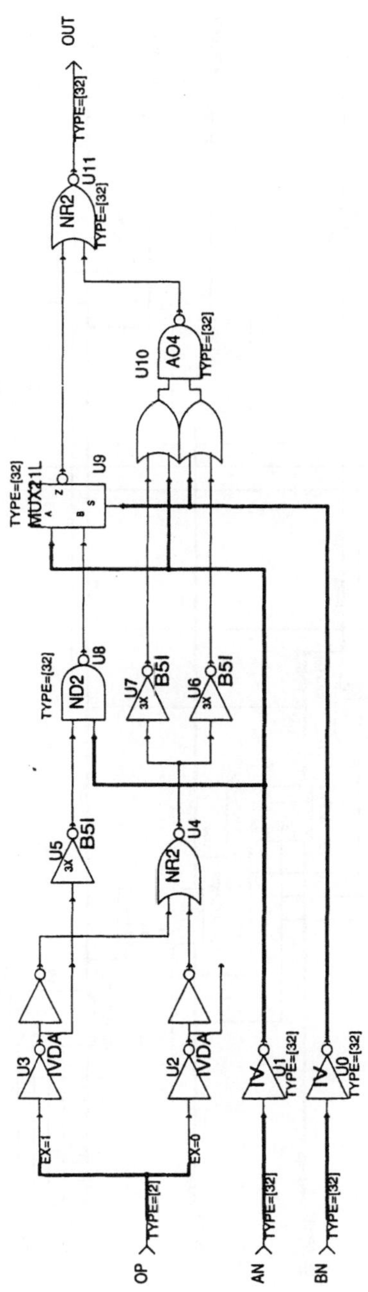
OUT
NR2
U11
TYPE=[32]
TYPE=[32]
AO4
U10
TYPE=[32]
TYPE=[32]
MUX21L
U9
z
A
B
s
ND2
U8
TYPE=[32]
B5I
U7
3x
B5I
U6
3x
B5I
U5
3x
NR2
U4
IVDA
U3
IVDA
U2
IV
U1
TYPE=[32]
IV
U0
TYPE=[32]
EX=1
EX=0
OP
TYPE=[2]
AN
TYPE=[32]
BN
TYPE=[32]

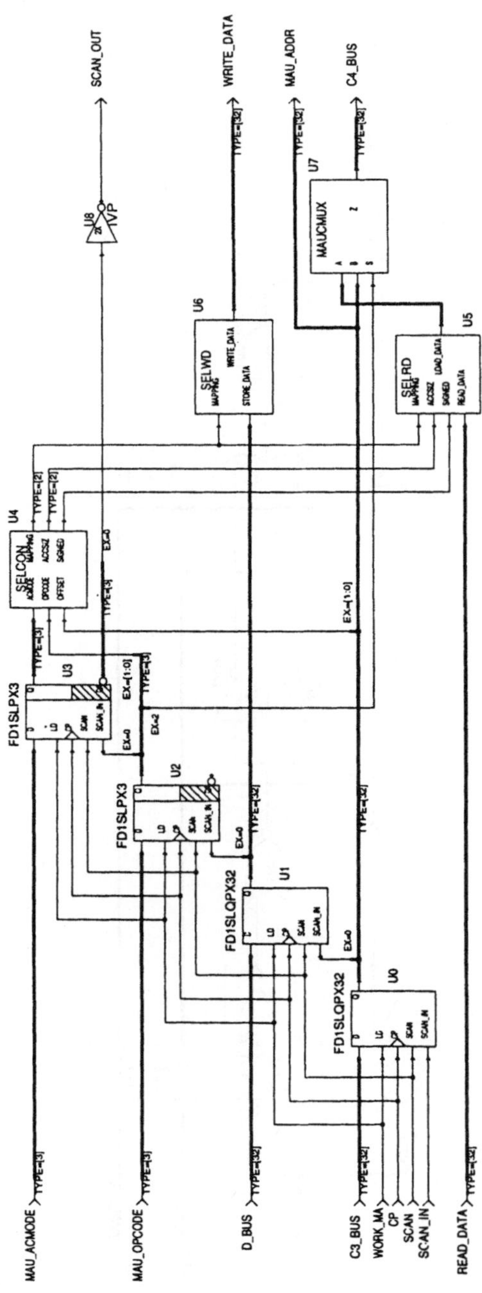

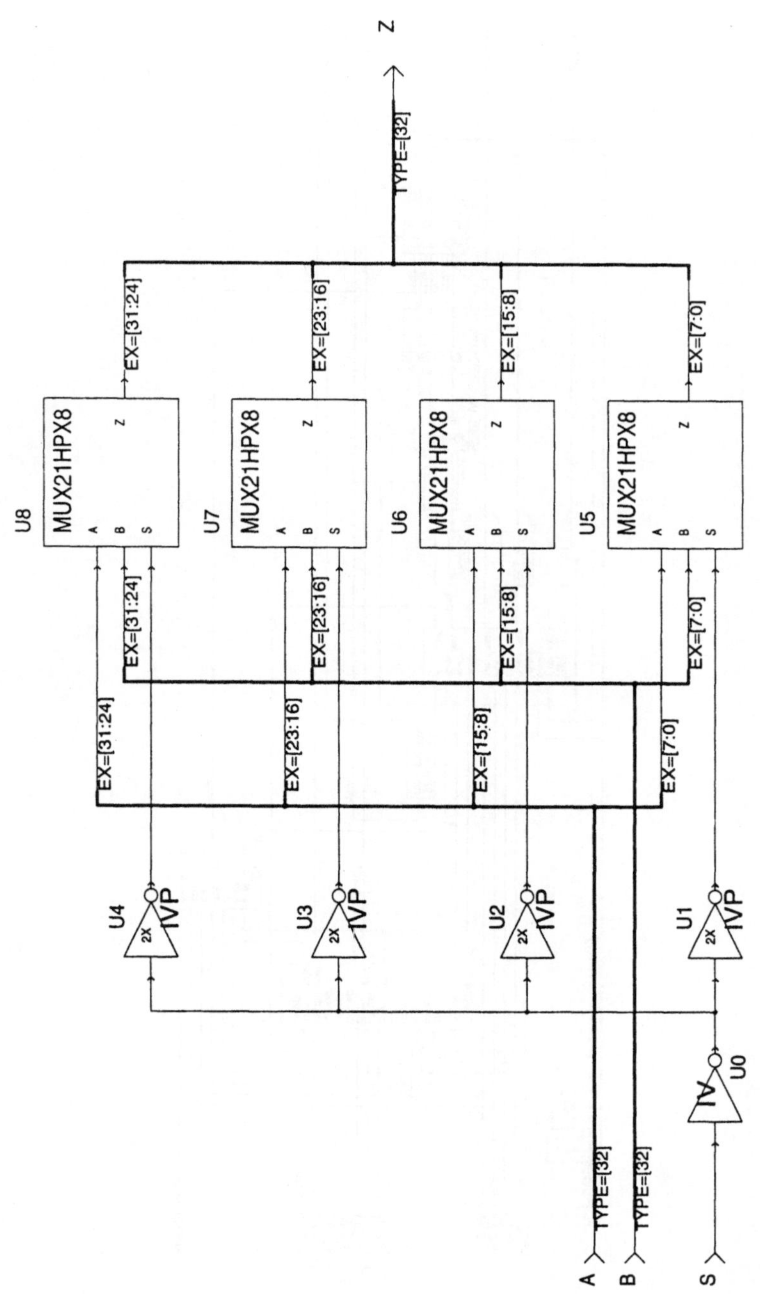
Z
TYPE=[32]
EX=[31:24]
EX=[23:16]
EX=[15:8]
EX=[7:0]
U8
MUX21HPX8
A
B
S
Z
U7
MUX21HPX8
A
B
S
Z
U6
MUX21HPX8
A
B
S
Z
U5
MUX21HPX8
A
B
S
Z
EX=[31:24]
EX=[23:16]
EX=[15:8]
EX=[7:0]
EX=[31:24]
EX=[23:16]
EX=[15:8]
EX=[7:0]
U4
2x
1VP
U3
2x
1VP
U2
2x
1VP
U1
2x
1VP
1V
U0
TYPE=[32]
TYPE=[32]
A
B
S

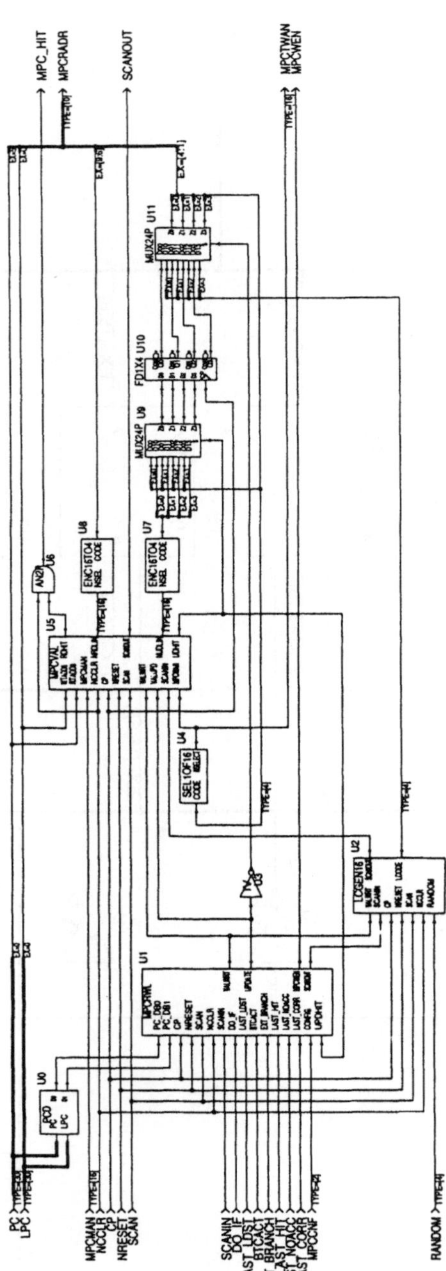

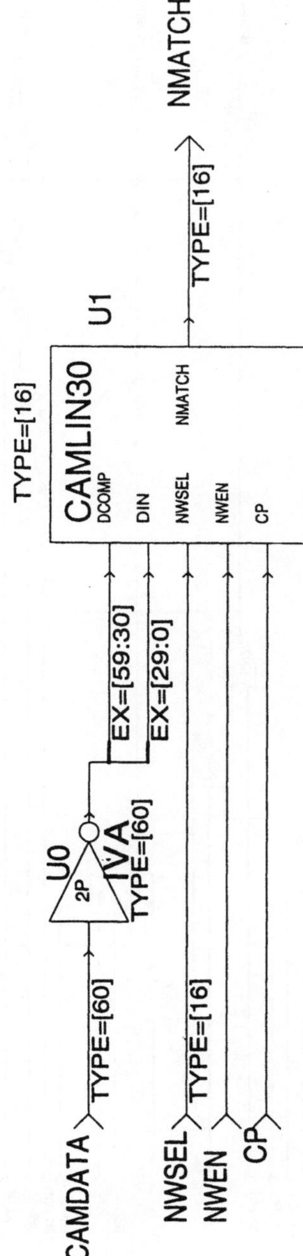

TYPE=[16]
NMATCH
CAMLIN30
U1
DCOMP
DIN
NWSEL
NWEN
CP
NMATCH
EX=[59:30]
EX=[29:0]
U0
IVA
2P
TYPE=[60]
CAMDATA
TYPE=[60]
NWSEL
NWEN
CP
TYPE=[16]

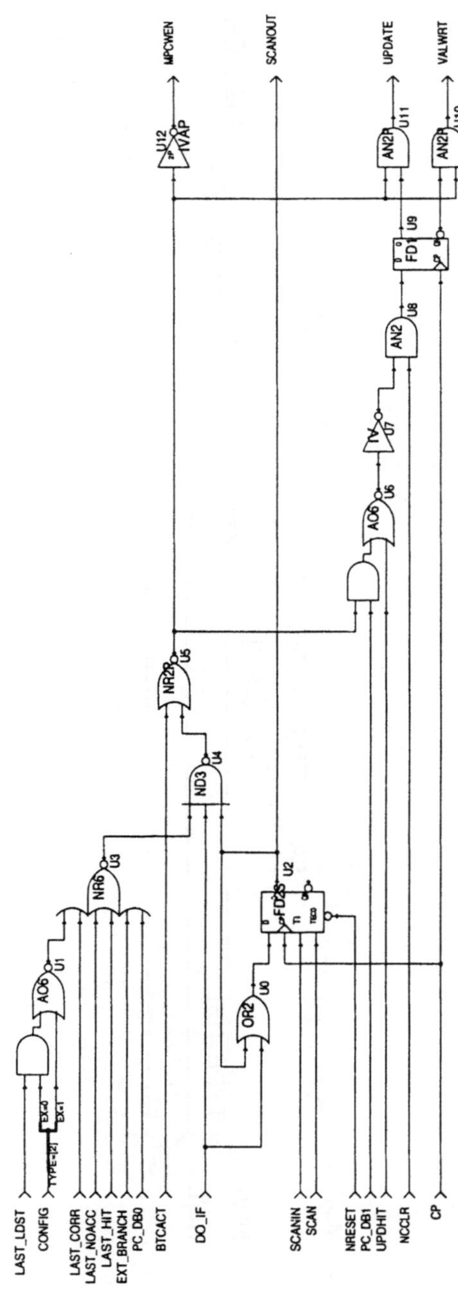

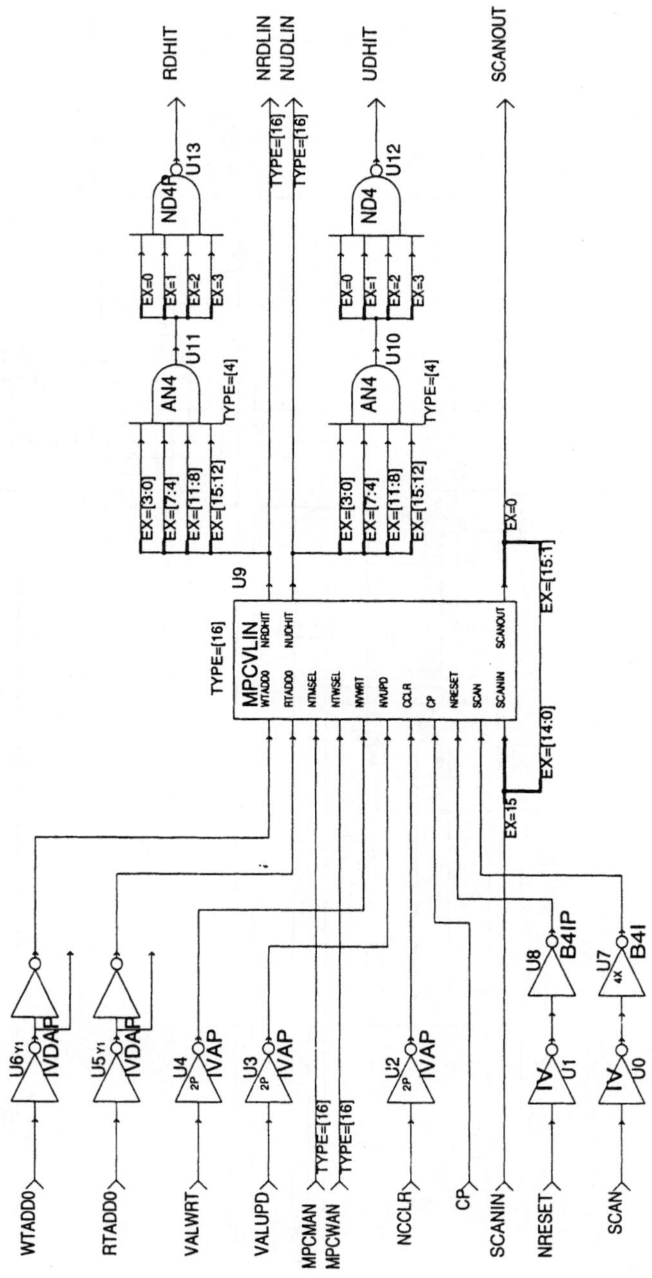

RDHIT
NRDLIN
NUDLIN
UDHIT
SCANOUT
ND4P
U13
ND4
U12
EX=0
EX=1
EX=2
EX=3
TYPE=[16]
TYPE=[16]
AN4
U11
AN4
U10
TYPE=[4]
TYPE=[4]
EX=[3:0]
EX=[7:4]
EX=[11:8]
EX=[15:12]
U9
TYPE=[16]
MPCVLIN
WTADD0
RTADD0
NTMSEL
NTWSEL
NVWRT
NVUPD
CCLR
CP
NRESET
SCAN
SCANIN
NRDHIT
NUDHIT
SCANOUT
EX=0
EX=[15:1]
EX=[14:0]
EX=15
U8
B4IP
U7
B4I
4X
U6 Y1
IVDAP
U5 Y1
IVDAP
U4
IVAP
2P
U3
IVAP
2P
U2
IVAP
2P
TYPE=[16]
TYPE=[16]
IV
U1
IV
U0
WTADD0
RTADD0
VALWRT
VALUPD
MPCMAN
MPCWAN
NCCLR
CP
SCANIN
NRESET
SCAN

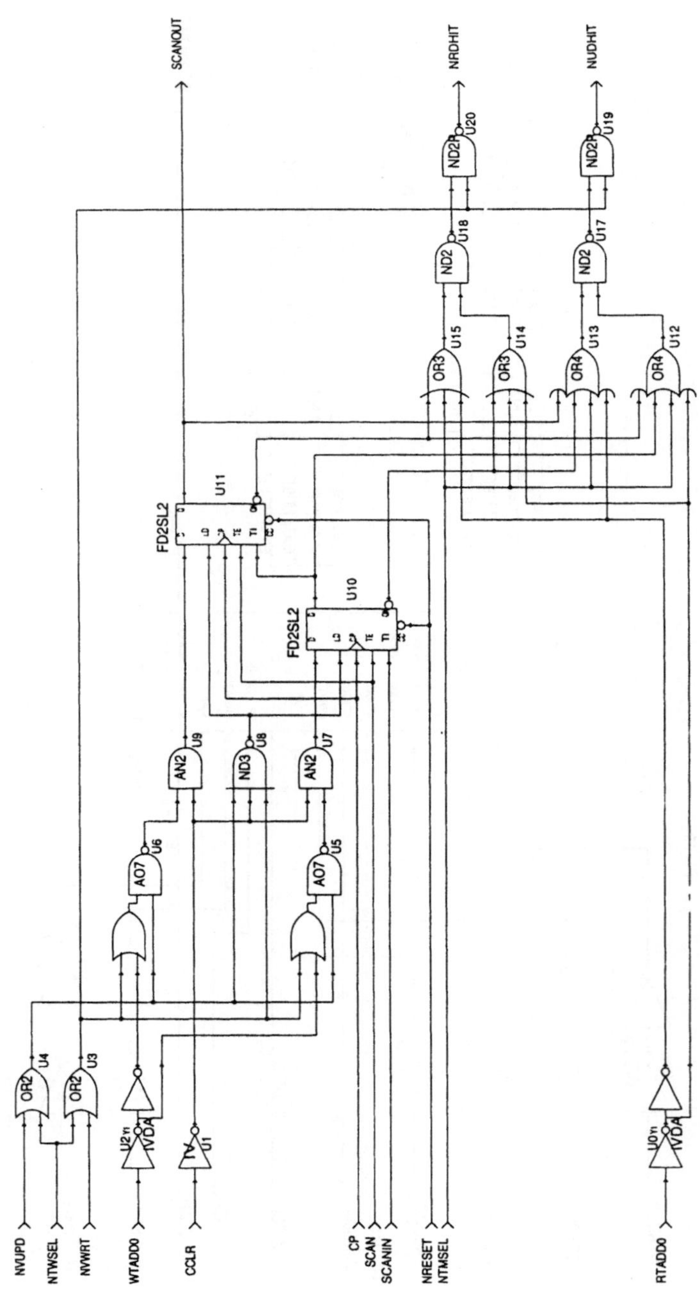
SCANOUT
NRDHIT
NUDHIT
ND2P U20
ND2P U19
ND2 U18
ND2 U17
OR3 U15
OR3 U14
OR4 U13
OR4 U12
FD2SL2 U11
FD2SL2 U10
AN2 U9
ND3 U8
AN2 U7
AO7 U6
AO7 U5
OR2 U4
OR2 U3
IVDA U2
IV U1
IVDA U0
NVUPD
NTWSEL
NVWRT
WTADD0
CCLR
CP
SCAN
SCANIN
NRESET
NTMSEL
RTADD0

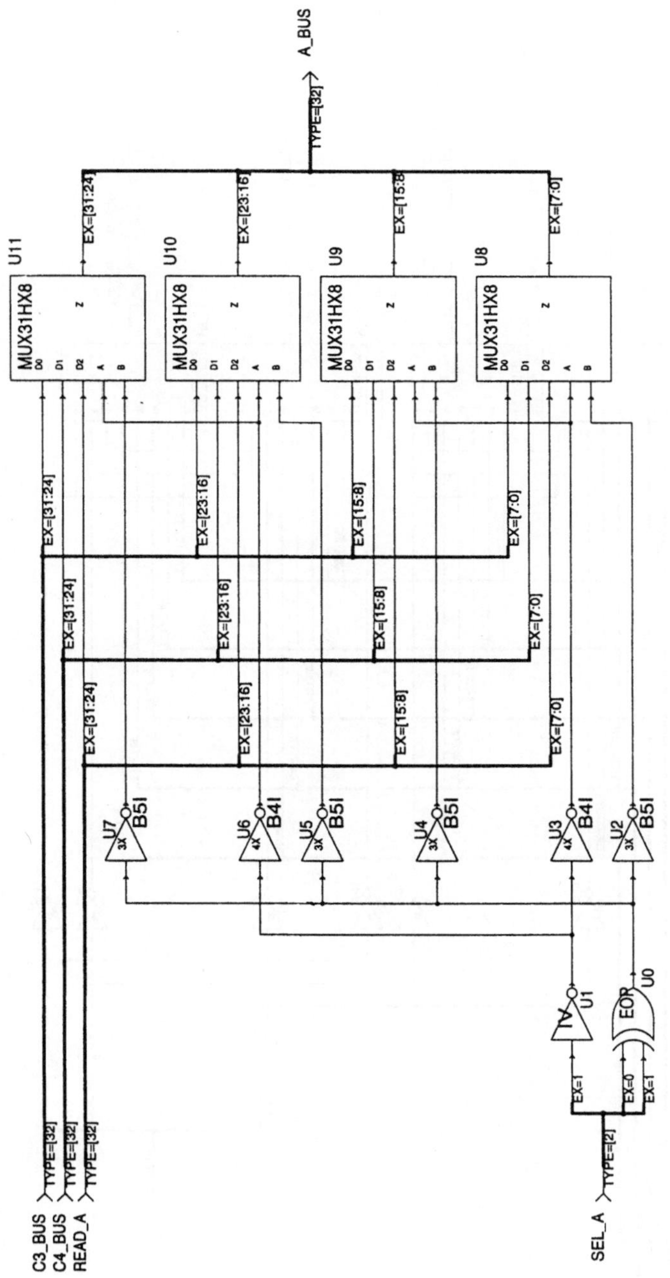
A_BUS
TYPE=[32]
U11
U10
U9
U8
MUX31HX8
D0
D1
D2
A
B
Z
EX=[31:24]
EX=[23:16]
EX=[15:8]
EX=[7:0]
U7 B5I
U6 B4I
U5 B5I
U4 B5I
U3 B4I
U2 B5I
3x
4x
3x
3x
4x
3x
U1
U0
EOR
TV
EX=1
EX=0
EX=1
C3_BUS
C4_BUS
READ_A
TYPE=[32]
SEL_A
TYPE=[2]

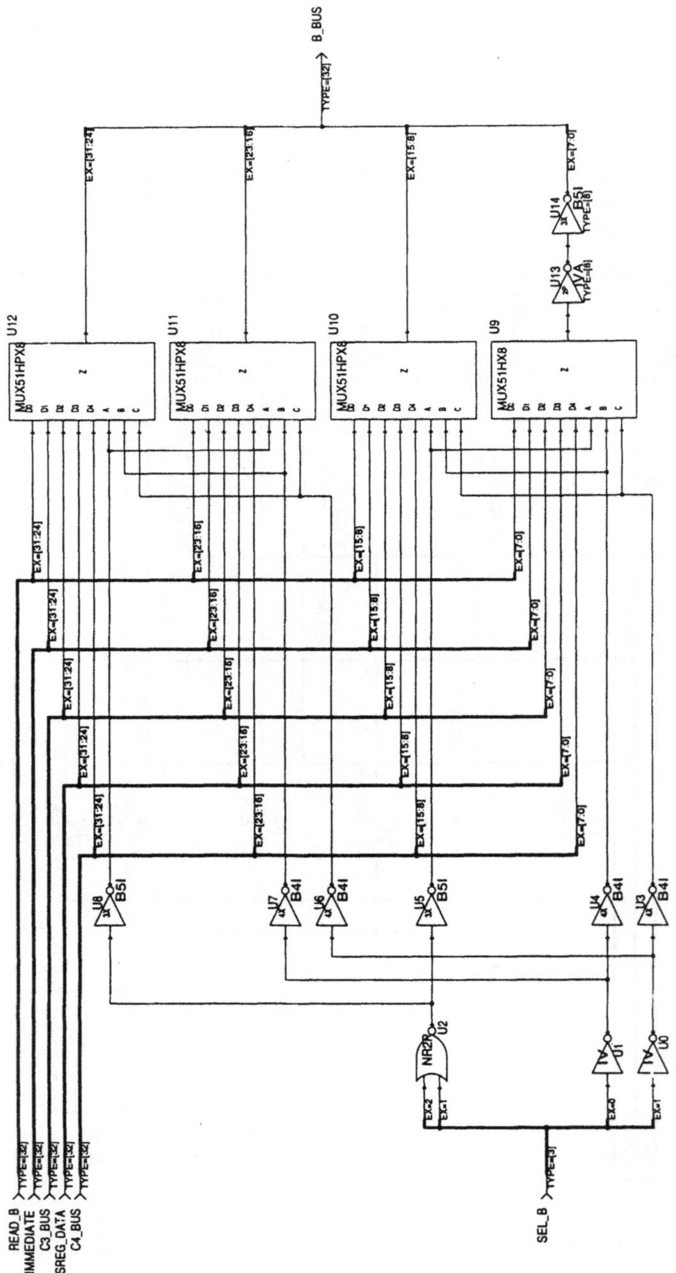

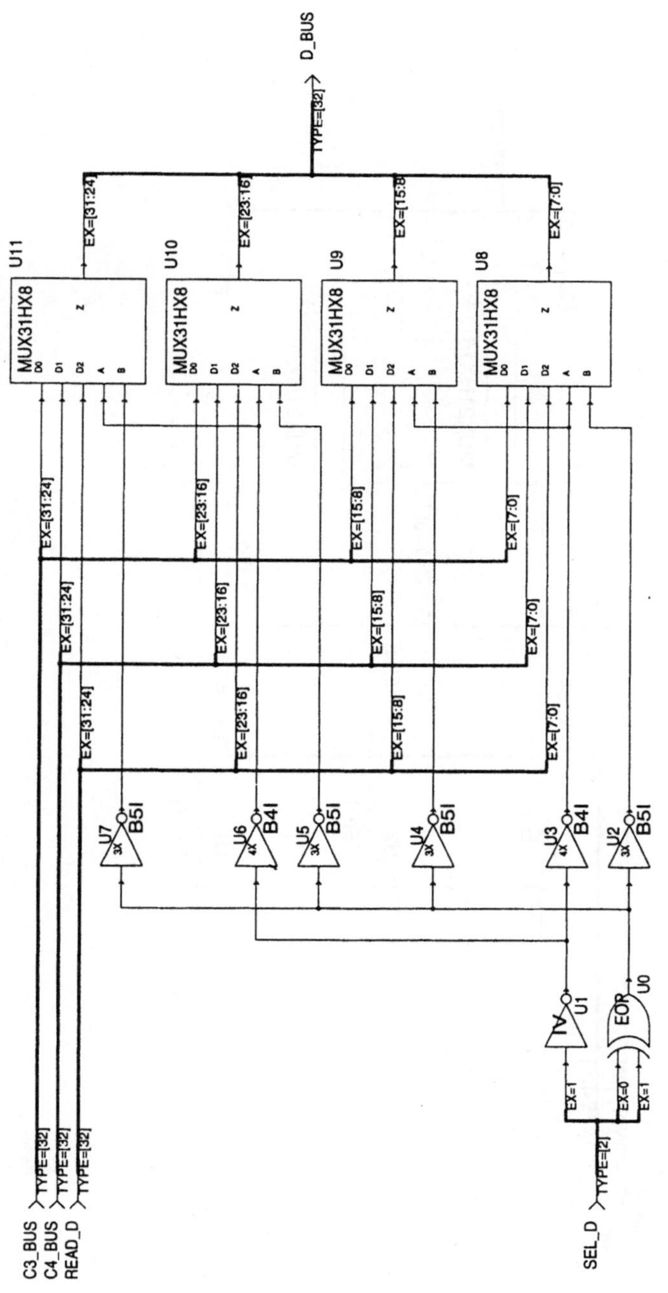

D_BUS
TYPE=[32]
U11
MUX31HX8
D0 D1 D2 A B Z
EX=[31:24]
U10
MUX31HX8
D0 D1 D2 A B Z
EX=[23:16]
U9
MUX31HX8
D0 D1 D2 A B Z
EX=[15:8]
U8
MUX31HX8
D0 D1 D2 A B Z
EX=[7:0]
EX=[31:24]
EX=[23:16]
EX=[15:8]
EX=[7:0]
EX=[31:24]
EX=[23:16]
EX=[15:8]
EX=[7:0]
EX=[31:24]
EX=[23:16]
EX=[15:8]
EX=[7:0]
U7 B5I 3X
U6 B4I 4X
U5 B5I 3X
U4 B5I 3X
U3 B4I 4X
U2 B5I 3X
U1 IV
U0 EOR
EX=1
EX=0
EX=1
C3_BUS TYPE=[32]
C4_BUS TYPE=[32]
READ_D TYPE=[32]
SEL_D TYPE=[2]

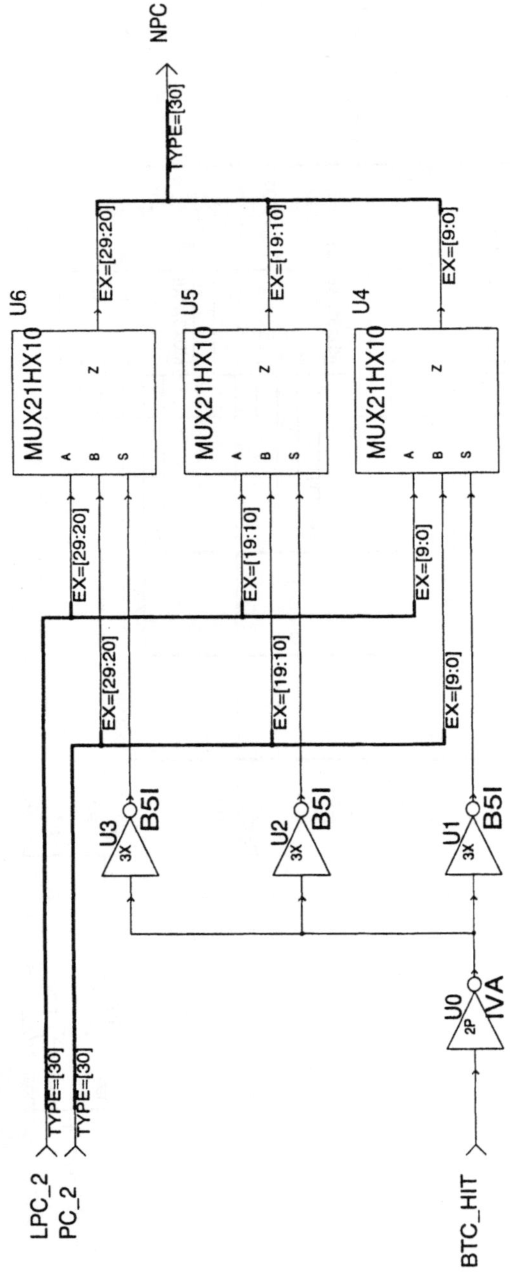

NPC
TYPE=[30]
EX=[29:20]
EX=[19:10]
EX=[9:0]
U6
MUX21HX10
U5
MUX21HX10
U4
MUX21HX10
A
B
S
Z
EX=[29:20]
EX=[19:10]
EX=[9:0]
EX=[29:20]
EX=[19:10]
EX=[9:0]
U3
B5I
3X
U2
B5I
3X
U1
B5I
3X
U0
IVA
2P
LPC_2
TYPE=[30]
PC_2
TYPE=[30]
BTC_HIT

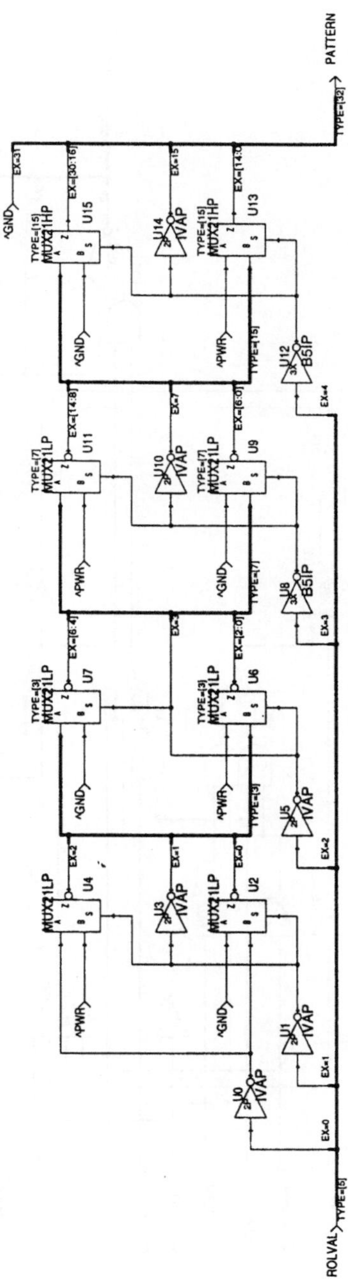

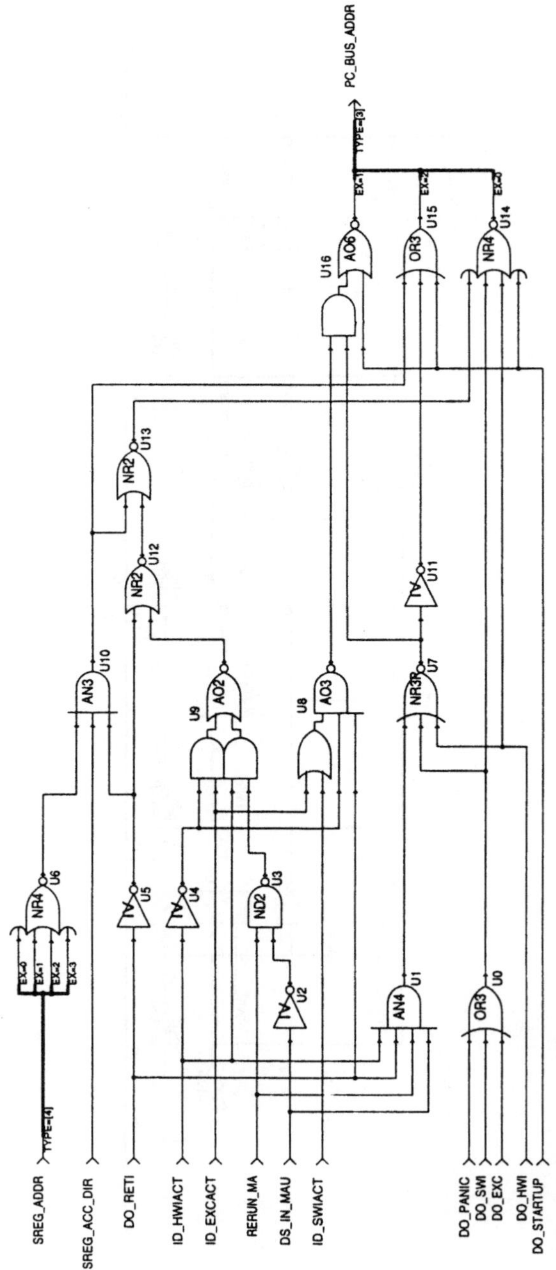
PC_BUS_ADDR
TYPE[3]
EX0
EX1
EX2
EX3
TYPE[4]
U16
AO6
U15
OR3
U14
NR4
U13
NR2
U12
NR2
U11
TV
U10
AN3
U9
AO2
U8
AO3
U7
NR3R
U6
NR4
U5
TV
U4
TV
U3
ND2
U2
TV
U1
AN4
U0
OR3
SREG_ADDR
SREG_ACC_DIR
DO_RETI
ID_HWIACT
ID_EXCACT
RERUN_MA
DS_IN_MAU
ID_SWIACT
DO_PANIC
DO_SWI
DO_EXC
DO_HWI
DO_STARTUP

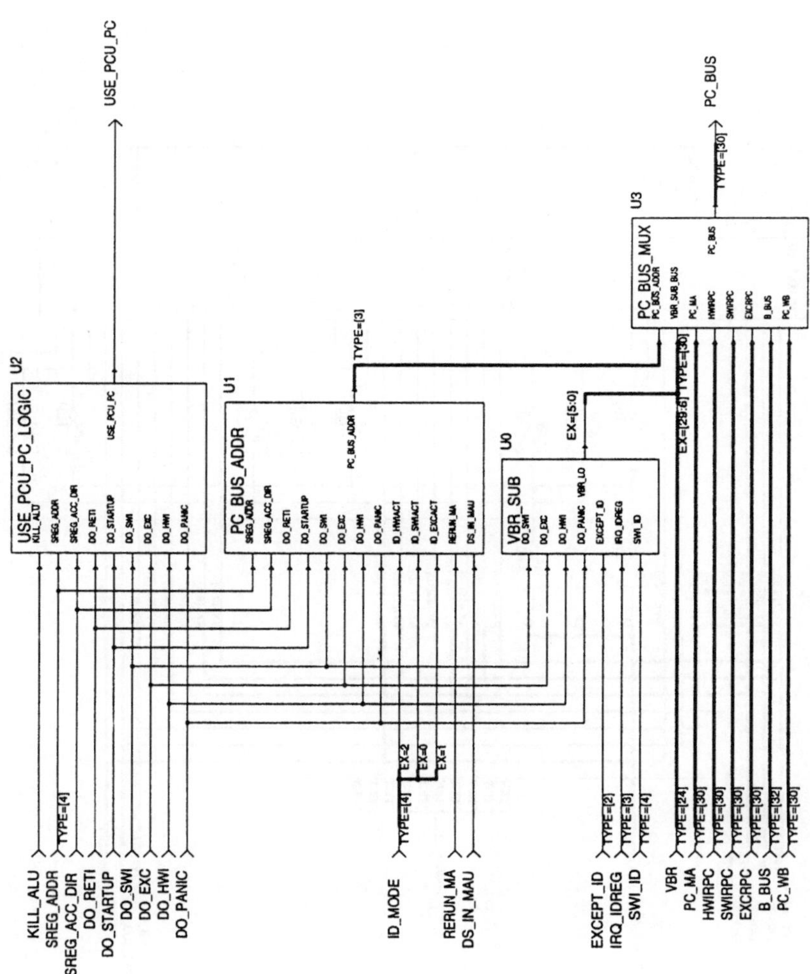
USE_PCU_PC
PC_BUS
U2
USE_PCU_PC_LOGIC
KILL_ALU
SREG_ADDR
SREG_ACC_DIR
DO_RETI
DO_STARTUP
DO_SWI
DO_EXC
DO_HWI
DO_PANIC
USE_PCU_PC
U1
PC_BUS_ADDR
SREG_ADDR
SREG_ACC_DIR
DO_RETI
DO_STARTUP
DO_SWI
DO_EXC
DO_HWI
DO_PANIC
ID_HWIACT
ID_SWIACT
ID_EXCACT
RERUN_MA
DS_IN_MAU
PC_BUS_ADDR
TYPE=[3]
U0
VBR_SUB
DO_SWI
DO_EXC
DO_HWI
DO_PANIC
EXCEPT_ID
IRQ_IDREG
SWI_ID
VBR_LO
EX=[5:0]
U3
PC_BUS_MUX
PC_BUS_ADDR
VBR_SUB_BUS
PC_MA
HWIRPC
SWIRPC
EXCRPC
B_BUS
PC_WB
PC_BUS
TYPE=[30]
KILL_ALU
SREG_ADDR
SREG_ACC_DIR
DO_RETI
DO_STARTUP
DO_SWI
DO_EXC
DO_HWI
DO_PANIC
TYPE=[4]
ID_MODE
RERUN_MA
DS_IN_MAU
TYPE=[4]
EX=2
EX=0
EX=1
EXCEPT_ID
IRQ_IDREG
SWI_ID
TYPE=[2]
TYPE=[3]
TYPE=[4]
VBR
PC_MA
HWIRPC
SWIRPC
EXCRPC
B_BUS
PC_WB
EX=[28:6] TYPE=[30]
TYPE=[24]
TYPE=[30]
TYPE=[30]
TYPE=[30]
TYPE=[30]
TYPE=[32]
TYPE=[30]

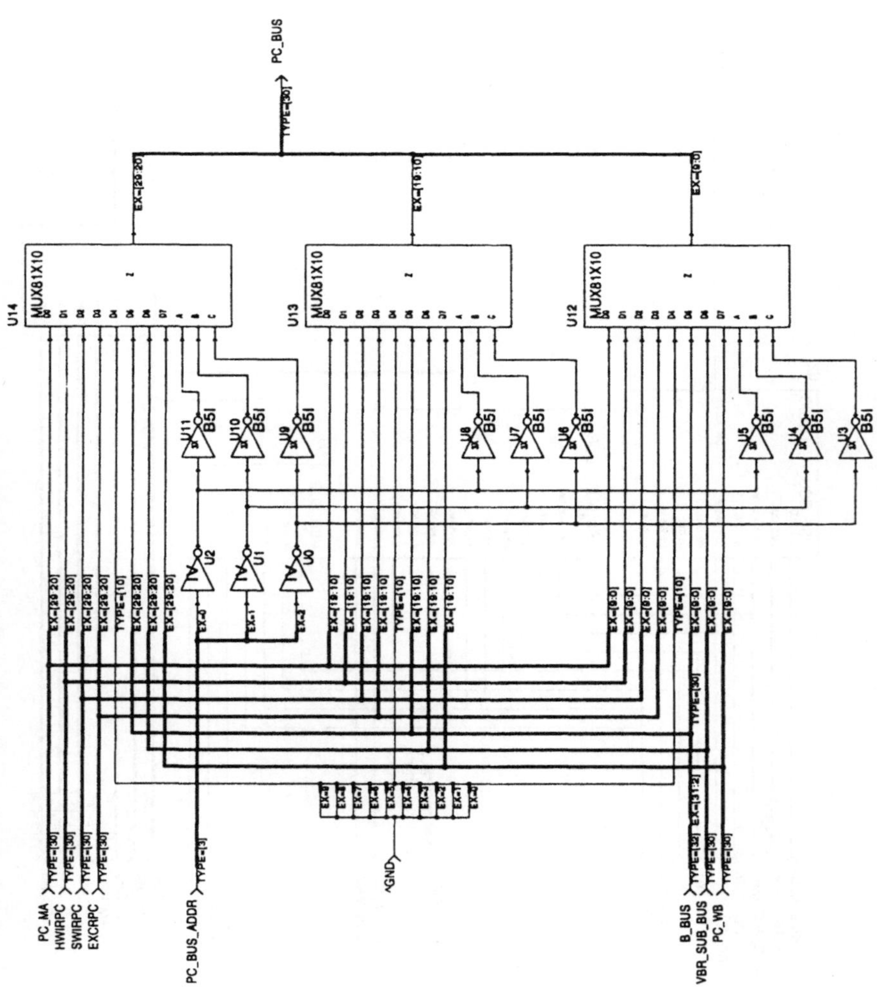

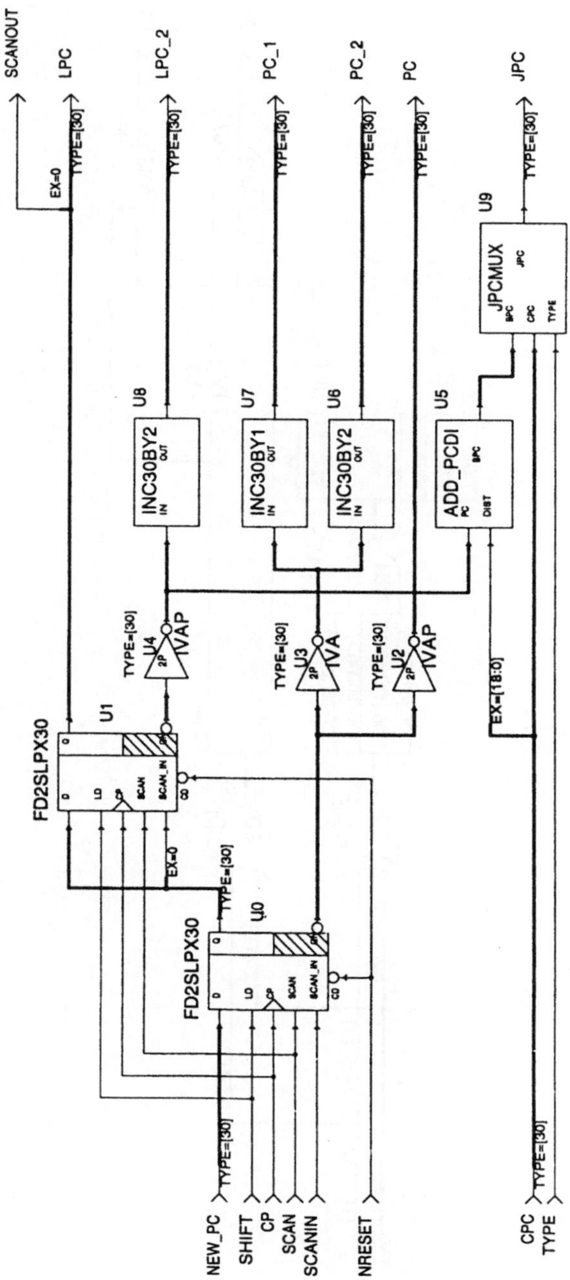

SCANOUT
LPC
LPC_2
PC_1
PC_2
PC
JPC
EX=0
TYPE=[30]
U8
INC30BY2
IN OUT
U7
INC30BY1
IN OUT
U6
INC30BY2
IN OUT
U5
ADD_PCDI
PC BPC
DIST
U9
JPCMUX
BPC JPC
CPC
TYPE
U4
IVAP
2P
U3
IVA
2P
U2
IVAP
2P
TYPE=[30]
FD2SLPX30
U1
FD2SLPX30
U0
D Q
LD
CP
SCAN
SCAN_IN
Q0
EX=0
EX=[18:0]
NEW_PC
SHIFT
CP
SCAN
SCANIN
NRESET
CPC
TYPE

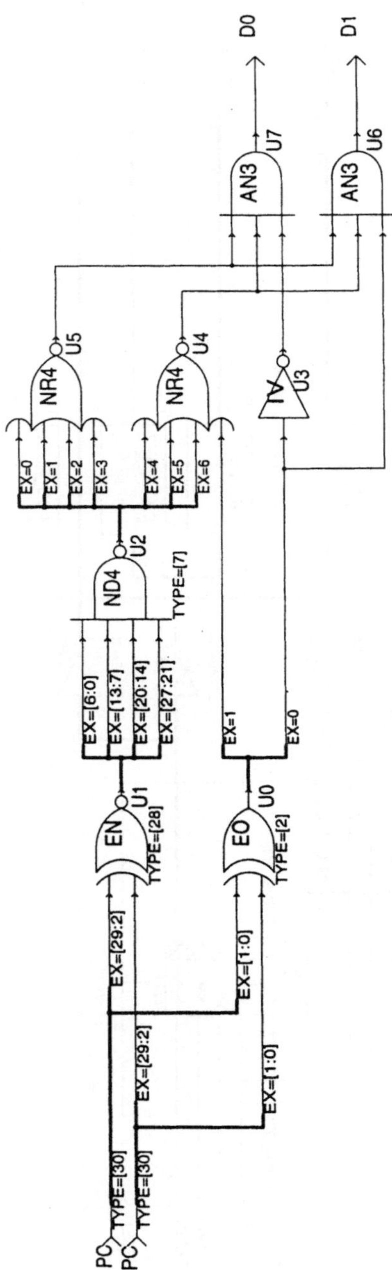

D0
D1
AN3 U7
AN3 U6
NR4 U5
NR4 U4
IV U3
EX=0
EX=1
EX=2
EX=3
EX=4
EX=5
EX=6
ND4 U2
TYPE=[7]
EX=[6:0]
EX=[13:7]
EX=[20:14]
EX=[27:21]
EX=1
EX=0
EN U1
EO U0
TYPE=[28]
TYPE=[2]
EX=[29:2]
EX=[1:0]
EX=[29:2]
EX=[1:0]
PC   TYPE=[30]
LPC TYPE=[30]

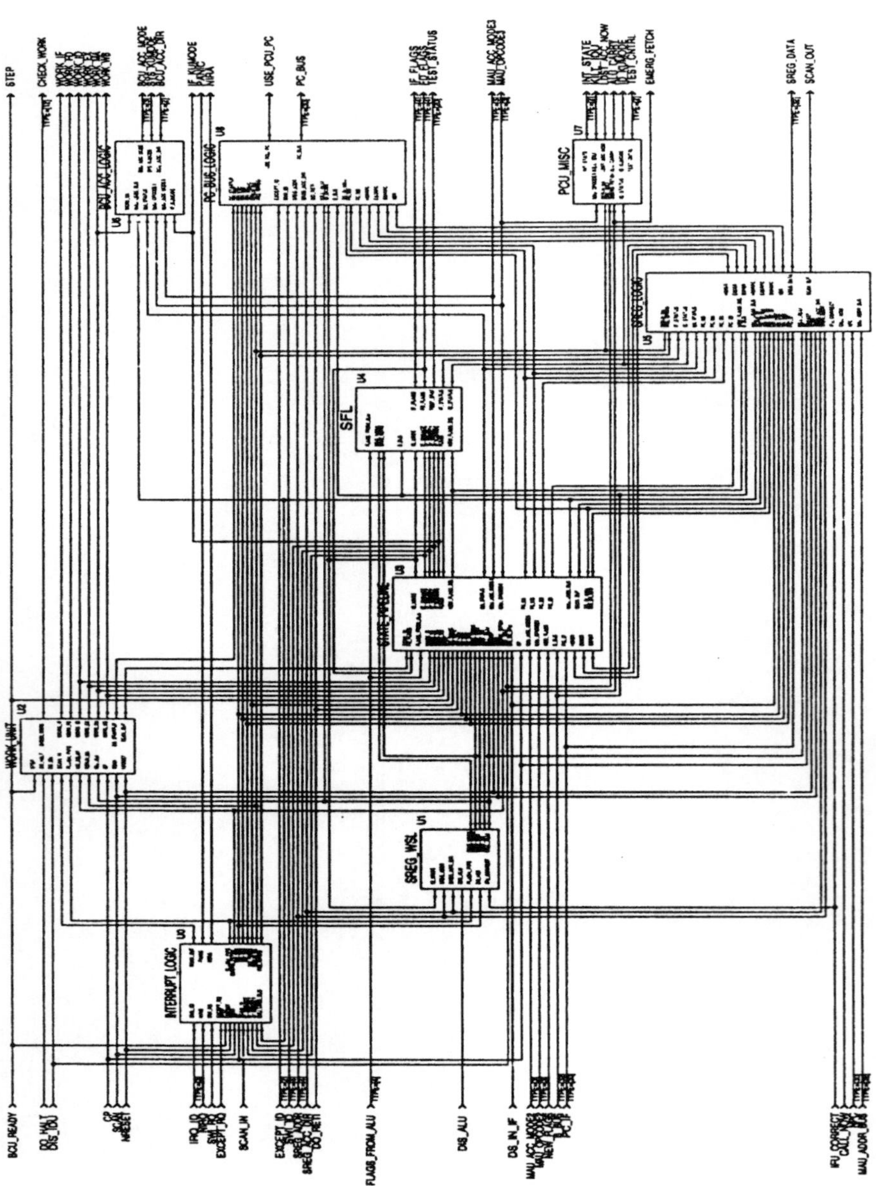

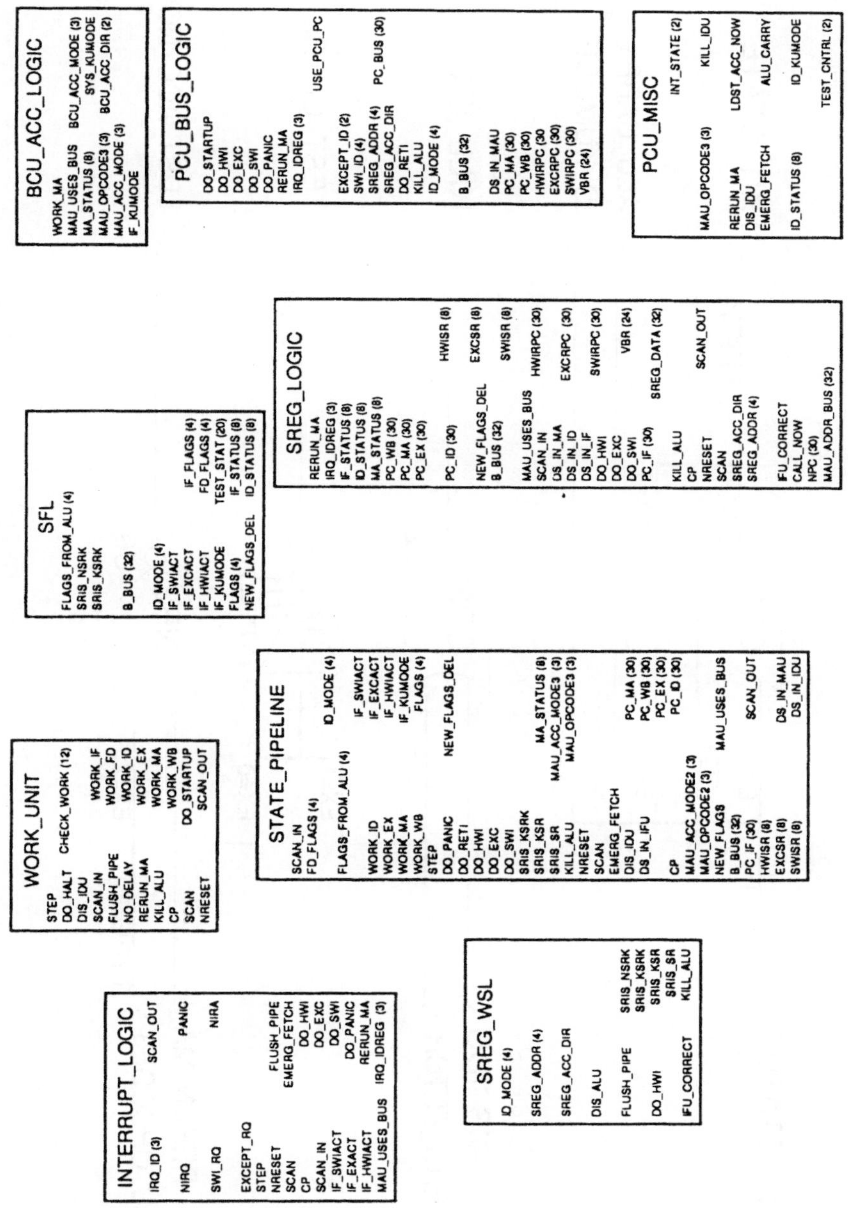

BCU_ACC_LOGIC

Inputs: WORK_MA, MAU_USES_BUS, MA_STATUS (8), MAU_OPCODE3 (3), MAU_ACC_MODE (3), IF_KUMODE

Outputs: BCU_ACC_MODE (3), SYS_KUMODE, BCU_ACC_DIR (2)

PCU_BUS_LOGIC

Inputs: DO_STARTUP, DO_HWI, DO_EXC, DO_SWI, DO_PANIC, RERUN_MA, IRQ_IDREG (3), EXCEPT_ID (2), SWI_ID (4), SREG_ADDR (4), SREG_ACC_DIR, DO_RETI, KILL_ALU, ID_MODE (4), B_BUS (32)

Outputs: USE_PCU_PC, PC_BUS (30)

PCU_MISC

Inputs: MAU_OPCODE3 (3), RERUN_MA, DIS_IDU, EMERG_FETCH, ID_STATUS (8)

Outputs: INT_STATE (2), KILL_IDU, LDST_ACC_NOW, ALU_CARRY, ID_KUMODE, TEST_CNTRL (2)

SFL

Inputs: FLAGS_FROM_ALU (4), SRIS_NSRK, SRIS_KSRK, B_BUS (32), ID_MODE (4), IF_SWIACT, IF_EXCACT, IF_HWIACT, IF_KUMODE, FLAGS (4), NEW_FLAGS_DEL

Outputs: IF_FLAGS (4), FD_FLAGS (4), TEST_STAT (20), IF_STATUS (8), ID_STATUS (8)

SREG_LOGIC

Inputs: RERUN_MA, IRQ_IDREG (3), IF_STATUS (8), ID_STATUS (8), MA_STATUS (8), PC_WB (30), PC_MA (30), PC_EX (30), PC_ID (30), NEW_FLAGS_DEL, B_BUS (32), MAU_USES_BUS, SCAN_IN, DS_IN_MA, DS_IN_ID, DS_IN_IF, DO_HWI, DO_EXC, DO_SWI, PC_IF (30), KILL_ALU, CP, NRESET, SCAN, SREG_ACC_DIR, SREG_ADDR (4), IFU_CORRECT, CALL_NOW, NPC (30), MAU_ADDR_BUS (32)

Outputs: HWISR (8), EXCSR (8), SWISR (8), HWIRPC (30), EXCRPC (30), SWIRPC (30), VBR (24), SREG_DATA (32), SCAN_OUT

WORK_UNIT

Inputs: STEP, DO_HALT, DIS_IDU, SCAN_IN, FLUSH_PIPE, NO_DELAY, RERUN_MA, KILL_ALU, CP, SCAN, NRESET

Outputs: CHECK_WORK (12), WORK_IF, WORK_FD, WORK_ID, WORK_EX, WORK_MA, WORK_WB, DO_STARTUP, SCAN_OUT

STATE_PIPELINE

Inputs: SCAN_IN, FD_FLAGS (4), FLAGS_FROM_ALU (4), WORK_ID, WORK_EX, WORK_MA, WORK_WB, STEP, DO_PANIC, DO_RETI, DO_HWI, DO_EXC, DO_SWI, SRIS_KSRK, SRIS_KSR, SRIS_SR, KILL_ALU, NRESET, SCAN, EMERG_FETCH, DIS_IDU, DS_IN_IFU, CP, MAU_ACC_MODE2 (3), MAU_OPCODE2 (3), NEW_FLAGS, B_BUS (32), PC_IF (30), HWISR (8), EXCSR (8), SWISR (8)

Outputs: ID_MODE (4), IF_SWIACT, IF_EXCACT, IF_HWIACT, IF_KUMODE, FLAGS (4), NEW_FLAGS_DEL, MA_STATUS (8), MAU_ACC_MODE3 (3), MAU_OPCODE3 (3), PC_MA (30), PC_WB (30), PC_EX (30), PC_ID (30), MAU_USES_BUS, SCAN_OUT, DS_IN_MAU, DS_IN_IDU

INTERRUPT_LOGIC

Inputs: IRQ_ID (3), NIRQ, SWI_RQ, EXCEPT_RQ, STEP, NRESET, SCAN, CP, SCAN_IN, IF_SWIACT, IF_EXACT, IF_HWIACT, MAU_USES_BUS, FLUSH_PIPE, EMERG_FETCH, DO_HWI, DO_EXC, DO_SWI, DO_PANIC, RERUN_MA, IRQ_IDREG (3)

Outputs: SCAN_OUT, PANIC, NIRA

SREG_WSL

Inputs: ID_MODE (4), SREG_ADDR (4), SREG_ACC_DIR, DIS_ALU, FLUSH_PIPE, DO_HWI, IFU_CORRECT

Outputs: SRIS_NSRK, SRIS_KSRK, SRIS_KSR, SRIS_SR, KILL_ALU

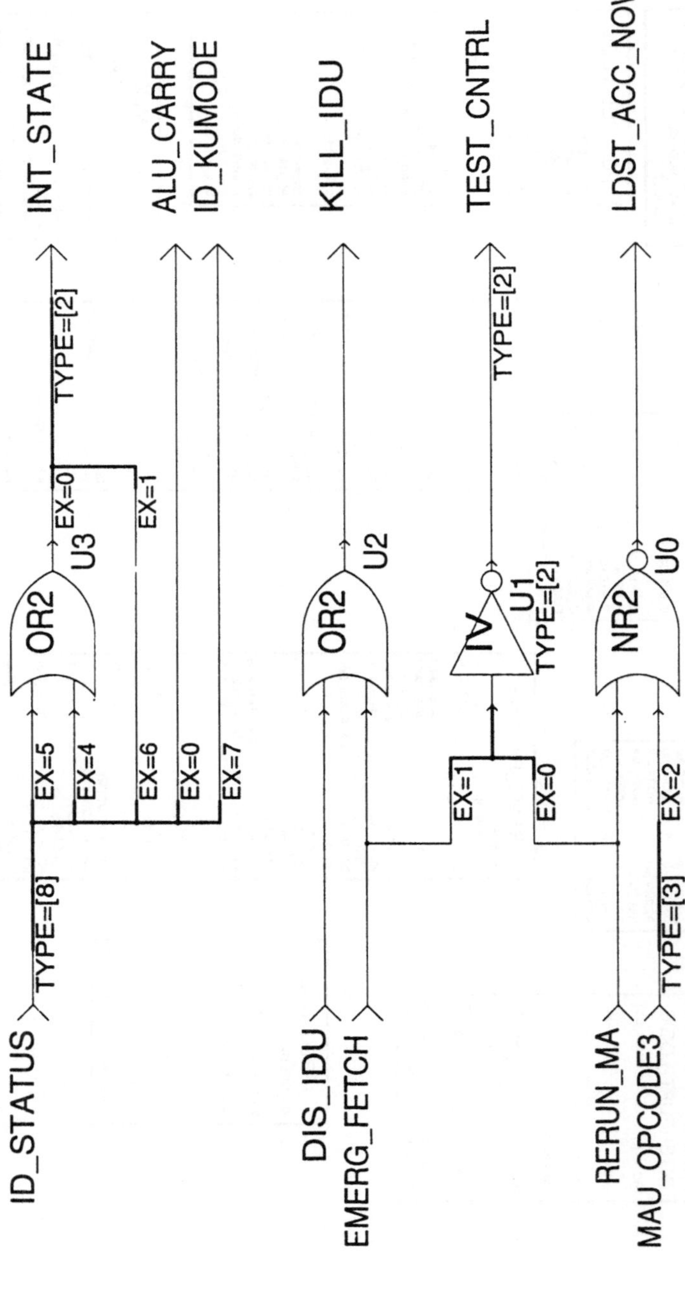
ID_STATUS
TYPE=[8]
INT_STATE
ALU_CARRY
ID_KUMODE
OR2
U3
EX=0
EX=1
EX=5
EX=4
EX=6
EX=0
EX=7
TYPE=[2]
DIS_IDU
EMERG_FETCH
KILL_IDU
OR2
U2
EX=1
EX=0
IV
U1
TYPE=[2]
TEST_CNTRL
TYPE=[2]
RERUN_MA
MAU_OPCODE3
TYPE=[3]
EX=2
NR2
U0
LDST_ACC_NOW

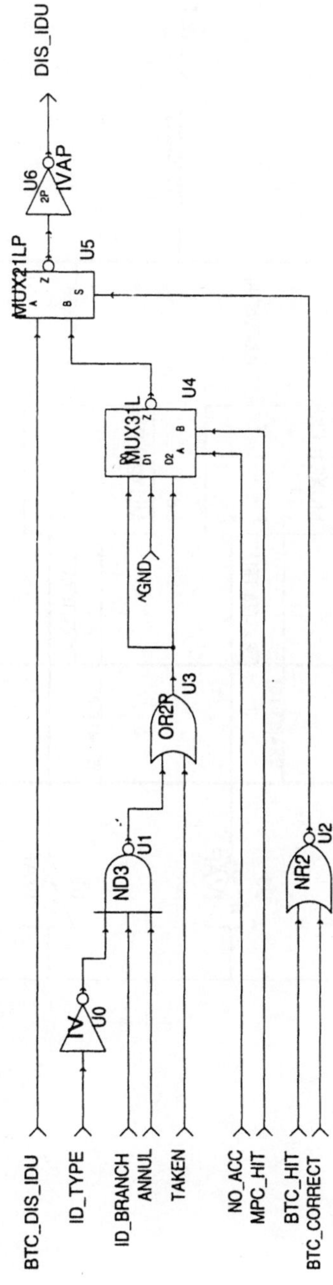
DIS_IDU
U6
2P
IVAP
MUX21LP
U5
A
Z
B
S
MUX31L
U4
D1
D2
Z
A
B
GND
OR2R
U3
ND3
U1
IV
U0
NR2
U2
BTC_DIS_IDU
ID_TYPE
ID_BRANCH
ANNUL
TAKEN
NO_ACC
MPC_HIT
BTC_HIT
BTC_CORRECT

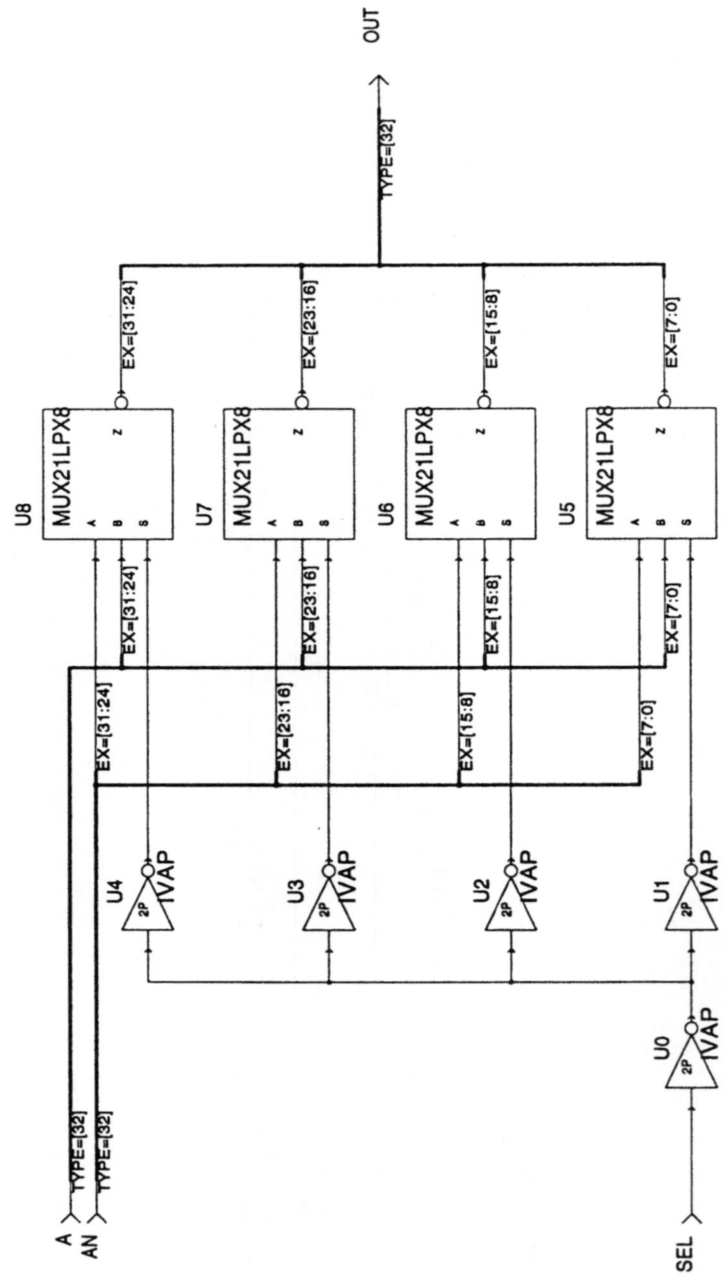
OUT
TYPE=[32]
EX=[31:24]
EX=[23:16]
EX=[15:8]
EX=[7:0]
U8
MUX21LPX8
A
B
S
Z
U7
MUX21LPX8
A
B
S
Z
U6
MUX21LPX8
A
B
S
Z
U5
MUX21LPX8
A
B
S
Z
EX=[31:24]
EX=[23:16]
EX=[15:8]
EX=[7:0]
EX=[31:24]
EX=[23:16]
EX=[15:8]
EX=[7:0]
U4
IVAP
2P
U3
IVAP
2P
U2
IVAP
2P
U1
IVAP
2P
U0
IVAP
2P
A
TYPE=[32]
AN
TYPE=[32]
SEL

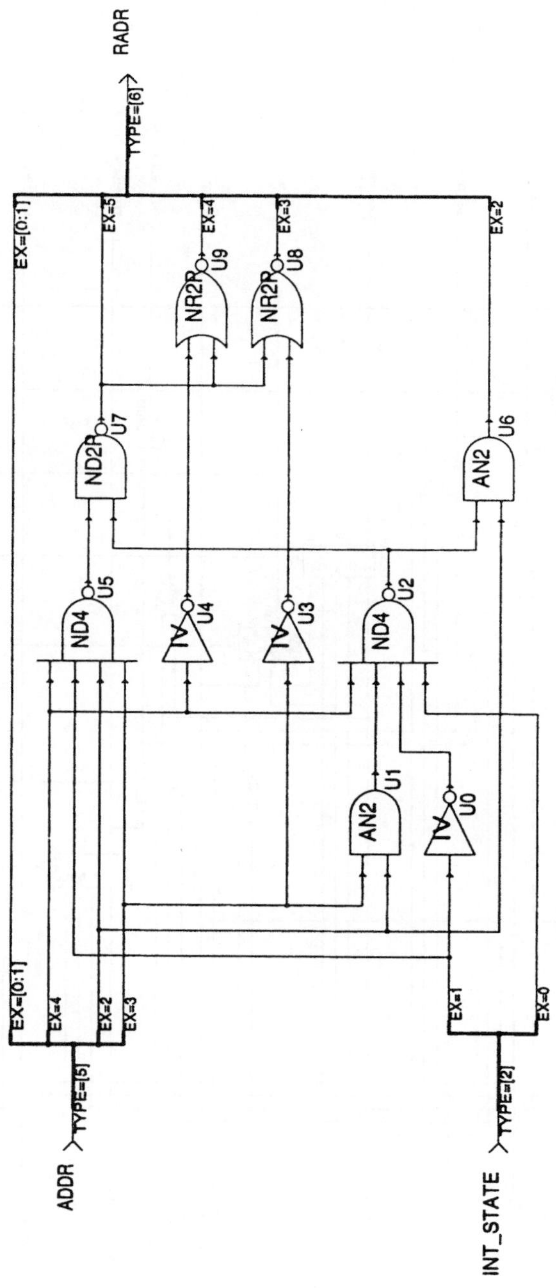
RADR
TYPE=[6]
EX=[0:1]
EX=5
EX=4
EX=3
EX=2
NR2P
U9
NR2P
U8
ND2P
U7
AN2
U6
ND4
U5
IV
U4
IV
U3
ND4
U2
AN2
U1
IV
U0
EX=[0:1]
EX=4
EX=2
EX=3
EX=1
EX=0
ADDR
TYPE=[5]
INT_STATE
TYPE=[2]

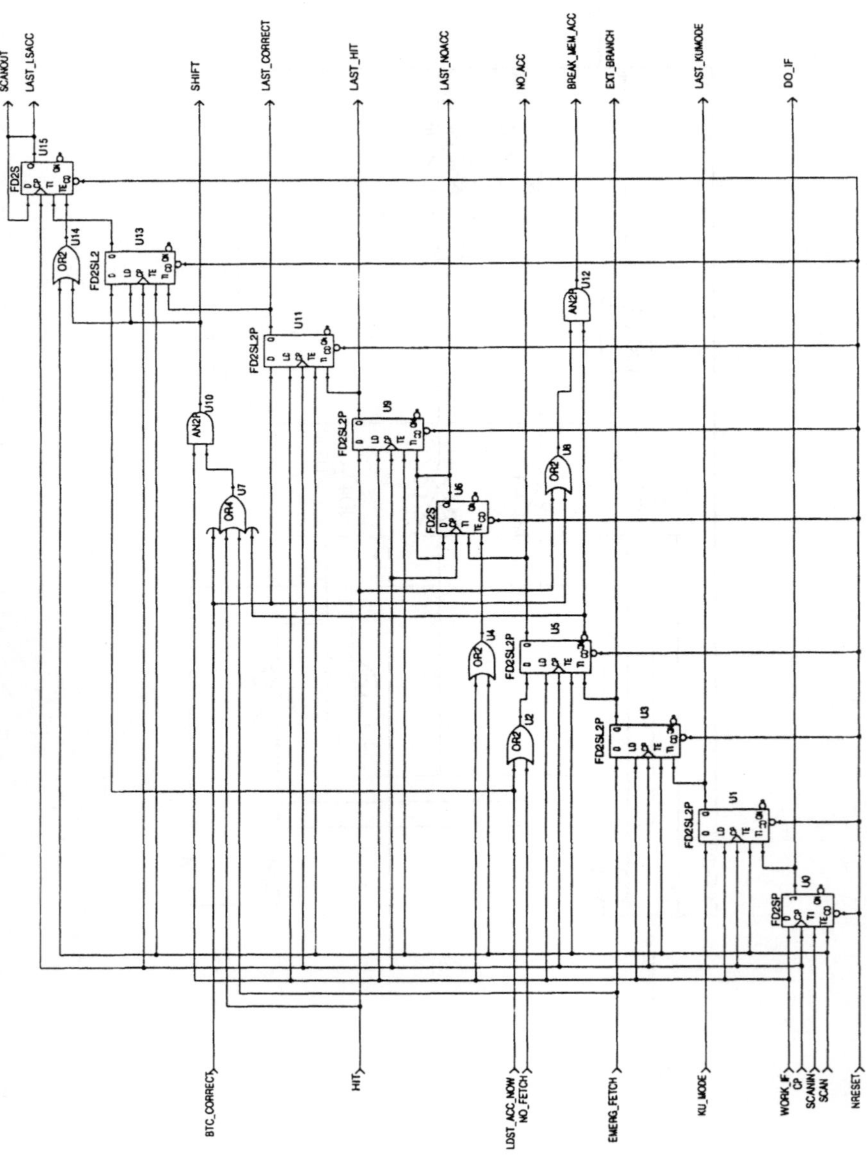

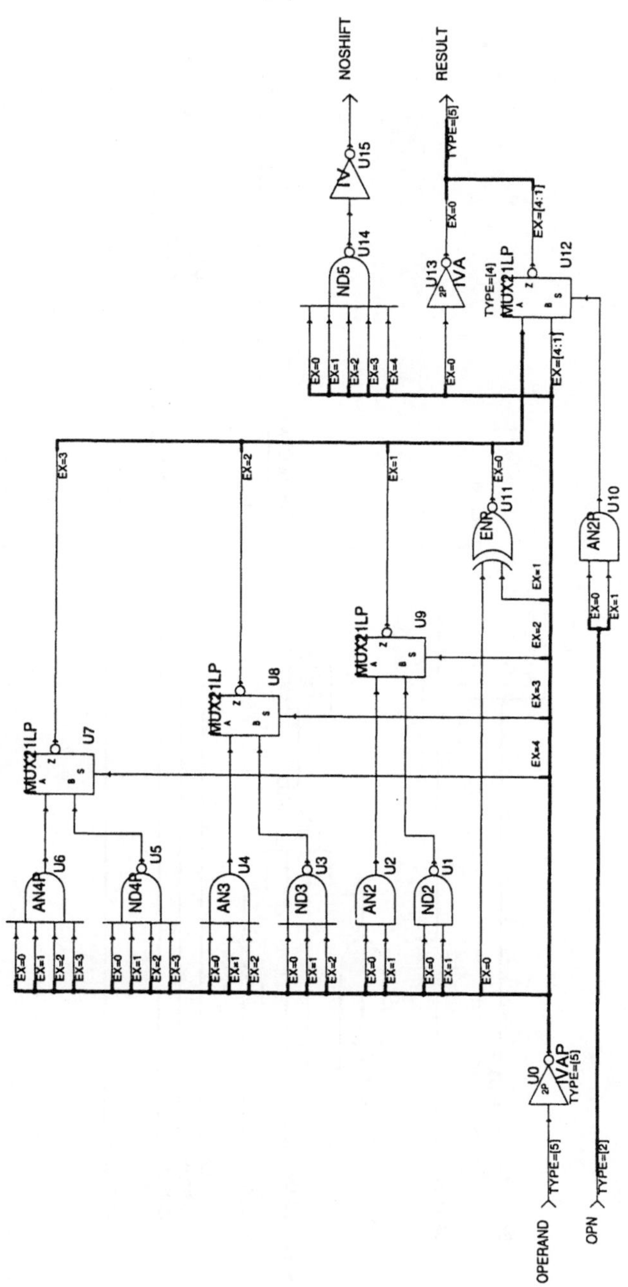

NOSHIFT
RESULT
TYPE=[5]
U15
IV
U14
ND5
U13
IVA
2P
TYPE=[4]
MUX21LP
U12
EX=0
EX=[4:1]
EX=0
EX=1
EX=2
EX=3
EX=4
EX=[4:1]
EX=3
EX=2
EX=1
U11
ENR
EX=0
EX=1
EX=2
EX=3
EX=4
MUX21LP
U9
MUX21LP
U8
MUX21LP
U7
AN4P
U6
ND4P
U5
AN3
U4
ND3
U3
AN2
U2
ND2
U1
AN2P
U10
EX=0
EX=1
U0
IVAP
2P
TYPE=[5]
EX=0
EX=1
EX=2
EX=3
EX=0
EX=1
EX=2
EX=3
EX=0
EX=1
EX=2
EX=0
EX=1
EX=2
EX=0
EX=1
EX=0
EX=1
EX=0
OPERAND
TYPE=[5]
OPN
TYPE=[2]

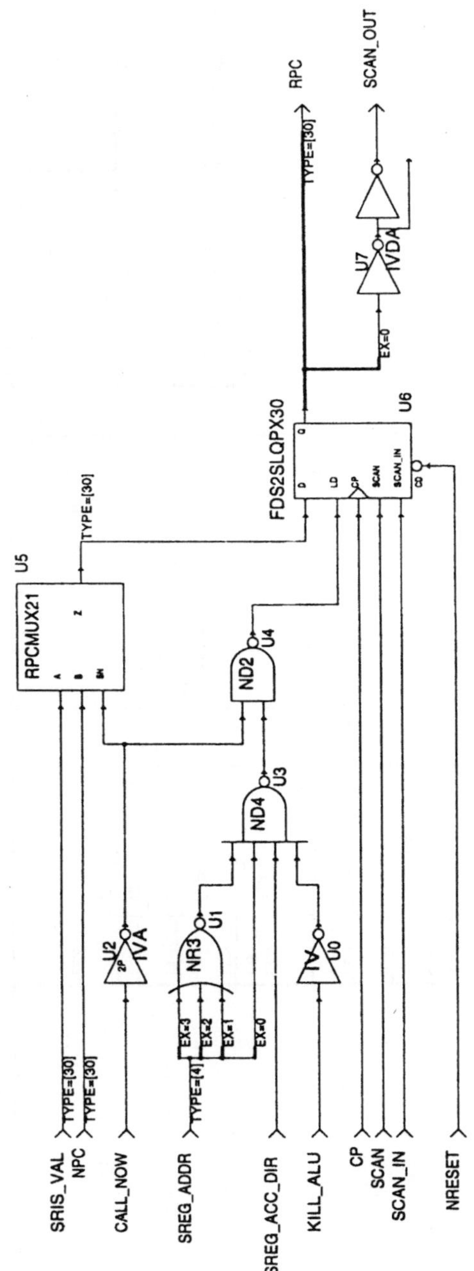
RPCMUX21
U5
A
B
S
Z
TYPE=[30]
IV
U2
2P
NR3
U1
EX=3
EX=2
EX=1
IV
U0
EX=0
ND4
U3
ND2
U4
TYPE=[30]
FDS2SLQPX30
U6
D
Q
LD
CP
SCAN
SCAN_IN
Q
IV
U7
IV
U8
EX=0
TYPE=[30]
RPC
SCAN_OUT
SRIS_VAL
NPC
TYPE=[30]
TYPE=[30]
CALL_NOW
SREG_ADDR
TYPE=[4]
SREG_ACC_DIR
KILL_ALU
CP
SCAN
SCAN_IN
NRESET

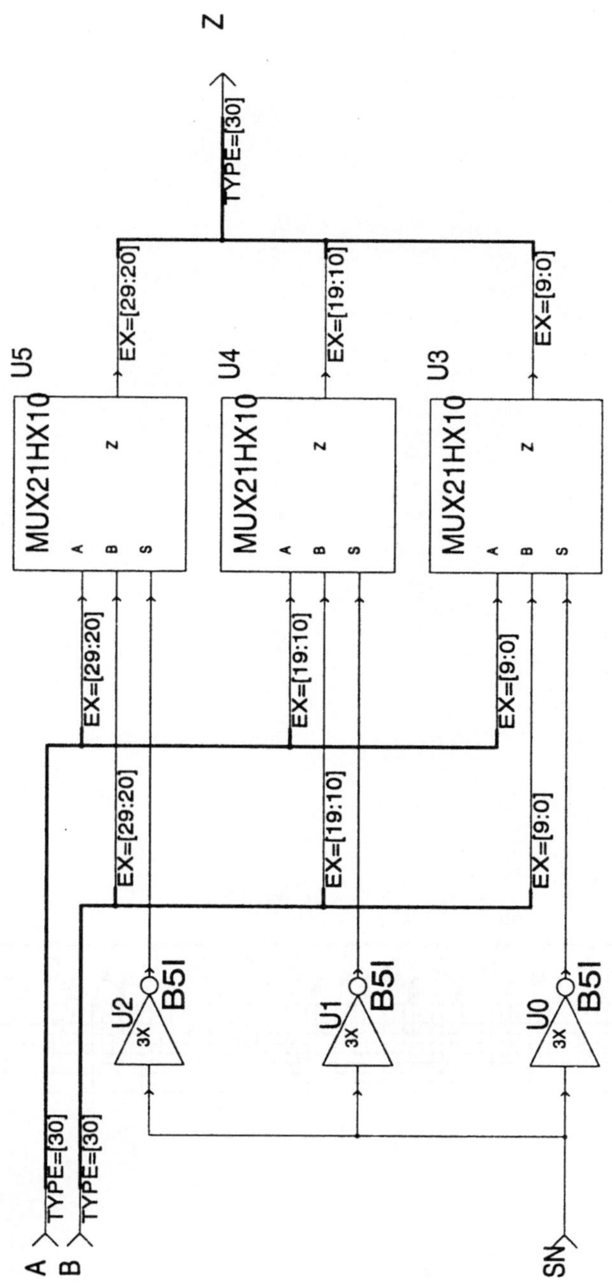
Z
TYPE=[30]
U5
MUX21HX10
A
B
S
z
EX=[29:20]
EX=[29:20]
U4
MUX21HX10
A
B
S
z
EX=[19:10]
EX=[19:10]
U3
MUX21HX10
A
B
S
z
EX=[9:0]
EX=[9:0]
U2
3x
B5I
U1
3x
B5I
U0
3x
B5I
EX=[29:20]
EX=[19:10]
EX=[9:0]
A TYPE=[30]
B TYPE=[30]
SN

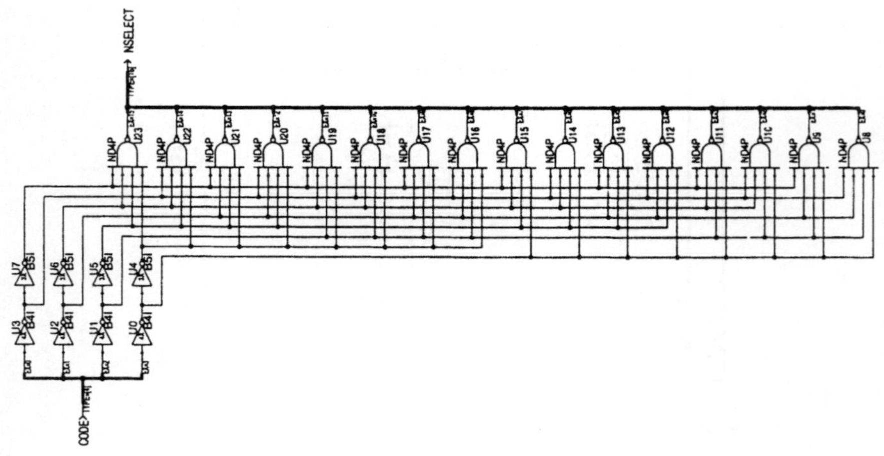

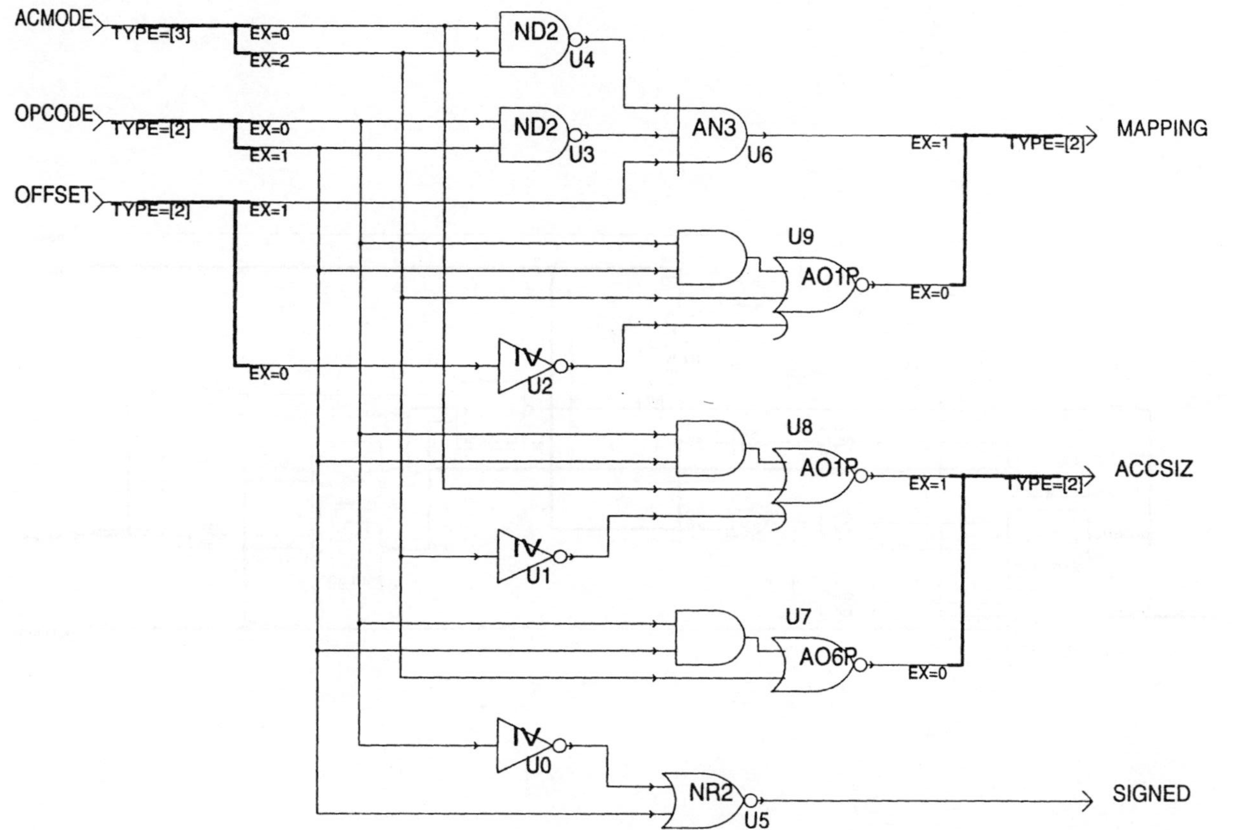
ACMODE
TYPE=[3]
EX=0
EX=2
OPCODE
TYPE=[2]
EX=0
EX=1
OFFSET
TYPE=[2]
EX=1
EX=0
ND2
U4
ND2
U3
AN3
U6
EX=1
TYPE=[2]
MAPPING
U9
AO1P
EX=0
IV
U2
U8
AO1P
EX=1
TYPE=[2]
ACCSIZ
IV
U1
U7
AO6P
EX=0
IV
U0
NR2
U5
SIGNED

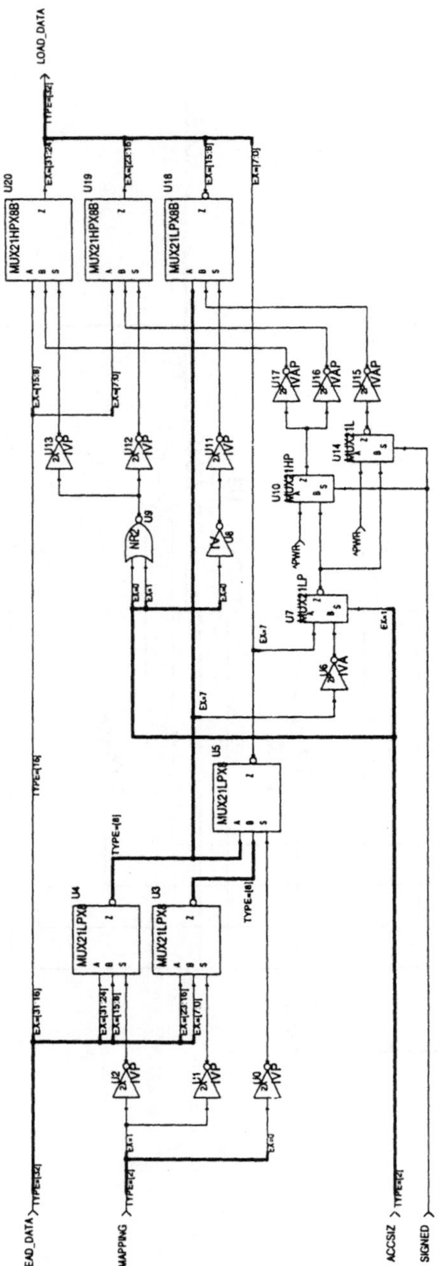

LOAD_DATA
U20
MUX21HPX8B
U19
MUX21HPX8B
U18
MUX21LPX8B
U17 1VAP
U16 1VAP
U15 1VAP
U13 1VP
U12 1VP
U11 1VP
NR2 U9
IV U8
U10 MUX21HP
U14 MUX21L
U7 MUX21LP
U6 1VA
U5 MUX21LPX4
U4 MUX21LPX4
U3 MUX21LPX4
I2 1VP
I1 1VP
I0 1VP
READ_DATA
MAPPING
ACCSIZ
SIGNED

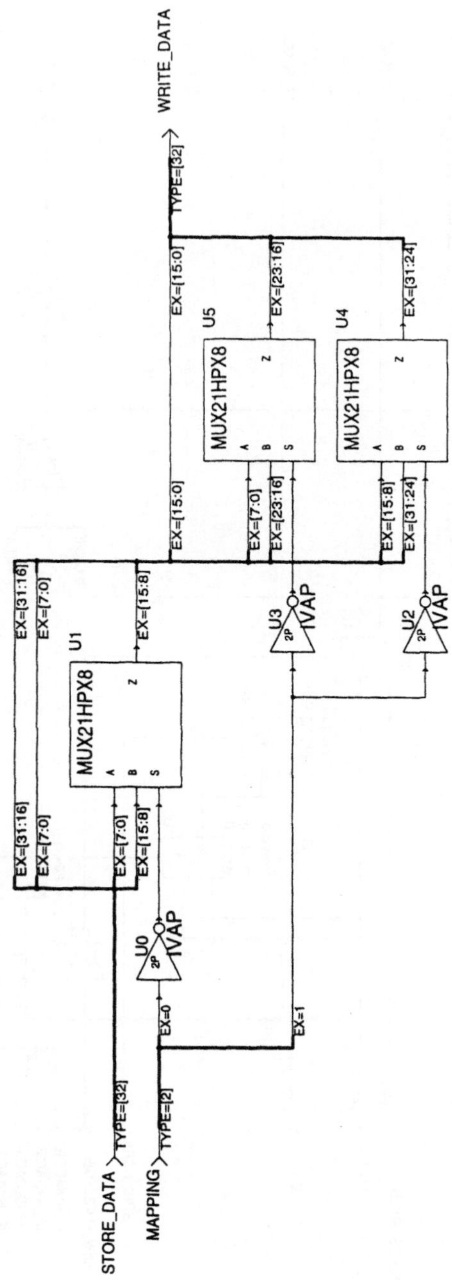
WRITE_DATA
TYPE=[32]
EX=[15:0]
EX=[23:16]
EX=[31:24]
U5
MUX21HPX8
A
B
S
Z
U4
MUX21HPX8
A
B
S
Z
EX=[15:0]
EX=[7:0]
EX=[23:16]
EX=[15:8]
EX=[31:24]
EX=[31:16]
EX=[7:0]
EX=[15:8]
U1
MUX21HPX8
A
B
S
Z
EX=[31:16]
EX=[7:0]
EX=[7:0]
EX=[15:8]
U3
IVAP
2P
U2
IVAP
2P
U0
IVAP
2P
EX=0
EX=1
STORE_DATA
TYPE=[32]
MAPPING
TYPE=[2]

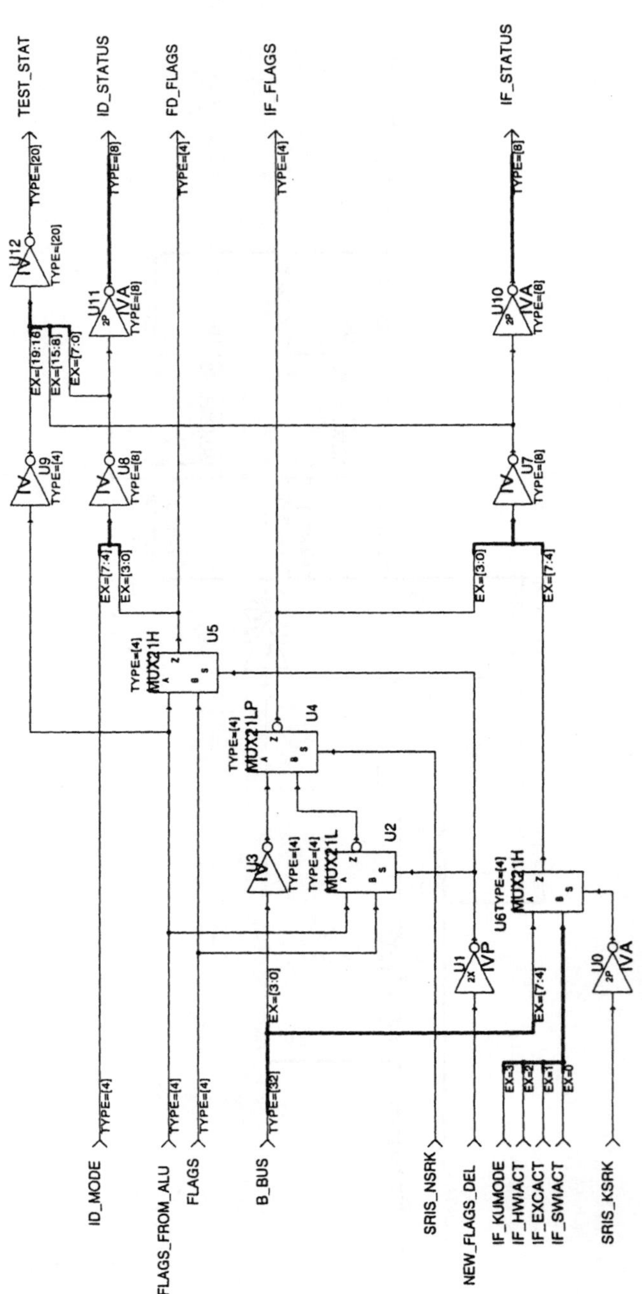
TEST_STAT
ID_STATUS
FD_FLAGS
IF_FLAGS
IF_STATUS
U12
U11
U10
U9
U8
U7
U5
U4
U3
U2
U6
U1
U0
MUX21H
MUX21LP
MUX21L
MUX21H
TYPE=[20]
TYPE=[8]
TYPE=[4]
TYPE=[4]
TYPE=[8]
TYPE=[4]
EX=[19:16]
EX=[15:8]
EX=[7:0]
EX=[7:4]
EX=[3:0]
EX=[3:0]
EX=[7:4]
EX=[3:0]
EX=[7:4]
EX=3
EX=2
EX=1
EX=0
ID_MODE
FLAGS_FROM_ALU
FLAGS
B_BUS
SRIS_NSRK
NEW_FLAGS_DEL
IF_KUMODE
IF_HWIACT
IF_EXCACT
IF_SWIACT
SRIS_KSRK
TYPE=[4]
TYPE=[4]
TYPE=[4]
TYPE=[32]

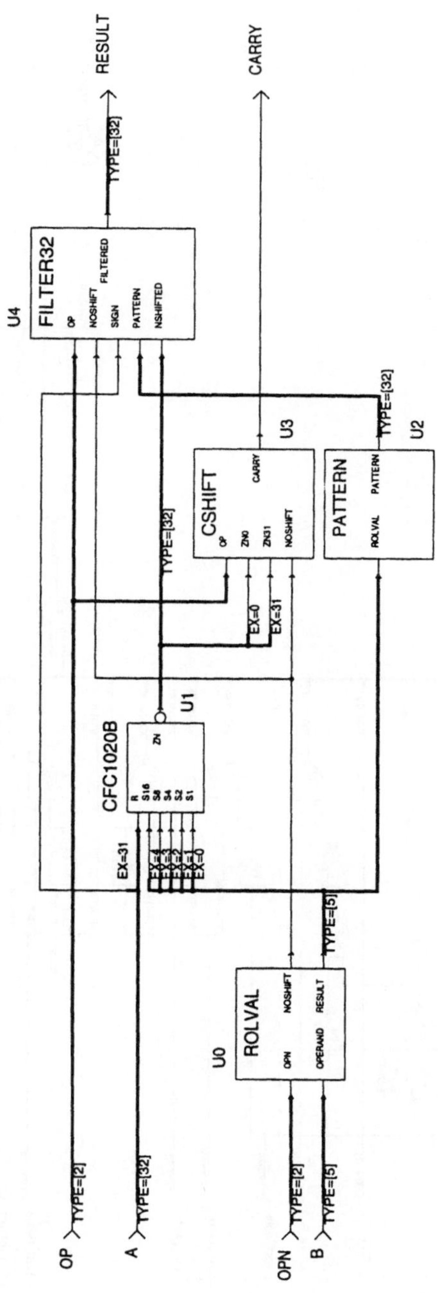
RESULT
CARRY
FILTER32
U4
OP
NOSHIFT
FILTERED
SIGN
PATTERN
NSHIFTED
TYPE=[32]
CSHIFT
U3
OP
ZN0
ZN31
CARRY
NOSHIFT
EX=0
EX=31
TYPE=[32]
PATTERN
U2
ROLVAL
PATTERN
TYPE=[32]
CFC1020B
U1
R
S16
S8
S4
S2
S1
ZN
EX=31
EX=0
ROLVAL
U0
OPN
NOSHIFT
OPERAND
RESULT
TYPE=[5]
OP TYPE=[2]
A TYPE=[32]
OPN TYPE=[2]
B TYPE=[5]

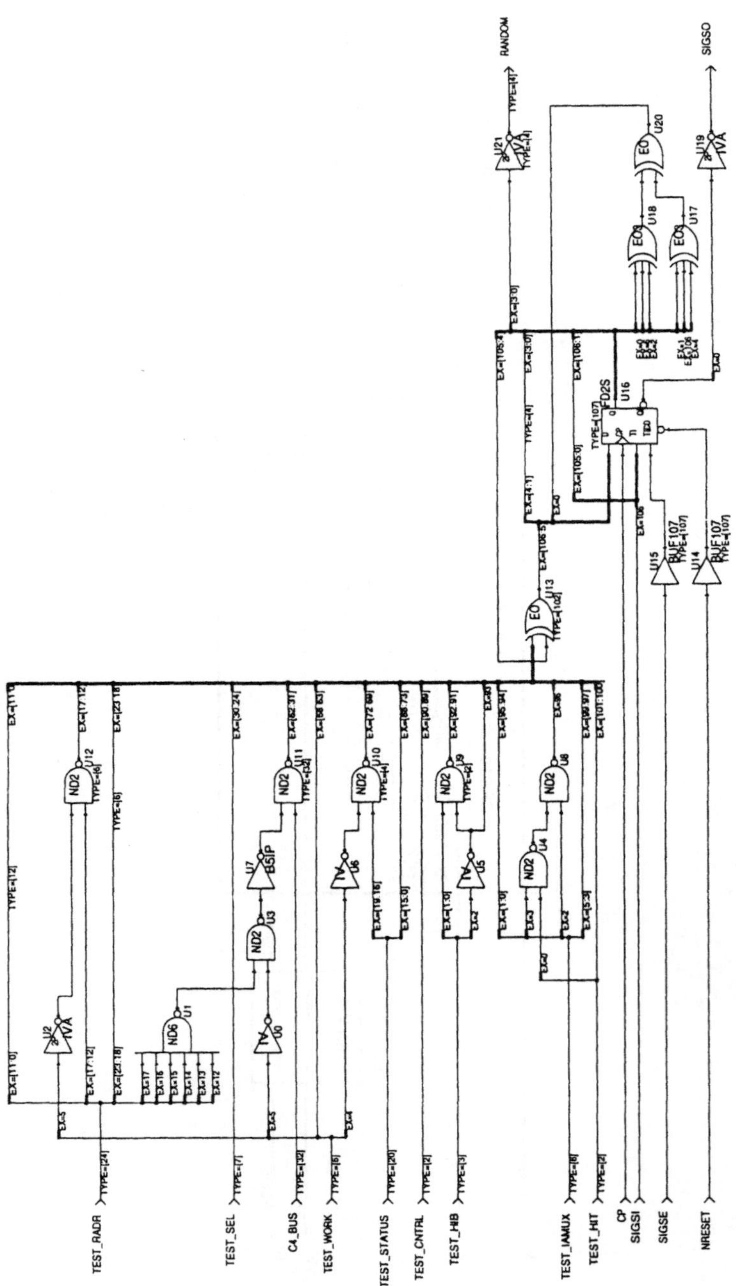

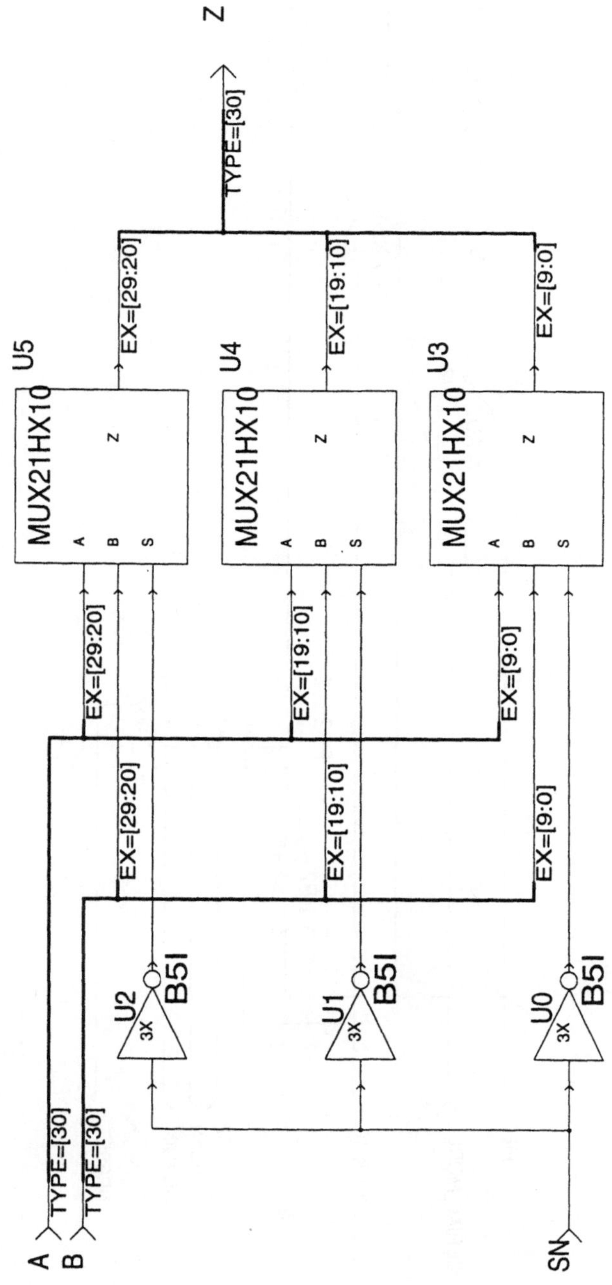

Z
TYPE=[30]
U5
MUX21HX10
EX=[29:20]
A
B
S
Z
U4
MUX21HX10
EX=[19:10]
A
B
S
Z
U3
MUX21HX10
EX=[9:0]
A
B
S
Z
EX=[29:20]
EX=[19:10]
EX=[9:0]
EX=[29:20]
EX=[19:10]
EX=[9:0]
U2
3X
B5I
U1
3X
B5I
U0
3X
B5I
A
TYPE=[30]
B
TYPE=[30]
SN

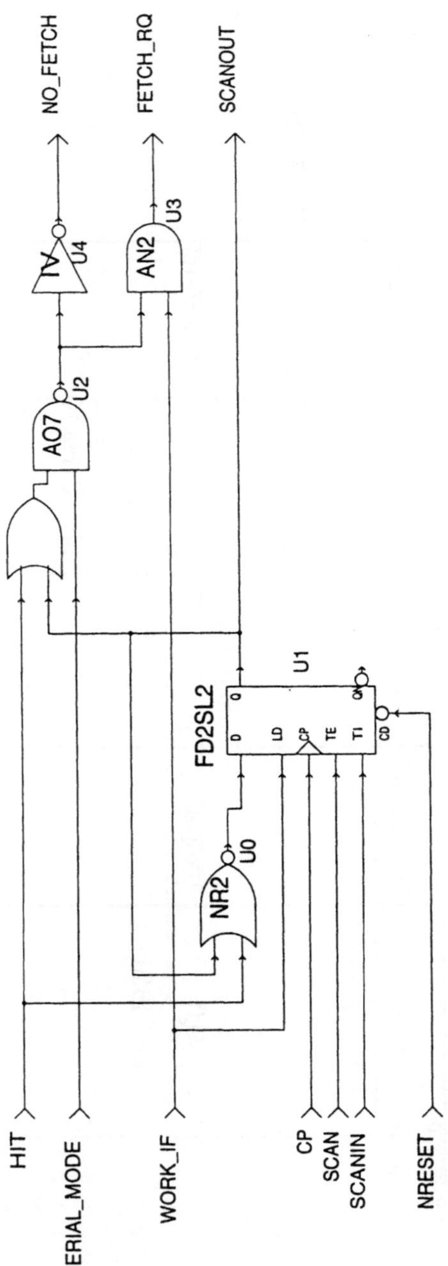

NO_FETCH
FETCH_RQ
SCANOUT
IV
U4
AN2
U3
AO7
U2
FD2SL2
U1
Q
D
LD
CP
TE
TI
CD
NR2
U0
HIT
SERIAL_MODE
WORK_IF
CP
SCAN
SCANIN
NRESET

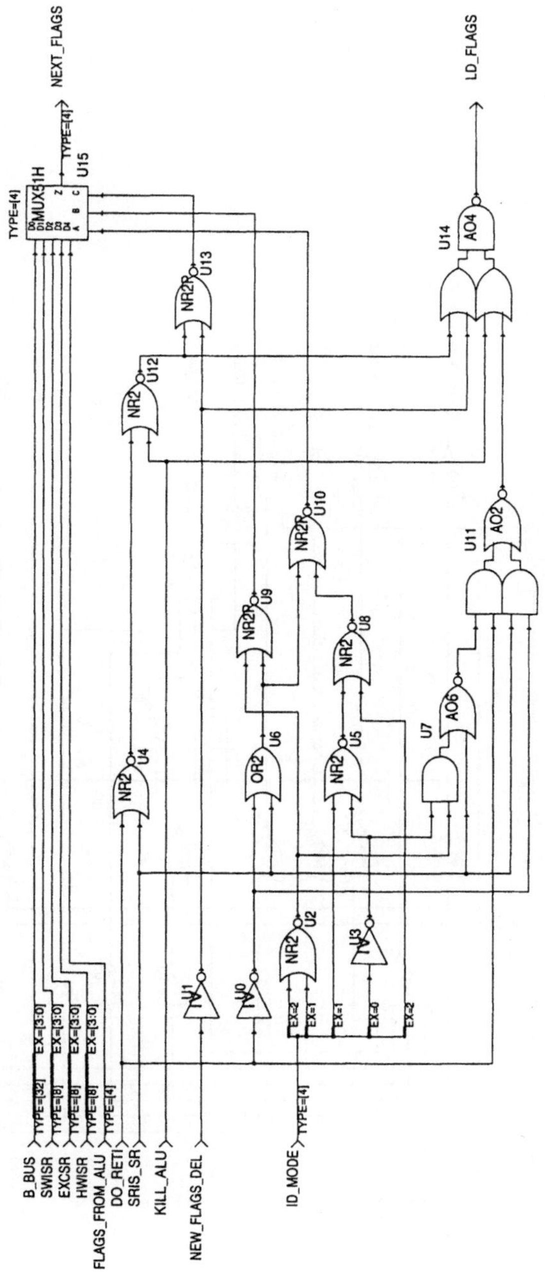

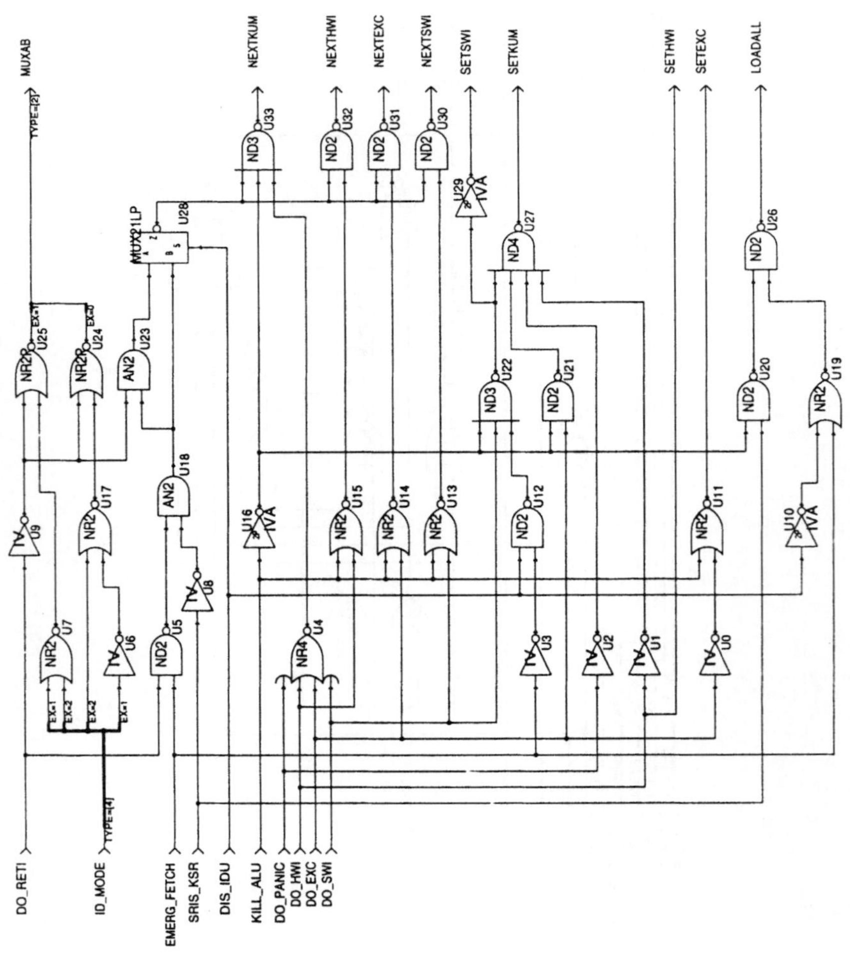

MUXAB
TYPE=[2]
DO_RET1
ID_MODE
TYPE=[4]
EMERG_FETCH
SRIS_KSR
DIS_IDU
KILL_ALU
DO_PANIC
DO_HWI
DO_EXC
DO_SWI
NEXTKUM
NEXTHWI
NEXTEXC
NEXTSWI
SETSWI
SETKUM
SETHWI
SETEXC
LOADALL
NR2B U25
NR2B U24
AN2 U23
NR2 U17
NR2 U7
IV U9
IV U6
AN2 U18
ND2 U5
IV U8
NR4 U4
MUX21LP U28
ND3 U33
ND2 U32
ND2 U31
ND2 U30
IVA U29
ND4 U27
ND3 U22
ND2 U21
ND2 U26
ND2 U20
NR2 U19
IVA U16
NR2 U15
NR2 U14
NR2 U13
ND2 U12
NR2 U11
IVA U10
IV U3
IV U2
IV U1
IV U0
EXC1
EXC2

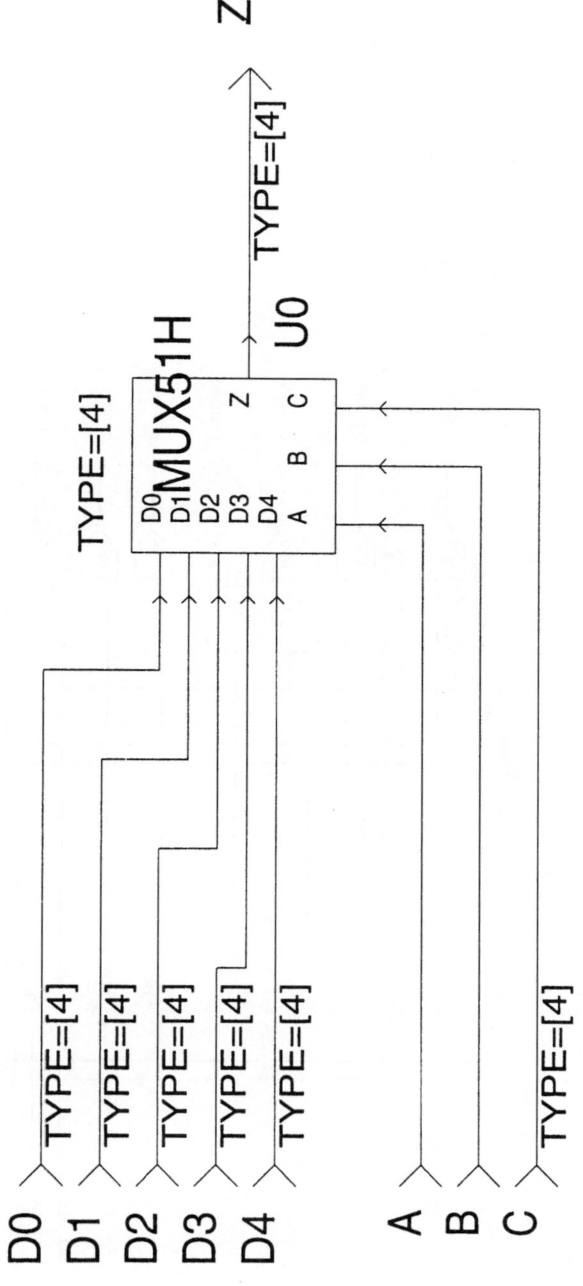
Z
TYPE=[4]
MUX51H
U0
TYPE=[4]
D0
D1
D2
D3
D4
A
B
C
Z
TYPE=[4]
TYPE=[4]
TYPE=[4]
TYPE=[4]
TYPE=[4]
D0
D1
D2
D3
D4
A
B
C
TYPE=[4]

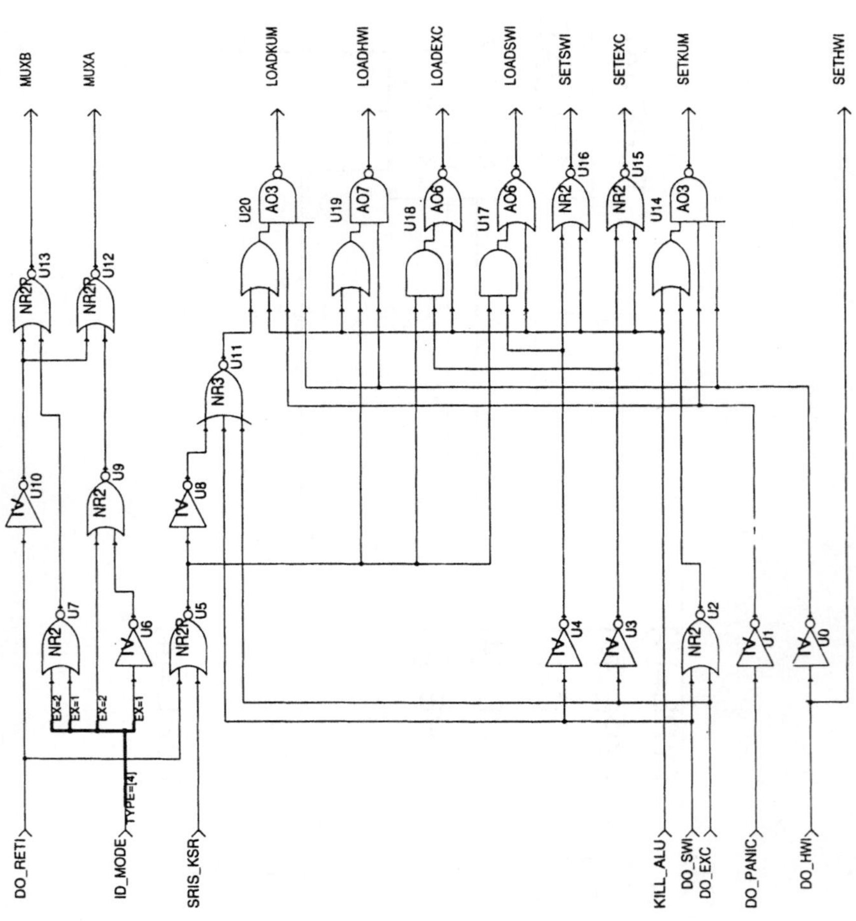

MUXB
MUXA
LOADKUM
LOADHWI
LOADEXC
LOADSWI
SETSWI
SETEXC
SETKUM
SETHWI
U13 NR2P
U12 NR2P
U20 AO3
U19 AO7
U18 AO6
U17 AO6
U16 NR2
U15 NR2
U14 AO3
U11 NR3
U10
U9 NR2
U8
U7 NR2
U6
U5 NR2P
U4
U3
U2 NR2P
U1
U0
EX=2
EX=1
EX=2
EX=1
DO_RETI
ID_MODE TYPE=4
SRIS_KSR
KILL_ALU
DO_SWI
DO_EXC
DO_PANIC
DO_HWI

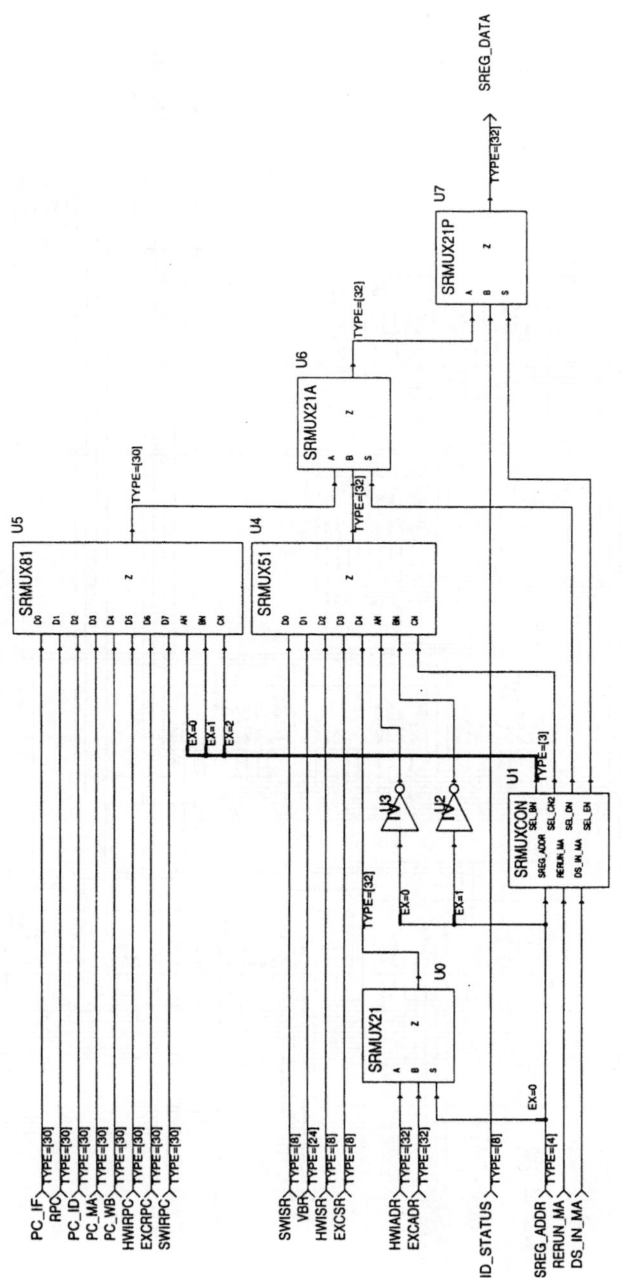

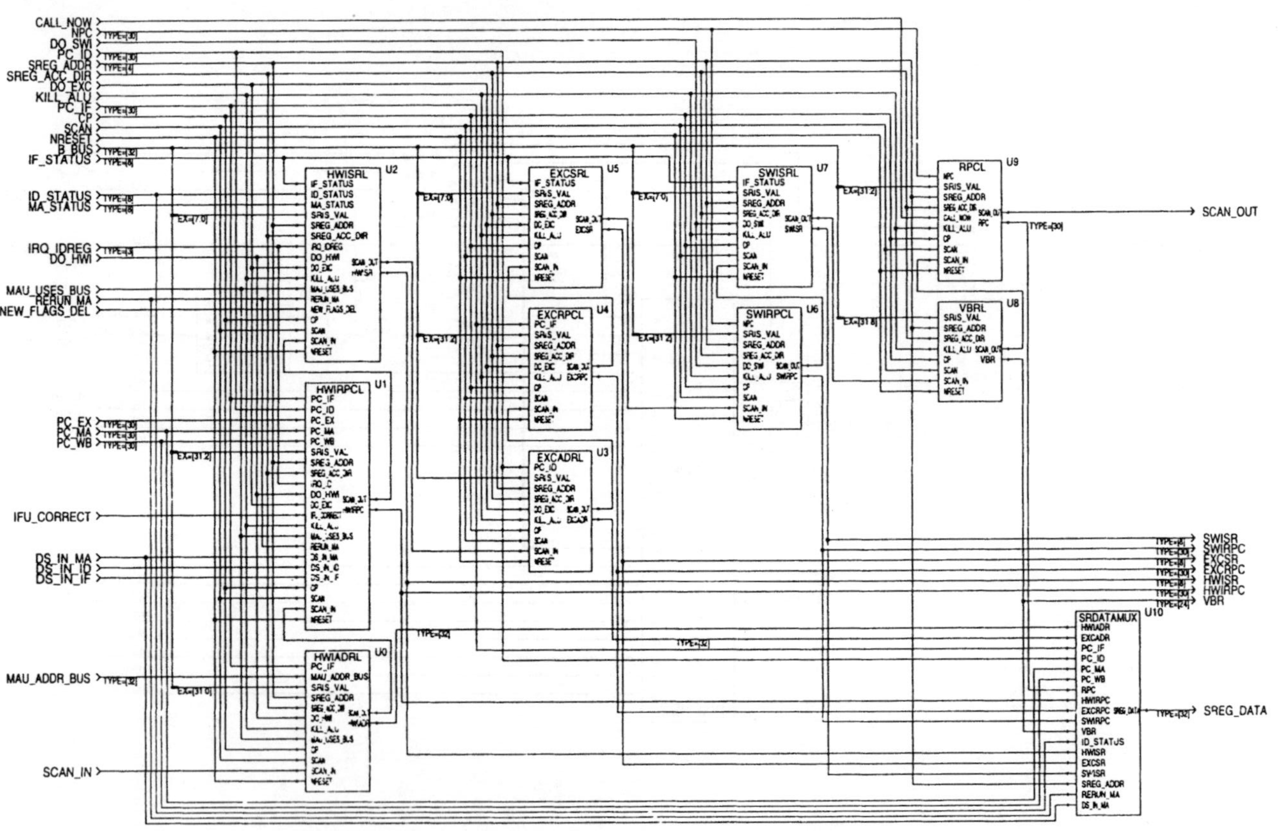

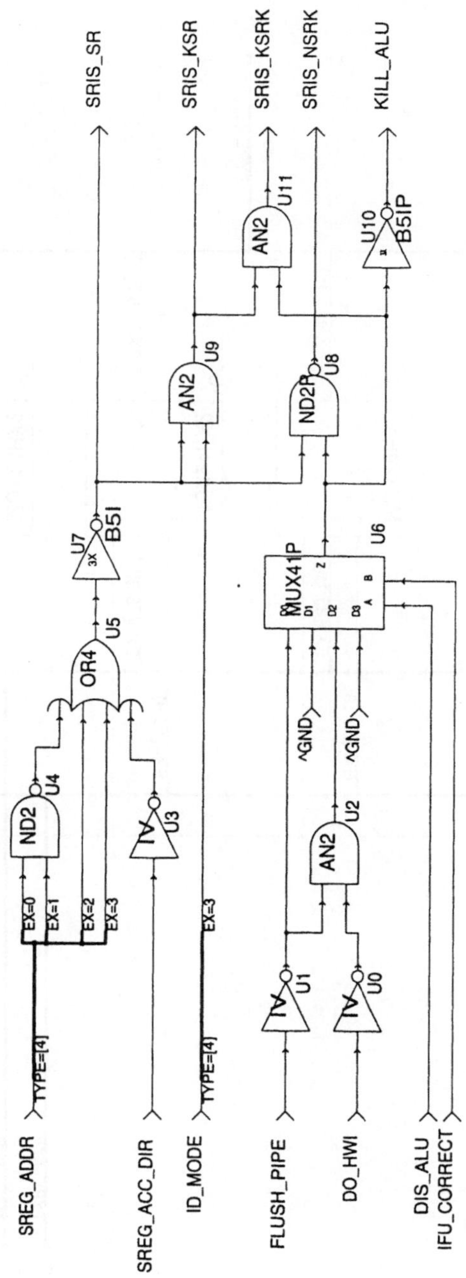

SRIS_SR
SRIS_KSR
SRIS_KSRK
SRIS_NSRK
KILL_ALU
AN2
U11
U10
B5IP
AN2
U9
ND2P
U8
U7
B5I
3X
OR4
U5
MUX41P
U6
Z
D1
D2
D3
A
B
GND
GND
ND2
U4
IV
U3
AN2
U2
EX=0
EX=1
EX=2
EX=3
EX=3
IV
U1
IV
U0
SREG_ADDR
TYPE=[4]
SREG_ACC_DIR
ID_MODE
TYPE=[4]
FLUSH_PIPE
DO_HWI
DIS_ALU
IFU_CORRECT

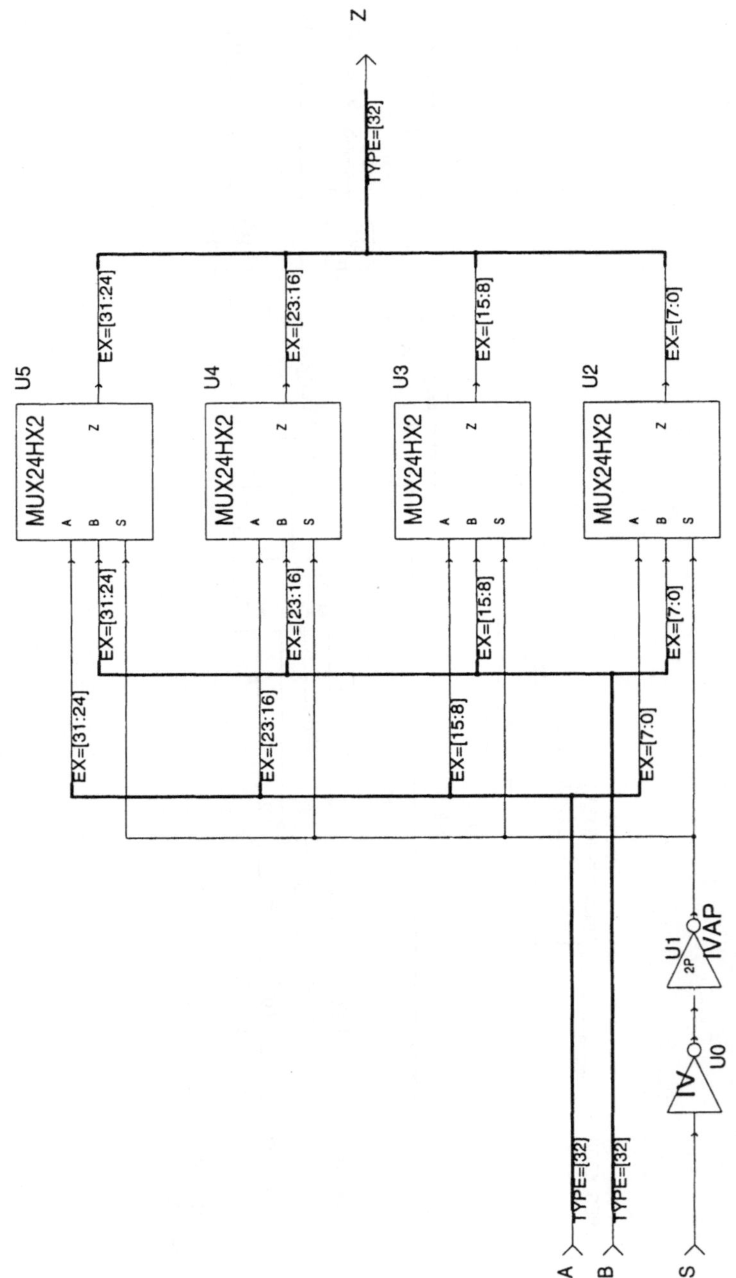

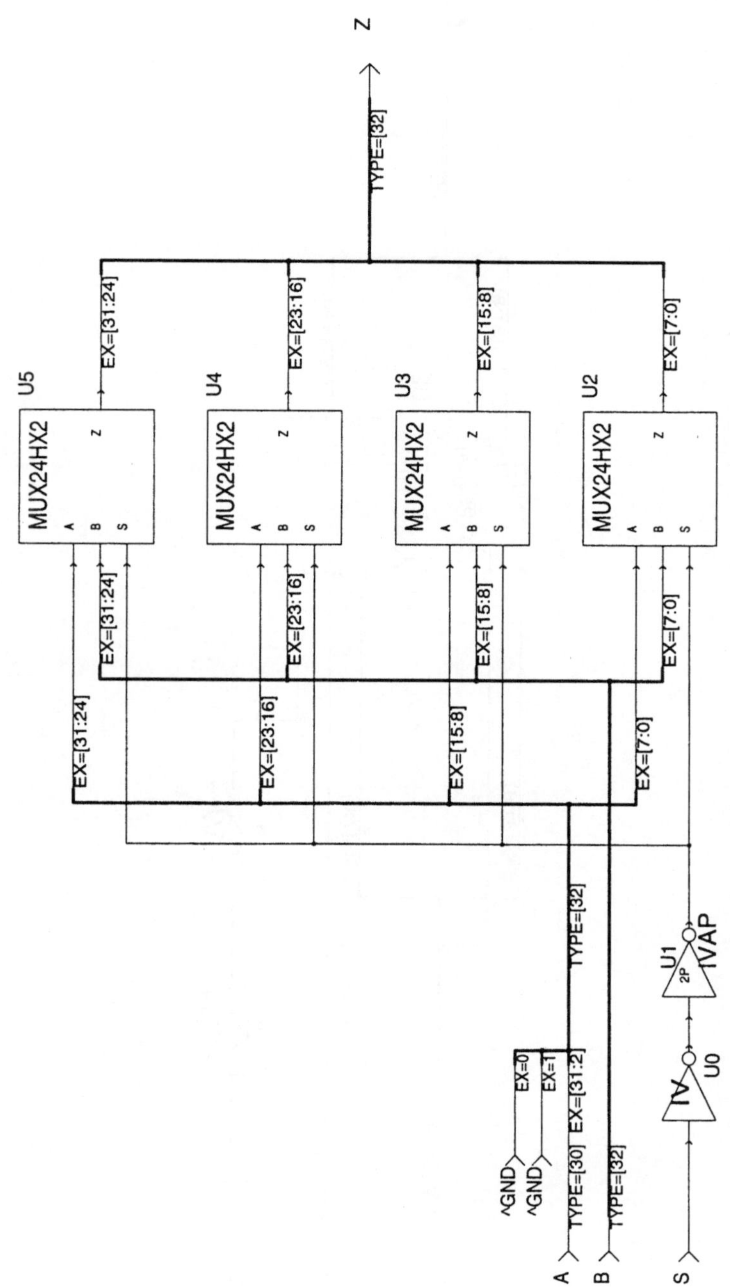

Z
TYPE=[32]
U5
MUX24HX2
A
B
S
Z
EX=[31:24]
U4
MUX24HX2
A
B
S
Z
EX=[23:16]
U3
MUX24HX2
A
B
S
Z
EX=[15:8]
U2
MUX24HX2
A
B
S
Z
EX=[7:0]
EX=[31:24]
EX=[23:16]
EX=[15:8]
EX=[7:0]
EX=[31:24]
EX=[23:16]
EX=[15:8]
EX=[7:0]
TYPE=[32]
EX=0
EX=1
GND
GND
TYPE=[30] EX=[31:2]
A
TYPE=[32]
B
U1
2P
IVAP
U0
IV
S

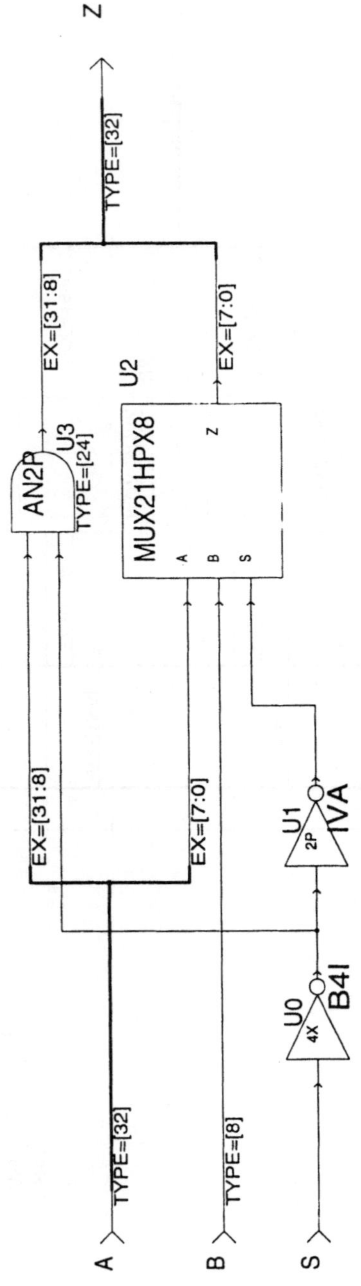

Z
TYPE=[32]
EX=[31:8]
EX=[7:0]
U2
MUX21HPX8
AN2P
U3
TYPE=[24]
A
B
S
Z
EX=[31:8]
EX=[7:0]
U1
2P
IVA
U0
4X
B4I
TYPE=[32]
TYPE=[8]
A
B
S

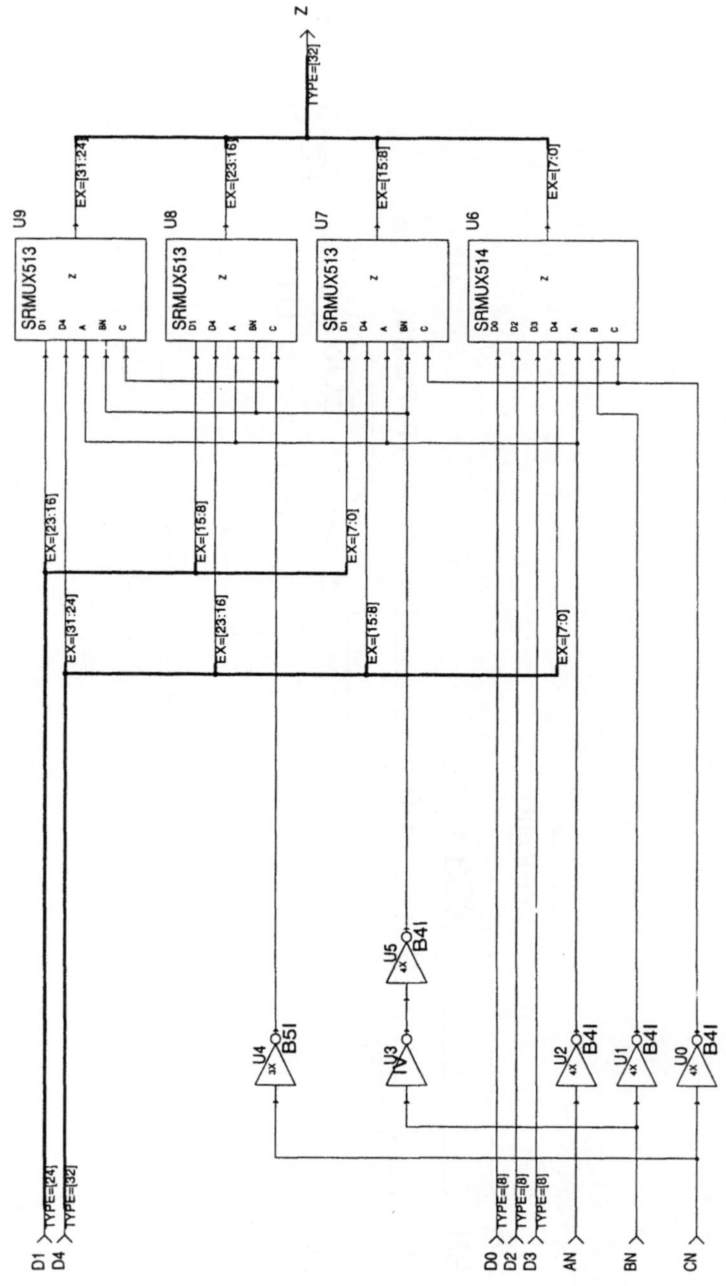

Z
TYPE=[32]
U9
SRMUX513
EX=[31:24]
U8
SRMUX513
EX=[23:16]
U7
SRMUX513
EX=[15:8]
U6
SRMUX514
EX=[7:0]
EX=[23:16]
EX=[15:8]
EX=[7:0]
EX=[31:24]
EX=[23:16]
EX=[15:8]
EX=[7:0]
U4
B5I
3X
U5
B4I
4X
U3
1X
U2
B4I
4X
U1
B4I
4X
U0
B4I
4X
D1
D4
TYPE=[24]
TYPE=[32]
D0
D2
D3
TYPE=[8]
TYPE=[8]
TYPE=[8]
AN
BN
CN

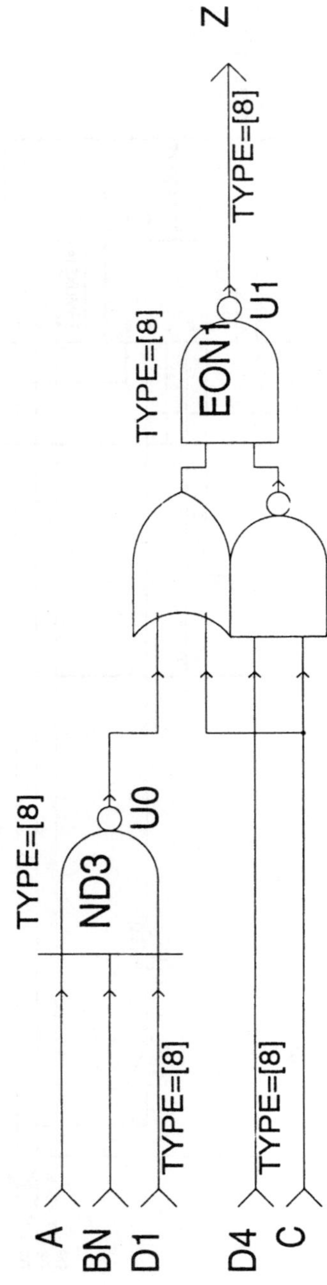
Z
TYPE=[8]
EON1
U1
TYPE=[8]
ND3
U0
TYPE=[8]
A
BN
D1
TYPE=[8]
D4
C
TYPE=[8]

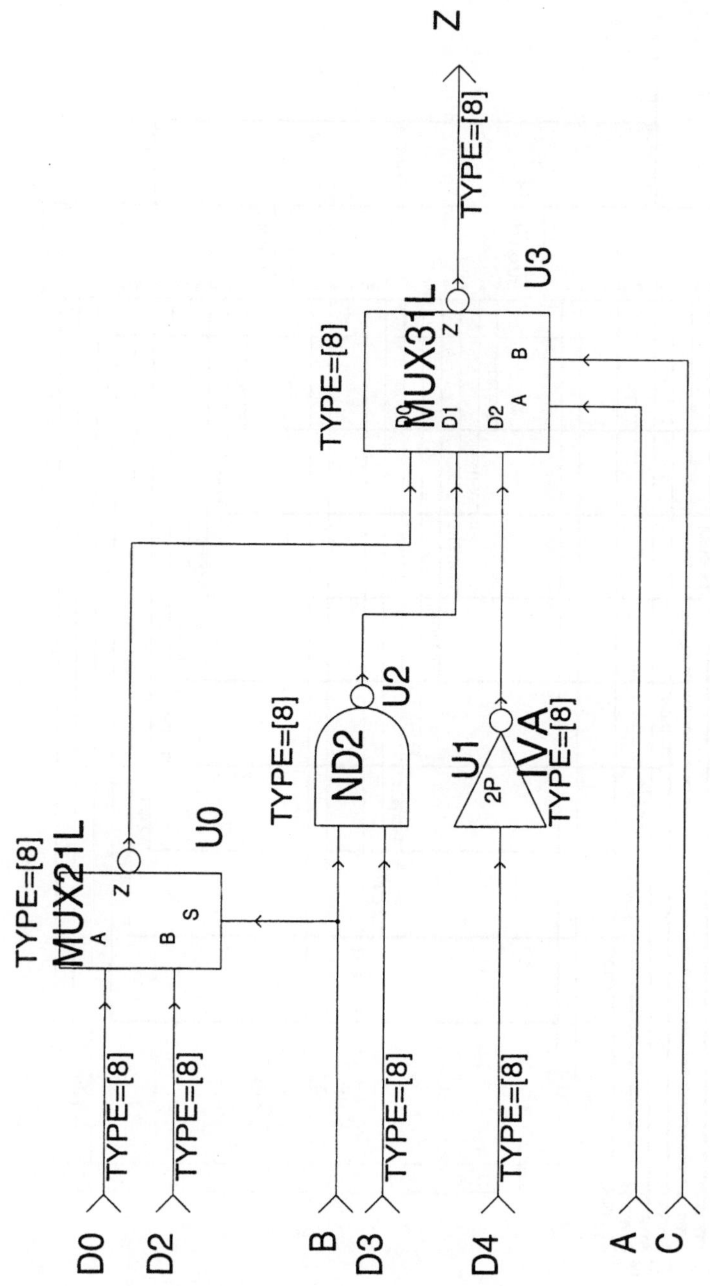
Z
TYPE=[8]
MUX31L
U3
Z
D0
D1
D2
A
B
TYPE=[8]
MUX21L
U0
A
Z
B
S
TYPE=[8]
ND2
U2
TYPE=[8]
IVA
U1
2P
TYPE=[8]
D0
TYPE=[8]
D2
TYPE=[8]
B
D3
TYPE=[8]
D4
TYPE=[8]
A
C

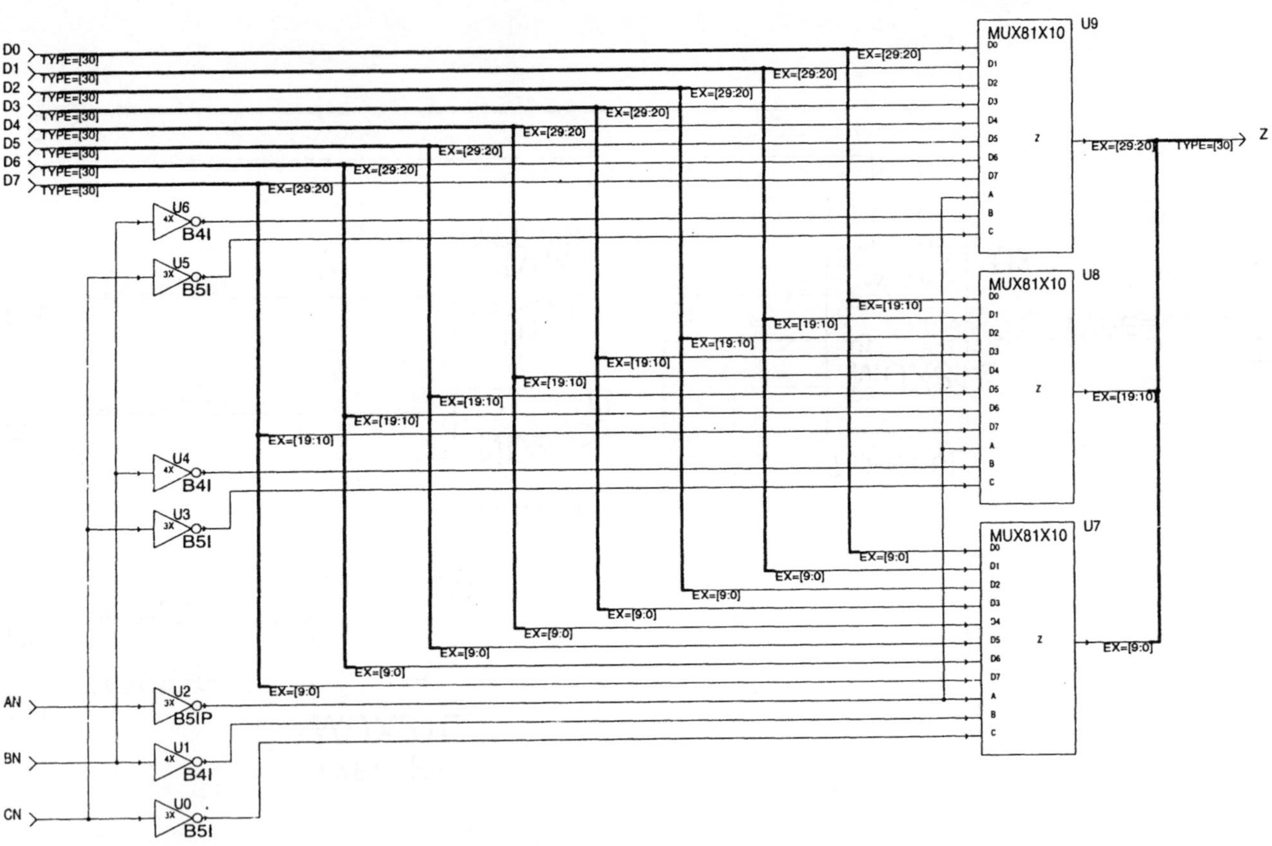

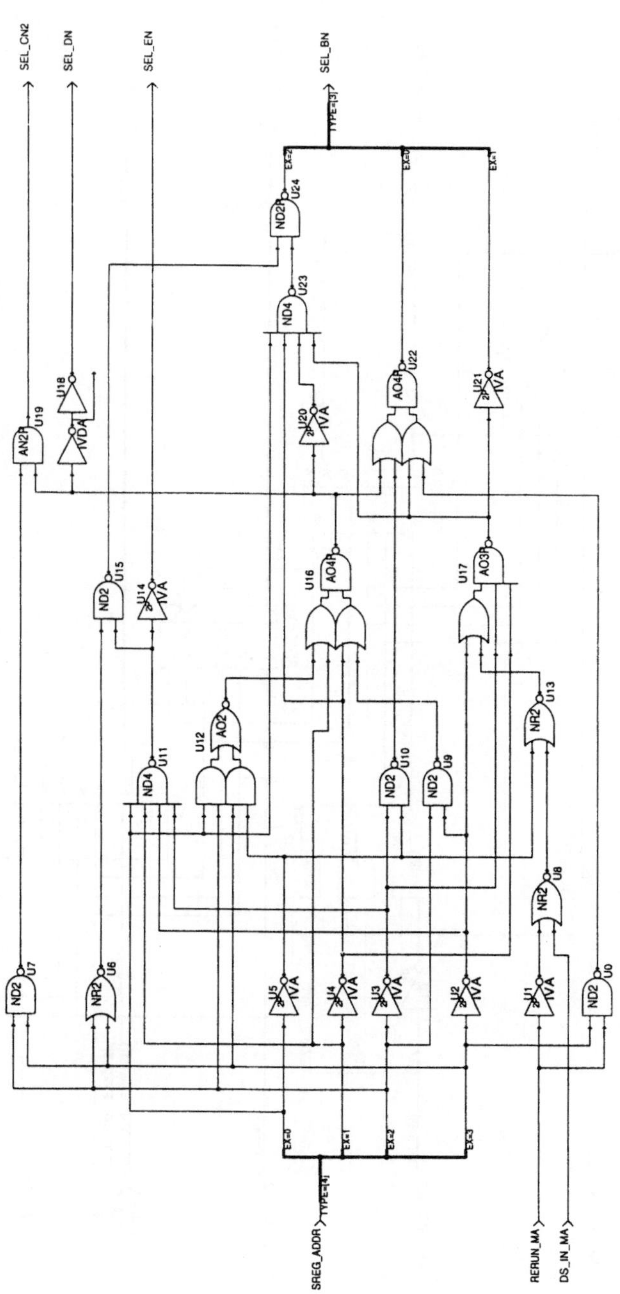

SEL_CN2
SEL_DN
SEL_EN
SEL_BN
TYPE=[3]
ND2B U24
ND4 U23
AO4P U22
IVA U21
AN2P U19
IVDA U18
IVA U20
ND2 U15
IVA U14
AO4P U16
AO3P U17
AO2 U12
NR2 U13
ND4 U11
ND2 U10
ND2 U9
NR2 U8
ND2 U7
NR2 U6
IVA U5
IVA U4
IVA U3
IVA U2
IVA U1
ND2 U0
SREG_ADDR TYPE=[4]
RERUN_MA
DS_IN_MA

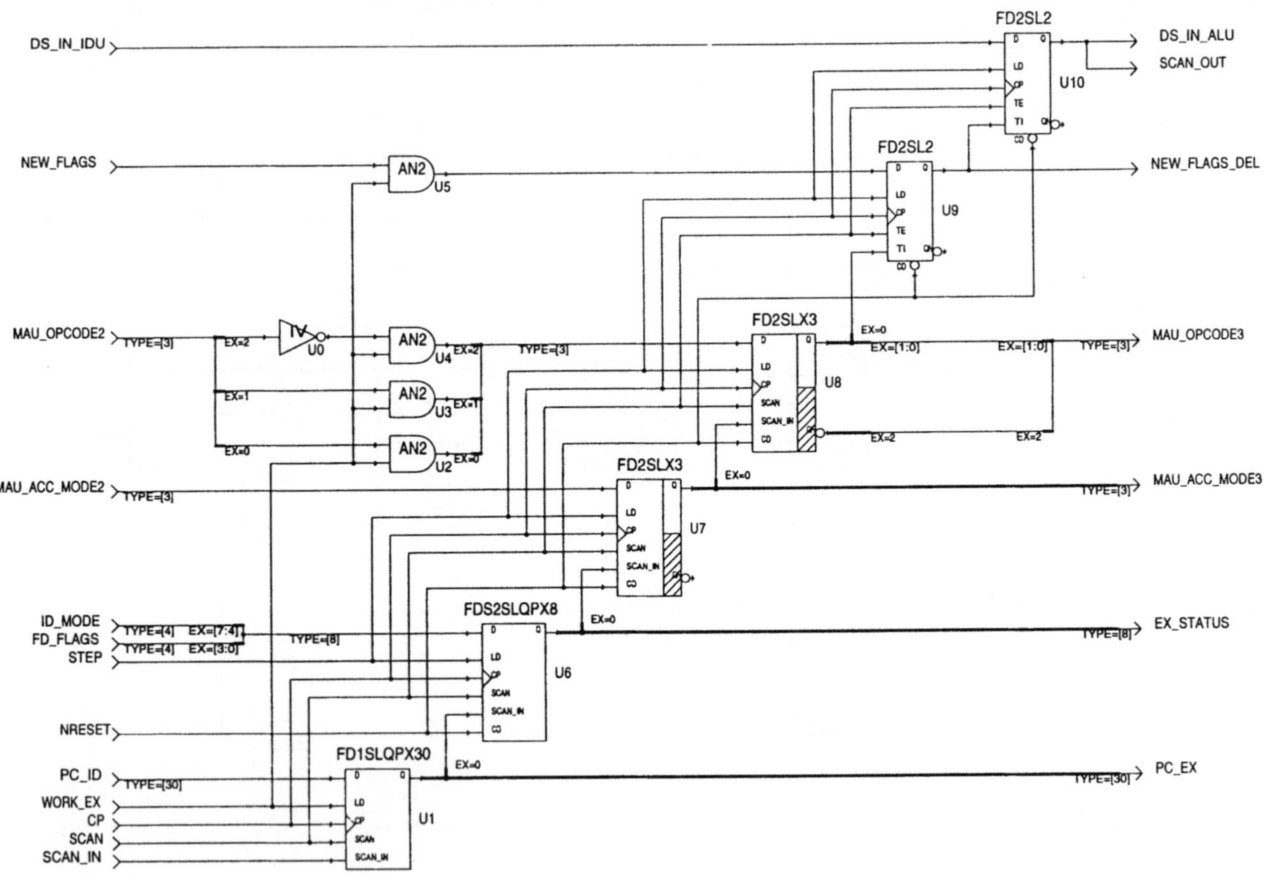
DS_IN_IDU
DS_IN_ALU
SCAN_OUT
FD2SL2
U10
NEW_FLAGS
AN2
U5
FD2SL2
U9
NEW_FLAGS_DEL
MAU_OPCODE2
TYPE=[3]
INV
U0
AN2
U4
AN2
U3
AN2
U2
EX=2
EX=1
EX=0
EX=2
EX=1
EX=0
TYPE=[3]
FD2SLX3
U8
EX=0
EX=[1:0]
EX=2
EX=[1:0]
EX=2
TYPE=[3]
MAU_OPCODE3
LD
CP
SCAN
SCAN_IN
CO
MAU_ACC_MODE2
TYPE=[3]
FD2SLX3
U7
EX=0
TYPE=[3]
MAU_ACC_MODE3
LD
CP
SCAN
SCAN_IN
CO
ID_MODE
TYPE=[4]
EX=[7:4]
FD_FLAGS
TYPE=[4]
EX=[3:0]
STEP
TYPE=[8]
FDS2SLQPX8
U6
EX=0
TYPE=[8]
EX_STATUS
LD
CP
SCAN
SCAN_IN
CO
NRESET
PC_ID
TYPE=[30]
FD1SLQPX30
U1
EX=0
TYPE=[30]
PC_EX
WORK_EX
CP
SCAN
SCAN_IN
LD

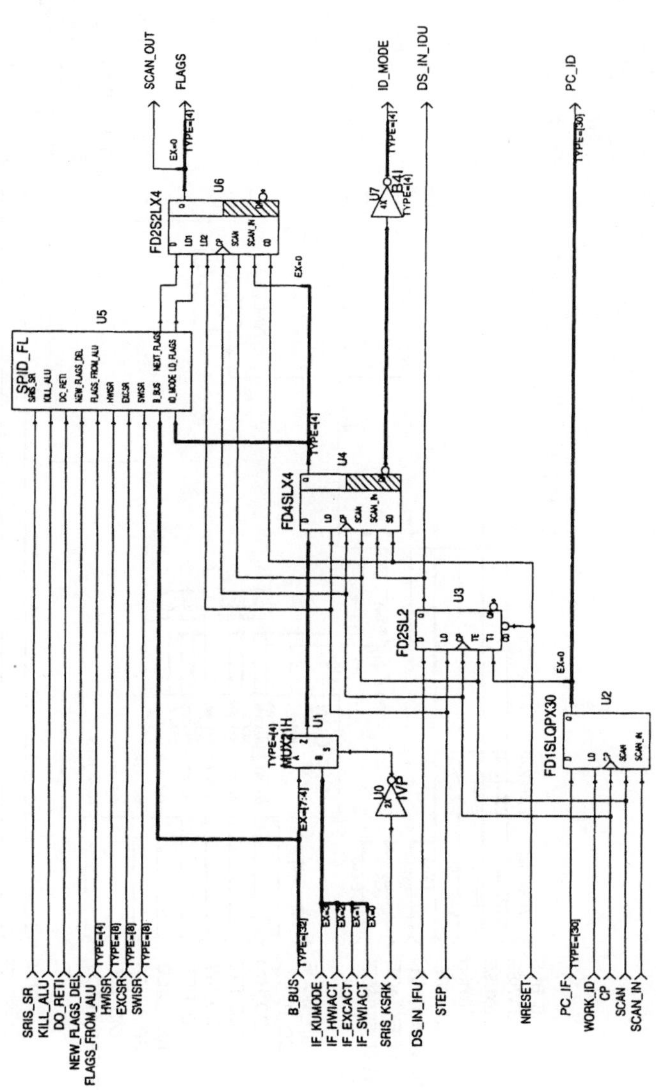

SCAN_OUT
FLAGS
ID_MODE
DS_IN_IDU
PC_ID
FD2S2LX4
U6
SPID_FL
U5
SRIS_SR
KILL_ALU
DO_RETI
NEW_FLAGS_DEL
FLAGS_FROM_ALU
HWISR
EXCSR
SWISR
B_BUS
ID_MODE
NEXT_FLAGS
ID_FLAGS
TYPE=[4]
TYPE=[8]
TYPE=[8]
TYPE=[8]
U7
B4I
TYPE=[4]
FD4SLX4
U4
TYPE=[4]
FD2SL2
U3
MUX21H
U1
U0
1VP
2X
FD1SLQPX30
U2
B_BUS
TYPE=[32]
IF_KUMODE
IF_HWIACT
IF_EXCACT
IF_SWIACT
SRIS_KSRK
DS_IN_IFU
STEP
NRESET
PC_IF
TYPE=[30]
WORK_ID
CP
SCAN
SCAN_IN
EX=0

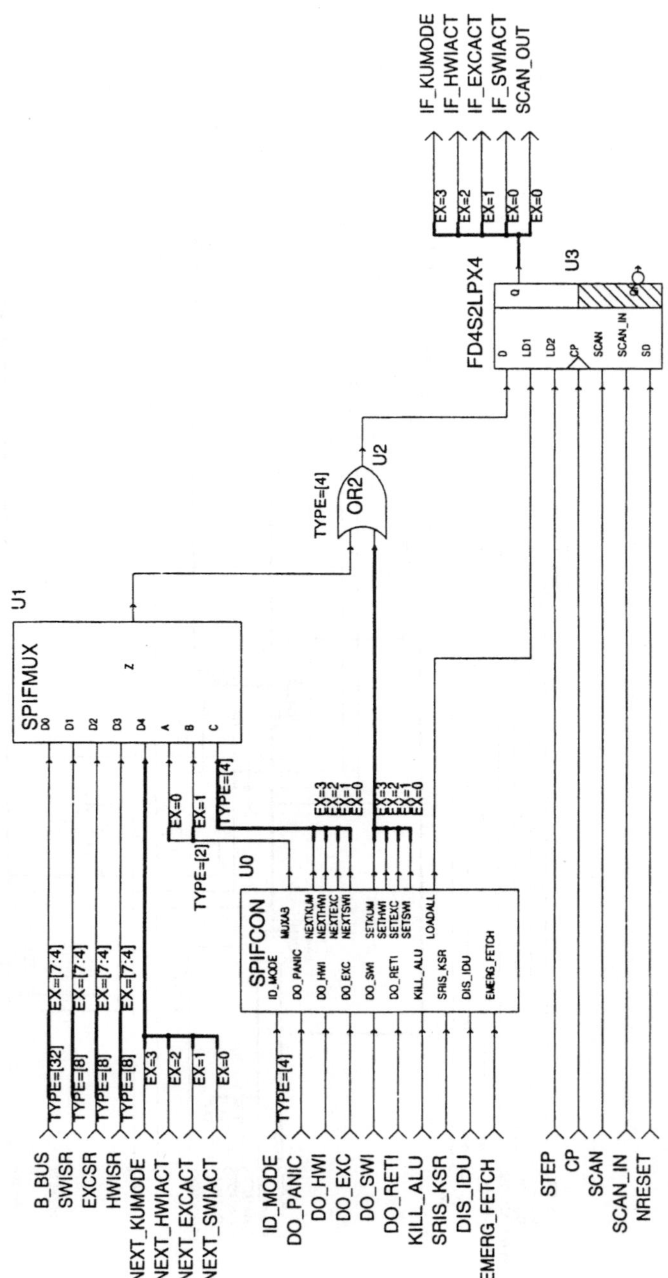

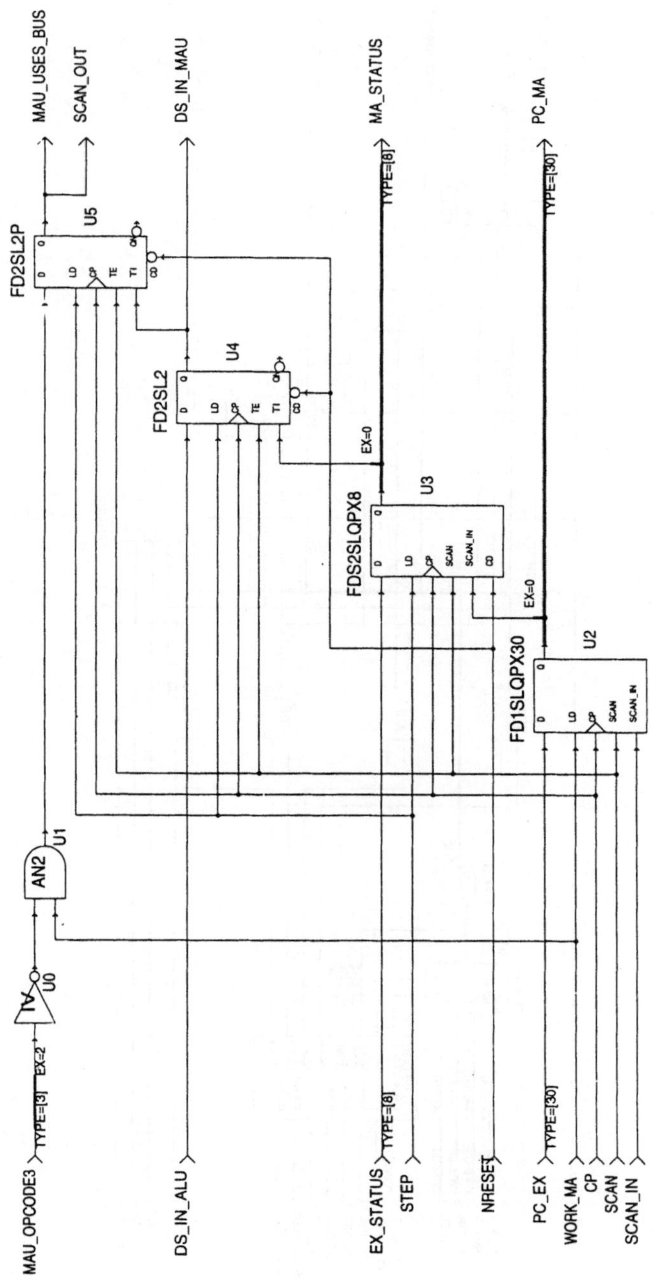
MAU_USES_BUS
SCAN_OUT
DS_IN_MAU
MA_STATUS
PC_MA
FD2SL2P
U5
FD2SL2
U4
FDS2SLQPX8
U3
FD1SLQPX30
U2
AN2
U1
INV
U0
D LD CP TE TI QB Q
SCAN SCAN_IN
TYPE=[8]
TYPE=[30]
EX=0
MAU_OPCODE3
TYPE=[3]
EX=2
DS_IN_ALU
EX_STATUS
TYPE=[8]
STEP
NRESET
PC_EX
TYPE=[30]
WORK_MA
CP
SCAN
SCAN_IN

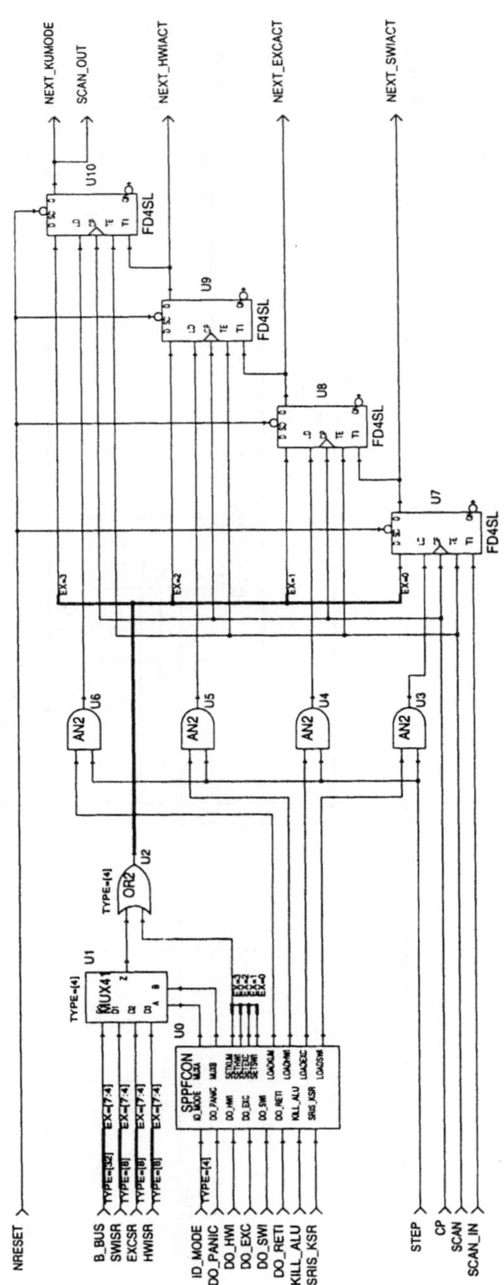

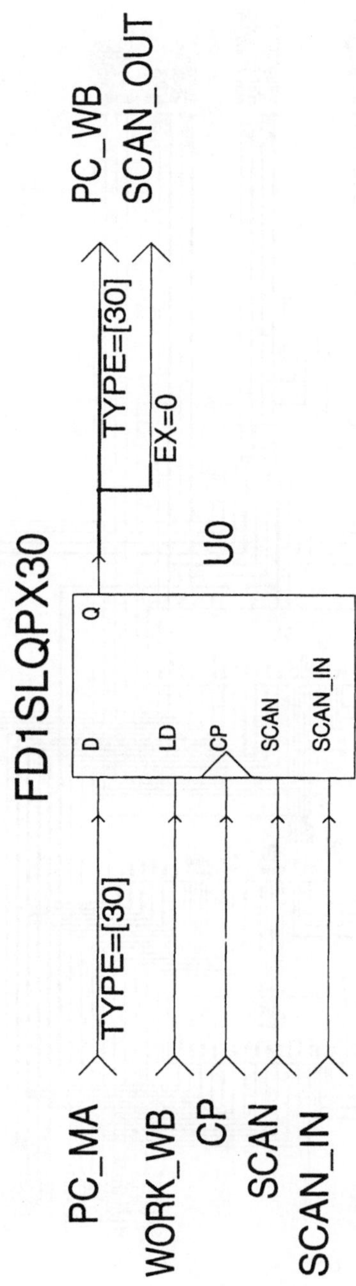
FD1SLQPX30
U0
PC_WB
SCAN_OUT
TYPE=[30]
EX=0
Q
D
LD
CP
SCAN
SCAN_IN
TYPE=[30]
PC_MA
WORK_WB
CP
SCAN
SCAN_IN

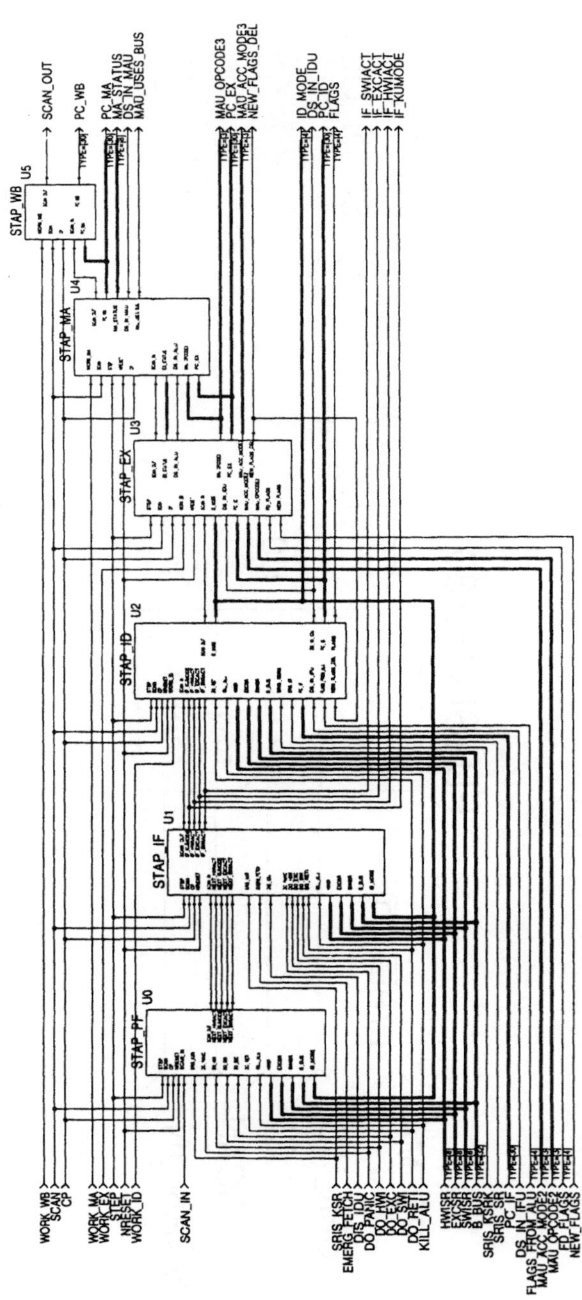

STAP_WB U5
STAP_MA U4
STAP_EX U3
STAP_ID U2
STAP_IF U1
STAP_PF U0
SCAN_OUT
PC_WB
PC_MA
MA_STATUS
DS_IN_MAU
MAU_USES_BUS
MAU_OPCODE3
PC_EX
MAU_ACC_MODE3
NEW_FLAGS_DEL
ID_MODE
DS_IN_IDU
PC_ID
FLAGS
IF_SWIACT
IF_EXCACT
IF_HWIACT
IF_KUMODE
WORK_WB
SCAN
CP
WORK_MA
WORK_EX
STEP
NRESET
WORK_ID
SCAN_IN
SRIS_KSR
EMERG_FETCH
DIS_IDU
DO_PANIC
DO_LWI
DO_EXC
DO_SWI
DO_RETI
KILL_ALU
HWISR
EXCSR
SWISR
SRIS_KSAK
SRIS_SR
PC_IF
DS_IN_IFU
FLAGS_FROM_ALU
MAU_ACC_MODE2
MAU_OPCODE2
FD_FLAGS
NEW_FLAGS

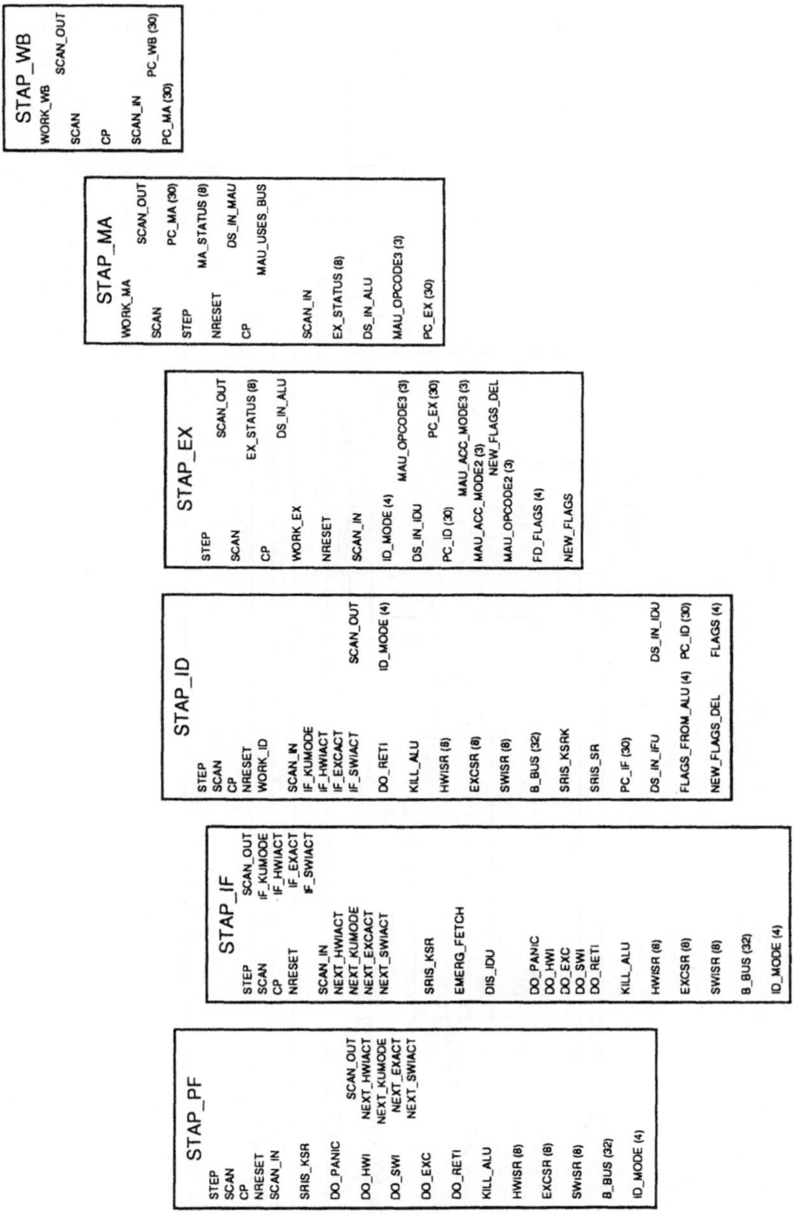

STAP_WB

- WORK_WB — SCAN_OUT
- SCAN
- CP
- SCAN_IN — PC_WB (30)
- PC_MA (30)

STAP_MA

- WORK_MA — SCAN_OUT
- SCAN — PC_MA (30)
- STEP — MA_STATUS (8)
- NRESET — DS_IN_MAU
- CP — MAU_USES_BUS
- SCAN_IN
- EX_STATUS (8)
- DS_IN_ALU
- MAU_OPCODE3 (3)
- PC_EX (30)

STAP_EX

- STEP — SCAN_OUT
- SCAN — EX_STATUS (8)
- CP — DS_IN_ALU
- WORK_EX
- NRESET
- SCAN_IN
- ID_MODE (4) — MAU_OPCODE3 (3)
- DS_IN_IDU — PC_EX (30)
- PC_ID (30) — MAU_ACC_MODE3 (3)
- MAU_ACC_MODE2 (3) — NEW_FLAGS_DEL
- MAU_OPCODE2 (3)
- FD_FLAGS (4)
- NEW_FLAGS

STAP_ID

- STEP
- SCAN
- CP
- NRESET
- WORK_ID
- SCAN_IN — SCAN_OUT
- IF_KUMODE
- IF_HWIACT
- IF_EXACT
- IF_SWIACT — ID_MODE (4)
- DO_RETI
- KILL_ALU
- HWISR (8)
- EXCSR (8)
- SWISR (8)
- B_BUS (32)
- SRIS_KSRK
- SRIS_SR
- PC_IF (30)
- DS_IN_IFU — DS_IN_IDU — PC_ID (30)
- FLAGS_FROM_ALU (4) — FLAGS (4)
- NEW_FLAGS_DEL

STAP_IF

- STEP — SCAN_OUT
- SCAN — IF_KUMODE
- CP — IF_HWIACT
- NRESET — IF_EXACT — IF_SWIACT
- SCAN_IN
- NEXT_HWIACT
- NEXT_KUMODE
- NEXT_EXCACT
- NEXT_SWIACT
- SRIS_KSR
- EMERG_FETCH
- DIS_IDU
- DO_PANIC
- DO_HWI
- DO_EXC
- DO_SWI
- DO_RETI
- KILL_ALU
- HWISR (8)
- EXCSR (8)
- SWISR (8)
- B_BUS (32)
- ID_MODE (4)

STAP_PF

- STEP
- SCAN
- CP
- NRESET — SCAN_OUT — NEXT_HWIACT
- SCAN_IN — NEXT_KUMODE
- NEXT_EXACT — NEXT_SWIACT
- SRIS_KSR
- DO_PANIC
- DO_HWI
- DO_SWI
- DO_EXC
- DO_RETI
- KILL_ALU
- HWISR (8)
- EXCSR (8)
- SWISR (8)
- B_BUS (32)
- ID_MODE (4)

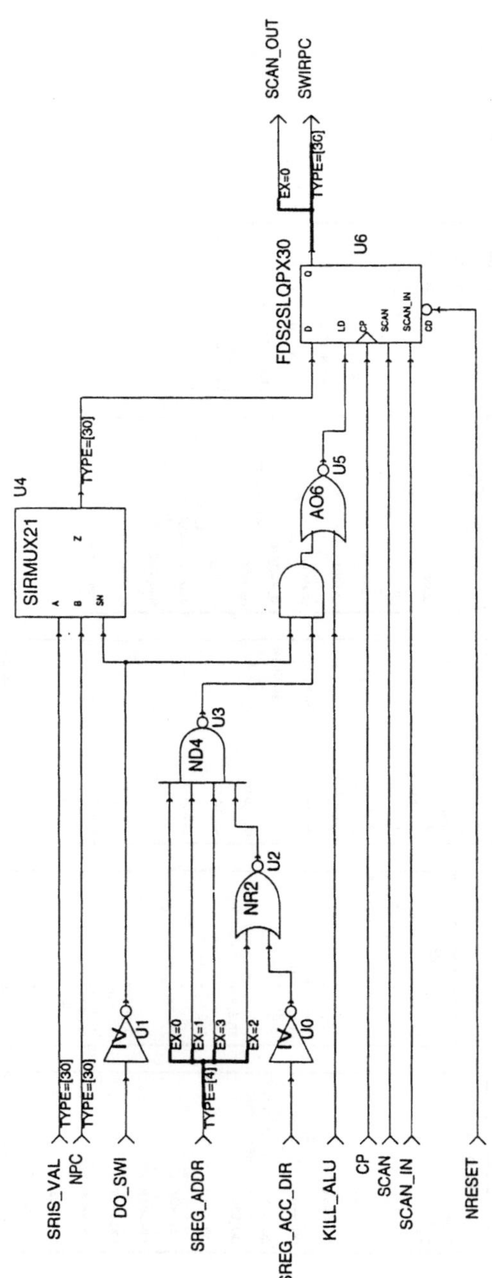

SCAN_OUT
SWIRPC
EX=0
TYPE=[30]
FDS2SLQPX30
U6
Q
D
LD
CP
SCAN
SCAN_IN
CD
SIRMUX21
U4
A
B
SN
Z
TYPE=[30]
AO6
U5
ND4
U3
NR2
U2
IV
U1
IV
U0
EX=0
EX=1
EX=3
EX=2
SRIS_VAL
NPC
TYPE=[30]
TYPE=[30]
DO_SWI
SREG_ADDR
TYPE=[4]
SREG_ACC_DIR
KILL_ALU
CP
SCAN
SCAN_IN
NRESET

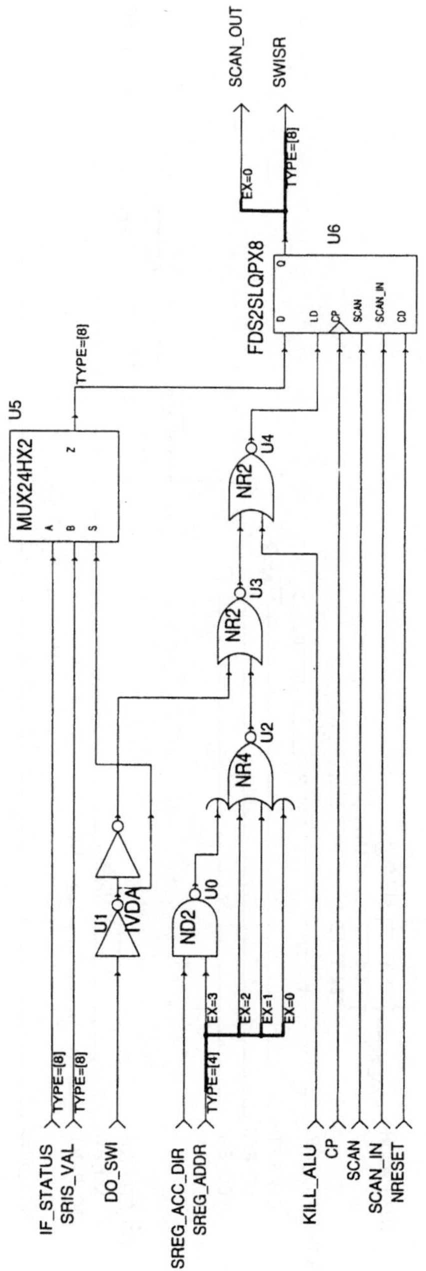

SCAN_OUT
SWISR
EX=0
TYPE=[8]
FDS2SLQPX8
U6
Q
D
LD
CP
SCAN
SCAN_IN
CD
TYPE=[8]
MUX24HX2
U5
Z
A
B
S
NR2
U4
NR2
U3
NR4
U2
U1
IVDA
ND2
U0
EX=3
EX=2
EX=1
EX=0
TYPE=[4]
IF_STATUS
SRIS_VAL
TYPE=[8]
TYPE=[8]
DO_SWI
SREG_ACC_DIR
SREG_ADDR
KILL_ALU
CP
SCAN
SCAN_IN
NRESET

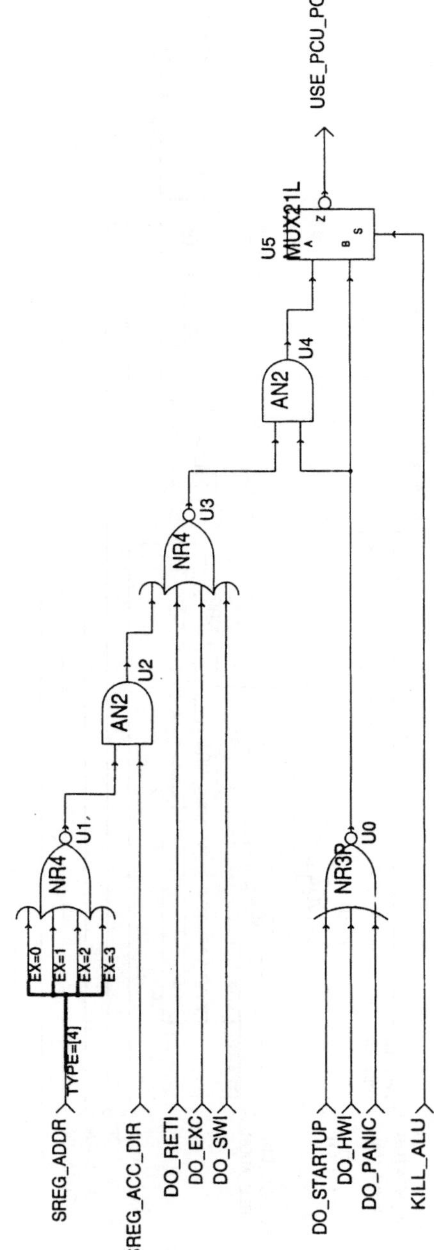
USE_PCU_PC
U5
MUX21L
Z
A
B
S
AN2
U4
NR4
U3
AN2
U2
NR4
U1
EX=0
EX=1
EX=2
EX=3
TYPE=[4]
SREG_ADDR
SREG_ACC_DIR
DO_RETI
DO_EXC
DO_SWI
NR3R
U0
DO_STARTUP
DO_HWI
DO_PANIC
KILL_ALU

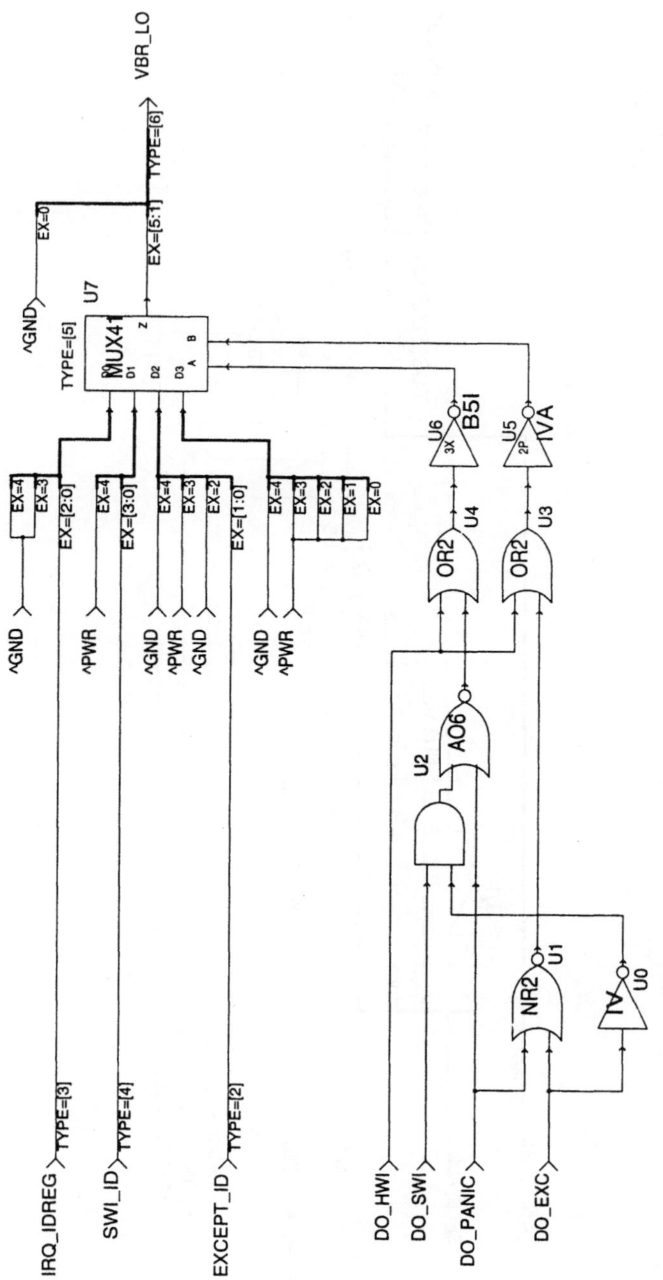
VBR_LO
TYPE=[6]
EX=[5:1]
EX=0
^GND
U7
TYPE=[5]
MUX41
Z
D1 D2 D3
B A
EX=4
EX=3
EX=[2:0]
EX=4
EX=[3:0]
EX=4
EX=3
EX=2
EX=[1:0]
EX=4
EX=3
EX=2
EX=1
EX=0
^GND
^PWR
^GND
^PWR
^GND
^GND
^PWR
U6
3X
B5I
U5
2P
IVA
U4
OR2
U3
OR2
U2
AO6
NR2
U1
IV
U0
IRQ_IDREG
TYPE=[3]
SWI_ID
TYPE=[4]
EXCEPT_ID
TYPE=[2]
DO_HWI
DO_SWI
DO_PANIC
DO_EXC

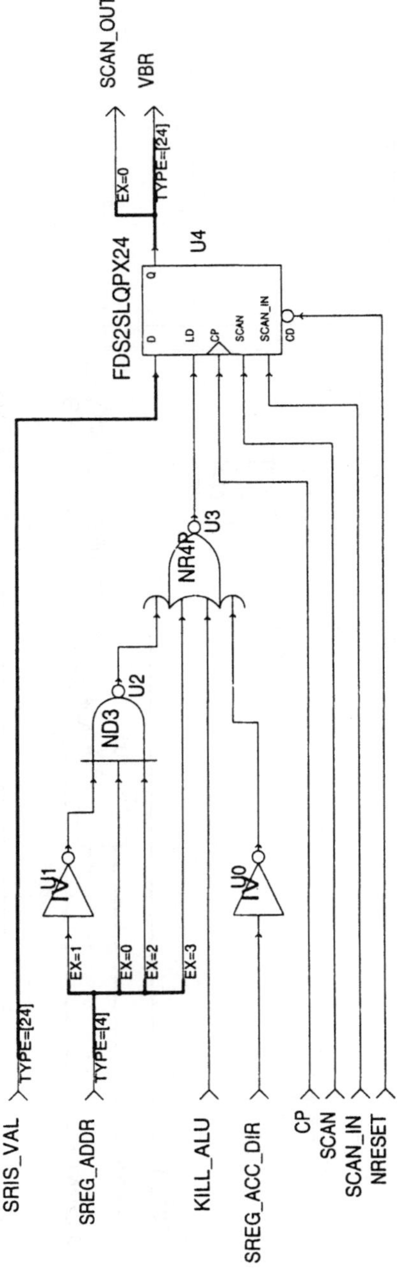
SCAN_OUT
VBR
EX=0
TYPE=[24]
FDS2SLQPX24
U4
Q
D
LD
CP
SCAN
SCAN_IN
CD
NR4R
U3
ND3
U2
IV
U1
IV
U0
EX=1
EX=0
EX=2
EX=3
SRIS_VAL
TYPE=[24]
SREG_ADDR
TYPE=[4]
KILL_ALU
SREG_ACC_DIR
CP
SCAN
SCAN_IN
NRESET

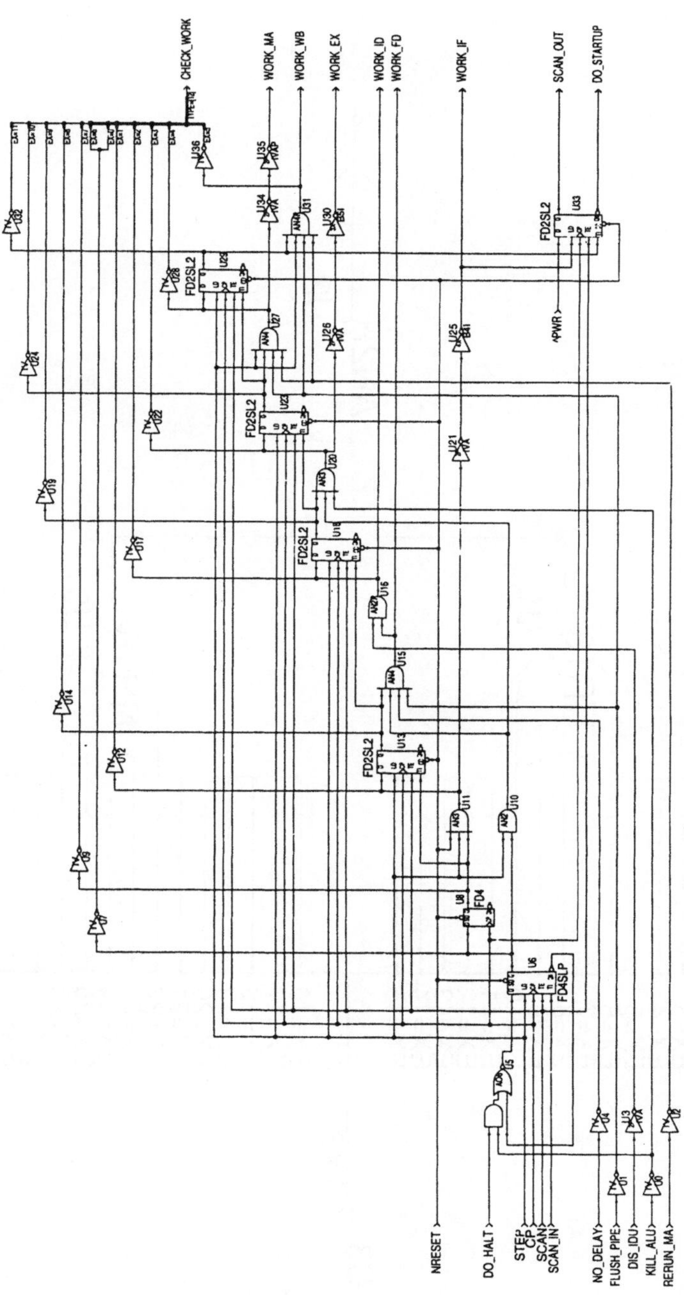

CHECK_WORK
WORK_MA
WORK_WB
WORK_EX
WORK_ID
WORK_FD
WORK_IF
SCAN_OUT
DO_STARTUP
FD2SL2
FD2SL2
FD2SL2
FD2SL2
FD2SL2
FD4
FD4SLP
PWR
NRESET
DO_HALT
STEP
CP
SCAN
SCAN_IN
NO_DELAY
FLUSH_PIPE
DIS_IDU
KILL_ALU
RERUN_MA

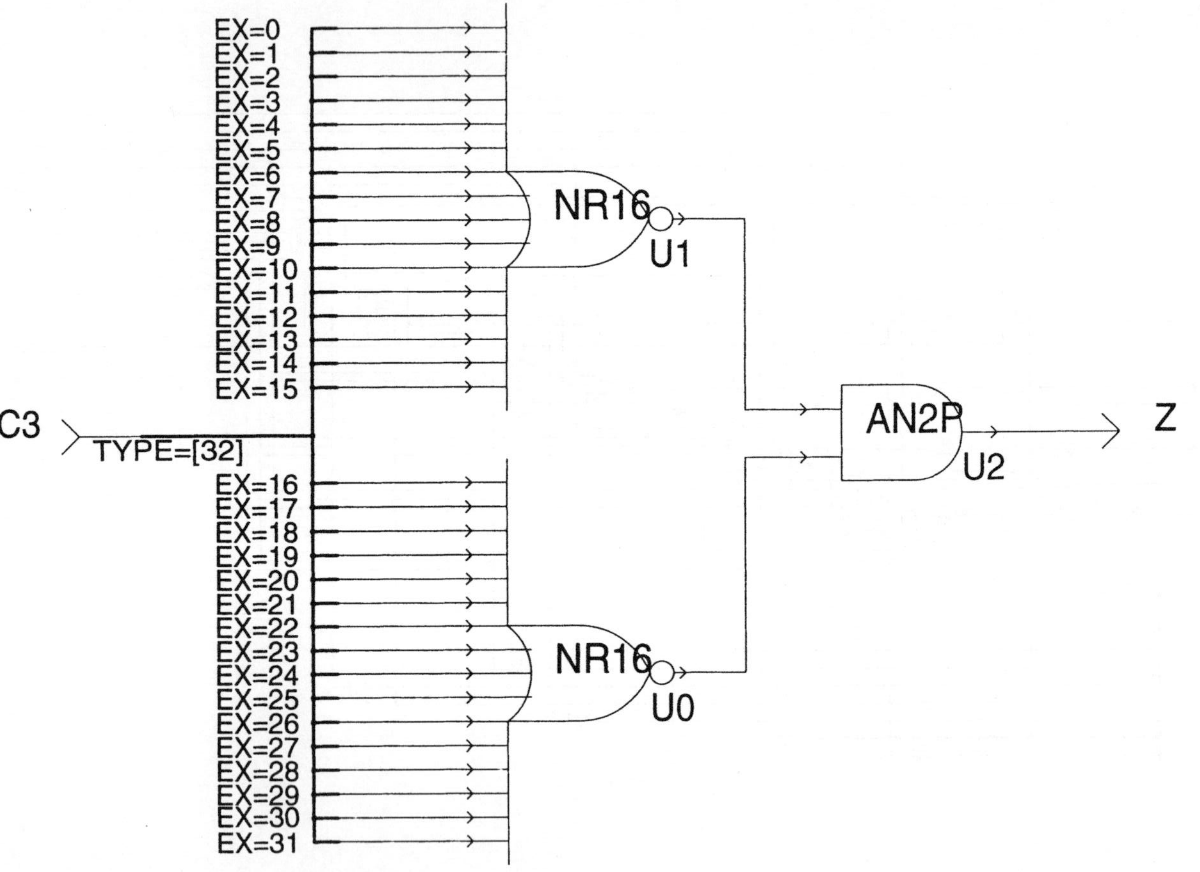

C3
TYPE=[32]
EX=0
EX=1
EX=2
EX=3
EX=4
EX=5
EX=6
EX=7
EX=8
EX=9
EX=10
EX=11
EX=12
EX=13
EX=14
EX=15
EX=16
EX=17
EX=18
EX=19
EX=20
EX=21
EX=22
EX=23
EX=24
EX=25
EX=26
EX=27
EX=28
EX=29
EX=30
EX=31
NR16
U1
NR16
U0
AN2P
U2
Z

Literatur und Index

zum vorliegenden Hintergrundband finden sich am Ende des Einführungsbandes.

VLSI-Entwurf eines RISC-Prozessors

von Ulrich Golze

*1995. Ca. 350 Seiten mit Diskette. Gebunden.
ISBN 3-528-05416-6*

Aus dem Inhalt: VLSI-Entwurf – RISC-Prozessor – Pipeline-Architektur – Hardware-Beschreibungssprache (HDL) – Einführung in VERILOG HDL – Verhalten und Struktur – Interpreter – Grobstrukturmodell – Gattermodell – Test.

Dieses Lehr- und Arbeitsbuch führt in den modernen Entwurf großer Chips ein. Ein großer, leistungsfähiger RISC-Prozessor wird in einer Hardware-Beschreibungssprache (HDL) spezifiziert, hierarchisch entwickelt und schließlich als Gattermodell dem Halbleiterhersteller zur Fertigung übergeben. Das Ergebnis ist ein Semi-Custum-Prozessor mit über 100.000 Bruttogattern und einer Rechenleistung von bis zu 40 MIPS. Das Buch mit Diskette führt auch ausführlich in die HDL VERILOG ein.

Über den Autor: Prof. Dr. Ulrich Golze ist Professor für den Entwurf integrierter Schaltungen an der TU Braunschweig.

Erscheinungstermin: Februar 1995

Verlag Vieweg · Postfach 58 29 · 65048 Wiesbaden